국제·국내항공법과
개정상법(항공운송편)

국제·국내항공법과 개정상법(항공운송편)

The International and Domestic Air Law and
Revised Commercial Law(Air Transport)

김두환 지음

한국학술정보㈜

머리말

필자가 쓴 책 『최신 국제항공법학론(最新 國際航空法學論)』이 2005년 1월 20일이 발간 된 지 5년 8개월이라는 세월이 흘러 국제 및 국내항공법분야에 많은 변화가 생겨 났다. 즉 국제항공법 분야에서는 국제테러진압과 관계된 2009년 ICAO의 항공기 불법방해 및 일반위험에 관계된 2개의 몬트리올조약과 2010년의 북경조약이 탄생되었고, 국내 항공분야에서도 2011년 6월 30일 국토행양부에서 현행 항공법을 분법(分法)하여 항공법을 대체(代替)하는 4개의 법안(항공사업제정 법안, 항공안전제정 법안, 공항시설제정 법안, 항공보안제정 법안)을 입법예고한바 있다.

한편 2007년 7월 30일 필자가 법무부에 정식으로 제안한바 있는 「상법 내에 항공운송편 신설에 관한 상법개정안」이 법무부와 국회에서 오랜 심의 끝에 2011년 4월 29일 국회에서 통과되었고 우리 정부가 금년 5월 23일 개정상법을 공포하였음으로 2011년 11월 24일부터 대한민국 전역에 시행하게 되었음으로 「항공운송법」분야에서는 일본 및 중국 등의 나라들보다도 앞서 나가는 세계의 첫 입법례가 되었다. 물론 개정상법 내에 항공운송편의 신설은 넓은 의미에서 국내항공법분야에 속한다고 볼 수가 있다.

상기 필자의 책 『최신 국제항공법학론』이 전국 각 서점에서 이미 매진되었고 또한 앞에서 언급한바 있는 국제 및 국내항공운송법 분야의 변화에 대처하고 대학 및 대학원의 교재에 사용하고 항공관계 실무계와 법조계의 도움을 주기 위하여 이 책을 집필하게 되었던 동기이다.

필자는 1979년도에 우리나라 상사법 분야 가운데서 항공우주법은 미개척분야이고 학문적인 원시림에 속하였지만 앞으로 전망이 밝고 매력적인 학문인 이 항공우주법분야를 개척하여 보겠다는 일념하에 연구를 시작한지도 벌써 30여년 이라는 세월이 흘러갔다. 필자가 30여 년 동안 상사법, 경제법, 국제거래법 및 항공우주법 등을 연구하면서 집필한 논문(연구업적)들이 총 157편이며 이 가운데 국제항공우주법 분야만의 논문들은 국내 학술지에 개재된 논문 71편과 외국의 유명학술지(미국, 캐나다, 독일, 네덜란드, 일본 등)에 게재된 논문이 32편 총 103편으로 이들 중 주요한 일부 논문만을 이 책에 반영시킨 바 있다.

필자는 세계에서 유명한 캐나다 몬트리올에 있는 McGill대학교 항공우주법연구소로부터 교환교수로 초청을 받아 동연구소 교수전용 연구실에서 7개월간 국제항공우주법을 연구하였고 연구결과로 동연구소의 석·박사과정 대학원생들에게 「국제항공법분야의 세계적인 현안문제와 해결방안」이라는 제목으로 특강을 하였음은 본인에게 소중한 기회였다고 사료된다.

또한 필자는 세종대학교 경상대에서 2년간, 숭실대학교 법대 및 대학원에서 18년간, 한국항공대학교 항공우주법학과 및 대학원에서 10년간 합계 30년간을 교수로서 상법과 국제항공우주법을 가르친바 있으며 현재도 일본 중앙학원대학 사회시스템연구소 소속 객원교수(http://www.cgu.ac.jp/social-system/members.html)로 있기 때문에 일본어로 쓴 상사법 및 항공우주법 분야의 28편의 논문이 일본의 유명학술지에 20여 년에 걸쳐 게재된 바 있으며 일본에 있는 대학, 연구소, 학회, 공공기관 및 사회단체로부터 수십 차례 초청을 받아 일본어로 특강을 한바 있다.

2010년 5월부터 2011년 6월 사이에 중국에서 10위권에 들어가는 하얼빈공업대학 법학원, 법학분야에서 중국에서 3위권에 들어가는 중국정법대학 국제법학원과 북경이공대학 법학원 등 3개 대학으로부터 초청을 받아 항공우주법분야의 테마로 여러 차례 특강을 한바 있으며 또다시 금년 10월에도 중국정법대학 국제법학원과 북경이공대학 법학원의 초청으로 계속 특강을 할 예정이다. 특히 필자는 2010년 6월 2일 중국에서 유명한『북경이공대학(北京理工大學: BIT) 법학원』의 겸임교수직을 정식으로 발령 받아「국제항공우주법」분야의 연구에 가일층 박차를 가하게 되었다.

끝으로 이 책이 국제 및 국내항공법에 대한 올바른 이해를 돕고 나아가 우리나라 국제 및 국내항공법분야의 발전에 다소라도 보탬이 되었으면 하는 마음 간절하다. 전문서적분야에 속하는 이 책의 출판을 쾌히 승낙하여주신 한국학술정보(주) 채종준 대표님과 이 책의 출간에 모든 편의와 아낌없는 협조를 하여 준 출판기획팀 강태우팀장, 출판팀 박재규팀장과 홍은표 이 책의 발간에 협조하여준 조홍제박사님(국방대학교 안보문제연구소)을 비롯하여 국내외 관계자 여러분들에게 진심으로 고마운 뜻을 표한다.

2011년 9월 20일
서울 평창동 우거에서 저자 씀

CONTENTS

CONTENTS

CONTENTS

CONTENTS

CONTENTS

CONTENTS

제3편 개정상법 중 항공운송편

CONTENTS

항공우주법에 관련된 주요 홈페이지 주소

(List of the Main Website Relating to the Air and Space Law)

Asiana Airlines (아시아나항공사); http://flyasiana.com/english

China Aerospace Science & Industry Corporation (중국항천과공집단공사); http://www.casic.com.cn

China National Space Administration (국가항천국); http://www.cnsa.gov.cn

Civil Aviation Administration of China (중국민용항공국); http://www.caac.gov.cn

Federal Aviation Administration (FAA: 미국연방항공청); http://www.faa.gov

Gimpo International Airport (김포국제공항); http://gimpo.airport.co.kr

Incheon International Airport (인천국제공항); http://www.airport.kr

Institute of Air and Space Law, McGill University at Montreal, Canada (캐나다, 몬트리올에 소재한 맥길대학교 항공우주법연구소; http://www.iasl.mcgill.ca

Institute of Air and Space Law, the University of Cologne, Germany (독일, 쾨른 대학교 항공우주법연구소); http://www.uni−koeln.de/jur−fak/instluft

International Institute of Air and Space Law, Leiden University, The Netherlands; (네덜란드 라이덴대학교 항공우주법연구소); http://law.leiden.edu/organisation/publiclaw/iiasl

International Air Transport Association (IATA: 국제항공수송협회); http://www.iata.org

International Civil Aviation organization (ICAO: UN산하 국제민간항공기구); http://www.icao.int

International Court of Justice (ICJ: 국제사법재판소); http://www.icj−cij.org

International Law Association (ILA: 세계국제법협회); http://www.ila−hq.org

International Monetary Fund (IMF: UN산하 국제통화기금); http://www.imf.org

Japan Aeronautic Association (재단법인, 일본항공협회); http://www.aero.or.jp

Japan Aerospace Exploration Agency (일본우주항공연구개발기구: JAXA); http://www.jaxa.jp

Japan Air Self-Defense Force (일본 항공자위대); http://www.mod.go.jp/asdf

Korea Aerospace Research Institute (한국항공우주연구원: KARI); http://www.kari.re.kr

Korea Air Force Academy (대한민국 공군사관학교); http://www.afa.ac.kr

Korea Airports Corporation (한국공항공사), http://kac.airport.co.kr/eng/index.jsp

Korea Aerospace University (한국항공대학교); http://www.kau.ac.kr

Korean Air; http://kr.koreanair.com (대한항공)

Korea Civil Aviation Development Association (한국항공진흥협회); http://www.airtransport.or.kr/kor/index.html

Ministry of Justice (대한민국 법무부); http://www.moj.go.kr

Ministry of Knowledge and Economy (대한민국 지식경제부); http://www.mke.go.kr

Ministry of Land, Transport and Maritime Affairs (대한민국 국토해양부); http://www.mltm.go.kr

Ministry of National Defence (대한민국 국방부); http://www.mnd.go.kr

National Aeronautics Space Administration (NASA, 미국 국립항공우주청); http://www.nasa.gov

North America Aerospace Defence Command (NORAD: 북미항공우주방위 사령부); http://www.norad.mil

Republic of Korea Air Force (ROKAF, 대한민국 공군); http://www.airforce.mil.kr

Supreme Court of Japan at Tokyo (일본최고재판소); http://www.courts.go.jp/saikosai

Seoul Regional Aviation Administration; http://www.sraa.go.kr

Supreme Court of Korea at Seoul (한국대법원); http://www.scourt.go.kr

Supreme Court of the United States (미국 대법원); http//www.supremecourtus.gov

US Department of Defence (DOD: 미국 국방성); http://www.defenselink.mil
US Department of Justice (DOJ: 미국 법무성); http://www.usdoj.gov
US Department of State (DOS: 미국 국무성); http://www.state.gov
United States Air Force (미국 공군); http://www.airforce.com

참고문헌

[한국어 책]

저자	저서명	발행년도	출판사
손주찬	항공운송계약법	1989	박영사
홍순길	신항공법정해	1999	동명사
최준선	국제항공운송법론	1987	삼영사
니콜라스 M 마테저			
양승규역	국제항공운송법	1987	법문사
디드럭스 페르슈어저			
이태원역	현대항공수송론	1991	서울컴퓨터프레스
신동춘	항공운송정책론	2001	선학사
박헌목역	항공법입문	2002	경성대학교 출판부
김두환	최신국제항공법학론	2005	한국학술정보[주]
박원화	항공법 (제3판)	2009	명지출판사
김종복	신국제항공법	2009	한국학술정보[주]
김한택	극제항공우주법	2011	지인북스

[일본어 원서]

著者	著書名	發行年度	出版社
小町谷操三	空中運送法論	1954	有斐閣
石井照久・伊藤孝平	海商法・航空法	1969	有斐閣
池田文雄	宇宙法論	1971	成文堂
唄孝一・有泉亨	現代損害賠償法講座(4)	1972	日本評論社
田中耕太郎	世界法の理論(1・2・3)	1973	岩波書店
田中耕太郎	續世界法の理論(上・下)	1972	岩波書店
石井照久	商法論集	1974	勁草書房
金澤理	交通事故と責任保險	1974	成文堂
淺野裕司・野口明宏	空法	1978	八千代出判(株)
著者	著書名	發行年度	出版社
吉永榮助・板本昭雄	最新國際航空法要論	1976	有信堂
板本昭雄	國際航空法論	1992	有信堂高文社
板本昭雄	新しい國際航空法	1999	有信堂
伊藤良平(編集)	航空輸送概論	1981	日本航空協會
木村秀政・增井健一	日本の航空輸送	1979	東洋經濟新報社

津崎武司	國際航空と空の自由	1977	日本經濟新聞社
津崎武司	日本の空港	1980	りくえつ社
矢澤恂	企業法の諸問題	1981	商事法務研究會
平井宜雄	損害賠償法の理論	1982	東京大出版會
野上鐵夫	空商法論	1984	嵯峨野書院
藤田勝利	航空賠償責任論	1985	有斐閣
野上鐵夫	世界統一空商法の形式への道	1994	嵯峨野書院
栗林忠男(編集代表)	解說宇宙法資料集,	1995	慶應通信(株)
關口雅夫	國際航空運送人の責任制度	1998	成文堂
中央學院大學	紀要	1998-2011	サイプレス
坂本昭雄・三好 晋	新國際航空法	1999	有信堂高文社
地方自治研究センター 社會システム研究所	原典 宇宙法	1999	丸善(株)
日本空法學會 (編集)	空 法	1990-2011	勁草書房
藤田勝利・工藤聰一編	航空宇宙法の新展開	2005	八千代出版
藤田勝利編	新航空法講義	2007	信山社

[영어 원서]

Rowland W. Fixel, *The Law of Aviation,* The Michie Company, Law Publishers Charlottesville, Virginia, USA, 1948.

Shawcross and Beaumont, *Air Law,* Butterworths, London, 1983.

Bin Cheng, *The Law of International Air Transport,* Stevens & Sons Limited, London, 1962.

Thomas Buergenthal, *Law Making in the ICAO,* Syracus University Press, 1969.

H. A. Wassenbergh, *Aspects of Air Law and Civil Air Policy in the Seventies,* Martinus Nijhoff Publishers, The Netherlands, 1970.

Jasper Ridley, *The Law of Carriage of Goods by Land, Sea and Air,* 4th ed., Shaw & Sons Ltd., 1975.

Gibson-Lee, D.M., *Shipping Law and Air Law,* Sweet & Maxwell, 1972.

Andreas F. Lowenfeld, *Aviation Law,* Matthew Bender, New York, 1974.

Stuart M. Speiser and Charles F. Krause, *Aviation Tort Law* Vol. I, II, The Lawyers Co-operative Publishing Co., New York, 1978~1979.

Nicolas Mateesco Matte, *Treatise on Air-Aeronautical Law,* Institute and Centre of Air and Space Law, McGill University, Montreal, 1981.

Commerce Clearing House, Inc., Aviation Case, Volume 16, Publishers of Topical Law Reports, 1980-1982.

Aleksander Tobolewski, *Monetary Limitations of Liability in Air Law,* De Daro Publishing, Montreal, 1986.

Rod D Margo, *Aviation Insurance,* Butterworths, London, 1989.

Soon-Kil Hong, Aviation Policy-Making in Korea, Hnkuk Aviation University Press, 1990.

Chia-Jui Cheng, *The Highways of Air and Space Over Asia,* Martinus Nijhoff Publishers, The Netherlands, 1991.

Tanja L. Masson-Zwaan, Pablo M.J. Mendes de Leon, *Air and Space Law : De Lege Ferenda,* Martinus Nijhoff Publishers, The Netherlands, 1992.

Carole Blackshaw, *Avation Law & Regulation,* Pitman Publishing, 1992.

Pablo Mendes de Leon, *Cabotage in Air Transport Regulation,* Martinus Nijhoff Publishers, The Netherlands, 1992.

Henri Wassenbergh, *Priciples and Practices in Air Transport Regulation,* Institut du Transport Aérien, Paris, 1993.

Werner Guildman and Stefan Kaiser, Future Air Navigation Systems, Martinus Nijhoff Publishers, The Netherlands, 1993.

Chia-Jui Cheng, *The Use of Airspace and Outer Space for all Mankind in the 21st Century,* Kluwer Law International, The Netherlands, 1993.

Lee S. Kreindler, Aviation Accident Law Vol. Ⅰ, Ⅱ, Matthew Bender & Co., Inc. New York, 1997.

I. H. Ph. Diederiks-Vershoor, *An Introduction to Space Law,* Kluwer Law and Taxation Publishers, Second Revised Edition, The Netherlands, 1999.

Chia-Jui Cheng, *The Use of Airspace and Outer Space Cooperation and Competition,* Kluwer Law International, The Hague, 1998.

Chia-Jui Cheng and Doo Hwan Kim, The Utilization of the World's Air Space and Free Outer Space in the 21st Century", The Hague, Kluwer Law International, 2000.

Lawrence B. Goldhirsch, *The Warsaw Convention Annotated,* A Legal Hand book Second Edition, Kluwer Law International, The Hague, 2000

Michael Mide, Annals of Air and Space Law, Institute of Air and Space Law, McGill University, Montreal, 1992-2000.

I. H. Ph. Diederiks-Vershoor, *An Introduction to Air Law,* Seventh Revised Edition, Kluwer Law International, The Hague, 2001.

P. P. C. Haanappel, *The Law and Policy of Air Space and Outer Space: A Comparative Approach,* Kluwer Law International, The Hague, 2003.

Paul Stephen Dempsey, *European Aviation Law,* The Hague, 2004.

Paul Stephen Dempsey, *Air Commerce and the Law,* Coast Aire Pubns, 2004.

Kara Grimes, *Journal of Air and Commerce,* School of Law, Southern Methodist University, Texas, USA, 2003-2004.

Berend J. H. Crans, *Air & Space Law,* Kluwer Law International, The Hague, 2000-2004.

Doo Hwan Kim, *Essays for the Study of the International Air and Space Law,* Korea Studies Information Co. Ltd., 2008.

Paul Stephen Dempsey and Michael Milde, *International Air Carrier Liability: The Montreal Convention of 1999,* Centre for Researchin Air & Space Law, McGill University, Montreal, Canada, 2005.

Laurence E. Gesell and Paul Stephen Dempsey, *Air Transportation Foundations for the 21st Century,* Coast Aire Publications, 2005.

Paul Stephen Dempsey, *Public International Air Law,* Institute and Centre for Researchin Air & Space Law, McGill University, Montreal, Canada, 2008

Gary Heilbronn, Aviation Regulation and Licensing, The Laws of Australia, Thomson Law Book Co., 2009.

[독일어 원서]

Hans Wüstendorfer, *Neuzeitliches Seehandelsrecht,* Verlag J.C.B. Mohr, Tübigen, 1950.

Abraham, *Der Luftbeforderungsvertrag,* 1955.

Alex Meyer, *Internationale Luftfahrtabkommen,* Köln, 1964

W. Guildmann, *Internationales Lufttransportrecht,* 1965.

Max Hofmann, *Luftverkehrsgesetz,* München, 1971.

K.H. Capelle, C.-W, Canaris, Handelsrecht, Verlag C.H. C.H.Beck, München, 1980.

Walter Schwenk, *Handbuch des Luftverkehrsgesetz,* Köln, 1981.

Manfred Wolf, Norbert Horn, Walter F. Lindacher, *AGB-Gsetz, Kommentar,* Verlag C.H. C.H.Beck, München, 1994.

Wolf Müller-Rostin, Ronald Schmid (Hrsg.), *Luftverkehrsrecht im Wandel, Festschrift für Werner Guldimann,* Hermann Luchterhand Verlag GmbH, 1997.

Elmar Giemulla, Ronald Schmid, Heiko van Schyndel, *Wörterbuch Luftverkehrsrecht, Rechtsdefinitionen in Deutsch, Englisch, Französisch, Russisch,* Hermann Luchterhand Verlag GmbH, 1997.

Edgar Ruhwedel, *Der Luftbefördungsvertrag,* 3. Auflage, Alfred Metzner Verlag · Frankfurt, 1997.

Elmar Giemulla, Ronald Schmid, *Recht der Luftfahrt Textsammlung,* 3. überarbeitete Auflage, Hermann Luchterhand Verlag GmbH, 1998.

Ronald Schmid, *Flugdienst-und Ruhezeiten von Besatzungsmitgliedern Kommentar zur 2. DV LuftBO,* 3. Auflage, Hermann Luchterhand Verlag GmbH, 2001.

Karl Heinz Böckstiegel, *Zeitschrift Für Luft- und Weltraumrecht,* Köln, Institut für Luft- und Weltraumrecht der Köln Universität, 1979-2011.

제1편 국제항공법(國際航空法)

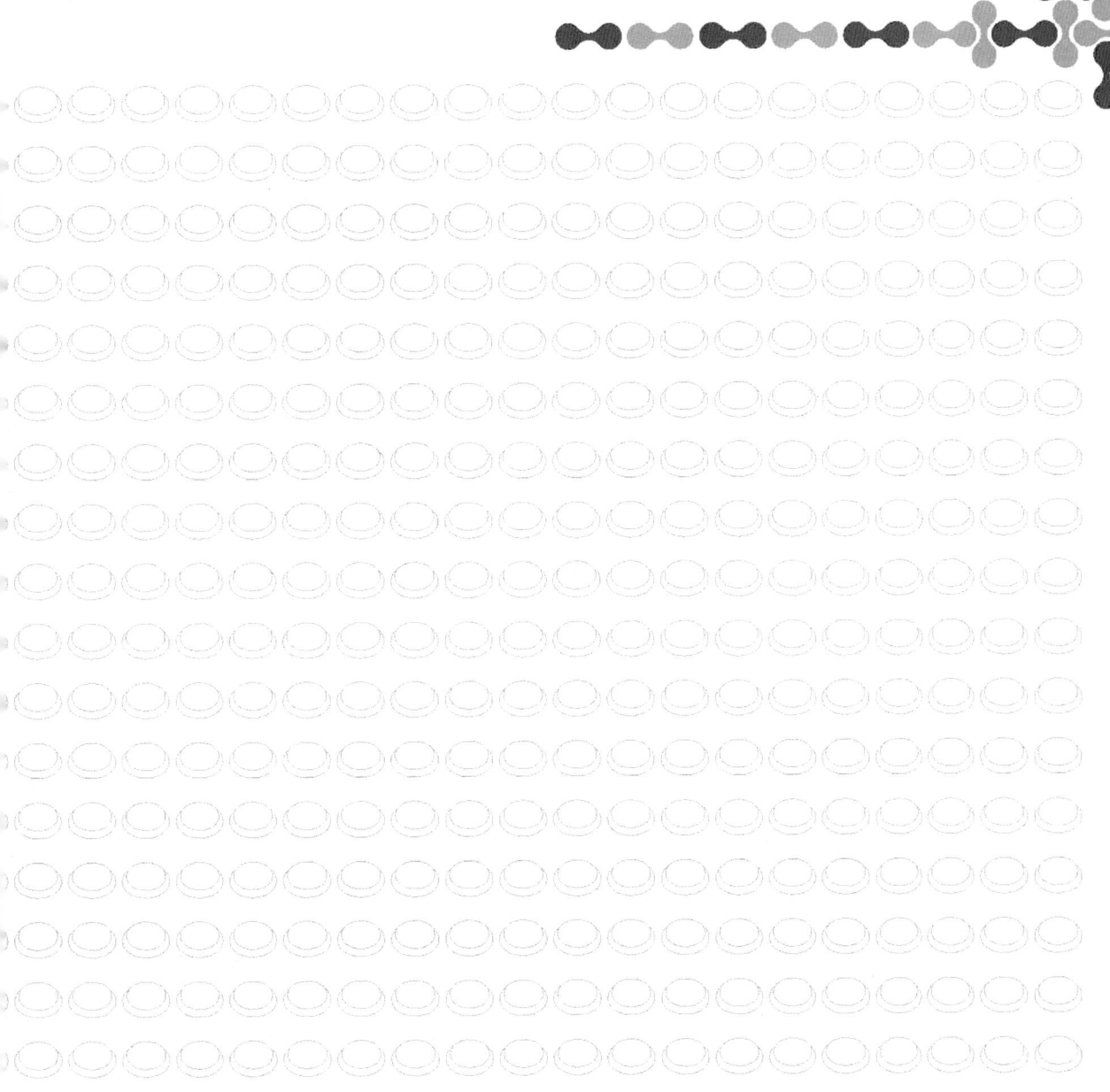

제1편-1 국제항공공법(國際航空公法)

제1장 머리말

제1절 세계항공시장의 동향 및 수요전망

1. 세계항공시장의 동향 및 수요전망

1) 세계항공시장의 동향

최근 세계항공시장의 동향은 다음과 같은 특징인 ① 항공의 자유화, ② 항공사의 초국적화(超國籍化), ③ 항공산업의 민영화, ④ 항공사간의 제휴, ⑤ 항공우주기술의 개발 등으로 나타나고 있다.

(1) 항공의 자유화(Liberalization of Aviation)

1978년 이후 미국은 항공산업의 진입규제를 완화하는 수단으로 한 나라에 한 항공사주의를 포기함과 동시에 항공자유화(Open-skies) 등 다자간(多者間)의 시장경쟁원리를 채택하는 추세에 있다.

(2) 항공사의 초국적화(Trans-Nationalism of Airlines)

국가별로 국적항공사 요건에 따른 제약은 있으나 권역내(圈域內)의 단일항공시장(Regional Unique Air Market)의 형성으로 항공사의 사업영역은 국적을 초월하여 확대되어 가는 경향이 있다.

(3) 항공산업의 민영화(Privatization of the Aeronautic Industry)

민간의 경영·운영상 효율성을 도입하기 위해 항공사 및 공항운영을 민영화하는 추세에 있다.

(4) 항공사간의 제휴(提携: Alliance among the Airlines)

항공기의 편명공동사용(便名共同使用: Code-sharing) 등 항공사간의 제휴 · 상호지분 참여 · 주식취득 (Acquisition of Share) · 합병(Merger) 등을 통해 경쟁에 이길 수 있는 규모경제를 추구하는 경향이 있다.

(5) 항공우주기술의 개발(Technological Advance of Aerospace)

초음속기(Super Sonic), 초대형항공기, 수직이착륙기(VTOL), 미래항행시스템(FANS),[1] 위성항행시스템(CNS/ATM)[2], 위성지구항법시스템(GNSS)[3] 등 새로운 항공우주기술의 개발이 국내 및 세계항공시장의 재편에 주요한 변수로 작용하고 있다.

2) 항공수요의 전망

(1) 아시아 · 태평양지역의 항공시장의 급속한 성장

아시아 · 태평양지역의 항공시장은 2020년까지 세계항공시장의 43%인 연간 4천억 달러 시장으로 급속히 성장할 것으로 전망된다.

(2) 우리나라 항공시장의 전망

아시아 · 태평양지역의 성장세에 힘입어 우리나라 항공시장도 향후 20년간 여객수송량이 현재의 3.3배 수준인 1억 3천만 명으로 급증할 것으로 전망된다.[4]

---

1) FANS→Future Air Navigation System.

2) CNS/ATM→Communication Navigation Surveillance/Air Traffic Management(인공위성을 이용하여 통신, 항법 및 운항감시를 할 수 있도록 하여 현재의 항행안전시설의 단점인 통달거리, 항공기처리능력을 획기적으로 개선한 시스템).

3) GNSS→Global Navigation Satellite System; 다수의 인공위성에서 발사하는 무선신호를 이용한 고정 및 이동체의 3차원 측지위치, 속도 및 시간을 제공하는 전세계적인 무선항법시스템이다. 한편 지금까지의 비행구간별로 각각 구성된 전파항법시스템을 완전히 대치하여 하나의 시스템으로 항공기의 이륙에서 착륙에까지 전비행단계를 지원할 수 있다. 위성지구항법시스템은 원래 미국과 구소련이 군용으로 개발하였으나 후에 민간항공용으로 사용할 수 있게 개발하였다. 그러나 이들 시스템이 제공하는 성능이 민간항공용으로 사용하기에는 충분하지가 못하여 지상에 이들 시스템의 특성을 보강하는 시스템이 필요하다.

4) http://www.moct.go.kr/mct_hpg/Html/10/120/120_2.html?MID=&HOMEPAGENAME=&DEPT=150 0042&UID

제2절 우리나라 항공산업의 현황과 중·장기정책과제 및 실천방향

1. 항공산업의 육성

항공우주산업은 고도의 지식, 기술 및 노동집약산업이며 자원절약, 에너지가 덜 들며 부가가치가 높고 다른 산업 분야에 기술파급효과가 대단히 큰 산업이기 때문에 우리정부는 이 항공우주산업을 기술 선도산업 (technical leading industry)으로 책정하여 경제정책을 펴나갈 때에 우리의 산업구조도 고도화가 되고 경제발전도 더욱 박차를 가하게 됨으로 이를 뒷받침할 수 있는 법적인 지원책이 마련되어야만 한다고 본다. 「하늘과 우주를 지배하는 나라가 세계를 지배한다는 말과 같이」 우리나라도 항공우주산업 분야에 집중투자를 하게 된다면 경제발전도 더욱 촉진되고 국제정치의 역학적인 측면에서 볼 때에 힘의 우위를 차지하게 됨으로 우리의 소원인 통일도 빨라지게 하는 계기를 마련하여 주게 된다. 한편 법적인 측면에서 볼 때에 국제항공우주법 분야는 상사법분야가운데서 국제성과 기술적인 색채가 대단히 농후한 법 분야이기 때문에 세계통일법의 형성에 지름길이 될 수가 있다고 본다.

2. 항공산업의 부문별 현황

(1) 항공운송업

우리나라 항공산업의 대부분이 대한항공과 아시아나항공에 의존하고 있으나 물리적으로 제한된 공항시설, 복잡·다양한 항공운송업종의 구분으로 항공사 간에 경쟁조성이 미흡한 면이 있다. 심화된 자국시장의 의존으로 항공노선의 취약·항공사간의 제휴부족(提攜不足)으로 국제선환승객의 국적항공사 이용률이 상대적으로 저조한 점이 있다. 국적항공사의 경쟁적인 신기종의 보유와 낮은 수준의 국내요금으로 공격적인 국제가격 마케팅에 한계가 있으며 항공서비스의 전략이 양적인 팽창에 치우쳐 고부가가치가 있는 승객유치에 어려움이 있다.

(2) 공항시설

인천국제공항의 최신 신설은 국제적 수준의 서비스가 가능하게 되었지만 지방공항은 아직도 일부공항이 군 공항과 같이 사용하고 있어 서비스면에 취약한 점이 있을 뿐만 아니라 2004년 4월부터 개통된바 있는 고속전철로 인하여 승객유치에 비상이 걸렸고 공항 운영 면에도 어려움이 가중되고 있다. 특히 공항개발 및 공항주변의 소음문제 등 많은 민원이 발생되어 국가부담이 증가하리라 본다. 한국의 김포국제공항과 일본의 나리타(成田)국제공항 간, 김포국제공항과 중국의 상해홍차오국제공항(上海虹橋機場) 및 북경수도공항(北京首都國際机場)간에 샤틀 운항이 개통됨에 따라 김포국제공항은 항공수송 면에 더욱 중요한 역할을 하게 되었다.

(3) 항행안전시설

공항당국이 항공관제장비를 최첨단시설로 교체하고 있으나 숙련된 관제인력의 확보가 어려운 점이 있으며 일부 지방공항은 군 공항의 지형적인 여건상 계기착륙에 필요한 시설 설치 자체가 어려운 점이 있다.

(4) 기술개발

인공위성을 이용한 위성항행시스템(CNS/ATM)은 실용화단계에 접근하고 있으나 우리는 연구단계에 불과한 실정에 있으며 항공기부품의 일부를 제외한 민간항공기 제작기술은 초기단계에서 벗어나지 못하고 있다. 기존 공항시설용량 및 공역용량을 물리적 시설 확장 없이 항공교통 능력을 배가시킬 수 있는 첨단항공교통관리시스템의 개발이 필요하다. 미래항행시스템은 크게 세 가지 분야로 구성된다. 즉, 지상관제기관과 어떤 위치에 있는 항공기와도 데이터나 음성통신이 가능한 통신 분야(C: Communication), 항공기가 인공위성으로부터 전파를 수신하여 항공기에 탑재된 수신기에 의해 계산한 결과로 정해진 항로를 따라 정확하게 비행할 수 있도록 하는 항법분야(N: Navigation), 그리고 항공기가 어떤 위치에 있어도 탐지가 가능한 감시분야(S: Surveillance)가 그것이다. 위성을 이용한 통신, 항법, 감시체계(Satellite-CNS System)는 현재의 체계 하에서 보다 더욱 큰 항공교통의 수용능력을 갖도록 해준다.

3. 중 · 장기정책과제 및 실천방향

(1) 정책방향

우리나라를 『동북아시아 항공교통의 중심국』으로 육성 · 발전시키는 것을 중 · 장기항공정책의 기본방향으로 설정하고 이를 실현시키기 위해서는 다음과 같은 세부적인 정책을 수립하여야만 된다.

(2) 정책과제 및 실천방향

가. 인천국제공항을 동북아아시아의 중추공항(Hub Airport)으로 육성하자.

인천국제공항을 동북아시아에 있어 국제항공의 환승기지로 추진하여야만 되고 현재 14.6%에 불과한 환승비율을 10년 내 30% 이상으로 제고시켜야만 된다.

인천국제공항 및 인근지역을 복합공항도시(Pentaport)로 개발하여야만 된다. 복합공항도시란 ① 공항(Airport), ② 항만(Seaport), ③ 정보통신(Teleport), ④ 비즈니스(Businessport), ⑤ 레저(Leisureport) 등의 다섯 가지 기능을 가진 공항도시를 의미하는 것이다.

나. 항공운송산업의 경쟁력 강화 및 서비스를 개선하자.

항공사간의 경쟁유도를 통하여 원가절감과 경영합리화의 계기를 마련하고 정부는 서비스 개선을 위해 규제를 완화시켜야만 된다. 한편 정부는 공정하고 예측 가능하도록 항공시장을 관리하여야만 되며 항공운송산업의 저비용·고부가가치가 있는 산업으로의 전환시키는데 지원을 해주어야만 된다.

다. 안전한 항공수송을 위한 지도·감독을 강화하자.

인명피해가 큰 항공사고방지를 위한 안전제도를 강화하기 위하여 항공사고의 발생 가능성을 사전에 제거하고 안전 위주로 항공사경영을 할 수 있도록 제도적인 환경을 조성시켜야 된다. 참고로 우리나라 항공기 사고발생률은 다른 나라에 비하여 높은 편이다.

라. 하늘을 보다 넓고 효율적으로 이용하자

하늘의 공역(空域)을 보다 효과적으로 이용하기 위하여 접근관제구역을 광역화시키며 수도권집중항로를 분산시켜 항공기분리간격의 축소 등으로 항공기 처리용량을 증대시킨다.

마. 정밀운항을 지원할 위성항행시스템을 구축하자.

항공기운항의 안전성과 항로이용의 효율성을 제고시키기 위하여 현재 2.5%인 결항률을 10년 이내에 1% 수준으로 축소시키는 것이 바람직하다고 본다.

바. 항공은 지역발전에 기여하고 환경 친화적인 공항을 개발하자.

지방분권화 시대에 접어들어 항공교통의 수혜(受惠)지역을 대폭 확대(현재 69% → 95%)하고 동북아시아 중추공항의 신설, 기존공항의 확장, 안전취약공항의 대체공항 건설 등을 통해 국가역량을 증대시키고 항공사각지대를 해소시킨다. 항공기소음의 감소와 오염 및 폐수처리시설의 설치로 환경 친화적인 공항을 건설한다.

사. 효율적인 공항운영관리체제를 구축하자.

공항운영에 민간의 효율성 및 책임경영제도를 도입할 뿐만 아니라 항공과 관계된 공단·공사에 대하여도 민간의 효율성을 도입하여 비항공수입원(Non-aeronautical Revenues)을 적극적으로 발굴하는 것이 바람직하다고 본다.

아. 항공선진국 도약을 위한 전문인력 및 기술확보를 하자.

항공선진국 도약에 필요한 항공기제작·정비·품질인증·서비스 분야의 전문항공인력의 확보가 필요하며 선진국수준의 항공기제작 기술능력을 단계적으로 개발하는 것이 바람직하다.

(3) 앞으로의 과제

우리나라의 항공산업은 급속한 양적(Quantitative)성장으로 말미암아 상대적으로 숙련된 전문인력의 원활한 확충, 공항시설의 적기제공, 체계적인 안전메커니즘의 구축, 경쟁력 있는 운송업체의 육성 등 균형적인 발전이 이루어지지 못해 왔음이 아쉬운 점이다. 그 동안 항공정책도 양적인 팽창으로 인해 중·장기적인 정책방향의 정립과 이에 따른 실천계획을 체계적으로 수행하지 못해 왔던 것은 사실이다.

앞에서 제시한 다양한 중·장기 항공정책 방향은 앞으로 관련업체·기관·군 등과 긴밀한 협조를 통해서 실행해 나갈 수밖에 없으며 불합리한 법·규정 등은 자율적인 시장원리에 맡길 수 있도록 개정 내지는 보완이 요구된다.

우리나라는 고속의 항공수요성장과 더불어 항공산업의 균형적인 발전이 실현되지 못해 항공안전이 위협받아 왔고 특히 공항부문에 대한 안전수준은 세계적으로 높은 수준을 요구하고 있는바 우리나라도 이에 상응하는 안전시스템을 구축하는 것이 무엇보다도 필요하다고 본다.

공항과 관련해서는 항공기소음, 대기오염 등 환경문제로 인해 많은 민원이 제기되고 있어 사회적인 문제가 되어왔으며 점차 국제환경기준이 강화되고 있는 추세에 부응하여 환경친화적인 교통수단을 제공토록 최선의 노력을 경주하여야만 된다.

국내공항의 대부분이 민·군 공용으로 서비스시설이 취약하고 공항운영의 이원화로 인한 비효율성이 나타나고 있어 다양한 항공수요의 창출 및 충족에 한계를 보이고 있어 새로운 운영시스템의 정립이 요구되고 있다. 한편 새로운 항공기술의 도입으로 새로운 항공교통에 대비하여 항공관제장비를 첨단시설로 교체하고 이에 따른 숙련된 항공인력을 확보토록 하는 것이 시급한 과제이다. 우리나라가 21세기 항공대국으로 발전하기 위해서는 무한경쟁에 돌입한 세계항공시장에서 대외적인 도전에 능동적으로 대처하고 대내적으로 항공서비스의 질적인 향상을 위해 새로운 패러다임의 항공교통정책이 필요하다고 본다.

제3절 국내항공법, 국제항공공법, 국제항공사법의 개념

1. 국내항공법의 개념

국내항공법(航空法: Aviation Law)이라 함은 항공에서 발생된 여러 관계를 규제하는 규범의 총칭이다. 뒤에서 언급하겠지만 항공은 항공기에 행하여지기 때문에 국내항공법은 항공기와 그 운항 또는 이용으로부터 생겨나는 관계에 대한 규범이라고 말할 수 있다. 국내항공법은 종종 공법(空法: Air Law)으로 불리어지기도 한다.[5] 그러나 공법(空法)은 하늘의 이용으로부터 생겨나는 각종 관계를 규제하는 규범의 총칭이라고 하는 입장에서 보면 라디오나 TV 등의 전파를 규율하는 법까지도 포함하게 됨으로 규제의 대상이 너무 넓어지게 되는 면이 있다.[6]

또한 공법과 항공법을 해법(海法)과 해상법(海商法)으로 나란히 비교하여 이해하려는 입장[7]에서는 공법의 범위가 분명하지 않는 한편 항공법의 내용이 항공기에 따른 운송영업이 중심이 되어 그 범위는 너무 좁아지게 되는 면이 있다. 한편 이 입장에 관하여 항공운송과 해상운송의 실체가 다른 것을 이유로 반대하는 학설도 있다.[8]

---

5) 池田文雄, 「航空概論」, 1962年, 邦光書房, 1頁.

6) 高田桂一, 「空法概論」, 1962年, 評論社, 9頁.

7) 伊澤孝平, 「航空法」, 1964年, 有斐閣, 22頁.

8) 高田桂一, 前揭書, 11頁.

해외에서는 항공법을 Aeronautical Law라고 호칭하는 개념도 있지만 이것은 규제의 대상을 항공기와 그 운항에 대한 여러 관계에 한정하는 것이 되어 이것을 항공법이라고 번역하는 경우도 있다. 이 경우의 항공법은 앞에 언급한 항공법보다는 좁은 범위의 내용이 된다. 더욱이 국내항공법은 항공법이라고 불리어지고 있는 명칭의 제정법을 의미하는 경우도 있다. 한국에서는 1961년에, 일본에서는 1952년에 제정된 항공법이라고 불리어지고 있는 이름의 법률이 있는데 강학상(講學上) 이것을 협의의 항공법이라고 호칭할 수가 있으며 앞에서 언급한 항공법과는 구별되고 있다. 유럽과 미국에서는 항공법을 Air Transportation Law 또는 The Law of Air Transport라고 하는 호칭하는 경우도 있다. 한국과 일본에서는 일반적으로 항공운송법이라고 번역되고 있어 항공기를 수단으로 하는 운송에 관한 법으로 이해되고 있다. 그러나 그 사용방법에 따라 항공운송의 기반이 되고 있는 제도에 관한 규범을 포함하는 것이 되어 그 범위는 항공운송법 보다는 넓은 경우가 있다.9) 요컨대 항공법은 그 역사가 비교적 새로운 것도 있고 부르는 방법과 내용이 반드시 획일적이지는 않지만 정확을 기하기 위해서는 일일이 호칭과 내용을 잘 검토할 필요가 있다.

2. 국제항공법과 국내항공법

항공법은 항공기가 용이하게 국경을 넘어서 항행하고 있기 때문에 그 규제의 대상이 되고 있는 항공이 한 나라의 영역 내에서 이루어지는지 아닌지에 따라 국내항공법과 국제항공법으로 분류된다. 항공이 한 나라의 영역 내에서만 이루어질 경우 그것을 규제하는 법은 일반적으로 그 나라의 국내법 즉, 국내항공법으로 충분하다.

그러나 항공이 여러 나라의 영역에 걸쳐 이루어질 경우는 그 규제는 이에 관여한 복수의 나라의 국내규범과 그 나라들 사이에서 적용하는 국제규범이 필요로 하게 된다. 따라서 그것들을 규제하는 국제항공법은 관계국의 국내규범과 그들 관계국에 적용되는 조약이나 국제협정 등의 국제규범에 의하여 구성된다.

학설 중에는 조약이나 국제협정 등의 국제규범만을 국제항공법이라고 분류하기도 하나 그 분류는 실무적인 면에서 볼 때 별 의미가 없는 것이다.10) 여기서 유념하야만 할 것은

---

9) N. M. Matte교수는 Air-Aeronautical Law를 항공법과 같이 넓은 개념으로 사용하고 있다; Nicolas Mateesco Matte, *Treaties on Air-Aeronautical Law*, 1981.

10) 池田文雄, 「國際航空法槪論」, (1956, 有信堂), 5-6頁.

유럽연합(European Union, 이하 EU라고 호칭함)에 관한 것이다. EU는 1997년에 역내 항공의 자유화를 완성하였고 역내의 항공시장에 대해 사실상의 국경을 폐지하였다.

이에 따라 EC구성국(사실상 EU가맹국과 같다)으로부터 사업면허(Air Operator's Certificate)와 운영허가(Operating Licence)를 받은 항공사는 이사회규칙(Council Regulation)에 기초하여 다른 구성국의 국내에서도 자유롭게 운송을 행할 수 있게 하였다. 이사회규칙은 유럽공동체조약(Treaty Establishing the European Community)의 하위법인 일종의 국제규범이었기 때문에 그 결과로서 EC구성국의 국내항공은 국제법에 의하여 규제하게 되었다. 한편 EU 이외의 지역에서도 국제항공의 자유화에 따라 국내항공을 국제규범으로부터 완전하게 독립시킬 수 있는 것이 사실상 어렵게 되고 있다. 이와 같이 국제항공법은 그 적용 범위를 국내항공에 확대해나가고 있는 것이 오늘날의 실정이다.

3. 항공공법과 항공사법

또 하나의 분류는 항공법을 공법(public law)과 사법(private law)으로 나누는 것이다. 일반적으로 공법은 국가 또는 그에 준하는 기관 또는 그들과 사인과의 권력관계를 규제하는 법이라고 정의를 내릴 수가 있다. 사법은 사인(私人)간의 대등관계를(對等關係) 규제하는 법이라고 정의를 내릴 수가 있다. 항공법 가운데 국가 또는 그에 준하는 기관 또는 그들과 사인과의 관계를 규제하는 규범이 항공공법이다. 그러나 국가 또는 그에 준하는 기관과 사인간의 관계일지라도 비권력 관계를 규제하는 규범은 항공사법이 된다. 이 분류의 실익은 분류의 대상이 되고 있는 법의 원칙을 이해하기 쉽게 정리할 필요가 있다.

이 때문에 편의상 국제항공법을 항공공법과 항공사법으로 나누어 항공공법에서는 조약, 국제협정, 협의의 항공법 및 관련행정법, 그리고 형사법을 중심으로 체계화하였고 항공사법에서는 항공운송인 및 그 밖의 사람들 간에 항공에 관련된 민사책임관계를 중심으로 그 내용을 구성하고 있다. 그렇지만 오늘날의 민간항공은 세계적인 인적 교류와 물적 유통을 위하여 뛰어난 운송수단으로서의 자리를 차지하고 있고 특히 최근에 들어와서 항공운송의 세계화(世界化: global)와 국가에 의한 규제의 후퇴는 항공공법과 항공사법과의 구분이 어려져 가는 경향이 있다.

국제항공법이 민간항공의 앞으로의 발전에 따라 어떻게 변화될 것인가에 관해서는 더욱 시간이 필요하다고 본다. 따라서 이 교재에서는 지금까지의 분류를 그대로 답습하여 국제항공법이 독자적으로 발전해온 이론과 실무를 중심으로 국제항공법의 각 분야에 대하여 언급하고자 한다.

제4절 항공과 항공기

1. 항공기의 정의와 분류

일반적으로 항공이라는 것은 공기의 반동(the reactions of the air)에 따라 공중으로 떠오르는 것으로 정의되고 있다. 항공기(aircraft)에 관해서는 시카고조약(The Convention on International Civil Aviation, 국제민간항공조약)의 제7부속서에서 정의하고 있다. 그 정의에 따르면 항공기라는 것은 「대기 중에 있어 지지력을 지표면에 대한 반작용 이외의 공기의 반작용으로부터 얻을 수 있는 일체의 기기(機器)」이다. 이 부속서가 「지표면에 대한 반작용 이외의」것이라고 규정한 것은, 호버크라프트(hovercraft)11) 등 수면 또는 지면에 대한 공기의 반작용에 따라 부상하면서 주행하는 기기를 항공법의 적용대상에서 제외시키기 위함이다.

이 정의에 의하면 호버크라프트 이외의 공기반동에 의하여 대기 중으로 부양되는 기기는 모두 항공기가 되기 때문에 항공기의 범위는 대단히 넓어지게 되어 글라이더, 비행선과 헬리콥터는 물론이고 기구나 연도 포함하는 것이 된다. 항공기 가운데서 고정날개와 자동추진 장치를 갖춘 것을 비행기(airplane, aeroplane)이라고 불리어 지고 있다. 오늘날의 민간항공에서는 항공기의 주류가 비행기라는 것은 말할 필요도 없다.

비행기에는 피스톤 엔진을 추진 장치로 하는 프로펠러기와 터빈엔진을 추진 장치로 하는 제트기가 있는데 고속성, 안정성과 경제성이 뛰어난 제트기가 오늘날에는 운송용의 대형민간기로서 압도적인 시장점유율을 차지하고 있다. 비행기의 분류로는 비행기의 순항속도에 따른 아음속기, 천음속기, 초음속기로 나누어지고 있다.

아음속기(亞音速機: subsonic airplane)는 마하 0.75이하, 즉 음속의 75퍼센트 이하의 순항속도로 운항하는 비행기를 말하는 것으로 최대 마하 0.55정도의 속도밖에 되지 않는 프로펠러기가 이에 해당한다. 초음속기(supersonic airplane)는 음속을 초월해서 순항하는 비행기를 말하는 것으로 오늘날 민간용항공기에서는 콩코드(Concorde)기가 있었

---

11) 호버크라프트(hovercraft)라 함은 고압 공기를 아래쪽으로 분사하여 기체를 지상[水上]에 띄워서 나르게 하는 것.

으나 현재는 소음관계로 퇴역시켰다.

콩코드기의 생산은 현재 중지되어 있지만 오늘날 그것을 대신하는 대형초음속기의 개발이 진행되고 있다. 비행기 가운데는 그 속도가 비행조건에 따라 음속을 초월하고 있지만 그렇지 않는 경우는 음속 이하에서 밖에 순항할 수 없는 것이 있다. 구체적으로는 마하 0.75부터 마하1.20 정도의 순항능력을 가진 비행기를 천음속기(遷音速機: transonic airplane)이라고 부르고 있다. 오늘날 민간용 제트기의 대부분이 천음속기이다. 그 밖의 분류로서 제트기를 광동형기(廣胴型機: wide-body jet airplane)과 협동형기(狹胴型機: narrow-body jet airplane)로 나눌 때도 있다. 전자는 B-747형기나 MD-22형기와 같이 폭이 넓은 것으로 되어 있으며 후자는 DC-9형기나 B-737형기와 같이 몸체가 좁은 비행기이다. 이 양자는 적재능력 면에 있어 현저한 차이가 있다. 항공기용 엔진의 출력의 개량에 따라 광동형기의 적재능력은 더더욱 커지는 경향이 있다. 이제부터의 대형기나 고속기의 개발에는 항공기의 안전성, 경제성에 추가하여 환경에 유해하지 않는 것이 조건(환경성)이 되고 있으며 이러한 것들에 대한 보증이 없다면 앞으로 민간용 비행기로서는 적격성에 문제가 있게 된다.

2. 항공법과 국제항공사법과의 관계

항공법은 항공기의 개념, 항공기의 등록, 항공종사자의 자격증명, 항공기운항의 허가 및 제한(공역의 지정, 비행정보제공 등), 항공시설의 설치허가 및 검사(비행장, 항행안전시설, 공항 등), 항공운송사업자에 대한 면허와 운임 및 요금의 인가, 항공기 취급업자의 등록, 한국항공진흥협회의 설립, 외국항공기의 항행허가, 항공사고 조사, 항공범죄 및 처벌 등 국가공권력의 개입과 행정처분 등을 주된 내용으로 하고 있는 항공공법(Public Air Law)과 항공사와 승객 및 하주 간에 이루어지고 있는 항공운송계약과 항공기사고로 인한 항공사의 승객 및 하주에 대한 손해배상책임, 항공기의 갑작스러운 추락 등으로 인한 지상 제3자에 대한 불법행위로 인한 손해배상책임 등을 규정한 항공사법(Private Air Law)으로 크게 둘로 나눌 수가 있다.

항공기의 운항은 국제성이라는 특성이 있기 때문에 국제항공운송에 관한 공법적 사항(시카고조약 및 국제항공범죄에 관한 조약 등)을 주된 내용으로 하고 있는 국제항공공법(Public International Air Law)과 국제항공운송에 있어 운송계약의 불이행과 불법행위로 인하여 발생되는 손해에 대한 국제항공운송인의 민사책임관계(바르샤바 조약, 헤이그 의정서, 몬트리올 조약 등)를 주된 내용으로 하고 있는 국제항공사법(Private International Air Law)으로 양분할 수가 있다.

오늘날 우리나라 경제가 고도로 발전됨에 따라 항공운송량도 격증되고 국내 및 국외 항공기의 운항횟수가 늘어나 항공노선면에 과밀화현상이 일어나고 있다. 항공기술의 급격한 발달로 인하여 민간여객기도 초음속화 내지 대형화되고 국민소득이 증진됨에 따라 대부분의 국민들이 여객기를 이용하여 해외여행과 국내여행(제주도 등)을 하게 되고 점점 「세계가 일일생활권으로」 접어들고 있어 각국의 항공사들의 노선확장 및 운항횟수의 증가 등으로 인하여 세계의 도처에서 항공기사고가 자주 일어나고 있다. 이러한 항공기 사고는 손해의 대형성(大型性), 거액성(巨額性), 전손성(全損性), 국제성(國際性)등으로 인하여 사고 후의 법적처리문제에 있어서 책임한계와 손해배상 책임한도가액을 결정하는 문제 등을 둘러싸고 피해자와 항공운송인간에 분쟁이 자주 일어나고 있으며, 선진국(미국, 영국, 프랑스, 독일, 일본 등)에서는 법원의 판례도 많이 나오고 있다.

항공정책면에서 발전도상국과 선진국 간에 항공기사고로 인한 항공운송인의 손해배상 책임문제에 대하여 과실책임주의를 적용할 것인가 또는 무과실책임주의를 적용할 것인가, 인적 또는 물적 손해로 인한 손해배상책임한도액은 금액책임주의를 원칙으로 하되 어느 선으로 배상한도액을 정할 것인가, 무한책임주의를 적용할 것인가 하는 문제들에 대하여 국가 상호간의 이해관계의 대립으로 해결의 실마리를 찾지 못하는 경우도 있다.

이를 조정하고 해결하기 위하여 캐나다 몬트리올에 있는 유엔 산하 국제민간항공기관(International Civil Aviation Organization: ICAO)의 법무국(Legal Bureau) 및 「바르샤바체제의 현대화 및 통합화에 관한 그룹(Special Group on the Modernization and Consolidation of the 'Warsaw System')」에서 입안한바 있는 「국제항공운송에 있어 어떤 규칙의 통일에 관한 조약(Convention for the Unification of Certain Rules for International Carriage by Air)[12]이 법률위원회(Legal Committee)의 심의를 거쳐 1999년 5월 11일부터 28일까지 몬트리올에서 121개 국가의 대표들이 참가한 외교회의(Diplomatic Conference)에서 채택되었다.

한편 세계 각국의 항공사들이 가입되고 있는 국제항공운송협회(International Air Transport Association: IATA)의 법률위원회에서 입안한 바 있는 「승객책임에 관한 IATA운송인간의 협정(IATA Intercarrier Agreement on Passenger Liability: IIA)」이 1995년 10월 30일부터 31일까지 말레이시아의 Kuala Lumpur에서 개최된 제51차 IATA 연차총회에

---

12) http://www.icao.int/icao/en/leb

서 채택된 바 있으며 그 다음 해인 1996년에 「IATA운송인간 협정의 이행조치에 관한 협정(Agreement on Measures to Implement the IATA Intercarrier Agreement: MIA)이 체결된 바 있다.

항공운송은 국제항공운송과 국내항공운송으로 크게 둘로 나눌 수 있으며 국제항공운송에서는 항공운송인의 책임한계와 배상한도액에 대하여 1929년의 바르샤바조약, 1955년의 헤이그의정서, 1966년의 몬트리올협약, 1971년의 과테말라의정서, 1975년의 몬트리올 제1, 제2, 제3 및 제4 의정서, 1961년의 과다라하라조약, 1980년의 유엔 국제복합운송조약, 1999년의 몬트리올조약 등이 있어 그 중 발효된 조약에 가입한 국가는 이 협정 및 조약에 의거하여 처리하고 있다.

국내항공운송에 있어서는 영국, 프랑스, 서독, 이탈리아, 스위스 등의 국가에서는 항공운송인의 책임한계와 배상한도액에 대하여 명확하게 국내법으로 규정하고 있어 당사자(운송인과 피해자)간의 분쟁을 국내법인 항공운송법에 의하여 어느 정도 해결하고 있다. 그러나 우리나라와 일본은 아직도 국내항공운송에 있어서 운송인의 책임한계와 책임배상가액에 대하여 국내입법이 되어 있지 않으므로 항공운송약관에 의거하여 처리되고 있지만, 이 약관상의 일부조항이 법원의 판결에 의하여 인정받지 못하고 있는 사례가 있어 피해자의 보호 면에 문제점이 제기되고 있다.[13]

우리나라에서도 1982년 12월 9일 국무회의에서 통과된 바 있는 상법개정법률안의 기초가 되었던 법무부의 상법개정시안을 작성할 당시 상법 중 상행위편 내에 항공운송계약을 중심으로 한 항공운송에 관한 규정을 삽입하자는 일부 의견이 거론된 바 있었다.[14] 본 저서에서는 국제항공사법의 핵심이 되고 있는 항공운송인의 책임 및 배상책임한도액과 유·무한책임에 관한 여러 항공사의 운송약관, 국제조약, 판례와 세계 각국의 입법례 등을 살펴봄과 동시에 항공위험책임의 극복책으로 확립된 바 있는 항공보험제도의 내용 등을 소개하기로 한다.

항공기사고위험은 육상 또는 해상사고 위험보다도 훨씬 크므로 오늘날 세계의 곳곳에서 항공기사고가 여러 형태로 자주 일어나고 있다. 이와 같은 항공기사고는 언제, 어디서, 어떻게 순식간에 거액의 손실을 안고 발생될지 그 누구도 예측하기가 힘들다.

항공운송은 공항과 항로를 중심으로 하여 운송수단인 항공기에 의하여 그 대상인 여객

---

13) 항공기사고로 인한 손해보상청구사건(호사건; 대판지법판결, 1967.6.12, 하급민집 18권 5 · 6호, 641면); 항공기사고로 인한 손해보상청구소송(서울민사지방법원 제5부, 1981. 9. 24 판결, 81가합 1906, 손해배상).
14) 손주찬, 「상행위법에 관한 개정의견」, 『상법개정의 논점』, (한국상사법학회 발행, 1981), 26~28면.

과 물건(화물 등)을 일정한 공항으로부터 일정한 공항까지(from Airport to Airport) 공간적으로 달리 말하면 장소적으로 이동시키는 것을 목적으로 하고 있다. 항공운송의 주체는 항공운송인(항공사 등)이 되고 항공운송의 객체는 여객과 물건이 되므로 운송대상물을 중심으로 할 때 국제항공여객 및 물건운송과 국내항공여객 및 물건운송으로 나눌 수가 있다. 육상여객 및 물건운송이 일정한 현관(역 또는 주차장 등)으로부터 일정한 현관까지(form Door to Door)의 여객 및 물건의 장소적 이동을 목적으로 한다면, 해상여객 및 물건운송은 그 대상물을 일정한 항구로부터 일정한 항구까지(from Port to Port)의 장소적 이동을 목적으로 하고 있다. 이러한 운송은 운송계약을 중심으로 하여 이루어지고 있으므로 운송인의 손해배상책임, 배상가액, 운송장, 화물상환증, 선하증권, 운송당사자간의 법률관계 등에 대하여는 현행상법 중 상행위편과 해상편에 비교적 상세히 규정하고 있다.

오늘날 항공기술의 급속한 발달로 인하여 항공운송량은 해가 거듭될수록 격증되고 있으며 우리 국민의 항공기이용에 대한 빈도가 높아져가고 있어 항공기사고로 인한 인적 또는 물적 손해에 대하여 피해자의 권익보호를 위한 법적보장책이 강구되어야만 한다. 즉, 항공운송계약을 중심으로 한 운송당사자간에 책임한계를 명확하게 확정하고 배상책임 한도가액을 정하여 항공운송인과 피해당사자간의 분쟁을 어느 정도 해소시켜야만 하므로 이에 대한 법률관계를 규정한 국내입법이 필요하다고 본다.

그러므로 항공운송인의 책임과 배상책임 한도액을 규정한 국제조약과 각국의 입법례 및 위험책임 분산책으로 존재하고 있는 항공보험제도를 참작하여 우리나라 항공운항 현실에 적용될 수 있는 국내입법의 제정이 바람직하다고 본다.

그러나 항공기사고의 발생형태를 살펴 볼 때 항공운송인과 여객 및 하주 간에 운송계약을 원인으로 하지 않은 다음과 같은 사고형태의 사례를 들 수가 있다. 이와 같은 항공기사고의 여러 발생 형태의 사례를 든다면, ① 항공기운항자의 지상 제3자에 대한 책임,[15] ② 항공기충돌로 인한 항공기운항자의 책임,[16] ③ 지상교통관제사(Air Traffic Controller: ATC) 또는 공항시설의 하자(瑕疵)로 인한 책임,[17] ④ 항공기제작 과정의

---

15) 김두환 「항공기운항자의 지상제삼자에 대한 손해보상책임(상)」, 『사법행정』, (한국사법행정학회, 1983. 8), 30면; 1978년의 개정로마조약은 동년 9월 6일부터 동년 9월23일 까지 몬트리올에서 개최된 항공법에 관한 국제회의(International Conference on Air Law)에서 「로마조약을 개정하는 몬트리올 의정서」 (The Rome Convention of 1952 as Amended at Montreal in 1987)로 성안되어 찬성 36표, 반대 무, 기권 12표로 채택되었다(외국항공기에 의한 지상제삼자에 대한 항공기운항자의 책임에 관한 국제조약임); Shawcross and Veaumont, Ai*r Law, B*utterworth (London, 1977), at 478~488.

16) 伊澤孝平·石井照久, 「航空法」, 法律學全集30, (1969, 有斐閣), 46面.

결함으로 인한 제조업자의 책임(Manufacturer's Liability) 등이[18] 있다.

제2장 국제항공의 법적 기본구조

제1절 시카고조약과 영공주권

1. 시카고조약의 탄생

(1) 제2차 세계대전 중에 군사수송용의 대형항공기가 다수 출현하였으며 그의 운송능력을 유감없이 발휘하였다. 전쟁종식이 가까워짐에 따라 군용항공기의 민간항공기로의 전환운용이 계획되었고 새로운 민간용항공기의 개발에 착수하였다. 이와 같은 배경을 바탕으로 하여 전시 중에서부터 전후에 이르기까지 국제민간항공의 질서유지와 발전을 위한 제도마련의 필요성이 인식되어 미국과 영국 등 당시 연합국이 중심이 되어 구체적인 검토를 시작하였다. 그 결과 1944년 11월에 미국이 초청국이 되어 시카고에서 국제민간항공회의(International Civil Aviation Conference)가 개최되었다.

이 회의를 1944년의 시카고회의(Chicago Conference in 1944)라고 불려졌으며 지금까지도 국제항공의 초석이 되는 사건으로 세계적으로 기념이 될만한 회의였다. 이와 관련하여 우리나라가 해방되기 전 일본은 그때 당시 제2차 세계대전 중에 있었으므로 태평양의 마리아나군도에서 출발하는 미군기에 의한 본격적인 일본의 본토공습이 시작되기 직전의 시기였다. 이 회의에는 54개국이 참가하였고 회의에서 채택된 조약문서에 각국 대표들이 1944년 12월 7일 서명하였으므로 1947년 4월 4일에 발효되었고 2011년 8월 20일 현재 미국, 영국, 캐나다, 러시아, 프랑스, 독일, 이탈리아, 일본, 중국, 한국, 북한

---

17) 律崎武司, 「日本の空港」, 1980, 38~42頁.

18) 藤田勝利, 「アメリカの航空機製造業者責任の現況」, 『空法』, (第17號, 1974年),勁草書房, 1~5頁; Lees Kreindler, *Aviation Accident Law*, Matthew Bender (New York) 1983§7-021, at 3~7; 김두환, 「항공사고와 항공기제조업자의 법적책임」, 『현대민법학의 제문제』, 청헌김증한박사(晴軒 金曾漢博士) 회갑기념논문집, (박영사, 1981), 643면.

등 190개국이 동 조약에 비준을 하였다.

(2) 이 시카고회의의 최대 성과는 국제민간항공조약(Convention on International Civil Aviation, 이하 시카고조약이라고 호칭함)을 채택하였다는 것이다. 시카고조약은 전문 외 22개장 96개조문로 되어 있으며 「제1부 항공(체약국의 영공에 대한 배타적 주권 인정을 비롯하여 출입국 규제·항공기 등록·세관출입국절차·사고 조사 등을 규정하고 있음)」, 「제2부 국제민간항공기관(ICAO의 조직과 임무 등 규정하고 있음)」, 「제3부 국제항공운송(국제항공운송의 원활을 위한 조치에 대하여 규정하고 있음)」 및 「제4부 최종규정(본 조약이 1919년의 파리조약과 1928년의 아바나조약을 보완 대체하는 것임을 각각 규정하고 있음)」으로 구성되어 있다.

오늘날의 국제항공은 시카고조약을 기반으로 하여 구축되어 있으며 제2부가 규정하고 있는 국제민간항공기관(International Civil Aviation Organization, 이하 ICAO라고 약칭함)은 국제항공의 질서유지와 발전을 목적으로 하는 유일한 세계적인 공적인 국제기관이며 1947년 이후 국제연합(United Nations)산하의 전문기관으로서 국제항공분야에서 크게 공헌하고 있다.

2. 영공주권의 승인

(1) 시카고조약이 규정하고 있는 여러 원칙 가운데서 가장 중요한 원칙은 영공주권에 관한 원칙이다. 우리들이 살고 있는 지구는 지표면(the earth' surface)과 공간(airspace)으로 이루어져 있고 오래 전 로마법 시대부터 「토지를 소유하는 사람의 권리는 토지 위로는 천·공(천·공)까지이며 토지의 아래로는 지심(지심)까지이다」라고 생각되어 왔다. 한국민법도 제212조에 「토지의 소유권은 정당한 이익이 있는 범위 내에서 토지의 상하에 미친다」라고 규정하고 있으며 일본민법에서는 제207조에서 「토지의 소유권은 법령이 제한하는 범위 내에서 그 토지의 상하에 미친다」라고 규정하고 있다.

독일민법(BGB) 제905조에서도 「토지의 소유자의 권리는 지표위의 공간 및 지표아래의 지각까지 미친다. 소유자는 하등의 이익이 없는 높이 및 깊이에서 타인의 간섭을 금지시킬 수 있다」[19]고 규정하고 있어 토지소유권의 범위와 한계를 정하고 있다. 한국과

---

19) § 905 [Umfang und Grenzen des Eigentums].
   Das Recht des Eigentümers eines Grundstücks erstreckt sich auf den Raum über der Oberfläche und den Erdkörper unter der Oberfläche. Der Eigentümer kann jedoch Einwirkungen nicht verbieten, die in solcher Höhe oder Tiefe vorgenommen werden, daß er an der Ausschließung kein Interesse hat.

일본민법에서는 「정당한 이익이 있는 범위 내」 또는 「법령의 제한 내」라고 조건이 붙어 있지만 토지의 소유자의 권리가 상공에까지 미친다는 것을 인정하고 있다는 것이다.

(2) 주권은 일반적으로 나라의 통치권을 의미한다. 주권 즉 한 나라의 통치권이 미치는 범위는 국제법에 의해 결정되지만 시카고조약 제1조에서 「체약국은 각 나라가 그 영토상의 공간에 있어서 완전하고도 배타적인 주권을 가지는 것을 승인 한다」라고 규정하고 있다. 영공상의 주권은 일반적으로 영공주권이라 불리며 제1차 세계대전 후에는 국제법의 일반원칙으로 인정되고 있으며 1919년의 파리조약 기타 조약에서도 똑같은 규정이 있다.[20] 따라서 시카고조약의 이 규정은 국제법상 인정되고 있었던 영공주권을 확인한 것으로 해석되고 있다.[21]

주권의 성격에 대해서 조약은 그것이 완전하고도 배타적인(complete and exclusive) 것이라고 규정하고 있다. 즉, 영공주권이 국내적으로는 완전한 통치권임과 동시에 국제적으로는 배타적인 독립된 권리라는 것을 인정한 것이다.[22] 오늘날의 국제항공에 관한 여러 제도는 모두 이 원칙을 바탕으로 하여 짜여져 있다.

3. 영공의 범위

(1) 영공의 범위에는 지표면에서 수평인 가로(horizontal)의 범위와 지표면에서 수직인 세로(vertical)의 범위가 있다. 가로의 범위는 한나라의 영역(territory)에 의해서 한정된다. 한나라의 영역은 영토(land territory)와 영수(領水: territorial water)로 되어 있으며 영수에는 내수(內水: internal waters)와 영해(territorial sea)로 나뉘어 진다. 영토의 범위는 국제법의 일반원칙 외에 개별적인 국제법에 의해서 결정된다.[23] 한편 내수와 영해의 범위도 국제법의 원칙에 바탕을 두고 정해진다. 이러한 것들에 관한 국제법으로는 1982년의 유엔해양법조약(United Nations Convention on the Law of the Sea, 이하 해양법조약이라고 호칭함)이 중요하다.

해양법조약은 제8조에서 내수에 대해 규정하고 있으며 영해에 관해서는 제3조에서 「어떠한 나라도 이 조약이 정하는 바에 따라 결정된 기선으로부터 측정된 12해리를 넘지

---

20) 1926年의 Madrid조약과 1928年의 Havana조약에도 똑같은 규정이 있다.

21) Shawcross and Beaumont, *Air Law*, 4th edi., at Ⅵ/3.

22) Chicago Convention, Article 1 (Sovereignty), The contracting States recognize that every State has complete and exclusive sovereignty over the airspace above its territory.

23) 1951년의 「일본과의 평화조약」제2조가 그 예이다.

않는 범위에서 그 영해의 폭을 정할 권리를 가진다」고 규정하고 있다.[24]

　해양법조약은 제33조에서 연안국이 세관, 재정, 출입국 관리 및 위생에 대한 감독의 목적을 위해 기선으로부터 24해리를 접속수역(接續水域: contiguous zone)으로 할 수 있다고 하고 있다. 더욱이 제55조 이하에서는 해양자원의 탐사, 개발, 보존 및 관리와 병행하여 에너지 생산을 위해서 200해리 이내의 범위에서 배타적 경제수역(Exclusive Economic Zone)을 설정할 수가 있으며 그 수역에서는 인공섬 등을 구축하는 것을 인정하고 있다. 이들 수역은 특정 목적을 위해서 연안국 행정권의 실효성을 확보하고 있으며 주권적 권리 (sovereign rights)를 인정하는 것일 뿐 영해에 대해서처럼 주권을 인정하는 것은 아니라고 하였다. 따라서 이들 수역은 시카고조약 제2조의 적용 외 지역으로 그 상공에는 주권이 미치지 않는다. [25]

　항공기가 비행하는 공역에서는 항공기의 안전을 확보하기 위하여 비행정보구역(Flight Information Region: FIR)과 그밖에 항공교통관제구역이 설정되어있다.

　비행정보구역은 공해상에도 설정되며 그것을 관할하는 나라는 항공기의 운항에 필요한 정보, 긴급할 때에 항공기의 탐색, 구난구조를 위하여 필요한 정보를 제공한다. 공해상의 비행정보구역의 관할은 ICAO이사회의 승인을 받아 항공교통협정(Regional Air Navigation Agreement)에 기초하여 분장하게 된다. 한국과 일본도 본토주변의 공해상에 비행정보구역을 가지고 있지만 이 구역의 관리업무는 상술한 협정에 기초하여 항공기의 안전과 탐색, 구난구조를 목적으로 하는 정보를 제공할 뿐 영공주권이 그 구역까지 확대되는 것은 아니다.

---

24) UN Convention on the Law of the Sea of 1994, Section 2. Limits of the Territorial Sea, Article 3(Breadth of the territorial sea), Every State has the right to establish the breadth of its territorial sea up to a limit not exceeding 12 nautical miles, measured from baselines determined in accordance with this Convention; 일본의 영해법도 기선으로부터 12해리를 두고 영해의 폭으로 하고 있다.

25) 시카고조약 제11부속서 2 · 1 · 2.

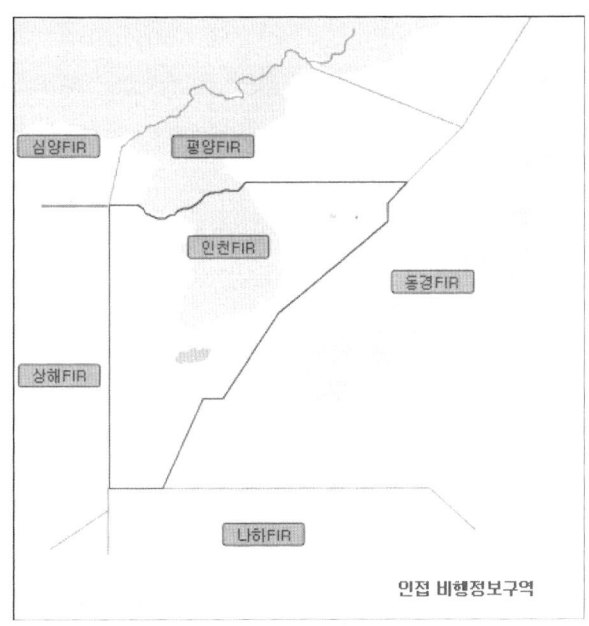

인접 비행정보구역

한국과 북한의 비행정보구역(FIR)

우리나라는 항공기의 안전하고 효율적인 비행을 위하여 항공교통관제업무, 비행정보업
무 및 경보업무(警報業務)를 제공하는 구역으로써 인천비행정보구역이 있으며 이 정보
구역의 면적은 약 43만㎢이다. 인접국의 비행정보구역은 동경 · 나하(Okinawa) · 상해 · 평
양비행정보구역이 있으며 지역관제업무 · 비행정보업무 · 경보업무 등에 관하여 상호 협
조체제를 구축하고 있다.

우리나라의 방공식별구역(防空識別區域: Korea Air Defense Identification Zone;
KADIZ)은 대한민국의 국가안보상 항공기의 식별, 위치결정 및 관제를 실시하기 위하여
설정한 방공책임구역으로서 동구역내로 정체불명의 항공기가 침투하거나 포착될 때에는
반드시 이 구역 내에서 식별하여야만 된다. 근년에 들어와서 방공식별구역이라고 불리고
있는 공역이 영공 이외에 설정되는 일이 많이 있다. 이것은 그 나라의 안전 목적을 위하
여 비행하며 외국항공기를 식별하고 그 위치를 확인하며 관제하기 위하여 설정되는 것으
로 미국이 1950년 12월에 행정명령을 가지고 시작하였던 것이다.26)

일본은 1969년에 방위청훈령 「방공식별구역에 있어서 비행요령에 관한 훈령」에 의해
서 방공식별구역을 설정하였다. 이 범위는 공해상에 미치는데 그것은 외국항공기의 영공

---

26) 城戶政彦, 「空域主權 研究」, (1981, 風間書房), 225頁.

침범에 대한 조치를 공해상에서 유효하게 행하기 위한 것으로 영공주권 또는 그의 연장상의 권리에 의한 것은 아니다 라고 해석되기도 한다. 방공식별구역(防空識別區域)은 비행정보구역과는 다른 것으로 그 범위도 일치하지 않는다. 민간항공기에 대한 비행정보는 원칙적으로서 항공교통관제기관(Air Traffic Control Agency)에 의하여 이루어지고 있다.

(2) 영공의 종의 범위에 관해서는 여러 학설이 있다.[27] 오랜 시간 동안 지표면상의 공간은 무한한 것으로 생각되었다. 이 생각에 의하면 영공에는 종의 범위를 그을 필요 없이 영공은 무한한 것으로 인정되어 왔다. 이에 대하여 영공에서 주권이 인정되는 것은 영역상(領域上)의 공간에 한 나라의 통치권이 발동하기 때문으로 통치권이 작용하지 않는 공간은 영공이라고는 하지 않는다는 것이다. 이와 같은 사고에 의하면 통치권이 유효하게 발동하는 한계가 영공의 세로(縱)의 범위를 긋게 되는 것이다. 한편 최근에 와서 인공위성과의 관계에 착안하여 인공위성의 발사와 궤도상에서 도는 횟수에 대해서는 하위국(下位國)으로부터의 항의가 없는 것을 이유로 인공위성이 궤도상에서 도는 횟수 중 지구에서 가장 가까운 궤도[28]가 영공의 한계라고 하는 주장이 있다.

세계국제법협회(International Law Association, ILA)는 1966년의 헬싱키회의에서 「영공주권은 인공위성의 최저궤도까지는 미치지 않는다」라는 결의를 채택하였지만 이 결의는 영공의 한계에 관하여 반드시 분명한 것은 아니다. 세계적으로 유명한 영국의 빈챙교수(Bin Cheng)는 시카고조약에서 말하는 공간이라는 것은 공기(air)가 존재하는 것을 전제로 하고 있으며 공기가 없는 장소(space)는 공간이 아니라고 주장하고 있으며[29] 캐나다의 마떼교수(N. M. Matte)는 공기가 존재하는 유한의 공간을 중간공역(air medium)이라고 이름을 붙이고 있다.[30]

대기권을 기상학의 일반적 구분에 의하여 살펴본다면 지표면에서 가까운 곳에서부터 대류권(對流圈), 성층권(成層圈), 전리권(電離圈), 외기권(外氣圈)으로 나누어지며 공기는 지표면에서 멀어짐에 따라 희박해지며 그 상층부에서는 거의 공기가 존재하지 않는 상태라고 말하여지고 있다. 항공기는 공기의 반동에 의해 공중에 뜨는 기기이기 때문에 공기가 없는 그리고 거의 없는 곳에서의 비행은 불가능하게 된다. 따라서 국제항공을 위하여 영공의 개념을 규정한 시카고조약의 해석으로는 영공의 세로(縱)의 범위를 항공이

---

27) 板本昭雄, 「國際航空法論」(1992年, 有信堂), 25頁.

28) 근지점(近地點)이라 함은 달·행성이 지구에 가장 가까워지는 지점을 의미한다.

29) Bin Cheng, *The Law of International Air Transport*, 1962, at 120; Bin Cheng, *Studies in International Space Law,* 1997, at 32.

30) Nicolas M. Matte, *Treaties on Air-Aeronautical Law*, 1997, at 32.

가능한 곳으로 세로로 긋는 것이 타당하다는 의견도 있다.

4. 영공주권의 제한

(1) 영공주권은 완전하고도 배타적인 나라의 권리이다. 따라서 그것을 제한하지 않는 한 국제항공은 이루어지지 않는다. 이 점에 관하여 시카고조약은 정기항공(scheduled air service)과 부정기항공(non-scheduled flight)으로 나누어 규정을 하고 있다. 무엇이 정기 국제항공이냐에 관하여 ICAO이사회가 내린 정의가 있다.[31] 이 정의에 해당하지 않는 항공이 부정기항공이라고 볼 수 있다. 시카고조약 제6조에서 정기항공업무는 당사국의 「특별한 허가(special permission)」 또는 「그 밖의 허가(other authorization)」를 받아야만 하며 그 허가의 조건에 따르지 않을 때에는 그 나라의 상공을 통과하거나 그 영역에 들어오지 못하도록 규정되어 있다.

이 규정은 항공주권의 효력을 그대로 표현하고 있는 것으로 정기항공업무는 그 나라의 영공에 관해서 그 나라의 허가가 없는 한 이루어질 수 없다는 것을 선언한 것이다. 「특별한 허가」 그리고 「기타의 허가」는 행정법상의 법형식을 기술한 것이지만 허가의 형식은 각 나라에 따라 다르며 반드시 획일적인 것이 아니므로 양자를 나누어 논하는 것은 의미가 없으며 각각의 사안에 따라 개별적이고 구체적으로 논하는 것이 타당하다고 본다.

상대국이 허가를 내주는 방법으로는 임의적으로 주는 경우와 조약 또는 국제협정을 근거로 하여 의무적으로 주는 경우가 있다. 나라의 행정재량권을 근거로 하여 허가해 주는 것이 전자에 해당되며 항공협정에 근거하여 주는 것이 후자에 해당된다. 항공협정에 의한 허가는 상호적이고도 포괄적인 권리의무에 기초하기 때문에 허가의 취득과 그에 부대되는 조건은 분명하고도 안정적이므로 정기국제항공에 있어서 전자보다 훨씬 뛰어난 점이 있다.

(2) 부정기항공에 관하여는 시카고조약 제5조에 규정하고 있으며 동조는 두 개의 항으로 구성되어 있는데 제1항은 항공기의 상공통과와 「운수 이외의 목적으로 한 착륙」의 경우를, 제2항은 유상으로 항행하는 경우를 각각 규정하고 있다. 「운수 이외의 목적으로 한 착륙(stop for non-traffic purpose)」에 관해서는 시카고조약 제96조에 정의가 있으며, 「여객, 화물 또는 우편물의 적재 또는 양륙하는 이외의 목적으로 착륙을 하는 것을 뜻한다」고 규정하고 있다.

---

31) ICAO, Doc 7278-C 841.

항공기의 급유와 정비를 위한 착륙은 그 전형적인 예라고 볼 수가 있다. 그 중에 유상이 아닌 여객 혹은 화물의 적재 그리고 양륙이 포함되는지 여부에 관하여 논쟁이 있다. 통설에 의하면 동 조약 제96조의 「운수 이외의 목적」에는 유상(有償)이 아닌 여객, 화물의 적재 또는 양륙도 포함된다고 하며[32] 항공기 승무원의 교대와 항공사화물의 반출·반입 등을 목적으로 하는 착륙도 포함된다고 해석되고 있다.

시카고조약 제5조 제1항은 상공통과 또는 「운수 이외의 목적으로 착륙」의 경우에는 상대국의 사전허가를 받지 않고도 부정기항공을 하는 것이 가능하다고 규정되고 있다. 이 조항에 의하여 상대국은 영공주권의 제한에 동의하고 있는 것이 되기 때문에 사전허가 없이 비행하더라도 그 나라의 영공주권을 침해한 것으로 볼 수 없다. 그러나 부정기항공을 행하는 자는 상기 제1항에서 규정하고 있는 상대국의 권리행사를 포함하여 조약의 조항을 준수하는 것을 조건으로 하고 있으며 한편 실무적으로는 항공관제와 그 외 항공기의 안전을 목적으로 하는 제도에 따라야만 하며 비행에 관한 통보 등을 상대국에 하지 않으면 아니 된다. 이 조항에 의하여 항공기업(航空企業)이 자선목적을 위하여 부정기항공편으로 재해지역에 구조물자와 인력을 무상(無償)운송하는 것이 가능하게 되었다.

유상(有償) 혹은 전세로 행해지는 여객, 화물 또는 우편물을 싣는 것과 내리는 것은 제2항에 의해 원칙적으로 인정되고 있다. 「유상 또는 임대(remuneration or hire)」라는 것은 부정기운송을 행하는 자가 운송 대가를 받는 것으로 이 경우 대가는 금액에 한하지 않는다. 그러나 동항(同項)의 단서는 「적재 또는 양륙(揚陸)을 하는 나라는 그 나라가 바람직하다고 인정되고 있는 규제, 조건 또는 제한을 부과시킬 수 있는 권리를 가진다」라고 규정하고 있어 상대국은 그것을 규제하는 것을 권리로서 인정하고 있기 때문에 규제의 정도에 따라 유상부정기항공의 이행은 극히 제한적일 수밖에 없다.

근년(近年)에 들어와서 제트여객기의 출현에 따라 부정기항공은 Charter항공으로 현저히 발달하게 되었고 그 업무내용도 정기항공과 비슷하게 되었다. 그 때문에 정기항공기업에 대한 영향을 걱정하는 많은 나라들이 부정기항공에 엄격한 규제를 가하였고 그 안정적인 시행을 위하여 국제협정이 필요로 하게 되었다.[33] 그러나 최근 국제항공의 자유화와 오픈 스카이(Open Sky)정책의 실시에 의해 정기항공과 Charter항공을 구별하여 얻을 수 있는 실익은 점점 희박해져 갔고 가까운 장래에 정기항공에의 영향을 이유로 하여 Charter항공을 규제할 필요는 점점 없어지리라고 본다.

---

32) Shawcross and Beaumont, *supra*, at Ⅵ/16.
33) 예를 들면 1977년의 제2 Bermuda협정 제4부속서.

(3) 시카고조약 제7조는 Cabotage[34])에 관하여 규정하고 있다. Cabotage란 일국의 영역내의 지점간의 항공운송을 뜻한다. 시카고조약에서 「각 체약국은 다른 체약국의 항공기에 대해서 유상 또는 임대로 자국의 영역내의 다른 지점을 향하여 운송되는 여객, 우편물 또는 화물을 그 영역 내에서 실을 수 있도록 허가를 주지 않을 권리를 가진 다」고 규정하고 있어 Cabotage를 자국의 항공기업을 위해 유보할 권리를 규정하고 있다. 시카고조약상의 이 규정은 영공주권의 효력을 선언한 것에 지나지 않으나 다음 후단에서는 「각 체약국은 다른 나라 또는 다른 나라의 항공기업에 대해서 배타적으로 그와 같은 특권을 특별히 주는 일을 하지 말 것과 다른 나라로부터 그와 같은 배타적인 특권을 획득하지 않을 것을 약속 한다」로 규정하고 있어 영공주권의 행사를 제한하고 있다.

이것은 특정한 외국 혹은 특정 외국의 항공기업에게만 Cabotage의 특권을 주는 것을 금지하는 조항으로 일종의 최혜국조항(最惠國條項)이라 해석되고 있다. 그러나 최근에 와서 유럽에서는 이것과는 다르게 해석하고 있어 복수의 국가가 Cabotage의 교환을 행하더라도 그것이 배타적이지 않으면 위법이 되지 않으며 또한 그것이 특별히(specifically)상대를 한정하는 것이 아니라면 허용될 수 있다.[35]

1966년 스웨덴이 동 조약(동 조약) 제7조 후단에 관하여 ICAO이사회에 유권해석을 요청하였고 그 다음해의 총회에서 그것의 삭제를 요구하였으나 찬성표의 부족으로 부결되었다.[36] EU가 역내항공의 자유화의 내용으로서 가맹국들 간에Cabotage의 특권을 상호인정한 점을 감안하여 볼 때[37] 이 조항은 EU가맹국들과 그 밖의 나라들 간에 미묘한 문제가 제기될 가능성이 있다.

5. 영공의 침범

(1) 각국의 영공주권이 인정된 결과 조약이 정한 경우를 제외하고 하위국의 허가 없이는 그 나라의 상공을 비행하는 것은 안 된다. 시카고조약은 민간항공을 위한 허가에 대

---

34) Cabotage라고 함은 「항공사의 타국내 구간운송」을 하는 외국항공기에 대해서 자국내의 일 정지점간의 운송을 금지하는 것을 말한다.

35) Shawcross and Beaumont, *supra*. at Ⅳ/25A Note 8; Brian F. Havel, *In Search of Open Skies*, 1997 at 53~54; A.A. Mencik von Zebinsky, *European Union External Competence and External Relations in Air Transport*, 1996, at 13~17.

36) Shawcross and Beaumont, *supra,* at Ⅳ/25A Note 8.

37) EC Council Regulation No. 2408/92, Article 3.

해 규정하고 있고 그에 더하여 국영항공기에 대해서도 하위국의 허가를 받아 그 조건에 따르지 않은 다면 그 영공을 비행하거나 착륙하는 것도 안 된다고 규정하고 있다(동 조약 제3조 c). 따라서 어떤 항공기라 하더라도 하위국의 허가 없이 그 나라의 영공을 비행할 경우 영공을 침범하는 것이 되어 국제법상의 위법행위가 된다.

그러나 영공에는 눈으로 보아 인정할 수 있는 경계가 있을 수 있는 것이 아니고 항공기를 조종하는 것은 인간이기 때문에 항공기에 의한 영공침범은 고의에 의한 것과는 별도로 완벽하게 방지한다는 것은 거의 불가능하다. 침범의 형태도 악천후, 계기의 고장 그리고 조종과실로부터 항공기납치에 이르기까지 여러 가지이다.

한편 시카고조약은 민간항공기를 항공의 목적 이외의 다른 목적을 위해 사용하는 것을 금지 하고 있다(동 조약 제4조). 예를 들면 민간항공기에서 스파이 행위를 하는 것은 민간항공의 남용이 되어 시카고조약에 위반된다. 한 나라의 수상이 민간항공기를 Charter하여 공공업무를 처리하기 위하여 여행을 할 경우 그것이 민간항공의 범위에 드는지 들지 않은지에 대하여 논의가 있다. 수상이 가지는 국제법상의 면제와 특권 등의 문제를 제쳐 두고 일국이 Charter계약의 당사자이며 운송의 객체가 수상이라고 하더라도 그 비행이 민간항공의 원칙에 따라 실시되었다면 그것은 민간항공이라고 말할 수가 있다.

그러나 군사수송의 목적을 위하여 Charter낸 민간항공기는 시카고조약 제3조(b)가 규정하는 군의 업무에 사용되는 항공기에 해당되기 때문에 그 항공기는 그 나라의 항공기로 간주되어 시카고조약은 적용되지 않는다(동 조약 제3조 a).

(2) 민간항공기가 영공침범을 했을 때 하위국의 대응에 관하여 명확한 국제규범이 확립되어 있지 않고 있다. 시카고조약에서는 제3조(d)에서 「체약국은 자국의 항공기에 대한 규제를 함에 있어서 민간항공기의 운항안전에 관하여 타당한 고려를 기할 것을 약속한다」라고 규정하였고 동 조약의 제2 부속서(항공규칙) 등에서[38]민간항공기의 요격에 대하여 약간의 규정을 두고 있다.

1983년 9월1일 대한항공기 격추사건의 발생을 계기로 ICAO는 1984년 4월24일 몬트리올에서 임시총회를 소집하여 5월 10일 시카고조약을 개정하는 의정서를 채택하였고 동 조약 제3조 다음에 제3조의 2를 추가하였다. 동 조약 제3조의 2는 ① 민간항공기에 대한 무기사용의 금지와 요격 시에 인명과 항공기의 안전 확보, ② 위반항공기에 대해서 강제착륙 시킬 수 있는 권리 등의 용인과 요격에 관하여 국내규칙의 공표의무, ③ 민간항공기의 하위국의 명령에 따를 의무와 그를 위한 등록국 등의 엄격한 규칙의 제정의무,

---

38) ICAO 제6부속서 제2부(항공기의 운항), 제10부속서(항공통신), 제10부속서(항공교통업무).

④ 자국민간항공기의 의도적인 남용을 금지하는 조치의 의무를 내용으로 하고 있다.

특히 ②에서는 강제착륙을 시키는 것 이외에도 위반을 종료시키기 위하여 다른 지시를 하는 것도 허락하고 있다. 이 개정의정서는 국제법원칙을 조약화하여 현행 시카고조약을 보완하였고 또한 임시총회에 출석한 나라들의 만장일치로 채택된 것임에도 불구하고 1998년 10월 1일 발효되기까지에는 15년이 걸렸다는 사실은 이 문제의 어려움을 여실히 나타내고 있는 것이다.[39] 아울러 ICAO는 제2 부속서의 요격에 관한 부분, 제6 부속서(항공기의 운항), 제10 부속서(항공통신), 제11 부속서(항공교통업무)의 요격에 관련된 부분을 개정하였고 이 부속서들은 1986년 7월 27일 발효가 되어 실시하고 있다.[40]

제2절 정기항공을 위한 협정

1. 다섯 가지의 자유

(1) 정기항공업무를 개설하기 위해서는 영공주권을 가진 나라로부터 허가가 필요하다는 것과 정기항공업무를 안정적으로 행하기 위해서는 포괄적인 허가를 취득하는 것이 바람직하다는 것은 이미 앞에서 언급한 바 있다. 이 포괄적인 허가를 얻기 위한 수단으로서 일반적으로 이용하고 있는 것이 항공협정이다. 항공협정은 당사국의 수에 따라 다자간협정(multilateral agreement)과 양자간협정(bilateral agreement)으로 분류된다.

시카고회의에서는 모든 당사국들에게 동일한 특권을 부여하였고 그 특권을 행사함에 있어서도 같은 조건을 적용하는 다국간협정의 작성을 희망하는 미국과 항공기업의 자주성을 존중하면서 과도한 경쟁을 배제하기 위하여 실적을 바탕으로 한 운송력의 할당을 가능하게 하는 협정의 작성을 주장하고 있는 영국과 대립하고 있었다.[41] 이 배경에는 전쟁으로 인하여 경제적으로 황폐되었던 유럽과 전쟁 중에 경제력을 증강시킨 미국과 차이가 있었다.

미국은 협정당사국간에 서로 교환할 수 있는 특권으로서 「다섯 가지의 자유(five Freedom)」를 제안하였다. 이것을 기초로 하여 작성된 것이 국제항공운송협정(International Air

---

39) 廣部和也, 「シカゴ條約 第3條の2について」, 空法 32號, 92頁 以下.

40) 迎增兼, 「民間航空機への武力使用」, (1993年, 勁草書房), 67頁 以下.

41) Henry Ladd Smith, *Airways Abroad*, 1950, at 171~175.

Transport Agreement, 이하 「5개의 자유협정」이라 한다)이다. 이 협정의 제1조는 특권으로서 다섯 가지의 자유를 다음과 같이 규정하고 있다.

첫째, 다른 당사국의 영역을 무착륙으로 횡단 비행할 수 있는 특권 (제1의 자유),

둘째, 운수이외의 목적을 위하여 다른 당사국의 영역에 착륙할 수 있는 특권 (제2의 자유)

셋째, 항공기의 국적이 있는 나라의 영역에서 실은 여객, 우편물 및 화물을 다른 당사국의 영역에 내릴 수 있는 특권 (제3의 자유)

넷째, 항공기의 국적이 있는 나라로 향하는 여객, 우편물 및 화물을 다른 당사국의 영역에서 실을 수 있는 특권 (제4의 자유)

다섯째, 제3국 영역으로 향하는 여객, 우편물 및 화물, 우편물 및 화물 등을 다른 당사국의 영역에서 적재하거나 또는 제3국의 영역으로부터의 여객, 우편물 및 화물 등을 다른 당사국의 영역 내에 내려놓는 특권 (제5의 자유)

제1의 자유는 다른 나라의 영공을 무착륙으로부터 통과하는 것이기 때문에 상공통과(fly over)의 자유라고도 불리어지고 있다. 한미의 항공관계의 예를 들면 한국의 항공기가 미국의 상공을 무착륙으로 통과하여 멕시코로 향하는 경우 미국과의 관계에서 제1의 자유에 해당된다.

제2의 자유는 운수이외의 목적 즉 다시 말해 항공기의 급유와 정비 등의 기술적 목적을 위한 착륙이기 때문에 기술착륙(technical landing)의 자유라고도 불리어진다. 한국의 항공기가 미국 내에서 착륙하여 급유를 받은 후에 멕시코를 향하는 경우 미국과의 관계에서 제2의 자유가 된다.

제3의 자유와 제4의 자유는 어느 쪽이나 자국과 상대국 사이에서 여객 또는 화물을 싣거나 내려놓거나 하는 것으로 제3의 자유와 제4의 자유와는 운송의 방향이 차이가 난다. 한국의 항공기가 서울에서 적재한 여객 또는 화물을 시애틀에 내려놓는 경우는, 미국과의 관계에서 제3의 자유가 되며 시애틀에서 탑재한 여객 또는 화물을 서울에 내려놓는 경우는 제4의 자유가 된다.

제5의 자유는 상대국과 제3국과의 관계에서 여객 또는 화물을 싣거나 내려놓거나 하는 것으로 제3국간 운송의 자유라고도 불리어진다.

한국의 항공기가 미국으로부터의 여객을 미국에서 싣고 멕시코에서 내려놓는 것이 미국과의 관계에서 제5의 자유에 해당한다.

이상의 다섯 가지의 자유 외에 학설로서 제8의 자유까지 분류하는 경우가 있다.[42]

이 학설에 의하면, 제6의 자유는 상대국으로부터 제3국으로 향하는 여객 또는 화물을 항공기의 국적이 있는 국가에 일단 내리게 하고 다시 그 국가의 항공기에 적재하여 제3국에 내려놓는 것이다. 그 반대의 경우도 또한 제6의 자유가 된다.

예를 들면 미국으로부터 중국으로 향하는 여객을 한국의 항공기가 한국에 일단 내려놓고 다시 한국의 항공기에 탑승시켜 중국에서 내려놓게 하는 경우 미국과의 관계에서 한국의 제6의 자유가 된다.

제6의 자유는 외형적으로는 상대국과의 사이의 제4의 자유와 제3국과의 사이의 제3의 자유 또는 제3국과의 사이의 제4의 자유와 상대국과의 사이의 제3의 자유와를 묶어 놓은 것이 된다. 제6의 자유는 미국이 여러 외국과의 항공협정교섭에 있어 미국으로부터의 또는 미국에로의 운수량을 주장할 목적으로 자주 이용했던 것으로 널리 사용하게 되었다.

제7의 자유는 자국과 관계없이 제3국간에서 여객 또는 화물을 적재하거나 내려놓거나 하는 자유이다. 한국의 항공기를 미국에 주기시켜 놓고 오로지 미국과 멕시코 사이에서 여객 또는 화물의 운송을 행하는 경우인데 한국을 중심으로 생각한다면 제7의 자유에 해당된다. 제7의 자유는 EU가 항공자유화의 내용으로서 EU의 항공기업에게 EU 지역 내에서 인정하였던 것이므로[43] 세계적으로 주목을 받게 되었던 것이다.

(2) 시카고회의에서는 「다섯 가지의 협정」 및 제1의 자유와 제2의 자유만을 특권으로서 인정한 「국제항공업무통과협정」(International Air Services Transit Agreement, 이하 「두개 자유의 협정」이라 부른다)의 두 가지가 다국간협정으로 채택되었다.

「다섯 가지 자유의 협정」은 미국을 포함한 20개국이 서명을 했음에도 불구하고 후에 미국을 시작으로 여러 국가가 이 협정에서 탈퇴하였으므로 현재는 전혀 실효성이 없는 협정으로 남아있게 되었다.

그것에 비하여 「두개 자유의 협정」은 120개국이 가입하여 정기국제항공의 운영에 공헌하고 있다. 한국은 이 협정에 1960년 6월 22일, 그리고 북한은 1995년 2월 8일, 일본은 1953년 10월 20일에 가입하여 당사국이 되어있다.[44] 그러나 지리적으로 거대한 면적을 보유한 국가들 가운데 중국, 러시아 및 브라질이 미가입하고 있는데 국제항공의 가일층의 발전을 위해서는 이러한 나라들의 가입이 기대되고 있다.

---

42) Bin Cheng, *supra*, at 171~175.

43) EC Council Regulation No. 2408/92, Art.3.

44) http://www.icao.int/icao/en/leb/transit.htm

2. 두 가지 자유의 협정

(1) 「두 가지 자유의 협정」은 정기국제항공업무에 관하여 제1의 자유와 제2의 자유 즉 상공통과의 자유와 기술착륙의 자유를 특권으로서 상호허가해 주는 것을 인정하는 다국간협정이다. 상기협정 제1조 1항 전단은 특권에 관하여 다음과 같이 규정하고 있다. 「각 체약국은 정기국제항공업무에 관하여 다른 체약국에 대해서 다음의 자유를 허용한다.

1. 자국의 영역을 무착륙으로 횡단 비행하는 특권

2. 운수 이외의 목적으로 착륙하는 특권[45]

상기협정 제1조 1항은 하늘의 자유(freedoms of the air) 가운데 두개의 자유를 특권(privilege)으로서 규정한 것이다. 여기서 말하는 특권이라 함은 주권의 제한에 의해 생기는 이익으로 권리보다 약한 것으로 해석되고 있다. 이 특권은 군사전용의 공항에는 적용이 안된다. 또한 적대행위가 현실로 행해지고 있거나 또는 군사점령 하에 있는 지역에 관해서는 군 당국의 승인이 특권 행사의 조건이 된다(제1조 제1항 후단). 이 협정은 전시 중에 작성된 것으로 그렇게 하는 것이 특권을 허가하는 국가에 필요하게 될 뿐만 아니라 민간항공기의 안전에도 중대한 관계가 있었기 때문이다.

「운수 이외의 목적」의 해석에 관하여 앞 절에 있는 부정기항공에 관해서 기술했던 부분과 동일하다. 즉, 그 중에는 항공기승무원의 교체와 자사화물의 항공기로의 반출 반입도 포함된다고 해석된다.

(2) 상기협정 제1조 제5항은 「각체약국은 다른 체약국의 항공기업의 실질적 소유 및 실효적인 지배가 어느 국가의 국민에게 속하여 있지 않다고 인정한 경우 또는 그 항공기업이 상공을 운항하는 국가의 법령을 준수하지 않고 혹은 이 협정에 의거한 의무를 이행하지 않는 경우 그 항공기업에 대한 면허 또는 허가를 주지 않거나 또는 그것을 취소하는 권리를 유보 한다」라고 규정하고 있다.

이 규정에서 분명한 것은 특권의 행사에는 항공기업에 대한 당사국의 허가 또는 면허가 필요하다는 것과 허가 또는 면허에 항공기업의 자국민에게의 귀속이 요건이 될 수 있다는 것이다. 허가 또는 면허의 취득은 그것을 발급하는 당사국의 국내법에 의해 행하여지게 된다.

---

45) Article 1, Section 1, Each contracting State grants to the other contracting States the following freedoms of the air in respect of scheduled international air services:
   (1) The privilege to fly across its territory without landing;
   (2) The privilege to land for non-traffic purposes.

(3) 운수 이외의 목적으로 착륙하는 특권을 다른 당사국의 항공기업에 허가하는 당사국은 그 항공기업에 대하여 항공기가 착륙하는 지점에 있어 합리적인 상업상 업무를 제공하도록 요구하는 것이 가능하다. 그러나 당사국이 요구를 함에 있어 동일노선상에 운영하고 있는 항공기업 사이에 어떤 차별도 해서는 안되고 한편 항공기업이 운항하는 항공기의 적재량을 고려하지 않으면 안되며 게다가 관계국제항공업무의 통상운영 또는 협정 당사국의 권리 및 의무를 해치지 않는 방법으로 하지 않으면 아니 된다고 규정하고 있다.(제1조 제3항) 이 조항은 일찍이 장거리노선의 단지 중계지 역할의 가치밖에 없었던 지점이 항공업무의 이익을 전혀 받을 수 없는 경우를 고려하여 마련되어진 것이지만 항공기의 항속거리의 신장과 지점의 가치가 변화한 오늘날에 있어서는 대부분이 사문화되고 있다.

(4) 당사국의 영공통과 및 영역 내에서의 착륙은 무질서하게 행해져서는 안된다.

이것은 그 당사국의 이익을 위한 것이기 때문만은 아니고 영공 상에서의 항공기안전을 위해서도 필요한 것이다. 그 때문에 동 협정은 특권을 허가하는 당사국이 자국 내에서 비행해야할 항공로를 설정하고 또 사용해야할 공항을 지정할 수 있다는 것이다.

한편 영공통과 및 공항에서의 이착륙을 위해서는 지상으로부터의 유도 및 공항에서의 시설사용 등이 필요불가결한 것이기 때문에 그러한 서비스에 대해 유사 국제업무에 종사하는 자국항공기가 지급하는 것보다 고액이 아니어야 하고 공정하고 합리적인 요금을 다른 당사국의 항공기에 부과시킬 수가 있다(제1조 제4항).

그러나 이러한 요금이 부당하게 높을 때에는 국제민간항공운영을 저해하는 일도 있을 수 있기 때문에 협정은 ICAO이사회가 관계당사국의 신청에 의하여 이러한 요금심사를 하고 권고를 할 수가 있다(同項).

(5) 당사국은 이 협정에 의거한 다른 당사국의 조치가 자국에 대하여서 불공정 혹은 지장을 줄 수 있다고 판단할 때는 ICAO이사회에 대하여 그 원인을 조사하도록 요구할 수가 있다. 이러한 요구가 있을 때에 이사회는 그 원인을 조사하고 또 관계국과 협의를 하도록 하며 그 협의에 의하여도 문제를 해결할 수 없는 경우에는 관계당사국에 대해 적절한 인정(findings) 및 권고를 하는 것도 가능하다.

이사회는 그 후에 있어서도 관계당사국이 적절한 시정조치를 부당하게 취하지 않았다고 인정한 경우에는 ICAO총회에 대하여 그의 당사국이 그 조치를 취할 때까지 그의 당사국에 대하여 이 협정에 의한 권리 및 특권을 정지하도록 권고할 수가 있다.

총회는 3분의 2의 투표(vote)에 의하여 총회가 적당하다고 인정한 기간 또는 해당 당사국이 시정조치를 취했다고 이사회가 인정할 때까지의 기간 내에 그 당사국에 대하여 이 협정상의 권리 및 특권을 정지시킬 수가 있다(제2조 제1항).

한편 이 협정의 해석 또는 적용에 관해 둘 이상의 당사국 간의 의견차이로 이들 당사국간의 교섭에 의하여 해결되지 않는 경우는 시카고조약의 「제18장 분쟁 및 위약」에 관한 조항에 따라 처리하도록 하였다(제2조 제2항).

(6) 이 협정은 ICAO 가맹국들이 미국정부 앞으로 가입(acceptance)의 통고를 하고 미국 정부가 그 통고를 수령한 때에 이 협정에 가맹한 국가들 간에 효력이 발생된다. 이 협정은 시카고조약이 효력을 지니는 동안 계속 유효하고 당사국은 미국정부에 대하여 1년의 예고를 한 후 이 협정을 폐기시킬 수가 있다(제3조).

3. 두 나라 간의 항공협정과 표준방식

(1) 정기항공업무에 필요한 실효적인 다국가 간(多國家間) 항공협정이 아니라면 그 실시를 위해서는 두 나라 간의 항공협정에 의존할 수밖에 없다. 시카고회의에서는 다국간항공협정의 작성 외에 두 나라 간의 항공협정에 의하여 정기항공업무에 관한 포괄적인 허가를 얻는 것을 고려하였고 또한 그 형식과 내용을 통일을 시키는 것이 검토되었다. 그 결과 권고로 채택된 것이 2국 간 항공협정의 표준방식(Standard Form of Agreement for Provisional Routes)이다.

이 표준방식에는 당사국이 특정한 나라 또는 항공기업에 차별적 특권을 주는 것을 금지하고 있으며 부속서에서 노선 및 운수 권을 특정하는 일 외에 항공기업의 지정, 지정 항공기업의 실질적 소유와 실효적 지배, 공항사용료 및 항공연료 등에 대한 과세의 내국민대우 및 면제, 내공증명 등의 상호인정, 항공기 및 여객 등의 출입국의 규제, 항공기업에 따르는 상대국의 국내법준수의무, 협정의 ICAO에서의 등록, 협정의 개정 및 폐지에 관한 것들이 규정되어 있다.

(2) 뒤에서 언급하는 바와 같이 1946년에 미국과 영국 두 나라 간의 항공협정이 체결되었다. 이 협정은 대서양의 버뮤다 섬에서 체결되었기 때문에 버뮤다 협정(The Bermuda Agreement)이라 불리어지게 되었다. 버뮤다 협정은 표준방식에 준거했던 것이지만 표준방식에 빠져 있는 수송력과 운임 등의 중요사항에 관한 조항을 보충하였고 또 그것이 시카고회의에서 대립하였던 미·영 양대 세력의 타협의 산물이었던 까닭에 그 후 각국은 버뮤다 협정을 모델로 하여 항공협정들을 맺었으므로 「버뮤다 형」이라고 불리 우는 두

나라간의 항공협정이 성립하게 되었다. 韓國과 日本이 이때까지 맺은 항공협정들은 거의 대부분이 「버뮤다 형」의 항공협정이다.

4. 항공협정에 따르지 않는 정기항공업무

(1) 항공협정이 없더라도 취항하는 상대국의 허가만 있으면 그 나라에서의 정기항공업무의 운영은 가능하다. 나라에 따라서는 외국항공기업의 취항은 인정하더라도 그 때문에 항공협정을 체결하는 것을 좋아하지 않는 나라도 있다. 자국에 적당한 항공기업이 없는 경우와 항공기업이 있어도 상대국으로 취항계획이 없는 경우에 항공협정을 체결하여도 자국에 이익이 없는 이유로 그러한 나라와 항공협정을 체결하지 않고 일방적인 행정허가에 의해 외국항공기업의 정기항공업무를 인정해 주고 있는 나라도 있다. 일찍이 일본의 항공기업은 아랍에미리트, 사우디아라비아, 바레인 등에는 이런 방식으로 취항했으며 한편 Cargo Lux는 지금도 이 방식으로 일본에 취항하는 것을 인정해 주고 있다.

(2) 항공협정을 체결하고 싶어도 그것을 할 수가 없어 민간협정을 근거로 정기항공업무의 허가를 취득하는 경우가 있다. 현재 일본과 대만 사이에는 정기항공업무가 상호적으로 운영되고 있지만 대만이 국가가 아니기 때문에 항공협정의 체결이 불가능하다.

그 때문에 민간단체인 일본 측의 교류협회와 대만 측의 아동관계협(亞東關係協會)회가 정기항공업무에 필요한 조건을 규정한 「민간항공업무의 유지에 관한 계약」을 체결하고 그것을 토대로 하여 일본과 대만의 항공당국이 저마다 상대항공기업에 운영허가를 발급하여 줌으로서 정기항공업무의 운영을 하고 있다.

일본측의 교류협회와 대만측의 아동관계협회(亞東關係協會)는 둘 다 민간단체이기 때문에 양자가 맺은 협정은 민간협정이며 그것이 항공협정을 대신하는 셈이 되었다.

또 일찍이 한국과 일본이 국교를 정상화하기 이전에 대한항공과 일본항공이 양사 간에 항공업무를 상호 개설하는 요지의 기본합의서에 조인하였고 그것에 관하여서 저마다 양국의 정부로부터 승인을 각각 얻은 후 다시 상세한 항목을 규정한 협정을 체결하여 그것에 따르는 것을 조건으로 상대국 정부로부터 허가를 얻어내어 정기항공업무를 개시한 일이 있다. 이 경우 대한항공과 일본항공이 체결했던 민간협정이 항공협정의 역할을 대신하였다는 것이다. 그러나 이러한 것은 국가간의 협정과는 다르게 국가를 구속하는 것은 아니기 때문에 한·일 국교정상화 후에 곧바로 한일 항공협정으로 전환되었다.

제3장 국제항공을 위한 국제단체

제1절 국제민간항공기관(ICAO)

1. 서 설

(1) 제2차 세계대전 후에 있어서 국제항공의 발전을 위하여 국제적인 기관을 설립하고 싶다는 열망은 당시의 연합국 및 중립국들 사이에서는 공통의 바람이었다.

그것을 위하여 1944년의 시카고회의의 의제의 첫번째로 민간항공을 위한 국제관리기관의 설립이 천거되었다. 그러나 어떠한 기관을 설립할 것인가에 관하여 회의참가국들 사이에 의견이 나뉘어져 있었고 특히 지도적인 지위에 있는 미·영 양국은 설립하여야만 될 기관의 성격에 관하여 첨예하게 대립되고 있었다.[46)]

영국은 전후의 국제민간항공이 미국의 독점하에 놓인 것을 극도로 두려워하였고 전쟁으로 인한 피폐한 나라들의 항공을 보호하기 위해서는 운임외에 민간항공의 중요한 부분을 유효하게 관리하는 국제적기관이 필요하다고 해서 초국가적기관의 설립을 강력히 희망하였다. 이것에 대하여 미국은 기업의 자유를 존중하는 전체적인 사상과 제2차 세계대전중에 유감없이 발휘된 경제력을 배경으로 강력한 관리기관의 설치에 반대하고 설립되는 국제기관은 국제항공의 질서유지 및 발전을 목적으로 한 정보의 교환 및 기술적 협력의 촉진을 주체로 한 것으로 하지 않으면 안된다고 주장하였다.

(2) 시카고회의에서는 결과적으로 미국의 주장이 대거 채택되었고 구체적으로는 시카고조약 제2부에서 ICAO(International Civil Aviation Organization, 국제민간항공기관)의 설립과 조직에 관계된 규정이 채택되었다. ICAO 특징의 주요한 것은 다음과 같다.

첫째, 이 기관의 설치 및 운영은 국제민간항공에 관한 여러 원칙을 정한 시카고조약 제2부에 규정되어있고 ICAO와 시카고조약의 다른 부분과는 불가분의 관계에 있다는 것이다. 즉, ICAO에 가입 및 ICAO로부터의 탈퇴는 전부 시카고조약의 가입 및 시카고조약으로부터의 탈퇴에 의하여 이루어지고 있고 그 절차는 시카고조약의 제21장에 규정되었다. 이것은 국제민간항공의 질서유지 및 발전을 위해서는 시카고조약이 규정하고 있는

---

46) Henry Ladd Smith, *Supra* at 167~169.

여러 원칙의 존중이 불가피하고 ICAO의 구성원은 모두 이것들의 여러 원칙을 존중하여야만 된다는 생각을 전제로 하고 있다.

둘째, ICAO가 이때까지 존재하고 있었던 국제항공에 관한 국제단체를 흡수하는 세계적인 기관으로서 설립되었다는 것이다.

ICAO는 단지 기술적 분야에 있어서의 뿐만 아니라 경제적 및 법률적 분야에 있어서도 세계적인 기능을 가지고 있는 것이 시도되었으며 그 예를 들면 국제항공법의 발달에 현저한 공헌을 한 국제항공법전문가위원회(CITEJA)는 해체되었고 그 기능은 ICAO의 하부기구인 법률위원회로 넘겨져서 계승되었다.

셋째, 시카고회의 당시 국제연합(UN)은 아직 설립되지 않았지만 국제연맹(League of Nations)에 대표하는 일반적인 국제기구의 설립이 예정되고 있었기 때문에 그것과의 연휴(連携에) 관해서 고려가 되어 ICAO는 일반적국제기구의 하부기관이 되는 것으로 규정하였다. 그 후 국제연합이 탄생하기에 이르러 ICAO는 UN의 전문 기관(Specialized Agency)으로 되었다.

2. 설립목적

ICAO가 미국의 주장을 받아들여서 국제항공질서의 유지 및 발전을 위하여 국가간에 있어 정보의 교환 및 기술적 협력을 중심으로 한 것은 이미 언급한바 있지만 시카고조약 제44조는 ICAO의 다음과 같은 목적 때문에 국제항공의 원칙 및 기술을 발전시키고 국제항공운송의 계획 및 발달을 조장한다는 뜻을 규정하였다.

(1) 세계를 통하여 국제민간항공의 안전과 정연(整然)한 발전을 확보하는 일
(2) 평화적 목적을 위해 항공기의 설계 및 운항의 기술을 장려하는 일
(3) 국제민간항공을 위한 항로, 공항 및 항공안전시설의 발전을 장려하는 일
(4) 안전하고, 정확하고, 능률적이고 경제적인 항공운송에 대한 세계 여러 국민의 요구에 부응하는 일
(5) 불합리한 경쟁에서 발생되는 경제적 낭비를 방지하는 일
(6) 당사국의 권리가 충분히 존중되는 것과 모든 당사국들이 국제항공기업을 운영하는 공정한 기회를 가지는 것을 확보하는 일
(7) 당사국간의 차별대우를 피하는 일
(8) 국제항공에 관한 비행안전을 증진시키는 일

(9) 국제민간항공의 모든 분야의 발달을 전반적으로 촉진시키는 일

ICAO는 지금까지 기술면에 있어서는 현저한 업적을 이루어진바 있으나 경제 및 상업면에 있어서는 각국의 이해의 대립으로부터 그 조정기능은 한정적이라고 말해져 왔다. 특히 1994년 11월 23일부터 12월 6일까지 캐나다 몬트리올에서 개최한 항공운송회의에서는 사무국이 작성한 국제항공운송의 자유와 제안을 검토한 후 국제항공운송의 새로운 방향을 제시하였다.

3. 구성원

(1) ICAO는 시카고조약의 당사국에 의하여 구성되었다. 시카고조약의 당사국은 다음의 3종류의 나라로 나누어진다.

첫째, 시카고조약의 서명국이고 비준서를 기탁한 나라들이다.

서명국에는 미국 및 영국을 비롯하여 제2차 세계대전 당시의 연합국 대부분이 포함되어 있다. 서명국은 비준서를 미국정부에 기탁함으로서 시카고조약의 당사국이 되며 ICAO의 구성원이 되는 것이다(동 조약 제91조).

둘째, 서명국 이외의 연합국 및 중립국으로서 미국정부 앞으로 가입을 통고한 나라들이다.

베네수엘라, 아르헨티나, 코스타리카, 파나마 등이 여기에 해당한다. 시카고조약은 연합국 및 중립국에 대해서는 가입이 무조건 개방되어 있었기 때문에 가입의 통고만으로 시카고조약의 당사국이 되었고 ICAO의 구성원이 되었다(동 조약 제92조).

셋째 상기 첫째 및 둘째 이외의 나라들이다.

이것에는 일본이나 독일과 같은 제2차 세계대전의 패전국과 인도네시아나 필리핀과 같은 제2차 세계대전 후에 독립한 나라가 포함되어 있다. 이들 나라가 시카고조약에 가입하기 위해서는 국제연합의 승인을 얻는 일이 조건으로 되어있었고 ICAO총회의 4/5 투표에 의하여 총회의 정해진 조건에 따르지 않으면 안된다. 더욱이 가입국이 제2차 세계대전 패전국일 경우에는 제2차 세계대전 중에 그 나라보다 침략 또는 공격한 나라의 동의를 필요로 한다(동 조약 제93조).

(2) ICAO의 구성원으로서 자격은 시카고조약으로부터 탈퇴하면 자격을 상실한다. 시카고조약으로부터의 탈퇴는 미국정부에 조약폐기를 통고함에 따라 이루어지고 그것은 미국성부가 통고를 수령한 날로부터 1년 후에 유효하게 된다(동 조약 제95조). 1947년 이

후 ICAO는 국제연합전문기관으로 되어왔으나 같은 해 시카고조약의 개정이 이루어졌고 UN총회에서 ICAO로부터의 제명권고를 받은 나라 또는 국제연합으로부터 제명된 나라로서 특히 ICAO에 남아있는 나라 중에 부대권고를 받지 않은 나라는 자동적으로 ICAO로부터 제명하게 되었다(동 조약 제93조 추가조항[a]). 이 조항에 따라 ICAO로부터 제명된 나라도 UN총회의 승인 및 ICAO이사회의 과반수의승인이 있으면 ICAO에 재가입할 수 있도록 하였다(동 조약 제93조 추가조항[b]).

더욱이 시카고조약의 개정을 규정하는 동 조약 제94조[b]에 의하면 시카고조약의개정은 ICAO총회의 결의를 함에 있어 개정의 성질상 정당하다고 인정될 경우에는 그 채택을 권고하는 결의에 있어 효력의 발생 후 소정의 기간 내에 비준하지 않은 나라가 바로 ICAO에 가맹국 및 시카고조약의 당사국이 되지 않는다는 것을 규정할 수가 있다. 그러나 이 조항은 ICAO가 원용(援用)하지 아니하였던 선례도 있어 이 규정의 실효성에 의문이 있다.

4. 소재지

ICAO의 항구적인 소재지는 임시국제민간항공기관의 중간총회(Interim Assembly)의 최종회의에서 결정되었고(동 조약 제45조) 1946년 중간총회의 결의에 따라 캐나다 몬트리올로 결정되었다. 한편 조약은 ICAO가 어떠한 이유에 의하여 일시적으로 항구적 소재지를 떠나지 않으면 안 되는 이유를 고려하여 이사회의 결정에 따라 일시적으로 소재지를 다른 장소로 이전하는 것이 가능해 졌다(동 조약 제45조).

1954년에는 소재지에 관한 동 조약 제45조의 규정을 개정하는 의정서가 총회에서 채택되었고 총회가 정한 3/5이상의 표수에 따라 ICAO의 항구적 소재지를 다른 장소로 옮기는 일이 가능해졌다(동 조약 제45조 개정조항). 캐나다는 1958년에 이 의정서를 비준했기 때문에 이 개정은 캐나다에 대해서도 유효하였다.

5. 법인성

(1) ICAO는 법인격을 가진다. 시카고조약 제47조는 「이 기관은 각 체약국의 영역 내에서 임무의 수행에 필요한 법률상의 행위능력을 향유한다. 이 기관은 관계국의 헌법 및 법률과 양립하는 한 완전한 법인격을 부여 한다」라고 규정하고 있다.

법률상의 행위능력이란 계약을 체결하고 동산 및 부동산을 취득 또는 처분하고 소송하는 능력이 있으나 ICAO는 그 나라의 헌법 및 국내법의 저촉되지 않는한 관계국에 있어 법인격을 가진다. 여기서 말하는 관계국이란 ICAO의 소재지가 있는 캐나다를 비롯하여 ICAO의 활동에 관여하는 모든 나라들을 말하고 반드시 시카고조약의 당사국의 한하지 않는다. 당사국이 아닐지라도 ICAO와 약정을 맺은 일도 있고 이들 나라가 ICAO의 법인격을 인정하는 한 그것을 부정하는 이유가 없기 때문이다.[47]

(2) ICAO는 국제연합의 전문기관으로서 법인격을 가지고 동시에 국가나 외교기관에 준하는 특권 및 면제가 주어진다. ICAO에는 「전문기관의 특권 및 면제에 관한 조약 (Convention on the Privileges and Immunities of the Specialized Agencies)」이 적용된다. 동 조약 제2조는 전문기관이 법인격을 가진다는 것을 규정하였고 제3조 및 제4조는 전문기관의 재산에 관하여 재판, 수사, 송금제도, 과세 등으로부터의 면제 및 통신시설에 관한 특권이 인정된다고 규정하였다.

6. 조 직

ICAO는 총회, 이사회, 이사회를 보좌하는 전문위원회 및 사무국으로 조직되어 있다.

1) 총 회

총회(Assembly)는 ICAO의 최고기관이고 구성원인 모든 당사국의 대표자에 의하여 구성된다. 총회에는 정기총회와 임시총회가 있고 정기총회는 이사회가 적어도 3년에 한번은 적당한 시기와 장소에서 소집한다. 임시총회는 이사회의 소집 또는 총수 1/5이상의 당사국으로부터 사무국장 앞으로 요청이 있을 때는 언제든지 개최할 수가 있다.

총회의 결정이 유효하기 위해서는 구성원인 당사국의 과반수의 정족수가 필요하고 조약의 가입, 조약의 개정과 같이 시카고조약에 특별히 정한 경우를 제외하고는 표결은 투표의 과반수로 결정된다(동 조약 제48조)

총회의 임무로서 조약에는 다음 11개항목이 규정되어 있다.

(1) 총회의 의장 및 기타 임원(other officers)의 선출

---

47) Bin Cheng, *The Law of International Transport*, 1962, at 39.

(2) 이사국의 선출

(3) 이사회 보고의 심사 및 이사회로부터의 위임사항의 결정

(4) 총회의 절차규칙의 결정 및 보조위원회(Subsidiary Commission)의 설립

(5) 연차예산의 표결 및 재정조치의 결정

(6) 지급의 검사 및 결산보고의 승인

(7) 총회의 활동범위내의 사항 중 이사회 또는 보조위원회로부터 위임 받은 사항

(8) 이사회내의 권한위임, 취소 및 수정

(9) 다른 국제기관과의 계약 및 「두 가지 자유의 협정」에 의하여 부과되는 임무의 수행

(10) 시카고조약의 수정(modification) 또는 개정(amendment)의 제안의 심의 및 당사
국의 권고

(11) ICAO의 활동범위내의 사항으로 특히 이사회의 임무로 되어 있지 않은 사안의
처리(제49조)

2) 이사회

(1) 이사회는 총회에 대하여 책임을 지는 상임(常任)의 기관으로서 ICAO의 임무수
행상 가장 중요한 기구이며 총회가 선출하는 33당사국의 대표로 구성된다. 선출된 당사
국은 이사국이라 불리어지고 이사국의 선거는 3년마다 치러진다(동 조약 제50조 a). 이
사국의 선출에 있어 이사국은 다음과 같은 배분(配分)에 의하여 선출되지 않으면 아니
된다.

① 항공운송에서 가장 중요한 나라

② 국제민간항공을 위한 시설의 설치에 가장 크게 공헌한 나라

③ 이사회의 구성을 지역적으로 망라시키기 위한 특정지역을 대표하는 나라 이사국의
선출은 위의 구분과 같이 이사국의 입후보를 받아 구분하여 선거를 한다. 이사국이
공석일 경우에 총회는 가능한 빨리 보충하여야 한다.

보충에 선출된 이사국은 전임 이사국의 잔임 기간만을 재임한다(동 조약 제50조 b)

(2) 이사회의 의장(President)은 이사회가 3년의 임기로 선출되지만 널리 인재를 구하
기 위하여 반드시 이사국의 대표로 국한하여 선출할 필요는 없다(동 조약 제51조) 이사
국의 대표자 가운데서 의장이 선출되었을 때에는 그로 인하여 생긴 공석은 그 대표자에
속한 나라별로 대표자를 선출하지 않으면 아니 된다. 이사회의 의장에게는 중립성이 요

구되어 그 임무수행에 관하여 ICAO 이외의 어떠한 당국에 지시를 요구 또는 받아서도 아니 된다. 또한 당사국은 자국민이 의장으로 그 책임을 수행함에 있어 이를 좌우하는 압력을 가해서는 아니 된다고 규정하고 있다(동 조약 제59조). 이사회의 의장은 재임할 수 가 있다.

그러나 의장은 투표권이 없다(동 조약 제51조). 의장은 이사회의 대표자가 되어 이사회가 지정하는 임무를 이사회를 대신하여 수행한다(동 조약 제51조(b)(c)) 또한 이사회, 항공운수위원회 및 항공위원회는 이사회의 의장이 소집한다(동 조약 제51조). 이사회의 의장에게도 공적국제기관(公的國際機關)의 직원에게 부여되는 면제 및 특권이 주워진다(동 조약 제60조).

이사회의 부의장(Vice President)은 이사회의 구성원 중에서 1인 또는 2인 이상의 수로 선출되고 의장대리(acting President)로서 근무하지만 의장 대리로서 근무하는 동안 투표권을 가진다(동 조약 제51조).

(3) 이사회의 결정은 그 구성원 과반수의 승인을 요한다. 이사회는 특정사항에 관한 권한을 그 구성원이 구성하는 위원회에 위임할 수 있다. 이 위원회의 결정에 있어서 이해관계가 있는 당사국은 이사회에 이의를 신청할 수 있다(동 조약 제52조).

이사국은 자국이 당사자인 분쟁에서는 이사회가 행하는 결정에 대한 투표권을 가지지 못한다. 또한 이사국이 아닌 당사국은 자국의 이해에 특히 영향을 주는 문제에 관하여 이사회 및 그 위원회가 행하는 심의에 투표권 없이 참가할 수 있다(동 조약 제53조)

(4) 이사회의 임무를 대별하면 의무적 임무(mandatory functions) 와 임의적 임무(permissive function) 로 나누어진다.

시카고조약에 규정되어 있는 의무적 임무는 다음 14개 항목이다.

① 연차보고서의 총회 제출
② 총회 및 조약에 의하여 부과된 임무의 수행
③ 이사회의 조직 및 절차에 관계된 규칙의 결정
④ 항공운송위원회의 위원의 임명 및 임무의 결정
⑤ 항공위원회의 설치
⑥ 회계의 관리
⑦ 이사회의장의 보수에 관한 결정
⑧ 사무국장의 임명 및 기타 직원들의 임명에 관한 규정의 제정
⑨ 항공의 발전 및 국제항공업무의 운영에 관한 정보관리

⑩ 시카고조약의 위반 및 이사회의의권고 또는 결정을 이행하지 않은 것에 대한 당사 국에 대한 통보

⑪ 조약위반의 통고 후 당사국이 적당한 조치를 취하지 않았을 경우에 대한 총회에의 보고

⑫ 국제표준(international standards) 및 권고방식(recommended practises)의 채택 및 이에 관한 조치에 대한 당사국에의 통고

⑬ 부속서(Annex)의 개정에 관하여 항공위원회의 권고의 심의 및 제20장(부속서)에 규정하고 있는 조치의 집행

⑭ 당사국이 부탁한 문제의 심의 (동 조약 제54조)

임의적 임무는 다음과 같다.

① 지역적인 기초와 그 밖의 기초에 바탕을 둔 항공운송소위원회(subordinate air transport commissions)의 창설 및 시카고조약 목적수행을 쉽게 하기 위한 교섭국 또는 항공 기업 집단을 정하는 것

② 항공위원회에 대한 추가적 임무의 위임, 취소 및 수정

③ 국제적으로 중요한 항공운송 및 항공의 모든 부분에 관한 조사 및 그 결과의 당사 국에의 보고 및 당사국간의 정보교환의 촉진

④ 국제항공운송의 조직 및 운영에 관한 연구 및 이에 관한 계획의 총회에의 제출

⑤ 국제항공 발달을 방해하고 있는 장애의 조사와 그 결과보고의 발표(동 조약 제55 조 학설 가운데에는 이사회의 기능을 행정적 권능(administrative powers), 입법적 권능(legislative powers), 감독적 권능(supervisory powers), 사법적 권능(judicial powers) 및 조사와 기획적 권능(research and planning powers)의 다섯으로 나누 는 것과48) 기타가 있다.49) 행정적 권능이란 ICAO의 운영에 관한 것을 말한 것이 고, 입법적 권능이란 주로 국제표준 및 권고방식의 채택 등을 의미한다.

감독적 권능이란 시카고조약의 시행을 효과적으로 하기 위하여 조약 제54조의 일부에 있는 감독적 규정 외에 조약 제81조에 있는 협정의 등록이 이에 해당한다.

사법적 권능은 조약 제18장(분쟁 및 위약)에 관한 이사회의 권능을 말하는 것으로 시 카고조약 및 그 부속서와 「두 가지의 자유협정」의 해석 또는 적용에 관한 당사국간의

---

48) Bin Cheng, *supra*, at 47〜52.

49) Shawcross and Beaumont, *Air Law*, 4th ed., at Ⅱ/7〜8. 이 책에서는 ① 일반적 기능, ② 국제적 관 리 사법기능, ③ 입법적 기능, ④ 정산적 기능, ⑤ 내부관리적 기능, ⑥ 조사·연구기능 등 여섯 가지로 분류하고 있다.

분쟁은 관계국의 신청에 기초하여 이사회는 해결하도록 되어있다. 조사 및 기획적 권능이란 ICAO의 목적을 위하여 필요로 하는 조사 및 연구, 이와 병행하여 그 결과에 기초하여 행하여지는 계획의 제출에 관한 것이다.

ICAO기관으로서 이사회가 중시되는 것은 이사회의 권능이 광범하고 탄력적이며, 집행력을 가진 기관으로서 국제항공의 질서 있는 발전과 안전의 향상을 위하여 중요한 역할을 완수하고 있기 때문이다.

3) 위원회

시카고조약에 규정되어 있는 것은 항공위원회와 항공운송위원회 두 가지만 있지만 총회의 결의에 의하여 기타 위원회를 설치할 수 있다(동 조약 제49조(d)).

(1) 항행위원회(Air Navigation Commission)

이 위원회는 당사국이 지명하는 자 중에서 이사회가 임명하는 19명의 위원으로 구성된다. 그 위원은 항공이론 및 실제에 대하여 적절한 자격 및 경험을 가진 자이어야만 한다(동 조약 제56조). 이 위원회는 ① 부속서의 수정을 심의하고 그의 채택을 이사회에 권고하는 것, ② 바람직하다고 인정하는 경우에는 전문부회를 설치하는 것, ③ 항공의 발전에 필요한 유용한 정보의 수집 및 당사국에의 통지에 관해서 조언하는 것을 임무로 하고 있다(동 조약 제57조). 지금까지 이 위원회는 국제표준 및 근무방식의 채택과 개정에 관한 중요한 활동을 계속하여 왔다.

(2) 항공운송위원회(Air Transport Committee)

이사외의 구성원인 대표자로부터 선임된 자로 구성하는 위원회(동 조약 제54조(d)) 로 12명으로 구성된다.[50] 이 위원회는 주로 국제항공운송의 경제면을 담당하고 그 임무는 이사회에서 결정된다. 이 위원회의 하부기구로서 통계부회, 항공운송간이화부회(航空運送簡易化部會)가 있고 1977년, 1980년, 1985년 및 1994년에 개최된 ICAO의 항공운송회의에서는 국제항공운송의 제도적인 짜임새의 검토에 관하여 이사회를 보좌하고 있다.

---

50) ICAO Doc 4557-C/441.

(3) 법률위원회(Legal Committee)

ICAO 제1회 총회에서 설치된 항구적인 위원회이며 모든 당사국에 개방되어 당사국이 지명하는 법률가로 구성된다. 이 위원회는 1945년 이래 국제항공운송법의 법전화에 공헌하였으며 국제항공법 전문가위원회의 기능을 계승받아 국제항공에 관한 법무일반을 담당하고 있다. 법률위원회의 규정에 의하면 이 위원회는 ① 시카고조약의 해석 및 개정에 관하여 이사회에 조언하는 것, ② 이사회 또는 총회가 위임하는 국제항공법에 관한 기타사항 에 대해서 심의하고 권고하는 것, ③ 총회 또는 이사회의 지시 또는 이사회가 사전에 승인한 위원회의 발의로 국제민간항공에 관한 항공사법의 문제를 심의하고 국제항공법조약의 초안을 준비하며 또한 그에 대한 보고 및 권고를 제출하는 것을 임무로 하고 있다.51) 이 위원회의 최근 활동으로는 1997년 4월에 몬트리올에서 제30회 법률위원회를 개최하여 항공운송인의 책임에 관한 바르샤바조약에 대신하는 신 조약초안을 준비한 것과 이를 다듬어 새로운 1999년의 몬트리올조약의 성립 등을 그 예로 들 수가 있다.

(4) 공동유지위원회(Committee on Joint Support of Air Navigation)

제1회 총회의 결의에 기초하여 설치된 위원회로 항공보안시설의 유지를 위한 기술적 재정적 원조에 관해 이사회를 보좌하는 것을 그 목적으로 하고 있다. 위원회는 이사회가 매년 선출하는 9명의 위원으로 구성된다. 의제에 보다 이해관계가 있는 당사국은 이사회 의장의 초청에 의하여 투표권 없이 위원회에 참가할 수 있다.

(5) 항공환경보호위원회(Committee on Aviation Environmental Protection)

1983년에 설립된 위원회로서 14개 구성국의 대표자와 4개 국제단체의 대표자로 구성된다. 이 위원회의 설치 목적은 제16 부속서(항공기소음)를 새로운 내용으로 유지하는 것과 항공기의 소음증명에 영향을 주는 기술상의 발전에 대해서 끊임없이 검토하고 개량된 소음경감기술의 개발을 촉진하는데 있다.

(6) 재정위원회(Finance Committee)

제1회총회의 결의로 설치된 위원회로 이사회가 선출하는 7명의 이사국대표로 구성된다. 이 위원회는 ICAO재무에 관하여 이사회를 보좌하는 것을 임무로 하고 있다.

---

51) ICAO Doc 7669 LC/139, Para.2.

4) 사무국(Secretariat)

사무국(Secretariat)은 사무국장(Secretariat General)과 기타 직원(Personnel)으로 구성되고 있으며 직원은 각종위원회 등에 응하여 조직하게 된다. 사무국장은 이사회에서 임명되는 수석행정관(Chief Executive Officer)이 있고(동 조약 제54조(b)) 사무국을 통할하는 책임이 있다. 사무국장 기타 ICAO직원의 임면, 훈련 및 봉급, 여러 수당 및 근무조건 등은 이사회가 총회에서 정한 규칙 및 시카고조약의 규정에 따라 결정하여야만 된다. 한편 이사회는 당사국의 국민을 고용하거나 또는 기타역무를 이용할 수가 있다(동 조약 제58조).

사무국장 및 기타직원은 책임수행에 관하여 ICAO이외의 어떠한 기관으로부터도 지시를 요구하거나 받지 않으며 각 체약국은 직원의 책임에 대한 국제적 성질을 충분히 존중하여 자국민이 ICAO직원으로서 책임을 수행함에 있어 이를 좌지우지해서는 아니 된다(동 조약 제59조). 이는 사무국직원의 중립성을 정한 것이며 이들 직원은 임무를 수행함에 있어서 1국의 이익에 편중하려는 것을 방지하는데 그 목적이 있다. 사무국장 기타 직원에 대하여 다른 공적국제기관의 직원에 대응하여 면제 및 특권이 부여된다(동 조약 제60조).

「전문 기관의 특권 및 면제에 관한 조약」 제6조, 제8조 및 부속서에서 직원의 재판, 출입국규칙, 외국인 등록, 과세 등에 관한 면제가 규정되어 있기 때문에 ICAO사무국장 기타 직원에 부여된 면제 및 특권은 일반적으로 국제협정인 이 조약에 기초하여 부여하게 되는 것이다. (동 조약 제60조 후단). 더욱이 ICAO는 몬트리올에 있는 사무국본부 외에 파리, 방콕, 멕시코시, 카이로 및 Dakar (Senegal의 수도), Nairobi(동아프리카 Kenya의 수도)에 사무소를 두고 있다.

7. 다른 국제단체와의 관계

ICAO는 시카고조약 제64조의 규정에 따라 1946년에 국제연합과 약정을 체결하였고 이 약정이 발효된 1947년 10월 3일 이후 국제연합산하의 전문기관이 되었다.

그 결과 ICAO는 국제연합의 경제사회이사회의 협력 하에 항공의 분야에 있어서 전문적인 활동을 하게 되었다. 시카고조약 제65조는 국제연합 이외의 국제단체와의 약정에 대하여 규정하고 있다.

현재 활동 중인 국제단체 가운데는 국제전기통신연합(International Telecommunications Union, ITU), 만국우편연합(Universal Postal Union, UPU), 세계보건기구(World Health Organization, WTO) 등이 있고 ICAO는 이들 단체와 밀접한 협력을 하고 있다.

한편 항공기업의 단체인 국제항공운송협회(International Air Transport Association; 이하 IATA라고 약칭함)와는 항공운송에 관한 각종분야에 있어서 긴밀한 협력관계를 유지하고 있다. ICAO는 세계적인 규모의 활동을 목적으로 하는 단체이지만 민간항공에 관한 지역적인 국제단체와도 긴밀히 협력하고 있다. 이들 단체에는 유럽연합(European Union, EU), 유럽민간항공회의(European Civil Aviation Conference, ECAC), 아랍민간항공이사회(Arab Civil Aviation Council, ACAC), 라틴아메리카민간항공위원회(Latin American Civil Aviation Commission, LACAC), 아프리카민간항공위원회(African Civil Aviation Commission, AFCAC) 등의 국가기관 외에도, 유럽항공기업협회(Association of European Airlines, AEA), 동양항공기업협회(Orient Airlines Association, OAA), 미국항공운송협회(Air Transport Association of America, ATA) 등 지역적인 항공기업의 단체를 들 수가 있다.

8. ICAO와 한국과 일본과의 관계

한국은 제6차 ICAO총회 기간 중인 1952년 11월에 최초로 ICAO에 가입하였다.

당시 우리 항공사 수준은 대한국민항공사가 겨우 서울~부산을 1일 1회 왕복 운항하는 수준이었으나 1969년 대한항공으로 민영화 한 이후 힘찬 발전과 도약에 힘입어 점차 위상이 좋아져 1980년대 후반에는 이사국 진출을 계획하기에 이르렀다.

ICAO는 3년마다 190개 회원국을 대상으로 총회를 개최하고 36개 이사국을 선출한다. ICAO 이사회는 36개 이사국 대표로 구성되며, 국제항공에 적용되는 항공운송 관련 각종 기준을 제·개정하는 실질적 의사결정 기구로서 중요한 역할을 하고 있다.

우리 정부는 이미 지난 29차(1989년) 및 31차(1995년) 총회 등 두 차례에 걸쳐 이사국 진출을 시도하였으나 무산된 바 있다. 그러던 중 2000년 대한항공이 세계적인 항공동맹체 '스카이 팀(SkyTeam)' 창립 멤버로 활약하며 세계 항공업계의 선도 항공사 그룹에 드는 등 많은 발전을 보여 다시 한번 본격적인 상임이사국 진출을 꾀하게 되었고 2001년 10월 2일 캐나다 몬트리올에서 개최된 제33차 총회에서 1952년 ICAO 가입 이래 최초로 상임이사국에 진출하는데 성공했고 2004년 10월에 다시 선출되었다. 한국은 현재 몬트리올 총영사관을 몬트리올 총영사관 겸 ICAO 상주대표부로 승격시켜 특명전권대사가 ICAO의 한국의 Representative로 되어 있으며 ICAO 상주대표부에서는 항공관련 업무를 전담하게 하고 있다.

한국은 2007년 9월 26일 캐나다 몬트리올에서 열린 제36차 ICAO 총회 투표에서 124표를 얻어 17개 입후보 국가 가운데 5위를 차지하였으며 제3분과 이사국에 3번째 선임되었고 2010년 10월 5일에도 한국은 몬트리올에서 개최된 ICAO총회에서 총투표 161표 중 141표를 얻어 역대 최고득표를 기록하면서 이사국으로 4번째 당선되었다. 우리나라의 ICAO 분담금을 살펴어 보면 2009년 기준으로 정규분담금과 자발적 기여금을 포함하면 ICAO가맹국 192개국 중 9번째 수준의 ICAO 분담금 226만불(CAD)을 납부한바 있다. 세계 각국의 정부도 ICAO의 권고나 미국의 연방항공청(Federal Aviation Authority, FAA)가 설정한 기준을 받아들이고 있고 우리나라 항공법에 규정된 공항 및 항로, 항행시설, 안전과 관련한 갖가지 규격, 규제, 제한이나 표지판, 장비에서 사용용어에 이르기까지 모두 이 ICAO의 권고와 FAA의 기준을 근간으로 하고 있다.

제2절 국제항공운송협회(IATA)

1. 서 설

(1) 1944년 12월 시카고회의에 옵서버로 참석하고 있었던 항공사의 대표자들은 시카고조약이 채택되어 ICAO의 설립이 확실해지자 민간항공에 필요한 노선권, 운수권, 수송력, 운임 등의 확보와 규제가 실질적으로 필요하다는 것을 알게 되어 항공기업의 분야에 있어서도 국제단체를 빨리 설립하는 것이 필요하다는 것을 느끼게 되었다. 이 때문에 시카고에서 항공사의 대표자들 간에 이야기되었던 것을 기초로 하여 1945년 4월 쿠바의 아바나에서 세계항공기업회의를 개최하게 되었다.[52]

이 회의에서는 IATA(International Air Transport Association, 국제항공운송협회)의 설립을 결의함과 함께 정관(Articles of Association)을 채택하였고 25개국에서 모인 41개의 항공기업(航空社 등이)이 정관에 서명하게 되어 IATA가 탄생하게 되었다.

---

52) Henry Ladd Smith, *supra,* at 250.

IATA는 동년 10월에 캐나다 몬트리올에서 제1차 총회를 개최하였고 초대 사무총장에 영국의 William Hildred경[53])을 선임함과 동시에 본부를 몬트리올에 둘 것을 결정했다. 그해 12월 캐나다의 연방의회는 IATA를 캐나다 법인으로 하기 위하여 특별법[54])을 제정하였고 이 법에 따라 IATA는 캐나다법인으로서 캐나다법에 기초를 둔 국제단체가 되었고 법인격을 부여받았다.

2011년 8월 20일 현재 IATA에는 115개국으로부터 230개 항공사들이 가입하고 있으며 전 세계의 정기항공여객 및 화물수송량의 93 %를 차지하고 있다. [55])

(2) IATA의 설립에 즈음하여 영국은 IATA에 의한 항공기업의 합의를 수단으로 운임과 운송력을 규제하는 구상을 세웠지만 카르텔(Cartel)을 죄악시하는 미국은 이것에 대해 강하게 반대했다. 그 결과 운임, 운송조건, 기타운송업무의 운영에 필요한 중요사항에 관한 결정은 전 투표회원의 만장일치와 관계정부의 승인을 조건으로 하는 타협이 모색되었다. 그러나 IATA의 운임설정기구가 미국에 의하여 인정된 것은 1946년 버뮤다협정의 체결까지 기다리지 않으면 아니 되었다.

(3) 미국의 IATA에 대한 기본적 입장은 그 후에도 변하지 않았고 1978년에 민간항공위원회[56])는 IATA를 계속 인정할지에 그 여부에 대하여 검토를 시작하였다. 그 결과 1981년 5월 6일에 동위원회는 IATA의 운임설정기구의 인가를 2년의 시한부로 하였고 그밖에 미국 항공기업의 북대서양운임위원회에의 참가를 금지하는 결정을 내린바 있다.

그러나 그 후 미국은 정권교체가 되어 이에 따르는 동 위원회는 그 결정의 효력을 1982년 3월까지 정지하는 것을 결정하였고 더욱이 1982년 3월 12일에는 그 정지를 다시 정할 때까지 연장하기로 결정을 하였다. 그 후 오늘에 이르기까지 결정의 효력정지는 뒤집혀지지 않았다. 그 배경에는 IATA의 운임설정기구의 존속을 강력히 지지하는 여러 외국으로부터의 공작이 있었다. IATA는 이 사건을 기회로 IATA가 카르텔이라는 비난을 피하기 위하여 보통의 업계단체(Trade Association)로서의 성격을 강화하고 국제항공운송의 유지와 발전에 중점을 둔 단체로 변신했다. 때마침 국제항공의 자유화의 물결은 운임의 결정방법에 대해서도 변혁을 시도하게 되었고 한편 IATA의 사명과 성격도 새로

---

53) William Hildred경은 전 영국항공국장(Director General of British Civil Aviation)으로서 영국이 주장하는 제한주의의 추진자이었다. 1944년의 시카고회의에서 영국의 계획이 좌절되자 그 활로를 IATA에서 찾았다. 그는 IATA의 설립을 위하여 적극적인 역할을 다 하였다.

54) An Act to Incorporate International Air Transport Association, Status of Canada, 1945, Chap. 51.

55) http://www.iata.org/membership/Pages/airlines.aspx

56) Civil Aeronautic Board. 1978年의 「항공기업규제감면법」에 의하여 1985년 1월 1일에 폐지되었다.

운 방향으로 변하여 갔다.

2. 설립목적

IATA의 정관에 규정되어 있는 목적은 다음 세 가지이다.

첫째, 세계의 사람들의 이익을 위하여 안전하고 신뢰할 수 있고 또한 위험이 없는 항공운송을 촉진하는 것.

둘째, 국제항공운송에 직접 또는 간접으로 종사하고 있는 항공기업간의 협력의 수단을 제공하는 것.

셋째, ICAO 및 그 외 다른 관계가 있는 국제기관과 협력하는 것.

IATA의 목적은 넓은 의미에서 다양하지만 가장 중요한 것은 항공기업간의 협력이다. IATA는 이 목적을 위해 항공기업에 의해 채택되어야 할 운임, 각종 표준 및 권고방식을 설정했다.

그 가운데는 항공권, 항공운송장, 연락운송협정, 판매대리점과의 표준, 표준운송약관, 표준지상업무 위탁계약 등이 포함되었다. 1995년에는 여객에 대한 책임에 대해서 기업간 협정을 작성하고 새로운 항공네트워크가 필요로 하는 운송책임제도의 통일을 도모하였다.

3. 회 원

IATA에는 정회원 (Active Member)와 준회원 (Associate Member)이 있다. 국제항공기업을 운영하고 있는 항공기업은 정회원이 될 수 있고 그 외 항공운송을 하고 있는 항공기업은 준회원이 될 수 있다. 그렇지만 양회원도 둘 이상의 정회원의 추천 또는 이사회의 별도 결정이 없는 한 적어도 500만 유효톤길로 이상의 항공운송을 2년 이상에 걸쳐 하고 있는 것이 필요로 하고 있다(정관 제5조). 회원이 되기 위한 신청은 법인서기 (Corporate Secretary) 앞으로의 문서에 의하여 이사회가 승인한다. 이사회가 승인하지 않는 경우 신청을 한 항공기업은 총회에 직접 소청을 할 수 있고 이 경우에는 총회의 결정이 최종결정이 된다.

회원항공기업은 30일전의 법인 서기 앞으로의 문서에 따라 IATA로부터 임의로 탈퇴할 수 있다. 또 회원자격이 없어진 회원항공기업은 자격이 없게 된 날부터 90일 이내에 이사회에 회원의 종료를 청구할 수 있다. 어떤 경우에도 회원의 재가입은 방해받지 않는다.

4. 총 회

총회(General Meeting)는 회원전원에 의한 IATA의 최고기관이고, 연차총회(Annual General Meeting)와 특별총회(Special General Meeting)로 나누어진다.

연차총회는 1년에 1회, 전년의 연차총회가 결정한 장소와 시일에 개최된다. 전년의 연차총회의 결정이 없었거나 또는 결정이 있어도 이사회가 그 장소와 시일에 개최할 수 없다고 판단했을 때는 이사회가 결정한 장소와 시일에 개최하게 된다(정관 제9조). 연차총회의 권한에는 총회의장의 선출, 이사의 선임, 상설위원회 그 외 기관의 설정, 사무총장의 임명의 승인, 이사회보고 등의 심사, 결산의 승인, 회비 등의 승인, 회계감사인의 임명 등이 포함된다. 의제는 이사회에 의하여 정하여지게 되지만 회원으로부터의 의안제출은 정회원에 한정된다. 의제에 없는 사항에도 출석정회원의 과반수에 의한 표결에 따라 의제에 추가할 수가 있다(정관 제9조).

특별총회는 3분의 1 이상의 정회원의 문서에 의한 청구에 의해 소집된다. 한편 이사회는 그 결정에 따라 언제든지 특별총회를 소집할 수 있다. 법인서기는 그 개최의 30일전에 의제와 함께 소집의 통지를 회원들에게 통지하여야만 된다(정관 제10조).

총회의 결의를 위한 정족수는 그 총회에 등록한 정회원의 과반수이다.

정회원은 1표씩의 투표권을 갖고(정관 제11조) 표결은 정관 그 외에 별도규정이 없는 한 출석정회원의 과반수에 의한다. 준회원에게는 투표권이 없다(정관 제13조).

5. 이사회

(1) 이사회(Board of Governors)는 IATA의 집행기관이고 총회에 의해 선출된 31인의 정회원의 대표에 의해 구성된다(이사회규칙 제2조).

캐나다법에 근거한 원시정관에는 집행기관이 Executive Committee로 되어 있지만 현행정관에서는 집행기관은 단순히 Board로 되어있고 이사회규칙에서는 Board of Governors가 Executive Committee의 기능을 하고 있다고 규정하고 있다(이사회규칙 제1조). 이사회의 구성원인 이사에게는 자격제한이 있으며 회원기업의 회장, 사장 또는 그것에 상당하는 지위의 임원으로 되지 않으면 아니 된다고 규정하고 있다. 이사의 임기는 3년이고 이사회에서는 매년 그 3분의 1을 개선하게 된다.

(2) 이사회에는 정례이사회(Regular Board Meeting)와 특별이사회(Special Board Meeting)

가 있다. 정례이사회는 연차총회 직전에 연차총회와 같은 장소에서 열게 되는 것 외에 매년 이사회가 결정하는 기일과 장소에 의해 개최된다. 특별이사회에는 연차총회 중 또는 총회직후에 사무총장에 의해 사전예고 없이 개최하는 것과 4인의 이사 또는 사무총장의 청구에 의하여 20일의 사전통지를 한 후 개최하는 것이 있다(이사회규칙 제4조).

(3) 이사회는 IATA의 집행기관으로서 그 업무와 재산을 관리하는 광범위한 권한과 의무를 갖는다. 그중에는 IATA의 방침의 심사와 승인, 사무총장 및 법인서기 그 외 다른 중요한 직원의 임명, 지부 그 밖의 하부기관의 설치, 총회의 의제의 작성, 상설위원회 규칙 및 운송회의규칙의 작성, 회원가입의 승인 등을 포함하고 있다(정관 제12조).

이사회의 하부위원회로는 이사회의 결정에 의하여 회장위원회(Chair Committee), 감사위원회(Audit Committee), 전략정책위원회(Strategy and Policy Committee) 및 보수소위원회(Compensation Subcommittee)가 설치되어 있다(이사회규칙 제7조).

회장위원회는 회장, 전회장, 차기회장 그 외 28인의 이사를 갖고 구성하는 위원회로 IATA의 조직운영, 재무 및 인사관계의 처리, 신입회원 및 총회의 의제의 심사 등에 관하여 이사회를 보좌한다. 감사위원회는 차기회장을 위원장으로 하고 회장위원회의 5인의 전 위원으로 구성하는 위원회로 재무감사와 재무서류의 심사를 한다.

전략정책위원회는 11인의 이사에 의하여 구성되고 업계전체의 정책 및 IATA의 장기적 방침을 심사하고 정한다. 보수소위원회는 회장소속위원회의 하부기구로서 회장, 전회장 및 차기회장으로 구성하고 IATA직원의 급여를 포함하는 보수의 조정에 관하여 이사회를 보좌한다.

이들의 위원회 또는 소위원회는 모두 이사회의 임무를 기능화하기 위하여 설립된 것으로 이사가 분담해서 위원이 수행한다.

6. 사무총장

사무총장(Director General)은 이사회가 연차총회의 승인을 조건으로 하여 임명하는 IATA의 최고집행직원이다. 사무총장은 이사회의 권한을 기반으로 IATA의 사무를 총괄하고 총회 또는 이사회가 명하는 업무와 임무를 집행한다(정관 제12조).

사무총장은 이사회의 승인을 얻어 필요한 특별위원회를 설치할 수 있다(정관 제12조 제4항). 사무총장은 유급의 IATA직원이지만 IATA를 사실상 대표하는 지위이며(이사회규칙 제6조) 이 때문에 역대 사무총장에는 국제적으로 저명한 인물이 선출되고 있다.

7. 상설위원회

상설위원회에는 다음의 네 가지 위원회가 있고(이사회규칙 제7조) 각각 25명 또는 30명의 위원으로 구성되어 있다. 이들 위원회는 전문적인 위치에서 각각의 사안을 검토하고 그 결과를 이사회 그 외의 기관에 보고하는 것을 임무로 하고 있다.

(1) 화물위원회(Cargo Committee)

이 위원회는 항공화물을 전문으로 하고 있으며 특히 화물운송의 근대화에 따르는 여러 문제들을 업무적 및 정책적인 입장에서 검토한다.

(2) 재무위원회(Financial Committee)

이 위원회는 수입관리, 세무, 사용료, 연료관계, 정산소, 표준회계규칙, 통계, 환어음, 운송원가에 대하여 검토하고 권고하는 광범위한 임무를 가지고 있다.

(3) 여객업무위원회(Industry Affairs Committee)

이 위원회는 여객운송에 대한 고객서비스, 절차의 간소화, 정부관계 및 항공운송정책, 판매, 운항, 스케줄, 운임 등 여객에 관한 문제를 심의하고 권고한다.

(4) 항무위원회(Operation Committee)

이 위원회는 항공운송의 안전, 보안 또는 능률화에 관한 전문위원회이며, 항공기술, 항공기정비, 항공관제, 보안체제 등 항공운송의 안전에 대해 심의하고 권고한다.

8. 기타 위원회

사무총장은 이사회의 승인을 얻어 항공운송업계에서의 중요한 사항에 대해 특별위원회를 설치할 수 있다. 이러한 위원회 가운데 평가가 높은 법률자문위원회(Legal Advisory Committee)가 있다. 나중에 언급할 여객운송책임에 관한 IATA의 기업간협정(IATA Intercarrier Agreement on Passenger Liability)은 이 위원회의 작성 및 권고에 기초하여 만든 것이다. 원래 IATA에는 상설위원회로서 법률위원회(Legal Committee)가 있었지만 기구개혁에 따라 폐지되었다. 그 때문에 이 위원회가 수시로 사안(事案)에 따라 소집되어 그때그때의 급증하는 법률문제에 대응하고 있다.

9. 운송회의

(1) 운송회의(Traffic Conference)는 총회에 의해 설립되어(정관 제9조 제3항) 그 운영규칙은 이사회의 승인에 따른다(정관 제12조 제10항).

현재 운송회의는 여객관계와 화물관계로 나뉘어 다시 절차회의(Procedure Conference)와 운임조정회의(Tariff Coordinating Conference)로 나뉘어 진다.[57]

절차회의는 운송수단, 운송증권 그 밖에 운송에 부수하는 사항을 관할하는 서비스회의(Service Conference)와 운송판매의 중개인이 적용하는 규칙 등을 관할하는 대리점회의(Agency Conference)로 나뉘어져 있다. 절차회의에는 정회원의 참가가 의무화되어 정회원은 양쪽의 의안에 대해서도 표결권을 가진다.

운임조정회의는 세계를 세 개 지역[58]으로 나누어 각각의 지역을 관리하는 운임회의(Tariff Conference)로 조직되어 있다. 이들 운임회의는 단독으로 회의를 개최할 수도 있고 합동으로도 회의를 개최할 수가 있으며 더욱이 이들 지역을 세분화하여 소지역(sub-area)에서도 회의를 개최할 수가 있다. 이것은 다양화된 운임과 대립하는 항공기업의 이해에 대처할 수 있도록 운임회의의 운영에 탄력성을 가지게 할 목적으로 이렇게 하고 있는 것이다.

운임회의의 합동회의(Composite Meeting)에서는 운임책정방법, 통화에 관한 규칙, 서비스조건, 무료수하물허용량, 초과수하물요금, 대리점수수료 그 밖에 회의의 결의를 위하

---

57) 운송회의에 관한 사항은 운송회의운영규칙(Provision of the Conduct of The IATA Traffic Conference)에 상세히 규정되어 있다.

58) 제1지역은 남북America대륙 인접 여러 섬, Greenland섬, Bermuda섬, 서India여러 섬, Caribbean 해의 여러 섬, Hawaii의 여러 섬(Midway 및 파루미라 섬을 포함함), 제2지역은 Russia를 포함한 유럽 및 인접 여러 섬, Iceland, 아소레스, Africa 및 인접 섬, 아센숀섬, 이란 및 서Asia부분, 제3지역은 제2지역에 포함된 부분을 제외한 Asia 및 인접 여러 섬, 동India, Australia, New Zealand 및 인접 여러 섬, 제1지역에 포함되지 않는 태평양의 여러 섬으로 되어 있다.

여 위임받은 공통사항에 관하여 결의할 수가 있다. 정회원은 IATA에 가입한 후 30일 이내에 운임조정회의에 참가할 것인지 아닌지를 결정하지 않으면 아니 된다. 이것은 운임조정회의참가의 임의성을 규정한 운영규칙에 따른 것이다.

운임조정회의에 참가할 것을 결정하고 또한 특정의 지역 내에서 제3 및 제4의 자유의 정기항공을 하고 있는 정회원은 그 지역을 관할하는 운임회의 및 소지역의 회의의 표결회원(voting Member)이 될 수가 있다. 제5의 자유의 정기항공을 하고만 있는 정회원은 그 선택에 의하여 표결회원이 될 수 있다.

한편 특정의 운임회의의 표결회원은 그 지역에서 정기국제항공을 하지 않아도 그의 표결회원이 소속한 운임회의가 관여하는 다른 운임회의의 표결회원이 될 수 있다. 예를 들면 제1 지역을 관할하는 운임회의의 표결회원은 제1·2 지역간의 정기국제항공을 하고 있지 않아도 제1·2 지역간의 운임회의의 표결회원이 될 수 있다.

특정의 운임회의에 있어 표결회원이 될 수 없는 정회원은 비표결회원 (non-voting Member)으로서 그의 운임회의에 참가할 수 있다.

(2) 운송회의에는 정례회의(regular meeting)와 특별회의(special meeting)가 있어 정례회의는 적어도 2년에 1회는 이전의 회의가 결정한 시기에 개최하지 않으면 아니 된다. 그 이외의 회의는 모두 특별회의가 된다. 이사회는 운임회의의 표결회원의 과반수 또는 제3·4의 자유의 운송을 하고 있는 소지역의 표결회원의 과반수의 요구가 있을 때에는 이사회가 적당하다고 인정하는 기간, 회의의 개최를 중지하지 않으면 아니 된다. 이러한 요구가 과반수에 미치지 못하는 복수의 표결회원에 의하여 되어질 때에는 이사회는 자체 판단으로 회의의 개최를 중지시킬 수 있다. 이것은 예컨대 미국의 독점금지법의 적용제외를 받지 않는 상태에서 회의가 개최된 때 회원기업에 손해를 끼치지 않도록 이사회에게 대응권한을 주어진 것이다.

(3) 어떠한 운송회의에 있어서도 표결회원은 하나의 투표권을 갖는다. 회원을 구속하는 결정은 모두 결의(Resolution)라는 형식에 의해 행하여지며 그 이외의 것은 회원에 대한 구속력을 갖지 못한다. 결의는 출석표결회원의 전원일치에 의하여 정하여지며 결의에는 발효일과 실효일이 첨부된다. 또한 표결에 있어 기권은 찬성으로 간주된다. 결의가 있은 때에도 회원은 그 결의가 자국의 법령 또는 공적정책(official policy)에 반하는 것을 입증하여 그의 구속에서 면할 수가 있다. 회원이 결의의 구속에서 면제되었을 때에는 다른 회원도 그 결의에 구속받지 않을 권리를 가진다. 서비스회의에 있어서는 표결회원의 80%의 다수결에 의해 표준방식(industry stan dards)을 채택할 수 있다. 표준방식은

그것에 구속된다는 것을 합의한 회원에 한하여 유효하며 합의가 없는 회원은 그 뜻을 회의의 서기(Secretary)에게 문서로 통지하여야만 된다. 더욱이 표결회원의 3분의 2 다수결로서 권고방식을 채택할 수가 있다. 권고방식에는 회원에 대한 구속력은 없으며 단지 회원에 대한 안내(guidance)에 불과하다.

운임회의의 표결에는 다음의 예외가 있다. 그 첫 번째는 소지역의 출석표결회원의 전원이 찬성한다면 그 운임회의의 출석표결회원의 20% 또는 다섯 회원의 어느 쪽이든 많은 편의 반대가 없는 한 그 찬성은 그 운임회의의 결의로 인정되는 것이다. 그 때 반대한 회원은 그 결의가 자국 또는 자국에의 운송에는 적용되지 않는다는 것을 선언할 수가 있다. 두 번째는 의장이 운임회의의 결의 성립이 불가능 하다고 선언했을 때는 둘 또는 둘 이상의 회원은 다음의 조건으로 하여 유효한 협정을 맺을 수가 있다. ① 그 협정이 적용하는 양국간의 제3·4의 자유의 운송을 하고 있는 표결회원의 80%(해당하는 회원이 4이하일 때에는 과반수)가 출석하여 있을 것, ② 이 협정을 적용하는 양국간의 제3·4의 자유의 운송을 하고 있는 출석표결회원의 전원이 그 협정에 참가할 것, ③ 이 협정을 적용하는 운임회의의 출석표결회원의 과반수가 반대 하지 않을 것, ④ 이 협정은 이미 유효한 결의에 위반하지 않을 것, 이렇게 하여 성립된 협정을 일반적으로 제한협정(limited agreement)이라고 부르고 있다.

제한협정은 그 운임회의의 결의로 간주되어 그것에 참가한 회원 및 그 회의에 출석하지 않은 당해양국간의 제3·4의 자유를 운송하는 회원도 구속하게 된다. 그 밖의 회원도 서기에게 통고를 하면 이 제한협정에 참가할 수가 있다.

이와 같은 예외조치는 항공기업간의 이해의 대립에 의하여 항공기업간의 운임 등에 관한 합의가 극히 곤란해지고 있는 상황을 고려하여 도입된 것이다.

(4) 운임회의가 폐쇄적인 카르텔이라는 비난에 대하여 IATA는 운송회의를 공개하기로 했다. 사무총장은 어떤 운송회의에도 옵서버로 초청할 수가 있어 ICAO사무국, EU위원회, 정부의 지역적 민간항공단체의 사무국, 지역적항공기업단체의 사무국 및 출석을 정식으로 요구하는 나라는 사무총장의 초청에 따라 한 사람 또는 복수의 대표를 옵서버로서 운송회의에 출석시킬 수 있다. 이들의 옵서버는 의사록을 포함해 회의문서를 받을 수가 있다. 또한 서비스회의에는 소정의 요금을 지급할 것을 조건으로 누구든지 출석할 수 있다.

(5) 운송회의에는 임원으로 의장(Chairman)과 서기(Secretary)를 둘 수 있다. 의장은 사무총장이 이사회가 승인한 후보자 리스트에서 임명한다. 서기는 사무총장이 운송회의마다 임명한다. 서기와 그 스탭(Staff)은 IATA의 직원이다.

의장은 회의를 사회하고 의장이 궐석인 때에는 사무총장이 다른 의장을 임명한다. 서기는 회의를 기록하고 회의가 필요로 하는 임무 및 사무총장으로부터 맡겨진 임무를 수행한다.

(6) 운송회의에는 그 기능을 효율화하기 위하여 그 하부기구로써 위원회 및 작업그룹을 둔다. 그 중에는 코스트위원회, 예약위원회, 대리점교육위원회, 은행결제계획위원회 등이 포함된다.

(7) 운송회의는 IATA의 가장 중요한 기관의 하나이며 지금까지 국제운임 및 그 부대조건의 설정에 병행하여 운송증권과 운송절차의 통일을 이루어 국제항공의 발전에 크게 기여하였다. 그러나 1980년대에 들어와 민간항공에 대한 규제가 완화가 진척되었고 더욱이 90년대에는 국제항공의 자유화가 심화되어 그에 따라 국제항공의 틀에도 변화가 보이게 되었다.

이와 같은 배경으로 항공운임이 자유화되는 가운데 운송회의 특히 운임조정회의가 그것에 어떻게 대응하는가에 대하여 초미의 관심사로 떠오르게 되었다. 한편 전자기술의 발전에 따라 운송증권 및 운송절차에도 변화가 여지없이 찾아와 그것들의 국제적인 통일 또는 표준화가 새로운 과제로 대두되었다. 새로운 시대를 맞아 운송회의를 어떻게 대응하느냐가 IATA의 당면한 과제이다.

10. 정산소

정산소(Clearing House)는 IATA의 한 부서로서 자리 잡고 있다. 정산소가 하는 업무는 IATA의 회원소속의 항공기업을 위해서 뿐만 아니라 IATA의 연락운송협정(IATA Interline Traffic Agreement)에 가입하고 있는 비회원항공기업, 미국의 항공정산소(The Airline Clearing House, Inc) 및 정산소와 특약이 있는 단체에도 개방되어 있다. 정산소는 사무총장의 감독하에 있으며 사무총장은 재무위원회와의 협의를 거쳐 그 직무를 수행한다.

정산소의 주된 임무는 항공기업간의 채권채무를 일정기간마다 정산하는 것이다.

연락운송협정의 당사자인 항공기업간에는 항공권을 상호 발행할 수 있기 때문에 관계기업간에서의 주고받은 운임의 정산이 필요하다. 그 이외의 특정되어진 항공기업간의 대차관계도 정산소를 통하여 정산할 수 있다. 정산소를 통하여 정산을 하기 위해서는 정산소의 회원이 되는 것이 필요하며 회원이 되면 정산소규칙(IATA Clearing House Regulations)

에 구속된다.

정산소는 정산의 대상이 되는 채권과 채무를 회원 마다 상쇄하며 그 잔고를 회원 기업 사이에 정산한다. 따라서 정산의 대상이 되는 채권채무에 대하여 회원기업은 통상 정산소에 대해서만 청구를 하며 정산소로부터 청구를 받고 상쇄 후의 잔고에 대하여 정산소와의 사이에서 채권채무관계를 갖는 것으로 되어 있다.

정산소의 회원자격의 정지 또는 회원의 제명은 사무총장이 정산소 규칙에 따라 재무위원회와 협의한 후 할 수가 있다.

11. 사무국

IATA의 사무를 수행하기 위하여 사무총장을 책임자로 하는 사무국(Secretariat)이 설치되어 있다. 사무국의 직원은 모두가 유급직원이고 각종위원회 등에 따라 조직화되어 있다. 본부(Head Office)는 캐나다의 몬트리올에 설치되어 있지만 정관을 변경함에 따라 다른 장소로 이전할 수가 있다. 정관의 변경은 총회에서 정회원의 2/3의 다수결에 의하여 변경할 수가 있다. 더욱이 1967년 통상총회의 의결에 따라 IATA의 분실이 스위스의 제네바에 위치하게 되었고 그 후 본부는 사실상 몬트리올과 제네바에 나누어지게 되었다. 지부 및 분실은 뉴욕, 런던 및 싱가포르 그 외에 설치되어 있다.

12. 장래의 전망

IATA는 제2차 세계대전 후 혼란기에서 지금까지 국제항공운송의 발전을 위하여 크나큰 공헌을 해왔다. 항공권을 시작으로 하는 운송증권의 통일, 항공기업간의 연락운송의 정비와 촉진, 항공 대리점제도의 설정과 운영, 운송계약의 표준화, 국제항공운임의 설정과 조정, 항공의 안전과 보안에 관한 협력 등 열거할 수 없을 만큼 많다. 이에 반하여 미국이나 민간소비자단체로부터 국제카르텔이라고 비난을 받아왔다.

일찍이 대한항공과 일본항공은 IATA의 정회원이 되었고 아시아의 대표기업으로서 IATA운영에 관하여 적극적으로 참가해왔다. 그 후 한국의 아시아나 항공과 일본의 젠니꼬(全日空) 및 일본에어시스템(그 후 JAL에 합병됨) 항공사 등이 정회원으로 가입하였고 한국과 일본의 항공기업 들이 IATA에서 중요한 위치를 차지하고 있다. 1990년대 들어와서 국제항공의 새로운 변혁이 일어나 미국의 오픈 스카이정책을 전형(典型)으로 하는 국제항공의 자유화는 역행할 수 없는 흐름이 되었다. 더욱이 전자기술(電子技術)의 발달에 수반하는 경제사회의 변혁과 시기적으로 겹쳐졌기 때문에 IATA는 새로운 사명을 띄고 그 활동은 질과 양면에서 충실한 방향으로 발전되어가고 있다.

제4장 항공협정

제1절 서 설

1. 항공협정의 형태

시카고조약이 제1조에서 각국의 완전한 배타적 영공주권을 승인하였고 제6조에 있어 정기국제항공업무는 주권국의 허가를 받아 더욱이 허가의 조건에 따르지 않는다면 그 나라의 상공을 이용할 수 없기 때문에 주권국의 허가취득이 정기국제항공의 운영을 위한 요건으로 되었다. 1944년 시카고회의에서 주권국의 허가를 포괄적으로 취득하는 수단으로써「두 가지의 자유협정」과「다섯 가지의 자유협정」이 채택되었지만「다섯 가지의 자유협정」은 각국의 참가를 기대할 수 있는 협정임에도 불구하고「두 가지의 자유협정」만이 실효적인 협정이 된 것은 이미 앞의 제2장에서 언급한바 있다. 따라서 정기국제항공을 이행하기 위해서는 그것을 가능하게 하는 별도의 수단이 필요하게 되었다. 그 수단을 제공한 것이 2개 나라간 협정이고 그 모델이 1946년의 버뮤다협정(Bermuda Agreement)이다.

버뮤다협정은 그 후 각국을 연결하는 2개 나라간 협정의 모델이 되었고 그것들의 2개국간 협정은 시카고조약과 함께 국제항공을 뒷받침을 하여주는 기본적인 문서가 되었다. 이것들은 두 가지자유의 협정과 함께 넓은 의미에서 항공협정이라고 불리어 지고 있지만 일반적으로 항공협정이라고 할 때에는 2개 나라간 협정만을 가리키는 경우가 많이 있다. 본장에서도 특별한 경우를 제외하고는 2개 나라간 협정만을 항공협정이라고 부르기로 한다.

시카고회의에서는 상업항공권에 관하여 영공의 자유를 주장하는 미국과 그것에 반대하는 다른 나라들과 사이에 심한 의견의 대립이 있었다. 시카고회의에서 정기국제항공이 필요로 하는 유효한 약정이 성립되지 않은 것도[59] 이 때문이며 영국은 미국에 반대하는 중심적 입장에 서있었다. 영국이 미국과 버뮤다협정을 체결한 것은 시카고 회의에서의 대립의 해소를 의미하는 것이고 이 버뮤다협정을 각국이 모방한 것은 시대의 조류였다. 미국과 영국이 시카고에서의 의견대립을 극복하고 버뮤다섬에서 타협한 것은 그 나름대로의 시대적인 배경이 있었다.

1945년 전쟁의 종결과 더불어 자본주의국가들과 공산주의국가들과의 정치적 대립이 뚜렷하게 나타나게 되었고 자본주의국가들의 주도적 입장에 서 있었던 미국은 민간항공의 분야에서 영국과 경쟁하는 것은 자본주의 블록들에게 있어서 불리하다고 생각하였고[60] 다른 한편 영국은 피폐한 자국의 경제를 다시 건설하기 위해서는 미국의 협력 특히 고액의 차관을 미국에서 받을 필요가 있었기 때문에 미국과의 불화는 바람직하지 않다고 생각하고 있었던 것이다.[61]

이 때문에 양국은 모두 버뮤다섬에서의 협정체결의 교섭은 적극적이었고 또한 교섭을 위하여 대표단의 인선에 이르기까지 신중한 배려가 있었다. 그 결과 버뮤다협정은 당연히 체결되어야만했던 협정이었으므로 체결되었던 것이다. 이와 같은 사정을 반영해 버뮤다협정의 체결은 타협의 산물이었기 때문에 그 내용에 관하여 애매한 점이 적지 않았고 따라서 이것을 모델로 하여 작성된 그 이후의 각국의 항공협정도 당사국간에 문제를 일으키는 경우가 많이 있었다.

2. 제2버뮤다협정과 미국의 반응

이와 같이 버뮤다 협정작성 당시의 사정으로 협정의 구체적인 적용에 대하여 미·영 양국 사이에 생각에 큰 차이가 있었다. 특히 영국은 미국항공기업에 제공하는 수송력은 과다(過多)한 것이라고 인식하였고 또한 미국항공기업과 영국항공기업과의 수입격차도 영국의 큰 관심 사항이었다. 그 결과 1976년 6월에 영국은 미국에 대해 버뮤다협정을 폐기하는 뜻을 통보하였고 아울러 새로운 협정작성이 진행되었다. 무협정상태가 발생하

---

59) 특히 시카고회의이후 미국은 유럽 8개국(Spain, Scandinavia 3국, Iceland, Ireland, Swiss, Portugal)과 2나라간 협정을 체결하였다. 이것들은 미국이 고집하는 「다섯 가지의 자유」를 상호·교환하는 것으로 하였다; Henry Ladd Smith, *supra*, at 190.

60) 국방과 민간항공과의 관계에 관하여 Frederick C. Thayer, Jr., *Air Transport Policy and National Security*에 상세한 분석이 있다.

61) Nawal K. Taneya, *US International Aviation Policy*, 1980, at 13.

는 것을 피하고 싶은 미국은 영국과 직접적으로 새로운 협정의 작성교섭에 들어갔고 다음해인 1977년 7월 양국은 새로운 협정에 관해 합의를 한 후 조인을 하였다. 이 새로운 협정을 제2버뮤다협정이라고 불리어 졌으며 1946년의 버뮤다협정과는 구별된 것이었다.

제2버뮤다협정은 당시 카터미국대통령에 의해 칭찬을 받았음에도 불구하고 그 내용이 제한적이었기 때문에 미국 내에서는 시대에 역행하는 협정이라고 비판을 받았고 특히 연방의회에서는 통렬한 비판의 대상이 되었다. 마침 그때 미국에서는 규제완화가 시대의 풍조가 되었던 일도 있어서 이 비판의 시기에 미국의 국제항공정책은 자유화의 방향으로 기울어지기 시작하였다.

즉, 1978년 1월에는 미국무성이 새로운 저운임의 도입, Charter항공의 추진, 수송력의 자유화, 항공기업의 복수지정 등을 새로운 항공교섭의 목표로 선언하였고[62] 그 해 3월에는 그 교섭방침에 따라 항공협정을 네덜란드 간에 체결하였고 8월에는 이스라엘과 11월에는 서독 및 벨기에와도 똑같이 항공협정을 체결하였다.

아시아에 있어서도 그해 3월에 싱가포르와 6월에는 타일랜드와 항공자유화 내용의 항공협정을 체결하였다. 그 후 1978년 8월에 미국은 새로운 국제항공교섭방침을 공표[63]하여 운임, Charter항공, 운수권, 수송력, 지정항공기업 수(數)의 자유화를 교섭의 목표로 하는 것을 공식적으로 발표하게 되었다. 한편 10월에는 국내항공에서의 항공기업규제감면법(Airline Deregulation Act of 1978)을 제정하였고 1980년 2월에는 국제항공운송경쟁법(International Air Transport Competition Act of 1979)을 제정한 후 시행하였다. 영국에 있어서 공교롭게도 영국이 협정 폐기까지 해야 했던 제2버뮤다협정의 제한주의가 미국으로 하여금 국제항공을 자유화의 방향으로 유도하였던 것이다.

이러한 미국의 국제항공정책의 내용을 요약해 본다면 미국이 교섭을 하기 위하여 이용했던 것이 1978년의 미국모델협정(The U.S. Model Agreement)이라고 불리는 항공협정안이 있었고 이것은 미국의 새로운 교섭목표를 설정하였다고 해석할 수가 있다.[64] 그와 관련하여 1979년 6월 15일에 서명된 미국과 타일랜드 간의 항공협정은 이 모델협정에 더욱더 가까운 협정이라고 볼 수가 있다.

---

62) 1978년 1월 18일 쿠파 미국무성 경제담당차관보는 와싱톤의 국제항공Club에서 항공교섭의 새로운 방침에 관하여 강연을 하였다.

63) Statement Concerning United States Policy on the Conduct of International Air Transport Negotiations, August 1978.

64) Richard W. Bogosian, *Aviation Negotiations and the US Model Agreement*, 46 JALC, USA, at 1013; 특히 실무계에서는 이 미국모델협정은 「미국표준 77년 후 협정 (The US Standard "Post 77" Agreement)」라고 호칭하고 있다.

3. EU와 ICAO

EU(유럽연합)는 미국의 규제완화에 자극을 받아 역내항공의 자유화의 검토를 시작하였다. EU이사회는 미국의 규제완화에 대하여 자극을 받아 역내항공의 자유화를 세 단계로 나누어 1987년 12월에 그 제1단계(Package 1)를 1990년 6월에 제2단계(Package 2) 그리고 1992년 6월에 제3단계(Package 3)를 채택하였고 제3단계는 1993년 1월 1일부터 실시했다. 제3단계는 먼저 실시했던 부분이고 그 실시기일인 1997년 4월 1일로써 EU역 내항공은 완전히 자유화되었다.[65]

유럽연합은 2000년 현재 15개회원국[66]으로 구성되어 있었지만 2004년 5월 1일 EU는 25개회원국[67]의 거대한 연합으로 다시 탄생하게 되었고 현재 27개[68] 회원국으로 구성되어 있으며 EU역내의 항공자유화는 구성국간의 자유화를 포함해서 미국의 규제완화와는 별도로 국제항공의 자유화는 새로운 가입국들에게도 적용하게 되었다. ICAO는 항공을 둘러싼 국제적환경의 변화에 대응하여 1994년 11월, 캐나다 몬트리올에서 항공운송회의를 개최하였고 이 회의에서 새로운 항공운송시스템의 자유화를 제안하였다. 그 내용은 항공협정이 규정하는 항공운송구조를 당연히 자유화하는 것으로 이 회의에서 실효적인 결론이 없었지만 참가국에 항공자유화의 내용과 그 필요성을 충분히 인식시키는데 큰 효과가 있었다.

---

65) EU의 자유화에 관하여 Shawcross and Beaumont, *op. cit.,* at Ⅳ/105에 상세히 설명되고 있다.

66) 약칭은 EU이다. 유럽의 정치·경제통합을 실현하기 위하여 1993년 11월 1일 발효된 마스트리히트조약에 따라 유럽 12개국이 참가하여 출범한 연합기구이다. 원래 EEC(European Economic Community: 유럽경제공동체)회원국은 ① 벨기에, ② 프랑스, ③ 서독, ④ 이탈리아, ⑤ 룩셈부르크, ⑥ 네덜란드였으며 1973년에 ① 덴마크, ② 아일랜드, ③ 영국, 1981년에 그리스, 1986년에 ① 포르투갈, ② 스페인, 1995년에 ① 오스트리아, ② 핀란드, ③ 스웨덴 등 15개 EFTA(European Free Trade Association:유럽자유무역연합)회원국이 모두 가입하였다.

67) After successfully growing from 6 to 15 members, the European Union is now preparing for its biggest enlargement ever in terms of scope and diversity. 13 countries have applied to become new members: 10 of these countries - Cyprus, the Czech Republic, Estonia, Hungary, Latvia, Lithuania, Malta, Poland, the Slovak Republic, and Slovenia are set to join on 1st May 2004. They are currently known by the term "acceding countries". Bulgaria and Romania hope to do so by 2007, while Turkey is not currently negotiating its membership.

68) http://europa.eu/about-eu/countries/index_en.htm; 유럽 연합EU)의 총인구는 약 5억 정도가 되며 전 세계 GDP의 30% 정도를 차지하고 있다.

4. 미국의 Open Sky협약

미국은 이들 일련의 사실을 근거로 하여 항공정책의 재검토를 시작함과 동시에 1995년 4월에 새로운 국제항공운송정책을 공표하였고 그 가운데서 세계적인 항공자유화를 목표로 하면서 양국관계를 기초로 현실적인 행동계획에 의하여 자유화를 추진하는 방침을 선언하였다.[69] 그 수단으로서 미국이 이용하고 있었던 것이 모델 Open Sky 협정이다. 미국은 모델 Open Sky협정에 준거하여 작성된 항공협정을 Open Sky협정이라고 부르고 있다.

미국은 Open Sky협정을 이미 30여 개국과 맺고 있지만 세계적인 국제항공의 자유화가 이 방식에 의하여 달성될 것인가 아닌가는 현 단계에서 반드시 정하여진 것은 아니다. 세계규모의 항공자유화는 하나의 다국간협정에 의하여 실현되어야만 한다는 강한 주장이 있지만 각 나라들 간의 항공기업 간의 이해관계의 대립도 뚜렷하게 나타나고 있고 최근에 들어와서 항공기업 간의 남북격차를 고려하여 본다면 다국간협정에 의한 세계적 항공자유화를 달성시킨다는 것은 거의 불가능에 가깝다. 따라서 당면한 항공자유화는 양국협정을 계속 쌓아올려 그것들을 확대하는 방식을 취하지 않으면 아니 된다고 사료된다.[70]

제2절 시카고 표준방식

1. 배 경

시카고회의에서 2국간항공협정의 표준방식을 권고로서 채택하고 있는 것은 이미 앞에서 언급한바 있지만 그 목적은 전쟁에 방해되지 않는 항공로를 가능한 한 현실화하는 것과 운수권에 관한 독점적 권리(exclusive rights) 및 항공기업에 대한 차별적인 협정을 금지하는 것뿐만 아니라 항공협정의 형식과 내용을 통일하자는데 있다. 전쟁 중에 있더라도 민간항공을 할 수 있는 지역은 많기 때문에 그 지역에서의 민간항공을 촉진하며 그

---

69) US International Air Transportation Policy Statement, April 1995.

70) 1994년의 ICAO국제항공운송회의의 결론도 1995년의 항공운송기업간의 작성과정을 살펴어 볼 때 항공자유화를 전제로 한 다국간항공협정의 작성에 관하여 세계적인 의견일치(consensus)를 본다는 것은 어렵다고 사료된다.

전제로 되는 항공협정을 표준화하는 것은 훗날 민간항공의 발달에 필요하다고 보았다. 한편 항공협정의 양식의 통일은 시카고조약 제81조에 규정하고 있는 등록을 쉽게 하게 되었다.

2. 내 용

시카고표준방식은 전문(前文), 권고문 및 표준협정의 세 가지로 구성되었고, 전문(前文)에서는 권고의 취지를 권고문에서는 독점적 권리의 허용 및 차별적 협정의 금지와 협정의 이용방법을 그리하여 표준협정에서는 구체적 협정조항의 모델로 규정하였다. 표준협정의 각조항의 내용은 다음과 같다.

(1) 부속서에 기재하는 노선에 대한 운수권의 허용, (2)항공기업의 지정과 운영허가의 발급(단 전쟁지역 또는 군 점령지에서는 군 당국의 허가를 전제로 함), (3)공항사용료 등에 관한 내국민대우, (4)연료, 윤활유, 예비부품수입에 관한 관세 등에 대한 내국민 및 최혜국대우, (5)사용항공기상에 있는 연료, 윤활유, 기타 정규장비품, 저장품 등의 면세 등, (6)감항증명서(堪航證明書), 기능증명서 및 면장(免狀)에 대한 상호인정(다만 자국민에 대한 기능증명서 및 면장은 제외), (7)항공기의 출입국에 대한 법령의 적용, (8)사용항공기의 여객, 승무원 또는 화물출입국에 대한 법령의 적용, (9)지정항공기업의 실질적 소유와 실효적 지배, (10)협정의 등록, (11)중재, (12)허용한 운수권의 폐기 등이다.

제3절 버뮤다협정

1. 서 설

1946년 2월 11일 대서양 버뮤다 섬에서 미·영 양국이 조인한 항공협정이 버뮤다협정이다. 이 협정은 시카고회의에서 달성되지 않은 사항에 관하여 먼저 항공기업의 수송력에 대한 원칙을 규정하였고 다음에 운임의 설정방식에 관해서 합의하였고 더욱이 양국의 항공기업의 운영노선에 대하여 특별히 정하였다.

버뮤다협정은 다음 세 가지 문서로 구성되어있다.

첫째, 지정항공기업의 수송력에 대한 원칙을 규정한 결의

둘째, 지정항공기업이 행하는 항공업무에 대한 원칙을 규정한 협정본문

셋째, 운임에 관한 원칙 및 운영노선을 규정한 부속서

이들 중 미 · 영 양국이 가장 큰 문제로 되었던 것은 수송력에 관한 것이었다. 양국이 서로 타협하기 위한 협정상의 문언은 결과적으로 추상적인 것이 되고 말았다. 특히 수송력의 적부를 심사하는 시기가 불명확했기 때문에 후에 이를 모델로 한 항공협정에서 심사시기가 중요한 논점이 되었다.

미 · 영 양국은 여러 가지 수송력의 사전심사는 하지 않는 입장을 취했기 때문에 양국은 심사 시기에 관한 논쟁은 없었지만 1977년 제2 버뮤다협정에서는 사후심사주의를 일부 도입하였다. 운임의 설정에 관하여 미국이 IATA운임설정기구를 시한부로 인정한 것이 영국으로서는 큰 승리가 되었던 것이다.

운영노선에 관하여 미 · 영이 여러 노선을 나누어 특별히 정하였다. 그것들은 양국이 만족했다고 하지만 노선변경에 관한 규정에서는 나중에 양국의 해석이 달라 외교문제로까지 발전하게 되는 분쟁의 원인이 되었다.[71]

2. 수송력에 관한 결의

수송력에 관한 원칙은 최종의정서에 결의로서 규정하였다. 수송력(capacity)이란 항공기에 대하여 말할 때에 특정노선에 있어 항공기의 유상적재량을 일컫는 것이고 항공업무에 관하여 말할 때에는 특정노선에 있어 항공기의 유상적재량에 특정기간에 있어서의 그 항공기의 운항횟수를 곱한 것을 일컫는다.

수송력에 관한 결의에서는 항공기업이 제공해야하는 수송력의 원칙만을 정하였고, 실제 제공하는 수송력의 결정은 항공기업의 자주적인 판단에 맡겼다. 한편 미 · 영 양국은 수송력에 관하여 정기적으로 종종 합의하였고 그 협의에서 생긴 수송력원칙의 준수와 결의사항의 이행에 대하여 협력하였다.

그러나 항공기업이 제공하는 수송력을 양국 간의 협의로 사전에 심사할 수 있느냐에 관한 규정은 없다. 수송력의 원칙은 일반원칙과 구체적 원칙으로 나누어 규정하였다.

일반원칙에 대해서는 다음과 같은 조항을 두었다.

(1) 여행하는 승객용으로 제공되는 항공운송업무는 이 항공운송에 대한 승객의 요구와

---

71) 吉永榮助 · 板本昭雄, 「最新國際航空法要論」, (1976年, 有信堂), 128頁.

밀접한 관계를 가지지 않으면 아니 된다.

(2) 양국의 항공기업은 이 협정 및 부속서에 적용되는 양국영역간의 노선을 운영하기 위하여 공평하고 균등한 기회(a fair and equal opportunity)를 가진다.

(3) 한쪽정부의 항공기업은 이 협정의 부속서에 있는 간선업무를 운영함에 있어 다른 쪽 정부의 항공기업은 동일노선의 전부 또는 일부에 대해 제공하는 업무에 부당한 영향을 미치지 않도록(not to affect unduly the services) 후자의 이익을 고려하여야 된다.

이들 원칙에 관하여 어떠한 판단의 기준을 규정하지 않았고 당사국의 해석에 맡긴다. 그 때문에 이 원칙은 추상적인 규정에 불과하다고 평가되었다.[72]

구체적 원칙에 대해서는 다음과 같이 규정하고 있다.

「이 협정 및 부속서에 기초한 지정항공기업이 제공하는 업무는 그 항공기업의 국적이 있는 나라와 운수의 최종목적지인 나라와의 사이에 운수의 수요에 적합한 수송력을 제공하는 것을 제1차적인 목적으로 하여야만 된다. 이 업무에 있어서 제3국에 향한 또는 제3국으로부터의 국제운수를 이 부속서의 특정노선상 하나 또는 둘 이상의 지점에서 싫거나 내리는 권리를 양국정부가 동의하는 질서 있는 발전의 일반원칙에 따르지 않으면 아니 되고 또한 수송력은 다음 사항에 관련되어야 한다는 일반원칙에 따르지 않으면 아니 된다.

(1) 시발지인 나라와 목적지인 나라와의 사이에 운수상의 요구

(2) 직통항로운영의 요구

(3) 그 항공기업의 노선이 통과하는 지역의 지방적, 지역적 업무를 고려한 그 지역의 운수상의 요구」

이 원칙의 특징은 운수성격을 제일차적 목적(primary objective)인 것과 그렇지 않은 것과를 나누는 것이고 항공기업의 국적이 있는 나라와 최종목적지(ultimate destination)인 국가간의 운수를 제1차 목적의 운수라고 한 것이다. 최종목적지란 목적지가 복수로 존재하는 경우 동일항공권에 기재된 출발지로부터 대권거리(great circle distance)에 의하여 가장 먼 목적지를 말한다.

제1차 목적의 운수란 수송력을 결정함에 있어서 가장 중시하여야 할 운수로서 이것은 미·영간의 운수가 아니고 항공기업의 국적이 있는 국가와 최종목적지간의 운수라는 것에 유념하여야만 된다.

제1차 목적이외의 운수는 일반적으로 제2차 목적의 운수(secondary traffic)라고 불려지며 제1차 목적의 운수보다 후순위로 취급된다. 제5자유의 운수는 일반적으로 제2차 목

---

72) 板本昭雄, 「國際航空法論」, (1972年, 有信堂), 57頁.

적의 운수로 되기 때문에 그 수송력은 위의 (1)에서 (3)까지의 원칙을 고려하여 결정된다. 그러나 이들 규정은 극히 추상적이며 불분명하여 이들로부터 획일적이고 구체적인 결정을 도출한다는 것은 거의 불가능하다.

특히 제1차 목적의 운수와 제2차 목적의 운수의 양적관계가 불명확하여 이들 조항을 둘러싼 당사국간에 분쟁발생이 예상될 수가 있다. 이것은 버뮤다 협정의 수송력조항의 약점으로 지적되는 까닭이며[73] 이 조항을 모델로 한 항공협정에서 보충적인 협정 등에 의하여 보완되는 경우가 많이 있다.

3. 운영노선의 특정

지정항공기업이 운영할 수 있는 노선은 운영에 관한 원칙과 함께 부속서에 규정되었다. 노선은 미국측의 노선과 영국측의 노선으로 나누어 기점, 중간지점, 상대국 내 지점, 이원지점에 관하여 각각의 지명을 가지고 특정되어 있다. 미국측 노선은 뉴욕 등의 미국 영토 내를 기점으로 하는 13개 지점, 영국측 노선은 런던 등의 영국 영토내의 지점을 기점으로 하는 7개 노선으로 되어있다. 상대국의 영역 내에 있는 지점을 변경함에는 부속서의 수정이 필요하지만 기타 지점의 변경은 상대국의 항공당국에 대한 통고만으로 실시할 수 있다. 그러나 이것에 의하여 상대국의 항공기업의 이익에 해를 끼치는 때에는 양국이 협의하여 해결한다. 노선상의 지점을 상세히 특정하면서 이 규정을 적용하여 지점의 추가를 인정하려는 것은 무리가 됨으로 1958년 영국 측 노선에 동경을 추가할 수 있느냐에 대한 양국간의 분쟁이 있었다. 노선상의 지점과 항공기의 운항의 순서에 관한 규정은 없다.

4. 운임에 관한 원칙

운임에 관한 원칙 중에서 가장 중요한 것은 첫째로 양국간에 적용되는 운임은 양국에 의해서 승인되지 않으면 아니 되고, 둘째로 1년의 기한부이긴 하지만 IATA의 운임설정기구가 이를 승인하였다는 점이다. 미국은 1년 후에도 IATA의 운임설정기구를 계속 승인하였으나 우여곡절이 있었고 그것이 현재까지 지속되고 있다. 이것은 앞장에서 기술한

---

73) P. van der tuuk Adriani, *The Bermuda Capacity Clauses*, 22 JALC, at 406.

바 있다. 적용되는 IATA운임이 없는 경우 양국의 대응에 관하여 상세한 규정을 두고 있다. 운임의 수준에 관하여 모든 관계요소, 예컨대 운영비, 합리적인 이윤, 다른 항공기업이 정한 운임을 고려하여 합리적인 수준으로 정하지 않으면 아니 된다.

5. 기 타

항공업무에 관한 원칙을 규정하였던 협정본문은 전문 외 14개 조문으로 구성되어 있으며 항공업무 운영에 관한 사항을 규정하고 있다. 그 내용은 시카고표준방식에 다소의 수정을 가했던 것 외에는 거의 시카고표준방식과 동일하다. 부속서 맨 마지막 부분에 항공기의 변경에 관한 규정이 있다. 항공기의 변경(change of gauge)은 지정항공기업이 노선상의 일부에 그 노선 이외의 부분에서 사용하는 항공기와는 수송력이 차이가 나는 항공기를 사용하는 것이고 오늘날에는 수송력조항에 위배되지 않는 한 일반적으로 인정되고 있다.

이 규정에는 상대국내에서 항공기의 변경을 하는 경우 작은 항공기의 수송력은 큰 항공기로 운반되는 이원지점으로의 운수를 제일로 고려하여 결정하지 않으면 안 되고 작은 항공기에 여분의 좌석이 있는 경우에 한하여 상대국으로부터 제3국으로 여객을 운반하는 일이 가능하다고 하고 있다. 이것은 이원권(以遠權)즉 상대국으로부터 이원지점으로 운송하는 권리의 제한이라 해석되어 영국이 강력히 주장을 하고 있었던 것이다.

제4절 제2의 버뮤다협정

1. 서 론

1977년 7월 23일 미·영 양국은 버뮤다섬에서 새로운 항공협정에 서명하였는데 이것을 제2의 버뮤다협정이라 불리어지고 있다. 1946년의 버뮤다협정에 관하여 영국은 앞에서 언급한 바와 같이 이 협정에 불만을 품고 있었고 한편 영국으로서는 불공평한 결과를 초래한다고 하는 비판적인 입장을 취하고 있었다. 때마침 미국의 항공정책이 변화될 가능성에 위기감을 품고 있었던 영국은 1976년 6월 22일 이 협정을 폐기한다는 요지의 통고를 미국에 대하여 하였고 협정폐기가 유효하게 되는 일년간에 새로운 항공협정을 제정하기 위한 교섭을 시작하고 싶다는 취지의 제안을 하였다.

버뮤다협정은 1977년 6월 21일에 효력을 상실할 예정이었지만 미·영 양국의 합의로 1개월 연장되어 그 기간 내에 새로운 항공협정작성에 관한 최종적 교섭이 미·영간에 계속되었다. 그 결과 1977년 7월 23일에 신 협정이 제정되어 그날로 즉시 발효되었다. 이 협정은 전문과 21개 조문으로 되어 있는 협정본문과 그것에 부대하는 4개의 부속서로 구성되어 있었다.

2. 영국의 불만

영국은 버뮤다협정에 관하여 다음과 같은 불만을 품고 있었다.[74]

첫째, 특정 항공노선 상에서 협정업무를 하는 지정항공기업의 수를 제한하지 않았다는 점이다. 미국 내에 다수의 항공기업을 보유한 미국은 자국의 항공기업을 다수로 지정할 수 있는 가능성을 지니고 있는 반면 영국은 그것을 하나 또는 극소수의 항공기업으로 제한하고 싶은 견해를 가지고 있었다. 영국이 미국에 대하여 우려를 품고 있었던 배경으로는 미국의 강대한 항공 기업 중에는 국제항공으로의 진출에 의욕을 불태우는 일이 적지 않았다. 이에 대하여 영국에서는 1974년의 수요 감퇴[75]를 계기로 항공질서의 재구축을 검토하게 되었고 1976년 2월의 통상성백서에서는 특정노선상의 항공기업의 수를 한정하여야만 된다는 것이 제안되어 정책방향은 제한적인 것으로 되었다.

둘째, 동 협정에 규정되어 있는 수송력조항은 수송력의 사후심사주의(ex-post facto review)를 전제로 하고 있었기 때문에 정부의 수송력에 대한 개입이 실효를 거두지 못하였다는 점에 있다. 영국에 있어 수송력의 사후심사주의는 전혀 실효를 거두지 못하였기 때문에 그 결과로써 미국항공기업에 의한 과잉수송력 특히 제5자유의 과잉수송력을 낳게 되어 영국으로서는 불공평한 상황에 직면하게 되었다.

셋째, 운임조항이 사문화된 것에 있었다. 버뮤다협정에는 운임에 관한 상세한 절차 규정이 없어 미국은 그 규정에 준해 오로지 자국의 국내법에 의해 처리하고 있었기 때문에 협정의 운임조항은 사실상 사문화되어 있었다.

---

74) Harriet Oswalt Hill, *Bermuda Ⅱ : The British Revolution of 1976*, 44 JALC, at 114.

75) 1973년의 제1차 석유위기의 원인이 되어 세계 항공업계의 항공유에 대한 전체수요가 떨어졌다.

3. 협정본문

제2의 버뮤다협정이 1946년의 버뮤다협정과 다른 중요한 점은 대략 다음과 같다.

(1) 협정업무의 내용으로서 차－타국제항공업무(charter international air service)가 추가되었다(제2조 3). 차－타업무에 있어 구체적인 실시절차는 제4 부속서에 규정되어있다.

(2) 화물전문항공업무(all cargo air services)의 구분을 새로이 도입하여 그것을 화객혼합항공업무(貨客混合航空業務: combination air services)와는 다르게 취급하도록 하였다(제3조 3).

(3) 지정항공사의 수를 특정노선에 따라 제한하였다(제3조 2, 제3조 3).

(4) 항공보안(aviation security)에 대하여 새로운 규정을 만들어 항공기의 안전에 대한 불법행위에 있어 상호간에 협조하기로 합의함과 동시에 이것들에 관한 일반조약상의 업무를 확인하였다(제7조).

(5) 상업적 사항(commercial operations)이라는 카테고리를 새로 만들어 자국 내에 있는 상대국의 지정항공사 임직원의 주재, 지상취급업무, 운송의 판매, 외환 및 송금에 관하여 보증을 규정하였고 추가적으로 지방공공단체에 의한 과세를 면제하기 위하여 양국의 노력의무를 규정하였다(제8조).

(6) 공항사용료 등 항공업무의 실시에 필요로 하는 부과금에 대하여 그 액수의 산출기준을 만들어 그것들의 부과금이 공정하고 합리적으로 이루어지도록 양국의 노력업무를 규정하였다(제10조).

(7) 수송력에 있어 그 구체적 기준으로 이용률(load factor)의 개념을 도입하였고 신규항공사의 참여시에는 기존항공사의 수송력을 특정 기간 동안 제한하기로 하고 또 노선에 따라 구체적 규제를 실시하기로 하였다(제11조).

(8) 운임에 있어 항공사간의 운임협정과 운임 그 자체를 개념적으로 분리하고 양국의 항공사가 참가하는 운임협정의 발효에는 양국의 인가를 필요로 하게 하는 한편 항공사가 신청한 운임을 다른 한편의 나라가 반대 할 때에는 그 의도를 상대국에게 통고하여야하며 통고를 받은 상대국은 통고한 나라에 협의회의 개최를 요구할 수 있도록 하였다.

협의의 결과 합의가 이루어지지 않았다든지 또는 협의의 요구가 없을 때에는 그 운임에 반대한 나라는 현행의 운임을 계속 존속할 수 있는 조치를 취할 수 있게 되며 상대국도 그것에 동조하지 않으면 안 되게 하였다.

이것은 운임에 있어서의 보수성을 지키기 위한 것이다. 더욱이 운임에 관한 분쟁을 피하기 위하여 양국간의 작업그룹을 설립할 수 있는 등 방안을 강구하여야만 된다(제12조).

(9) 판매수수료(commission) 등 항공운송의 판매에 대한 대가(compensation)에 관하여 새로운 조항을 만들어 그것들을 항공당국에 신청제로 함과 동시에 준수를 위하여 양국의 노력의무를 규정하였고 그것들의 수준에 관하여 그것을 실시하는 나라의 법령에 따르도록 하였다(제13조).

(10) 분쟁의 해결에 있어 만일 양국간의 협의로 분쟁이 해결되지 않았을 때에는 잠정적으로 중재재판에 의하기로 하였으며 양국 공히 국내법이 허용하는 중재재판의 결정에 따르기로 하였다. 다만 한쪽의 나라가 그 결정에 구속되지 않을 때에는 상대국은 적당한 조치를 취할 수 있게 하였다(제17조). 중재에 관해서는 ICAO이사회의 권고적 결정에 맡기기로 한 버뮤다협정과는 다른 규정이다.

4. 제1부속서

이 부속서에는 양국항공기업의 운영노선의 특정 및 특정노선의 운영에 관한 원칙이 정해져 있다. 그 중요한 특징은 다음과 같다.

(1) 자국 내에 자국항공기업이 출국해야만 하는 지점(gateway point)을 설정하거나 그 밖에 1946년의 버뮤다협정에서 노선특정방식에 따라서 지명 또는 국명에 의하여 노선을 특별히 정한다.

(2) 화물전문항공기에 있어서는 새로운 노선을 특별히 정한다.

(3) 통과 또는 온라인(online)접속운송(transit and connecting traffic)의 개념을 도입하여 그 운송에 한하여 국내지점간의 운송을 허락하였고 그 위에 특정노선상에 없는 중간지점 또는 이원지점에의 운송을 할 수 있도록 하였다.

이것은 통과가 또는 온라인접속지점의 전후의 운송이 연속한 하나의 운송이라는 것을 인정한 규정으로서 이것이 국제운송으로 되기 위해서는 국내지점간의 운송을 인정하였고 한편 불특정 제3국으로의 운송은 자국 내에 접속할지라도 자국과는 관계가 없는 국제운송이 되는 것으로 인정하였다.

(4) 특정노선상의 지점의 편성에 관해서는 운송의 기점을 자국 내의 지점에 한정하는 한 탄력적으로 할 수 있는 것으로 하였고 특히 중간지점과 이원지점과는 상호대체 할 수 있는 것으로 하였다.

(5) 항공기의 변경요건은 ① 자국에서 볼 때 점점 쇠퇴하여질 때, ② 항공기의 연락을

끊지 않으려는 시간표로 계획된 것, ③ 동일한 편명(便名)으로 운항되는 것, ④ 화객혼합항공업무에 관하여 관계하는 공항의 특별한 사정이 없는 한 연락을 위한 시간은 3시간 이내에서 시간표상 계획되어진 것이다.

(6) 지정항공기업은 자국을 통하여 상대국과 제3국과의 사이를 동일편명으로 통과하여 운송하는 것. 즉 제6의 자유운송을 인정한다.

(7) 미국의 지정항공기업이 홍콩을 경유하여 중화인민공화국에 운항하는 것을 금지하였다.

5. 제2부속서

제2 부속서는 대서양에 있어서의 수송력에 관한 것이다. 양국의 지정항공기업은 겨울철(11월~3월) 및 여름철(4월~10월)의 예정운항계획을 양국에 사전제출하지 않으면 안된다. 한쪽의 나라는 신청된 계획상의 증편이 협정의 수송력조항에 위반했다고 믿었을 때에는 그 요지를 상대측에 통지하고 양국 간의 의견을 교환하여 문제를 해결하지 못하였을 때에는 협의회를 개최하고 그래도 합의가 이루어지지 못하였을 때에는 그 운항계획을 신청한 지정항공기업은 이 부속서에 규정한 편수를 한도로 하여 운송을 실시할 수 있다. 역시 초음속기인 콩코드기에 의한 운송은 부속서의 제한에서 제외된다.

6. 제3부속서

이 부속서는 운임에 관한 것으로 다음의 규정이 있다.
(1) 양국의 전문가로 구성된 운임 작업그룹(Tariff Working Group)을 설립한다.
(2) 운임작업그룹은 북대서양에서의 탑재율기준(load factor standards)과 평가, 검토기준(evaluation and reviewing criteria)에 있어서 1년 이내에 권고를 작성하지 않으면 안된다.
(3) 양국은 그 권고를 검토하며 그 검토 결과에 의해서 IATA의 운영협정을 심의할 때 그 권고를 헤아려 참조하지 않으면 아니 된다.
(4) 양국은 특정문제를 검토하기 위하여 수시로 운임작업그룹의 소집을 요구할 수 있다.

7. 제4부속서

이 부속서는 차-타항공업무에 관한 것이고 그 내용은 다음과 같다.

(1) 1977년 4월부터 적용되고 있는 차-타업무에 관계하는 영·미간의 각서는 계속해서 유효하고 이 협정의 일부를 적용하는 것을 인정하였다.

(2) 협정본문에 규정하는 특정조항은 차-타항공사에도 적용된다.

(3) 양국은 북대서양 차-타항공업무에 다국간협정의 작성이 바람직하다고 합의한다. 그러나 양국은 2국간협정이 적당하다는 것을 인정하고 1977년 12월 31일까지 협정작성의 교섭을 시작하지 않으면 아니 된다.[76]

8. 미국에서의 비판

제2버뮤다 협정은 조인직후부터 미국에 의하여 강한 비판을 받았다.

첫째는 이 협정의 내용이 미국항공사에게 불리하게 개정되었다는 점이다.

원래 자유로운 업무운영을 바라는 미국항공사에 있어서는 제2의 버뮤다협정의 제한적 내용에는 견디기 어려운 점이 적지 않았다. 이 비판은 영국이 1946년의 협정을 폐기하고 신협정 불성립의 경우에 미·영간에 있어 양국 항공사의 업무가 무협정상태에 빠진다는 압박아래 교섭이 이루어 졌다는 사실과 관계되어 있다.[77]

두 번째는 항공운송의 규제완화를 추진해온 미국의 카터정권은 역으로 규제를 강화하는 내용의 협정에 조인한 것이었다. 교섭의 과정에 있어 미국대표는 시종항공의 자유화를 주장하였다고 전하여지고 있지만[78] 결과적으로 미국은 영국의 제한주의에 굴복하지 않을 수 없었다.

이런 것들의 비판을 배경으로 미국 내에서는 상원의 조언과 동의(advise and consent)를 항공협정 발효요건[79]으로 하자는 의견이 제시되었다. 그러나 항공협정은 헌법상 상원의 조언과 동의를 필요로 하지 않는 행정협정(executive agreement)이라는 것으로 자리를 잡게 되었으며 제2의 버뮤다협정을 계기로 항공협정의 발효절차를 바꾼다는 것은 이

---

76) 1978년 3월 17일 미영양국은 제2 Bermuda협정 제14조 및 제4부속서를 전면적으로 개정하여 Charter에 관한 조항을 충실하게 이행하였다.

77) Hill, supra, 44 JALC, at 121.

78) Aviation Week & Technology, July 5, 1976.

79) 미국헌법 제2조 2절.

제까지의 정치적관행과 판례로 볼 때 적당하지 않다고 하는 의견이 대세를 차지하게 되었다.[80)

제5절 1978년 미국의 모델협정

1. 내 용

제2버뮤다협정의 체결을 계기로 미국이 국제항공의 자유화를 향해 달리기 시작한 것은 이미 앞에서 언급한 바 있지만 자유화의 내용으로서 미국이 항공교섭에 사용한 것은 1978년의 미국의 모델협정이므로 이것을 「미국의 표준 1977년 후 협정」이라고 불리어지고 있다.

이 1977년은 제2버뮤다협정의 것이 이었고 미국이 제2버뮤다협정과 똑같은 제한적 내용의 항공협정을 다시는 체결하지 않겠다는 것을 의미하는 것이다.[81)

1978년의 미국모델협정의 특징은 다음과 같다.

(1) 전문에 있어서 국제항공의 안전(safety)과 보안(security)의 확보를 희망하였고 정부의 개입과 규제를 최소한으로 하고 항공사의 경쟁을 기본으로 하는 국제항공자유화의 추진, 국제항공의 기회확대, 저운임의 도입 필요성에 관하여 기술하였고 이것들을 협정의 기본이념으로 하였다.

(2) 지정항공사의 수를 「당사국이 원하는 수」로 하고 그 수에 제한이 없는 것을 분명히 하였다.

(3) 지금까지의 수송력조항의 명칭을 공정경쟁(fair competition)으로 호칭하고 있으므로 ① 공평하고 균 등한 기회(a fair and equal opportunity)의 확보, ② 차별(all forms of discrimination) 또는 불공정한 경쟁관행(unfair competition practices)의 배제, ③ 수송량(volume of traffic), 운항편수(frequency) 등에 대한 일방적제한의 금지, ④ 수송력에 관한 자국기업우선의 원칙(a first refusal requirement), 적취율(uplift ratio), 승낙료(no-objection fee) 등의 부하금지, ⑤ 상대국항공사에 의한 스케줄(schedule), 차－타비행의 프로그램 (programs for charter flights), 운항계획(operational plans)의 인가를 위

---

80) Hill, *supra*, 46 JALC, at 124~128.
81) Bogosian, *supra*, 46 JALC, at 1007.

하여 제출하는 것을 금지하는 것 등을 규정하였다.

(4) 종래의 항공협정과는 별개의 협정이나 합의의사록 또는 묵시의 합의에 의해 실시해온 상업적 사항에 관하여 그것을 상업적 기회(commercial opportunities)의 하나로 묶고, ① 상대국에서의 영업소의 설립, ② 항공사임직원의 상대국으로의 파견 및 상대국에서의 주재, ③ 상대국내에서 지상취급업무(ground handling)의 자영 및 위탁의 자유, ④ 상대국에서의 직접 또는 간접 판매활동의 자유 및 수수통화의 자유, ⑤ 영업차익의 송금 및 환전의 자유에 관해서 규정하였다.

(5) 운임에 관하여 항공사보다는 시장에 있어 상업적 요소에 기초하여 설정되어야 할 것으로 규정하였고 양국의 개입은 ① 약탈적(predatory) 또는 차별적(discriminatory)운임 또는 관행 (prices or practices)의 방지, ② 부당운임으로부터의 소비자보호, ③ 정부로부터의 직접 또는 간접적 보조금(subsidy)이나 원조(support)에 기인한 인위적인 운임으로부터 항공 기업의 보호에 국한시키었던 것이다.

상대국기업이 운임조항에 위반한다고 믿을 때는 한쪽의 국가는 상대국에 협의를 요청할 수가 있으며 협의의 결과 양국간에 합의에 도달하면 양국은 그 합의의 실시에 노력하고 합의에 도달하지 못하면 그 운임은 그대로 유효하게 된다.

더욱이 양국은 항공사가 다른 항공사의 경쟁적운임에 대응하는 것을 허용하지 않으면 안 되는 것으로 했다. 이 조항은 항공사에 경쟁상대(matching)의 권리를 인정한 것으로 해석된다.

(6) 안전과 보안에 관한 새로운 조항을 만들었다.

상대국의 안전 및 보안에 관해 상대국에 협의를 요구할 수 있고 협의의 결과 상대국의 수준이 시카고조약의 최저수준에 도달하지 않았다고 판단했을 때는 그 뜻을 개선조치와 함께 상대국에 통지하고 상대국이 해당 기간 내에 적절한 조치를 취하지 않을 때에는 상대국지정항공사에게 준 운영허가를 유보 또는 취소할 수 있도록 하였다.

더욱이 항공범죄에 관하여 양국은 1963년의 동경조약(항공기내에서 행해진 범죄 그 외의 어떤 종류의 행위에 관한 조약), 1970년의 헤이그 조약(항공기의 불법한 탈취의 방지에 관한 조약) 및 1971년의 몬트리올 조약(민간항공의 안전에 대한 불법행위 방지에 관한 조약)에 따라서 행동하는 것을 재확인하였다.

더욱이 항공범죄방지에 관하여 상대국에게 최대한 원조를 하고 현실의 협박에 대한 항공기 또는 여객을 위한 특별한 보안조치에 관하여 상대국으로부터 요구가 있을 시에는 호의적인 배려를 하고 범죄가 현실화되었을 때에는 범죄행위를 끝내기 위하여 상대국을 지원하는 것으로 하였다.

(7) 분쟁의 해결에 관하여 양국은 중재재판에 부탁하기 전에 그 해결을 양국이 합의한 인물 또는 기관(some person or body)의 결정에 위임시키기로 하였다.

(8) 제1 부속서에 있어서 항공기의 변경(change of gauge)을 자국으로부터 또는 자국으로의 운항의 계속을 조건으로 하는 자유를 인정하였다.

(9) 차 – 타항공에 관하여 지금까지의 양국간 합의를 이 협정에 통합하고 제2 부속서에 있어 자유로운 노선권과 그 운영절차를 규정하였다. 차 – 타항공에 적용되는 규칙은 이것이 편도운송인지 왕복운송인지에 관계없이 그 출발지가 되는 국가의 규칙에 따르는 것으로 하였다. 이 원칙은 일반적으로 「출발지국가주의(the country of origin rule)」로 불리어 지고 있다. 만일 출발하는 국가에 복수의 다른 규칙이 있을 경우에는 그 중에서 가장 제한적이지 않은 규칙이 적용되는 것으로 하였다.

2. 효 과

미국은 1978년의 모델협정의 내용에 따라 항공교섭을 추진한 결과 1978년에만도 한국, 네덜란드, 이스라엘, 독일, 벨기에와도 항공협정을 체결 하였다. 그러나 그 내용은 상대국에 따라 다소 차이가 있었고 이스라엘과의 항공협정에서는 운임에 관하여 이중불인가제도(double disapproval pricing regime)를 채택하여 운임제도의 새로운 방식의 하나가 되었다.[82] 이들 가운데 1979년에 체결된 미국과 타일랜드 간의 항공협정은 모델항공협정에 가장 가까운 항공협정이라고 평가되고 있다.

그러나 미국정부는 새로운 항공협정을 추진한 결과 미국 내의 지점을 상대국에 너무 양보하였다는 비판을 받았으며 미국 항공기업으로부터의 심한 비난의 대상이 되었다. 1983년이 되자 곧 미국 국무성의 항공교섭담당관에 의한 모델협정은 어느새 중요성을 잃었다는 취지의 발언이 있어 미국은 또 다시 방침의 전환을 도모하였다.

---

82) 이 제도에서 항공기업이 도입하는 새로운 운임은 항공협정의 양당사국이 불승인하지 않은 한 도입을 방해하지 않는다.

제6절 미국의 모범 · 오픈스카이협정

1. 서 설

미국은 1978년 항공규제완화법을 성립시켜 그 이후 주로 국내시장에서 항공자유화를 추진하여 왔지만, 1992년 미국 정부가 Open Sky정책을 발표한 이후에는 해외에도 적용시켰으며 2011년 4월 18일 현재 102개국 간의 노선에 수송력 및 항공사의 규제를 철폐하는 내용의 항공협정(Open Sky협정)을 체결하고 있다.[83]

1990년대에 들어서자 경제의 자유화와 글로벌화의 심화에 따라 항공의 자유화의 중요성이 강화되어 국제항공시스템의 변혁이 시대적인 요청으로 되었다. EU의 항공자유화는 1993년에 최종단계가 실시되어 그 내용은 EU라는 특정한 지역적 범위 내의 것이지만 국제적으로는 철저한 자유화의 추진이었다.

한편 ICAO는 1994년에 항공운송회의를 개최하여 국제항공시스템의 자유화제안을 하였지만 그 내용은 시대적인 흐름을 인식한 대담한 것이었다. 이들 항공자유화의 흐름을 배경으로 미국은 1994년 11월에 국제항공운송에 따른 정책시안을 공표, 널리 미국민의 의견을 청취한 다음 1995년 4월에 새로운 국제항공운송정책을 발표하였다. 미국이 국제항공운송정책을 발표한 것은 먼저 1978년 이후 17년만의 일이었다. 미국의 이러한 정책은 일반적 목표로서 시장원리에 의하여 움직이고 있는 세계적인 자유시장의 실현을 내세우고 개별적인 목표로서 운임과 서비스에 대하여 소비자를 위한 선택폭의 증가, 미국 내 여러 도시간의 국제항공운송에의 연결, 항공기업에 대한 제한 없는 기회의 제공 및 공평한 항공시장을 확보하는데 있다.

이와 같은 정책시행에 관하여 개방된 세계항공시스템을 확립할 때까지 시간이 걸리겠지만 주요 무역국간에 자유화항공협정을 체결하고 또한 제3 및 제4의 자유의 수요가 부족한 국가간에도 그것의 목표달성을 위하여 공헌할 경우 이러한 것들의 협정을 체결 있다. 이 정책에서 말하고 있는 자유화항공협정이 모범 오픈 · 스카이(Model Open Skies Agreement)협정이다.

미국은 우선 유럽 아홉 개 국[84]을 대상으로 하여 오픈스카이협정을 체결하는 것을 방침으로 정하였지만 1995년 2월 스위스가 이것에 합의한 것을 시초로 이들 아홉 개 국

---

83) http://www.state.gov/e/eeb/rls/othr/ata/114805.htm

84) Swiss, Belgium, Iceland, Austria, Finland, Luxemburg, Sweden, Denmark, Norway 등 9個國이다.

모두와 오픈스카 협정을 맺는데 성공했다.

더욱이 1994년 5월에 독일이 잠정자유화협정을 체결하였고 다시 1996년 2월에는 오 픈스카이협정의 체결에 합의한 것에 따라 그 수는 점점 증가하였고 아시아·태평양지역에서도 1997년 4월에 싱가포르와 동년 5월 뉴질랜드와 체결을 시작으로 1998년 여름까지는 한국, 브루나이, 대만 및 말레이시아와 체결하였고 그 수는 모두 30개국을 상회하고 있다.

처음 표준오픈스카이협정은 미국이 항공교섭에 대한 새로운 항공협정의 원안으로서 작성된 것이지만 세계적인 항공네트워크의 형성이 진전됨에 따라 그 내용의 통일 이 바람직하다는 생각에서 항공교섭에 대한 미국의 유연성은 차츰 약해져가고 있어 이것이 새로운 문제점으로 부각되어가고 있다.

2. 내 용

(1) 모범 모델 오픈·스카이협정은 전문, 17개조의 본문 및 3개의 부속서로 구성되어 있다. 전문에서는 ① 항공기업의 자유경쟁을 기초로 한 국제항공시스템형성의 촉진, ② 국제항공운송의 기회확대, ③ 여객 및 하주에 대한 저운임에 따른 다양화된 서비스의 제공, ④ 국제항공운송에 있어 안전과 보안의 확보에 대해 규정하고 있다.

본문에서는 ① 정의, ② 권리의 부여, ③ 항공기업의 지정과 운영허가, ④ 운영허가의 취소, ⑤ 출입국 등에 관한 국내법의 적용, ⑥ 안전, ⑦ 보안, ⑧ 상업상의 기회, ⑨ 관세와 부과금, ⑩ 사용료, ⑪ 공정한 경쟁, ⑫ 운임, ⑬ 협의, ⑭ 분쟁의 해결, ⑮ 협정의 폐기, ⑯ 협정의 등록, 및 ⑰ 협정의 발효 등을 규정하고 있다.

부속서에 대해서는 제1 부속서가 정기항공의 노선권과 운항권을, 제2 부속서가 차-타항공에 관한 규칙을, 제3 부속서가 컴퓨터 예약제도(Computer Reservations Systems; 이하 CRS라고 약칭함)에 대해 규정하고 있다.

(2) 노선권은 본문 및 제1 부속서와 제2 부속서에 규정되어 있지만 제1 부속서에서는 정기항공에 관하여 배후지점(points behind), 자국 내 지점, 중간지점(intermediate points), 상대국지점 및 이원지점(points behind)사이의 자유로운 노선권을 인정하고 있다. 그러나 Cabotage구간의 노선권 및 자국 내 지점의 생략, 즉 제7의 자유는 인정하지 않고 있다. 제2 부속서에서는 차-타항공에 대해서 양 당사국간 및 상대국과 제3국사이의 노선권의 자유를 인정하고 있지만 자국 내 지점에서의 연속운항(continuous operation)을 조건으로

하는 곳에서의 제7의 자유에 대해서는 소극적이라고 해석된다.

(3) 운항권은 정기항공에 관하여 제1 부속서가 운항의 방향(direction), 편명(flight number), 지점의 짜임세(combination), 운항지점의 순서(order), 지점의 생략(omission of stop), 항공기의 변경(change of aircraft)의 자유를 규정하고 있다. 협정본문 제8조 제7항은, 코드쉐어(code sharing), 스페이스 블록(blocked-space), 물융주선(物融周旋: leasing arrangements) 등을 항공기업간제휴의 내용으로서 인정하고 있지만 그 전제로서 운항권의 자유가 있는 것은 물론이다.

그러나 제3국 항공기업과의 알선의 경우는 그 제3국이 상대국의 항공기업과 같은 권리를 허여하는 것이 조건으로 되어있다. 이것들의 알선은 얼라이언스(alliance)라고 불리는 기업제휴의 중요요소이고 얼라이언스는 항공네트워크의 세계화(global)의 수단으로 계속 이용되고 있다.

(4) 수송력에 관하여 본문에 「공정한 경쟁」 조항을 규정하고 있다. 1978년의 모델협정과 동일하게 수송력의 결정은 항공기업의 자유로운 판단에 따르는 것을 원칙으로 하되 특별한 경우를 제외하고는 당사국이 상대국의 항공기업의 Schedule Charter Program과 운항계획을 인가의 대상으로 하는 것을 금지시키고 있다.

(5) 운임은 시장에서의 상업적 고려에 기초하여 각각의 항공기업에 의하여 결정된다. 다만 그 운임이 부당하게 차별적이고 소비자에게 부당히 고가 또는 제한적이거나 보조금의 투입 등에 의하여 부자연스럽게 저액일 경우 당사국은 이에 개입할 수가 있다. 이러한 것들은 1978년의 모델협정의 조항과 다를 것이 없다.

(6) 안전과 보안에 관하여 각각 독립의 조항을 두고 있다. 이 조항들도 78년의 모델협정과 거의 같으나 보안에 관해서는 그보다 규정이 상세히 규정되어있다.

(7) 분쟁의 해결에 관해서는 78년의 모델협정과 거의 같은 문언으로 되어 있다.

(8) 제3 부속서는 CRS(computer reservation system)에 관하여 상세한 규정을 두고 있다. CRS는 항공기업의 좌석관리를 위해 개발된 전자 관리시스템이지만 항공기업과 항공대리점 및 소비자를 잇는 중요한 매체일 뿐 아니라 현재는 항공기업의 현대적 경영에 불가결한 수단으로 되어 있다.

CRS의 이용기반이 특정한 항공기업 또는 특정한 시장에 편중되어 있으면 항공기업간에 공평한 경쟁이 보장되지 않는다. 그 때문에 CRS의 적정한 이용과 CRS간의 공정한 경쟁을 확보하기 위하여 협정본문의 특칙으로 제3 부속서에 상세한 규정을 두었던 것이다.

(9) 제1 부속서에는 화물의 복합운송(Intermodal Services)에 관한 규정을 두고 있다.

항공운송이 지상운송에 의하여 보완된 것은 네트워크운송을 고려한다면 당연한 것이지만 항공기업에 의한 지상운송기업의 이용이나 제휴가 자유롭지 못하다면 효율적인 네트워크가 형성되지 못한다. 제1 부속서는 그 자유를 보장하기 위하여 규정을 두었던 것이다. 그러나 항공네트워크와 관련하여서 지상운송이 어디까지 짜여 질 수 있을 것인가는 소비자에 대한 책임문제와 함께 앞으로의 과제로 되고 있다.

(10) 항공기업간협정에 관하여 본문에 「상업상의 기회」의 조항을 규정하고 있다. cordshare, space-block의 결정은 새로운 항공기업간의 협력으로 주요한 내용이 되는데 이러한 항공기업간의 협력은 항공네트워크의 세계화와 연결되는 것이다.

한편 항공기업간의 협력이나 제휴는 소비자이익의 보호와 항공기업간의 공평한 기회확보 등의 공익적 입장에 중요한 요소로 포함되고 있으며 이에 대한 세이프가드(Safe Guard)도 함께 고려할 필요가 있다.

제7절 한국과 일본의 항공협정

1. 한국의 항공협정과 양해각서

한·미간에 잠정항공운수협정은 한국전쟁(6.25동란)이전에 1949년 6월 29일 서울에서 체결하여 발효되었고 정식항공협정은 한국전쟁이후에 1957년 4월 24일 워싱턴에서 체결되어 발효된바 있으나 그 후 이 항공협정은 한·미간 항공회담을 거쳐 여러 차례 개정된 바 있다. 한·미 항공협정은 한국이 정치·안보적으로 미국에 협력하여야만 되는 시기였던 1957년에 정식으로 처음 체결되었던 것이다. 이러한 시대환경에 따라 첫 한·미 항공협정은 미국에게 무제한에 가까운 운수권을 부여했다. 이는 미국측에는 "이원권(以遠權)"이 있으나 한국측에는 없고 미국측은 종착지점이 한국의 수도나 한국측은 미본토의 북단인 시애틀로 한정되었고 미국의 중간 여러 지점 및 이원지점이 지정되어 있지 않다는 문제점을 낳았다. 따라서 한국은 1969년 민영항공사로 정식 출범한 대한항공의 미국취항을 위해 1971년과 1979년, 1·2차에 걸쳐 항공협정의 개정협상을 벌여 불평등 항공협정을 개정하려고 시도하였다.

그 후 1·2차 개정을 통해 호놀룰루, L. A, 뉴욕 취항권을 따내는데 그쳤다. 우리 항공기들은 일단 미국 3개 도시에 도착한 후 일체의 이원권을 행사할 수가 없었다. 그 후

80년도에 한국항공사가 「미국내 시카고, 앵커리지, 오클랜드 3개 지점에 추가로 운항한다」는 동 협정개정의 양해각서에 가서명하기도 했으나 이는 「미국화물기의 전용화물청사」의 신축을 둘러싼 한·미 양측의 이견노정으로 외교문서화 되지 못해 그 효력이 상실되고 말았다.

이 제3차 개정의 미 발효 이후 10여 년 동안 8차례의 개정회담이 계속되었으나 별다른 진전이 없다가 1991년 6월 가서명된 양해각서로 미국 내 10개 지점에 대한 운수권을 추가로 획득하고 유럽 한 곳, 중남미 두 곳의 이원권 획득과 컴퓨터예약체제(CRS)의 개방, 화물청사의 신축 등 임대조건이 이루어졌다.

이 양해각서에서는 「미국 측 또는 미국항공사의 잘못으로 문제가 발생하더라도 원래 합의대로 이행되기로」하여 1957년 이후 심한 불균형상태에 놓인 한·미 항공관계시정의 계기를 마련하게 되었던 것이다. 그러나 CRS의 개방과 화물청사의 신축임대조건하에 이루어졌던 10개의 추가운수권과 3개의 이원권교환은 Hard right(노선권)에서 Soft right(공항관련 각종시설의 편안한 이용)으로의 중요비중이 확대되어 가고 있는 세계항공시장의 추세를 감안할 때 이미 전 세계에 걸친 노선망을 완벽에 가깝게 구축한 미국의 입장에서는 미래의 항공시장의 석권을 위한 새로운 전략을 펼쳤던 것으로 사료된다.[85]

1954년 7월 2일 한국·영국간에 잠정항공협정이 체결되었고 1960년 5월 26일 서울-홍콩간의 항공업무재개에 관한 한·영협정이 체결된바 있다. 다시 1964년 11월 19일 한·영간의 서울-홍콩간의 항공업무에 관한 협정이 체결되었고 1970년 4월 30일 동 협정이 개정된 바 있다. 1972년 5월 2일 새로운 한·영 항공협정이 체결되었고 그 후 항공회담을 통하여 1984년 3월 5일 한·영 정부 간의 각자의 영역 간 및 그 이원권의 항공업무를 위한 협정이 체결된 바 있다. 한·일간의 항공협정은 1967년 5월 16일 동경에서 체결되었고 1967년 8월 30일에 발효된 바 있으나 시대의 변화에 따라 항공회담을 통하여 여러 차례 개정된 바 있다. 2011년 5월 10일 현재 우리나라와 외국 간에 체결된 항공협정은 91개국임으로 지역별 항공협정이 체결된 국가의 이름과 항공자유화(여객 기준)가 성사된 20개국의 이름 등을 다음과 같은 표로 설명하고자 한다.

2. 일본의 항공협정과 미·일(美·日) 간의 각서교환

일본이 처음으로 체결한 항공협정은 미·일 항공협정이지만 이 협정은 1952년 8월 11

---

85) http://www.knowledge.go.kr/newsletter/Search.jsp?keyword

일에 조인되어 교환공문에 의하여 같은 날 잠정 발효된 후 1953년 9월 13일에 정식으로 발효되었다. 그 뒤를 이어 1952년 12월 29일에 영국과의 항공협정에 조인하였다. 이에 따라 일본이 다른 여러 나라와의 항공협정에 우선하여 버뮤다협정의 당사국인 미·영 양국과 항공협정을 체결하는 결과를 낳았다. 미국 및 영국과의 항공협정은 어느 것이나 내용적으로 버뮤다협정에 준거한 협정이다. 일본이 1998년 3월 1일까지 49개국과 항공협정을 맺었으며[86] 그 외 대만과는 항공협정을 대신하는 민간협정을 맺었다.[87]

일본에서는 외무성이 운수성, 그 밖의 정부부처와 협의하여 항공협정의 작성방침을 정하지만 부표에 관해서는 운수성이 중심이 되어 방침을 결정하고 있다. 어느 경우에 있어서나 항공협정의 수익자인 항공기업이 방침작성의 단계부터 협의에 참가하고 있다. 지금까지의 항공교섭에서는 항공협정내용의 통일을 유지하고자 사전에 작성된 일본 측의 표준안을 사용하여 상대국과의 교섭에 응해 왔다.

1998년 3월 14일에 조인된 항공협정에 관한 각서는 4년간의 기한을 붙여서 지금까지의 버뮤다협정을 모델로 하여 미·일 항공협정의 원칙을 기본으로부터 수정한 내용을 담고 있어 일본은 국제항공업무자유화의 선구적인 합의로 평가되고 있다.

그 내용으로는 우선 양국의 지정항공기업을 선발기업(incumbent)과 후발기업(non-incumbent)으로 나누어 선발기업의 수를 양국 모두 세 개로 한정함과 동시에 그들에게는 제한이 없는 노선권, 운수권 및 운송력을 부여하고 후발기업에는 제한적인 노선권, 운수권 및 수송력을 부여하였다. 완전한 항공자유화의 준비가 되지 않은 일본으로서는 완전한 항공자유화까지의 조치로써 마땅히 취해야 할 타협의 산물이었다. 운항권에 관해서는 항공기의 변경을 자유롭게 하는 것을 승인함과 동시에 선발기업에게는 제한이 적은 cord-share의 권리를 인정하였다. 4년 후의 항공협정에서 미·일양국의 합의는 없었지만 전 세계에 있어서의 항공자유화의 흐름 및 세계항공기업의 상황 특히 선진항공기업간의 얼라이언스(alliance) 현상을 본 이상 일본으로서는 어차피 각국과 오픈 스카이(open sky) 협정을 맺는 것이 바람직하다.

---

86) 日本運輸省航空局監修, 航空振興財團發行, 「數字でみる航空」, 1998年版, 7～8頁.
87) 일본측은 친선교류협회, 대만측은 아동관계협회(亞東關係協會)가 대만정부 대신으로 협정을 체결하여 이에 근거하여 일본·대만간의 항공 업무를 하고 있다.

제5장 항공자유화의 조류

제1절 서 설

1. 시카고 버뮤다체제

시카고 버뮤다체제는 시카고조약의 기초위에 버뮤다협정 및 그것을 모델로 해서 만들어진 미·영 두 나라간의 항공협정에 따라서 형성된 항공시스템이다. 엄밀히 말하면 버뮤다협정에 준거하지 않은 항공협정도 얼마든지 있으며 전혀 항공협정 없이 국제항공업무를 행하는 예에도 적지 않다. 그러나 세계의 대부분의 나라들은 버뮤다형의 항공협정에 의하여 항공업무를 하고 있고 그들 나라들은 세계적으로 압도적인 시장점유율을 차지하고 있기 때문에 시카고조약과 그들 항공협정에 의하여 유지되고 있는 항공시스템을 일반적으로 버뮤다체제라고 호칭하고 있다.

시카고 조약은 각국의 영공주권을 승인하고 그것을 완전하고 배타적인 권리로써 인정하였을 뿐 정기항공업무를 가능하게 하는 영공주권의 제한규정을 두지 않았다. 그 때문에 각국은 다른 나라와 항공협정을 맺을 필요에 독촉되어 버뮤다협정이 그 의 선구적 협정의 지위를 차지하게 되었다. 버뮤다협정이 다른 항공협정의 모델이 된 이유와 경위에 관해서는 전장(前章)에서 서술한 바 있다. 시카고조약이 채택된 1944년은 제2차 세계대전 중이었고 세계가 연합국과 추축국으로 나누어져 전쟁을 하고 있는 때였다.

한편 버뮤다협정에 의하여 조인된 1946년은 전쟁이 끝나 각국이 국토의 부흥에 전념하고 한편으로는 자본주의 나라와 공산주의 나라 간의 블록대립으로 인하여 냉전으로 이행하는 시기이기도 하였다. 이와 같은 배경은 민간항공에 대한 국가적 관리의 강한 시스템의 형성을 요청하게 되었고 더욱이 민간항공을 국위의 상징으로 하는 세계적인 풍조와 자국경제의 이익보호도 더하여져 각국은 자국 항공기업의 보호와 육성을 중시하는 민간항공제도를 만들었던 것이다. 이런 사정 때문에 시카고·버뮤다체제는 국가적인 색채가 강한 제한적인 내용의 시스템으로서의 성격을 지니게 되었다.

2. 미국의 규제완화

세계의 민간항공에 충격적인 영향을 끼친 것은 1978년의 미국국내항공의 규제완화였다. 그 때까지 미국의 국내항공은 1958년의 연방항공법(Federal Aviation Act)에 기초하여 민간항공위원회(Civil Aeronautic Board)의 경제규제에 묶여있었지만 1978년의 항공기업규제감면법(Airline Deregulation Act)은 국내항공에 대한 규제를 전면적으로 폐지함과 동시에 민간항공위원회까지 폐지하였다. 그 결과 적정면허를 취득한 항공기업은 국내항공으로의 노선의 진입과 퇴출이 자유롭게 되어 운임의 결정도 항공기업들 스스로의 판단에 의해 결정하게 되었다. 더욱이 그때까지 실시하고 있었던 간선(幹線: trunk), 지역(local), 보조(supplemental)의 사업구분도 폐지되어 그 후에는 항공기업의 총수입에 대한 중요성(major), 국가적(national), 지역적(regional) 의 분류로 변경하게 되었다.

그 결과 그 때까지 항공기업에 구속되었던 구분규제를 폐지하여 미국의 국내항공은 완전히 자유화가 되었다. 국내항공에 대한 경제규제의 폐지는 미국의 항공기업의 경영에 혁명적이라고 말할 수 있는 변혁을 가져오게 되었다.

첫 번째는 노선의 진입과 퇴출이 자유롭게 되었고 노선을 허브(hub)화해 도시로의 접근을 증가시키었으며 더욱 그 규모를 확대해 전국적으로 노선망(network)을 구축할 수가 있었다. 그 결과 항공기업은 노선운영의 효율을 끌어올려 증수(增收)와 비용의 절감을 실현시켰던 것이다.

두 번째는 증수와 비용절감의 결과 가능하게 된 운임을 인하하기 위하여 대폭적인 할인제도를 도입함으로써 새로운 항공수요의 창출을 성공하게 된 것이다.

세 번째는 네트워크화한 노선운영과 복잡한 운임관리를 위하여 거액의 비용을 투자하여 컴퓨터예약제도(Computer Reservation System: CRS)를 개발하여 깊이 있는 경영판단의 자료가 되는 관리시스템을 창안하게 되었던 것이다.

네 번째는 수시예약제도(Frequent Reservation System: FFP)라고 호칭하는 여객을 확보하는 제도를 고안해 노선네트워크를 이용한 여객유치정책을 도입한 것이다. 항공기업에 있어서 다소의 차이는 있지만 미국의 항공기업이 이와 같은 새로운 경영정책을 펼친 결과 업적은 현저하게 호전되었고 여객에 대한 편리성도 많이 개선되었다.

항공화물운송의 분야에서도 허브 & 스포크(hub & spoke)를 이용한 소형화물운송이 자리를 잡게 되어 말단에 있는 지상운송을 통합하여 이용자에게 큰 편리를 주었다. 이와 같은 국내항공에 있어서 규제완화의 성공은 필연적으로 국내항공기업의 국제운송으로의 확대의욕으로 나타나 미국의 정책담당자는 항공기업과 소비자의 쌍방에게 국제항공의 자유화를 강하게 밀어붙이는 결과가 되었다.

3. 유럽연합(EU)과 항공자유화

미국의 국내항공의 규제완화에 영향을 최초로 받은 것은 유럽연합(EU)이었다. EU는 그 활동기반으로 1957년에 채택된 로마조약(Treaty Establishing the European Community, EC조약이라고 호칭함)이 있으며 경쟁촉진을 위한 경제적자유화는 그 방침으로 되어 있었다. 그러나 항공운송부문은 오랜 동안 동 조약 제84조 제2항에 의하여 제외된다고 해석되어 왔지만 유럽재판소의 1986년의 판결[88]은 로마조약의 항공운송에서의 적용을 인정함에 따라 EU역내의 항공자유화는 가속적으로 실시함에 이르렀다.

EU의 항공자유화는 3단계로 나누어 실시되었다는 것은 이미 언급한바 있지만 최종단계의 완전한 실시에 의하여 EU의 항공자유화는 1997년 4월 1일에 완성되었다.

EU의 항공자유화는 세 가지의 이사회규칙에 의하여 성립되었다.[89] EU의 이사회규칙은 EU의 법형식의 하나이지만 내용적으로는 다국간항공협정과 같다.

EU를 통일시킨 하나의 지역으로 파악한다면 EU의 역내항공은 미국의 국내항공과 똑같이 생각되어지지만 EU의 구성국은 버젓한 독립 국가들이므로 이와 같은 의미에서 이사회규칙은 하나의 국제협정이라고도 생각되어진다.

EU항공자유화의 첫 번째는 EU항공기업(Community Air Carrier)를 창설하였다는 점이다. EU항공기업은 국적에 관계없이 역내에서의 사업운영이 자유로우며 자본의 이동도 제한이 없다. 따라서 실질적소유와 실효적지배의 요건도 구성국단위가 아니고 EU의 지역전체를 기준으로 하고 있는 것이다.

두 번째는 노선권과 운수권의 수송력은 환경, 공항사정 등 소수의 예외를 제외하고는 자유롭게 되어 있다. 그 가운데 구성국에 있어서의 Cabotage운송 및 제7의 자유도 포함되고 있다.

세 번째 운임은 특별한 지역의 운송을 제외하고는 자유롭게 설정할 수 있게 되었다는 것이다. 다만 구성국에는 공익적견지에서 세이프가드(Safe Guard)[90]를 인정하고 있다.

---

88) Ministstère Public V. Lucas Asjes, Case 209-213/84 (May 1, 1986), European Court of Justice, known as the Nouvelles Frontières Case; 西井千夫, 「EEC條約と航空の自由化」, 空法 第29號, 34頁.
89) Council Regulation Nos. 2407/92, 2408/92, 2409/92.

EU의 항공자유화는 지역적인 제한이 있는데도 불구하고 미국의 규제완화와는 다른 영향을 세계항공업계에 주어 자유화의 물결을 가속시키는 효과를 가져왔다. 그렇지만 EU의 항공자유화는 시카고조약 제7조의 규정과의 저촉되는 점도 있어 EU역외의 여러 나라들과의 조정이 필요하며 앞으로 세계적인 항공자유화와 어떻게 조화시키느냐 하는 것이 큰 과제로 되어 있다.

4. 세계경제의 구조적 변화

1989년의 베를린장벽의 붕괴가 상징이 된 냉전의 종결은 세계경제의 구조를 근본적으로 변혁시키고 글로벌화하여 세계경제라는 낱말이 널리 퍼지게 되었다. 그때부터 통신분야에 있어서 인터넷의 보급은 국경을 넘는 정보의 전달을 용이하게 하였고 그 밖의 통신기술과 우주개발기술의 발달은 경제의 글로벌화를 한층 현실화시켰다. 1994년 4월 15일의 상품서비스무역을 위한 GATT의 우루과이 라운드의 최종합의 문서가 조인되어 그 가운데 「서비스의 무역에 관한 일반협정(General Agreement on Trade in Services, GATS)」이 성립되었다.

이 협정에서는 노선권·운수권에 직접 및 간접으로 관계되는 서비스(hard right)는 제외되었지만 항공기정비업무, 항공판매업무 및 CRS가 포함되었고 이러한 면에서 자유화는 아주 가까워지게 되었다. 항공기는 바다를 건널 수 없는 철도나 또는 육지를 달릴 수 없는 선박과는 달리 세계의 어떠한 도시에도 직접 접근이 가능한 운송수단이다. 한편 정보통신의 글로벌 네트워크에 의하여 이전되는 것은 무형의 가치에 국한되지만 항공은 여객과 물건을 이전시킬 수가 있다. 이와 같은 일은 민간항공이 글로벌 경제를 뒷받침 하여주는 기반(Infrastructure)이라고 기대되어지기 때문에 네트워크운송의 글로벌화는 민간항공의 새로운 사명이 된다고 볼 수가 있다.

5. ICAO의 항공자유화제안

ICAO는 1999년 11월부터 항공운송회의에서 국제항공시스템에 관한 자유화제안을 하

---

90) 국제무역에 있어서 특정상품의 수입급증에 따른 국내 산업을 보호하기 위한 긴급수입 제한치를 말한다. 즉, 「관세 및 무역에 관한 일반협정인 GATT(General Agreement on Tariffs and Trade)」제19조에 해당되며 '에스케이프 조항'으로도 불린다. 각국은 이런 일이 발생하면 바로 국민들에게 홍보를 하고 당사자의 피해를 최소로 줄여야 하는 것이 원칙이다.

였다. ICAO가 국제항공의 자유화를 제안한 배경에는 미국 및 EU의 항공자유화외에 GATT의 우루과이라운드의 합의에 따르는 다각적자유체제의 확립에 있었다는 것을 간과해서는 안된다. 여러 차례에 걸친 GATT와의 교섭을 통해 민간항공에 대한 자유화에 대한 초조함을 느끼고 있었던 것은 부인할 수가 없다. ICAO의 자유화제안의 동기가 무엇이었든 그것은 결과적으로 세계의 민간항공을 크게 자유화의 흐름을 끌어당기는 효과를 가져왔다.

ICAO제안은 국제항공시스템의 전반에 걸친 광범위한 것으로서 여기에서 상세히 논하는 것은 적당하지 않지만 그 주요부분을 항목별로 들면 다음과 같다.

(1) 새로운 항공시스템의 목표, (2) 시장접근의 자유, (3) 항공기업의 소유와 지배에 대한 요건완화, (4) 행동규약의 작성과 새로운 분쟁의 처리기관, (5) 보조금 등의 시장에 대한 구조적 장애의 완화, (6) 반경쟁적 행위의 배제, (7) 환경의 보호, (8) 조세의 면제, 및 공평한 과세, (9) GATS와의 관계의 조정, (10) 환전 및 환어음 등의 상업적사항의 검토, (11) 장래의 전망과 권리의 존중 등이다.

항공운송회의에서는 구체적인 결론은 나지 않았지만 참가각국에 항공자유화의 구체적인 내용을 알린 것에 중요한 의의가 있고 이 회의를 계기로 항공자유화의 흐름은 세계적으로 크게 확대되어 갔다.

6. 미국의 오픈스카이정책

미국은 1995년 4월에 새로운 국제항공정책을 발표하고 소비자 및 이용자 이익의 증진을 목적으로 한 글로벌 네트워크의 형성과 시장원리에 의한 항공기업간의 경쟁을 촉진하기 위하여 항공시스템의 개혁을 목표로 한 정부의 방침을 선언하였다. 장래적으로는 다국간협정에 따르는 세계적인 체제의 가능성을 희망하면서 잠정적으로 2국간협정에 따르는 것이 부득이 함으로 목적의 실현을 위하여 실천적인 조치를 취하는 것을 분명히 하였다. 그 후 미국이 이 정책에 따라 각국과 오픈스카이협정을 계속 맺고 있는 것은 이미 전장에서 서술한바 있지만 미국의 이 행동이 새로운 압력으로 되어 항공자유화의 흐름을 세계의 구석구석까지 밀고 나가고 있는 사실은 부정할 수 없다.

제2절 항공기업의 지정

1. 지정제도

항공협정에 있어 항공기업의 지정제도는 시카고 표준방식을 채택한 제도이고 버뮤다협정 및 그것을 모델로 하는 항공협정을 이어 받고 있다. 이 제도의 근거로서는 항공협정에 의하여 인정되고 있는 권리와 특권은 자국에 귀속되는 것이기 때문에 항공기업이 그것을 향유하는데에는 국가의 행위가 필요한 것이므로 이 행위를 항공기업의 지정이라고 설명하고 있다.[91] 한편 특정노선을 운영하는 항공기업의 선택은 항공기업이 속하는 나라의 항공정책의 문제이므로 상대국은 그 선택의 절차에 관여하는 것을 회피하고 있다.

이들의 항공협정에서는 지정항공기업은 지정하는 나라에 귀속하는 것이 되고 그 때문에 그 나라 또는 국민이 항공기업을 실질적으로 소유하고 실효적인 지배를 하지 않으면 안 되고 이런 요건이 충족되지 않을 경우에는 상대국은 이 항공기업의 운영허가를 부여하는 것을 유보할 수가 있다.

그러나 항공기업의 실질적 소유와 실효적지배에 관하여 국제적인 기준이 없어 이와 같은 결정은 각국의 국내법에 맡겨놓고 있다. 최근 국제적인 금융투자의 자유화에 의하여 항공기업은 다국적화 되어가고 있는 것이 현실이기 때문에 여기에 어떻게 대처하여만 하는가에 대한 획일적(劃一的)인 기준은 아직 없다. 이점에 관하여 ICAO의 자유화제안은 항공기업의 실질적소유와 실효적지배의 요건을 다른 당사국의 국민에게까지 확대하거나 또는 지정의 조건을 「지정하는 나라의 영역에 본사를 두는 것」으로 하였다.[92]

이것들은 EU항공기업에 대한 요건과 같은 발상에 의한 것이라고 생각되어[93] 지지만 현재의 국제사회에서는 항공의 안전과 보안을 확보하는 견지에서 볼 때 항공기업의 국적요건을 버린다는 것은 적당하지 않다. ICAO제안의 「본사를 둔다는 것」을 「법적으로 설립된 것」으로 해석한다면 이것에 의하여 국적요건을 버리지 않고도 항공기업의 다국적화에 대응할 수 있다고 본다.

---

91) Bin Cheng, *op. cit.*, 1962, at 359.

92) ICAO AT Conf/4-WP/8 20/4/94.

93) Council Regulation No. 2407/92, Article 4, 1, (a).

2. 지정항공기업의 수

버뮤다협정에서는 지정항공기업의 수를 「하나 또는 복수(an air carrier or carriers)」로 되어 있으며 제한이 없다. 이점에 관하여 협정 당사국인 영국은 불만을 표시하였고 제2 버뮤다협정에서는 그 기업의 수를 노선에 의하여 제한할 수 있도록 하였다.[94]

한편 미국은 1978년의 모델협정에서 「당사국이 원하는 수의 항공기업(as many airlines as it wishes)」로서 그 수에 대한 제한을 배제하였다. 나머지 나라들은 버뮤다협정에 준거한 항공협정이면서 협정의 문언을 바꾸어 그 수를 특정하였거나[95] 협정에서는 버뮤다협정과 같은 문언을 두면서 각서 등에 의하여 그 수를 제한한 나라도 있어[96] 그 내용은 통일되지 못하였다. 지정항공기업의 수의 제한은 자국항공기업의 보호와 관련되어 생겨난 것이며 항공기업이 대폭 다국적화 된다면 제한이 갖는 의미가 상당히 감소하게 된다.

제3절 노선권과 운수권

1. 항공노선의 특정

항공노선(air route)과 운수권(traffic right)은 1944년의 시카고회의이후 항공교섭의 최대과제였다. 1944년의 「다섯 가지의 자유협정」에서는 당사국의 교환하는 노선에 지리적으로 특정을 하지 않고 「자국으로부터 또는 자국에로의 적절한 직선노선」 (linearity의 원칙이라고 말함)의 조건이 붙어져 있었을 뿐이었다.[97] 그러나 버뮤다협정에서는 노선은 당사국이 상호간 특별히 정하는 것이고 특정노선상의 운수권은 수운송력조항에 반하지 않는 한 인정하는 것이 원칙으로 하였다. 특정노선상의 지점 간에 운수권이 제한되는 것은 협정 또는 부표에 그 취지를 기술(記述)한 경우에[98] 한하며 한편 특정노선상의 지점과 특정노선에 없는 지점을 짜서 항공기를 운항하는 경우에[99] 운수권을 인정할 수 없는

---

94) 제2 Bermuda협정 제3조(2).

95) 예를 들면 일본과 Pakistan과의 항공협정에서 그 수를 서로 간에 하나로 한정하였다.

96) 1998년3월14일에 조인된 일본과 미국 간의 항공각서가 그 예이다.

97) 다섯 가지의 자유의 협정 제1조1항.

98) 예를 들면 일본과 아랍공화국과의 항공협정의 부표(附表)로서 일본의 지정항공기업은 Cairo와 Kuwait, Athens, Rome, Frankfurt 및 Paris의 구간에 관하여 운수권을 행사할 수 없다고 기술되고 있다.

것이 보통이다. 미국의 오픈스카이협정에서는 노선의 지리적 특정은 없고 운수권도 제한이 없는 것으로 되어있다.

2. 제7의 자유

이제까지의 항공협정에서는 노선의 특정은 일반적으로 자국 내를 기점으로 하여 항공기의 운항도 자국 내의 지점을 출발지로 하는 것이 원칙으로 되어있었다. 이 원칙에 대한 예외가 제7의 자유이다. 제7의 자유는 EU가 역내 구성국가들 간에 인정함에 따라 널리 알려지게 되었지만 제7의 자유의 개념은 그렇게 새로운 것은 아니고 빈쳉(Bin Cheng)교수가 1962년의 저서에서 제7의 자유를 「스스로 자국 외에서 하는 국제적인 운수이다」라고 정의를 내린바 있다.[100] EU가 제7의 자유를 인정한 것은 EU항공기업에 대하여서뿐이며 지역 내를 국내와 동일시한 것으로서 EU가 제7의 자유를 인정했느냐 아니했느냐하는 것은 의문이다.

원래 자국 내를 기점으로 하는 원칙은 자국과의 수송을 제1차의 목적으로 하는 버뮤다협정의 기본원칙에서 유래하는 것으로서 이 원칙에서는 상대국과 제3국과의 운수의 연장에 불과하였던 것이다. ICAO의 자유화제안에서는 제7의 자유를 인정하느냐 마느냐 하는 것은 선택적인 것으로 하였고 미국의 오픈스카이협정에서는 제7 자유를 인정하지 않고 있다. 제7의 자유가 글로벌경제의 요청에 어떻게 응하느냐 하는 것은 지금부터의 검토과제이다.

3. Cabotage

상대국의 특정노선에 둘 이상의 자국 내 지점이 특정되어있어도 그들 지점간의 운수권을 상대국의 항공기업에게 인정되지 않는 것이 일반적인 원칙이다. 이것은 Cabotage에 해당되기 때문인데 빈쳉교수는 이것을 제8의 자유라고 부르고 있다.[101] Cabotage에 관해서는 시카고조약 제7조에 규정하고 있다. 제7조는 영공주권의 효력으로서 Cabotage를

---

99) 제2버뮤다협정 제1부속서는 특정노선과 특정하지 않는 제3국 지점과 연결하여 운항하는 자유를 인정하고 있지만 특정 노선상의 지점과 특정하지 않는 지점과 사이의 운수권은 인정하지 않고 있다.

100) Bin Cheng, *supra,* at 16~17.

101) Bin Cheng, *supra,* at 17.

유보하는 권리를 확인하는 것과 함께 다른 나라에 대해 「배타적인 기초 위에(on an exclusive basis)」 '특히' 부여하는 것을 금지 하고 있다.

시카고조약 제5조부터 제7조까지의 조항은 둘 다 영공주권을 제한하는 규정이지만 제7조에서는 그 후단이 이에 해당된다. 따라서, 이 후단의 규정은 Cabotage의 특권을 다른 당사국 또는 다른 당사국의 항공기업에 부여하는 경우 모든 당사국 또는 당사국의 항공기업에게 부여하는 것을 의무화시킨 것이라고 해석할 수가 있다.

EU의 항공자유화 규정에서는 회원국에 대한 Cabotage의 권리를 EU항공기업에게 부여하고 있다.102) 그 때문에 이와 같은 것이 제7조에 위반되는지 되지 않는지에 관한 논쟁을 불러일으키고 있다.

소극설에 관해서는 본 교재 제2장 제1절에서 소개한바 있지만 Cabotage의 권리교환을 다국간에 집합적으로 하는 경우 또는 Cabotage의 권리허용을 '특히' 배타적인 것으로 하지 않는 경우 어떤 것에 대해서도 조약위반이 되지 않는다는 학설은 문리해석상 무리가 있다. 한편 Cabotage의 권리허용의 가능성을 다른 나라에 남겨두면 조약위반은 되지 않는다는 학설은 그 논지가 애매모호하다.

이 문제를 둘러싸고 EU와 역외나라들 간에 항공교섭을 통하여 더욱더 논의가 계속될 것이다. 미국은 외국항공기업에 대하여 Cabotage를 금지하는 정책을 견지해 왔다. 최근의 오픈스카이협정에서도 그 정책에는 변함이 없다. 한편으로 미국은 외국을 기점으로 하는 통과와 온라인접속운송을 국제운송으로 하고 있으며 그 한도 내에서 국내의 지점간 운송을 외국의 항공기업에게도 인정하고 있다.103) 이것은 국제운송이지 Cabotage에는 아니라고 하는 것이 미국은 해석이다.

4. 노선권과 운수권의 자유화

ICAO의 자유화 제안은 노선권을 「합의된 노선의 지리적인 특정」으로 정의하고 그 특정노선상에서 행사되어지는 운수권과 함께 그것에 대한 일체의 제한을 배제하는 것을 제안하였다.104) 이 제안에서는 「다섯 가지의 자유협정」에 있었던 「리니아리티의 원칙」도

---

102) Council Regulation No. 2408/92, Article 3.

103) 예를 들면 여객이 대한항공의 인천국제공항 · 시카고 · 뉴욕편으로 시카고공항에서 내린 경우 항공여객권이 인천국제공항 · 시카고 · 뉴욕으로 되어 있고 그 여객권이 유효기간내이라면 그 여객은 후일(後日) 접속지점(接續地點)인 시카고로부터 뉴욕을 향하여 대한항공기에 탑승할 수가 있다.

104) ICAO AT Conf/4-WP/7 18/4/94, at 4.

부가되지 않았다. 미국이 맺은 오픈스카이협정도 마찬가지로 버뮤다협정 이래 항공교섭이 주된 대상이었던 개별적인 노선권과 운수권은 포괄적인 자유의 베일에 완전히 쌓여져 버렸다.

이것을 지지하는 이유로는 경제의 글로벌화와 소비자권익의 중시로는 운송네트워크의 글로벌화를 필요로 하고 운송네트워크의 글로벌화를 위해서는 제한이 있는 노선권과 운수권은 그 장해가 된다는 것을 그 예로 들고 있다.

이것은 화물운송에 있어서 보다 뚜렷하게 나타나고 있다. 이제까지의 항공화물의 수요 증가는 화물전용항공기와 화물전문항공기업의 출현을 재촉하였고 화물운수권(cargo traffic right)의 개념까지도 만들어냈다. 그러나 최근에 와서 경제의 글로벌화는 정보의 세계적인 네트워크화와 함께 항공화물운송의 글로벌 네트워크의 구축을 요청하게 되었고 이에 부응해서 항공기업도 소형화물운송을 시초로 네트워크화도 시도되고 있다. 이 때문에 노선권과 운수권의 자유화의 요청은 운송의 성질상 여객의 경우보다 화물의 경우가 강하게 나타나고 있다.

한편 노선권과 운수권의 자유화에 문제가 없을 수 없다. 운송네트워크의 글로벌 화가 가능한 항공기업은 한정되어있고 그것이 불가능한 항공기업의 생존을 어떻게 할 것인가가 중대한 문제가 되어 클로즈업되고 있다. 양자를 어떻게 조정하는가는 경제의 글로벌화를 근거로 한 새로운 국제항공시스템을 어떻게 구축할 것인가에 달려있다고 본다.

제4절 운임과 수송력

1. 운임의 자유화

운임[105]은 항공기업이 받는 운송의 대가이고 1952년의 일·미 항공협정 제13조(A)에서는 「모든 관계요소, 예를 들면, 운영비, 합리적인 이윤, 다른 항공기업이 정한 운임 및

---

105) 운임은 실무계에서 일반적으로 fare and rate라고 불리어지고 있지만 fare는 려객운송에 대한 대가(對價), rate는 화물운송에 대한 대가로 이해하고 있다. 일미항공협정 제13조의 운임은 영문으로 rate로 되어 있지만 이것에는 fare가 포함되어 있다. ICAO의 자유화제안 미국의 Model Open Sky협정에서 pricing이라는 용어를 사용하고 있지만 이것은 자유화를 전제로 한 운임을 동태적으로 보았기 때문이다. tariff라는 것은 운임표로 해석되지만 운임표에 포함되어 있는 개별운임의 경우도 있고 제2Bermuda협정에서는 부대조건을 포함한 운송의 대가로 정의하고 있다.

각 업무의 특성에 충분한 고려를 하고 합리적인 수준으로 정하지 않으면 안된다」라고 규정하고 있다. 이것은 일·미양항공당국의 허가기준을 정한 것이고 이 협정에서는 운임의 발효에는 양국 항공당국의 인가가 조건으로 되어 있다.

그 후 미국은 1978년 이스라엘과의 항공협정에서 운임의 이중불인가제도를 채택하는 새로운 제도를 창설하였다.

이것은 지금까지의 운임의 허가제도를 부분적으로 완화한 것이었다. 모델·오픈스카이 협정에서는 그것을 한층 자유화하였고 운임은 「각 지정 항공기업이 시장에 있어서의 상업적 고려(commercial considerations in marketplace)에 근거로 하여 설정한다」라고 규정하였고 정부의 운임에 대한 개입을 불공정경쟁을 방지하는 세 가지 경우에 국한시키었다(제12조 제1항). 이것은 운임의 완전자유화를 의미하는 것이고 운임에 대한 정부개입의 한계를 나타낸 것이라고 말할 수가 있다.

2. 행동규약

운임은 수송력과 매우 밀접한 관계를 갖고 있어 건전한 시장의 유지와 불공정한 경쟁의 방지는 운임에 대한 견제만으로는 실효성이 없다. 이 점에 관하여 ICAO의 자유화제안은 당사국이 항공기업에 적용하는 행동규약(Code of Conduct)을 정하고 건전한 경쟁의 유지를 도모해야만 된다.[106] 행동규약의 대상으로 운임에 관해서는 부당한 저운임(price dumping), 약탈적 운임(price predation), 부당한 고액운임(inordinately high pricing), 차별적 운임(price discrimination), 수송력에 대해서는 수송력의 과잉투입(capacity dumping), 약탈적 수송력의 투입(capacity predation), 의도적인 수송력의 투입부족(capacity insufficiency), 수송력의 차별적 투입(capacity discrimination) 등을 금지적인 행동으로 들고 있다.[107]

3. 분쟁의 처리

행동규약이 작성되었으므로 항공기업이 행동규약을 위반할 경우 또는 위반할 우려성이 있는 경우 당사국이 이것에 대하여 어떻게 대처하여야 하는가는 어려운 문제이다. 이

---

106) ICAO AT Conf/4-WP/10 19/4/94.

107) ICAO AT Conf/4-WP/10 19/4/94.

ICAO의 자유화 제안은 우선 관계 당사국간의 협의로 이것을 처리하고 결론이 나오지 않을 때는 최종적으로 전문가패널(empanelled experts)의 재정에 따르는 것으로 하였고 전문가패널의 규모로는 3인 또는 5인의 패널로 구성할 것을 제안하였다.108)

ICAO의 이 제안은 새로운 형태의 분쟁처리기관의 창설을 의도하는 것으로서 사안에 대한 신속하고 공정한 처리를 위해 행동규약의 내용과 함께 충분히 검토할 가치가 있다고 생각된다. 국제항공우주중재재판소(International Court of Aviation and Space Arbitration)가 이미 창설되어 있고 중재인 리스트도 작성되어 있기 때문에109) 이곳의 이용을 고려하여야만 된다.

제5절 운항권과 코드쉐어

1. 운항권의 기재

운항권(operational right)이라 함은 항공기의 운항과 그 태양(態樣)에 관한 권리이고 항공기의 종류, 항공기의 비행경로, 편명 등에 관한 권리가 이에 해당된다. 예를 들면 그 것에는 항공기의 변경(change of gauge), 항로의 병합(consolidation of route), 코드쉐어 (code sharing), 리스항공기의 사용(use of leased aircraft) 등에 관한 권리가 포함되어 있다.

버뮤다협정에서는 운항권에 관하여 항공기의 변경이외는 규정이 없고 그것을 모델로 한 항공협정에도 대부분이 국내법 또는 호혜적인 행정적 판단에 따라 처리되어 왔다. 특히 항공협정에 의하여 명문을 가지고 운항권을 규정한 것도 있다. 그러나 제2버뮤다협정 이후의 경향으로는 협정본문 또는 부속서에 운항권을 확인 또는 제한하는 것이 증가되고 있다. ICAO자유화제안에서는 제한이 없는 운항권을 제언하고 있다.110)

---

108) ICAO AT Conf/4-WP/10 19/4/94.

109) 점점 복잡하여지고 있어 해결에 전문지식을 요하는 항공우주관계의 분쟁을 해결할 목적으로 설립된 것이 중재법원이며 본부는 파리에 있다.

110) ICAO AT Conf/4-WP/7 18/4/94. at 4.

2. 코드쉐어(Code Sharing)

항공네트워크의 글로벌화의 필요성에 따라서 항공기업간의 코드쉐어(code sharing)가 일약 시대의 각광을 받게 되었다. 코드쉐어는 항공기업간 거래의 일종으로 자사가 운항 하는 항공기편에 타사가 그 편명을 달고 좌석을 판매하는 것을 허락하는 것으로 편명에 항공사의 코드가 사용되는 것과 운항하는 하나의 편에 자사와 타사의 편명이 공용되는 것에서 이 명칭이 유래된 것이다.

코드쉐는 스페이스 블록과 동시에 행하여지는 경우가 많이 있다. 스페이스 블록은 항 공기상의 일정한 스페이스를 타사가 사용하도록 제공하는 것으로 타사는 블록화된 스페 이스를 자사의 판매에 사용하는 것이다. 코드쉐어는 운항권의 하나로서 버뮤다협정에서 는 원칙으로서 당사국의 승인이 없으면 실행할 수가 없다고 규정하였다.

그러나 미국의 모델 · 오픈 스카이협정에서는 코드쉐어의 자유를 권리로서 인정하고 있다. 일본이 미국과 맺은 1998년 3월의 항공각서에서는 한정적이지만 미 · 일양국의 항 공기업이 상대국 및 제3국가의 항공기업과 코드쉐어를 하는 자유를 인정하고 있다. 코드 쉐어는 이용자에게 이익을 가져오게 되만 이용자에 대한 마이너스가 되는 면도 적지 않 으므로 그의 실시는 신중을 기하여야만 된다. 특히 제휴항공기업을 포함한 항공기업간의 경쟁에 장해가 되지 않도록 충분한 배려와 규제가 필요하다.

제6절 장래의 과제

항공의 자유화는 시대적인 세계의 조류이므로 이미 그것을 멈추게 하는 것은 거의 불 가능에 가깝다. 이 세계적의인 흐름에는 두 가지 의미가 있다. 첫 번째는 국가의 이익을 중시하는 항공시스템이 후퇴되고 소비자의 이익을 중시하는 새로운 시스템이 그것을 대 신하고 있다고 하는 것이다.

그 두 번째는 세계경제가 글로벌화 됨에 따라 항공운송의 의존기반이 이때까지의 노선 형에서 네트워크형으로 옮겨가고 있고 이에 따라서 항공기업의 경영과 경쟁이 종래의 단 독기업방식에서 집합적기업방식으로 변화되어 가고 있다는 것이다.

이것은 세계의 항공기업이 효율적인 얼라이언스(alliance)의 형성에 경영의 중점을 두 고 있기 때문이라고 이해할 수가 있다. 이런 배경 하에서 1944년 이후 50년 이상에 걸쳐 존속되어온 국제항공시스템은 시대의 변화를 받아들이어 새로운 시스템으로 개혁할 필요가 생겨났다는 것이다. 종래의 국제항공시스템은 이미 상당한 부분에서 변화되어가고 있고 그 상세한 내용은 이미 앞에서 언급한바 있다.

그러나 경제는 글로벌화 된다고 하더라도 세계에서 단일국가가 생겨나는 것은 아니고 각국들이 일궈내는 역할도 적어지는 것은 아니다. 민간항공의 안전과 질서유지뿐만 아니라 소비자 보호의 역할도 점점 증가한다고 사료됨으로 그것을 새로운 국제항공시스템 가운데 어떻게 구축하느냐 하는 것이 금후의 과제이다.

구체적으로 시카고조약을 현행대로 존속시키고 항공협정의 내용을 단지 새롭게 하는 것만으로 정말로 소비자의 이익에 기여할 수 있는 시스템을 구축할 수 있느냐 하는 것이다. 시카고 조약을 뛰어넘는 새로운 항공시스템을 구축하지 않으면 안된다고 한다면 어떠한 구상이 가능할 것인가 하는 문제는 민간항공이 풀어야 할 장래의 과제이다.

제6장 항공범죄

제1절 항공범죄에 관한 국제조약

1960년대에 들어와서 Hijacking을 비롯하여 여러 가지 종류의 항공범죄행위가 발생하였기 때문에 이들 범죄를 규제하는 방법을 연구하게 되어 국제조약뿐만 아니라 각 나라마다 법규 등이 마련되었다. 국제민간항공조약(시카고條約)의 부속서 제17(불법한 방해행위에 대한 국제민간항공의 보안에 대한 보호)에 규정되어 있는 표준 및 적용절차가 강화되었다.

국제항공의 안전을 도모하기 위하여 항공범죄 등을 방지하기 위한 형사책임을 추궁하는 국제조약으로는 ① 1963년 동경에서 체결된 「항공기 내에서 행하여진 범죄 기타 어떤 다른 행위에 관한 조약(Convention on Offences and Certain Other Acts Committed on Board Aircraft: 항공기내범죄방지조약)」, ② 1970년 헤이그에서 체결된 「항공기의 불법한 납치의 방지에 관한 조약(Hague Convention for the Suppression of Unlawful

Seizure of Aircraft: 항공기불법납치방지조약)」, ③ 1971년 몬트리올에서 체결된 「민간 항공의 안전에 대한 불법한 행위의 방지에 관한 조약(Convention for the Suppression of Unlawful Acts against the Safety of Civil Aviation: 항공기 등 파괴방지조약)」, ④ 1988년 몬트리올에서 체결된 「국제민간항공에 역할을 하고 있는 공항에서 불법한 난동 행위의 방지에 관한 의정서(Protocol for the Suppression of Unlawful Acts of Violence at Airports Serving International Civil Aviation: 공항 내 난동방지의정서)」, ⑤ 1991년 몬트리올에서 체결된 「검색목적을 위한 플라스틱폭파물 표시에 관한 조약 (Montreal Convention on the Marking of Plastic Explosives for the Purpose of Detection: 플라스틱폭파물표시조약) 등이 있다.

상기항공범죄에 관한 국제조약 및 의정서들은 현재 전 세계적으로 발효가 되고 있어 세계 각국들은 반드시 준수하여야만 되는 조약 및 의정서들이므로 항공안전 및 보안에 관련이 있는 국제법체계에 근간이 되고 있다. 특히 항공기납치를 규제하는 국제조약 가운데 항공범죄의 재발방지를 위한 범인의 형사책임을 추궁하는데 관계가 있는 주요한 세 가지 조약(동경조약, 헤이그조약, 몬트리올조약)에 대하여 설명하고자 한다.

제2절 동경조약

1. 동경조약의 성립

항공기내의 범죄에 대한 형사 관할권의 문제는 국제적으로 대단히 풀기 어려웠다. 이 것은 항공기의 등록국주의(기국주의)와 하위국의 주권을 주장하는 영공주권주의 간의 다툼이었다. 1919년의 파리조약(Convention on the Regulation of Air Navigation)」에서 는 항공기의 운항에 관하여 영공주권주의가 채택되었지만 항공기내의 범죄에 관한 형사 관할권의 문제가 계속 검토과제로 되어 규정화되지 않았다. 그 후 로엔슈타인사건[111], 고르도웨아사건[112], 말틴사건[113] 등 국제적으로 유명한 사건들이 일어나 항공기내의 범죄

---

111) 벨기에의 은행가 로엔슈타인이 자기소유의 비행기로 영국으로부터 파리를 향하여 영국과 프랑스 해협을 횡단 비행하던 중 행방불명이 되었던 1928년의 사건으로 그 후 수사한 끝에 시체는 영·불 해협 영국 측에서 발견되었고 사건은 영국의 영공내에서 일어났다는 것을 이유로 파리에 있었던 해당 비행기를 영국으로 돌려보내 영국에서 재판이 행하여진 사건이다. 이에 대하여 벨기에정부는 영국에서 재판하는 것은 부당하다고 항의를 하였다.

에 대한 형사 관할권의 입법화의 필요성이 널리 호소되었다.

1950년대에 들어와서 국제민간항공기관(ICAO)의 법률위원회(Legal Committee)는 국제항공에 관한 조약작성의 검토를 활발하게 시작되었으며 이 문제는 기장의 법적지위와 관련하여 의제로 삼게 되었다. 이와 같은 배경 하에 1956년 가라카스에서 개최된 국제민간항공기관의 총회에서 항공기내에 있어서의 범죄에 관한 재판관할권과 기장의 법적지위의 문제를 병행하여 조약화하는 방향으로 결의를 하였다. 이 결의를 받아 드리어 법률위원회의 하부기관인 법률소위원회가 이에 관한 조약초안의 작성을 시작하였다. 1958년에는 소위 말하는 몬트리올초안이 그리고 1959년에는 그 수정안인 뮌헨초안이 작성되었다.

법률위원회는 1962년의 8월부터 로마에서 최종초안을 작성하기 위한 회합이 개최되었고 그 결과를 기초로 하여 조약채택을 위한 외교회의가 1963년 8월 20일부터 9월 14일까지 61개국의 대표가 삼가하여 동경에서 열렸다.

이 외교회의에서 「항공기내에서 행하여진 범죄 기타 어떤 다른 행위에 관한 조약(Convention on Offences and Certain Other Acts Committed on Board Aircraft)」이 채택되었는데 이 조약이 동경에서 체결되었기 때문에 이 조약을 일반적으로 「동경조약」이라고 불리어지고 있으며 또한 「항공기범죄방지조약」이라고 호칭하고 있다.

이 외교회의에서 채택된 것은 「항공기내에서 행하여진 범죄 기타 어떤 종류의 행위에 관한 조약」(Convention on Offences and Certain Other Acts Committed on Board Aircraft)으로서 이것을 소위 말하는 「동경조약」이라고 불리어지고 있거나 또는 「기내범죄방지조약」이라고도 호칭하고 있다.

동경조약은 7장, 26개 조문으로 구성되어 있지만 제7장의 최종규정을 제외하면 항공기내 범죄의 정의, 항공기내 범죄에 대한 재판관할권, 기장의 권한, 체약국의 권리와 의무, 범죄인의 인도 등을 주된 내용으로 하고 있다. 동경조약의 서명국은 41개국이고

---

112) 1948년 산호환으로 부터 뉴욕으로 향한 비행하던 중의 American항공의 기내에서 승객이었던 콜도봐와 산타노 승객 간에 싸움이 벌어지기 시작하여 다른 승객들까지 싸움에 가세되어 기내 뒷부분으로 모였기 때문에 비행기는 기수를 상승하게 되어 위험한 상태에 빠지게 되었다. 이 때문에 기장이 객실에 와서 싸움을 말리었지만 콜도봐는 기장을 때리고 여승무원을 때려 눕혔다. 콜도봐는 구속이 되었고 그 후 기소도 되었다. 뉴욕 동부지구연방지방법원은 공해에서 선박상의 범죄를 재판하는 해사법은 공해상의 항공기에는 적용되지 않는다고 하여 콜도봐를 무죄로 석방하였다; USA V. Cordova, US District Court, Eastern District of New York, March 17, 1950.

113) 바레인으로부터 싱가포르로 향하는 영국항공기내에서 말틴의 마약불법소지가 발견되었다. 영국법에 위반되는 범죄가 영국기내에서 일어났기 때문에 말틴은 영국에서 기소되어 영국에서 재판을 받았지만 영국법원은 영국에서 등록된 항공기내 범죄일지라도 이 항공기가 영국의 영공에 있지 않을 때에는 영국법은 적용되지 않는다고 판결하였다; R V. Martin, 2 Q. B. 272, 1956.

1969년12월4일에 발효되었지만 비준국들이 늘어나 2011년 8월 9일 현재 185국이 가입되고 있다. 한국은 이 조약을 1965년 12월 8일에 서명하였고 1971년 2월 19일에 이 조약의 비준서를 몬트리올에 있는 국제민간항공기관(ICAO)에 기탁하였으므로 1971년 5월 20일부터 당사국이 되었다. 일본은 이 조약을 1963년 9월 14일에 서명하였고 1970년 5월 26일에 이 조약의 비준서를 ICAO에 기탁하였으므로 1970년 8월 24일부터 당사국이 되었다.

2. 동경조약의 내용

동경조약은 7장, 26개 조문으로 구성되어 있고 제7장의 최종규정을 제외하면 항공기내범죄의 정의, 항공기내범죄에 대한 재판관할권, 기장의 권한 및 체약국의 권리와 의무를 주된 내용으로 하고 있다. 이 조약의 심의 중, 1961년 5월 1일 미국의 항공기가 쿠바로 향한 비행 중 항공기납치(hijack)된 점을 비롯하여 항공기납치 사건이 계속 일어났다. 이 때문에 미국은 이 조약에 hijack방지에 관한 규정을 넣을 것을 요구하여 1962년 로마에서 열린 ICAO 법률위원회에서 베네수엘라와 공동으로 새로운 조항을 추가할 것을 제안하였다. 동법률위원회는 이 제안을 심중히 검토하여 다음회의 외교회의에서 수정을 가한 후 이것을 제11조에 추가키로 하였다.

3. 기내범죄의 정의

조약 제1조 제1항은,
이 조약은 다음과 같은 사항에 관하여 적용된다.
(가) 형법상의 범죄
(나) 범죄의 구성여부를 불문하고 항공기와 기내의 인명 및 재산의 안전을 위태롭게 할 수 있거나 하는 행위 또는 기내의 질서 및 규율을 위협하는 행위라고 규정하고 있다(동 조약 제1조 제1항).

(가)의 형법상의 범죄(offences against penal law)의 개념은 반드시 분명하지 않다. 예를 들면 세관, 위생, 기타 행정상의 범죄, 즉 모든 법정범도 포함되느냐 그 여부에 대하여 분명하지 않다.114)

이러한 것들은 형법상의 범죄에 포함된다는 학설도 있지만115) 항공기의 비행 중이라는 한정된 상황에서의 범죄라는 점을 고려하여 소극적으로 해석하는 학설도 있다.

(나)호에 관해서는 항공기 등의 안전의 침해이거나 침해의 위험성의 유무, 또는 항공기 내의 질서 및 규율의 침해의 유무가 기준이 되어 판단되기 때문에 이것이 형법상의 범죄이냐 그 여부는 판정하기가 어렵다.

역으로 밀수 또는 스파이활동 등의 위법행위가 있더라도 이러한 것들이 항공기내의 질서 등에 직접 관계없는 것은 제외된다. (가)호 및 (나)호에 해당되는 행위인가 아닌가는 종국적으로 관할법원에 의하여 판단된다. 이와 같은 행위에 관하여 조약이 적용되는 것은 기장의 권한에 관한 경우를 제외하고는 이러한 것들이 체약국에 등록된 항공기의 비행중이거나 공해 수면 상에 있거나 또는 어느 국가의 영토에도 속하지 않는 지상에 있는 동안 기내에서 행하여진 것에 국한되기 때문에(동 조약 제1조 제2항) 첫 번째 뜻으로 관할권은 등록국의 법원이 갖게 되고(동 조약 제3조 제1항) 부차적으로 그 밖의 나라들의 법원이 갖게 된다.

더욱이 이 경우 비행 중이라 함은 항공기가 이륙의 목적을 위하여 동력이 시동을 건 때로부터 착륙을 위한 활주가 끝난 때까지의 기간을 의미한다(동 조약 제1조 제3항). 이 조약은 군용, 세관용, 경찰용 업무에 사용되는 항공기에는 적용되지 아니한다(동 조약 제1조 제4항). 정치적, 인종적, 종교적 성격을 가지고 있는 범죄에 관하여 동경조약은 이 조약의 목적이 항공기 및 항공기내의 인명과 재산의 안전의 확보에 있기 때문에 이러한 것들에 대한 조치를 승인하거나 요구할 수 없다는 것이다.

4. 재판권

기내범죄, 즉 항공기내에서 행하여진 범죄 및 특정의 행위에 관하여 재판권을 행사하는 것은 첫째로 항공기의 등록국 이다(제3조 제1항). 결국 동경조약은 재판관할권에 관하여 등록국주의를 원칙으로 채택하고 있다. 그 결과 체약국인 등록국은 기내범죄를 재판하기 위하여 국내법상 재판권을 설정하는 것을 의무화하고 있다(제3조 제2항). 동 조약 제3조 제3항은 「이 조약은 국내법에 따라 행사하는 어떠한 형사재판권도 배제하지 아니 한다」라고 규정하고 있다.

이 규정은 어떠한 나라도 그의 국내법에 따라 형사재판권을 행사할 수 있다는 것을 규

---

114) Nicolas M. Matte, *Treaties on Air-Aeronautical Law*, 1981, at 337.

115) Matte, *supra*, at 337, footnote(28).

정한 것으로서 형사재판관할권의 경합(競合)을 인정하였다는 학설도 있다.116) 한편 형사재판권을 나라의 지방조직에 두는 나라를 위하여 이것이 국내법에 의하여 행사되는 한 그의 형사관할권을 인정한 규정이라고 보는 학설도 있다.117) 양 학설의 타당성은 제4조의 해석과도 관계가 있다고 본다.

등록국이 아닌 체약국은 다음의 경우를 제외하고는 기내범죄에 관한 형사재판권의 행사를 목적으로 하는 비행 중의 항공기에 대하여 간섭할 수가 없다(제4조).

(가) 그 범죄가 그의 체약국에 대하여 영향을 미칠 경우

(나) 그 범죄가 그의 체약국의 국민이나 또는 그의 체약국에 항구적인 거소를 가진 자(permanent resident)에 의하여 또는 이들에 대하여 범행된 경우

(다) 그 범죄가 체약국의 안전에 해를 주는 경우

(라) 그 범죄가 그의 체약국에서 시행되고 있는 비행 또는 항공기의 조종에 관한 규칙이나 법규에 위반된 경우

(마) 그의 형사재판관할권의 행사가 다수국간의 협정에 기초하여 체약국의 의무의 준수를 필요로 하는 경우 비행중의 항공기에 대해 간섭한다(interfere with an aircraft in flight)는 것은 항공기를 착륙시키던지 지연시키게 할 수 있다는 것이다. 이와 같은 생각은 영공주권과의 관계에서 항공기의 비행하는 하위국의 권리로서 논의되었던 것이며 뮌헨초안에서도 이것은 하위국의 권리로서 자리를 잡게 되었던 것이다.

그러나 동경조약에서는 이것은 조건부권리로서 단순히 하위국(下位國)뿐만 아니라 등록국 이외의 체약국 일반의 권리로서 수정되었다.

그렇지만 비행 중의 항공기에 대한 간섭이라고 하더라도 하위국 이외의 나라가 행할 수 있는 대응이라는 것은 전혀 제한되어 있기 때문에 사실상 불가능한 쪽이 많다. 또한 하위국의 간섭에 관하여서도 그의 실제상의 방법은 극히 한정적이다.

5. 기장의 권한

통상 기장이라고 말하는 경우 세 가지의 뜻이 있다. 첫째는 항공기에 탑승하고 항공기를 조종할 수 있는 자이고 또한 기장이라는 자격을 가지고 있는 자이다. 예를 들면 첫째 '갑' 항공사는 기장이 몇 명 있다는 것과 그들은 DC10의 기장이라고 말하는 겨우 이에

---

116) Matte, *supra*. at 338-339; 栗林忠男, 「航空犯罪と國際法」, 21頁.

117) Shawcross & Beaumont, *op. cit.*, at Ⅷ/5 footnotes 2 & 3.

해당된다. 둘째는 항공기에 실제로 탑승하여 기장이라는 승무역할에 따라 조종업무를 행하는 자이다. 예를 들면 Anchorage국제공항과 인천국제공항간은 A가 기장으로서 조종을 맞는 경우가 이에 해당된다. 셋째는 비행 항공기의 운항 및 안전에 관하여 기장으로서의 법정책임을 가지고 있는 조종자라는 점이다. 이 자는 비행 중 항상 조종석에 있어 가지고 그 항공기의 조종만을 맡는 것에 국한되지 않는다. 운항승무원을 복수로 편성하여 장거리노선을 운항하는 경우 기장은 별도의 유자격자에게 그 항공기의 맡기는 경우도 있지만 그 때에도 비행 중의 항공기 운항 및 안전에 대하여 책임을 지게 된다.

동경조약에서 말하는 기장이라 함은 셋째의 경우의 기장으로서 조약에서는 aircraft commander라고 호칭하고 있다. 통상의 단순한 노선에 있어 첫째의 자가 둘째 경우의 기장과 셋째 경우의 기장을 겸하는 경우가 많이 있다. 특히 로마조약초안에서는 기장이라 함은 항공기내에 있어서 그 항공기의 운항과 안전에 책임을 지는 자라고 정의를 내리고 있다. 동경조약은 제6조 제1항에서 기장의 권한에 관하여 다음과 같이 정하고 있다. 「기장은 항공기내에서 어떤 자가 제1조 제1항에 규정된 범죄나 행위를 범하였거나 범하려고 한다는 것을 믿을만한 상당한 이유가 있는 경우에는 그 자에 대하여 아래와 같은 목적으로 구속을 포함한 필요한 조치를 취할 수가 있다.

(가) 해당 항공기 또는 기내의 인명 및 재산의 안전의 보장

(나) 해당 항공기내의 질서와 규율의 유지

(다) 본 장의 규정에 따라 상기 자를 관계당국에 인도하거나 또는 항공기에서 내리게 (disembarkation)를 할 수 있게 하는 것이다.」

문맥상 기장은 (가), (나), 및 (다)의 목적에 필요한 타당한 조치를 취하는 권한만을 가지고 의무를 가지지 않는 것 같이 읽혀질 수도 있지만 특히 기장은 「비행시간 중 항공기의 운항 및 안전과 병행하여 기내의 모든 인명의 안전에 책임을 지며」[118] 또한 「기장인 동안에는 항공기의 처치에 관하여 최종의 권한을 갖게 된다.」[119]

따라서 이 책임을 이행하기 위하여 제4조 제1항에 규정되고 있는 권한을 부여한 것으로 해석되는 것으로서 그 권한의 행사가 필요하고 적당하며 그 행사가 가능한 상황에 있는데도 불구하고 기장이 수수방관하고 있다는 것은 용서할 수 없다고 생각되어 진다.

기장은 자기가 구속할 권한이 있는 자를 구속하기 위하여 다른 승무원의 원조를 명하거나 또는 그자의 원조를 승인할 수가 있다. 또한 여객에 대하여 명령할 수는 없지만 원

---

118) 국제민간항공조약 제6부속서, 제1부 4·5·1.

119) 국제민간항공조약 제2부속서, 2·4.

조를 요청하거나 또는 여객의 원조를 승인할 수가 있다(제6조 제2항).이러한 것들은 기장의 권한을 실효적인 것으로 하기 위하여 설정한 조치이다. 기장은 사법경찰관으로서의 자격을 가지지 않고 있기 때문에 기장이 취할 수 있는 필요한 타당한 조치의 모든 것은 조약에 의하여 창설된 특별한 성격을 가지고 있는 것으로서 사법경찰권한에 의한 것은 아니다. 특히 어떤 승무원 또는 여객도 타당한 방지조치가 항공기 또는 항공기내의 인명 및 재산의 안전을 보호하기 위하여 합리적인 예방조치가 필요하다고 믿을만한 상당한 이유가 있는 경우에는 기장의 권한부여가 없어도 즉각적으로 상기 조치를 취할 수 있다(제6조 제2항). 이것은 항고의 안전을 위한 긴급피난이라고 해석할 수가 있다.

이 조약에 따라서 제기되는 소송에 있어서 항공기 기장이나 기타 승무원, 승객, 항공기의 소유자나 운항자는 물론 비행의 이용자는 피소된 자가 받은 처우로 인하여 어떠한 소송상의 책임도 부담하지 아니한다(제10조).

이것은 기장 또는 그 밖의 사람들이 항공기의 안전상 취한 조치와 그의 대상자가 받은 불이익과 균형을 잡게 하여 기장과 기타 행위의 위법성을 조각(阻却)시키고자 하는 것이기 때문에 기장의 기타조치에 권한의 남용이 있을 때에는 위법성은 조각(阻却)되지 않는다. 기장이 이들 기내의 범죄행위에 대하여 권한을 행사할 수 있다는 것은 항공기가 승객의 탑승이후 외부로 통하는 모든 문이 폐쇄된 때로부터 승객이 내리기 위하여 상기 문들이 열릴 때까지 불시착의 경우에는 그 나라의 관헌이 도착하여 책임을 인계 받을 때까지이다.

국내항공에 있어서 그 나라의 국내법이 적용되기 때문에 동경조약은 적용되지 않는다(제5조). 더욱이 기장이 취한 구속의 조치는 ㉮ 착륙지점이 비체약국의 영역내에 있어 그 나라로부터 피구속자가 항공기에서 내리는 것을 허락하지 않을 때, ㉯ 구속의 목적이 착륙국 이외의 권한 있는 당국에 인도하기 위한 것일 때, ㉰ 항공기가 불시착하여 기장이 상기 특정인을 관계당국에 인도할 수 없는 때, ㉱ 특정인이 구속 상태 하에서 계속 비행에 동의하는 때 이외에는 항공기의 착륙지점을 넘어 운송할 수가 없다(제7조 제1항). 기장은 기내에 특정인을 구속한 채로 착륙하는 경우 가급적 조속히 그리고 가능하면 착륙이전에 기내에 특정인이 구속되어 있다는 사실과 그 사유를 해당국의 당국에 통보하여야 한다(제7조 제2항).

6. 기장의 조치

기장이 취할 수 있는 조치라는 것은 앞에서 언급한 것 이외에 기내범죄자를 항공기로부터 내리게 한다는 것과 권한이 있는 관계당국에 인도하는 것뿐이다.

먼저 항공기로부터 기내범죄자를 내리게 한다는 것에 관하여 기장은 항공기 또는 기내의 인명과 재산의 안전을 보장하기 위하여 또는 그 항공기내의 질서 및 규율을 유지하기 위하여 필요로 하는 한 조약 제1조에 규정되어 있는 범죄행위를 행한 자 또는 행할 것으로 믿는데 충분하고 상당한 이유가 있는 자를 그의 항공기가 착륙하게 되는 나라에 내리게 할 수가 있으며(제8조 제1항) 체약국인 착륙국은 그자를 항공기로부터 내리게 한다는 것을 심인(審認)하여야만 된다(제12조).

이 경우 기장은 특정인을 항공기에서 내리게 한 국가의 당국에 대하여 특정인을 내리게 한 사실과 그 사유를 통보하여야만 된다(제8조 제2항).

다음으로 범인의 인도(引渡)에 관하여 기장은 항공기의 등록국의 형법상의 중대한 범죄(serious offence according to the penal law)라고 인정하는 행위를 그 항공기내에서 행하였다고 믿는데 충분하고 상당한 이유가 있는 자를 그 항공기가 착륙하는 체약국의 권한이 있는 당국(the competent authorities)에 인도할 수가 있다(제9조 제1항).

이 경우 기장은 될 수 있는 한 빨리 그래서 가능할 때에 그 착륙 전에 그 나라의 당국에 대하여 범죄 혐의자를 인도할 뜻이 있다는 취지와 그 이유를 통고하여야만 되고 피의자를 인도하는 당국에 대하여 등록국의 법령상 적법하게 소지하는 증거와 자료(evidence and information)를 제공하지 아니하면 아니 된다(제9조 제3항).

조약은 등록국주의를 채택하고 있기 때문에 임차하고 있는 항공기내에서 임차국의 기장이 이 조항의 적용을 받을 때에는 등록국의 형법에 관한 지식을 가져야만 된다. 그러나 등록국의 기장일지라도 자국의 형법에 관하여 반드시 충분한 지식을 가진다는 것을 제한하고 있지 않기 때문에 이 조항의 적용에는 기장이 갖고 있는 일반적인 법적의식을 전제로 하여 판단하여야만 된다.

특히 무엇을 가지고 형법상의 중대한 범죄로 하느냐 하는 것은 엄밀하게 본다면 극히 정의를 내리기가 곤란하며 한편 무엇이 등록국의 법령상 적법하게 소지하는 증거 및 자료일지라도 형사절차법에 관하여 문외한인 기장에게 있어서의 판단의 어려움이 있다고 생각되어진다. 기장은 조약에 기초하여 취한 조치에 관하여 그 대상으로 된 자의 받은 처우에 관한 소송절차에 있어 책임을 묻지 않는다(제10조). 이것은 기장에 대한 면책을 규정한 것이지만 기장이 권한을 남용하였을 때에는 적용되지 않는다. 더욱이 이 조항은 기장 이외의 승무원, 여객, 항공기의 소유자, 운항자 또는 운항의 수익자에게도 취한 조치가 조약에 근거한 것인 한 적용된다(제10조).

기장이 이 조약의 조항에 근거하여 인도한 경우에 체약국은 그 자를 받지 않으면 안된다.(제13조 제1항). 즉 그 체약국에서는 기장이 인도하는 자를 수령하지 않으면 안 될 의무가 있다.

7. 항공기의 불법탈취(unlawful seizure)

조약의 제11조 제1항은 비행 중의 항공기내의 자가 폭력(force) 또는 폭력에 의한 협박(threat)에 의하여 항공기에 대한 불법(unlawfully)에, 간섭(interference), 탈취(seizure), 기타의 부당한 관리(other wrongful exercise of control)를 행하거나 또는 행하고자 하는(is about to be committed)경우에 체약국은 그 항공기의 관리를 그 적법한 기장에게 회복하게 하거나 또는 보지하게 하기 위하여 모든 적당한 조치를 취하지 아니하면 아니된다. 이 규정은 소위 말하는 동경조약에 있어 hijack규정이라고 부르고 있다. 동경조약의 초안이 심의하고 있을 당시 미국의 항공기가 쿠바까지 hijack된 것을 비롯하여 항공기의 hijacking 즉 항공기의 불법한 탈취(unlawful seizure of aircraft)가 항공범죄의 새로운 유형으로서 세계적으로 유행되었다는 것은 이미 언급한 바 있다.

제11조는 제2항에서 여행의 계속과 점유의 회복에 관한 착륙국의 의무규정을 포함하여 새로운 범죄유형으로서 hijacking의 방지보다는 hijack행위가 일어난 경우에 체약국의 기장 등에 대한 협력에 중점을 두고 있다. 이것은 대다수의 나라들이 hijacking에 관하여 일반적인 의심을 품고 있으면서 법적규제에 대한 현실적인 관심이 미성숙에[120] 기인되었다고 사료된다. 그 결과 후술하는 헤이그조약의 작성이 필요로 하게 되었던 것이다.

8. 체약국의 의무와 권한

체약국의 의무로서는 착륙국으로서 기내범죄인을 항공기로부터 내리게 하는 것을 용인하는 의무, 등록국의 형법상의 중대범죄인의 인도를 받을 의무 및 기내에 있어서 형법상

---

120) 栗林, 前揭書, 30頁.

의 범죄와 더불어 hijack를 예비조사를 할 의무 등이 있다. 한편 체약국의 권한으로서는 비행기에서 내리게 하거나 또는 인도받은 자를 재판 또는 국외에 송환시킬 권한이 있다.

또한 정당하다고 인정할 경우에는 그러한 자의 억류(custody) 또는 기타조치를 취할 수 있지만 이러한 것들은 체약국의 권한임과 동시에 의무라고 생각되어 진다. 체약국이 억류 기타조치를 취하는 것은 그 자의 소재를 확실하게 위한 것이지만 이것은 형사소송 절차 또는 범죄인인도절차를 개시하기 위하여 합리적으로 필요로 하는 기간에 한한다(제 13조 제2항). 특히 억류된 자는 국적국의 가장 가까이 소재하고 있는 적절한 대표와 즉시 연락을 취할 수 있도록 도움을 받아야 한다(동조 제3항). 또한 체약국이 이들 조항에 근거하여 억류한 경우에는 항공기의 등록국 및 억류된 자의 국적국과 타당하다고 사료할 경우에는 이해관계를 가진 기타 국가에 대하여 특정인이 억류되고 있으며 그의 억류를 정당화하는 상황 등에 관한 사실을 즉시 통보하여야 한다(동조 제5항 전단).

착륙국이 기장으로부터 기내범죄인의 인도를 인도 받았을 때에 도는 hijack행위가 있은 후에 항공기의 착륙하였을 때에는 그 착륙국은 이것들의 사실에 관하여 즉시 여비조사(preliminary inquiry)를 하여야만 된다(동조 제4항).

그 결과를 항공기의 등록국 그 자의 국적국 및 기타 적당한 이해관계국에 대하여 보고하고 더욱이 자국이 재판권을 행사할 의도가 있느냐 그렇지 않으냐를 명시하지 않으면 아니 된다(동조 제5항).

착륙국이 기내범죄인의 입국을 거부한다면 그 자는 여행을 계속할 수 없거나 또는 여행을 희망하지 않을 때 그자가 그 나라의 국민 또는 항구적인 거주자가 아닌 한 그자의 국적국, 항구적 거주지, 또는 그 자가 항공기에 의한 여행을 개시한 나라에 그자를 송환할 수가 있다(제14조 제1항). 그자가 여행을 계속할 것을 원하는 경우에는 범죄인 인도나 형사적 절차를 위하여 착륙국의 법률이 그의 신병확보를 요구하지 않는 한 그가 선택하는 목적지로 출발할 수 있도록 가급적 조속히 자유롭게 행동할 수 있게 하여야 한다(제15조 제1항). 그자를 항공기에서 내리게 하는 것, 인도 및 제13조 제2항에 규정된 억류 또는 기타 조치나 동인의 송환은 당해 체약국의 입국관리에 관한 법률의 적응에 따라 동국 영토에 입국이 허가된 것으로 간주되지 아니하며, 이 조약의 어떠한 규정도 자국 영토로부터의 추방을 규정한 법령에 영향을 미치지 아니한다(제14조 제2항).

9. 범죄인의 인도

동경조약은 제6조에 범죄인의 인도에 관한 규정을 두고 있다. 이 범죄인인도에 관한 규정은 뮌헨초안에는 전혀 없었고 로마에서 열린 ICAO법률위원회에서 새로이 추가되었던 것이다. 범죄인 인도에 관한 항공기내의 범죄의 취급에 관하여 반드시 장소적인 개념이 분명하지 않았기 때문에 조약은 체약국에 등록된 항공기내의 범죄는 그 등록국의 영역에서 행하여진 것으로 간주되었다.

그러나 범죄인의 인도에 관한 체약국의 권리·의무에 관하여 조약으로서는 적극적으로 이것을 규정하는 것을 피하였으며 반대로 이 조약의 여하한 규정도 범죄인인도의 의무를 설정하였다고 해석해서는 안 된다고 규정하였다. 요컨대 조약으로서는 항공기내에서의, 범죄인 인도조약으로부터 탈락을 방지함과 동시에 그 취급에 관하여 그것들을 범죄인 인도조약에 맡겼다는 것이다.

10. 안전배려의무와 지연회피의무

조약 제17조는 체약국은 기내범죄에 관련하여 수사, 체포 또는 그 밖의 조치를 취하거나 재판권을 행사함에 있어서 체약국은 비행의 안전과 이에 관련된 기타 권익에 대하여 상당한 배려를 하여야 하며 항공기, 승객, 승무원 및 화물의 불필요한 지연을 피하도록 노력하여야 한다고 규정하고 있다.

이것은 항공기의 항행의 안전과 항공기 및 여객 등의 부당한 지연을 회피시키기 위하여 체약국에게 의무를 지웠던 것이다. 예를 들면 재판상의 증거를 위하여 필요하다고 할지라도 항행에 불가결한 부품의 압수 등은 허용되지 않는다.

11. 공동항공운송운영조직

여러 나라들이 공동으로 항공운영조직(joint air transport operating organization)을 만들거나 또는 국제운영기관(International Operating Agencies)을 설립하여 항공운송을 하는 경우가 있다. 이 경우 이들 나라와이들이 사용하고 있는 항공기의 등록관계가 불명한 것도 있기 때문에 동경조약은 이것들과 관계된 규정이 동 조약 제18조에 설정되어 있다. 이 규정은 동경에서 개최된 외교회의에서 추가된 것이지만 이것들을 조직하고 있는 둘 이상의 체약국은 이 조직이 그들 나라 중 어떠한 나라에도 등록하지 않은 항공기를 사용하고 있는 경우 상황에 따라 그들 중 한나라를 이 조약의 적용상 그 항공기의 등록국으로 간주하는 것으로 지정할 것을 요하며 그 지정은 ICAO에 통고하고 ICAO는 이 통고를 조약의 모든 당사국들에게 통지하지 아니하면 안 된다.

제3절 헤이그조약

1. 헤이그조약의 성립경위

새로운 항공범죄의 행위유형으로서 hijack행위는 동경조약의 작성과정에 있어서 이미 각국에 의하여 인식되어왔지만 이것이 그 후에 항공의 안전 및 위협에 관하여 당시에는 그렇게 심각하게 받아들이지는 않았다. 그 후 중동분쟁에 관계되고 있는 정치적 그룹에 의한 hijack행위는 방치할 수 없는 정도에 달하게 되었다.

특히 1968년에 들어와서 hijack건수는 3건이 넘었으며 1969년에는 81건에 달하게 되었다. 1968 hijack사건의 증가을 예견한 ICAO는 9월 3일부터 부에노스아이레스에서 개최된 총회에서 「난동항공기의 불법탈취의 방지에 관한 결의 안」을 채택하였고 이사회가 이 문제에 대처하기 위한 조치를 검토할 것을 결정하였다.

이사회는 동년 12월 문제해결을 위한 새로운 조약을 작성할 것을 결정하여 이 검토를 법률위원회에 부탁함과 동시에 구체적인 초안을 제안하기 위하여 법률소위원회를 설치할 것을 요청하였다. 법률소위원회는 1969년 2월과 9월, 두 번에 걸쳐 몬트리올에서 회합을 열어 동경조약에서 충분히 대처할 수 없었던 여러 가지 문제점을 보완하는 새로운 조약의 초안을 기초하였다.

법률위원회는 법률소위원회가 작성한 조약초안을 기초로 재차 검토하기 위하여 1970년 2월 9일부터 3월 11일 까지 몬트리올에서 회의를 초집하여 그 결과로서 조약의 최종초안을 정리하였다. 한편 이사회는 동년 6월 16일부터 30일까지 몬트리올에서 임시총회를 소집하였고 가

까운 날짜에 개최될 새로운 조약채택을 위한 외교회의에 참가와 여기에서 채택될 새로운 조약에 대한 가입을 호소하였다.

그리하여 새로운 조약 채택을 위한 외교회의는 1970년 12월 1일부터 16일까지의 사

이에 헤이그에서 77개국 및 12개 국제단체의 참가 하에 개최되어 74대 0(기권 2)의 표결에서 「항공기의 불법한 납치의 방지에 관한 조약(Convention for the Suppression of Unlawful Seizure of Aircraft)」를 채택하였다. 이것이 「항공기의 불법한 납치의 방지에 관한 조약」이며 소위 말하는 「헤이그조약」이라고 호칭하고 있으며 또한 「항공기불법납치방지조약」이라고도 부르고 있다. 이 조약은 1971년 10월 14일 발효되었고 2011년 8월 9일 현재 185개국이 가입되고 있으며 한국은 1973년 1월 18일에 비준서를 기탁하였고 일본은 1971년 4월 19일에 비준서를 기탁하였다.

2. 헤이그조약의 내용

헤이그조약은 hijack행위가 인명 및 재산의 안전을 해하거나 안전에 위해를 가하고 항공업무의 수행에 중대한 영향을 미치며 또한 민간항공의 안전에 대한 세계 여러 국민들의 신뢰를 저해하는 것임을 고려하고, 그와 같은 행위의 발생이 중대한 관심사임을 고려하고, 그와 같은 행위를 방지하기 위하여 범인들의 처벌에 관한 적절한 조치들을 인정할 필요성을 고려하여 작성하였던 것이다(조약 전문).

이 조약은 전문14개 조문으로 구성되어 있는데 제1조에서는 처벌의 대상이 되고 있는 범죄의 구성요건을 특정하였고, 제3조에서는 조약의 적용범위를 한정하였으며 이러한 것들을 전제로 하여 제2조에서 체약국의 처벌의무를 규정하고 있다. 제4조에서는 중복주의와 세계주의의 원칙 하에 재판권의 설정의무를 규정하였고 제6조에서 범인 및 용의자의 억류에 관하여 규정함과 동시에 제7조와 제8조에서 범죄인의 인도와 인도하지 않는 경우의 소추를 위한 사건의 부탁을 규정하고 있다.

기타 조항에 있어 항공기관리의 기장에 대한 회복, 여객 등의 여행의 계속에 대한 체약국의 의무, 사법공조, ICAO에 대한 통보, 공동항공운송운영조직 등의 경우의 항공기의 등록 및 중재에 관하여 규정하고 있다.

동경조약과 내용적으로 중복되는 규정도 있지만 hijack행위방지라는 관점에서 볼 때 독립의 조약으로서 동경조약을 보완하고 있다는 점에서 헤이그조약의 의의가 인정되고 있다.

3. 범죄의 정의

헤이그조약 제1조에서 비행중의 항공기내에 있는 다음 행위를 범죄로 규정하고 있다.

(가) 폭력(force) 또는 그 위협(threat)에 의하여 또는 그 밖의 어떠한 다른 형태의 협박(any other form of intimidation)에 의하여 불법적(unlawfully)으로 항공기를 납치(seize) 또는 관리(exercise control of)하거나 또는 그와 같은 행위를 하고자 시도(attempt)하는 경우, 또는 (나) 전기 (가)호에 가담하는 행위

폭력이라는 것은 과거에는 물리적인 힘 즉 유형력(有形力)이라고 해석되어 왔지만 오늘날에는 과학의 발달로 인하여 가시적(可視的)인 살상력(殺傷力)을 가지고 있는 기기(機器)들이 개발되고 있기 때문에 폭력을 살상(殺傷)의 원인으로 하는 에너지의 모든 것으로 해석할 수 있으며 에너지의 행사를 가지고 폭력이라고 정의를 내리는 견해도 있다.[121] 협박이라 함은 일반적으로 타인에 대하여 보통사람들을 두렵게 하는데 족한 해악을 가한다는 것을 고지하는 것이라고 정의를 내리고 있지만[122] 그러나 고지를 받은 사람은 현실적으로 두려웠다는 것을 필수요건으로 하지 않고 있다. 기타 위협수단이라는 것은 극히 광범위한 개념으로서 지상에 있는 인질을 살해하는 것 등을 고지하는 것도 이 개념 가운데 포함된다고 생각된다. 위협과 협박은 대체로 그 뜻이 비슷하며 사람들에게 공포심을 품게 하는 것을 필요로 하기 때문에 단순한 책략과 기망은 이 가운데 포함되지 않는다.

납치와 관리는 어떠한 것이든 비행 중의 항공기를 자기의 뜻에 따르게 하는 것이기 때문에 양자의 뜻에 관한 틀림은 상대적인 것에 불과하다. 기장을 살해하여 기장대신으로 항공기의 운항을 탈취한다든지 기장을 협박하여 기장을 자기의 뜻대로 조종하게 하여 항공기의 사실상의 관리를 자기의 뜻대로 둔다는 것은 동 조약 제1조에 규정하고 있는 관리에 해당하는 것이다.

미수가 되기 위해서는 범죄행위의 착수가 있었다는 것이 필요로 하다. 범죄행위에 가담하는 행위는 공범으로서 범죄행위가 된다. 가담이라는 것은 주된 범죄행위에 참가하는 것으로서 조약상의 영문이 accomplice로 사용하고 있기 때문에 방조행위 뿐만 아니라 교사행위도 이에 해당된다. 그러나 범죄행위를 구성하기 위해서는 비행 중의 항공기내에서의 행위이어야만 됨으로 지상에 있어서의 이와 같은 행위는 이 조약에서 말하는 범죄

---

121) 植松正, 「刑法槪論」, (各論), 262頁.
122) 植松正, 前揭書, 298頁.

행위가 되지 않는다.

비행 중이라는 것은 동경조약에 있어서 기장의 권한의 경우와 똑같이 항공기의 모든 출입문이 여객들이 항공기에 탄 후 문이 다칠 때로부터 이들 출입문 가운데 어느 하나의 문이 여객들이 내리기 위하여 열릴 때 까지를 의미하는 것이며 불시착인 경우에는 권한이 있는 당국이 이 항공기와 더불어 기내에 있는 여객 및 재산에 관한 책임을 떠맡는 때까지를 말한다(동 조약 제3조 제1항).

hijack행위가 복수인에 의한 조직적 범죄로서의 성격을 지니고 있는 것이 많은 실타이기 때문에 단순히 비행중의 항공기내에서 발생된 범죄행위만을 처벌하는 것만으로는 불충분하다는 견해도 있지만 이들 범죄 행위자에 대한 처벌은 체약국의 국내법 맡기는 수밖에 없다. 여기에서 주의를 요하는 것은 조약상의 범죄행위는 어떤 것이든 국내입법의 기준이 되고 있으므로 죄형법정주의를 채택하고 있는 문명제국에 있어서는 처벌의 전제가 되는 범죄구성요건은 국내법에 의하여 명확하게 규정하게 된다. 그러나 체약국의 국내법과 조약과 사이에 틀인 점이 있을 경우에는 그 나라의 국제법위반이 되기 때문에 조약상의 범죄구성요건의 해석이 필요로 하게 된다. 이들 범죄행위에 대하여 체약국은 무거운 형벌(severe penalties)로 처벌할 수 있도록 의무화하고 있다(제2조). 형벌에 관하여 죄형법정주의의 입장에서 반드시 국내법에 의존하고 있다. 따라서 무거운 형벌의 내용은 국내법에 의하여 정하여 진다.

4. 조약의 적용범위

이 조약은 군대, 세관 또는 경찰업무에 사용되는 항공기에는 적용하지 아니한다(제3조 제2항). 이것은 동경조약의 경우와 똑같다. 한편 이 조약은 국내비행에 있어서도 항공기의 이륙 장소 또는 실제의 착륙장소가 그 항공기 등록국의 영토 외에 위치한 경우에도 적용된다(제3조 제3항). 실제의 착륙지라는 것은 다른 장소를 착륙지로 하여 예정한데도 불구하고 범죄행위에 의하여 변경될 여지가 없이 실제로 착륙된 장소를 말한다.

예를 들면 김포공항에서 출발하여 제주공항으로 가는 정가항공편이 항공기가 납치(haijack)되어 일본 후꾸오까(福岡)공항에 착륙하게 될 때에 이 조약이 적용된다. 또한 범죄행위의 범인 또는 범죄혐의자가 그 항공기의 등록국가 이외의 국가의 영토 내에서 발견된 경우에는 그 항공기의 이륙 장소 또는 실제의 착륙장소 여하를 불문하고 이 조약에 있어서의 범인 또는 용의자의 억류, 소추를 위한 의뢰, 범죄인의 인도 및 사법공조에 관한 규정은 적용된다(제3조 제5항).

헤이그조약은 동경조약과 똑같이 체약국이 공동의 항공운송운영조직 또는 국제운영기관을 설립하는 경우의 규정을 두고 있다. 이것에 의하면 항공기의 이륙 장소 및 실제의 착륙장소가 동일한 국내에 있고 더욱이 그 나라가 그것들의 조직 기관을 구성하고 있는 나라의 하나로서 그 항공기에 관한 재판권을 가지고 있고 등록국으로서 간주된 것으로서 지정된 나라가 있을 때에는 조약은 적용되지 않는다(제3조 제4항).

5. 재판관할권

제4조 제1항은 다음과 규정하고 있다.

1. 각 체약국은 범죄행위 및 범죄와 관련하여 승객 또는 승무원에 대하여 범죄혐의자가 행한 기타 폭력행위에 관하여 다음과 같은 경우에 있어서 자국의 재판관할권을 설정하기 위하여 필요한 제반 조치를 취하여야 한다.

(가) 범죄행위가 해당국에 등록된 항공기 기내에서 행하여진 경우

(나) 기내에서 범죄가 행하여진 항공기가 아직 기내에 있는 범죄혐의자를 싣고 그 영토 내에 착륙한 경우

(다) 범죄행위가 주된 영업소 또는 그와 같은 영업소를 가지지 않은 경우에는 주소를 그 국가에 가진 임차인에게 승무원 없이 임대된 항공기 기내에서 행하여진 경우

이것은 범죄행위 및 용의자가 범죄행위의 실행에 있어 여객 또는 승무원에 대하여 행한 폭력행위에 관하여 특정의 체약국에 대한 재판관할권을 설정하는 것을 의무화한 것이다. 재판관할권의 설정을 의무화한 나라의 첫째요건으로는 항공기의 등록국이고 둘째로는 그 항공기의 착륙국이며 그리고 셋째는 그 항공기의 승무원 내지 임차국이다.

셋째의 항공기의 임차국의 재판관할권 설정의무는 당초 항공기를 타국으로부터 임차에 의하여 항공업무를 운영하고 있는 항공기업을 가지고 있는 작은 나라들에 의하여 제안된 것이지만 오늘날 항공업계에서는 절세 또는 항공기의 탄력적운용 등의 목적으로부터 승무원 없이도 항공기의 임차가 빈번하게 행하여지고 있는 상황에서 이들 용의자들의 피할 길을 막기 위하여 IATA의 의견을 받아들여 추가로 규정 하였던 것이다.

승무원 없이 임차된 항공기(aircraft leased without crew)라 함은 소위 말하는 드라이리스(dry lease)로 불리어 지고 있는 항공기의 임대차방법으로 임대인은 항공기만을 임대하

고 임차인은 운항을 위하여 필요한 승무원을 제공하여 스스로 항공운송을 수행하게 되는 것이다. 국제민간항공조약을 비롯하여 현행의 항공에 관한 국제법이 항공기의 등록국주의를 원칙으로 구성되어 있기 때문에 이 방법에 의한 항공기의 운항에는 무엇인가 장해가 많이 있다. 이것에 대한 해결책으로서 이미 국제민간항공조약의 제83조 개정추가조항이 채택된 바 있지만 헤이그조약은 이 조항의 발효에 앞장서 이 규정을 설정하였던 것이다.

항공기의 등록국, 착륙국 및 임차국 가운데 어느 나라의 재판관할권을 우선적으로 취급하느냐에 관하여 조약은 어떠한 규정도 두고 있지 않다. 즉, 조약은 이들 나라의 재판관할권을 경합적으로 인정하였으므로 이것을 경합재판관할권(競合裁判官轄權: concurrent jurisdiction)이라고 호칭하고 있다. 조약이 경합재판관할권을 채택한 것은 통상 오랜 시간에 걸친 항공기납치행위의 특성에 근거하였다고 하지만[123] 뒤에서 언급하는 범죄인의 인도와 관련하여 볼 때 체약국간에 귀찮은 사태가 발생될 가능성도 있다. 동 조약 제4조 제2항에서는 「각 체약국은 또한 범죄혐의자가 그 영토 내에 존재하고 있으며, 제8조에 따라 본조 제1항에서 언급된 어떠한 국가에도 그를 인도하지 않는 경우에 있어서 해당 범죄행위에 관한 자국의 재판관할권을 설정하기 위하여 필요한 조치를 취하여야 한다고」 규정하고 있다. 즉, 항공기 납치행위의 용의자가 자국에 있어 그 자를 조약 제4조 제1항에 규정하는 재판관할권이 있는 나라에 인도하지 않을 때에는 그 체약국은 예를 들면 등록국, 착륙국 또는 임차국의 어떠한 것이 아닐지라도 재판관할권을 설정하지 않으면 안 되는 것을 의무화한 것이다.

이것은 범인의 도망가는 길을 막기 위하여 설정한 규정으로서 제7조에서 「그 영토 내에서 범죄혐의자가 발견한 체약국은 만약 그 혐의자를 인도하지 않을 경우에는, 예외 없이, 또한 그 영토 내에서 범죄가 행하여진 것인지 여부를 불문하고 소추를 하기 위하여 권한 있는 당국에 동 사건을 회부하여야 한다. 그러한 당국은 그 국가의 법률상 중대한 성질의 일반적인 범죄의 경우에 있어서와 같은 방법으로 결정을 내려야 한다」라고 정하고 있어 그전제로서 재판관할권의 설정을 체약국의 의무로 한 것이다.

그것과 관련하여 동 조약 제7조는 사건의 부탁을 체약국에 의무화시켰지만 그 용의자를 기소하는데 까지에는 의무화시키지 아니하였다. 따라서 체약국은 자국의 법령상의 통상의 중대한 범죄(any ordinary offence of a serious nature)의 경우와 똑같은 방법으로 결정을 하여야만 된다.

---

123) N. M. Matte, *supra*, at 359.

6. 억류(custody)

　범죄행위의 범인 또는 용의자가 소재하는 체약국은 상황이 그렇게 하는 것이 정당할 때에는 그의 소재를 확실하게 하기 위한 억류(custody)」 및 기타 조치를 취하지 않으면 안 된다. 다만 이 기간은 형사소송절차 또는 범죄인인도절차를 개시하기 위하여 필요로 하는 것에 국한된다(제6조 제1항). 이와 같은 조치를 취한 나라는 사실에 관하여 여비조사를 행하지 않으면 아니 되며 억류된 자가 그의 국적국의 적절한 대표와 즉시 연락을 취하는데 도움을 받아야 한다(제6조 제2항, 제3항).

　또한 억류국은 항공기의 등록국, 임차국, 억류된 자의 국적국, 기타 이해관계국에 대하여 그 자의 억류된 사실 및 그의 억류를 정당화하는 사정을 즉시 통고하여야 한다. 더욱이 여비조사를 행한 나라는 그들 나라에 대한 그 결과를 보고하여 자국이 재판권을 행사할 의도가 있느냐 그렇지 않느냐를 표시하지 아니하면 아니 된다(제6조 제4항).

7. 범죄인의 인도

　헤이그조약은 항공기납치행위를 한 범죄인 인도에 관하여 동 조약 제8조에 상세한 규정을 두고 있다. 즉,

　(가) 이 조약상의 범죄행위는 체약국들 간에 현존하는 범죄인인도조약 상의 인도범죄에 간 주되고 새로운 범죄인인도조약을 체결할 때에는 인도범죄에 이 범죄행위를 포함시킨다.

　(나) 범죄인인도에 관하여 조약의 존재를 조건으로 하는 체약국이 상호 인도조약을 체결하지 않은 타 체약국으로부터 인도 요청을 받은 경우에는, 그 선택에 따라 본 협약을 범죄에 관한 인도를 위한 법적인 근거로서 간주할 수 있다. 인도는 피 요청국의 법률에 규정된 기타 여러 조건에 따라야 한다.

　(다) 범죄인 인도에 관하여 범죄행위는 그것이 발생한 장소에서뿐만 아니라 등록국, 착륙국 및 임차국은 범죄행위의 행위지로서 취급된다.

8. 사법공조와 통지의무

　체약국은 범죄행위 및 그의 용의자에 의한 범죄행위의 실행하는데 행하여진 폭력행위

에 관하여 취하여진 형사소송절차에 관하여 서로 최대한의 협조를 하여야만 된다. 이것은 항공기납치행위를 국제적 협력하에 실효적으로 방지하기 위하여 조약으로서 취한 조치 가운데 하나이다. 이 경우 협조의 실시를 함에 있어 협조를 요구한 나라의 법령이 적용된다. 이 조치는 형사문제에 관한 상호협조를 규정한 현행 또는 장래에 체결되는 조약상의 의무에 영향을 미치지는 않는다(조약 제10조).

조약은 더욱 국제적 협력을 긴밀하게 하기 위하여 범죄행위의 상황, 체약국이 기장 및 여객 등을 위하여 취한 조치 및 범죄행위의 범인 또는 용의자에 대하여 취한 조치를 국제민간항공기관의 이사회에 통보하지 않으면 안 된다고 규정하였다(제11조). 이것은 국제민간항공기관에 정보를 집중시켜 국제민간항공기관으로 하여금 항공기납치행위를 방지하기 위한 역할을 다 할 수 있도록 기대하는 규정이다. 국제민간항공기관은 제17 부속서에서 항공기납치에 대처하기 위한 국제표준과 권고를 규정하고 있다. 더욱이 체약국은 범죄행위가 행하여졌거나 또는 행하여지려고 하는 경우에 그 항공기의 관리를 적법한 기장에게 회복(restore) 또는 유지(preserve)시키기 위하여 모든 적당한 조치를 취하지 아니하면 아니 되며 여객 및 승무원이 소재하는 나라는 그들이 될 수 있는 한 빨리 여행을 계속할 수 있도록 편의를 제공하여야만 된다. 그 항공기가 존재하는 나라는 항공기 및 화물의 점유권자(the persons lawfully entitled to possession)」에게 반환하지 아니하면 안 된다(제9조).

제4절 몬트리올조약

1. 몬트리올조약의 성립경위

헤이그조약의 초안을 심의하고 있는 시기에 헤이그조약에서 규제되고 있지 않는 사건이 발생되었다. 1969년 2월 18일 스위스의 Zürich공항에서 이스라엘항공의 여객기가 아랍 · 게릴라에 의하여 습격 받았다. 이 사건을 계기로 하여 민간항공에 대한 새로운 유형의 범죄행위가 세계적으로 만연될 징조가 보여 민간항공에 있어 새로운 범죄행위로부터 보호하여야만 된다는 의견들이 강하게 제기되었다. 1970년에 들어와서 2월 독일의 뮌헨공항에서 여객용 버스의 습격사건, Zürich공항에서의 스위스항공기 폭파사건, 독일의 Frankfurt에서의 오스트리아항공기 폭파미수사건과 지상에서의 항공기를 공격하는 사건들이 계속 일어나게 되어 이와 같은 항공기습격사건들을 미연에 방지하자는 여론이 들끓기 시작되었다.

1970년 6월 국제민간항공기관은 몬트리올에서 긴급총회를 개최하여 국제민간항공에 대한 불법한 방해행위에 관한 조약초안의 준비를 법률위원회에서 하도록 이사회에 요구하는 결의 없이 법률위원회는 9월 29일부터 10월 22일까지 런던에서 회의를 개최하여 헤이그조약과는 별도로 조약작성을 위한 초안의 심의를 하게 되었다.

그사이 1970년 9월 6일부터 12일까지 사이에 아랍·게릴라에 의하여 미국의 Trans World항공사, 스위스항공사, 영국해외항공사 소속들의 대형여객기가 연속적으로 폭파사건이 발생되어 이들 범죄행위에 대한 국제적 여론은 시급히 국제조약작성의 필요성에 대하여 지지를 하게 되었다. ICAO의 법률위원회는 이와 같은 국제적 여론을 배경으로 하여 법률소위원회의 손을 빌리지 않고 법률위원회의 의장이 제안한 초안을 기초로 하여 1970년 10월 22일에 조약의 최종초안을 작성하였다. 이 조약초안을 기초로 하여 새로운 조약작성 및 채택을 위한 외교회의가 1971년 9월 8일부터 23일까지 몬트리올에서 개최되어 「민간항공의 안전에 대한 불법한 행위의 방지에 관한 조약(Convention for the Suppression of Unlawful Acts against the Safety of Civil Aviation)」이 채택되었다. 이 조약을 소위 말하는 「몬트리올조약」이라고 불리어지고 있으며 또한 「항공기 등 파괴방지조약」이라고도 호칭하고 있다. 이 조약은 헤이그조약을 보완하는 조약으로 탄생되었고 따라서 긴급한 필요성에 의하여 단기간 내 작성하였던 역사적인 사정도 있었다. 이 조약은 1973년 1월 26일에 발효되었고 2011년 8월 9일 현재 188개국이 가입되어 있다. 한국은 1973년 8월 2일, 비준서를 ICAO에 기탁하였고 1973년 9월 1일부터 당사국이 되었다. 일본은 1974년 6월 12일, 비준서를 ICAO에 기탁하였고 1973년 7월 12일부터 당사국이 되었다. 이 조약은 헤이그조약을 기초로 작성되었지만 이 조약의 부족한 점을 보완하는 것을 발상의 원점으로 하였기 때문에 전문16개 조문 가운데 9개 조문이 헤이그조약과 대체로 같다. 그러나 나머지 7개 조문은 이 조약의 목적을 내용으로 하는 새로운 조문으로 제정하였던 것이다. 몬트리올조약의 주된 내용은 ① 항공범죄의 정의, ② 조약의 적용범위, ③재판권, ④ 항공범죄의 방지, ⑤기타규정 등으로 구성되어 있다.

2. 범죄의 정의

이 조약 제1조는 다음과 같이 규정하고 있다.

1. 불법적으로 그리고 고의적으로 행하는 다음의 행위는 범죄가 된다.

(가) 비행 중인 항공기내에 탑승한자에 대하여 폭력행위를 행하고 그 행위가 그 항공기의 안전에 위해를 가할 가능성이 있는 경우

(나) 업무 중인 항공기를 파괴하는 경우 또는 그러한 비행기를 훼손하여 비행을 불가능하게 하거나 또는 비행의 안전에 위해를 줄 가능성이 있는 경우

(다) 여하한 방법에 의하여서라도, 운항 중인 항공기상에 그 항공기를 파괴할 가능성이 있거나 또는 그 항공기를 훼손하여 비행을 불가능하게 할 가능성이 있거나 또는 그 항공기를 훼손하여 비행의 안전에 위해를 줄 가능성이 있는 장치나 물질을 설치하거나 또는 설치되도록 하는 경우

(라) 항공시설을 파괴 혹은 손상하거나 또는 그 운용을 방해하고 그러한 행위가 비행 중인 항공기의 안전에 위해를 줄 가능성이 있는 경우

(마) 그가 허위임을 아는 정보를 교신하여 그에 의하여 비행 중인 항공기의 안전에 위해를 주는 경우

2. 다음의 행위는 범죄가 된다.

(가) 본 조 1항에 규정된 범죄행위의 미수
(나) 본 조 1항에 규정된 범죄행위(미수도 포함)에 가담하는 행위

몬트리올조약에서 규정하는 범죄의 공통요건은 그것들이 불법(unlawfully)하게 더욱이 고의(intentionally) 로 한 것이었다. 즉, 이 조약에서 규정하고 있는 범죄는 고의범이다.

이 조약에서는 위법성을 범죄의 구성요건으로 한 것으로서 적법행위는 예를 들면 제1항에서 정하고 있는 행위에 해당할지라도 조약에서 규정하고 있는 범죄에는 해당되지 않는다. (가)호의 범죄행위는 비행 중의 항공기 내의 여객에 대한 폭력행위(act of violence)로서 더욱 항공기의 안전에 손해를 가할 두려움이 있는 것만으로 족한 것이므로 항공기의 불법탈취 또는 관리를 요건으로 하는 헤이그조약상의 범죄행위보다 범위가 넓다.

기내에서 여객들 사이에 단순한 싸움이 벌어졌다고 하더라도 예를 들면 여객에 대한 폭력을 사용한 행위인 경우 비행 중의 항공기의 안전을 해할 위험성이 없는 행위는 이 조약에서 규정하는 범죄행위에 해당되지 않는다.

더욱이 비행 중이라는 뜻은 헤이그조약과 똑같이 그 항공기의 모든 승강구가 승객이

탑승한 후 문이 폐쇄된 때로부터 이들 승강구 가운데 어느 하나의 문이 승객들이 항공기로부터 내리기 위하여 열릴 때까지이며, 불시착의 경우에는 권한이 있는 당국이 그 항공기 및 기내에 있는 승객 및 재산에 관한 책임을 인계 받을 때까지이다(제2조(가)호).

(나)호의 업무 중(in service)이라 함은 비행 중의 개념보다 넓게 지상종업원 또는 승무원에 의하여 항공기의 비행전의 준비(preflight preparation)가 개시된 때로부터 착륙의 후(after any landing) 24시간을 경과한 때까지를 의미한다(제2조 (나)호).

항공기를 파괴(destroy)한다는 것은 항공기의 실질을 해하여 항공기로서의 용도의 전부 또는 일부를 불능케 하는 손괴를 의미한다. 비행을 불능하게(renders it incapable of flight)하는 손해라는 것은 항공기의 파괴까지는 이르지는 않지만 항공기의 부분에 세공(細工)을 가하는 것 등으로 항공기의 비행을 할 수 없게 되는 손해를 뜻하는 것이다. 비행 중의 그의 안전을 해할 위험이 있게 하는 손해라는 것은 항공기의 비행 그 자체는 가능하지만 비행 중에 그의 손해가 원인으로 되어 그의 안전을 해하게하는 가능성이 있는 손해이다. 여기에서 말하는 손해(danger)라는 것은 어떠한 것이든 항공기에 대하여 가하여진 물리적인 손상의 것으로 업무 중에 행하여진 것이 요건으로 되어 있다. 예를 들면 공항에서 업무 중의 항공기를 폭파하거나 또는 엔진의 시동장치를 손상시키어 비행을 불가능하게 하거나 또는 계기판에 세공하여 비행 중에 그 계기의 작동을 이상을 일으키게 하는 행위는 어떠한 것이든 (나)호의 구성요건에 해당된다.

(다)호는 장치 또는 물자를 사용하여 발생된 범죄행위에 관한 규정이다. 장치(device)라는 것은 시한폭탄과 같은 인간의 지적산물을 의미하고 자연의 석괴(石塊) 등을 포함하는 물질(substance)과는 구별된다.

항공운송의 실무는 수하물의 수령으로부터 항공기내로 반입과 같은 숙련된 흐름의 작업에 의한 것이 많기 때문에 장치 또는 물질을 범인스스로가 항공기에 두지 않더라도 작업의 흐름을 계산하여 항공기에 두도록 하는 것은 가끔가다가 가능한 일이다.

타인을 도구로 하여 범죄를 행하게 하는 것이기 때문에 일종의 간접정범이 됨으로 이것도 (다)호에 의한 범죄행위가 된다.

항공기에 폭약을 장치하여 이것을 폭파하거나, 엔진에 이물질을 투입하여 비행을 불능하게 하거나, 또는 항공기에 시한폭탄을 장치하여 비행 중에 이것을 폭파시키거나 또는 수하물에 시한폭탄을 넣어 운송을 위탁하거나, 이것을 탑재시키어 항공기를 폭파하는 행위는 모두가 이 (다)호의 범죄행위에 해당된다.

최근의 항공기의 운항은 지상종속성이 있기 때문에 모두가 지상 또는 해상의 항행원조시설의 원조를 받으면서 이륙하여 비행한 후 착륙하게 된다. 따라서 이들 시설의 파괴 또는 손상은 항공기의 비행의 안전에 관계가 있다. 이 때문에 이들 시설에 대한 파괴 및 손상행위를 조약상의 범죄행위로 보는 것이 (라)호의 규정이다. 항공시설(air navigation facilities)이라는 것은 항공기의 항행을 원조하기 위한 필요한 모든 시설을 말하는 것이고 그 운영을 방해하는(interferes with their operation)한다는 것은 항공기에 대한 원조작용(援助作用)을 불완전하게 하는 것이다.

항공관제탑을 파괴하거나 이것을 점거하여 사용을 불가능하게 하는 행위는 (라)호의 범죄행위에 해당된다. 더욱이 전파방해 등에 의한 항공통신업무의 방해도 이에 포함된다. 그러나 항공시설의 중에는 단순히 보조적인 것도 있고 이러한 것들의 파괴가 즉각 항공기의 안전에 연결되지 않은 것도 있지만 운항방해의 모든 것이 안전에 손해를 끼치는 것도 있다. 여기에서 (라)호는 비행 중의 항공기의 안전을 해 할 위험이 있는 것에 국한된다는 요건을 정하였다 볼 수가 있다.

(마)호는 몬트리올외교회의에서 추가된 규정으로 허위로 알고 있는 정보(information which he knows to be false)를 통보(communicate)함에 의하여 비행 중의 항공기의 안전을 해하는 행위는 모두가 여기에서 규정하는 범죄행위가 된다. 항공기의 운항에 관한 통보된 잘못된 정보가 항공기의 안전을 해하게 되는 경우가 종종 있지만 허위임을 알면서 그 정보를 통보하여 그것에 의하여 비행 중의 항공기의 안전을 해하는 행위만을 범죄행위로 한다는 취지이다. 폭약이 탑재되어 있다고 거짓 통보를 하여 그 항공기를 긴급 착륙하게 하는 행위가 이에 해당된다. 이상 앞에서 언급한 바와 같이 (가)호로부터 (마)호까지 행위의 미수 및 공범도 범죄행위가 된다(제1조 제2항). 공범에는 지상에 있는 교사 및 방조도 포함된다.

조약의 작성과정에서 공항에 있어 여객 및 승무 등에 대한 무력공격 및 무단으로 무기 또는 탄약을 항공기내에 반입하는 행위도 조약상의 범죄행위로 하여야만 된다는 주장도 있었지만 이러한 것들에 대한 규제는 각국의 국내법에 의하여 처리하면 된다고 하여 조약상의 범죄행위로는 하지 아니하였다.

3. 조약의 적용범위

이 조약 제4조는 범죄행위의 종류에 따라 조약적용의 상이한 경우를 정하고 있다. 제1조 제1항의 (가), (나), (다) 및 (마)호에 정하여진 범죄행위에 관하여 그 항공기의 실제 또는 여정된 이륙지또는 착륙지가 그 항공기의 등록국 이외의 경우, 범죄행위지가 등록국 이외의 나라인 경우에도 조약이 적용된다. 다음으로 이들 범인 또는 용의자가 등록국 이외의 나라에서 발견된 경우에도 적용된다.

(라)호의 범죄행위에 관하여 조약은 범죄행위의 대상이 되었던 항공시설이 국제항공 (international air navigation)에 사용되었던 경우만이 적용된다. 즉, 그 시설이 국제성이 있으면 이것을 가지고 적용의 대상이 된다는 것이 조약의 취지이다.

몬트리올조약도 동경조약 및 헤이그조약과 똑같이 군대, 세관 또는 경찰 업무에 사용되는 항공기에는 적용되지 아니한다(제4조 제1항).

4. 재판관할권

이 조약이 규정하는 범죄행위를 행하였던 자에 대한 처벌에 관하여 체약국은 헤이그조약에 있어서와 똑같이 무거운 형벌(刑罰: severe penalties)을 과하는 의무를 부담한다(제3조). 형벌의 내용에 관하여 체약국의 국내법에 의한다. 범죄행위의 행위지, 범죄행위를 행하여졌거나 또는 그 대상이 되었던 항공기의 등록, 임차국 및 기내에서 범죄행위의 용의자를 탑승한 채 착륙하는 항공기의 착륙국은 조약상의 범죄행위에 관하여 재판관할권을 정하지 아니하면 아니 된다(제5조 제2항). 또한 범죄 혐의자가 자국 내에 소재하고 있거나 재판권을 가지고 이 가지고 있는 체약국에 그 자를 인도하지 않는 체약국은 항공시설에 대한 범죄 허위통보에 의한 범죄를 제외하고는 항공기에 대한 범죄에 관하여 재판관할권을 설정하지 아니하면 아니 된다.

이것은 항공기내에 있는 승객에 대한 폭력행위, 운항중의 항공기에 대한 가해행위 및 항공기에 위험물을 적재하는 행위 등은 세계적인 범죄행위로 자리 잡고 있어 범인의 도망을 불가능하도록 하기 위하여 체약국에게 재판관할권의 설치를 의무화 한 것이다. 더욱이 그 영토 내에서 범죄혐의자가 발견된 체약국은 만약 동인을 인도하지 않은 경우 그 영토 내에서 범죄가 범하여진 것인지 여부를 불문하고 소추를 하기 위하여 권한 있는 당국에 동 사건을 회부하여야 한다(제7조).

5. 범죄의 방지

몬트리올조약 제10조 제1항은 체약국이 국제법 및 국내법에 따라 범죄행위를 방지하기 위하여 모든 실행 가능한 조치를 취하도록 노력할 것을 의무화하였다. 이와 같은 종류의 범죄는 발생하였다고 하면 큰 사건으로 이어질 가능성이 있기 때문에 이러한 범죄가 일어나지 않도록 미리 체약국에게 그 노력의무를 부과한 것이다. 각국이 공항의 경비를 엄중하게 하여 탑승 전에 여객의 수하물의 내용을 미리 검사하는 것이 그 노력의 한 예이다. 한편 범죄행위가 국제성을 지니고 있는 것이 많이 있기 때문에 범죄행위가 행하여졌다고 믿는데 충분한 이유를 가지고 있는 나라는 행위지국, 등록국, 임차국 또는 착륙국이 될 나라에 대하여 관계정보를 제공할 의무가 있다(제12조). 이것은 범죄방지의 국제협력의 하나이지만 관계정보의 제공은 제공국의 국내법에 따르는 것이 요건으로 되어 있기 때문에 국내법의 의하여 정보의 제공은 제한될 수도 있다.

6. 그 밖의 규정

몬트리올조약은 앞에서 언급한 규정 외에 범인 또는 용의자의 억류, 범죄인의 인도, 여객 및 승무원 등에 대한 편의제공, 사법공조, 국제민간항공기관에 대한 통보, 기타조약 등 자체의 적용에 관한 규정을 두고 있지만 이것들은 내용적으로 헤이그조약과 대체적으로 같다. 이것은 몬트리올조약이 헤이그조약을 보완하는 조약으로 탄생되어 당시 긴급한 필요성에 따라 단기간 내에 작성하지 않으면 아니 되었던 역사적인 사정이 있었던 것이다.

제5절 베이징(北京)조약

1. 베이징(北京)조약의 성립경위

2001년 9월 11일 미국 뉴욕에서 발생된 엄청난 피해를 입힌 110층 세계무역센터 쌍둥이 빌딩을 붕괴시킨 테러사건 이후 ICAO 이사회에 민간항공 안전에 대한 새로운 위협에 대처할 것을 요구하는 ICAO 총회 결의안(A33-1) 채택되었고 2007년 4월에는 「새로운 위협에 대한 문서(조약) 작업을 위한 특별 소위원회」가 소집되어 조약초안을 심의하였다. 2009년 9월에는 1970년 헤이그 조약(항공기의 불법납치 억제를 위한 협약) 및 1971년 몬트리올 조약(민간항공안전에 대한 불법행위 억제를 위한 협약)에 관한 개정안

작성을 위한 ICAO 제34차 법률위원회가 개최되었다.

그후 2010년 8월 30일부터 9월 10일까지 우리나라를 포함한 ICAO회원국 80개국 약 400여명의 각국 대표 및 전문가들이 참석한 가운데 개최되었고 이 항공보안에 관한 외교회의(Diplomatic Conference on Aviation Security)의 핵심주제는 당연히 항공보안 강화 문제였다.[124]

1971년의 몬트리올조약과 이를 개정한1988년의 몬트리올 의정서를 수정하고 보완해 2010년에 베이징 협약을 탄생시켰는데 이 조약들의 이름은 첫째는『국제민간항공과 관련된 불법적 행위의 억제를 위한 조약(Convention the Suppression of Unlawful Acts Relating to International Civil Aviation)이고 둘째는『항공기의 불법납치 억제를 위한 협약의 보충 의정서(Protocol Supplementary ton the Convention for the Suppression of Unlawful Seizure of the Aircraft) 등 2개의 조약이 2010년 9월 10일 베이징에서 채택되었다. 이 두개 조약은 9 · 11 사태가 발생한지 만9년 만에 탄생된 것이다.

2010년의 베이징조약은 우리나라가 1973년 8월 2일 가입한바 있는 1971년의 몬트리올 조약(민간항공안전에 대한 불법행위 억제를 위한 협약)을 대체한 것이며, 2010년의 베이징의정서는 우리나라가 1973년 1월 18 가입한바 있는 1970년 헤이그 조약(항공기의 불법납치 억제를 위한 협약)의 내용을 일부 개정한 것이다.

2011년 8월 9일 현재 베이징조약의 서명국은 우리나라를 비롯하여 미국, 영국, 프랑스, 중국 및 스패인 등 21개국이다.[125]

2. 베이징(北京)조약의 주요내용

베이징조약의 주요내용으로는 첫째 민간항공기를 무기로 사용하거나 다른 항공기 또는 지상의 표적을 공격하기 위해 사용하는 행위도 범죄행위로 규정하고 있다.

민간항공기를 납치하여 무기로 사용하는 행위, 민간항공기내에서 무기를 사용하는 행위, 민간항공기에 대해 무기 공격행위를 신규항공 범죄로 규정하여 민간항공기 대한 공격행위를 억제하며 해당 국가들에게 이를 처벌할 의무를 부과시키고 있다.

둘째로 생화학무기 및 이와 관련된 물질들을 민간항공기를 이용한 불법운송 역시 운송

---

124) 황호원,「국제항공테러방지 북경협약(2010)에 관한 연구」, 항공우주법학회지(제25권 제2호, 2010), 한국항공우주법학회 발행, 80~82면.

125) http://www2.icao.int/en/leb/List%20of%20Parties/Beijing_Conv_EN.pdf

범죄(transport offence)로 간주하여 처벌을 강화시키고 있다.

셋째로 군사적 활동의 적용을 배제하여 무력충돌 시 군대의 활동에 대해서는 동 협약이 적용되지 않고 국제인도법(International humanitarian law)을 적용해도록 하였다. 이와 함께 국가관할권의 확대와 조약의 적용범위의 확대로 인하여 범죄가 발생한 영토의 국가 또는 항공기의 등록국가, 범인이 발견된 영토의 국가뿐만 아니라 범죄자 국적국가, 피해자의 국적국가 및 무국적자가 주소지를 둔 국가도 관할권 행사를 가능하게 함으로써 신종 항공범죄에 대항할 수 있으며 나아가 항공기와 공항을 공격하려는 세력들에 피난처가 제공되면 아니 된다는 점을 명시하고 있다.

넷째로 본 조약의 적용범위를 비행 시에서 서비스범위내로 확대 식혔다. 이 조약의 특징은 궁극적으로 민간항공 안전의 확보 테러행위의 억제에 목표를 두고 있다.126) 민간항공기 자체의 무기화 및 민간항공기에 대한 공격, 민간 항공기를 이용한 무기 및 관련 물자 불법 운송 행위를 추가 항공 범죄로 규정함으로써, 민간 항공 안전의 확보 및 테러행위 억제에 기여하리라고 본다.

---

126) 김한택, 국제항공우주법, 지인북스 (2011) 발행, 102면.

제1편-2 국제항공사법(國際航空私法)

제1장 항공기사고의 특성과 국제항공운송인의 책임

제1절 항공기사고의 특성

우리나라에 있어서도 최근 항공기의 운항횟수가 증가됨에 따라 항공기사고발생에 대한 개연성도 높아가고 있으며, 만일 항공사고가 발생하였다고 가정할 때에 이는 순식간에 발생되는 것이므로 항공기의 대형화로 인하여 (승객 300~500명) 대형사고가 일어나게 된다. 항공기사고는 대부분이 전손이기 때문에 손해액도 거액에 달하게 된다. 즉, 이러한 항공기사고는 돌연히 순식간에 발생되어 대부분이 전손되므로 그 사고발생 원인을 규명하기란 무척 힘들다.

공중에서의 항공기사고의 발생 원인을 살펴본다면, ① 조종사 및 승무원의 고의 또는 과실, ② 공항내의 지상관제관(A·T·C)의 지시착오, ③ 항공기의 정비불량으로 인한 기계고장, ④ 항공기 상호간의 충돌, ⑤ 항공기의 이물접촉사고(조류, 장애물 등)로 인한 추락, ⑥ 기상조건의 악천후와 우발적인 난기류에 의한 항공기의 부력, 양력, 추력 등의 상실로 인한 추락, ⑦ 항공기 제조과정에서의 하자로 인한 추락(제조물책임; Products Liability), ⑧ 항공기의 불법납치과정에서 발생되는 항공기의 훼손 및 추락(총격전, 시한폭탄장치)등 기타 여러 가지 요인을 들 수 있다.[127]항공기운항은 절대적위험이 수반되므로 항공기사고의 특성은 다음과 같이 설명할 수 있다.

1. 전손성(All or nothing)

항공기운항은 자동차, 기차, 선박운항과는 달리 3,000피트 이상의 상공에서 초음속(마하)

---

127) 野上鐵夫, 「航空責任試論」, 『海上保安大學校研究報告 』, 第16券 第1號(1971), 5面.

으로 비행하기 때문에, 항공기 상호간의 충돌, 이상기류, 기계고장, 파손 등으로 인하여 추락·낙하할 때에 낙하속도와 공기마찰로 인하여 항공기는 공중분해하거나 전멸되다시피 되어 그 기능이 완전 상실되기 때문에 항공기사고는 전손성을 지니고 있다고 볼 수 있다.

2. 순간성

항공기가 공항에서 이착륙할 때나 공중에서 운항도중 기계고장 등으로 사고가 발생하였을 때에는 다른 교통수단(예: 자동차, 선박 등)과 같은 정지시켜서 수리할 수가 없으므로, 추락으로 인한 낙하속도가 가속화되어 순간적으로 항공기는 파손하게 된다. 항공기는 초음속으로 비행하고 있기 때문에 사고도 순간적으로 발생되므로 이러한 항공기사고는 순간성(Augenblicken)을 가지고 있다고 말할 수 있다.

3. 손해의 거액성

오늘날 항공기술의 급속한 발달로 인하여 승객 300명 내지 500명을 운송할 수 있도록 점보제트여객기는 대형화되어 가고 있어 일단 항공기사고가 발생하였다고 하면 손해액은 거액에 달하게 된다.

항공위험의 구체적인 사례를 보면 승객을 만재한 점보제트여객기가 다른 점보제트여객기와 공중충돌을 일으켜 도시 한복판에 또는 밀집된 공장지대에 추락하거나 과밀공항에서 여객기가 이착륙과정에서 기기고장으로 상공으로부터 추락하여 다른 여객기와 함께 전손되었을 때에 발생되는 사고로서 거액의 손해를 발생시킬 가능성이 있게 된다. 즉, 점보제트여객기 상호간에 공중충돌을 일으킨 경우 손해액은 배가하게 되며 그 손해액은 25억 달러 이상에 이를 것이 예상되므로 현실적으로 정기항공사는 각 소유항공기에 대하여 진보한도액을 항공보험에 붙이어 책임을 분산시키고 있다.[128]

---

128) 松本吉平, 「航空保險」, 『損害保險双書(特種保險)』, (文眞堂, 1974), 194頁; 항공기사고로 인한 손해예상액(항공기충돌 포함); 맘모스 유류저장탱커 또는 원자로 등 소위 거대한 위험(risk)도 손해배상이 포함된 항공기사고의 발생 개연 가능성의 높음에 미치지 못한다고 본다.

4. 지상종속성

항공기의 공항활주로의 이착륙과정에서나 또는 공중에서 비행 중 공항의 지상관제탑 내에 상주하고 있는 공항관제관의 지시에 조종사는 순응하여야만 비행할 수 있는 것이므로 통상 조종사가 이 지시에 불응하거나 또는 지상에 있는 항공교통관제관(Air Traffic Control Agency: ATCA)의 과실(안전수칙의 불이행 등)로 인하여 지시를 잘못 내릴 때에 항공기사고가 발생되는 경우가 많다.129) 항공기운항은 지상에 있는 항공교통관제관의 도움 없이는 비행할 수 없는 것이므로 항공기사고는 육상·해상사고와는 달리 지상종속성의 특성이 있는 사고라고 말할 수 있다.

5. 국제성

세계 각국의 항공사소속 여객 및 화물기는 자국영역의 항공을 비행할 뿐만 아니라 국가 상호간에 항공협정을 체결하여 타국영역의 영공까지 비행하고 있다. 우리나라에 있어서도 항공협정에 따라 외국항공사소속여객 및 화물기가 우리나라 영공을 비행하고 있을 뿐만 아니라 우리나라 여객 및 화물기도 국제항공노선에 따라 외국의 영공을 비행하고 있다.

이때에 외국여객 및 화물기가 우리나라 영역 내에서 항공기사고를 일으키는 경우도 있을 것이고 우리나라 항공기가 외국영역 내에서 항공기사고를 일으키는 경우도 있는데 이러한 경우에 어느 나라 법률에 따라 피해자에 대한 항공운송인의 손해배상책임과 배상책임한도액을 결정할 것인가에 대하여 각국의 법체제가 다르기 때문에, 국제통일규칙으로서 1929년의 바르샤바조약, 1955년의 헤이그의정서, 1961년의 과다라하라조약, 1966년의 몬트리올협약, 1971년의 과테말라의정서, 1975년의 몬트리올 제1, 제2, 제3, 제4 추가의정서 및 이와 직접 또는 간접적으로 관련된 1980년의 국제복합운송조약, 1995년의 승객책임에 관한 IATA운송인간의 협정, 1996년의 IATA운송인간 협정의 이행조치에 관한 협정, 1999년의 몬트리올조약 등이 있다.

상기조약에 대한 비체결국상호간에 항공기사고가 발생하였을 때에 항공운송인의 책임 및 배상책임한도액에 대하여 어느 나라 법률을 적용할 것인가에 관하여 준거법 결정을

---

129) 山崎悠基, 「航空管制官의 責任」, 『空法』, 第23·24合倂號, (勁草書房, 1981), 57~79面.

위한 국제사법(섭외사법)적인 문제가 제기되는 데 항공기사고의 대부분은 불법행위로 인하여 발생되므로 국제사법상 널리 인정되고 있는 불법행위발생지법주의를 채택하고 있다. 우리나라 국제사법 제32조에서는 불법행위로 인하여 생긴 채권의 성립 및 효력은 그 원인된 사실이 발생한 곳의 법에 의하고 외국에서 발생한 사실이 대한민국의 법률에 의하면 불법행위가 되지 아니하는 때에는 이를 적용하지 아니한다고 규정하고 있어 원칙적으로 불법행위지법주의를 선언하고 있다.[130]

점보제트 여객 및 화물기의 생산이 극히 한정된 국가에만 집중되어 있어, ① 우리나라를 비롯하여 대부분의 국가들이 외국에서 제조한 항공기를 사용하고 있다는 점, ② 수많은 승객들과 화물들이 항공기를 운송수단으로 이용하여 세계의 여러 곳을 왕래하고 있으므로 세계의 도처에서 항공기사고가 자주 일어나고 있다는 점, ③ 세계의 국제항공운송업자들은 국제민간항공기관(ICAO) 및 국제항공운송협회(IATA) 등의 공적 또는 민간의 전문기관을 중심으로 하여 결속되고 있어 여러 면으로 국제적인 통일과 규제 하에 있다는 점, ④ 항공기사고의 거대한 위험에 대비하기 위하여 국제재보험(International Reinsurance: 국제항공보험푸울)이 반드시 필요로 하는 불가결의 요건으로 되어 있다는 점 등을 고려할 때에 항공기사고의 발생, 처리과정 및 해결책 등은 모두 국제성을 지니고 있다고 볼 수 있다.[131]

항공운송인의 책임을 규제하는 1929년의 바르샤바조약은 항공운송인의 책임을 일정한 도로 제한하는 유한책임의 체계를 설정하고 있다. 그렇지만 이 유한책임은 항공운송증권의 불교부의 경우와 그 손해가 항공운송인 또는 사용인의 사고 또는 고의 에 상당하는 과정에 의하여 일어났을 경우에는 적용하지 않는다고 규정하고 있다(바르샤바조약 제3조 2항, 제4조2항, 제9조, 제25조).

이와 같은 경우에 승객 등 이용자의 특성을 고려하여 항공운송인을 보호할 필요가 없다는 이유에서 규정한 조문이라고 볼 수 있다. 그렇지만「고의 또는 고의에 상당하는 과실(wilful misconduct)」의 해석에 관하여 법정지법에 맡기고 있기 때문에 각국에서 wilful misconduct라는 단어의 해석에 관하여 학계 및 법조계서 논쟁이 있다. 일본의 경우 1976년 3월 19일 항공화물손해배상 청구소송사건에 대한 최고재판소의 판결은 바르샤바조약 제25조를 해석·판결하였는데, 동 조문에서「소가 계류되고 있는 법원에 속하고 있는 국가의 법률에 의거 고의에 상당하다고 인정되는 과실」이라고 함은 일본 법률상

---

130) 析茂禮,『國際私法(各論)』, (法律學全集60, 1981), 有斐閣, 167~187面; 일본에 있어서 法例 제11조1항은 불법행위의 준거법의 결정에 관하여 불법행위지법주의를 원칙적으로 규정하고 있다고 析茂禮 敎授는 주장하고 있다.

131) 東洋火災海上保險株式會社,『航空保險案內』, 1982年 9月, 32~33面.

「중대한 과실」의 의미로 해석하여야만 한다고 판결하였다.132)

영국과 미국에서는 「고의 또는 고의에 상당하는 과실」이라 함은 wilful misconduct의 개념으로 표시되어 왔지만, 1950년대에 판결된 Goepp v. American Overseas Airlines 사건과 영국의 Horabin v. BOAC사건에서는 wilful misconduct의 개념을 엄격하게 해석하였다. 한편 대륙법계의 여러 나라에서는 「고의에 상당하는 과실」을 faute lourde(중과실)이라고 하였지만, 프랑스의 Broche-Hennessy V. Air France 사건과 벨지움의 Pawels v. Sabena 사건에서는 그 내용을 영·미법상의 wilful misconduct의 개념에 가깝게 해석하고 있음을 알 수가 있다.

특히 미국은 1960년대에 들어와서 wilful misconduct를 탄력적으로 해석하는 경향을 볼 수가 있다. 예를 들면, KLM v. Tuller 사건과 Berner v. British Commonwealth Pacific Akirlines 사건 등에서 항공회사 측의 wilful misconduct를 인정한 사례가 있다.133)

항공기사고원인을 규명함에 있어 운송인에게 고의 또는 과실, 중대한 과실이 있느냐 하는 것은 항공기사고의 특수성인 전손성(All or nothing)과 관련시켜 볼 때에 판정하기가 대단히 어려울 뿐만 아니라, 입증문제에 있어서도 거증책임이 ① 피해자에게 있느냐, ② 운송인에게 있느냐, ③ 항공기제조업자에게 있느냐 하는 것이 국제민간항공기관내에 있는 법률위원회에서 조약성안 또는 개정시에 많이 논의되었던 문제들이다.

우리 민법에서는 과실의 입증책임에 있어서 불법행위책임이나 계약책임이나 모두 과실책임이 원칙으로 되어 있으나 불법행위책임에서는 피해자가 가해자에게 고의나 과실이 있었음을 입증하여야 하지만 (민법 제750조), 계약책임에서는 가해자에 해당하는 채무자가 자기에게 고의·과실 같은 귀책사유가 없었음을 입증하여야 한다. 이 점에서는 계약책임을 묻는 것이 채권자에게 유리한 것이 된다.134)

그러나 항공기사고로 인한 손해배상청구소송사건에 있어서 항공기에 관한 전문기술지식이 없는 일반 피해자에게 운송인에 대한 과실의 입증책임을 부담시킨다는 것은 불공평하므로 바르샤바조약은 제20조에 의거 무과실의 거증책임을 운송인에게 부담시켰다.

오늘날 세계 도처에서 발생되고 있는 항공기사고는 원인규명을 위하여 철저히 조사한다고 하더라도 상당한 건수는 원인불명으로 끝나는 경우가 많으므로 항공운송인의 거증

---

132) 高田桂一, 『故意·重過失による航空機事故と有限責任』, 『空法』, 第20·第21合倂號,(勁草書房, 19 78), 72~73面; 日本民集, 第30號2卷, 128面 參照.

133) 高田桂一, 上揭書, 76面; U.S. Court of Appeals, District of Columbia Circuit 292·2d 775(1961): U.S. Court of Appeals, 3rd Circuit 346F·2d 532(1965).

134) 곽윤직, 『채권각론(민법강의Ⅳ)』, (박영사, 1979), 591면.

책임문제를 어떻게 해석하여야만 되는가는 하는 문제는 중요시되고 있다.

유력한 학설은 간접적인 일반적인 증명으로써 이 경우에 무과실의 입증만으로 충분하다고 한다. 다시 말하면 항공법령에서 요구하는 조건에 충족하고 더욱이 상당한 주의의 무를 이행함으로써 족하다는 견해이다. 이에 반하여 운송인의 거증책임의 충족에 관하여 엄격한 해석을 취하고 간접적인 증명은 인정하지 않는다는 학설도 있다.[135) 이 학설에 따르면 사고의 원인이 불명한 경우에는 운송인에게 대단히 엄격한 책임 내지 무과실책임을 부담시켜야만 된다는 주장이 있다. 이 점에 관하여 각국의 판례는 상이하여 일치되지 않고 있지만 결국 개개의 사건에 대하여 어떻게 판단하여야 되느냐 하는 문제는 법원의 판결에 의존할 수밖에 없다.[136)

1971년의 과테말라의정서에서는 항공운송인의 책임에 대하여 무과실책임주의를 채택하고 있으므로 중대한 과실에 대한 입증책임문제는 어느 정도 해소된바 있지만 이 의정서는 세계적으로 아직 발효가 되지 않고 있다.

최근 영·미의 판례경향은 항공기사고로 인한 손해배상청구소송사건에서 항공운송인의 책임에 대하여 피해자보호면에 역점을 두어 무과실책임주의에 입각한 소위 엄격책임(Strict Liability)과 거증책임을 항공운송업자, 판매업자, 제조업자에게 부과시키는 경향이 있다.[137)

한편 항공운송인에게 책임을 부과시키기 전에 사고의 정확한 원인을 알아야만 운송인 측의 고의 또는 과실로 인한 책임유무, 책임한계, 배상한도액의 범위, 재판관할권 등을 결정할 수가 있어 소송수행에 도움을 줄 수 있다.[138)

선진국인 미국, 영국, 독일, 네덜란드, 스위스, 뉴질랜드, 캐나다, 일본 등에서는 이미 항공기사고 조사에 관계되는 국제조약 중 그 내용의 일부를 받아들이고 있으며 동사고 조사위원회에 객관적 독립성을 부여하기 위하여 법적 근거를 마련하여 놓고 있다.[139)

---

135) 小町谷操三, 『空中運送法論』, (有斐閣, 1954), 124~125面; 池田文雄, 「航空機事故」, 『現代損害賠償法講座 3』, (日本評論社, 1972), 239面; ICAO의 「항공기사고요람(Aircraft Accident Digest)」에 의하면 항공기사고원인불명, 또는 사고 원인중 불명의 요소가 차지하는 비율은 상당히 높다고 한다. 특히 대양(해상), 극 지(남·북극 등), 대사막 등에서 사고가 발생하였을 때에는 전손(全損)인 경우가 많다.

136) 池田文雄, 前揭論文, 239面.

137) Abraham, Der Luftnbeforderungsvertrag, s. 60; Lees Kreindler, Aviation Accident Law, Matthew Bender(New York, 1983), at 7~58.

138) 이 점에 관하여는 바르샤바조약의 개정 시에 두 번이나 상정하여 논의된 바 있으나 개정에 실패하였다. 과테말라의정서에 의하여 이 문제를 해결할 수 가 있었다. P.P.C. Haanappel, *Air Law*, No. 6, Kluwer (Amsterdam), 1981, at 66~77; Andreas F. Lowenfeld, *Aviation Law*, Matthew Bende, 1972, at 413~465.

항공기사고 조사의 목적은 사고원인을 명확하게 규명하여 사고재발방지와 예방대책을 확립하는 데 있어 정확한 자료를 활용하는 데 목적이 있다. 우리는 항공기사고재발방지로 국민의 생명 및 재산을 보호하고 운송인의 책임한계를 분명하게 확정하기 위하여, 국제조약과 선진국의 입법례 등을 참고로 하여 우리 실정에 적합한 항공사고의 조사·처리를 하기 위한 상설기구의 설치가 필요하다고 보므로, 그 설치에 대한 법적근거가 될 수 있는 국내입법이 선행되어야만 할 것이다.

제2절 항공운송증권과 운송인의 책임

1. 개요

국제항공운송을 규제하고 있는 바르샤바조약의 규정에 의하면 항공운송증권은 ① 여객운송에 대한 여객항공권(Passenger Ticket, Flugschein, billet de passage; 동 조약 제3조), ② 수하물증(Luggage Ticket, Fluggepäckschein, bullentin de bagage ;동 조약 제4조), ③ 물건운송에 관한 항공운송장(Air waybill, Air Consignment Note, Luftfrachtbrief, lettre de transport aèrien) 등 세 가지 종류의 증권으로 규정하고 있다.

항공운송증권 가운데 항공여객권(Air Passenger Ticket)과 항공수하물증(Air Baggage Check)은 항공운송인이 작성·교부의무를 부담하지만 항공운송장(Air waybill)은 송하인이 작성·교부의무를 부담하게 된다. 그러나 바르샤바조약은 상기 증권들에 대하여 각각 기재사항을 규정하고 있지만 증권의 양도에 관하여는 강제하고 있지 않으며 법정기재사항 또는 기재의 부존재, 불비, 증권의 망실 등의 사실은 원칙적으로 운송계약의 효력에 영향을 미치지 않는다고 동 조약 제3조 제2항에 규정하고 있다.

항공운송장이 권리증권(Document of Title)이냐 또는 유통증권이냐 하는 논쟁은 영·미법체계 내지 대륙법체계에서도 논의되고 있을 뿐만 아니라 운송증권법상 세계적인 논쟁 대상으로 부상되고 있다. 세계거래법의 일궤도로서의 항공운송증권법체제는 세계공상법 → 세계운송법 → 세계사법 → 세계법의 성립 등의 형성과정에 도움을 줄 수 있다고 본다.[140)]

---

139) 淺野裕司, 「航空機事故調査制度」, 『空法』, 第22·第23合倂號, (勁草書房, 1981), 83～94面; - Shawcross and Beaumont, *Air Law, op. cit.,* at 319～326; Lees Kreindler, *op. cit.,* at 18～15.

2. 항공여객권(Air Passenger Ticket)

항공운송인이 여객운송을 인수한 경우에는 항공여객권을 발행하여야만 하는데, 항공여객권의 기재사항은 바르샤바조약 제3조 1항에서 다음과 같이 규정하고 있다. 즉, ① 발행의 장소 및 일자, ② 발행지 및 도착지, ③ 예정기항지 ④ 운송인의 성명 및 주소, ⑤ 운송이 본 조약에 정하여진 책임에 관한 규칙에 따른다는 취지의 고시를 기재할 것을 요건으로 하고 있다. 바르샤바조약은 항공운송인의 민사책임과 함께 항공운송증권의 국제적 통일을 도모하고 주요한 내용으로 하고 있다.[141] 항공여객권상에 ⑤항의 주의문구를 기재하지 않았을 경우 또는 여객이 운송인의 동의 하에 항공권을 교부받지 않고 승기하였을 경우에 운송인은 바르샤바조약에서 규정하고 있는 책임제한에 관한 규정을 원용할 수 없다. 이 항공여객권은 반증이 없는 한 운송계약의 체결 및 조건에 관하여 증명력을 가지게 된다. 항공여객권의 부존재, 불비 또는 멸실은 운송계약의 존재 및 효력에 영향을 미치는 않지만 운송계약은 이 경우에도 동 조약의 규정의 적용을 받게 된다(동의정서 제3조 2항).

항공여객권의 법적성질에 관하여는 각국의 국내법에 의거 이를 결정하여야 되겠지만 바르샤바조약은 여객의 성명을 기재요건으로 하고 있지 않기 때문에 항공운송인의 특약에 따라 기명식, 지시식, 무기명식, 선택무기명식 중 어떠한 형식의 항공여객권도 작성ㆍ교부할 수가 있다고 본다.[142]

항공여객권은 반증이 없는 한 운송계약의 체결 및 조건에 관하여 증거가 될 수 있다고 규정하고 있지만(헤이그의정서 제3조 2항) 항공여객권이 기명식으로 발행되었을 경우에는 양도할 수 없는 것으로 하는 것이 보통으로 되어 있기 때문에 (IA TA 여객운송약관 제3조 5항 참조) 유가증권(Wertpapier)은 아니고 단지 증거증권(Beweisurkunde)에 불과하다. 이 항공여객권은 성질상 면책증권으로써 만의 효력을 가지게 된다.

1955년의 헤이그 개정의정서에서는 항공여객권의 기재사항으로 바르샤바조약 제3조 1항의 ①항과 ④항을 삭제시켰고, 예정기항지의 명확한 기재와 운송인의 책임제한에 관한 동 조약의 적용관계를 규정하였다. 한편 1971년의 과테말라의정서에서는 항공여객권

---

140) 野上鐵夫, 「航空運送證券責任論」, 『愛媛法學』, (愛媛大學法文學部論集, 法學篇), 第10號, 1977, 1~2面.

141) 池田文雄, 「航空機事故」, 『現代損害賠償法講座(3)－交通事故』, (日本評論社, 1972年), 237面; 池田 文雄, 「航空運送證券の硏究」, 『專修大學論集』, 第29號, 1~13面.

142) 小町谷操三, 前揭書, (有斐閣, 1954年), 61面.

에 대하여 기재사항을 간소화시켰고 단체항공권의 발행 등을 인정하였다.

3. 항공수하물증(Air Baggage Check)

항공운송인은 여객이 보관하는 휴대품 이외의 수하물의 운송에 있어서 여객으로부터 인도받은 수하물에 대하여 항공수하물증(Air Luggage Ticket; Air Baggage Ticket)을 교부하여야만 한다. 바르샤바조약에서는 항공운송인이 수하물증 2통을 작성하여 그 중 1통은 여객용으로 하고 다른 1통은 운송인용으로 한다. 이것은 본래 여객운송계약상의 채무로서 여객에게 교부하게 되는 1통만을 작성하면 충분한 것이고 항공운송인을 위한 1통은 편의를 위하여 작성하는 것이라고 해석할 수 있다. 따라서 후자를 작성하지 않는다고 하더라도 동 조약 제4조 4항의 불이익은 받지 않는다. 수하물증의 기재사항으로서 바르샤바조약 제4조 제3항에서는 다음과 같은 기재사항을 요건으로 하고 있다. (a) 발행의 장소 및 일자, (b) 출발지 및 도착지, (c) 운송인의 성명 및 주소, (d) 항공승객권의 번호, (e) 수하물표의 소지인에게 수하물을 인도한다는 뜻의 표시, (F) 수하물의 수 및 중량, (g) 동 조약 제22조에 의하여 신고 된 가액, (h) 운송이 본 조약에서 정하는 책임에 관한 규정에 따른다는 뜻의 표시 등이다.

상기 기재사항 중 (a), (b), (c), (h)항은 여객항공권과 같이 공통기재사항으로 규정하고 있다. 따라서 수하물증에 항공여객권과 같이 예정기항지의 기재를 요건으로 하지 않는 이유는 항공여객권상에 이미 기항지의 기재가 있기 때문이다. 항공운송인이 수하물증을 작성·교부하지 않거나 부적법한 수하물증을 작성·교부한 경우 또는 여객이 수하물증을 망실 상 경우의 법적효과는 항공여객권의 경우와 똑같이 적용된다(동 조약 제4조 4항).

1995년의 헤이그개정의정서에서는 수하물증 1통을 작성·교부하면 족한 것이고 항공여객권과 같이 병합하거나 결합하여 발행하여도 무방하다고 규정하고 있다(동의정서 제4조 제1항). 항공여객권과 병합하거나 결합하여 발행되는 경우에 기재사항이 중복되는 경우도 있지만 수하물증상에 기재할 필요는 없다.

수하물증은 반증이 없는 한 수하물의 탁송 및 운송조건에 관하여 증거가 되지만(동의정서 제4조 2항), 바르샤바조약 제4조 3항 ⑤에서 수하물증의 소지인에게 수하물을 인도한다는 취지의 표시를 이 증권 상의 기재사항으로 한 것으로 볼 때에 이 증권도 면책증권으로써의 법적인 효력을 가진다.

4. 항공화물운송장

(1) 개 요

최근에 있어서 항공기에 의한 화물수송의 발달이 컨테이너(Container)운송과 더불어 현저하게 발달되었다. 과거 항공여객기의 한쪽에서 이루어지고 있었던 항공화물의 운송은 화물전용의 대형기의 취항에 의하여 대량운송이 광범위하게 이루어지게 되었다. 이에 따라 항공화물에 대하여 발행되고 있는 항공화물운송장(Air waybill, Air Consignment Note)의 문제도 중요시하게 되었다.[143] 항공운송장은 항공화물운송에 있어서 이용되고 있는 일종의 증권이지만 국제항공운송을 규제하고 있는 바르샤바조약 제3절에 항공운송장이라는 제목으로 12개의 조문을 두고 있다. 그러나 이들 조문의 내용은 항공운송장에 관한 것 이외에도 물건운송계약에 관한 약간의 규정도 포함하고 있다. 동 조약에서는 운송장의 작성 및 형식(제5조1항, 제6조 내지 제8조, 제15조2항), 운송장의 부존재 또는 불비 등의 효과(제5조2항, 제9조), 운송장의 기재에 대한 송하인의 책임(제10조), 운송장의 증거력(제11조) 등에 관한 규정 이외에도, 송하인의 세관관계서류의 교부의무(제16조), 송하인의 운송품처분권(제12조, 제14조), 수하인의 권리(제13조, 제14조), 송하인과 수하인 및 수하인 상호간의 관계와 운송계약과의 관계(제15조) 등에 대하여 비교적 상세히 규정하고 있다.

바르샤바조약에서는 항공물건운송에 있어서 운송증권에 관한 규정을 제정할 당시 육상운송에서 이용되고 있는 화물상환증 또는 해상운송에서 이용되고 있는 선하증권(Bill of Lading)과 같은 유사한 제도를 도입하지 않고 새로이 항공운송장의 제도만을 도입하였는데 일부에서는 상기 증권과 유사한 제도인 항공화물상환증(공하증권) 제도를 인정하자는 의견도 제시된 바 있었다.[144] 바르샤바조약에서 운송장만을 인정하고 항공화물상환증을 인정하지 않는 이유는, 항공운송은 운송기간이 극히 단기이기 때문에 화물상환증 또는 선하증권과 같은 것을 이용할 실익이 없다는 것과 조종사와 선장은 그 지위(권한)가 상이하다는 점을 들어 항공화물상환증제도를 채택하지 아니하였던 것이다.

그러나 항공운송이 단기간에 이루어진다고 하더라도 무선통신 및 인공위성에 의한 통신은 육상이나 해상이나 공중에서 하는 것은 다 같고 거래도 신속히 이루어지고 있으므로 항공운송 중일지라도 송하인이나 수하인을 위하여 금융의 편의 제공이 필요할 때가

---

143) 高田桂一, 「航空運送狀の流通性」, 『空法』, 第10號, 1966年, 62面.
144) 小町谷操三, 前揭書, 70面.

있다. 특히 항공기와 선박과의 연결운송(복합운송)에 의하여 이루어 질 때에는 항공편이 대단히 빠르게 수송되는 경우에 증권 쪽이 화물 쪽 보다도 먼저 도착하게 되므로 증권에 의한 금융을 이용한다는 것이 가능하게 되는 경우도 있다. 또한 조종사와 선장의 지위가 상이하다는 것은 항공운송기간이 짧기 때문에 조종사는 선장과 같은 폭 넓은 권한을 가지고 있지 못하며 가질 필요도 없다는 것을 이유로 들고 있지만 육상운송에 있어서 철도의 차장이 같은 상태에 있는데도 불구하고 화물상환증을 널리 인정하고 있다는 점과 선장은 오늘날에 와서 항해기술자에 불과하지만 하주의 편의를 위하여 선하증권에 대하여 채권적 및 물권적 효력을 인정하고 있다는 점을 고려할 때에 항공화물상환증에도 채권적 또는 물권적 효력을 부여하여 상업신용장거래나 화환어음 할인에 있어 널리 이용할 수 있도록 길을 열어줄 필요가 있다는 의견들이 제시되고 있다. 바르샤바조약은 프로펠러 항공기운항시대에 만든 항공운송에 관한 통일규칙이기 때문에 오늘날 초음속항공기운항 시대에 접어든 이때에는 항공화물상환증(空荷證券)이라고 칭하는 증권제도의 도입도 한 번 고려해 볼 수가 있다.[145]

(2) 항공운송장의 작성·교부와 증거력

송하인은 항공운송인이 청구가 있을 때에 항공운송장을 작성·교부할 의무가 있음과 동시에 만일 원한다면 이것을 작성하여 항공운송인에게 수령할 것을 청구할 권리를 가지게 된다. 즉, 항공운송인은 운송장의 교부청구권을 가짐과 동시에, 한편 송하인은 항공운송인에 대하여 운송장의 수령청구권을 행사할 수 있다(동 조약 제5조 1항).

항공운송장의 작성은 물건운송계약의 성립요건은 아니고 계약에 근거하여 각 당사자가 운송장의 교부 또는 수령의 청구권을 취득하는데 불과하다. 따라서 당사자는 명시 또는 묵시의 특약에 의하여 청구권을 포기할 수 있다. 항공운송장의 교부가 없는 경우, 또는 있다고 하더라도 부적법한 경우이거나 항공운송장을 상실한 경우에도 운송계약의 효력은 하등 방해를 받지 않는다. 다만 항공운송장이 교부되지 않은 경우이거나 또는 법정사항 (동 조약 제8조)의 기재가 없는데도 불구하고 항공운송인이 화물을 수취한 경우에 항공 운송인은 동 조약에 의한 면책(제20조) 및 책임제한(제22조)을 주장할 수 없게 된다(동 조약 제9조).

---

145) 小町谷操三, 前揭書, 70面.

(3) 항공운송장의 형식과 법적 성질

항공운송장은 송하인이 원본 3통을 작성하여 화물과 함께 교부하여야 한다. 제1의 원본에는 "운송인용"이라고 기재하고 송하인이 서명한다. 제2의 원본에는 "수하인용"이라고 기재하고 송하인 및 운송인이 서명하고 이 원본은 화물과 함께 송부한다. 제3의 원본에는 운송인이 서명하고 이 원본은 화물을 인수한 후에 송하인에게 교부하여야 한다(동 조약 제6조 1, 2항). 특히 항공운송인은 운송화물이 여러 개 있을 경우에 송하인에 대하여 각각 개별적으로 운송장을 작성할 것을 청구할 수 있다. 항공운송인이 송하인의 청구에 의하여 항공운송장을 작성한 경우에는 반증이 없는 한 송하인에 대신하여 작성한 것으로 추정된다(동 조약 제6조 5항).

항공운송장의 기재사항에 관하여 바르샤바조약 제8조에서는 17개 항목의 사항을 기재요건으로 열거하고 있다. 항공운송장은 반증이 없는 한 계약의 체결, 화물의 수령 및 운송의 조건에 관한 증거가 된다고 동 조약 제11조는 규정하고 있어 운송장에 증거력을 부여하고 있다. 바르샤바조약에서는 3통의 항공운송장이 작성되는 것을 규정하고 있지만 이 3통은 어떠한 것이든 간에 원본이기 때문에 그 증거력은 평등하다.

항공운송장의 3통 원본 가운데 "수하인용"의 운송장은 운송인이 수하인에게 운송물을 인도할 때에 교부하는 것으로서 유통을 목적으로 하는 것이 아닐 뿐만 아니라 운송계약상의 권리행사에도 필요로 하지 않기 때문에 이것은 유가증권으로 볼 수가 없다.

또한 "운송인용"의 운송장도 운송인이 증거 때문에 소지하는데 불과하고 권리행사 및 유통에 필요로 하는 증권이 아니므로 이것도 유가증권은 아니다.[146) 문제가 되는 것은 송하인을 위한 운송장이다. 이 증권은 영국에서 Air Consignment Note라고 불리고 있으며 미국에서는 Air waybill이라고 호칭하고 있는데 이 송하인을 위한 운송장은 권리증권(Document of Title)이 아니기 때문에 교부 또는 배서에 의하여 권리이전이 되지 않는다.

판례에서는 항공운송장을 유통성이 있는 증권으로 인정하려는 경향이 있지만 상관습에서는 아직 이를 인정하지 않고 있으며 실무계에서 단지 융자금의 담보용으로만 인정하고 있다.[147) 항공운송인은 송하인에게 교부한 바 있는 항공운송장의 제시를 요구하지 아니하고 화물의 처분에 관한 송하인의 지시에 따른 때에는 이로 인하여 당해 항공운송장의 정당한 소지인에게 입힐 수 있는 손해에 대하여 책임을 부담한다고 바르샤바조약 제12조

---

146) 伊澤孝平, 前揭書, 132面; 伊澤孝平, 「有價證券槪念」, 『綜合法學』, 第46號, 2面 以下.

147) A. D. Mc Nair, *The Law of the Air*, (London, 1937), at 196; Shawcross and Beaumont. op. cit., at 436～438.

제3항에 규정하고 있어 증권의 정당한 소지인의 권리는 이 범위에서 보호되고 있다.

현재 항공화물운송에 이용되고 있는 유통성이 없는 항공운송장의 법적성질은 ① 증거증권, ② 자격증권, ③ 요식증권적 성질을 가지고 있는데 불과하다. 1955년의 Hague의 정서에서 「본 조약의 어떠한 규정도 유통성이 있는 항공운송장의 발행을 막는 것은 아니다」라고 규정하고 있어(동의정서 제15조 3항) 양도가능한 항공운송장의 발행 가능성을 인정하고 있지만 이에 필요한 관계규정은 규정하지 않고 있다.

이에 관하여는 운송계약 당사자의 합의와 상관습의 성립에 기대할 수밖에 없다.

양도가능항공운송장의 발행은 항공운송장의 송하인간에 양당사자의 특별합의가 있는 경우에만 발행할 수 있다.[148] 1974년 개정된 바 있는 상업화환신용장에 관한 통일규칙 및 관례에서도 상업신용장의 적법한 제공증권 가운데 Air Transportation Waybill, Air Consignment Note를 포함시키고 있다(동 통일규칙 및 관례 제24조).[149]

증권매매의 예를 들면 C. I. F. 매매, 화환어음거래에 있어서 항공운송증권이 가끔 이용될 때도 있으므로 유가증권으로써의 성질을 가지는 항공운송장의 출현이 요청되고 있다.[150]

제3절 항공운송인의 사법상책임

오늘날 항공운송인의 책임과 배상책임한도액에 관하여 세계의 정치, 경제 및 사회구조의 변화와 과학기술의 발달에 따라 유엔 산하 국제민간항공기관(ICAO)과 국제항공운송협회(IATA)가 중심이 되어 기존 국제조약의 개정과 새로운 조약의 성립을 위하여 끊임없이 작업을 해오고 있었다. 이 작업은 특히 인권존중사상을 기틀로 삼아 피해자 보호면에 중점을 두고 있으며 운송인의 책임에 관한 무과실책임주의 채택과 배상책임한도액의 인상 등은 ICAO의 노력의 산물이라고 볼 수가 있다(예: 1971년의 과테말라조약, 1975년의 몬트리올 제3 및 제4 추가의정서, 1978년의 개정로마조약 등).

다음으로 국제항공운송 분야에서 새로운 법규범과 법질서를 창조하며 중요한 역할을 해오고 있는 ICAO와 항공운송인의 민사법상책임에 관한 법률관계를 규정한 1929년의 바르샤바조약, 1955년의 헤이그의정서, 1966년의 몬트리올협약(항공사간의 협약), 1971

---

148) 高田桂一, 前揭論文, 78面.

149) 박대위, 『국제무역법규』, 박영사, 1982, 471면.

150) 伊澤孝平, 前揭書, 132~133面; 伊澤孝平, 『商業信用狀論(增補版)』, (有斐閣, 1955), 887面.

년의 과테말라의정서, 1975년의 몬트리올 제1, 제2, 제3, 제4추가의정서, 1961년의 과다라하라조약과 항공운송인의 책임과 직접적으로 관련이 되고 있는 1980년의 국제복합운송조약 등의 성립경위, 운송인의 책임원칙, 책임한도액, 면책약관의 금지, 청구소송관계 등을 구분하여 설명하고자 한다.

상기조약들의 공통적인 특징은 항공운송기업을 보호하기 위하여 운송인에게 유한책임의 원칙을 적용시키고 있으며 배상책임한도액에 대하여는 금액책임주의를 선택하고 있음이 특징으로 나타나고 있다. 그러나 국제항공운송조약의 원조라고 할 수 있는 1929년의 바르샤바조약제정당시에는 아직 항공산업이 발달하지 못한 유치단계에 있었으므로 운송인의 책임에 대하여 과실추정책임주의를 선택하였던 것이며 1955년의 헤이그의정서에서도 이 주의를 그대로 답습하였으나 1971년의 과테말라의정서 및 1975년의 몬트리올 제3, 제4 추가의정서에서는 과실추정책임주의를 버리고 무과실책임주의를 선택함과 동시에 배상책임한도액도 대폭 인상시켜 피해자 보호측면에 역점을 두었다.

이러한 무과실책임주의의 도입과 배상한도액을 인상한 이유는 바르샤바조약 제정 당시에 비하여 오늘날의 항공산업은 고도로 발전되었을 뿐만 아니라 항공기의 제조 및 운항기술이 고도로 발달되어 무과실의 거증책임을 피해자에게 부담시키기는 것은 어려움으로 피해자를 더욱 보호하기 위하여 무과실책임주의의 도입과 배상한도액을 인상시켰던 것이다. 항공운송인의 사법상책임관계를 논함에 있어서는 항공운송인의 책임에 관한 법률관계(운송인의 책임한계 및 손해배상책임액) 주가 되므로 이를 중심으로 논하기로 한다. 항공운송인의 사법상책임관계를 규정한 여러 국제조약과 세계 각국의 입법례(영국, 미국, 프랑스, 이탈리아, 스위스, 일본 등) 및 판결의 동향을 살핀 후 우리나라 항공사의 운송약관 및 판결동향과 국내입법문제 등에 대하여 설명하고자 한다.

제4절 국제민간항공기관 및 국제항공운송협회와 항공운송인의 책임관계

국제민간운송의 발전을 위하여 하늘의 안전을 확보하고 여객과 하물의 서비스향상을 통한 국제항공운송의 발전을 위하여 노력하고 있는 국제기구로 국제민간항공기관(ICAO)[151]과 국제항공운송협회(IATA)[152]가 있다.

---

151) ICAO 홈페이지: http://www2.icao.int/en/home/default.aspx; 2011년 8월 9일 현재 우리나라를 비롯하여 190개국이 ICAO 의 설립근거가 되는 시카고조약에 가입하고 있다; Thomas Buergenthal, *Law Making*

ICAO는 1944년의 시카고조약에 기초한 정부간의 국제협력기관(국제연합의 전문기관 중의 하나임)인데 대하여 IATA는 세계의 항공사간의 국제민간협력 단체이다. ICAO는 설립 후 법률문제(국제민간항공사법의 통일 등)와 기술문제(항공기의 운항에 관한 기준 및 지침의 확립 등)을 중심으로 하여 활동하여 왔지만 국제항공업계의 변화에 대응하기 위하여 경제문제(수송력, 운임, 부정기항공 등)에 대하여도 해결하려고 노력하고 있다.

IATA는 국제항공운송에서 국제항공운임 등을 정하는 기능을 각국의 항공사들로부터 위임받아 수행하여 왔지만 각계의 비판에 따라 IATA의 기능과 조직, 회원자격 및 회의 운영방법 등에 대하여 1978년도에 개혁한 바 있다.[153]

특히 ICAO의 법률위원회(Legal Committee)는 1925년 이후 국제항공전문위원회의 뒤를 이어 받아 국제항공운송법의 통일 및 법전화의 사업을 추진해 오고 있다.

현재까지 항공운송인의 책임과 관련하여 ICAO법률위원회에서 심의·검토한 후 통과시킨 국제조약으로는 ① 1955년의 헤이그의정서, ② 1961년의 과다라하라조약, ③ 1971년의 과테말라의정서, ④ 1975년의 몬트리올 제1, 제2, 제3, 제4추가의정서 등이 있다.

한편 ICAO법률위원회에서는 국제항공운송에 관한 현행의 바르샤바체제가 두 개의 조약(바르샤바조약과 과다라하라조약)과 여섯 개의 의정서(헤이그의정서, 과테말라의정서, 몬트리올 제1, 제2, 제3, 제4 추가의정서 등)에 의하여 성립되는 복잡한 체계로 되어 있기 때문에 이들 조약과 의정서들의 내용을 통합한 새로운 조약을 작성할 것을 제안하여 장기간 추진해온 바 있다.[154] 마침내 1999년 5월에 바르샤바체제의 현대화와 통합화를 위하여 새로운 몬트리올조약 탄생되었던 것이다.

국제민간항공운송사법의 통일에 관한 상기 의정서 및 조약의 성립은 ICAO법률위원회의 공적이라고 말할 수 있다.

in the International Civil Aviation Organization, Syracus University Press, 1969, at 3～122.

152) IATA의 홈페이지: http://www.iata.org/Pages/default.aspx

153) 加藤書久, 國際航空, (教育社, 1978), 125面.

154) 加藤書久, 國際航空, (教育社, 1978), 125面.

제2장 항공운송인의 책임에 관한 국제조약

항공운송인의 책임과 배상책임한도액을 규정한 국제조약, 협정, 의정서등의 내용을 다음과 같이 살펴보기로 한다. 먼저 항공운송계약을 중심으로 하여 제정된 바 있는 바르샤바조약부터 설명하기로 한다.

제1절 바르샤바조약과 항공운송인의 책임

1. 성립경위

당초 항공에 관한 국제조약은 1919년 10월 30일에 파리에서 성립되었지만, 이 조약은 항공우편 기타 항공공법에 관한 것으로서 항공사법에 관한 규정은 거의 포함되어 있지 않았다.[155] 따라서 국제항공운송에 있어서 여객과 화물을 규제하는 통일법규가 없었기 때문에 여객과 하주의 권리, 항공운송인의 책임에 대하여 육상운송과 해상운송에 관한 규정을 준용하는 문제와 국제사법적인 측면에서 준거법의 결정문제가 대두되었으므로 이를 해결하기 위하여 통일법규의 제정이 필요하게 되었다.

한편 프랑스정부는 1923년 이후 각국에 대하여 항공운송에 관한 조약의 필요성을 강조하였으며, 마침내 1925년 10월 27일부터 11월 6일에 걸쳐 파리에서 항공사법국제회의(Conference International de Droit Prive Aérien; CIDPA)가 개최되었는데 43개국의 대표자가 참가하여 논의한 후 항공운송인의 책임에 관한 조약초안을 작성하였다. 이와 동시에 항공에 관한 통일법을 성립시키는데 뒤따르는 사법상의 여러 문제점들을 토의하기 위하여 상설위원회로서 국제항공법전문가위원회(Comité international techique d´expert juridiques aérien; CITEJA)가 설치되었다.

이 상설위원회에서 항공운송인의 책임에 관한 조약초안을 몇 차례 심의한 끝에, 1929년 10월 4일부터 12일까지 개최된 바 있는 바르샤바국제회의에서 「국제항공운송에 있어

---

155) I. H. Ph. Diederiks-Verschoor, *An Introduction to Air Law*, 1997, at 2 ; 伊澤孝平, 『航空法』(法律學全集 30), 有斐閣, 1966, 7面.

서의 약간의 규칙의 통일에 관한 조약(Covention Pour L´unification de certaines Règels relative au Transport aérien international; Convention for the Unification of Certain Rules Relating to Internation Carriage by Air)」을 결의하였으며 1933년 2월 13일부터 효력이 발생되었다.156)이 조약을 일명 바르샤바조약이 라고 호칭하고 있으며 항공운송인의 책임관계를 사법적인 측면에서 규정한 세계최초의 조약이라고 볼 수가 있다. 이 조약은 1933년 2월 13일에 발효되었는데 2011년 8월 8일 현재 이 조약의 당사국은 미국, 영국, 중국, 독일, 프랑스, 러시아, 이탈리아, 일본, 한국 및 북한 등 152개국에 달하고 있다.

2. 개 요

바르샤바조약은 운송계약법의 입장에 입각하여 항공운송인에 대한 유한책임주의를 채택함과 동시에 운송인의 면책조건으로 과실이 없다는 거증책임을 항공운송인에게 부담시켰음이 이 조약의 특징이라고 볼 수 있다. 이것은 바르샤바조약의 기본자세로서 유한책임주의와 그 전제로서 채택한 바 있는 과실책임주의는 바르샤바조약을 받쳐주고 있는 두 가지 기둥이라고 할 수 있다. 그 이외에 바르샤바조약은 운송증권의 기재요건을 정하고 있으며 조약을 채택하는 조건으로 운송증권의 법적 성질 및 법률관계를 규정하고 있다. 이것은 이 조약이 계약법의 원칙을 받아드렸기 때문에 나온 산물이라고 볼 수 있다157).

이 국제항공운송조약의 내용을 살펴본다면 5개장과 41개 조문으로 구성되어 있는데 그 중 항공운송에 관한 규정은 35개 조문(제1조 내지 제35조)으로 되어 있고 잔여 6개 조문은 조약의 비준, 가입, 폐기, 수정 등에 관한 규정(제36조 내지 제41조)으로 되어 있다.

이 조약은 5개장으로 구성되어 있으며 그 내용을 요약하여 본다면 제1장은 이 조약을 제정하게 된 입법 목적, 용어에 대한 정의, 조약의 적용범위를 규정하고 있고 (제1조 내지 제2조), 제2장은 운송증권에 관한 규정으로서 다시 이를 세분하면 제1절 항공여객권, 제2절 수하물증, 제3절 항공운송장 등 운송증권의 기재사항과 작성의무, 운송계약을 중심으로 한 송하인, 운송인, 수하인간의 법률관계(권리 및 의무, 증권에 대한 증거력)를 규정하고 있고(제3조 내지 제16조), 제3장은 운송인의 책임에 관한 규정으로서 항공기사고

---

156) Shawcross and Beaumot, op. cit., at 338~339; 吉永勞助・板本昭雄, 『最新國際航空要論』, (有信堂, 1976), 209面.

157) 小町谷操三, 前揭書, 13~30面.

로 인한 인적 또는 물적 손해에 대한 항공여객 및 물건운송인의 배상책임을 규정함과 동시에 유한금액배상책임주의를 채택하고 있다.

그렇지만 이 조약에서는 피해자 보호를 위하여 면책약관금지조항이 마련되어 있을 뿐만 아니라 수하물 및 화물의 손해에 관해 항공기의 조정, 취급 기타 항공사의 과실을 면책사유로 규정하고 있고, 항공운송인의 책임에 대하여는 원칙적으로 과실책임주의를 채택하고 있다(제17조 내지 제30조). 제4장에서는 연락운송에 관한 규정(제31조)을, 제5장은 부칙 내지 최종규정 등을 규정하고 있는데 그 내용으로 재판관할, 약관, 비준서의 기탁, 효력발생시기, 폐기 등의 절차에 대하여 규정하고 있다(제32조 내지 제41조).

3. 책임원칙

국제항공운송에 있어서 사법적인 법률관계를 규정한 조약중의 원조라고 할 수 있는 1929년의 바르샤바조약에서는 여객 및 화물의 인적 및 물적 손해에 대한 운송인의 손해배상책임에 대하여 동 조약 제17조 및 제18조에서 다음과 같이 규정하고 있다. 우선 항공운송인인 승객의 사망 또는 부상, 신체상해의 경우에 있어서 그 손해의 원인사고가 항공기상에서 발생하거나 승강을 위한 과정 중에 발생할 때에는 책임을 부담한다고 하여 인적손해에 대한 책임관계를 동 조약 제17조에서 규정하고 있다.

다음으로 항공운송인은 탁송수하물 또는 화물이 파괴 ,망실, 훼손된 경우에 있어서 그 손해의 원인 된 사고가 항공운송 중에 발생한 때에 책임을 지게 된다고 하여 물적 손해에 대한 책임관계를 동 조약 제18조에 규정하고 있다.[158] 본 조약에서 항공운송중이라 함은 수하물 또는 화물이 비행 시 또는 항공기상에서 또는 비행장 외에 착륙한 경우에는 장소의 여하를 불문하고 운송인의 관리 하에 있는 기간을 의미한다.

항공운송의 기간에는 비행장 외에서 행하는 육상운송, 해상운송 또는 하천운송의 기간은 포함하지 아니한다. 다만 이러한 운송이 항공운송계약의 이행에 있어서 적하인도 또는 환적을 위하여 행하여진 때에 그 손해는 반증이 없는 한 모든 항공기사고로부터 발생한 것으로 추정된다.

항공운송인은 여객, 수하물 또는 화물의 항공운송에 있어서 연착으로부터 일어나는 손해에 대하여 책임을 부담한다(동 조약 제19조). 한편 항공운송인은 운송인 및 그의 사용

---

158) Constance A. Heymann, *Annual Survey of American Law,Aviation Law*, Vol. 1, (School of Law, New York University, 1979), at 77~84.

인이 손해를 방지하기에 필요한 모든 조치를 취하였다는 사실 또는 그 조치를 취할 수 없었다는 사실을 증명한 한 때에는 책임을 부담하지 않는다고 규정하고 있어(동 조약 제20조 제1항) 무과실의 거증책임을 가해자인 운송인에게 부담시키고 있다. 바르샤바조약에서는 앞에서 언급한바와 같이 원칙적으로 과실책임주의를 채택하고 있다. 1929년의 바르샤바조약을 제정할 때에 과실책임주의를 채택한 이유는 당시의 항공기의 제조 및 운항 기술이 오늘날과 같이 고도로 발달하지 못하였고 항공기는 미완성의 높은 위험을 수반하는 운송수단이기 때문에 엄격한 책임을 부담시킨다면(무한책임) 나라마다 자국의 항공운송업을 육성 내지 발전시키는데 장애가 되므로 운송인이 손해를 방지할 합리적인 필요한 조치를 취하였을 경우에는 면책이 되도록 규정하였던 것이다.

운송인에 대한 유한책임제도는 나라마다 자국의 항공산업을 보호·육성한다는 견지에서 의견이 합치되어 조약이 체결되었지만 한편 피해자보호와 구제를 위한 손해배상한도액의 책정 및 적용문제는 선진국과 발전도상국간의 이해관계와 직결되므로 조약성안 시에도 배상한도액을 결정하는데 있어 의견차이가 있었으며 그 후 오늘날에 와서는 이 배상한도액이 점점 상향조정되어 가는 경향에 있다.[159]

4. 책임한도액

항공운송에 있어서 항공기사고로 인한 인적 또는 물적 손해에 대하여 운송인의 배상책임한도액은 유한책임을 원칙으로 하되 금액책임주의를 채택하고 있다.

여객운송에 있어서는 각 여객에 대한 운송인의 책임은 125,000프랑(8,300달러)의 금액을 한도로 하고 있다. 소가 계류된 법원에 속하는 국가의 법률에 따라 손해배상을 정기지급금의 방법으로 할 것을 정할 수 있을 때에는 정기지급금의 원금은 125,000프랑을 초과해서는 아니 된다(동 조약 제22조1항). 탁송수하물 및 화물의 운송에 있어서는 운송인이 책임은 1킬로그램 당 250프랑(약17달러)의 금액을 한도로 한다. 다만 송하인이 화물을 운송인에게 인도함에 있어서 인도 시의 가액을 특히 신고하고 또한 필요로 하는 할증금을 지급한 경우에는 그러하지 아니하다. 이 경우에는 운송인은 신고 된 가액이 인도 시 송하인에 있어서의 실제가액을 초과하는 것을 증명하지 아니하는 한 신고 된 가액을 한도로 하는 금액을 지급하여야만 한다.(동 조약 제22조제2항).

---

159) Andreas F · Lowenfeld, *Aviation Law*, (Mathew Bender, 1974), at. V188~V189; Lowenfeld 교수는 뉴욕대학교 법학전문대학원에서 항공법과 국제거래법 강좌를 담당한바 있다.

여객이 보관하는 휴대수하물에 대하여는 운송인의 책임은 여객일인에 대하여 5,000프랑(약332달러)의 금액을 한도로 하고 있다. 앞에서 언급한 금액은 순분 1,000분의 900의 금 65.5밀리그램으로 이루어지는 프랑스의 프랑에 의하는 것으로 한다. 이 금액은 각국의 통화의 단수가 없는 금액으로 환산할 수 있다.(동 조약 제22조 제3.4항)

5. 면책약관의 금지

항공운송인의 책임에 대한 법의 특전으로 조약은 ① 과실경합(제21조), ②유한책임(제22조), ③수하물 및 물품운송에 관한 항공운송인의 책임면제에 관한 규정을 설정한(제20조 2항)반면에 항공운송인의 책임을 경감 또는 면제하는 일절의 특약을 무효화시키고 있다(제23조 및 제32조). 이것은 일응(一應) 모순된 입장같이 보이지만 실은 양자 간에 밀접한 관계가 존재하고 있으며 균형을 유지하기 위하여 불가피한 현상이라고 볼 수가 있다. 운송인의 책임을 면제하거나 또는 본 조약에 정하여진 책임한도보다 낮은 한도를 정하는 것은 무효로 한다고 동 조약 제23조는 규정하고 있다.

6. 손해배상청구의 소

본 조약은 항공운송인에 대한 손해배상청구의 소에 대하여 실체규정(제24조, 제26조, 제27조, 제29조)과 절차규정(제28조)을 정하고 있다. 항공운송인에게 책임을 부담시키는 경우에 책임에 관한 소는 명의 여하를 불문하고 이 조약에서 정하고 있는 조건 및 제한 하에서 제기할 수 있다.

다만 소를 제기하는 권리를 가지는 자의 결정 및 이러한 자가 각자 가지는 권리의 결정에 영향을 미치지 아니한다고 규정하고 있어(동 조약 제24조) 법원소재지법에 의한 청구권자의 결정 및 청구권의 내용의 결정을 인정하고 있다. 운송인의 책임에 관한 소는 원고의 선택에 따라 운송인의 주소지, 운송인의 주된 영업소의 소재지, 운송인이 계약을 체결한 바 있는 영업소 소재지의 법원 또는 도착지의 법원 어디에서나 소를 제기할 수 있다(동 조약 제28조).

이들 법원의 소재지는 어떠한 경우이든 간에 체약국의 영역 내에 있어야만 된다.

특히 책임에 관한 소는 도착지의 도착일, 항공기가 도착하여야 할 일자 또는 운송의 중지일로부터 기산하여 2년의 기간 내에 제기하여야만 되며 그 기간의 경과 후에는 소를 제기할 수 없다고 하는 제척기간을 동 조약 제29조 제1항에 규정하고 있다.

제2절 헤이그의정서와 항공운송인의 책임

1. 성립경위 및 개정내용

바르샤바조약은 1929년에 성립되어 제2차 세계대전이 끝날 때까지 항공운송인의 책임관계를 규정한 통일조약으로서 국제항공의 발전에 다대한 공헌을 하여 왔다. 그러나 제2차 세계대전을 계기로 하여 항공기의 발달은 국제항공운송면에 커다란 변화를 가져 왔으며 이에 따라 바르샤바조약에 대하여 현실에 맞도록 개정하여야 한다는 소리가 높아져 갔다. 1951년 국제민간항공기관(ICAO)의 법률위원회가 스페인 수도 마드리드에서 개최되었을 때에 영국의 법학자 K.M.뷰몬트(Beaumont)는 바르샤바조약의 개정초안을 ICAO 법률위원회에 제출하였다. 이것을 마드리드초안이라고 호칭하고 있다. 마드리드초안은 마드리드에서 열린 ICAO 법률위원회에서 검토되었지만 결론을 얻지 못하고 소위원회를 설치하여 더욱 연구·검토하기로 결정하였다. 소위원회는 1952년 파리에서 개최되어 검토한 결과를 개정초안으로서 채택하였다. 이것을 파리초안이라고 부르고 있다.160)

파리초안은 각국정부간의 검토를 위하여 관계국 및 국제기관에 이 초안을 배포하였으며 더욱 이 초안의 검토를 면밀히 심의하기 위하여 1953년 리우데자네이루(브라질의 옛수도)에서 법률위원회가 개최되었다. 그러나 파리초안은 바르샤바조약의 대폭적인 개정을 내용으로 하고 있었기 때문에 미국을 비롯하여 수개국의 대표들이 이 초안을 토의의 기초로 삼는 것에 반대함에 따라 바르샤바조약 그 자체의 개정을 토의의 기초로 삼을 것을 결정하였다.

그 결과 리우데자네이루에서 작성된 것이 소위 말하는 리우개정의정서가 채택되었던 것이다. 1955년에 헤이그에서 개최된 바 있는 항공사법국제회의에서 리우의정서는 다시 수정을 가한 후 채택되었고 바르샤바조약을 개정한 의정서로서 각국의 서명을 위하여 개방되었던 것이다. 우리는 이것을 「헤이그의정서(Hague Protocol)」라고 부르고 있으며 바르샤바조약의 개정의정서로서 오늘날까지 유효하게 내려오고 있다.

---

160) Lees Kreindler, *op. cit.,* at 12.1~12.4; Kreindler 변호사는 미국 뉴욕주변호사협회 회원이었음; Shawcross and Beaumont, *op. cit*, at 344.

헤이그의정서는 전기 몇 개의 개정초안에 비교하여 보면 바르샤바조약을 최소한도로 개정한 것에 불과하다. 즉, 이 개정의정서는 시대의 추이에 따라 낡은 운송증권에 관한 규정을 수정하였고 바르샤바조약을 적용함에 있어 문제로 되어 있는 조문의 문언을 명확하게 하였고 더욱이 항공운송인의 여객배상책임한도액을 바르샤바조약에 비하여 2배로 증액한 것이 주요 골자로 되어 있다. 따라서 바르샤바조약의 기본적 원칙인 항공운송인의 유한책임과 과실책임주의의 원칙은 헤이그의정서에서도 이를 그대로 답습하고 있다.[161] 한편 헤이그의정서와 바르샤바조약과의 관계에 있어서 양자는 의정서의 체약국간에 있어서 단일의 문서로 간주되어 왔고 이 의정서는 「1955년 헤이그에서 개정된 바르샤바조약(the Warsaw Convention as Amended at the Hague, 1955)」이라고 호칭하기도 한다.

또한 바르샤바조약의 체약국이 아닌 국가가 헤이그의정서를 비준하거나 또는 가입한 경우에 즉 「헤이그에서 개정된 바르샤바조약」에 가입하면 효력을 갖게 된다.

특히 바르샤바조약이나 헤이그의정서는 모든 국가가 가입할 수 있도록 개방되어 있고 가입은 어떠한 경우든지 폴란드정부에 가입을 위하여 문서를 기탁한 후 90일 만에 발효하게 된다. (동 조약 제38조, 의정서 제23조). 더욱이 바르샤바조약 및 헤이그의정서의 폐기는 폴란드정부에 대하여 통고를 하면 되고 폐기는 통고 후 6개월 만에 발효하게 된다. (동 조약 제39조, 의정서 제24조).

헤이그의정서의 서명국은 미국을 포함하여 40개국이며 1963년 8월 1일에 발효되었으며 당사국은 2011년 8월 9일 현재 우리나라를 비롯하여 137개국이다.[162]

우리나라는 1967년 1월 28일 국회에서 헤이그의정서를 비준하였고 1967년 7월 13일 대한민국의 가입서를 네덜란드정부를 통하여 기탁처(바르샤바)에 기탁하였다. 1967년 10월 11일 정부가 헤이그의정서를 공포하였으므로(동 조약 제259호) 이 날로부터 대한민국에 발효가 되었다.

2. 책임원칙

항공운송인은 항공기사고로 인한 인적 또는 물적 손해에 대하여 배상책임을 부담하게 되는데 헤이그의정서도 바르샤바조약과 같이 유한책임원칙과 과실책임주의를 채택하고

---

161) 吉永勞助·板本昭雄, 前揭書, 211面.

162) http://www.icao.org/cgi/goto_m.pl?/icao/en/leb/treaty.htm

있으며 배상가액에 있어서는 금액책임주의를 원칙으로 하고 있다.

3. 책임한도액

헤이그의정서 제11조에서는 바르샤바조약 제22조를 개정하여 여객운송에 있어서 각 여객에 대한 운송인의 책임한도액은 250,000프랑(16,600달러)의 금액을 한도로 한다고 규정하고 있으므로 바르샤바조약상의 배상한도액 125,000프랑(83,000달러)에 비하여 2배로 인상시켰다. 소가 계류된 법원에 속하는 국가의 법률에 따라 손해배상액을 정기지급의 방법으로 할 것을 정할 수 있을 때에는 정기지급금의 원금은 250,000프랑을 초과해서는 아니 된다고 규정하고 있어 정기지급금의 원금도 2배로 인상시켰다.

탁송수하물 및 화물의 운송에 있어서 운송인의 책임은 1킬로그램 당 250프랑(약 17달러)의 금액을 한도로 한다. 다만 송하인이 운송인에게 수하물을 교부함에 있어서 도착지에서의 인도시의 이자를 특히 신고하고 또한 필요로 하는 할증금을 지급한 경우에는 그러하지 아니하다. 이 경우에는 운송인은 신고 된 가액이 도착지에서의 여객이나 또는 송하인의 실제이자를 초과하는 것을 증명하지 아니하는 한 신고된 가액을 한도로 하는 금액을 지급하여야 한다.

탁송된 수하물이나 화물의 부분 또는 그 속에 포함된 물건의 멸실, 손괴 또는 연착의 경우에는 운송인의 책임한도액을 결정함에 있어서 고려될 중량은 관계수하물 또는 여러 수하물의 전량으로 된다. 그러나 탁송된 수하물이나 화물의 부분 또는 그 속에 포함된 물건의 멸실, 손괴 또는 연착이 동일 항공운송장에 포함된 기타 수하물의 가치에 영향을 미치는 때에는 책임한도액을 결정함에 있어서 이러한 수하물이나 여러 수하물의 전량을 고려한다. 이상과 같이 헤이그의정서 제11조에서는 바르샤바조약 제22조의 내용을 대폭 수정하였다.

4. 면책약관의 금지

헤이그의정서 제12조에서는 바르샤바조약 제23조의 면책약관의 금지조항 중 1항목을 신설 하였는데 그 내용은 다음과 같다. 바르샤바조약 제23조 제1항은 운송된 화물의 원시적 하자, 성질 또는 결함으로부터 야기되는 멸실이나 또는 손괴에 관계된 규정에는 적용하지 아니한다고 헤이그의정서 제12조 제2항에 새로이 규정하였다. 바르샤바조약 제25

조에서는 손해가 운송인의 고의에 의하여 발생하거나 또는 소가 계류된 법원이 속하는 국가의 법률에 의하여 「고의에 상당하다고 인정되는 과실」에 의하여 발생한 때에는 운송인의 책임을 배제하거나 제한하는 조약규정을 원용할 수 있는 권리를 향유하지 못한다. 한편 이행보조자(사용인 등)가 직무를 행함에 있어서 전술한 동일한 조건에서 손괴를 발생시킨 때에도 똑같이 적용된다고 규정하고 있다. 그러나 헤이그의정서 제13조에서는 바르샤바조약 제25조의 내용을 다음과 같이 대폭 수정하였던 것이다.[163] 바르샤바조약 제22조에 규정된 운송인의 책임의 한도는 운송인, 그 고용인 또는 대리인이 가해할 의사로써 또는 부주의하게 또는 손해가 발생할 것이라는 인식으로서 행한 작위나 부작위로부터 손해가 발생하였다고 증명되는 한 적용되지 아니한다.

그러나 소송이 본 조약에 관계되는 손해로부터 발생되어 운송인의 고용인 또는 대리인에 대하여 제기된 경우에는 이러한 고용인 또는 대리인은 직무범위 내에서 행동하였음을 그가 증명하는 한 운송인 자신이 원용할 권리가 있는 바르샤바조약 제22조의 책임한도액을 원용할 권리를 가진다고 헤이그의정서 제13조에 새로운 규정을 신설하여 운송인의 피해자 보호면에 역점을 두었다.

5. 손해배상청구의 소

헤이그의정서 제15조에서는 바르샤바조약 제26조의 수하인에 대한 이의제기기일을 연장시켰는데 그 개정내용은 다음과 같다. 수하물 및 화물의 손괴가 있는 경우에 수하인은 손괴를 발견한 후 늦어도 수하물의 경우에는 그 수취일로부터 3일 이내에 화물의 경우에는 그 수취일로부터 7일 이내에 운송인에 대하여 이의를 제기하도록 바르샤바조약에서 규정하고 있었으나 헤이그의정서에서는 피해자 보호를 위하여 수하물의 경우에는 수취일로부터 7일 이내에 화물의 경우에는 14일 이내에 항공운송인에게 이의를 제기할 수 있도록 그 기일을 각각 연장시켰다.

특히 연착의 경우에 이의는 수하인이 수하물이나 화물을 처분할 수 있는 날로부터 14일 이내에 제기하여야 한다고 바르샤바조약에 규정하고 있었으나 이 조항도 헤이그의정서에서는 21일로 수정함으로써 7일간을 더 연장시키어 송하인 및 수하인 보호면에 역점을 두었다.

---

163) 高田桂一, 前揭論文, 74~76面.

제3절 몬트리올 협약과 항공운송인의 책임

1. 성립경위

바르샤바조약의 주요 가맹국이고 국제항공운송에 있어서 중요한 비중을 차지하고 있는 미국에서는 헤이그의정서의 비준이 문제가 되었으며 의회에서도 유한책임한도액이 너무 낮다는 이유로 비준을 하지 아니하였고 바르샤바조약에서 정하고 있는 여객운송에 관한 운송인의 배상책임한도액을 영구적으로 10만 달러로 하되 잠정적으로 7만5천만 달러까지 인상하지 않는 한 바르샤바조약을 폐기할 방침을 결정하고 폴란드 정부에 대하여 1965년 11월15일에 폐기통고를 하였다.164)

미국에 의한 바르샤바조약의 폐기는 갑작스러운 일인 것은 아니고 폐기통고를 할 때까지 오랜 경위가 있었으며 이 사건은 바르샤바조약 상의 책임제한규정자체에 내재하는 모순이 나타나게 됨에 따라 미국에서는 조약폐기라는 비상수단을 쓴 것이라고 볼 수가 있다.165)

세계에서 민간항공에 있어 최고 점유율을 차지하고 있는 미국이 바르샤바조약으로부터 탈퇴하는 것은 세계적으로 확립된 바 있는 바르샤바체제를 와해시키는 결과가 되므로 어떻게 하던지 미국을 조약탈퇴로부터 멈추게 할 필요가 있게 되었다. 이 지상명령에 따라 국제민간항공기관(ICAO) 및 국제항공운송협회(IATA)에서는 비상조치를 취하여 ICAO 긴급이사회가 열렸으나 성과가 없었고 다음 해인 1966년 2월에 ICAO의 특별회의를 개최한 바 있었으나 역시 결론을 얻지 못 하였다.

그 후 서유럽 여러 나라들의 항공국장들이 모여 항공국장회의를 개최한 바 있었으나 역시 성과가 없었으므로 IATA에서는 동년 5월 4일 캐나다에 있는 몬트리올에서 회의를 개최하여 「국제항공운송협회의 기업간협약」을 성립시켜 미국정부의 동의를 얻어내게 되었다.166) 이 「기업간의 협정」(항공사간의 협약)을 일명 「몬트리올 협약」이라고 부르고

---

164) A. Lowenfeld and Mendelson, "*United States and Warsaw Convention*," Havard Law Review, Vol. 80, 1976, at 497.

165) 池田文雄, 前揭論文, 243面.

166) IATA에서는 1966년 5월 15일 발효예정인 미국의 바르샤바조약의 탈퇴를 막기 위하여 미국무성과 연락을 취하여 5월 4일 미 국무성 CAB관계관과 몬트리올에서 회합하여 13시간을 협의한 후 기업간협정을 작성하여 100사의 관계항공사의 승인을 얻어냈다. 이들 항공사는 기업간협정을 서명을 한 후 미국 민간항공위원회(CAB)에 송부하였고 항공요금(Tariff)을 CAB에 등록하였다. 또한 이들 항공사의 본국 정부는 회사가 기업간협정을 승인한다는 취지의 보증을 미국정부에 제출하였다.

있다.167) 이 협약은 1966년 5월 16일부터 발효하도록 되어 있었는데 국제항공운송에 있어서 모든 외국항공기와 미국항공기가 미국을 출발지, 합의된 도중 기착지, 도착지로 하는 경우에는 이 협약에 가입하여야만 미국영공을 비행할 수 있기 때문에 미국의 노스웨스트항공사를 비롯하여 58개 미국항공사와 우리나라의 대한항공, 아시아나항공 및 프랑스의 에어프랑스항공을 비롯하여 91개 외국항공사 등 전 세계의 149개 항공사가 이 협약에 가입되어 있다.168)

몬트리올협약의 성립에 의하여 미국정부는 바르샤바조약의 폐기통고가 발효되기 이틀 전인 동년 5월 13일에 동 조약의 폐기통고를 철회하였다.

2. 책임원칙

1966년의 몬트리올 협약은 국제항공운송에 관한 1929년의 바르샤바조약 과 1955년의 헤이그의정서에 규정되어 있는 유한책임원칙을 원용할 수 있도록 규정하고 있다(동협약 제1조). 항공운송인의 책임에 관하여 이 협약에서는 무과실책임주의를 채택하고 있으며 과실상계의 항변도 인정하고 있다. 즉, 앞에서 언급한 바 있는 유한책임은 항공운송인의 과실에 의존하지 않는다(······this liability up to such limit shall not depend on negligence on the part of the carrier)고 동 협약 제2조는 규정하고 있다.

한편 미국의 판례에 의하면 항공여객항공권(Air Passenger Ticket)의 기상 교부169) 또는 항공기의 램프 끝 부분에서의 여객항공권 교부170) 등으로 인하여 책임제한의 표시가 여객항공권상의 작은 문자로 되어 있기 때문에 승객이 알아볼 수 없다는 이유로 바르샤바조약 제3조 제2항 단서에 의한 유한책임의 항변이 부정된 바 있다.171)

미국의 국내항공운송에 있어서 운송인의 책임은 원칙적으로 피해자보호를 위하여 유한책임이 아니라 무한책임주의를 채택하고 있다. 더욱이 캐나다 태평양항공사의 일본 우전 공항사건의 판결에서 마침내 바르샤바조약을 위헌으로 보고 바르샤바조약상 인정되지 않고 있는 원고주소지의 재판관할권을 인정하였고 책임제한을 부정하였다.172) 이와 같은

---

167) Lees Kreindler, *op. cit.*, at 12A1~12A4; Shawcross and Beaumont, *op. cit.*, at 346~436.

168) Andreas F. Lowenfeld, "*Aviation Law*," *case and materials*, Matthew Bender, 1972, at 434-436.

169) Merfens V. Flying Tiger Line. Inc., 341F.2d851, cert. denied, 382 v.s. 816(1962).

170) Warren V. Flying Tiger Line, Inc. 325F 2d, 494 (1965).

171) Lisi V. Alitalian Airlines Ⅲ, 253F, Supp 237, affd' 370F, 2d 508 (1966).

172) Burdell V. Canadian Pacific Airlines Ⅲ, Circuit Court (1968).

상황 하에서 ICAO는 몬트리올협약만으로 미국을 바르샤바체제에 묶어두기에는 너무나 급한 응급조치에 불과하였기 때문에 근본적인 문제에 해결을 위하여 바르샤바조약, 헤이 그의정서, 몬트리올협약 등의 근본적인 개정문제가 논의되기 시작하였다.

3. 책임한도액

몬트리올협약에 가입한 항공사를 이용하는 승객들에 대하여 미국을 출발지, 도착지, 도중기착지(……a point in the United States of America as point of origin, point of destination, or agree stopping place)로 하는 운송에 있어서 유한책임한도액은 소송비용을 포함하여 75,000달러(소송비용을 포함시키지 않을 때에는 58,000달러)로 동 협약 제1조 제1항은 규정하고 있다. 이 협약은 항공기로 인하여 여객 중에 사상자가 발생할 경우에 항공운송인의 인적손해배상책임한도액을 바르샤바조약상의 여객1인당 8,300달러 헤이그의정서상의 16,600달러의 배상한도가액에 비하여 대폭 인상시켰다.

그러나 당시 미국 내 항공운송에 있어 인적손해에 대한 항공운송인의 배상책임한도액은 이보다 훨씬 높게 여객1인당 350,000달러까지 배상판결이 나오고 있는 실정이었으므로 미국민과 의회는 몬트리올협약상의 배상한도액 75,000달러는 너무 저액이라는 이유로 불만족스럽게 생각하고 있었으며 미국의 국제항공운송과 국내항공운송에 있어서 운송인의 인적 손해배상책임한도액이 양자간에 너무나 큰 격차가 벌어지고 있으므로 이 협약을 개정하려는 움직임이 있었다.

4. 보험관계

이 협약에서는 피해자보호를 위하여 항공사, 여객, 하주들이 보험회사에 기체, 여객, 화물 등을 항공보험에 부보하게 함으로써 위험책임의 분산을 도모하고 있다. 이러한 보험은 바르샤바조약과 특별운송계약 상에 규정되고 있는 어떠한 운송인의 책임제한에도 영향을 받지 않는다. 여객들은 더욱 보험정보를 알아내기 위하여 항공사 및 보험회사의 대리점과 의논할 수 있다고 동 협약 제2조에 규정하고 있다.

제4절 과테말라의정서와 항공운송인의 책임

1. 성립경위

국제민간항공기관은 1966년6월부터 상기조약들의 개정작업에 착수하여 운송인의 책임 한도액의 개정에 관한 전문가의 패널을 설치하였다. 이 전문가패널은 1967년 1월, 7월 두 번에 걸쳐 회합을 갖고 해결안을 검토하였다. 1968년 11월과 1969년 9월에 ICAO법 률위원회의 소위원회가 개최되어 계속 바르샤바조약의 개정문제가 토의되었고 1970년 2 월에는 동법률위원회가 열리어 뉴질랜드의 일괄제안(팩키지 안)데로 조약초안이 작성되 었다.[173]

이상과 같은 과정을 거쳐 1971년 2월 9일부터 3월 9일까지 「바르샤바조약개정 등에 관 한 국제외교회의」가 과테말라시에서 개최되어 55개국, 2개 국제기구(IATA 및 UNIDROT) 의 대표들이 출석하여 최종초안을 심의한 후 개정의정서가 채택되었다.

이 의정서의 정식명칭은 「1955년 9월 28일에 헤이그에서 작성된 의정서에 의하여 개 정된 1929년 10월 12일 바르샤바에서 서명한 국제항공운송에 대한 규칙의 통일에 관한 조약의 개정의정서」라고 부르고 있어 일반적으로 「과테말라의정서」라고 호칭하고 있다. 2011년 8월 20일 현재 동 의정서의 서명국은 미국을 비롯하여 30개국이고 비준국은 이 탈리아, 네덜란드, 그리스 및 코스타리카를 비롯하여 7개국이다.[174] 이 의정서는 「헤이그 의정서」와 똑같이 이 당사국간에 「1955년의 헤이그 및 1971년의 과테말라에서 개정된 바르샤바조약」이라는 약칭으로 부르고 있어 단일문서로 되어 있으며 의정서의 발효에는 30개국의 비준과 실질적으로 미국의 참가가 있어야만 실효를 거둘 수 있는 일종의 조약 이다.

이 과테말라의정서에서는 여객 및 수하물에 관한 항공운송인의 책임에 대하여 무과실

---

173) 池田文雄, 「航空機による事故」, 『現代損害賠償法綱座 3』, (日本評論社, 1972), 244面; 藤田勝 利, 「國際航空事故旅客補償制度考察」, 「大板市立大學雜誌」, 17卷 1號, 2號, 4號 參照.

174) 2011년 8월 20일 현재 과테말라의정서에 서명한 국가는 다음과 같은 33개국이다. 과테말라의정서 서 명국--Argentina, Barbados, Belgium, Brazil, Canada, Colombia, Costa Rica, Cyprus, Denmark, Ecuador, El salvador, Finland, France, Germany, Greece, Guatemala, Israel, Italy, Jamaica, Luxemburg, Mauritania, Mexico, New Zealand, Nicaragua, Norway, Spain, Sweden, Switzerland, Seychelles, Trinidad and Tobago, Togo, United Kingdom, United States, Venezuela 등; 과테말라의 정서의 비준서를 ICAO에 기탁한 나라는 Colombia, Costa Rica, Cyplus, Greece, Italy, Netherlands, Togo等 7個國이다; Shawcross and Beaumont, *op. cit.*, Vol. No2., at 26.

책임주의를 채택하고 있으며 인적손해에 대한 책임한도액은 10만 달러로 인상하여 여객 및 하주의 보호를 강화하였고 이와 같은 규제에 의한 배상의 예측 가능성을 보다 확실하게 하기 위하여 운송인의 보호도 고려하였다. 미국 및 캐나다를 제외한 각국 특히 동유럽, 아프리카, 동남아세아, 남미 등의 각국에서는 항공운송인의 유한책임한도액이 높다는 비판도 있었지만 몬트리올협약에서 경험한 바와 같이 미국을 중심으로 한 여객이 많은 국제선을 갖고 있는 국가에서는 한도액이 높더라도 항공운송인(항공사 등)에게 여객 및 화주에 대하여 무한책임을 인정하는 것보다는 유한책임을 인정하는 것이 운송인에게 유리하므로 개발도상국가에서는 할 수 없이 이 점을 고려하였던 것이다.175) 항공기사고로 인한 손해에 대하여 운송인은 신속하고 예측 가능한 배상액으로 해결을 하는 것이 바람직한 일이기 때문에 「국제적 합리성」을 고려하여 3분의 2의 다수결로 종래의 조약뿐만 아니라 일반운송법 내지 계약법 등에서도 볼 수 없는 특색있는 개정안이 채택되었던 것이다.

과테말라의정서는 항공운송기업에 대한 사법적 측면에서의 손해배상책임관계를 규정한 새로운 조약안으로서 지금까지 선진국과 개발도상국간에 손해배상책임한도액을 둘러싸고 이해관계가 서로 얽히고 있어 4개국만 비준을 하고 있고 주요 선진국(미국, 영국, 프랑스, 독일, 일본 등)은 비준을 하지 않고 있으므로 아직까지 발효는 되고 있지 않고 있다.

2. 개 요

과테말라의정서는 항공여객운송에 있어서 여객의 인적손해에 대한 손해배상의 책임한도액의 인상을 주목적으로 하고 있었으며 기본적으로 항공운송인의 무과실책임주의의 채택과 10만 달러의 손해배상한도액의 책정, 배상한도액의 엄수, 한도액의 정기적인 인상, 배상액보충의 국내적 조치 등을 규정하고 있다. 항공물건운송에 있어서 수하물에 관하여는 휴대수하물과 탁송수하물로 나눠 승객운송의 책임원리에 따라 개정하였다.176)

---

175) Antonio Francoz, "*Mexican Procedural Law on Liabilities for Damages and Injuries to Air Passenger*", Fourteenth Annual SMU Air LAW Symposium, Sponsored by the Journal of Air Law and Commerce, School of Law, Southern Methodist University, Texas, USA March 1980, at 6~8,

176) 松岡誠之助, 『航空運送法問題』, 『空法』, (제17호, 1974), 56~59面; Shawcross and Beaumont, *op. cit.*, at 34~36.

3. 책임원칙

항공운송 중 여객의 사상 또는 수하물이 손괴되었을 때의 운송인의 책임은 종래의 과실추정책임주의를 버리고 운송인에 대하여 여하한 면책사유도 인정하지 않는 무과실책임주의를 채택하고 있지만(과테말라의정서 제4조) 특히 연착의 경우에는 종래대로 규정하고 있다(동의정서 제6조). 따라서 그 결과가 운송인에 의한 여객의 사상이 여객의 건강상태로부터 일어났거나 손괴가 수하물의 성질 또는 고유한 하자로 일어났을 때에는 항공운송인은 항변을 제기할 수 있으며 과실상계도 할 수 있도록 규정하고 있다(동의정서 제7조).

이 때문에 천재 또는 불가항력적인 사유는 물론 전쟁, 무력분쟁, 제3자의 행위(항공기의 불법납치) 등의 사유로 인한 면책도 인정되지 않고 있다. 이것은 엄격한 무과실책임원칙을 규정한 것으로서 운송법 분야에 획기적인 일로 볼 수 있다.

무과실책임은 몬트리올협약 이후의 것으로서 불법행위책임에 관한 지상 제3자의 손해에 대한 로마조약에서 선례가 있었지만 계약법영역에서는 드문 일로서 소송을 신속하게 종결시키는 효과는 운송인과 승객 쌍방에 이익이 된다는 점을 고려하여 규정한 것이다. 화물에 대한 연착의 경우의 책임원칙은 종래와 같이 계속 과실추정주의를 유지하고 있다 (동의정서 제6조).[177]

4. 책임한도액

항공여객운송에 있어서 운송인의 책임한도액은 여객1인에 대하여 여객사상의 경우에 10만 달러, 연착의 경우에는 4,150달러로 항공물건운송에 있어서는 탁송인가 아닌가를 구별하지 않고 손괴·연착을 포함하여 1,000달러로 규정하고 있다(동의정서 제8조). 여객이 사상되었을 때의 항공운송인의 책임한도액은 바르샤바조약에 비하여 12배, 헤이그의정서에 대비하여 볼 때 6배로 대폭 인상하였다. 이에 관하여는 항공운송인의 이익을 고려하여 볼 때에 어떠한 예외도 인정하지 않고 있으며 변호사비용을 포함하는 소송비용은 별도이고 책임한도액의 정기적인 수정을 과테말라조약에서는 인정하고 있다.

미국이 여객의 사상자가 발생하였을 때에 여객 1인당 손해배상책임한도액을 10만 달러로 고집한 이유 가운데 하나는 1970년대의 전반기에 바르샤바조약 이외의 판결 및 화

---

177) Andreas F. Lowenfeld, "*Aviation Law*", (Matthew Bender, 1974), at VI-140~145.

해에 의한 배상액의 63%가 10만 달러 이상으로 되어 있다는 민간항공청(CBA)의 통계를 인용하여 동 조약상에 이 가액을 받아들이지 않는다면 미국은 상원에서 비준을 얻기가 힘들다고 주장을 하였기 때문이다.178)

항공운송인의 책임한도액은 여하한 경우에도 이를「깨뜨릴 수 없다(unbreakable)」고 명시(동의정서 제9조 2항)하고 있으며 승객권, 수하물증의 불교부(不交付) 또는 책임한도액의 통고가 불비 된 경우에도 이 한도액을 적용받는다고 규정하고 있다.(동의정서 제2ㆍ3조)

5. 한도액의 정기적인 인상

항공운송인의 여객사상에 대한 손해배상책임한도가액은 5년마다 또는 10년마다 정기적으로 증액이 된다. 다시 말하면 의정서 발효 후 5년째 또는 10년째에 당사국회의를 개최하여 출석한 투표당사국의 ⅔에 의한 별도의 결정이 없는 한 5년째에 12,500달러씩 증액된다. 이것은 ICAO의 법률위원회의 매년 2,500달러씩 증가하는 자동수정의 원안을 수정한 것으로서 10년간 별도로 정함이 없는 한도액은 125,000달러가 된다.

6. 국내적 보조조치

국내적 보조조치(Domestic Supplement)는 미국이 제안한 것인데 체약국이 자기영역 내에 있어서 여객의 사상에 관한 조약에 기초하여 지급되는 배상을 보완하는 제도로서 국내입법에 의하여 도입되는 것을 말한다. 다만 이 제도에 의하여 운송인에게 조약상의 한도액 이상의 책임을 부담시켜서는 아니 된다는 점과 운송인은 여객으로부터 분담금을 징수하는 이외에 어떠한 재정상의 분담도 지워서는 안 된다는 점을 유의하여야만 한다.

이러한 분담금을 지급한 바 있는 여객에 대해서는 여객사상으로 인하여 손해를 입은 자에게 권리를 부여하는 것을 조건으로 하고 있다(동의정서 14조 A).

이 제안은 과테말라에서 개최된 국제회의에서 처음으로 제안된 것으로서 1달러 전후 분담금을 징수하여 한도 이상의 배상을 조약과 똑같은 원리 하에서 신탁ㆍ보험의 형태로 정부ㆍ운송인 또는 보험회사가 관리하는 공동기금을 마련하여 피해자에게 지급될 수 있도록 하는 것을 내용으로 하고 있다.

---

178) Andreas F. Lowenfeld, *ibid*, at 14~142; 矢澤惇,「グアテェマラ議定書と國内立法」,『ジュリスト』, (No. 488, 1971), 37~38面.

7. 소송비용 · 화해촉진

법원은 변호사비용을 포함하는 소송비용을 재정하는 권한을 가지는 동시에 화해를 촉진시키기 위하여 원고가 손해배상청구를 한 때로부터 6개월 이내에 법원이 재정한 배상액이상의 고가액으로 화해를 한 경우에 운송인의 서면제시에 의하여 소송비용의 재정을 하지 않아도 된다. 이 기간은 소송개시시기가 6개월 후로 지연되는 경우에는 소송을 개시할 때까지 연장시킬 수 있다(동의정서 8조 3항).

소송비용에 관한 규정은 몬트리올협약에서도 한도액을 표시한 것과 같이 미국에 있어서 변호사수수료가 손해배상액의 ⅓에 미치는 점을 고려하여 특별히 규정한 것으로서 화해를 촉진시키는 데 그 목적이 있다.

제5절 몬트리올 제1, 제2, 제3추가의정서 및 제4의정서와 항공기운송인의 책임

1. 성립경위

항공법에 관한 국제회의가 1975년 9월 캐나다에 있는 몬트리올시에서 국제민간항공기관(ICAO)의 주최로 개최되었다. 제1, 제2, 제3, 제4의 몬트리올추가의정서는 바르샤바 및 헤이그, 과테말라의정서의 개정을 내용으로 하고 있으며 그 중 특히 몬트리올 제4 추가의정서는 항공화물운송증권과 물건운송인의 유한책임에 관한 배상한도액 및 기타 법률관계의 개정을 주된 목적으로 한 새로운 입법이었다.

몬트리올추가의정서를 제정하게 된 주된 목적은 과거 바르샤바조약 및 헤이그의정서에서 금본위제의 화폐단위인 포앙카레 프랑(Poincarè franc)으로 손해배상한도액을 결정한 데 반하여 이 의정서에서는 특별인출권(Special Drawing Right; SDR)계산단위로 배상한도액의 결정기준을 변경시키는 데 그 목적이 있었던 것이다.

전통적인 통화단위가 과거에는 바르샤바조약체제하에서 금본위 프랑(gold franc)사용되어 왔지만 오늘날에는 대부분의 나라가 관리통화제도를 실시하고 있으므로 이 추가의정서에도 금본위 프랑을 특별인출권(SDR)인 계산단위로 대치시켰다.

몬트리올 제1, 제2, 제3, 제4 추가의정서에서 규정하고 있는 SDR이라고 함은 Special Drawing Rights의 약어로서 IMF(國際通貨基金)의 특별인출권을 의미한다.

이 SDR의 가격은 IMF협정으로 1단위당 0.88671그램의 금과 같은 가치를 보유하고 있다고 정하여 지고 있으며 이것은 또한 약 1달러와 같은 가치로 되어 있었지만 1971년 12월의 다국가간(多國家間) 통화조정의 결과 1달러당 0.92106 SDR로 정하여 졌고 더욱이 1973년 2월 달러 값이 절하되어 1달러당 0.8295 SDR으로 정하여졌다. 한편 IMF 의 다국가간통화개혁의 교섭 중에 SDR를 금과 달러로부터 분리시켜 독자적으로 각국통화의 가치기준으로 하는 방향으로 정하여 1973년 6월 회의에서 「표준바스켓방식」을 잠정적으로 채택할 것을 결정한 바 있다.

이것은 당초 IMF가 세계수출에서 점하는 비중이 1%이상의 나라인 16개 국가의 통화의 가치를 가중평균하여 SDR의 가치로 정하는 방법을 채택하고 있었지만 1980년대에 들어와서는 전 세계에서 오대 수출국의 통화단위인 미국의 달러, 일본의 엔화, 영국의 파운드, 독일의 마르크, 프랑스의 프랑의 통화의 가치를 가중평균하여 SDR의 가치를 정한 바 있다. 그러나 1990년대에 들어와서 IMF는 유럽연합(European Union: EU)이 탄생됨에 따라 2000년대인 현재에는 4개 통화단위인 미국의 달러, 유럽연합(EU)의 유로화, 일본의 엔화, 영국의 파운드의 통화의 가치를 가중평균하여 SDR의 가치를 정하고 있다.[179] 2011년 8월 8일 현재 1 SDR의 가치는 미화 1달러 60센트이며[180] 한화로 환산

---

179) In 1969 the IMF created the SDR, an artificial currency unit defined as a basket of national currencies. The SDR is used as an international reserve asset, to supplement members' existing reserve assets (official holdings of gold, foreign exchange, and reserve positions in the IMF). The SDR is the IMF's unit of account: IMF voting shares and loans are all denominated in SDRs. The SDR's value is determined using a basket of currencies. The basket is reviewed every five years to ensure that the currencies included in the basket are representative of those used in international transactions and that the weights assigned to the currencies reflect their relative importance in the world's trading and financial systems. The weights assigned to the currencies in the SDR basket are based on (i) the value of the exports of goods and services of members or monetary unions and (ii) the amount of reserves denominated in the respective currencies which are held by other members of the IMF.

The IMF has announced that on January 1, 2011 changes in the relative weights of the four currencies (U.S. dollar, Euro, Japanese yen, and Pound sterling in the Special Drawing Rights (SDR) basket will come into effect (Press Release No. 10/434). The initial weights assigned to each currency in the SDR basket have been adjusted to take account of changes in the share of each currency in world exports of goods and services and international reserves. The value of the SDR in U.S. dollar terms is calculated daily as the sum of the values in U.S. dollars of the specific amounts of the four currencies, based on exchange rates quoted at noon at the London market.

180) http://www.imf.org/external/np/fin/data/rms_sdrv.aspx

할 때에는 1,712원75전이된다.[181]

2. 1975년의 몬트리올 제1추가의정서(Montreal Additional Protocol No.1, 1975)

이 의정서는 1975년에 전문 13개 조문으로 제정하였으며 제정목적은 1929년 10월 12일 바르샤바에서 서명된 바 있는 「국제항공운송에 관한 약간의 규칙통일을 위한 조약」을 수정하기 위한 것이었는데 이를 몬트리올 제1추가의정서라고 호칭하고 있다. 이 몬트리올 제1추가의정서는 1975년 9월 25일부터 서명하기 시작하여 2011년 8월 20일 현재, 영국, 프랑스, 이탈리아, 스페인, 그리스, 아르헨티나 등 33개국이 서명하였으며 그 후 비준서, 가입서 및 계승서(繼承書)를 ICAO에 기탁한 나라는 모두 49개국이므로 1996년 2월 15일에 발효되었다.

이 의정서의 책임원칙은 바르샤바조약과 상이한 바 없고 유한책임원칙, 과실책임주의, 금액책임주의를 그대로 답습하고 있으며 수정된 바가 없다. 몬트리올 제1 추가의정서와 바르샤바조약을 대비하여 볼 때 크게 달라진 점은 바르샤바조약 제22조의 내용이 대폭 수정되었는데 그 내용은 항공기사고로 인한 인적 또는 물적 손해에 대하여 항공운송인의 배상책임한도액에 대한 화폐단위를 과거 골드 프랑(gold franc)으로부터 특별인출권의 계산단위(計算單位: SDR)로 변경시킨 점이 크게 달라진 점이다.

바르샤바조약 제22조 1항의 규정에 의하면 여객운송에 있어 각 여객에 대한 운송인의 책임은 125,000프랑(8,300달러)의 금액을 한도로 한다고 규정하고 있으나 몬트리올 제1추가의정서 2조항에서는 이 조항을 수정하여 각 여객에 대한 운송인의 책임한도액을 8,300계산단위의 금액으로 제한한다고 규정하고 있다.

바르샤바조약 제22조 2항의 규정에 의하면 탁송수하물 및 화물의 운송에 있어서 운송인의 책임은 1킬로그램 당 250프랑(17달러)의 금액을 한도로 한다고 규정하고 있었으나 몬트리올 제1 추가의정서 제2조 2항에서는 이 조항을 수정하여 탁송수하물 및 화물운송인의 책임한도액을 매 킬로그램 당 17계산단위(SDR)의 금액으로 제한한다고 규정하고 있다.

바르샤바조약 제22조 제3항의 규정에 의하면 여객이 보관하는 물품에 관한 운송인의

---

181) http://www.imf.org/external/np/fin/data/rms_five.aspx#cvsdr

책임은 여객 1인에 대하여 5,000프랑(332달러)의 금액을 한도로 한다고 규정하고 있었으나, 몬트리올 제1 추가의정서 제2조 3항에서는 이 조항을 수정하여 운송인의 책임한도액을 여객1인 당 332계산단위의 금액으로 제한한다고 규정하고 있다.

몬트리올추가의정서상의 특별인출권의 계산단위(SDR)에 대한 용어개념은 유엔산하 국제통화기금(IMF)에서 정하고 있는 용어개념과 동일하게 간주되고 있다.

3. 1975년의 몬트리올 제2추가의정서(Montreal Additional Protocol No.2, 1975)

이 몬트리올 제2 추가의정서는 1975년에 전문 13개 조항으로 제정되었는데 제정목적은 1955년의 헤이그의정서의 내용을 일부 수정하기 위한 것이므로 일명 몬트리올 제2추가의정서라고 부르고 있다. 이 몬트리올 제2추가의정서는 1975년 9월 25일부터 서명하기 시작하여 2011년 8월 20일 현재, 영국, 프랑스, 캐나다, 이탈리아, 스페인, 그리스, 아르헨티나 등 34개국이 서명하였으며 그 후 비준서, 가입서 및 계승서를 ICAO에 기탁한 나라는 모두 50개국이므로 1996년 2월 15일에 발효되었다. 항공운송인에 대한 책임원칙은 개정된 바 없으며 단지 책임한도액에 대한 화폐단위를 헤이그의정서 상에 규정되어 있는 골드 프랑으로부터 특별인출권의 계산단위 가액으로 변경시킨 점이 크게 달라진 중요한 개정내용으로 되어 있었다.

1955년의 헤이그의정서 제11조의 인적손해에 대한 운송인의 배상책임한도액은 여객1인당 250,000프랑(미화 16,600달러)을 16,600계산단위금액으로 물적 손해에 대한 운송인의 배상책임한도액은 킬로그램 당 250프랑(미화 약17달러)을 17 계산단위금액(미화 약20,4달러)으로 여객이 보관하는 물건에 대한 운송인의 배상책임한도액은 5,000프랑을 322계산단위의 금액으로 각각 변경시켰다.

4. 1975년의 몬트리올 제3추가의정서(Montreal Additional Protocol No.3, 1975)

이 몬트리올 제3 추가의정서도 1975년에 전문 14개 조문으로 제정되었는데 제정목적은 1971년의 과테말라의정서의 내용을 일부 수정하기 위한 것이므로 일명 몬트리올 제3

추가의정서라고 호칭하고 있다. 이 몬트리올 제3추가의정서는 1975년 9월 25일부터 서명하기 시작하여 2011년 8월 20일 현재, 미국, 영국, 프랑스, 캐나다, 이탈리아, 스페인, 그리스, 아르헨티나 등 32개국이 서명하였으며 그 후 비준서를 ICAO에 기탁한 나라는 현재 21개국에 불과함으로 30개국의 비준을 얻지 못하여 아직도 발효가 되지 않고 있다.

과테말라의정서에서는 항공운송 중 여객의 인적손해에 대한 운송인의 책임에 대하여 바르샤바조약 및 헤이그의정서에서는 채택하고 있는 과실책임주의를 버리고 무과실책임주의를 채택한 바 있는데 몬트리올 제3 추가의정서에서도 이 부분은 수정된 바 없으며 피해자 보호를 위하여 그대로 무과실책임주의를 채택하고 있다. 단지 항공운송인의 배상책임한도액에 대하여 종래의 화폐단위인 프랑제도로부터 IMF(국제통화기금)의 화폐단위인 특별인출권(特別引出權: SDR)의 계산단위제도로 변경시킨 점이 중요한 개정골자로 되어 있다.

과테말라의정서 제8조에 의하면 항공여객운송에 있어서 운송인의 책임한도액은 여객1인에 대하여 여객 사상자의 경우에 1,500,000프랑(미화 100,000달러), 연착의 경우에는 62,500프랑(미화 4,150달러). 항공물건운송에 있어서는 수하물의 파손, 손괴 또는 연착의 경우 각 여객에 대한 운송인의 책임한도액은 150,000프랑(미화 1,000달러), 화물의 경우에는 1킬로그램 당 250프랑(미화 17달러)을 한도로 한다고 규정되어 있으나 몬트리올 제3 추가의정서 제2조에서는 항공여객운송에 있어서 운송인의 책임한도액은 여객1인에 대하여 여객사상의 경우 100,000계산단위의 가액으로 연착의 경우에는 4,150계산단위의 가액으로, 항공물건운송에 있어서는 수하물의 파손, 멸실, 손괴 또는 연착의 경우 각 여객에 대한 운송인의 책임한도액은 1,000계산단위의 가액으로, 화물의 경우에는 1킬로그램마다 17계산단위의 가액을 한도로 한다고 각각 화폐단위의 제도를 변경시켜 규정하였다.

특히 과테말라의정서에서는 소송이 계류된 법원에 속하는 국가의 법률에 따라 손해배상액을 정기지급의 방법으로 할 것을 정할 수 있을 때에는 정기지급금의 원금은 250,000프랑(미화 100,000달러)을 초과해서는 아니 된다고 규정하고 있으나(동의정서 제8조) 몬트리올 제3 추가의정서에서는 정기지급금의 원금은 100,000특별인출권(SDR)의 계산단위액을 초과해서는 아니 된다고 규정하고 있다(동의정서 제2조).

이상 몬트리올 제1, 제2, 제3 추가의정서의 성립경위, 항공운송인의 책임 및 책임한도액 등을 동의정서에 규정되어 있는 내용을 살펴보았다.

몬트리올 제1추가의정서는 기존 1929년의 바르샤바조약의 내용 중 일부를, 몬트리올 제2추가의정서는 1955년의 헤이그의정서의 내용 중 일부를, 몬트리올 제3 추가의정서는

1971년의 과테말라의정서의 내용 중 일부를 각각 개정하여 규정하고 있다.

5. 1975년의 몬트리올 제4의정서(Montreal Protocol No.4, 1975)

(1) 개 설

이 몬트리올 제4 의정서는 항공물건운송인의 책임에 관한 바르샤바조약, 헤이그의정서, 과테말라의정서상의 항공운송장, 항공물건운송인의 유한책임 및 손해배상한도액에 대한 화폐단위를 포앙카레·프랑으로부터 특별인출권(SDR)의 계산단위액으로 변경시킨 것이 주요 개정내용으로 되어 있다. 이 몬트리올 제4 의정서는 국제항공물건운송에 관한 법률 관계를 규정한 최신의 조약으로서 바르샤바조약 및 헤이그의정서의 내용을 대폭 수정하여 발전되어 가고 있는 항공운항기술에 부응할 수 있도록 만들어진 새로운 조약이다.

이 몬트리올 제4 의정서는 1975년 9월 25일부터 서명하기 시작하여 미국, 영국, 프랑스, 캐나다, 이탈리아, 스페인, 그리스, 아르헨티나 등 30개국이상이 서명·비준하여 1998년 6월 14일부터 발효되었으며 2011년 8월 20일 현재, 그 후 비준서, 가입서 및 계승서를 ICAO에 기탁한 나라는 모두 57개국이다. 이 의정서는 과테말라의정서의 내용을 많이 받아들이고 있지만 과테말라의정서와는 전혀 별개의 독립된 의정서로서 오늘날 존속되고 있다. 항공화물의 물적 손해에 대하여 항공운송인의 무과실책임주의를 채택하고 있으며, 과실에 있어서도 영·미법 상의 기여과실(contributory negligence)제도를 받아들이고 있다.

몬트리올 제4의정서에서도 항공물건운송인의 배상책임한도액을 몬트리올 제1, 제2, 제3추가의정서와 같이 화물 1킬로그램 당 17특별인출권(SDR)의 계산단위로 규정하고 있다. 몬트리올 제4의정서는 항공수하물 또는 화물운송에 있어 송하인, 수하인간의 법률관계와 항공화물운송장, 항공물건운송인의 책임 및 배상책임한도액관계를 주된 내용으로 하여 규정하고 있으며 전문 34개 조문으로 구성되어 있는 조약으로서 항공물건운송법분야에 있어서는 세계최신의 독립된 조약이다. 이 의정서 중 송하인과 항공물건운송인의 책임 및 배상책임한도액에 관계되는 조문만을 발췌하여 그 내용을 소개하고자 한다.

이 의정서 중 발췌하여 소개하고자 하는 조문은 ① 송하인의 책임(동의정서 제10조), ② 송하인의 권리(동의정서 제12조), ③ 송하인의 협조의무와 책임(동의정서 제16조), ④ 항공물건운송인의 책임(동의정서 제18조), ⑤ 화물의 연착에 대한 항공운송인의 책임(동의정서 제20조), ⑥ 항공물건운송인의 책임면제와 과실상계(동의정서 제21조), ⑦ 항공물건운송인의 배상책임한도액(동의정서 제22조)의 순서로 설명하고자 한다. 특히 소개하고자 하는 조문들은 국제항공물건운송에 있어서 하주(수출업자 내지 수입업자)들에게 미치는 영향이 크며 항공기사고가 공항내외 또는 운송도중에 발생되어 하주가 손해를 입었을 때의 항공물건운송인의 책임범위와 손해배상청구권의 행사기간 등을 규정하였으므로 하주들도 앞으로의 대비를 위하여 꼭 알아두어야만 할 조문들이다.

(2) 몬트리올 제4의정서의 주요내용

(가) 몬트리올 제4의정서 제10조

① 송하인은 화물에 관하여 자기 또는 대리인이 항공운송장(Air Waybill)에 기재하고 또한 화물수령증(Receipt for the Cargo) 또는 제5조 제2항에서 언급된 기타방법에 의하여 보존된 기록에 기재하기 위하여 운송인에게서 제공된 명세 및 신고가 정확하다는 것에 대하여 보상책임을 진다.

② 송하인은 자기 또는 대리인에 의하여 제시된 명세 및 신고의 불비(irregularity), 부정확(incorrectness), 불완전(incompleteness)에 기인하는 운송인의 손해 또는 운송인이 책임을 지는 타인의 손해에 대하여도 보상책임을 진다.

③ 본 조 제1항 및 제2항의 규정에 따라 운송인은 자기 또는 대리인에 의하여 화물수령증 또는 제5조 2항에서 말하는 다른 수단에 의하여 보전되는 기록에 기재되는 명세와 신고의 불비, 부정확 또는 불완전에 기인되는 송하인의 손해 또는 송하인이 책임을 지는 타인의 손해에 대하여도 보상책임을 진다.

[해 설]

이 조항은 항공물건운송인과 송하인(Consignor)간에 항공운송장 및 화물수령증의 불비, 부정확 또는 불완전하게 작성됨으로써 발생되는 손해에 대하여 책임한계를 분명히 가려낸 조항이다. 이 조문은 몬트리올 추가의정서초안 제10조, 헤이그개정바르샤바조약 제10조와 같은 표현으로서 항공운송장은 송하인이 작성하는 것이기 때문에 송하인은 그 내용에 관하여 정확하게 기재할 의무가 있다.

이와는 달리 항공화물수령증은 운송인이 작성하는 것이므로 전기조약에 언급되어 있지 않다. 그러나 몬트리올 의정서 제 10조에서는 항공화물수령증을 본 조에 적용하는 것으로 하였다.

항공운송장에 기재하는 것과 똑같이 운송인에 대하여 항공화물수령증에 기재하거나 또는 컴퓨터에 입력(input)하기 위하여 제공하는 정보의 정확성을 기하여야 하므로 송하인은 담보의무를 부담하게 하였다(1항).

따라서 정보의 정확성을 기하지 못한 송하인은 운송인 또는 운송인이 책임을 부담하게 될 타인에게 손해를 끼쳤을 때에 그 손해를 배상할 의무를 지게 된다(2항). 또한 송하인이 제공한 정보가 정확할지라도 운송인이 컴퓨터에 입력하거나 또는 항공화물수령증에 기재할 때에 틀린 기재를 하는 경우에는 이로 인하여 발생된 송하인 또는 운송인이 책임을 지게 되는 타인의 손해에 대하여서도 책임을 지게 된다.

(나) 몬트리올 제4의정서 제12조

① 송하인은 운송계약으로부터 일어나는 모든 채무를 이행하는 것을 조건으로 하여 출발공항 또는 도착공항에서 화물을 되찾거나(withdrawing) 운송도중에서 착륙할 때에 화물을 멈추게(stopping) 하거나 처음으로 지명된 수하인이외의 자에 대하여 도착지 또는 운송도중에 화물을 인도하게 하거나 출발공항에서 화물의 반송을 청구함에 의하여 화물을 처분할 수 있는 권리를 갖게 된다. 단, 이 권리의 행사에 의하여 운송인 또는 다른 송하인에게 손해를 끼쳐서는 안 되고 이 화물처분권행사에 의하여 발생된 비용은 송하인이 부담하지 않으면 아니 된다.

② 운송인은 송하인의 지시(order)를 따르지 못하게 될 때에는 즉시 그 뜻을 송하인에게 통지하지 않으면 아니 된다.

③ 운송인은 항공화물운송장 또는 송하인에게 교부된 화물수령증의 제시를 요구하지 않고 화물의 처분에 관하여 송하인의 지시에 따랐을 때에는 이것으로 인하여 당해 항공운송증권 또는 화물수령증의 정당한 소지인에게 발생될 수 있는 손해에 대하여 책임을 진다. 단 송하인에 대한 운송인의 구상권(求償權)은 방해를 받지 않는다.

④ 송하인의 권리는 수하인의 권리가 본 의정서 제13조에 따라 발생하였을 때에 소멸한다. 단 수하인이 화물의 수취를 거절한다든지 또는 수하인을 알 수 없었을 때에는 처분의 권리가 회복된다.

[해 설]

이 조항은 송하인의 화물처분권에 관한 규정으로서 당초 헤이그개정바르샤바조약 제12

조의 내용을 약간 변경시켜서 본의정서 제12조에 반영시킨 조항이다. 송하인이 여러 가지 이유로 특히 시장의 경기상황 또는 수하인의 신용상태의 변화에 따라 화물을 처분할 필요성이 있게 되는 것은 육상, 해상, 항공운송에 있어서 모두 공통되는 점이다. 따라서 송하인은 화물의 처분방법으로서 다음 네 가지의 수단을 택할 수 있게 되어 있다. 즉 ① 출발공항 또는 도착공항에서 화물을 되찾는 것, ② 도중에서 착륙시킨 경우에 그 곳에서 운송을 중지하게 하는 것, ③ 도착지 또는 도중에서 처음 지명된 수하인 이외의 자에게 화물을 인도케 하는 것, ④ 출발지의 공항으로부터 화물을 반송하게 하는 것 등이 있다.

화물처분권을 행사하기 위해서는 다음과 같은 두 가지 요건을 필요로 하고 있다.

하나는 적극적 요건으로서 ① 송하인이 운송계약에 관한 모든 채무를 이행할 것, ② 항공운송장 또는 화물수령증이 제시를 필요로 할 것 등이다. 둘째는 소극적 요건으로서 ① 화물처분이 운송인 또는 다른 송하인에게 손해를 끼쳐서는 안 될 것, ② 수하인이 도착지에서 화물의 인도를 청구하지 않을 것 등을 요건으로 하고 있다.

본 조 4항의 「수하인을 알 수 없었을 때」라는 원문은 communicate로 되어 있어(If he can not be communicated with) 「수하인에게 연락할 수 없었을 때」로 해석하는 것이 정당하다는 발언이 ICAO법률위원회에서 일부 위원들 간에 있었다.

(다) 몬트리올 제4의정서 제16조

① 송하인은 화물을 수하인에게 인도하기 전에 세관 또는 경찰의 절차를 이행하기 위하여 필요로 하는 정보 및 서류를 제공하지 않으면 아니 된다. 송하인은 운송인에 대하여 그 정보 또는 서류의 부존재, 부족 또는 불비(不備)로부터 붙어 일어나는 손해에 대하여 책임을 진다. 단 그 손해가 운송인 또는 사용인의 과실에 의하는 경우에는 그러하지 아니하다.

② 운송인은 전기정보 또는 서류의 정확성(correctness) 또는 완전성(sufficiency)을 심사할 필요는 없다.

[해 설]

이 조항은 송하인의 수하인에 대한 서류 및 정보의 제공협동의무를 규정한 조문인데 이 서류의 부존재, 불비, 부족으로 인하여 발생되는 손해에 대한 송하인과 수하인 간의 책임한계를 분명히 가려낸 조문이다.

이 몬트리올 제4의정서 제16조는 헤이그 개정바르샤바조약과 대체로 같은 내용이지만 개정된 점은 헤이그 개정바르샤바조약 제16조의 내용 중「운송증권에 첨부하여야 한다 (attach to the airway bill)」는 문구가 삭제되었고「사용인」에 관하여 조약에서는 agent 만을 규정하였지만 몬트리올 의정서에서는 과테말라의정서와 같이 servant라는 단어가 추가로 삽입되었다는 점이 수정된 내용이다.

송하인은 운송인이 화물을 수하인에게서 인도하기 전에 세관, 입시세관 또는 경찰에서 절차를 취하는데 필요로 하는 정보의 설명을 하고 이 절차를 취하는데 필요로 하는 서류를 제공하는데 협력할 의무가 있다.

송하인은 이와 같이 의무를 부담하기 때문에 이 정보 및 서류의 부존재, 부족 또는 불비에 의하여 운송인에게 일어나는 일체의 손해를 배상하지 않으면 아니 된다. 그러나 운송인은 송하인에 제공하는 서류 및 정보가 정확 하냐 또는 정확하지 않느냐에 대하여 심사할 의무는 없다. 그 이유는 항공운송사무의 신속성을 도모하기 위하여 필요한 것이기 때문이다.

(라) 몬트리올 제4의정서 제18조
① 운송인은 탁송수하물(registered baggage)의 파괴(destruction), 멸실(loss), 훼손 (damage)인 경우의 손해에 대하여 그 손해의 원인이 된 사고가 항공운송 중에 일어났을 때에는 책임을 진다.
② 운송인은 운송 중에 발생하여 입은 손해를 원인으로 한 조건에 따라 화물의 파괴, 멸실 또는 훼손이 발생되어 입은 손해에 대하여 책임을 진다.
③ 운송인은 화물의 파괴, 멸실 또는 훼손이 다음과 같은 사항 중 어떠한 원인에 의하여 일어났다는 것을 증명하였을 때에는 책임을 지지 않는다.
　　(a) 화물의 고유한 하자, 품질 또는 결함(inherent defect, quality or vice of that cargo)
　　(b) 운송인 또는 사용인 이외의 자가 행한 불완전한 포장(defective packing)
　　(c) 전쟁 또는 무력분쟁(an act of war or an armed conflict)
　　(d) 화물의 입하(entry), 출하(exit), 환적(transit)의 통관에 관계되는 당국(public authority) 의 행위
④ 본 조 ①항에서 항공운송중이라 함은 수하물(baggage) 또는 화물(cargo)이 공항 내에 또는 항공기내에, 공항밖에 착륙한 경우에 장소여하를 불문하고 운송인의 관리 하에 있는 기간을 의미한다.

⑤ 항공운송의 기간에는 공항 밖에서 이루어지는 육상운송, 해상운송 또는 하천운송의 기간은 포함되지 않는다. 단 이러한 운송이 항공운송계약의 이행으로 입적, 인도, 환적을 위하여 행하여졌을 때의 손해는 반증이 없는 한 모든 항공운송도중에 사고가 일어난 것으로 추정된다.

[해 설]

이 조항은 항공물건운송인의 책임한계를 규정한 중요한 조문이다. 헤이그개정바르샤바조약 제18조는 운송인의 책임에 관하여 과실추정책임주의의 입장에서 서있는 반면에 몬트리올초안(B 제18조) 및 몬트리올추가의정서는 화물의 파괴·멸실 또는 훼손의 경우의 손해에 관하여는 종래와 같이 과실추정책임주의를 채택하고 있다(몬트리올초안 C 제19조, 20조, 몬트리올 제4의정서 제20조).

과테말라의정서에서는 항공기사고의 순간성, 거액성, 입증곤란성과 피해자보호를 위하여 수하물이 파괴, 멸실, 손괴되었을 때의 항공운송인의 책임은 종래의 과실추정책임주의를 버리고 여하한 면책사유도 인정하지 않는 무과실책임주의를 채택하고 있지만(동의정서 제17조) 특히 연착의 경우에는 종래와 같이 규정하고 있다.(동의정서 제20조).

한 걸음 더 나아가 외국항공기에 의한 지상 제3자의 책임에 관한 로마조약에서는 항공기사고에 대하여 지상의 제3자가 항공기운항자의 고의 또는 과실을 입증하기가 대단히 곤란하기 때문에 피해자 보호를 위하여 결과책임주의를 채택하고 있다.

항공운송인은 몬트리올 제4의정서 제18조 2항의 규정에 따라 정당한 사유로 항변을 원용할 때에 면책이 될 수 있지만 운송인이 항변을 제시하게 되는 손해가 단독적(solely)으로 일어났다는 것을 입증하여야만 된다. 운송인에게 과실 등이 존재할 경우에는 운송인은 면책의 항변을 주장할 수 없게 된다. 운송인의 면책사유 가운데에는 당초 몬트리올추가의정서초안에서는 내란(Civil Disturbance)이라는 문구가 규정되어 있었지만 동의정서에서는 불명확하다는 이유로 삭제되었다.

(마) 몬트리올 제4의정서 제20조

항공물건운송인은 화물의 운송에 있어 연착으로부터 일어나는 손해에 관하여 운송인 및 그의 사용인이 손해를 방지하기 위하여 모든 필요한 조치를 취하였거나 또는 그와 같은 조치를 취하는 것이 불가능하였다는 것을 입증하였을 때에는 책임을 부담하지 아니한다.

[해 설]

이 조항은 화물의 연착에 관한 운송인의 책임에 대하여 과테말라의정서 제20조와 똑같이 과실추정책임주의를 인정하고 있다. 연착이라 함은 말할 것도 없이 도착지에 도착해야 할 시간보다도 늦게 도착하는 것으로서 항공물건운송인의 귀책사유로 인하여 발생되는 한 그 원인여하를 불문하고 책임을 추궁할 수가 있다. 예를 들면 출발지 또는 기항지로부터의 출발지연, 속력의 불충분, 불시착의 기인으로 지연되어 발생되는 것도 포함된다. 항공물건운송인은 운송계약에 기초한 지연에 대하여 운송채무불이행으로 인한 손해배상책임을 지게 되는 것이다.

(바) 몬트리올 제4의정서 제21조

① 여객 및 수하물의 운송에 있어 손해를 입은 자의 과실이 손해의 원인이 되었거나 또는 기여과실에 기인되었다는 것을 운송인이 입증하였을 때는 법원은 자국의 법률의 규정에 따라 운송인의 책임을 전부 또는 일부를 면제하거나 감경할 수가 있다.

② 화물의 운송에 있어 손해배상을 청구하는 자 또는 그 권리를 취득한 자의 과실 (불법한 작위 또는 부작위 포함)이 손해의 원인이 되었거나 또는 원인의 일부가 되었다는 것을 운송인이 입증하였을 때에는 운송인의 그 자에 대한 책임은 그와 같은 과실이 손해의 원인이 되었거나 또는 그 원인의 일부가 되었다는 정도에 따라 책임의 전부 또는 일부가 면제된다.

[해 설]

이 조항은 과테말라의정서 제12조와 같이 과실상계(비례과실: comparative negligence)를 인정한 조문이라고 볼 수 있다. 따라서 영·미법상의 여하한 과실의 정도가 적다고 하더라도 전부 면책된다는 기여과실(contributory negligence)의 개념은 배제하였고 과실의 정도에 따라 배상액을 고려하게 되는 대륙법 계통의 과실상계의 개념이 도입되었던 것이다.

따라서 영·미법상의 여하한 과실의 정도가 적다고 하더라도 전부 면책된다는 기여과실(contributory negligence)의 개념은 배제되었고 과실의 정도에 따라 배상액을 고려하게 되는 대륙법 계통의 과실상계의 개념이 도입되었다. 「과실, 불법한 작위 또는 부작위」 하고 함은 negligence, wrongful act or omission이므로 대륙법상의 입장에서 볼 때에 과실로 번역하는 것이 타당하지 않을까 사료된다.

그 권리를 취득한 자(from whom be derives his right; person doit elle tient ses droit)라고 함은 권리의 승계자에게 과실이 있었을 때에 그 권리의 피승계자를 의미하는 것으로서 피승계자에게서 과실이 있었을 때에 승계자는 손해배상을 청구함에 있어 운송인의 과실상계의 항변의 대항을 받을 수 있다는 것을 의미하는 것이다.

(사) 몬트리올 제4의정서 제22조

② 화물의 운송에 있어서 운송인의 책임은 1킬로그램 당 17 계산단위의 금액을 한도로 한다. 단 송하인이 짐(package)을 운송인에게 교부할 때나 인도할 때의 가액을 특히 신고하거나 또는 필요로 하는 할증금(추가적 요금: supplementary sum)을 지급할 경우에는 전항을 적용하지 않는다. 이 경우에 운송인은 신고 된 가액이 인도할 때에 송하인에게 있어서 실제의 가치를 초과하는 것을 증명하지 못하는 한 신고 된 가액을 한도로 하는 금액을 지급하지 않으면 아니 된다.

③ 화물의 일부 또는 그 내용으로 되어 있는 물건의 멸실, 훼손, 또는 연착의 경우에 운송인의 책임한도를 결정함에 있어서는 당해 화물의 총 중량만을 고려한다. 특히 화물의 일부 또는 그 내용으로 되어 있는 물건의 멸실, 훼손 또는 연착이 동일한 항공운송증권에 기재되어있는 다른 짐의 가치를 해할 때에는 책임의 한도를 결정함에 있어서 그러한 짐의 총 중량을 고려하여야한다.

⑥ 본 조에서 특별인출권으로 표시하는 금액은 국제통화기금(International Monetary Fund)에서 정하는 특별인출권에 의거한다. 각국통화의 금액으로의 환산은 소송의 경우에는 판결일에 있어서 당해 통화의 특별인출권에 의한 가액에 따라 이루어진다.

[해 설]

이 조항은 손해배상책임한도액에 대한 화폐단위를 IMF의 특별인출권(SDR)의 계산단위액을 획기적으로 변경시킨 조항이다. 각국통화의 SDR에 의한 가액은 판결일에 있어서 국제통화기금이 그 운영 및 취급을 위하여 적용하는 평가방식에 따라 계산하는 것으로 한다.

헤이그개정바르샤바조약에서는 배상액을 1킬로그램 당 250프랑으로 규정하고 있었지만 몬트리올 제4의정서초안에서도 현재의 인플레상태 하에서 배상액을 인상결정 한다는 것은 곤란하다고 하여 수정을 하지 않았다. 그리하여 항공물건운송인의 배상책임한도액을 화물 1킬로그램 당 17 특별인출권(SDR)의 계산단위액으로 정하였다. 본 조문상의 SDR은 유엔 산하 국제통화기금(IMF)에서 사용하고 있는 특별인출권을 의미하는 것이다.

항공운송인의 물적 손해에 대한 배상단위액인 1 SDR을 약 1.28달러로 기준 한다면, 동의정서 제22조에 규정되어 있는 17 SDR은 미화 20.4달러의 금액에 해당된다. 동의정서 제22조에서는 과테말라의정서 제22조(1)(2)와는 달리 「손해배상청구자는 누구임을 묻지 않는다」라는 규정이 삽입되어 있지 않다.

피해자는 항공교통관제관(ATC) 또는 항공기제조업자에 대하여 불법행위책임을 ATC 또는 제조업자로부터 운송인에게 구상한 경우에 운송인은 유한책임한도액으로 대항할 수 있느냐가 문제가 된다. 화물에 관하여 이와 같은 간접구상의 경우에 한도액을 정할 필요가 있다고 본다. 또한 동의정서 제22조 제2항에 「동일한 항공운송장에 기재되고 있는」조항 중에 화물수령증이 삽입되어 있지 않는 것은 입법상의 미비이다.

6. 몬트리올 제3추가의정서와 1983년 3월 미국상원의 비준부결

1983년 9월 15일 로이드의 항공법지(Loyd's, Aviation Law: 뉴욕에서 매월 2회 발행)에 기고한바 있는 George N. Tompkin변호사의 "미국상원에서의 몬트리올 의정서들의 패배(The Defeat of the Montreal Protocols in the United States Senates……What next?)……다음은 어떻게 될 것인가?"라는 제목의 논문에 몬트리올 제3, 제4추가의정서의 미국상원에서의 비준실패에 대한 내용의 글이 게재된 바 이를 요약하여 다음과 같이 소개하기로 한다.

1975년에 몬트리올 제3, 제4 추가의정서가 제정된 후 미국의 상원외교분과위원회에서 7년간의 고민 끝에 제랄드·알·포드대통령의 마지막 임기의 해에 제안된 바 있는 이 제3, 제4 추가의정서의 비준 동의안에 대하여 정식으로 최종투표를 위하여 1983년 3월 8일 미국의 상원에 상정되었다. 놀랍게도 미국상원에서 사실상 찬반논란이 있었는데 이 비준결의안은 부결되었다.

이 비준결의안에 대하여 구두호명투표(on the roll-call vote)로 50명의 상원위원은 가표를 던졌고 42명의 상원위원은 부표를 던졌으며 1명의 상원위원은 출석하였지만 투표에 응하지 않았고 7명의 상원위원은 출석하지 않아 투표 자체도 하지 않았다.

이 제3, 제4 추가의정서에 대한 비준 승인 안은 미국헌법 제2조 2항에 의거 상원의 출석의원 ⅔ 이상의 찬표를 얻어야만 함에도 불구하고 이만큼 찬표를 얻지 못하였기 때문에 부결되었는데 미국정부에 의하여 서명된 조약안이 상원에서 부결된 사례는 20여년 만에 처음 있는 일이었다. 이 추가의정서들에 대하여 미국의 역대 행정부(Nixon, Ford, Carter, Reagan)의 대통령, 전·현직 국무부장관, 차관들(former Secretary of State Edmund S. Muskie, Former Deputy Secretary of State, Warren Christopher, Secretary of State, George P. Shultz), 레이건대통령의 특별보좌관(President Reagan's Chief of Staff, Assistant to President), 전·현직 교통부장관들(Former Secretary of Transportation, Drew Lewis, William Coleman, and Secretary of Transportation Elizabeth Dole)과 의회의 일부지도자들은 국제항공운송에 있어 이 의정서가 미국시민들의 이익을 가장 잘 옹호할 수 있으며 또한 국제사회에서 미국이 고립되지 않기 위해서는 상원에서 반드시 비준하여 줄 것을 강력히 요청하였다.

미국의 항공사들과 항공운송협회, 항공관련단체, 항공기제조업계 등에서는 이 의정서를 상원에서 속히 비준하여 줄 것을 요청하였고 반면에 항공기사건 전담변호사들과 의회 및 미국변호사협회의 일부지도자들은 이 의정서의 비준에 대하여 강력히 반대하였다. 이 의정서의 비준에 반대하는 미국상원의원 중 한 사람인 바이든의원(Senator Biden; 1981년에 상원의 외교분과위원회에서도 비준안 상정건에 대하여 반대표를 던진 바 있음)의 반대성명을 다음과 같이 소개하고자 한다.

> "본인은 국제항공문제에 관한 한 미국이 리더십(leadership)을 유지하여야만 된다는 중요성을 충분히 인식하고 있다. 그러나 본인은 이 제3, 제4추가의정서의 내용이 미국민에게 불이익하게 규정되어 있다고 생각하고 있다. 따라서 본인은 이 비준 안을 지지할 수 없으며 본인이외에도 40명의 상원의원이 반대하고 있다."

미국은 국내항공운송에 있어 운송인의 책임은 무한책임이만 국제항공운송은 유한책임이기 때문에 바르샤바조약상의 배상책임한도액은 너무 저액이라는 이유로 1955년의 헤이그의정서에도 일시 가입하지 않았으며 여러 해 동안 바르샤바조약의 유한책임제도 그 자체가 미국에서 유효한 제도로서 존립할 수 있을지 문제가 되어 왔다. 그 주된 이유는 미국에서 불법행위에 대한 개인별 유한책임자체는 싫어하고 있으며 법원도 특정소송사건에서 유한책임의 부담을 피하기 위한 방법으로 바르샤바조약과 몬트리올 의정서상의 조약 해석면에 인색하지 않고 있지만 일부의 손해배상청구소송사건에서 운송인의 배상책임한도액을 초과시키고 있다. 현재 미국은 유한책임제도의 찬반에 대하여 열띤 논쟁(gold controversy)을 벌인 바 있다.

미국의 대법원이 후랜크린·민트 소송사건(Franklin Mint Case)에서 제이순회공소법원의 판결을 파기하지 않는 한 유한책임에 관한 바르샤바조약 및 헤이그 의정서의 유효성이 존립할 수 없게 되었다.

이 몬트리올 제3 추가의정서는 미국의 비준 없이도 효력을 발생할 수 있을 것인가?

이 추가의정서는 30개국이 비준을 한 후 90일 만에 효력이 발생하도록 규정되고 있다. 오늘날 이 의정서들은 아직 효력이 발생되고 있지는 않지만 그 주된 요인은 미국을 제외한 나머지 국가들은 미국이 이 의정서의 비준하기를 요망하고 있으며 기다리고 있기 때문이다. 현재 미국상원에서의 이 의정서에 대한 비준실패로 미국의 입장에 대하여 별 관심이 없는 국가들 중 적어도 20여 개국은 비준에 박차를 가하리라고 본다.

미국의 일부 상원의원들은 항공운송에 관한 국제통일규칙인 바르샤바조약상의 유한책임의 원칙과 책임한도액이 미국민들의 이익을 옹호하지 못한다고 주장하여 몬트리올 제3, 제4 추가의정서의 비준을 반대한 바 있으나 미국의 상원내의 외교분과위원회에서는 여러 국제정세를 고려하여 비준을 다시 논의하려는 움직임이 있다.

전상원의원인 네바다주출신의 캐넌씨는 의정서의 비준을 강력히 지지하는 로비활동을 벌였다가 1982년의 패배의 쓴잔을 마신 바 있다. 이러한 사태의 중요성을 감안하여 전미국조지, 부시부대통령이 레이건행정부에 의하여 상원에서 이 의정서가 비준되기를 강력히 호소하면서, 1983년 3월 8일 역사적인 투표에 사회를 본 바 있었으나 가결시키지를 못하였던 것이다. 몬트리올 제3 추가의정서는 2011년 8월 20일 현재 아직도 발효가 되지 않고 있다

제6절 과다라하라조약과 항공운송인의 책임

1. 성립경위

바르샤바조약과 헤이그의정서에서는 여객 또는 송하인과 운송인간에 운송계약을 체결한 경우에 운송인(계약운송인)과 실제로 운송을 하는 운송인(실제운송인)과를 구별함이 없이 규정을 설정하였지만 그 후 항공운송의 발달에 따라 임차(hire), 용기(charter), 교체(interchange)를 할 때에 계약운송인과 실제운송인이 다른 경우가 생기기 때문에 바르샤

바조약상의 운송인은 누구를 가리키느냐 하는 문제가 생기게 되었다. 바르샤바조약상의 운송계약을 전제로 하고 있기 때문에 항공운송인을 계약운송인으로 볼 수 있지만 오늘날 획기적으로 발달된 바 있는 용기운송 및 화물의 집중통합화(consolidation) 현상을 고려할 때에 항공운송인을 계약운송인이라고만 해석할 때에는 여객 또는 하주의 권리를 옹호할 수 없는 경우가 생기게 되었다.

즉 자금 적으로 충분한 뒷받침이 없는 자가 여객과 운송계약을 체결하고 한편 항공사로부터 승무원 및 항공기를 차-터하여 이 항공기를 가지고 계약이행을 할 때에 항공운송인을 계약운송인으로만 국한시킬 경우 승무원과 항공기를 제공한 바 있는 항공사는 항공기의 실제운송을 하고 있지만 계약운송인이 아니기 때문에 여객에 대한 직접적배상책임을 부담하지 않게 되고 자금적으로 불충분한 계약운송인만이 여객에 대하여 책임을 부담하게 된다.

이러한 사태의 발생은 여객 및 하주의 이익을 충분히 옹호할 수 없게 되었고 사회적으로 곤란한 문제를 일으키는 원인이 되었을 뿐만 아니라 불법행위를 소인으로 소송이 실제의 항공운송에 집중될 가능성이 있게 되었으므로 이것은 항공운송인의 유한책임과 과실추정을 기본원리로 하는 바르샤바조약의 의도에 반하게 되었다.

이와 같은 사정을 고려하여 1954년 스트라스부르(Strasbourg)에서 개최된 바 있는 유럽항공운송조정회의(Conference on Co-ordination of Air Transport in Europe)는 항공기의 차-터 등에 관한 조약의 필요성을 국제민간항공기관의 이사회에 권고하였고 이 권고에 기초하여 동기관의 법률위원회는 이 문제를 검토하기에 이르렀다. 동법률위원회 소위원회를 조직하여 초안을 검토한 결과 1960년 멕시코의 과다라하라(Guadalajara)에서 개최된 항공사법국제회의에 그 심의를 의뢰하였다.

이 항공사법국제회의는 몬트리올 의정서의 초안을 기초로 하여 검토한 결과 「계약운송인 이외의 자에 의하여 행하여지는 국제항공운송에 관한 어떤 규정의 통일을 위한 바르샤바조약을 보완하는 조약」(Convention, Supplementary to the Warsaw Convention, for the Unification of Certain Rules Relating to International Carriage by Air Performed by a Person Other than the Contracting Carrier)을 채택하였고 1961년 9월 18일 18개국이 동 조약에 서명을 하였다. 「과다라하라조약(Guadalajara Convention)」은 1964년 5월 1일부터 발효되었으며 2011년 8월 20일 현재 영국을 비롯하여 86개국이 동 조약에 가입한바 있다. 이 조약을 일반적으로 「과다라하라조약」이라고 호칭하고 있다.

과다라하라조약에서는 계약운송인은 운송계약에 포함된 운송의 전부에 관하여 또는 실제운송인은 자기가 행한 운송의 부분에 관하여 바르샤바 조약의 규정의 적용을 받는다고 규정하고 있고 실제운송인의 운송에 관련된 작위 및 부작위는 실제운송인의 작위 및 부작위로 간주되어 양자 간의 상호책임을 규정하고 있다.

최근 우리나라에서도 항공여객 및 화물수송의 격증 등을 고려할 때에 항공기 임대차 및 전세(傭機)등에 의한 수송이 많이 증가되리라고 보며 또한 이용항공운송사업자의 실태를 고려하더라도 이 과다라하라조약을 과테말라조약과 동시에 비준한다고 가정할 때에 이 조약의 수용태세에 대한 대책을 강구할 필요가 있다고 보아 항공운송법의 국내 입법 시 동 조약의 내용을 반영시켜야만 된다고 사료된다.

이 과다라하라조약은 바르샤바조약 헤이그의정서를 포함)을 보완하고, 앞에서 언급한 Charter, Interchange, Hire 등의 경우에 바르샤바조약의 해석을 명백히 하는 것으로서 양 조약은 이러한 의미에서 일체가 되는 것이기 때문에 우리나라는 이 조약에 조속히 가입하는 것이 바람직하다고 본다.

2. 실제 운송인의 책임과 책임한도액

실제운송인과 그의 사용인, 대리인 등의 고용범위 내에서 실제운송인에 의하여 수행된 운송과 관련된 작위 또는 부작위로 인하여 발생된 손해에는 바르샤바조약에서 규정하고 있는 계약운송인의 책임과 똑같이 적용된다. 다시 말하면 실제운송인의 배상책임한도액도 바르샤바조약 제22조에 규정되고 있는 배상책임한도액을 초과시킬 수가 없다(과다라하라조약 제3조 제2항). 실제상의 운송인(actual carrier)에 의한 운송의 경우 그 사용인이나 또는 계약상의 운송인(contracting carrier)의 사용인은 그가 직무를 수행중임을 입증함으로써 바르샤바조약 제22조의 손해에 대한 유한책임을 채택할 수 있다. 그리고 사실상의 운송인에 의한 운송과정에서 사고가 발생한 경우 피해자는 사실상의 운송인 또는 그 사용인에 대하여 한쪽이든 또는 양쪽에 대해서든 소송을 제기할 수 있으며 피해자가 받을 수 있는 금액의 총계는 사실상의 운송인이나 또는 명목상의 운송인 중 한쪽에서 받을 수 있는 최고액을 초과하지 못하도록 규정하고 있다(과다라하라 조약 제6조).

3. 면책약관의 금지

과다라하라조약은 바르샤바조약 제23조가 규정하고 있는 바와 같이 운송인의 면책약관의 금지조항을 규정하고 있다. 동 조약 제9조 1항은 이 조약에 의한 사실상의 운송인이나 계약상의 운송인이 책임을 면하기 위한 특정의 계약을 체결하거나 운송인의 책임한도액을 보다 낮게 정하려는 어떠한 규정도 무효라고 규정하고 있다. 다만 본 조약 제9조 3항에 따르는 중재가 생겼을 경우에는 중재조항에 한해서 예외를 허용하고 있다. 그리고 동 조약은 사실상의 운송인에게 운송되는 화물의 원시적 하자, 성질 또는 결함 등으로부터 발생되는 멸실이나 또는 손해에 대해서는 운송인의 책임을 배제하는 권리를 부여하고 있는데 이것은 바르샤바조약 제23조 2항의 내용과 동일한 것이다.

4. 손해배상청구의 소

사실상의 운송인에 의한 운송에서 손해가 발생한 경우에는, 피해자인 원고는 자기의 선택에 따라 사실상의 운송인이나 계약상의 운송인 어느 쪽에 대해서도 소송을 제기할 수 있고 또는 양쪽에 다 같이 혹은 분리하여 소송을 제기할 수도 있다. 소송이 어느 한 운송인에 대해 소송의 절차 및 결과에 대하여 협력하도록 요구할 권리를 갖는다(동 조약 제2조 및 제7조). 소송은 계약상의 운송인에 대한 경우에 있어서는 바르샤바조약 제28조에 따라 해당법원에 제기하며 사실상의 운송인에 대해서는 본 조약 제8조에 따라 본점의 주소나 주영업소의 지역의 해당법원에 제기하게 된다.

제7절 국제항공운송협회(IATA)의 항공운송인간협정(ILA) 및 실시 규정(MIA)

1995년 10월 30일, 말레이시아, 쿠알라룸푸르에서 개최된 국제항공운송협회(IATA) 년차 총회에서 회원항공사들은 여객책임에 대한 항공운송인간협정(IATA Intercarrier Agreement on Passenger Liability, 이하 IIA라고 약칭함)의 체결을 통하여 항공여객운송인의 책임제한 제도를 자발적으로 철폐하기로 결의하였다. 한편 1996년 5월 미국 마이애미에서 각 회원 항공사들은 IIA를 개별 항공사의 약관에 통일적으로 반영시키기 위한 IIA의 구체적 실행을 위하여 마련된 「운송약관 및 운임표에 삽입되는 국제항공운송협회(IATA)의 운송인간의 실시규정(Agreement on Measures to Implement the IATA

Inter-carrier Agreement, 이하 MIA라고 약칭함)」을 체결하였다.

1996년 9월 30일 현재 국제항공운송협회(IATA)의 항공운송인간협정(IIA)에 서명한 항공사들은 미국, 영국, 캐나다, 독일, 일본, 네덜란드, 인도 등 많은 국가들의 66개 항공사들이 서명하였고 전기 IATA의 「항공운송인간 의 실시규정(MIA)」에는 1998년 2월 25일 현재 전 세계의 항공수송량의 60% 이상을 차지하는 현재 미국, 영국, 프랑스, 독일, 일본 등을 비롯하여 각국의 65개 항공사들이 서명을 하였으며 우리나라에서는 대한항공과 아시아나항공이 서명하였다.[182] 국제항공운송협회(IATA)주도의 국제항공운송인의 여객책임제도의 개혁에 대한 미국의 반응은 1996년 5월 16일 미국공운송협회(ATA)가 채택한 「운송약관 및 운임표(tariff)에 삽입되는 미국항공운송협회(ATA)의 운송인간협정의 실시규정(The Provisions Implementing the IATA Intercarrier Agreement to be included in Conditions of Carriage and Tariffs (IPA); ATA 실시협정(IPA)이라고 약칭함)」서명을 위하여 개방하였다.

1996년 7월 31일 국제항공운송협회(IATA) 및 미국공운송협회(ATA)은 미국운수성에 대하여 전기 세 개 협정(IIA, MIA, IPA)의 인가와 독점금지법의 적용제외를 요청하는 신청서를 제출하였다. 1996년 10월 3일 미국운수성은 전기 세 가지 협정에 관한 Show Cause Proceedings(이의개시절차)에 약간의 조건을 붙이어 잠정적 인가를 하여 주었다.

전기의 이의개시절차에 의하여 부여된 미합중국운수성의 조건은 그 후 국제항공운송협회(IATA)의 재고에 대한 청원을 받아들여 완화된 바 있고 전기 세 가지 운송인간협정은 1997년 2월 14일에 발효되었다. 국제항공운송협회(IATA)주도의 국제항공운송인의 여객책임제도의 개혁(무한책임의 채택)에 자극을 받아 국제민간항공기관(ICAO)도 1990년대의 중반부터 1929년 바르샤바조약이 제정된 이후 약 70년 만에 처음으로 국제항공운송에 관한 바르샤바신통합조약안의 작업(새로운 조약안의 성안 등)이 본격적으로 시작 되었다. 1929년의 바르샤바조약은 비록 과거 수년 간 동안 여러 번에 걸쳐 개정되어 왔지만 항공운송인에 관한 사법체계를 포함하는 유일한 조약으로서 국제항공운송에 관한 국제법률체계를 확립하는데 매우 중요한 역할을 해왔다.

---

182) 國際航空運送協會(IATA)의 인터넷; http://www.iata.org/pr/pr97febb.htm에서 引用함.

제8절 1999년의 몬트리올조약의 성립경위, 주요내용과 논점

1. 머리말

1929년 12월 12일 폴란드 수도인 바르샤바에서 『국제항공운송에 관계된 약간의 규칙의 통일에 관한 조약(The Warsaw Convention for the Unification of Certain Rules Relating to International Carriage by Air: 이하 바르샤바조약이라고 약칭함)』이 채택된 이후 2011년 8월 20일 현재까지 152개국[183]이상이 가입된 바 있어 이 조약은 80여 년간 전 세계의 국제항공운송업계를 지배해온 바 있으며 한편 세계 각국은 이 조약을 자국 내에서 법전처럼 사용해 오고 있어 국제항공사법의 통일에 커다란 역할과 공헌을 해오고 있다.

국제항공운송분야에서는 항공여객운송인의 책임한계와 손해배상한도액을 규정한 1929년의 바르샤바조약(전 세계적으로 발효), 1955년의 헤이그개정의정서(전 세계적으로 발효), 1961년의 과다라하라조약(전 세계적으로 발효), 1971년의 과테말라의정서(전 세계적으로 미발효) 및 1975년의 몬트리올 제1추가의정서(전 세계적으로 발효), 제2추가의정서(전 세계적으로 발효), 제3추가의정서(전 세계적으로 미발효) 및 제4의정서 등(전 세계적으로 발효) 두 개의 조약과 여섯 개의 의정서로 매우 복잡하게 구성되어 있었으므로 전 세계적으로 이를 통칭 『바르샤바조약체제』또는 『바르샤바 · 시스템(Warsaw System)』 이라고 호칭하고 있었다.

세계 각국은 전기조약 및 의정서들 가운데 발효된 조약 및 의정서에 가입한 국가들은 국제항공기사고로 인한 사건 등을 이 협정, 의정서 및 조약에 의하여 처리해오고 있다.[184] 『바르샤 · 시스템』은 앞서가는 시대에 뒤떨어져있어 국제항공운송업무의 처리와 국제항공기소송사건을 다루는데 있어 매우 불편하고 신속성을 기하지 못하고 있었을 뿐만 아니라 많은 지장을 주고 있었으므로 복잡하게 구성되어 있는 이들 조약과 의정서들을 개정하여 하나로 통합시켜 새롭고 단순화된 조약을 만들자는 움직임이 1970년대부터 국제법협회(International Law Association: 이하 ILA이라고 약칭함)의 항공법위원회, 국제민간항공기관(ICAO) 및 국제항공수송협회 (IATA)의 법률위원회(Legal Committee)

---

183) 藤田勝利, 1999年モントリオール條約について, 空法(第42號, 2001年), 日本空法學會 發行, 3 頁; http://www.icao.org/cgi/goto_m.pl?/icao/en/leb/treaty.htm

184) N. M. Matte, *International Air Transport*, International Encyclopedia of Comparative Law, (Vol. XII, 1982), Tübingen; 마테교수는 캐나다 McGill대학항공법강좌담당한 바 있음.

등에서 시작되어 10여 년간 그 작업이 진행된 바 있었다.

오랜 동안 국제항공운송인의 손해배상 책임원칙과 한계를 규정한 『바르샤바조약체제』를 개정하고자 국제민간항공기관(ICAO)이 여러 차례 상기 조약과 개정의정서 및 추가 개정의정서 등을 하나로 통합하여 시대에 알 맞는 조약을 만들고자 많은 노력을 해왔다. 그러나 현실적으로 볼 때에 이들 조약과 상기 개정의정서 및 추가 개정의정서들은 비준한 나라들도 있었고 비준을 하지 않은 나라들도 있었음으로 개정의정서 및 추가 개정의정서들 가운데도 전 세계적으로 발효된 것도 있고 미발효된 것도 있어 불가피하게 복잡한 바르샤바조약체제로 구성하게 되었다.

시대에 뒤떨어지고 복잡하게 구성되어 있었던 『바르샤바ㆍ시스템(Warsaw System: 2개의 조약과 4개의 추가의정서로 구성되어 있었음)을 하나의 조약으로 통합(integration)시키고 단순화(simplification)시킬 뿐만 아니라 현대화(modernization)시키기 위하여 국제민간항공기관(ICAO)은 1999년 5월 28일 새롭게 제정한 몬트리올조약을 제정하였다.

이 몬트리올조약 제53조에 6항에 의거 30개 나라가 이 조약을 비준하고 30번째 되는 나라가 이 비준서를 국제민간항공기관(ICAO)에 기탁한 후 60일째 되는 날에 동 조약이 발효하게끔 되어 있는데 미국이 30번째로 2003년 9월 5일 이 몬트리올 조약을 비준한 후 비준서를 국제민간항공기관(ICAO)에 기탁하였으므로 60일째 되는 날인 2003년 11월 4일부터 이 몬트리올조약은 전 세계적으로 발효되었다.[185] 이 몬트리올조약은 2011년 8월 20일 현재 미국, 영국, 중국, 독일, 프랑스, 일본, 캐나다, 뉴질랜드, 그리스 등 102개국이 비준하고 가입하였다.

우리나라는 2007년 10월 30일에 몬트리올조약에 관한 비준서를 ICAO에 기탁하였고 2007년 12월 29일부터 발효가 되었다. 몬트리올조약은 현재 전 세계적으로 발효가 되어 국제항공실무면에 매우 중요하고 커다란 역할을 하고 있음으로 이 조약의 성립경위 와 몇 가지의 문제점과 해결방향에 대하여 다음과 같이 논하고자 한다.

2. 몬트리올조약의 성립경위

지난 1995년 10월 30일 국제항공운송협회(IATA)가 말레이시아의 쿠알라룸푸르에서 개최된 바 있는 년차 총회에서 채택된 『여객책임에 대한 항공운송인간협정(IATA Inter-carrier Agreement on Passenger Liability: 이하IIA라고 약칭함)』에서 여객배상한도액의

---

185) http://www.icao.org/icao/en/leb

철폐를 한 협정에 호응하여 ICAO뿐만 아니라 세계 각국들이 새로운 조약제정의 필요성이 인식하게 되었다. 1995년 11월 ICAO로부터 설치가 승인된 ICAO사무처연구그룹(Secretariat Study Group; 이하SSG라고 약칭함)은 「바르샤바·시스템」의 현대화를 하나의 제도로 발전시키기 위하여 ICAO 법무국을 돕는데 그 임무를 부여받았다.[186]

1996년 2월 12일부터 13일까지 몬트리올에서 개최된 ICAO사무처연구그룹(SSG)의 제1차 회합에서는 ICAO의 항공운송국(Air Transport Bureau: ATB)이 국제항공운송협회(IATA)의 협력을 얻어 사전에 조사하였던 사회적·경제적분석과 항공운송위원회(Air Transport Committee)에 의한 관련사항에 대한 코멘트 및 국제항공운송협회(IATA)가 제정하였던 「IATA의 여객책임에 관한 항공운송인간의 협정(IIA) 및 IATA의 시행조치 협정(Agreement on Measures to Implement the IATA Intercarrier Agreement: 이하 MIA)라고 약칭함」등을 검토하였고 더욱이 동 사무처 연구그룹(SSG)은 현행의 「바르샤바·시스템」중 특히 여객운송에 관한 책임제도에 대하여 중대한 결함을 시정하기 위하여 전면적인 개정을 목표로 국제민간항공기관(ICAO)의 긴급한 관여의 필요성을 제안하였다.[187]

전기 사무처연구그룹(SSG)은 오랜 심의를 한 끝에 하나의 새로운 여객책임제도의 실질적인 내용에 관하여 잠정적인 합의를 볼 수 있게 되어 새로운 바르샤바통합조약안을 작성하게 되었다.[188] 한편 국제민간항공기관(ICAO)은 ICAO이사회의 요청에 따라 1997년 4월 28일부터 5월 9일까지 몬트리올에서 개최된 ICAO법률위원회 제30차 회기에서 심의를 거쳐 승인된 바 있는 「국제항공운송에 있어 어떤 규칙의 통일에 관한 조약안(Draft Convention for the Unification of certain Rules for International Carriage by Air)」을 성립시켰다.

1997년 6월 27일 ICAO가맹국들에게 이 조약안에 대한 의견을 구하기 위하여 국제민간항공기관(ICAO)은 ICAO공문[189]과 함께 동 조약안이 각국 정부에 발송하였다. 각국 정부들은 동 조약안에 대한 문제점들이 많기 때문에 ICAO사무처연구그룹이 더욱 회합[190]을

---

186) Ludwig Weber and Arie Jakob, "*Current Developments Concerning the Reform of the Warsaw System*", (1996, XXI: Ⅱ), Ann. Air & Sp. L. at 308.; See also Appendix A to C-WP/10381. 5/3/96.

187) L. Weber & A. Jakob, *supra. note* (1) at 308-309.

188) C-WP/10613, 2/6/97.

189) LE 4/51-97/65LE 4/51 97/65.

190) Third Meeting 4 December 1997-see SGMW/1-WP/4; Fouth Meeting 26-27 January 1998 see SGMW/1 WP/5.

가져 심중이 검토하여야만 된다는 회신들이 많이 ICAO에 도착되었다. 마침내 국제민간항공기관(IACO)은 「바르샤바 · 시스템의 현대화 및 통합화에 관한 특별그룹(Special Group on the Modernization and Consolidation of the 'Warsaw System': 이하SGMW라고 약칭함)」을 1997년 11월 26일 IACO이사회의 결정에 따라 발족시켰다.[191]

1998년 4월 14일부터 18일까지 몬트리올에서 「바르샤바 · 시스템의 현대화 및 통합화에 관한 특별그룹」의 회합을 가져 외교회의에 제출하기로 되었던 완벽하지 못한 ICAO법률위원회 제30차 회기에서 승인한 바 있는 전기 조약안을 재심의 하여 개정하였다.[192] 당초 외교회의는 1998년 상반기 중에 개최될 예정이었으나 연기되었으며 ICAO이사회는 「국제조약의 채택에 관한 절차」[193]에 따라 「바르샤바 · 시스템」을 현대화시키고 대치시킬 목적으로 새로운 바르샤바통합조약안을 채택하기 위하여 외교회의(국제항공법회의)[194]를 1999년 5월 11일부터 20일까지 소집시킬 것을 결정하였다.

여하간 이 개정된 ICAO특별그룹(SGMW)의 최종조약안은 당시 일부국가들에 의하여 인정받지 못하고 있었지만 전기 특별그룹 내에 참가하고 있었던 참가국들의 전문가그룹 내에서 문제점들을 각국 대표들 간에 타협하여 합의된 사항들을 많이 반영시켰다. ICAO특별그룹(SGMW)에 대하여 ICAO에서 채택된 대표성이 없는 절차에 따라 구성되었다는 일부 비난도 있었지만 ICAO특별그룹(SGMW)에 의해서 준비된 본 조약안은 국제항공운송인의 책임에 관하여 세계적으로 현대화되고 통일된 법체계의 시급한 필요성을 충분히 고려하여 이를 반영시킨 훌륭한 조약안으로써 칭찬받을 만한 가치가 있다고 평가하였다.

1998년의 ICAO특별그룹(SGMW)의 조약안은 창조적인 성과물이라고 볼 수는 없었지만 「바르샤바 · 시스템」중 특히 1975년의 몬트리올 제3추가의정서 및 제4의정서, 1961년의 과다라하라조약, 1992년의 「일본의 선구적조치(Initiative Measures: 先驅的措置)」[195],

---

191) Decision on the basis of C-WP/10688.

192) Originally Assembly Resolution A7-6, now consolidated in Resolution A13-15, Appendix B.

193) Originally Assembly Resolution A7-6, now consolidated in Resolution A13-15, Appendix B.

194) CWP/10867, 154th Session of the Council, 9 June 1998.

195) 日本의 선구조치(Japanese Initiative: 先驅措置)라 함은 전 세계에서 1992년에 일본의 항공사들이 처음으로 무한책임을 도입하였는데 그 도입하게 된 주요한 이유로는 ①일본의 인신사고에 있어 다른 교통사고의 손해배상과 대비하여 볼 때 (철도, 자동차의 사고 국내항공운송에 있어서는 무한책임)국제항공운송인의 책임한도액이 너무 낮다는 점, ②몬트리올 제3추가의정서의 비준 및 발효의 곤란하다는 점 (국제항공운송인의 책임한도액이 너무 낮으므로 미국이 비준 할 가능성이 없음), ③국제항공운송인의 책임한도액의 인상이 어렵다는 점, ④무한책임이 항공회사에 미치는 비용이 그다지 크지는 않으며 보험으로서 커버할 수 있다는 점 등을 들어 일본 항공사들이 여객들을 보호하기위하여 무한책임제도를 도입하였던 것이다.

1995년의 국제항공운송협회(IATA)의 여객책임에 관한 항공운송인간의 협정(IIA, MIA 등), 항공운송인의 책임에 관하여 100,000 특별인출권(SDR)까지는 엄격책임이지만 그 이상의 배상액은 책임한도를 포기하는 EU의 유럽위원회의 조치, 규정 내지 협정들의 중요한 내용들을 많이 반영시켰고 소비자보호면에 크게 역점을 두어 작성하였다. 이 ICAO 특별그룹(SGMW)의 조약안은 「바르샤바 · 시스템」개혁에 관한 세계최신의 조약안으로서 1980년대부터 오늘날까지 세계 각국의 항공행정을 담당하고 있는 정부내의 관련부서, 항공운송업계, 법조계, 학계 및 국제항공수송협회(IATA) 등 각종국제기구 등에서 「바르샤바 · 시스템」을 조속히 개혁하여야만 된다는 강력한 여론에 힘입어 국제민간항공기관(IACO)은 약 20여 년간의 노력 끝에 처음으로 「바르샤바 · 시스템」을 혁명적이고 근본적으로 개혁하는 조약안으로 성립시켰던 것이다.

이에 따라 국제민간항공기관(ICAO)의 주최하에 1999년 5월 10일부터 28일까지 몬트리올에서 개최된 국제항공법회의(International Conference of Air Law)에서 ICAO의 법률위원회(Legal Committee) 및 ICAO의 이사회(Council)가 마련한 당초 ICAO특별구룹(SGMW)이 작성한 바 있는 『국제항공운송에 관한 규칙의 통일에 관한 조약(the Convention for the Unification of Certain Rules for International Carriage by Air)안』을 심의한 후[196] 최종일인 1999년 5월 28일에 동 조약의 본문을 채택하였고 같은 날에 이 조약을 각국의 서명을 위하여 개방하였다.

1999년 5월 28일 몬트리올에서 개최된 최종 외교회의에서 몬트리올조약에 대한 서명식에서 참가국 118개국 중 미국, 일본을 포함한 107개국이 Final Act(신조약의 성립을 증명하는 문서)에 서명하였고 그 중 53개국이 동신조약에 서명하여 동 조약이 성립되었던 것이다.

상기 몬트리올외교회의는 ICAO의 이사회가 출석하도록 초청한 나라들의 대표단으로 구성되고 있었다.[197] 또한 ICAO의 이사회가 출석하도록 초청한 국제기관은 입회인으로서 출석할 수가 있었다.[198] 국제민간항공기관(ICAO)의 가맹국은 185개국으로서 이들 나라들에게 초청장을 발송하였지만 이 가운데 118개국의 정부가 이 몬트리올외교회의에 대표단을 파견하였고[199] 또한 11개의 국제기관이 입회인을 보내어 참석한 바 있다.[200]

---

196) DCW Doc No.58, 28/5/99(Final Act of the International Conference on Air Law held under the auspices of the International Civil Aviation Organization at Montreal from 10 to 28 May 1999) at 6.

197) Ibid., at 2.

198) Ibid., at 3.

199) Ibid., at 2∼3.

이 외교회의에 앞서서 이 회의에서의 심의할 조약안이 1997년 4월 28일부터 5월 9일까지 몬트리올에서 개최되었던 ICAO법률위원회의 제30회기에서 승인을 받도록 되어 있었는데 동법률위원회에 대표를 보냈던 국가들이 61개국이므로[201] 과거 2년간 각국간에 새로운 통합조약의 성립을 위한 기운이 급속하게 확산되었다는 것을 우리는 알 수가 있었다. 아마도 이와 같은 기운이 급속하게 확산된 배경에는 ICAO 법무국을 중심으로 하여 사무국이 총력을 기울여 각국 및 각 지역을 대표하는 기관들이 참가하도록 독려한 결과라고 사료된다.

몬트리올에서 개최된 국제항공법회의(International Conference on Air Law)의 목적은 3주간이라는 한정된 기간 내에 국제항공운송에 관한 약간의 규칙의 통일을 규제하는 조약안을 심의를 하는데 목적이 있었던 것이다.

이 외교회의에서 3주간에 걸친 심의끝에 「바르샤바·시스템」내에 있는 1929년의 바르샤바조약과 7개의 발효 내지 미발효된 국제조약과 의정서 및 추가 의정서의 내용들을 하나로 통합하였고 그 규정내용을 현대화시킨 새로운 통합조약인 몬트리올조약을 채택하였던 것이다.[202]

이 외교회의에 제출된 최종조약안도 여러 가지 입법상의 문제점이 내포되고 있었기 때문에[203] 이 회의에서 각 조문을 심의함에 있어 특히 여객에 대한 책임제도와 제5재판관할을 중심으로 심각한 의견대립이 있어 몇 차례 회의가 진행되지 않았고 정체상태에 빠질 때도 있었다.

이와 같은 상황하에서 일반적으로 차선책으로 채택되는 수법이 대립되고 있는 주요한

---

200) Ibid., at 3. 상기외교회의에 입회인으로 파견한 국제기구로는 ①African Civil Aviation Commission (AFCAC), ②Arab Civil Aviation Commission(ACAC), ③European Civil Aviation Commission (ECAC), ④European Community(EC), ⑤International Transport Association (IATA), ⑥International Chamber of Commerce(ICC), ⑦International Law Association (ILA), ⑧International Union of Aviation Insurers(IUAI), ⑨Interstate Aviation Committee, ⑩Latin American Association of Air and Space Law(ALADA), ⑪Latin American Civil Aviation Commision(LACAC)등 11개 기구가 있었다.

201) Doc 9693-LC/190 (The 30th Session of the Legal Committee, Montreal, 28 April-9 May 1997), at C1_C5.

202) 1999년 5월 10일의 「바르샤바·시스템」의 현대화에 관한 국제항공법회의에서 국제민간항 기관(ICAO)의 이사장 Dr. Assad Kotaite박사에 의한 개회사가 http://www.icao.org./icao/en/conf/warsawpres.htm에 게재되어 있었다.

203) N. Sekiguchi, "The Refinement of the Draft Convention for the Unification of the Certain Rules for International Carriage by Air", The Korean Journal of Air and Space Law, (Vol. 11, Feb., 1999), at 143; 關口雅夫, 「國際航空運送についてある規則の統一つい ての條約案」の 立法上の 問題點とその檢討」, 駒澤大學法學部論集第59號(1999年 3月), 1頁以下 參照.

조문들을 하나의 펙케이지(package: 和解案)로 하여 특별히 편성된 위원회(panel)에서 검토케 한 후 이 펙케이지를 일괄승인토록 하는 방안이다. 지난 몬트리올외교회의에서도 이와 같은 펙케이지의 수법을 준용하는 방안이 채택하였던 것이다. ICAO특별위원회에 의한 펙케이지의 검토방식은 제일 중요한 과제로서 미국정부가 서명할 수 있도록 하는 최저의 규정내용을 정함에 따라 이 타협문안은 다른 조문과의 사이에 연계성을 잃는다는 면도 있었으므로 다른 조문의 용어검토가 소홀히 하게 되었다는 단점도 노출되었다. 국제항공여객책임제도와 제5재판관할에 관계된 조문은 아마도 미국정부가 서명할 수 있는 문안으로 채택되었다는 점이 주목할만한 항목이다. 더욱이 이 펙케이지의 조정에 공을 들인 결과 각 조문의 문제점의 검토에 미쳐 손이 미치지 못한 점도 엿볼 수가 있었다.

결과적으로 연계성이 없는 비논리적인 일부 조문들을 철저히 가려내어 수정을 가하지 못하고 그대로 규정하였다는 점은 안타까운 일이라고 볼 수가 있다.[204]

다음으로 국제항공여객책임운송인의 책임에 관한 몬트리올조약상의 주요내용 및 바르샤바조약·헤이그개정의정서의 주요내용과 상이 한 점과 아울러 동 조약상의 문제점 및 해결방향에 대하여 간략하게 다음과 같이 설명하고자 한다.

3. 몬트리올조약의 주요내용

(1) 서 론

앞에서 언급한 바와 같이 몬트리올조약은 기존의 2개의 조약(바르샤바조약, 과다하라 조약)과 4개의 의정서(헤이그의정서, 과테말라의정서, 몬트리올 제1, 제2, 제3추가의정서 및 제4의정서[205])등을 하나로 통합하였고 현대화시킨 조약이다. 그러나 몬트리올조약은 바르샤바조약체제의 조약문서와는 별개의 새로운 조약으로 제정되었던 것이다.

1999년의 몬트리올조약은 전문, 제Ⅰ장 총칙(제1조 및 제2조까지), 제 Ⅱ장 여객, 수하물 및 화물의 운송에 관한 증권과 당사자의 의무(제3조부터 16조까지), 제Ⅲ장 운송인의 책임 및 손해배상의 범위(제17조부터 37조까지), 제Ⅳ장 순차운송(제38조), 제Ⅴ장 계약운송인 이외의 자가 행하는 항공운송(제39조부터 제48조까지, 제Ⅵ장 잡칙(제49조부터 제52조까지), 제Ⅶ장 최종규정(제53조부터 제57조까지)으로 구성되어 있다.

---

204) 關口雅夫, 國際航空運送についてのある規則の統一についての條約(1999年モントリオール 條約), 日本駒澤大學法學部政治學論集第50號, 1999年10月1日發行, 1~3頁.

205) 몬트리올 제4의정서는 현재 57개국이 비준하였으므로 전 세계적으로 발효가 되어 있다.

(2) 조약의 명칭

조약의 정식명칭은 "Convention for the Unification of Certain Rules for International Carriage by Air"이다. 동 조약을 문리해석 할 때에 「국제항공운송에 관한 약간의 규칙의 통일에 관한 조약」이라고 번역할 수가 있다. 하나의 짧은 문구가운데에 for라는 용어가 두 번 들어간다는 것은 보기에도 좋지 않을 뿐만 아니라 미완성의 감이 들어 차후 이 조약을 개정할 때에 두 번째 용어인 for를 relating to로 수정하는 것이 바람직하다고 본다. 일반적으로 새로운 조약의 명칭을 문안의 기초단계에서 좋은 용어로 작성하지 않는다면 차후 수정하기란 대단히 어려운 것이다.

(3) 조약의 전문

몬트리올조약의 전문은 이 조약의 기본이념과 특징을 나타내는 중요한 사항이기 때문에 전문의 내용을 소개하고자 한다. 일반적으로 조약의 전문은 조약문의 내용 중 그 일부를 구성하게 된다. 동 조약에 규정된 전문에서는 항공여객의 책임을 규제하는 다음과 같은 세 가지 기본원칙을 정하고 있다.

제1원칙은 「소비자의 여러 이익의 보호(protection of the interests of consumers)」이며, 제2원칙은 「원상회복의 원칙에 기초한 형평한 배상(equitable compensation based on the principle of restitution)」이고 제3원칙은 「여러 이익 중 하나의 형평한 균형(an equitable balance of interests)」이다.

제1원칙에 관계되는 사항으로서 당초의 초안에서는 「소비자의 보호(protection of consumers)」로 규정되어 있었지만 전문이 「소비자의 여러 이익의 보호(protection of the interests of consumers)」라는 어구로 수정되었다. 동전문의 수정결과로 제1원칙에서는 「여러 이익의」라는 문구가 추가 되어 「소비자의 권리보호가 가일층 명확하게 되었기 때문에 몬트리올조약의 특징으로 내세울 수가 있다. 국제항공운송인에 대한 여객책임을 규제하는 세 가지 기본원칙을 전문에 삽입한 것은 다음과 같은 이원적인 사유로 그 취지를 높이 평가할 수가 있다.

첫째로, 상기 세 가지 기본원칙을 전문에 규정한 것은 동 조약의 성격이 지금까지의 「바르샤바·시스템」에 관한 단순한 통합조약이라는 성격으로부터 탈피하여 새로운 원칙에 기초한 하나의 독립된 「국제항공운송에 관한 여러 규칙의 통일에 관한 조약」으로 크게 변질되었다는 점이 그 특징으로 되어 있다.

확실히 동 조약은 많은 규정들을 현재까지의 「바르샤바·시스템」으로 붙어 차용해 왔지만 「바르샤바·시스템」으로부터 연역된 바르샤바조약의 기본원칙인 「운송인의 여러 이익보호의 원칙」, 「유한책임의 원칙」 및 「여러 이익에 대한 하나의 형평한 균형의 원칙」으로 구성되어 있어 왔는데 반하여 몬트리올조약에서 규정하고 있는 기본원칙은 「소비자의 여러 이익의 보호원칙」, 「완전한 배상의 원칙」 및 「여러 이익의 하나의 형평한 균형의 원칙」 등으로 정하였다.

몬트리올조약이 「바르샤바·시스템」과는 다른 새로운 기본원칙을 명확하게 규정하였기 때문에 그 기본적 성격이 변질되었다는 점에 대하여 우리는 유념하여야만 된다. 다음으로 이 세 가지의 기본원칙이 전문에 명시적으로 삽입됨에 따라 그 성질이 법으로서의 선언적효력을 갖게 되었다고 볼 수가 있다. 전기세 가지 기본원칙은 동 조약의 전문에 규정하고 있기 때문에 동 조약이 성립된 후 30개국이상이 동 조약을 비준하여 발효되었으므로 당사국을 구속하게 되는 법적 효력을 갖게 되며 적용이 가능하게 되었다. 우리나라도 장차 몬트리올조약을 비준 하게 된다면 우리 헌법 제6조에 의거 동 조약은 국내법과 동일한 효력을 가지게 된다.

(4) 전자항공권·전자화물운송장의 실현

운송증권의 간소화 및 현대화를 위하여 몬트리올조약은 기본적으로 1975년의 몬트리올 제4의정서에 의하여 개정되었던 규정들을 일부 반영시키었다. 동 조약에서는 여객에 관하여 컴퓨터를 이용한 전자발권제도를 인정하였다. 바르샤바조약에서는 조약상의 책임제한이 적용될 가능성이 있는 취지를 항공권 및 항공화물운송장에 기재하지 않는 경우 또는 항공권 및 항공화물운송장을 여객·송하인에게 교부하지 않았을 경우에는 동 조약상의 책임제한을 항공운송인이 원용하는 것을 인정하지 않았다. 그러나 몬트리올조약에서는 전자여객항공권(E-air passenger ticket)·전자항공화물운송장을 실현하도록 법적인 환경을 정비하기 위하여 상기의 경우일지라도 운송인이 조약상의 책임제한의 원용을 인정하였다. 더욱이 몬트리올 제4의정서에 있어서 전자항공화물운송장은 송하인의 동의가 있는 경우만이 채택할 수 있다고 되어 있으며 또한 도중경유지 또는 도착지에서 전자항공화물운송장을 사용할 수 없음을 이유로 화물운송의 인수를 거부할 수 없다는 규정이 있었지만 몬트리올조약에 있어서 전자항공화물운송장은 컴퓨터시스템의 연결에 의하여 발급할 수 있도록 하였다.

그러나 전자항공화물운송장의 채택은 각 송하인의 동의에 의존한다는 것이 실질적으로 곤란하다는 점과 도중경유지 또는 도착지에서 그와 같은 컴퓨터 시스템을 사용할 수 없는 경우까지 운송인에게 화물운송의 인수를 강요하는 합리적인 이유를 찾아 볼 수 없기 때문에 몬트리올조약에서는 몬트리올 제4의정서의 일부내용을 받아들이지 않고 보다 현실적인 국제항공운송에 알 맞는 규정으로 정비를 하였다(동 조약 제3조 및 제4조)

(5) 화물운송상의 기재사항

1998년에 채택된 ICAO법률위원회에서는 항공운송장에 기재하여야만 되는 사항으로 "nature of the consignment(보내는 짐의 성질)"가 추가되었다. 바르샤바조약에서는 항공운송장에 출발지, 도착지 및 발송하는 짐의 중량을 기재하도록 되어 있었으나 몬트리올조약초안에서는 안전운항을 유지하기 위하여 "nature of the consignment"를 기재사항으로 추가하여야만 된다는 견해가 우세하였기 때문에 이를 추가하였다.

방사성물질 등의 위험한 물건들을 운송인이 알지 못하는 사이에 탑재를 하게되면 안전운항을 해칠 우려성이 있다는 지적이 있어 개발도상국들 과 선진국들이 타협하여 이와 같은 추가적인 기재사항을 채택하게 되었다.

그러하지만 몬트리올외교회의에서는 "nature of consignment"를 「보내는 짐의 성질」이라고 의미한다고 하더라도 어떠한 성질의 기재를 요구하고 있는가 불분명함으로 위험품 수송에 관하여는 이미 시카고조약 부속서에 상세히 규정되어 있다는 점과 더욱이 몬트리올 제4의정서의 기재사항과 일치하지 않을 가능성이 있다는 것 등이 지적되어 최종적으로 "nature of consignment"를 항공운송장의 기재사항으로부터 삭제토록 하였다.

그러나 그 후 각국에서 "nature of consignment"를 기재사항에 추가로 기재하여만 된다고 요구하는 목소리가 크게 높아졌기 때문에 제6조를 독립적으로 신설하여 「송하인은 필요에 따라 화물의 성질(nature of cargo)을 표시하는 서류의 제출을 요구할 수 있다」라는 조항을 삽입함으로서 타협을 하였던 것이다(동 조약 제6조).

(6) 여객·수하물·화물에 대한 책임원칙과 배상한도액

가. 항공여객의 사상 및 연착에 관하여
당초 ICAO법률위원회는 항공기사고로 인한 항공여객의 사망 또는 상해의 경우 몬트리올조약초안에서 규정되고 있었던 2원적책임 제도를 지지하였다.

100,000SDR(Special Drawing Right: 특별인출권: 171,275,000원, 이하 SDR[206])라고

---

206) 2011년 8월 20일 현재 1SDR의 값은 한화1,712원75전이고 달러로는 1달러60센트이다. 이 SDR의 가격은 IMF협정으로 1단위당 0.88671그램의 금과 같은 가치를 보유하고 있다고 정하여 지고 있으며 이

약칭함)까지의 항공여객의 손해배상 청구권에 대하여 항공운송인의 책임제도는 무과실책임(strict liability: 엄격책임)을 채택하였다. 그러나 100,000SDR을 초과하는 항공운송인의 책임제도에 대하여 입증책임을 운송인 측에게 부담시킬 것인가 또는 여객에게 부담시킬 것인가 하는 문제와 제2단계의 책임제도(two tier liability system)를 과실추정책임으로 할 것인가 또는 단순한 과실책임으로 할 것인가에 대하여 ICAO법률위원회에서는 합의를 보지 못하고 1999년 몬트리올에서 개최된 최종 외교회의에서 합의를 보아 입증책임을 운송인 측에게 부담시키는 과실추정책임으로 채택하였던 것이다.

바르샤바조약을 개정한 헤이그의정서에서는 여객의 사상에 대하여 여객 일인당 25만프랑(약 2만달러)의 배상한도액으로 규정하였지만 몬트리올조약에서는 항공기사고로 인한 여객의 사상시에 운송인의 책임원칙에 대하여 배상한도액을 철폐하였고 또한 100,000 SDR까지는 운송인에게 무과실의 항변을 인정하지 않는 무과실책임을 부과시켰던 것이다.

1975년대 이후의 항공관계국제조약 및 외국항공사의 운송약관들의 대부분이 항공기사고로 인한 인적 또는 물적 손해에 대한 항공운송인의 배상책임한도액을 자국의 화폐단위로 표시하지 않고 IMF의 SDR로 기재하고 있었기 때문에 항공운송실무면에서 필요로 하는 SDR의 개념을 설명하고자 한다.

이 SDR는 국제연합(UN)의 산하 기관인 국제통화기관(International Monetary Fund: 이하 IMF라고 약칭함)의 통화단위이며 약 1달러와 같은 가치로 되어 있지만 세계경제의 경기의 호황 또는 불황의 여하에 따라 등락이 되고 있다.

이것은 당초 IMF가 세계 수출에서 점하는 비중이 1%이상의 나라인 16개 국가의 통화의 가치를 가중 평균하여 SDR의 가치로 정하는 방법을 채택하고 있었지만 1980년대에 들어와서는 전 세계에서 5대 수출국의 통화단위인 미국의 달러, 일본의 엔화, 영국의 파운드, 독일의 마르크, 프랑스의 프랑의 통화가치를 가중 평균하여 SDR의 가치를 정하고 있었다.

그러나 1990년대에 들어와서 IMF는 유럽연합(European Union: EU)이 탄생됨에 따라 2000년대인 현재에는 4개 통화단위인 미국의 달러, 유럽연합(EU)의 유로화, 일본의 엔화, 영국의 파운드의 통화의 가치를 가중 평균하여 SDR의 가치를 정하고 있다.[207]

것은 또한 약 1달러와 같은 가치로 되어 있었지만 1971년12월의 다 국가간 통화조정의 결과 1달러당 0.92106 SDR로 정하여 졌고 더욱이 1973년 2월 달러 값이 절하되어 1달러당 0.8295 SDR으로 정하여졌다. 한편 IMF의 다국가간 통화개혁의 교섭 중에 SDR여 1973년 6월 회의에서 「표 준 바스켓 방식」을 잠정적으로 채택 할 것을 결정한 바 있다: http://www. imf.org/external/np/tre/sdr/drates/0701.htm

207) In 1969 the IMF created the SDR, an artificial currency unit defined as a basket of national

1 SDR의 시세는 매일같이 변동하고 있으므로 IMF본부(미국, 와싱톤 D.C.소재)는 매일 당일의 1 SDR의 시세를 정하여 고시하고 있다. 인터넷을 통하여 다음과 같은 IMF본부의 홈페이지를 방문하면 1 SDR의 한국의 원화 시세, 미국의 달러화 시세, 일본의 엔화시세 및 세계각국의 통화의 시세 등을 금방 알 수가 있다.208)

2011년 8월 20일 현재 1 SDR의 가치는 미화 1달러 60센트이며 한화로 환산할 때에는 1,712원75전이된다. 현재 우리나라는 상법에 일본은 국제해상물품법 및 「선박의 소유자 등의 책임의 제한에 관한 법률」에 이미 1 SDR를 1 계산단위(unit of account)로 호칭하여 도입하여 사용해 오고 있다.209)

이것은 1992년의 일본항공사 들에 의하여 항공운송약관 내에 규정되어 있는 항공여객운송인의 배상책임한도액을 무한책임으로 개정한 것부터 시작하여 국제항공운송협회(IATA)에서 항공여객운송인의 배상책임에 관한 2원적 책임 제도를 항공사 간 협정(ILA)으로 채택하였고 1999년의 몬트리올조약에서도 이 2원적책임 제도를 계승하였음은 대단히 큰 의미가 있는 일이라고 사료된다.

그러나 몬트리올외교회의에서는 상기 2계층(two tier)의 책임원칙이 채택되기까지에는 많은 논란이 있었다. 항공여객운송인에게 100,000 SDR까지 무과실책임을 부담시키는 것에 대하여 세계의 대부분의 국가들이 이를 지지한 바 있지만 100,000 SDR를 초과하는 부분의 책임원칙에 관해서는 여객이 항공운송인에게 과실이 있다는 것을 입증하지 않으면 아니 된다는 과실책임주의를 지지하는 국가들과 항공운송인이 과실이 없다는 것을 입증하지 않으면 아니 되는 과실추정책임주의를 지지하는 국가들로 대립한바 있었다.

이와 같은 의견의 대립과정에서 아프리카의 53개국으로부터 공동제안의 형태로 ① 10만 SDR까지는 무과실책임주의로 ② 10만 SDR를 초과하고 50만 SDR까지의 부분에 관해서는 과실추정책임주의로 ③ 50만 SDR를 초과하는 부분에 관해서는 과실책임주의로 채택하자는 3계층(three tier)의 책임원칙이 타협안으로서 제안된 바 있고 또한 10만

---

currencies. The SDR is used as an international reserve asset, to supplement members' existing reserve assets (official holdings of gold, foreign exchange, and reserve positions in the IMF). The SDR is the IMF's unit of account: IMF voting shares and loans are all denominated in SDRs. The SDR's value is determined using a basket of currencies. The basket is reviewed every five years to ensure that the currencies included in the basket are representative of those used in international transactions and that the weights assigned to the currencies reflect their relative importance in the world's trading and financial systems.

208) IMF의 홈페이지 주소(SDR): http://www.imf.org/external/np/tre/sdr/db/rms_five.cfm

209) 한국상법 제747조(책임의 한도액), 제789조의 2(책임의 한도), 일본의 국제해상물품법 제13조 및 「선박의 소유자 등의 책임의 제한에 관한 법률」 제6조 참조 망.

SDR까지는 무과실책이므로 하지 않고 일률적으로 과실추정책임주의를 채택하자는 타협안도 제안하는 등 논쟁의 격화로 인하여 한때 교착상태에 빠져들어 몬트리올조약의 채택이 물 건너갔다는 여론이 형성되어 참가국들을 당황하게 한 적도 있었다.

한편 몬트리올외교회의에서는 이와 같은 사태로부터 속히 탈피하기 위하여 주요선진국들의 지지를 얻은 의장은 여객의 사상에 관한 책임원칙만을 논의하는 것이 가능하지 않으므로 차라리 "mental injury(정신적 상해)"를 배상대상으로 하도록 몬트리올조약에 명시적으로 기재할 것인가 하지 않을 것인가 또는 여객의 거주지에 재판관할을 인정할 것인가 하지 않을 것인가라는 논의와 밀접하게 관련되어 있어 이를 각각 분리해서 논의할 것이 아니라 하나의 팩케이지(package)로 묶어 전체적 · 종합적으로 판단하여야만 된다는 의견을 제시하였다.

따라서 외교회의 의장은 팩케이지를 새로 만들어 『2단계의 책임원칙(10만 SDR까지는 무과실책임, 10만 SDR를 초과하는 것에 대하여는 과실추정책임)』을 제안하게 되었던 것이며 이 팩케이지의 제안은 선진국과 개발도상국간의 격론을 수습하는데 타협이 되어 몬트리올조약의 성립과정에서 가장 큰 난제였던 책임문제가 해결됨으로서 세계 각국들도 지지를 하게 되어 새로운 몬트리올조약이 성립하게 되었던 것이다.

한편 순수한 정신적 손해까지 배상대상으로 확대할 것인가 하지 않을 것인가 즉 "mental injury(정신적인 상해)"의 문구를 넣을 것인가 넣지 않을 것인가 외교회의에서 크게 격론이 벌어졌지만 여객의 사상(死傷)에 있어 배상한도액의 철폐 또는 10만 SDR까지의 무과실책임의 채택이 세계 각국의 중소항공사에 미치는 영향을 고려하여 "mental injury"의 문구를 넣지 않고 최종적으로 바르샤바조약상의 "bodily injury(신체상의 상해)"라는 문구를 그대로 유지하는 것으로 정하였던 것이다.[210]

그러나 필자의 의견으로는 피해자보호를 위하여 앞으로 몬트리올조약을 개정할 기회가 있을 때에 몬트리올조약 제17조에 규정되어 있는 "bodily injury"라는 문구를 1971년 과테말라의정서 제4조에 규정되어 있는 정신적인 상해까지도 포함될 수 있는 "personal injury"라는 문구로 수정을 하던지 또는 "mental injury(정신적인 상해)"라는 문구를 삽입하는 것이 타당하다고 본다. 한편 몬트리올조약 제17조에 규정되어 있는 "bodily injury"라는 문구를 「신체상의 상해」가 아니라 「신체상의 장애」로 확대해석함으로서 피해자의 정신적인 손해까지도 배상대상으로 하여 피해자를 구제하여주자는 견해도 있다.

---

210) 日本航空私法研究會, 1999年度 航空運送法委員會 報告書, (日本航空振興財團 發行, 2000年), 5頁.

우리 민법 제751조에서도 불법행위로 인하여 타인에게 정신상의 고통을 가한 자는 그 손해에 대하여 피해자에게 배상할 책임이 있다고 규정하여 피해자의 정신적인 손해를 구제하여 주는 길이 열어 놓고 있다. 몬트리올조약상의 용어의 문제로서 항공운송인의 책임에 관하여 몬트리올조약 제17조가 규정한 책임조건으로서 요구하고 있는 「손해의 원인이 된 사고(the accident which caused the damage)」인 경우 이 사고(accident)에 대한 정의를 규정한바가 없어 앞으로 몬트리올조약을 개정할 때에 분명하게 accident에 대한 개념을 규정하여야만 된다.

몬트리올조약의 일부조항에서 책임제한의 철폐로 인하여 국제항공운송인측(항공사)은 이 조약을 협의로 해석하려고 할 것이고 피해자인 원고측에서는 광의로 해석하려고 하는 문제점이 제기될 우려가 있다.

나. 국제항공여객의 연착에 대한 손해

여객의 연착손해에 대하여 항공운송인의 책임은 여객 일인당 4,150SDR(666만원)를 배상한도액으로 채택되었다(동 조약 제22조 1항). 그러나 여객이 운송인의 고의를 입증한 경우에는 당해 한도액은 적용되지 않는다는 점에서 바르샤바조약 및 헤이그의정서와 같은 내용이다.

다. 여객의 수하물에 관하여

바르샤바조약에서는 수탁수하물에 관하여 1킬로그램 당 250프랑(약 17달러)이고 기내 휴대수하물에 대해서는 여객 일인당 5,000프랑(약 340)달러로 배상한도액이 정하여져 있었지만 몬트리올조약에서는 수탁수하물 및 기내 휴대수하물 합계 여객 일인당 1,000SDR(160만원)가 배상한도액으로 채택되었다 (동 조약 제22조 2항).

수탁수하물에 대해서는 당해 수하물의 고유한 하자로부터 일어난 범위에 관한 한 면책을 인정하였고 운송인에게는 무거운 책임을 부담시켰지만 기내 휴대수하물에 대하여 과실책임주의를 채택함으로서 여객에게 과실의 입증책임을 부과시켰다. 이것은 기내 휴대수하물은 당연히 여객의 관리하에 있으므로 여객에게 과실의 입증책임을 부과시켰다고 하더라도 불합리하지 않다는 판단으로 정하여진 것이다.

특히 운송인의 책임을 배제하는 바르샤바조약 제25조(미필적 고의: wilful misconduct) 및 헤이그의정서 제13조는 인적 또는 물적 손해 전부에 대하여 적용을 시켜왔으나 몬트리올조약 제22조 제5항에서는 여객 및 화물의 일반적 손해는 제외시키고 여객의 연착손해와 수하물의 손해에 국한시켜 적용키로 하였으므로 앞으로 동 조약 제22조 제5항의 적용문제에 관하여 여객과 하주보호를 위하여 심각한 논란의 대상이 될 수가 있다.

라. 화물에 관하여

바르샤바조약에서는 화물의 배상한도액을 1킬로그램 당 250프랑(약 17달러)으로 규정하였고 항공운송인에게는 과실추정책임을 부과시켰지만 새로운 조약인 몬트리올 제4의정서도 똑같이 면책사유를 인정하였고 운송인에게 무과실책임을 부과시켰다(동 조약 제22조 제1항). 그 카운터 발란스(counter balance)로서 몬트리올조약에서는 배상한도액을 1킬로그램 당 17 SDR(27,287원)로 규정하였고(동 조약 제22조 3항) 배상한도액의 성질은 운송인에게 고의가 있는 경우에도 「깨뜨려지지 않는다는 (unbreakable)」점에 관하여서도 몬트리올조약은 몬트리올 제4의정서의 내용을 답습하고 있다. 「깨뜨려지지 않는다는 (unbreakable)」는 의미는 항공운송인 측에 미필적(wilful misconduct) 고의가 있다고 하더라도 종전의 바르샤바조약 제25조에 규정되어 있는 바와 같이 무한책임이 적용되는 것이 아니라 유한책임이 적용된다는 뜻이다.

국제항공화물에 관하여 기본적으로 상인간의 거래이므로 하주보험의 발달 등에 의하여 배상한도액을 깨뜨려지지 않는 것으로 하더라도 하주의 보호에 하등 부족함이 없고 또한 신속한 배상처리에 임할 수 있다는 것을 외교회의에서 판단하였기 때문에 깨뜨려지지 않는 것으로 정하였던 것이다. 그러나 몬트리올조약과 몬트리올 제4의정서와 공통의 문제로서 화물의 손상에 대한 책임한도액이 1킬로그램 당 17 SDR로 제한되고 있으며 이 책임제한은 운송인에게 고의가 있는 경우에도 동 조약 제22조 5항의 반대해석에 의하여 「깨트릴 수 없다는 점」이 문제가 될 수 있다.

인신손해(人身損害)에 관한 몬트리올 제3추가의정서의 경우에는 운송인의 고의인 경우를 포함한 절대적인 책임제한은 공서양속에 반할 가능성이 있으며 문제가 될 수 있으나 화물에 관하여도 이용자의 대부분이 기업이고 고가품의 명시제도와 보험의 이용에 의하여 대처가능하기 때문에 분쟁처리의 코스트 면에서 볼 때에 책임제한을 채택하였지만 하주보호를 위해서는 문제점이 있다고 본다.

(7) 손해배상한도액의 자동조정

앞으로 있을지도 모르는 세계경제의 극심한 인플레이션의 진행으로 인한 여객책임의 제1단계의 상한가액 및 각종책임한도액의 실질가치의 감소를 피하기 위하여 책임한도액의 증액조항을 신설하였다. 당초 조약초안에서는 단계적 증액조항(Escalator Clause)에 관한 규정을 ICAO항공운송국의 협력을 얻어 ICAO법무국에 의하여 상세한 규정이 마련 하였지만 이 조항은 외교회의에서 더욱 심의할 필요가 있다고 보아 미확정의 조항으로 남겨 두었던 것이다. 이 조약초안을 기초한 사람들의 의도는 신조약이 발효된 후 시간이 경과하더라도 현재의 관련책임한도액에 대한 실질가치를 유지시키는데 그 목적이 있었다 고 본다. 따라서 세계경제가 「인플레이션 또는 디플레이션」일 경우에 환율의 변동으로 인하여 특별인출권(SDR)의 단위로 환산되는 국내통화의 실질적가치는 동일한 수준으로 계속적으로 유지하여야만 된다는 것이 바람직하다고 본다. 조약안의 기초자는 특별인출 권(SDR)으로 표시된 국내통화의 명목적 가치가 「인플레이션 내지 디플레이션율」과는 관 계없이 특정국의 경제력에 의거하여 변동되고 있음을 간과하고 있다.

바꾸어 말한다면 여기에서 환산율은 특정국의 경제력에 반비례한다는 일종의 경제상의 원칙이 존재하고 있기 때문이다. 여하간 바르샤바조약상의 배상한도액을 그 동안 몇 차 례 개정을 하였지만 실효를 거두지 못한 점에 대한 반성으로 몬트리올조약에서는 5년마 다 SDR를 구성하는 5개국(미국, 영국, 독일, 프랑스 및 일본)의 소비자물가지수의 인플 레이션율이 10%를 넘을 때에는 배상한도액을 자동적으로 상향조정할 수 있도록 하는 규 정을 신설하였다. 그러나 체약국의 과반수가 상향조정에 동의하지 않는 경우에는 당해수 정은 효력이 발생되지 않는다.

수하물과 화물의 배상한도액과는 달리 여객의 사상에 있어 몬트리올조약 제21조에서 규정하고 있는 10만 SDR는 유한책임에 대한 입증책임의 전환에 불과하므로 이것을 "limits of liability(책임의 제한)"이라고 표현하는 것의 타당성과 인플레이션에 연동시켜 자동조 정을 할 수 있도록 하는 타당성에 대하여 의문시하는 견해도 있었다.

10만 SDR도 앞으로 인플레이션의 영향을 받을 수 있다라는 이유에서 수하물·화물의 배상한도액과 똑같이 자동조정을 할 수 있도록 하여야만 된다는 의견이 외교회의에서 다 수를 지배하였기 때문에 동 조약상의 인적손해에 대한 10만 SDR도 향후 인플레이션이 발생할 때에는 자동조정의 대상으로 삼았던 것이다(동 조약 제24조).

1999년의 몬트리올조약에서는 5년마다 SDR를 구성하는 미국, 영국, 유럽연합 및 일 본의 소비자물가지수의 인플레이션율이 10%를 넘을 때에는 배상한도액을 자동적으로 상 향조정할 수 있도록 단계적인 증액조항(Escalator Clause)을 몬트리올 조약 제24조에 신 설하였다.

몬트리올조약이 1999년 5월 28일 제정되어 2003년 11월 4일에 전 세계적으로 발효되었는데 국제민간항공기구 (ICAO)에서 상기 국가들의 인프레이숀율을 조사한 결과 이 조약이 발효된 이후 지난 5년간의 기간 동안 상기 국가들의 인플레이션율이 13.1%로[211] 올라갔음으로 이를 근거로 하여 항공운송인의 배상한도액을 아래와 같이 인상시켰다. 이 조약의 가입국인 우리나라도 피해자인 우리국민을 보호하기 위하여 인상된 배상책임한도액을 앞으로 또다시 우리상법의 일부를 개정할 시 꼭 반영시키는 것이 옳다고 본다. 2010년의 독일 개정항공운송법에서는 국내항공운소인의 인적 또는 물적 손해배상한도액을 다음 표에 있는 금액으로 인상시켰다.

국제항공운송인의 배상한도액 인상 비교표

현행 국제항공운송인의 책임한도액	국제항공운송인의 책임한도액의 인상
여객의 사망 또는 부상 1인당 10만SDR 1999년의 몬트리올조약 제21조 1항	여객의 사망 또는 부상 1인당 113,100 SDR
화물의 파괴, 멸실, 훼손/연착 1㎏당 17SDR 1999년의 몬트리올조약 제22조 3항	화물의 파괴, 멸실, 훼손/연착 1㎏당 19 SDR
수하물의 책임한도액 여객 1인당 1,000SDR 1999년의 몬트리올조약 제22조 2항	수하물의 책임한도액 여객 1인당 1,131SDR
연착의 경우 여개1인 당 4,150SDR 1999년의 몬트리올조약 제22조 1항	연착의 경우 여개1인 당 4,694SDR

(8) 손해배상금의 일부전도

바르샤바조약에서는 운송인에게 배상금의 일부전도를 강제하는 규정이 없었지만 몬트리올 조약에서는 여객의 사상의 경우 본인 및 가족들의 경제적인 궁핍을 구제해 주기 위하여 항공운송인국의 법제가 있을 때에는 이 규정에 따라 배상금의 일부 전도를 지체 없이 하여야만 된다는 규정을 신설하였다(동 조약 제28조).

더욱이 한국과 일본에 있어서는 항공운송인에게 배상금의 일부전도를 명령하는 법은 존재하지 않고 있지만 한국과 일본의 항공회사들은 관행으로서 경우에 따라 실질적으로 일부전도를 하고 있기 때문에 본 조항의 신설은 크게 문제가 되지 않을 것으로 사료된다.

전도배상금관계를 규정한 몬트리올조약 제28조를 번역함에 있어 동조문 가운데 "Such advance payments……may be offset against any amounts subsequently paid as damages by the carrier"의 조항에서 offset라는 의미는 배상총액보다도 전도금의 금액이 많았을 경우에 운송인에게 반환청구권을 인정할 것인가 하지 않을 것인가에 따라 변경될

---

211) http://www.magrathoconnor.com/2009/12/montreal-convention-1999-increase-in-limitation-on-liability

가능성이 있다고 지적되고 있지만 여하간 offset의 뜻은 「상쇄」, 「정산」, 「공제」 등으로 번역할 수가 있다.

(9) 조약의 배타성

몬트리올조약은 소의 청구원인 여하를 묻지 않고 동 조약에서 정하여진 조건과 책임의 한도에 따라 소를 제기할 수가 있다고 규정하여 동 조약의 배타성을 명확하게 표시하고 있다. 특히 영·미법 상의 징벌적 손해배상(punitive damages)과 기타의 비배상적손해배상을 인정하지 않는다는 취지를 주의적으로 규정하여 개발도상국가 들의 불안을 완화시키는 배려도 하였다(동 조약 제29조). 손해배상의 범위와 그 산정방법은 나라에 따라 상당히 차이가 나는데 바르샤바조약 제22조상에 규정하고 있었던 책임제한이 없어진 점과 맞물려 앞으로 이 문제(징벌적손해배상과 비배상적손해배상 등)가 표면화될 가능성이 있다.

(10) 사용인과 대리인

바르샤바조약에서는 "servant or agent"라는 문구에 대하여 총칭하여 「사용인」이라고 번역하여 사용하고 있지만 몬트리올조약에서는 이를 번역함에 있어 조약문구의 글자 뜻대로 「사용인 또는 대리인」으로 번역하여 사용함이 타당하다고하고 본다(동 조약 제30조).

(11) 국제항공여객의 거주지에서의 재판관할관계

미국은 자국민을 보호한다는 취지에서 바르샤바조약상의 네 가지 재판관할에 추가하여 여객의 주소지 또는 영주지의 재판관할권을 강력하게 주장하였다. 더욱이 미발효 되고 있는 과테말라의정서에서도 똑같은 규정을 두고 있었지만 여객의 주소지 또는 영주지의 재판관할을 추가하는 것에 대하여 프랑스를 비롯하여 일부 국가들은 강하게 반대하였다. 특히 세계적으로 유명한 항공우주법학자인 영국의 Bin Cheng명예교수도 개발도상국의 입장을 고려하여 제5재판관할(fifth jurisdiction)을 인정하지 않았다.[212] ICAO법률위원회는 타협책으로 제5의 재판관할을 행사할 수 있는 요건을 명확하게 규정하였지만 최종결정은 외교회의에 맡기기로 하였다. 그러나 1999년 5월 몬트리올에서 개최된 외교회의에서 미국의 강력한 입김에 힘입어 제5의 재판관할을 인정하게 되었던 것이다(동 조약 제33조). 앞으로도 항공기사고는 지구상에서 언제, 어디에서, 무엇 때문에, 어떻게 항공기사고가 발생할는지 그 누구도 예측할 수가 없다. 만약 우리의 국적항공사 소속 항공기가

---

212) 藤田勝利, 前揭論文, 14頁.

우리나라 영역에서 항공기사고가 발생하였을 때에는 당연히 국제사법 제32조에 의거 손해배상청구소송에 관한 재판관할권이 우리나라에게 있지만 현재 몬트리올조약이 전 세계적으로 발효되었으므로 사고항공기에 타고 있었던 미국인 피해자들은 동 조약 제33조에 의하여 재판관할권이 미국에 있다고 주장할 수 있게 되었음으로 미국인피해자들은 손해배상청구소송을 우리나라 법원에 제소하지 않고 배상판결금액을 많이 받을 수 있는 미국법원에 제소하게 됨으로 우리 국적항공사들은 미국법원에 응소하여야만 되고 부담이 엄청나게 커지게 된다.

또한 우리의 국적항공사 소속 항공기가 외국의 영토 내에서 만약 항공기사고를 일으켰을 때에 사고항공기에 타고 있었던 미국인 피해자들은 동 조약 제33조에 의거 역시 재판관할권이 미국에 있게 됨으로 미국인 피해자들은 손해배상청구소송을 직접 배상판결금액을 많이 받을 수 있는 미국법원에 제소할 것이므로 우리의 국적항공사들은 역시 미국법원에 응소하는 등 부담이 가중된다는 문제점이 있으므로 우리의 국적항공사들은 이에 관한 대책을 강구하여야만 된다고 사료된다.

바르샤바조약 제28조에 의하면 여객이 소송을 제기할 수 있는 재판관할지는 ① 운송인의 주소지, ② 운송인의 주된 영업소의 소재지(본점 소재지), ③ 운송계약의 체결지의 법원, ④ 도착지의 법원 등 네 가지로 한정되어 있었으나 몬트리올조약도 이를 답습하였다(동 조약 제33조 1항).

그러나 몬트리올조약에서는 여객의 사상의 경우에 상기 네 가지의 재판관할지 이외에 한 곳을 더 추가 하여 여객의 「주요한 영구적인 주거지」(Principal and permanent residence)를 제5의 재판관할지로 채택하였다(동 조약 제33조 2항).

그러나 항공운송인이 예상하지 못한 재판관할지에서 소송에 피소 당할 가능성이 있는 불이익과 균형(balance)을 고려하여 ① 당해지에서 운송인이 스스로 소유하는 항공기 또는 「상업상의 합의」(commercial agreement)에 기초한 다른 운송인이 소유하는 항공기에 의하여 항공운송업을 영위하는 경우와 ② 당해지에서 운송인이 스스로 또는 상업상의 합의에 의하여 다른 운송인에 의한 소유 또는 임차하고 있는 「시설(premises)」에서 항공운송업을 영위하고 있는 하나의 당사국의 영역 내에 있는 법원의 소재지에도 재판관할을 인정하였다.

제5의 재판관할지가 인정되기 위해서는 상기의 요건을 충족하지 않으면 아니 되지만 그의 판단기준이 되는 핵심사항에 대하여 몬트리올조약에서는 「상업상의 합의」와 「주요한 영구적인 거소」에 관한 정의를 다음과 같이 규정하였다.

(a) "Commercial agreement" means an agreement, other than an agency agreement, made between carriers and relating to the provision of their joint services for carriage of passengers by air.

「상업상협정」이란, 대리점협약이외의 운송인간에 체결된 협정으로서 운송인간의 공동 항공여객운송업무의 공급에 관한 것을 의미한다.

즉 공동의 여객운송업무에 관하여 현재 항공회사 간에 실시하고 있는 항공기 편명공동 사용(Code-sharing) 등의 구체적인 명칭을 사용하지 않는 것은 이와같은 공동운송업무는 금후 변화되어갈 가능성이 높아 항공사간 제휴(Alliance) 등을 포함한 새로운 형태가 출현될 수 있다는 점과 장래에 발생될 수 있는 새로운 형태까지도 포함시킬 수가 있도록 하기 위하여 Commercial Agreement이라는 추상적·일반적인 표현으로 규정하였던 것이다.

(b) "principal and permanent residence" means the one fixed and permanent abode of the passenger at the time of the accident. The nationality of the passenger shall not be the determining factor in this regard.

「주요하고 항구적인 거소」란 사고당시의 여객이 정착하고 있거나 또는 항구적인 거주 장소를 의미한다. 그 장소를 결정함에 있어서 여객의 국적은 결정적인 요소가 되지 아니 한다(동 조약 제33조 3항).

제5의 재판관할을 인정받기 위해서는 당해 여객의 "principal and permanent residence" 가 되지 않으면 아니 되는데 이를 어떻게 번역하느냐 대하여 「주요한 항구적인 거소」 또는 「주요한 영구적인 주소」 등으로 번역하자는 견해도 있다. 어떻게 번역을 하더라도 그 뜻은 당해 여객과 가장 밀접하게 맺어진 토지라는 것은 변함이 없으므로 여객의 국적 은 결정적인 요인이 되지 않는다는 주의적인 규정으로 신설하였던 것이다.

(12) 중 재(仲 裁)

당초 ICAO법률위원회는 손해배상청구권자가 중재(arbitration)를 바랄 때에는 중재를 선택할 수 있도록 길을 열어 놓았다. 몬트리올조약은 바르샤바조약과 같이 화물에 관하 여서만 사전에 중재합의를 인정하는 규정을 두었다(동 조약 제34조). 이것은 여객의 경 우와는 달리 화물의 경우에도 상인간의 거래이므로 사전의 중재합의에 구속력을 인정한 다고 할지라도 보호에 부족함이 없다는 것과 또한 여객의 경우에도 사후의 중재합의가 금지되어 있지 않고 있으므로 바르샤바조약의 규정을 억지로 변경할만한 필요성이 없다는 판단에서 여객에 관한 중재규정은 설정하지 아니하였다.

(13) 항공계약운송인과 항공실제운송인

항공계약운송인과 항공실제운송인의 쌍방에게 조약상의 책임제한이 적용된다는 취지의 1961년의 과다라하라조약의 내용이 몬트리올조약에 도입하였다.

과다라하라조약의 원명은 1961년에 채택되어 발효된바 있는 『계약운송인 이외의 자에 의하여 행하여지는 국제항공운송에 관한 어떤 규칙의 통일을 위한 바르샤바조약을 보완하는 조약(Supplementary to the Warsaw Convention for the Unification of Certain Rules Relating to International Carriage by Air Performed by a Person Other than the Contracting Carrier)』이라고 호칭하고 있는데 1998년의 ICAO특별그룹(SGMW)의 조약안에서는 1997년의 ICAO법률위원회에서 승인한 바 있는 조약안과 같이 과다라하라 보완조약의 내용을 통합하기 위하여 도입하였던 것이다.

몬트리올조약은 과다라하라보완조약을 받아들여 동 조약 제5장(계약운송인 이외의 자가 행하는 항공운송)을 신설하여 제39조(계약운송인, 실제운송인)부터 제48조(계약운송인 및 실제운송인의 상호관계)까지 10개 조문을 규정하였다.

여객의 항공기 편명공동사용(Code-sharing)에 있어 marketing carrier(계약운송인) 및 operating carrier(실제운송인)의 쌍방에 몬트리올조약이 적용된다는 취지가 명확하게 되었다. 또한 화물의 분야에 있어서도 forwarder(계약운송인)와 carrier(실제운송인)의 쌍방에게 역시 몬트리올조약이 적용하도록 되어 있다.

(14) 항공보험

1997년 4월부터 5월에 걸쳐 개최되었던 ICAO법률위원회에서는 항공운송인의 위험을 담보할 수 있는 보험에 관한 규정의 신설에 관하여 각국대표들 간에 합의를 하지 못하였기 때문에 상기법률위원회가 승인한 조약안 제45조는 [ ] 꺾쇠 괄호로 표시하여 조문신설에 대한 가부의 최종결정을 외교회의에 맡기기로 하였다.

그러나 ICAO특별그룹(SGMW)조약안 제45조에서는 전기 조문의 긴 문장을 간략하게 정리하여 항공운송인의 위험책임을 담보할 수 있는 적절한 항공보험에 관한 규정을 신설하였다. 여하간 몬트리올 외교회의에서는 여객과 운송인의 보호를 위하여 바르샤바조약 및 헤이그의정서에 없는 책임보험의 강제부보조항을 신설키로 합의하여 이를 규정하였다 (동 조약 제50조). 213)

체약국이 자국의 항공운송인에 대하여 적절한 보험을 유지하도록 요구하는 의무를 규정함과 더불어 당해 항공운송인이 들어간 나라에서도 당해 운송인이 적절한 보험을 유지하고 있는가를 판단할 수 있는 규정을 두었다. 그러나 몬트리올조약에서 요구하고 있는 「적절한＝adequate」수준의 보험이라는 것은 구체적으로 어느 정도의 금액의 수준까지 고려하느냐 하는 것은 각국의 견해가 나누어질 가능성이 있기 때문에 금후 각국의 검토 결과가 주목되어진다.

(15) 발효요건

몬트리올조약은 30개국이 비준한 후 60일이 경과하여야만 발효된다. 유럽연합(EU)과 같은 지역적인 경제통합의 기구도 동 조약을 비준할 수 있다고 명확하게 규정하고 있으나 이 조약의 발효요건인 30개국에는 산입되지 않는다는 취지가 동 조약에 규정되어 있다(동 조약 제53조).

(16) 둘 이상의 법제를 갖고 있는 나라의 비준

몬트리올조약은 둘 이상의 법제를 갖고 있는 나라(예를 들면 Hong Kong을 그의 영역 내로 갖고 있는 중국)에 있어 서명, 비준, 수락, 승인 또는 가입을 할 때에 동 조약을 자국의 영역내의 모든 지역에 적용될 수 있는가 또는 특정의 지역에 한하여서만 적용할 수 있는가 그 취지를 선언을 할 수 있도록 규정하였다(동 조약 제56조).

이와 같은 조항은 체약국이 스스로 몬트리올조약의 적용을 받고 싶지 않은 경우에는 특정의 지역만을 적용하게 둘 수 있음을 가능하게 하는 것이므로 국제사회의 현실을 고려할 때에 불가피한 조항이라고 볼 수가 있다.

그러나 이에 대하여 국제법상 조약의 체약국이 스스로 적용 받는 것을 부정하고 일정한 영역만을 한정적으로 조약의 효과를 미치게 하는 것을 승인하는 일은 국제법상 인정할 수 없다는 견해도 있다.

---

213) Article 50 (Insurance) States Parties shall require their carriers to maintain adequate insurance covering their liability under this Convention. A carrier may be required by the State Party into which it operates to furnish evidence that it maintains adequate insurance covering its liability under this Convention.

4. 맺는말

이상 1999년의 몬트리올외교회의에서 채택된 몬트리올조약 가운데 국제항공여객운송인의 손해배상책임에 관한 주요내용을 살펴 본 바 있지만 ICAO가 복잡하게 구성되었던 바르샤바조약체제를 하나로 통합하고 현대화를 시킨 점은 국제항공운송법분야 및 항공운송업계의 숙원사업을 어느 정도 해결하였으므로 평가할만한 일이라고 본다. 앞으로 이 조약상의 문제점은 이 조약이 발효된 이후 전 세계적으로 시행되는 과정에서 노출된 문제점 등을 종합하여 적절한 시기에 개정하면 된다. 국제항공운송인의 책임에 관한 세계의 추세가 1999년의 몬트리올조약에서 정하고 있는 책임제도로 옮겨가고 있는 현실을 직시한다면 현행 바르샤바체제의 책임제도와 관련된 법률행위 또는 소송 등 실제의 운용면에도 새로운 조약의 책임제도로 대치하였으므로 우리의 항공업계도 세계의 항공업계와 어깨를 나란히 하고 있다.

이미 발효되어 있는 과다라하라조약과 몬트리올 제4의정서의 일부내용들을 포함하고 있는 몬트리올조약도 2003년 11월 4일부터 발효가 된 후 현재 전 세계의 국가들 중 이미 102개 국가들이 이 조약에 가입한바 있음으로 이 조약은 국제항공운송법 분야에서 세계를 대표하는 조약이라고 말할 수가 있다. 세계 도처에서 자주 일어나고 있는 항공기사고로 기인된 점점 증가하고 있는 항공운송의 클레임관계를 해결하는데 이 몬트리올조약은 큰 역할을 하리라고 사료된다.

제3장 항공기의 추락으로 인한 지상의 제3자에 대한 배상책임

제1절 서 설

오늘날 세계의 도처에서 항공기사고가 자주 일어나고 있다. 이 사고는 언제, 어디서, 순식간에 거액의 손실을 안고 발생될지 그 누구도 예측하기가 힘들다.[214]

---

214) 본인논문, 「항공사고의 민사법상 책임에 대한 연구」, 법조(法曹), 1981년 1월호(제30권 1호), 37~41면.

항공기사고로 인한 인적 또는 물적 손해에 대하여 운항자의 손해배상책임은 항공기의 추락 및 물건의 낙하로 인하여 지상 제3자에게 손해가 발생하였을 때에는 운항자와 지상 제3자간에는 아무런 계약관계가 없기 때문에 국제조약에 가입되지 않거나 국내법에 이에 대한 법적규제가 없는 나라에서는 운항자는 불법행위로 인한 손해배상책임을 지게 된다. 예를 들면 도시 한 복판 상가지역 또는 주거지역, 공장밀집지대에 돌연히 항공기가 추락하거나 물건이 낙하되어 통행인, 주민, 근로자들에게 사상자(死傷者)가 발생하거나 건물 등이 파손되는 경우가 간혹 발생된다.

미국의 경우를 보면 항공기에 의한 소독, 농약살포, 파종, 소화(消火), 지적측량 등 다각적으로 이용하는 과정에서 항공기의 추 락으로 인한 지상 제3자에게 손해를 가하는 경우가 가끔 있으며 저공비행으로 인한 어린애의 놀람, 말떼들(the team of horses) 및 가축의 도망, 밍크 및 칠면조농장의 손해 등 지상 제3자가 손해를 입게 되어 운항자의 법적 책임문제가 제기되었으며 법정시비가 벌어져 주법원의 판결이 나온 사례가 많이 있다.215)

1982년 1월 25일자 우리나라의 일간신문에도 크게 보도된 바와 같이 미국의 에어플로리다항공사의 국내여객기 보잉737이 승객 71명과 승무원 5명 등 76명을 태우고 워싱턴 국제공항을 이륙한 직후 워싱턴시내를 흐르고 있는 포토멕강 다리 난간에 부딪치면서 추락 승객 및 지상의 통행인 등 사망 81명과 실종 12명의 대형사고가 발생하였다. 이 여객기는 워싱턴국제공항을 이륙한 직후 백악관에서 불과 수백m 떨어진 14번 가교에서 교통체증으로 빽빽하게 밀려 있는 통근자들의 승용차를 밀어붙이며 강으로 떨어지는 바람에 6명의 자동차 운전자들이 사망한 사건이었다.216)

이 사건에서 자동차운전사의 사망은 인적손해가 발생한 것이며 자동차의 망실 및 포토멕강 다리의 일부 파손은 물적 손해로서 에어플로리다항공사는 운항자로서 지상 제3자에 대하여 또는 여객 및 화주에 대하여 손해배상책임을 부담하였다.

이 사건은 미국의 국내항공운송사건이므로 미연방항공청(FAA)의 규칙, 항공사의 약관, 판례, 미국 내의 주법 등을 기준으로 하여 법적문제를 처리하게 되었다. 그러나 이와 같은 항공기의 추락 및 물건낙하로 인한 지상 제3자의 손해가 국제항공운송의 경우에도 발생되는 경우가 있으므로 운항자의 책임에 관한 각국법의 통일을 위하여 로마조약이 체결되었고 그 후 두 차례에 걸쳐 개정된 바 있기 때문에 체약국 상호간에는 이 조약에 의거

215) Burke v Thomas, 313 P2d 1082(Okla 1957); Hays v Morgan, 221 F2d 481(5th Cir 1955); Maitland v. Twin City Aviation Corp, supra, n. 29; Hambright v. United States, supra; Lees, Kreindler, Aviation Accident Law, New York, 1982 edi pp § 6.02~§6.03.

216) 조선일보, 1982년 1월 15일자, 1면.

법적문제를 처리하고 있다.

항공기는 공중을 비행하는 것이기 때문에 비행중의 항공기 또는 그 항공기로부터의 낙하물이 지상의 제3자에게 손해를 가하는 일이 때때로 발생하며 지상의 제3자에게 대한 보상을 어떻게 처리할 것인가는 항공의 초기인 프로펠러 항공기시대로 붙어 중요한 문제 중의 하나가 되어왔다. 항공기의 발달에 의하여 그 안전성이 향상되는 한편 항공기 그 자체가 거대화되면서 항공기와 지상의 제3자와의 관계는 초기의 시대와는 큰 폭으로 변화되어 특히 항공기소음 또는 초음속충격파음(sonic boom)이 손해의 원인이 되는 것에 따라 그것을 어떻게 규제하여야만 되는 가라는 어려운 문제에 직면하게 되었다. 그렇지만 항공운송이 국민의 생활에 불가결한 존재가 됨에 따라 공공적 관점에서 이와 같은 것들을 어떻게 조정하여야만 되는 가하는 하는 것은 극히 어려운 문제이다.

현재 항공기가 지상의 제3자에게 입힌 손해의 규제에 관하여는 국내법이 압도적으로 중요한 지위를 차지하고 있다. 그러나 국제적으로 이것을 규제할 법이 없는 것이 아니라 도리어 국제적으로 옛날부터 이 문제가 집중적으로 거론되어 왔다.

이 글에서는 1978년도의 개정로마조약의 내용 소개와 지상 제3자의 손해에 대한 항공기운항자의 책임에 관한 각국의 입법례를 설명한 후 결론으로 우리나라에 있어서 국내입법문제에 대한 필자의 의견을 제시하고자 한다.

제2절 항공기운항자의 책임에 관한 국제조약

1. 로마조약의 개정경위

항공기의 추락 또는 물건의 낙하에 의하여서 지상의 제3자에게 손해를 입혔을 경우에 항공운송인과 지상의 제3자간의 관계를 규율하는 법률은 유럽 여러 나라에서 일찍이 발달되어 왔다. 그러나 항공기가 다른 나라에서 사고를 일으켜 지상에서 손해가 발생할 때에 발생지의 법률에 의하여 규제되는 것으로 생각될 수 있지만 각국의 법은 그 내용에 있어서 차이가 있다. 나라마다 법적규제가 상이함으로 인하여 불편을 초래하였기 때문에 국제항공운송에 있어서는 조약에 의한 「법의 통일성」이 요청되어 왔다.

현재 항공기가 지상 제3자에게 낙하에 의하여 발생된 손해의 규제에 관하여 각국의 국내항공법에서 압도적인 중요한 지위를 차지하고 있다. 그러나 국제적으로도 이것을 규제하는 법이 없는 것은 아니고 오히려 국제적으로도 그 옛날부터 이 문제가 거론되어 왔다. 1933년에 로마에서 각국 대표들이 모여 「항공기에 의하여 지상의 제3자에 대한 손해에 관한 규칙의 통일을 위한 조약」을 서명하였고 그 후 각국들이 소위 말하는 「1933년의 로마조약」을 비준하였으므로 1942년에 발효되었다.[217] 세계 제2차 대전 후 1952년에 10월에 1933년의 로마조약을 대신할 새로운 조약 즉 「외국항공기가 지상 제3자에게 입힌 손해에 관한 조약(Convention on Damage Caused by Foreign Aircraft to Third Parties on the Surface)」이 채택되어 1958년 2월에 발효되었다. 당초 이 조약은 25개국이 서명하였으며 2011년 8월 20일 현재 49개국이 가입하고 있으며 이 조약을 「1952년의 로마조약」이라고도 불리어 지고 있다.

외국항공기가 지상 제3자에게 손해를 가한 경우에 항공기운항자의 책임 등을 규정한 1952년의 로마조약은 작성 후 20여 년이 경과되었지만 아직도 세계의 강대국들이 비준을 하지 않고 있어 문제점이 제기되고 있었으므로 많은 나라들의 비준을 촉진할 목적과 조약자체의 현대화를 위하여 국제민간항공기관(ICAO)의 법률위원회(Legal Committee) 산하에 소위원회를 구성하고 1964년부터 개정작업에 착수하였고 또한 여러 차례에 걸쳐 ICAO 법률위원회의 심의를 거친 후 로마조약의 개정에 관한 의정서가 채택되는데 약 14년간이라는 시일이 소요되었다.

1952년 로마조약의 개정을 위한 국제민간항공기관(ICAO)의 법률위원회 및 소위원회의 개최경위는 다음과 같다.

① 제15회, ICAO 법률위원회(1964년 9월)

② 제1회, 법률소위원회(1965년 3월)

③ 제2회, 법률소위원회(1966년 3월)

④ 제16회, ICAO 법률위원회(1967년 9월)

⑤ 제19회, ICAO 법률위원회(1972년 5월)

⑥ 제3회, 법률소위원회(1973년 4월)

⑦ 제21회, ICAO 법률위원회(1974년 10월)

⑧ 로마조약, 소음 및 소닉·붐 (Sonic Boom)에 관한 법률위원회(1975년 4월)

⑨ 제22회, ICAO 법률위원회(1976년 10월)

⑩ 제23회, ICAO 법률위원회(1978년 2월)

---

217) 김두환, 「항공기운항자의 지상제삼자에 대한 손해배상책임」, 사법행정(상, 1983년8월 호), 한국사법행정학회, 29-34면.

⑪ 항공법에 관한 외교회의(1978년 9월)

이 개정조약안은 1978년 9월 6일부터 동년 9월 23일까지 미국을 포함하여 58개국이 참가하여 몬트리올에서 개최된 항공법에 관한 외교회의에서에서 「로마조약을 개정하는 몬트리올 의정서(The Rome Convention of 1952 as Amended at Montreal in 1978)」가 제안되어 찬성 36표, 반대 무, 기권 12표로 채택되었다.[218] 로마조약에 대한 몬트리올개정의정서는 1978년 9월 23일 회의종료일 다음 날에 서명을 위하여 개방되었기 때문에(open) 당일 9개 국가가 서명하였다. 한편 1978년의 개정로마조약은 몬트리올 의정서라고 부르기도 한다.[219] 1978년의 로마조약은 현재 아르헨티나, 러시아, 우크라이나 등 14개국이 서명하였고 2011년 8월 20일 현재 ICAO에 비준서를 기탁한 나라는 12개국이고 동 조약 제22조에 의하여 5개국의 비준을 이 조약의 발효요건[220]으로 하고 있으므로 현재 발효가 되어 있다.

그러나 미국, 영국, 프랑스, 독일, 일본 등 대부분의 선진국들이 이 조약을 비준하고 있지 않으므로 문제점으로 부각되고 있다. 그러나 1999년의 몬트리올 조약[221]에서 항공운송인의 책임제도가 근본적으로 개혁됨에 따라 2000년 8월 28일부터 9월 8일까지 몬트리올에서 개최된 제31차 ICAO법률위원회에서 로마조약의 현대화에 관한 의제를 일반작업 프로그램위원회에 포함시키어야 한다는 스웨덴의 제안을 검토하였다. 스웨덴 대표는 항공기로 기인된 지상의 환경적인 손해와 유한책임제도를 포함한 최근의 발전을 반영시키기 위하여 로마조약의 현대화 시켜야만 한다고 ICAO법률위원회에서 주장하였다. ICAO 법률위원회는 작업프로그램의 의제4번째 우선순위로 채택되어 로마조약의 개정작업을 진행시킨바 있다.[222]

---

218) 기권국; 미국, 영국, 프랑스, 서독, 일본, 캐나다, 스위스, 오스트레일리아, 노르웨이, 스웨덴, 이스라엘 기타 1개국(거수투표로 하였음) 등 12개국이다.

219) 서명국: 브라질, 백러시아, 쿠바, 체코슬로바키아, 자메이카, 우크라이나, 소련, 베네수엘라 등 9개국이다; 상기 조약안(1978년)이 채택되던 국제회의최종일에 각국의 일반적인 의견표명이 있었 는데 탄자니아, 세네갈, 아르헨티나, 콜롬비아, 폴란드, 트리니티토바고 등의 나라에서 회의 결과 에 대하여 만족을 표시하였고 캐나다, 이스라엘, 스웨덴, 미국, 스위스, 프랑스, 일본, 네덜란드 등 의 나라에서는 불만족을 표시하였다.

220) Protocol to Amend the Convention on Damage by Foreign Aircraft to Third Parties on the Surface of 1978, Article XXII, 1. As soon as five of the signatory States have deposited their instruments of ratification of this Protocol, it shall come into force between them on the ninetieth day after the date of the deposit of the fifth instrument of ratification. It shall come into force, for each State which deposits its instrument of ratification after that date, on the ninetieth day after its deposit of its instrument of ratification.

221) 1999년 몬트리올조약의 정식명칭은 "Convention for the Unification of Certain Rules for International Carriage by Air of 1999" 이다.

2. 개정로마조약의 기본원칙

로마조약은 기본원칙으로 운항자에 대하여 결과책임주의, 유한책임주의, 책임보장제도 등 세 가지 원칙을 중심으로 규정하고 있다. 이 조약은 운송인에게 엄격한 절대책임(absolute liability)을 부담시키는 것을 원칙으로 하고 있으며 이 책임을 일정 한도로 제한하는 유한책임제도와 한도액의 책임부담을 담보하는 책임보험, 금전예탁, 은행보증 등 배상보장제도 등으로 구성되어 있다.223) 항공기사고로 인하여 항공기가 추락되었을 때에 손해를 입은 지상의 제3자(피해자)가 항공기 운항자(가해자)에 대한 고의 또는 과실을 입증한다는 것은 거의 불가능한 일이므로 지상 제3자에게 손해가 발생된 경우 원인 여하를 불문하고 손해를 배상한다는 결과책임주의를 도입한 것은 피해자보호에 역점을 두었다고 볼 수가 있다. 그러나 항공기 운항자에게 책임을 과중하게 부담시킨다는 것은 형평의 원칙에 반할 뿐만 아니라 결과책임주의를 정당화시키는 데에 이론적 근거가 희박하게 된다는 의견도 제시된 바 있다.224)

이 때문에 도입된 것이 유한책임의 이론인데 책임한도액이 저액이면 저액일수록 피해자보호면에 불충분하게 되고, 한도액이 고액이면 고액일수록 운항자에게 가혹하게 되므로 양당사간에 이익교량의 조정문제에 있어 공평하게 규제되어야만 한다는 견해가 국제민간항공기관(ICAO)의 법률위원회에서 논의된 바 있으나 배상책임한도액은 선진국의 의견을 조정하여 인상되어 가는 경향이 있다. 개정로마조약은 운항자가 비행하는 항공기의 중량에 따라 운항자의 책임한도액을 정하고 있다. 한편 조약은 배상능력이 없는 운항자에 의하여 손해가 발생될 경우에 이를 방지하기 위하여 비행을 허락하는 체약국이 운송인에 대하여 책임의 보장을 요구할 수 있게끔 되어 있는데 이것을 책임보장제도라고 부르고 있으며 또한 이 조약의 특색이라고 볼 수가 있다.225)

---

222) http://www.icao.org/icao/en/leb

223) Shawcross and Beaumont, 「Air Law」, 4 edition, 1977, pp.478~487.; Lees S. Kreindler, Aviation Accident Law, 1982, New York, pp. 6~1~12.

224) Lees Kreindler, Aviation Accident Law, New York 1982 edi, § 6.01~6.03.

225) 吉永榮助, 坂本昭雄共著, 「最新國際航空法要論」, 1976年, 240頁.; 淺野祐司, 野口明宏 共著, 「空法」, 1978年, 99頁.

제3절 1978년 로마조약의 주요내용

1. 엄격책임주의의 채택

1978년 로마조약의 중요한 원칙은 첫째 유책자(有責者)로 항공기의 운항자에게 엄격책임(strict liability: 무과실책임)을 부과시키고 있다. 즉, 지상손해가 비행중의 항공기 또는 그로부터 낙하된 사람 또는 물건에 의하여 발생된 것이라고 입증되면 운항자의 책임은 즉시 발생되어 지상의 피해자는 운항자에 대하여 배상청구권을 갖게 된다(동 조약 제1조 1). 그러나 이 원칙에는 몇 가지 예외가 있다. 첫째는 손해의 발생이 직접적인 결과가 아닌 경우 즉 항공기가 현행의 항공규칙에 따라 단지 통과를 위해 비행을 한 것에 지나지 않은 경우에는 지상에 손해가 발생하여도 운항자는 책임을 지지 않는다(동 조약 제1조 1 단서). 이 예외가 소음손해(騷音損害)에 적용되는가, 되지 않는가에 대하여는 의견이 나누어지고 있다.

1974년의 ICAO 법률위원회가 소음 및 소닉·붐(sonic boom: 초음속 충격파음)에 의한 손해에 대하여 새로운 조약을 만들 것을 결정함에 있어 이 조약의 조항은 소음손해에는 적용되지 않는다는 학설이 유력하다. 만약 이것이 적용된다면 항공기의 운항자는 소음손해의 많은 부문에서 면책 된다.

예외의 둘째는 손해가 무력분쟁 또는 내란의 직접적인 결과인 경우 또는 당국의 행위에 의하여 항공기의 사용이 저지된 경우이다. 이들의 경우 운항자는 면책이 된다 (동 조약 제5조). 즉, 이런 경우까지 운항자에게 책임을 부과시키는 것은 너무 지나치기 때문이다. 예외의 셋째는 피해자 측에 손해의 발생에 대한 과실이 있는 경우이다. 이 경우에는 운항자는 사정의 여하에 따라 책임의 전부 또는 일부를 면제받게 된다. 즉, 다시 말하면 지상 제3자의 손해가 피해자의 과실(negligence) 또는 악의의 작위와 부작위(other wrongful actor omission)에 의하여 발생된 것을 운항자가 입증하였을 때에 운항자는 손해에 대하여 배상의무를 부담하지 않는다(1952년 개정로마조약 제6조).

한편 손해의 일부가 피해자의 귀책사유인 작위 또는 부작위에 의하여 일어난 경우에 그 작위 또는 부작위에 해당하는 부분에 관한 운항자의 책임은 경감시킬 수가 있다. 이것은 피해자 본인뿐만 아니라 피해자의 사용인 또는 대리인이 그 권한의 범위 내에서 행동한 경우에도 책임의 면제 또는 경감이 적용될 수가 있다고 본다.

예외의 넷째는 항공기를 부정하게 사용하여 그것에 의하여 손해를 입힌 자가 있을 때에 운항자는 그자의 부정사용에 대하여 상당한 주의를 다 하였다는 것을 입증한 경우이다. 운항자가 그 입증을 할 수 없을 때에는 부정사용자와 연대하여 책임을 부담하게 된다(동 조약 제4조). 이 예외에 관하여 항공기를 공중납치(hijack)의 경우에는 공중납치행위의 성격으로 보더라도 운항자에게 엄격책임을 부과시키는 것은 운항자에게 있어서 너무 지나치다는 주장이 있었다.226) 그러나 이 주장은 결과적으로 채택되지 아니하였다. 예외의 다섯째는 운항자와 피해자와 사이에 지상손해에 관한 계약이 존재하는 경우이다. 고용계약에 보상조항이 있는 경우가 여기에 해당된다. 일반적으로 지상의 제3자인 피해자와 가해자인 운항자 사이에 계약관계가 없다. 따라서 운항자의 지상 제3자에 대한 책임은 불법행위책임으로 되며 그 예외적으로 계약책임을 불법행위에 우선해서 적용시키려고 하는 경향이 있다.

2. 유한책임주의의 채택

1978년 로마조약의 중요한 원칙의 두 번째는 유한책임의 원칙을 채택한 것이다. 동 조약 제9조에서는 운항자 그 밖의 사람이 조약에서 책임을 부담하지 않으면 아니 되는 자는 비행중의 항공기 또는 그 항공기로부터 낙하되는 사람 또는 물건에 가한 손해일지라도 이 조약에서 명문으로 정한 것 이외의 것에 대해서는 책임을 부담하지 않는다고 규정하고 있다. 이 조항의 해석에 관하여 학설이 나누어져 있고 단지 조약에 명기된 책임한도액 이상의 책임은 부담하지 않는다고 해석하는 학설, 직접손해이외에는 책임을 부담하지 않는다는 해석하는 학설 및 각국의 국내법의 적용은 없다는 것을 선언한 것이라고 해석하는 학설 등이 있다. 이 조항의 해석으로서는 조약에 명문으로 정하여지지 않는 것에 대해서는 운항자 등은 모두 책임을 부담하지 않는다는 학설이 가장 유력하다. 이 학설에 의하면 조약이 적용할 때에는 국내법에 별도의 구제조치가 있다고 하더라도 그것은 부정된다. 더욱이 유한책임의 원칙은 고의에 의한 손해에 대해서는 적용되지 않는다.

3. 책임한도액

로마조약의 중요한 원칙의 세 번째는 운항자에 대한 책임한도액을 설정한 것이다.

---

226) 長尾正勝, 「1952年 ローマ條約改正について」, (1981年, 空法 第22 · 23合倂號), 38頁.

피해자에 의하여 손해의 발생이 유효하게 입증되면 운항자의 책임이 발생되지만 이 경우에 운항자의 책임은 유한책임으로서 그 책임한도액은 손해발생 당시의 손해의 원인이 된 운항자의 항공기의 중량에 의하여서 결정된다. 다시 말하면 내공증명서에 인정된 당해항공기의 최대이륙중량을 기준으로 하여 책임한도총액은 결정되며 항공기의 중량별 책임한도액은 다음과 같다(1978년 개정로마조약 제11조).

항공기의 중량이 ① 2,000킬로그램 이하에서는 지상 제3자에 대한 운항자의 손해배상 책임한도액은 30만 SDR(약43만8천 달러)[227]이고 ② 2,000킬로그램을 초과하여 6,000킬로그램 이내까지는 30만 SDR로 하되 2,000톤을 초과할 때 매 킬로그램마다 175SDR(255달러)을 추가하여 배상하게 된다. ③ 6,000킬로그램을 초과하여 3,000킬로그램 이내까지는 100만 SDR(146만 달러)로 하되 6,000킬로그램을 초과할 시에는 매 킬로그램마다 62.5 SDR(91달러)를 추가하여 배상하게 된다.④ 30,000킬로그램을 초과하는 경우에는 250만 SDR(365만 달러)로 하되 30,000킬로그램을 초과할 시 매 킬로그램마다 65 SDR(95달러)를 추가한 금액을 배상책임한도액으로 하고 있다.

이것은 1975년의 몬트리올추가 제3의정서 제2조에 규정된 바 있는 항공기사고로 인한 운송인의 인적손해배상책임한도액 일인당 100,000 SDR에 비하여 25,000 SDR이 더 높게 책정되어 있다. 1978년의 개정로마조약 제11조 1항 및 2항에 규정하고 있는 SDR로 표시한 단위금액은 U·N산하 국제통화기금(International Monetary Fund)에 의하여 개념규정하고 있는 화폐단위로(SDR) 기재한 것이다.[228] 우선 항공기의 최대 이륙중량에 따라 책임전체에 대한 한도액을 단계적으로 정하고 여기에 사망 또는 신체의 장해에 대한 책임한도액을 한 사람 당 125,000 SDR로 정하였다(조약 제11조).

이 방법에 따르면 책임한도액은 우선 전체항공기의 크기에 의하여 결정되며 그 가운데 신체에 관한 보상이 한사람에 125,000 SDR을 한도로 지급하고 잔액은 재산 손해에 대한 보상으로 충당된다. 이들의 한도액은 고의에 의하여 손해를 가한 운항자 및 항공기의 불법탈취자는 원용할 수가 없다(동 조약 제12조). 이런 자들은 보호할 가치가 없기 때문에 무한책임을 부과시킨다. 1978년 로마조약에 가입을 방해한 가장 큰 원인은 이 한도액의 존재라고 말들을 하고 있다. 1978년의 로마조약에서의 한도액으로는 보잉747형기에 총액400여억 원 정도가 된다. 당초 항공기의 지상손해에 대한 책임에 한도를 정하고 있는 국내법은 적어도 선진국에서도 눈에 뛰지 않고 있으며 오늘날의 항공보험의 실무에서

---

227) 2011년 8월 10일 현재 UN산하국제통화기금(IMF) 발표에 의하면 1SDR=미화 1.60달러이다.

228) 김두환, 항공화물운송인의 책임에 대한 논고, 하주(荷主), 1982, 한국하주협의회, 11～12면.

도 항공운송인은 승객과 일반대중인 제3자에 대하여 충분한 액수의 책임보험을 들어주고 있으므로 이 조약의 책임한도액은 너무 저액으로 책정되었다는 비난이 있다.

더욱이 사망 및 신체의 상해에 대한 125,000 SDR이라는 책임한도액에게도 문제가 있다. 여객의 경우는 일종의 위험을 인수하고(the assumption of risk)있는 반면에 지상의 피해자에게는 전혀 그것이 없고 여객은 한도액의 존재를 전제로 스스로 상해보험에 들 수 있는데 반해 지상의 피해자는 사전에 보험을 들 수가 없다는 점이다.

따라서 이 책임한도액은 배상수준이 높은 나라에 있어서는 매우 부적당한 금액이라고 말할 수 있다. 조약이 이들 책임한도액을 정한 것은 운항자에게 엄격 책임을 부과시키도록 한 것과 후술하는 책임을 담보로 하는 수단을 운항자에게 안겨주었다는 균형상의 이유에서 찾아 볼 수가 있다. 그러나 선진국들이 조약에 가입하기 위하여 필요로 하는 국내 절차를 고려한다면 이렇게 낮은 한도액으로는 조약의 가입에 커다란 어려움이 있다고 본다.

4. 책임보장제도의 확보

1978년 로마조약의 중요한 원칙의 네 번째는 운항자에게 자기의 책임을 부과시키기 위하여 충분한 금액의 담보를 준비하는 것을 의무로 지운 것이다. 담보의 종류로서는 책임보험이 보통이지만 동 조약은 그 책임보험에 한정하지 않고 운항자의 책임을 커버하는 데까지 신뢰성 있는 것이라면 상관없는 것으로 하고 있다.

예를 들면 국가의 보증이 그것에 해당한다. 각 사국은 국의 영공을 비행하는 항공기의 운항자에게 이와 같은 담보를 요구할 수가 있고 운항자는 하위국으로 붙어 요구가 있으면 담보가 있는 것에 대한 증거를 제출하지 않으면 안된다(동 조약 제15조). 즉 운항자의 책임을 담보하기 위한 보장제도에 관하여 1952년의 로마조약 제15조 내지 제18조에 걸쳐 비교적 상세히 규정되고 있었지만 1978년의 개정조약안에서는 일부 조항이 개정된 바 있다. 조약안은 운항자에게 부담시키고 있는 책임한도액의 지불에 관하여 피해자보호를 위하여 책임보험 또는 기타 지급담보의 방식을 정하고 있는 것이다.

각체약국은 자국의 영역에서 발생된 손해로서 조약 제1조에 입각한 배상의 대상이 되는 손해에 관한 책임은 제11조의 규정에 의하여 적용되는 책임한도액까지 부보하거나 또는 다른 보증의 수단에 의하여 담보되고 있다는 것을 제23조 제1항의 항공기의 운항자에 대하여 요구할 수가 있다. 운항자의 책임담보에 대하여 1952년의 로마조약 제16조 및 제17조에서는 담보를 security로 표현하였으나 1978년의 개정조약안에서는 security라는 문구를 삭제하고 guarantee로 대치하여 문구표현을 하였다.

5. 재판관할과 소송절차

1978년 로마조약의 중요한 원칙의 다섯 번째는 재판관할을 한정하는데 있다.

즉 이 조약에 근거한 소송은 손해가 발생한 당사국의 법원에 대하여서만 제소할 수 있는 것으로 하였다. 발생지주의의 원칙이다. 더욱이 이것에는 하나의 예외가 있어 원고와 피고사이에 합의가 있다면 다른 당사국의 법원에 대하여서도 소송을 제기할 수가 있다(동 조약 제20조). 제소기한은 손해의 원인이 된 사고일로부터 2년이지만 이기간은 시효이고 법원지법에 따라 그 정지(suspension) 또는 중단(interruption)은 인정된다. 그러나 어떠한 경우에도 그 제소기간은 3년을 넘을 수가 없다(동 조약 제21조).

따라서 이 3년은 제척기간이라고 생각되어진다. 한편 피해자가 손해발생일로부터 6개월 이내에 운항자에 대하여 손해배상청구 소송을 제기하지 않거나 또는 배상청구의 통고(notification)를 안한 경우에는 이 사람은 그 기간에 행해진 모든 청구자가 변제를 받은 후에만 책임한도액의 여유가 있을 때에 한해서 변제를 받을 수 있다(동 조약 제19조). 이것은 운항자의 책임에 전체적 한도액을 부과시키고 있는 것이기 때문에 청구제출의 신속화를 도모한 것으로 다른 청구자의 변제의 지연을 방지하는데 효과가 있다.

외국항공기의 자국 내 비행을 허가하는 체약국은 보험자 또는 담보를 제공하는 자가 이 조약에 의하여 부과되는 의무를 이행할 재정능력이 없다고 믿을 때에는 하시라도 당해 항공기의 등록국, 운항국 또는 담보를 제공하고 있는 다른 체약국과 협의를 요구할 수가 있다. 로마조약의 특징 가운데 하나는 외국판결의 집행에 대하여 규정하고 있다. 바르샤바조약은 운송인의 책임에 대하여 명확하게 규정하고 있지만 한 나라에서 행하여진 재판에 의한 결정을 다른 나라에서 집행할 수 있는 제도를 확립시키지 못한 점이 결점으로 되어 있다. 이러한 결점을 시정하기 위하여 로마조약에서는 외국법원의 판결의 집행에 관하여 규정을 두고 있다.

6. 개정로마조약이 적용되는 손해

이 조약에서 정하여진 손해가 어떤 체약국의 영역 내에서 다른 체약국에 등록된 항공기 또는 등록여하를 불문하고 다른 체약국에 주된 영업소나 주소를 가지고 있는 자에 의하여 운항된 항공기가 지상 제3자에게 가한 손해에 대하여도 적용된다(동 조약 제23조). 1952년의 조약에서는 지상손해가 일체약국의 영역 내(in the territory)에서 다른 체약국에 등록된(registered) 항공기에 의하여 발생된 경우에 국한시켰으나 1978년의 개정로마조약에서는 적용 범위를 확장시켰다. 이 조약의 적용상 공해(high sea)에서의 선박 또는 항공기를 그 등록국의 영역의 일부로 간주하고 있기 때문에 공해상의 선박 또는 항공기에 가하여진 손해에 대하여서도 이 조약이 적용된다. 다만 이 조약의 적용이 배제되는 경우로는 군(Military)·세관(customs)·경찰의 용역에 제공된 항공기에 의하여 발생된 손해에 대하여는 적용을 시키지 않고 있다. 특히 1978년의 개정조약에서 제27조 단서 조항으로 원자력손해에 대해서는 이 조약을 적용하지 않는다고 새로운 조문을 신설하였다. 원자력손해에 대한 본 조문의 불적용 규정의 신설을 제안한 나라는 프랑스가 제안국이며 구소련이 반대한 바 있으나 1978년의 항공법에 관한 국제회의에서 프랑스측의 제안이 통과되어 규정을 신설하게 되었다.[229]

제4절 2009년의 항공불법방해 및 일반위험에 관한 몬트리올 2개 조약

오늘날 항공기사고는 우리나라뿐만 아니라 세계도처에서 간혹 발생되고 있다. 특히 항공기에 대한 갑작스러운 테로 공격 또는 일반 항공사고에 기인된 항공기의 추락 및 물건의 낙하로 인하여 지상에 있는 제3자에게 손해를 입히는 경우가 때때로 발생되고 있다. 이와 같은 항공기사건에 있어 가해자(항공기 운항자)는 피해자(지상 제3자 등)에 대하여 불법행위책임을 부담하게 되는데 이러한 사건들을 해결하기 위하여 1952년의 개정로마조약과 1978년의 몬트리올 의정서 등이 있는데 앞에서 언급한바와 같이 이들 조약의 성립경위 및 주요내용과 개정이유 등을 간략하게 설명한바 있다.

특히 2001년 9월 11일에 뉴욕에서 발생된 이른바 항공기 납치에 의한 동시다발 테러 사건의 피해는 4대의 항공기에 탑승한 승객 및 승무원 266명이 전원 사망하였고 워싱턴에 있는 미국방성청사에서의 사망 및 실종이 125명, 세계무역센터에서의 사망 및 실종이 약5,000여명에 달하는 막대한 피해가 발생되었다. 9/11참사사건은 지상에 있는 제3자의 인적 및 물적 손해가 거액에 달하였음으로 이에 따라 영국의 로이드보험 등 세계보험업

---

229) 長尾正勝, 1952年 ロ-マ條約の改正について, 空法, 日本空法學會, 1981, 52頁.

계가 크게 손실을 입게 되어 항공보험을 기피하는 현상이 생겨나 법적인 문제점이 제기되었다.

이에 따라 ICAO이사회는 테러행위 등에 의한 대규모로 지상손해가 발생된 경우의 특칙 등을 새롭게 추가한 신 로마조약초안을 ICAO사무국에 기초하게 하여 이 시안을 검토하기 위하여 2004년 3월 15일부터 21일 까지 7일 간 몬트리올에서 ICAO법률위원회가 소집되었다. 동법률위원회에는 52개국이 참가하였으며 의장은 캐나다의 Lauzon G.H.대표의 의사진행 하에 신 로마조약에 관한 사무국 안에 대하여 축조 · 검토가 행하여 졌고 최종일에 ICAO법률위원회 안으로서 채택되었다.[230] 오늘날 세계도처에서 때때로 항공기의 납치과정, 조종사의 조종과실, 항공기내의 부품, 기계 또는 엔진의 고장, 정비 불량 등에 기인하여 항공기가 갑자기 추락하는 경우와 또는 그것으로부터의 낙하되는 물건에 의하여 지상 제3자에게 인적 또는 물적인 손해를 입힌다면 항공기운항자는 지상 제3자와의 사이에는 아무런 법률(계약)관계가 없기 때문에 불법행위의 책임을 부담하게 된다.

국제민간항공기구(ICAO)에서는 9/11사태 이후 이와 같은 테로 사건의 법적대응책과 자구책을 마련하기 위하여 약 8년간의 심의 끝에 항공기에 대한 테로 공격(불법방해 행위)과 1952년 개정로마조약의 현대화(일반위험) 등 새로운 2개 조약을 2009년 5월 2일에 성립시켜 공표하였다.

상기 새로운 2개의 조약 중 첫째 조약은 항공기의 불법방해 행위에 기인된 제3자에 대한 손해배상에 관한 조약 (Convention on Compensation for Damage to Third Parties, Resulting from Acts of Unlawful Interference Involving Aircraft: 일명 불법방해조약이라고 호칭함: Unlawful Interference Convention)이고 둘째 조약은 항공기에 기인된 제3자에 대한 손해배상에 관한조약 (Convention on Compensation for Damage Caused by Aircraft to Third Parties: 일명 일반위험조약이라고 호칭함: General Risk Convention)이다.

상기 2개 조약을 비준한 나라들은 2011년 8월 11일 현재 한 나라도 없으며 앞에서 언급한 첫째 불법방해조약의 서명국은 8개국(①Congo, ②Côte d'Ivoire, ③Ghana, ④Panama, ⑤Serbia, ⑥South Africa, ⑦Uganda,⑧Zambia) 이고 둘째 일반위험조약의 서명국은 10개국(①Chile, ②Congo, ③Côte d'Ivoire, ④Ghana, ⑤Nigeria, ⑥Panama, ⑦Serbia, ⑧South Africa, ⑨Uganda, ⑩Zambia)이다.[231]

---

230) 日本航空振興財團, 航空私法研究會の「平成15年度航空運送法委員會報告書」, 平成16年5月發行, 3頁.

상기 2개 조약 중 첫째의 불법방해조약은 5개장(제1장 총칙, 제2장 운항자의 책임과 관련된 문제, 제3장 책임면제와 구상권, 제4장 구제의 행사와 관련된 규정, 제5장 초종조항)과 25개 조문으로 구성되어 있고, 둘째의 일반위험조약 역시 5개장(제1장 총칙, 제2장 운항자의 책임과 관련된 문제, 제3장 운항자의 책임제한, 제4장 책임면제와 구상권, 제5장 초종조항)과 28개 조문으로 구성되어 있다. 상기 항공기에 대한 『불법방해조약』이 발효가 되려면 동 조약 제40조에 의거 35개국이 이 조약을 비준한 후 비준서를 ICAO에 기탁하게 되면 최종 기탁 국이 기탁한 일자로 부터 180일이 되는 날 또한 상기 35개국의 전년도 여객수송실적이 7억5천만명 이상일 경우로서의 2중 조건으로 되어 있어 이 어려운 조건들이 충족되면 전 세계적으로 발효가 되는 것이고 『일반위험조약』은 동 조약 제23조에 의거 35개국이 이 조약을 비준한 비준서를 ICAO에 기탁하게 되면 최종 기탁 국이 기탁한 일자로 부터 60일 만에 전 세계적으로 발효가 됩니다.

상기 『불법방해조약』은 동 조약 제3장 제8조에 규정되어 있는 「국제민간항공배상기금」의 조성 및 기금의 분담 문제를 둘러싸고 선진국과 개발도상국간에 이해관계가 대립되기 때문에 각국의 비준뿐만 아니라 조약의 발효시기는 상당기간 지연될 것으로 사료된다.[232]

제5절 소음손해와 초음속충격파음(Sonic Boom)손해

(1) 소음 및 소닉 · 붐[233)]에 의한 손해에 대해서는 1978년의 로마조약을 검토하는 단계에서 활발한 논의가 이루어졌다. 즉, 소음 및 소닉 · 붐 손해에 대해서는 첫째 로마조약의 적용 밖으로 하고 그 규제는 각국의 국내법에 위임하는 것이 좋다는 주장, 둘째 소음 및 소닉 · 붐 손해는 어느 것이나 로마조약에서는 운항자에게 하 등 책임을 부담시키

231) 상기 2개 조약에 대한 세계 각국의 서명 및 비준한 나라들의 현황을 알아보기 위하여서는 ICAO의 홈 페이지 (http://www.icao.int)를 방문하여 Treaty Collection을 클릭한 다음 페이 지에 나오는 ○ Current lists of parties to multilateral air law treaties를 클릭하면 항공관계 국제조약의 전 목록이 년도 별로 나옴으로 제일 밑에 있는 끝줄에 2009년에 상기 2개조약 이 원명이 나오며 우측 끝에 있는 ICAO를 클릭하면 이 2개 조약에 대한 서명 및 비준국 수, 날자가 나옴으로 저에게 질의하신 내용을 금방 알 수가 있다.

232) 김두환, 「Considerations for the 2009 Montreal Two New Air Law Conventions (Unlawful Interference and General Risk Conventions by ICAO: 국제민간항공기구에 의한 2009년 몬트 리올 2개의 새로운 항공법조약[불법방해 및 일반위험조약]에 대한 고찰), 한국항공운항학회지(제 17건 제4호: 2009년 12월 31일), 한국항공운항학회 발행, 94~106면.

233) 김두환, 「초음속충격파음의 규제와 손해배상책임에 대한 고찰(상, 하)」, 법조(제35권제4호, 1985년 4월호), 법무부 법조협회, 77-89면, 법조(제35 권5호, 1985년5월호), 법무부법조협회, 53-67면.

지 않는 것이므로 그것은 그대로 두는 것이 좋겠다는 주장, 셋째 소음손해에 대해서는 로마조약의 틀 밖으로 하고 소닉·붐 손해에 대해서만 로마조약을 적용시키는 것이 타당하다는 주장 등이 있다.

1974년에 열린 ICAO 제21차 법률위원회에서는 소음 및 소닉·붐으로 기인한 손해에 관한 조약은 로마조약과는 별도로 독립적인 조약으로 하기로 결정하고 소음손해에 관해서는 운항자가 항공규칙을 따르지 않고 비행할 때에만 책임을 부과시킨다는 원칙을 채택하였으므로 이 원칙은 소닉·붐의 손해에는 적용시키지 않는 다는 결과가 되었다. 이 주장들을 받아들여 1975년 및 1978년의 법률소위원회에서 이 문제가 제기 되었지만 소음 및 소닉·붐 손해에 관한 새로운 조약안의 작성에 대해서는 시기상조론이 강하게 대두된 바 있다.[234] 현재 이 조약의 작성에 관해서는 이를 위한 준비작업이 전혀 추진되지 않고 있다.

(2) 소음손해에 관하여 각국에서는 여러 형태로 문제가 제기되고 있다. 우선 미국에 있어서 판례의 흐름을 본다면 그것은 헌법상 보장되어 있는 토지소유자의 재산권과의 관련하여 불법침해(trespass)로 파악되고 있었고[235] 다음으로 지상일정고도이상에는 항공지역권(easement of flight)이 존재한다는 생각과 대비하여 볼 때 불법탈취(taking)로 받아들여지며[236] 그리고 더욱이 가항공역(navigable airspace)에서의 비행일지라도 토지의 사용에 중대한 방해를 준 경우에는 불법방해(nuisance)가 된다고[237] 하여 불법방해의 존부가 판례의 주류를 차지하고 있어 문제점으로 제기되었다.

한편 청구의 내용에 관하여 주로 항공기의 이발착의 금지와 손해배상으로 나누어지지만 공공비행장에 있어서 항공기의 이·착륙(離·着陸)을 중지시킨다는 것은 매우 곤란하기 때문에 청구는 대형공항에서의 손해배상에 집중되고 있다.

(3) 영국에 있어서는 1982년의 민간항공법에 불법침해 및 불법방해에 기인한 손해에 대한 책임에 관한 규정이 있다.[238] 이 규정에 의하면 항공기가 항공교통령(Air Navigation Order)의 규정에 따라서 통상의 비행을 하는 한 항공기가 단지 비행했다고 하는 사실만으로는 불법침해 또는 불법방해에 관한 소송은 할 수 없다고 되어있다. 그러나 항공기가 특히 위험을 초래하는 비행을 고의로 한 경우는 이 규정의 적용에서 제외된다. 이 조항

---

234) 長尾正勝, 前揭書, 28頁.

235) Smith v. New England Aircraft Co., Mass., Sup Ct. 1930 270 Mass., 511, 170 N. E. 385; Swetland v. Curtiss Airport Corp., US 6th Cir. 1932, 55 F. 2d 201.

236) US v. Causby, 328 US 256(1946) ; Griggs v. Allegheny County, 369 US 84(1962).

237) Thornburg v. Port of Portland, oreg., Sup Ct. 1962, 8 Avi 17, 281.

238) Civil Aviation Act 1982. Sec. 76 (1).

의 해석으로서 그것에는 항공기소음 및 진동은 함께 포함되고 있고[239] 더욱이 통상의 비행이라는 개념에는 그 비행에 통상 따르는 사상(the ordinary incidents of such flight)이 포함되는 것으로 되어 있기 때문에 배기가스, 전파의 수신 장해, 통화방해도 이것에 들어간다고 본다.

제6절 한국과 일본의 경우

(1) 한국과 일본은 1933년의 로마조약, 1952년의 로마조약 및 1978년의 로마조약에도 가입하지 않고 있으므로 외국항공기에 의한 지상의 제3자에 대한 손해에 대해서는 전혀 국제적인 제약을 받지 않고 있다. 일본은 1978년의 로마 조약의 작성시 즉 1952년의 로마조약을 개정하는 의정서의 작성에 관하여 1964년에 열린 ICAO 제15차 법률위원회부터 항상 이 회의에 참가해 왔지만 정부는 이 의정서에 가입할 방침을 정하지 않고 있다.

(2) 한국과 일본은 항공기에 의한 지상 제3자에 대한 손해에 관한 특별법이 없으므로 문제가 발생하면 일반법에 따라 해결을 시도하지 않으면 아니 된다. 지상손해가 일과성 원인에 따르는 경우에는 가해자와 피해자 사이에 계약관계가 없는 한 가해자의 책임은 불법행위의 책임이 된다. 한국과 일본에는 영국의 1982년의 민간항공법 제76조 2항처럼 가해자에게 엄격책임을 부담시키는 특별한 규정이 없기 때문에 가해자의 책임은 일반적인 불법행위책임이 된다. 국가가 항공기에 의한 지상손해의 원인이 되었을 때에는 국가도 국가배상법에 의하여 그 책임을 부담하게 된다.

한국과 일본의 공역은 국가기관에 의하여 관리되고 있으며 또한 국유가항공기도 민간기와 마찬가지로 공역을 비행하고 있는 실정을 고려한다면 그 가능성은 결코 적지 않다.

여러 나라에서는 낙하물을 발생시킨 항공기의 특정이 항공운송인의 책임의 전제로 되어 있고 한국과 일본에서는 관계자의 이익을 충분히 조정할 수 있도록 정확한 입법조치에 따라 대처하는 것이 바람직하다. 항공기에 의한 누적적 지상손해에 관하여 여러 나라에 있어서는 이것을 공항의 설치 및 관리와의 관련으로 파악하고 있고 시대의 흐름에 따라 다른 법리를 가지고 규제하여 왔다는 것은 이미 서술한 바 있다. 여기에서 말하는 누적적 지상손해라는 것은 항공기의 이·발착 등의 반복에 따라 발생하는 손해로 소음, 진

---

239) Shawcross and Beaumont, supra, V Para (137), P. V/133.

동, 배기가스, 매연, 악취 등에 따르는 정신적, 신체적 및 물리적인 손해를 말한다. 이것들은 누적적으로 발생하는 것이므로 공항 주변에서만 발생하고 따라서 공항의 설치 및 관리와 관계에서 파악하고 있는 것이 일반화 되어 있다.

이것은 그 근원이 항공기에 있다고 하더라도 일과성의 손해와는 다르고 다수 항공기의 책임을 개별적으로 추급하는 것은 불가능하고 동시에 항공운송의 분야에 있어서 항공운송인이 자유로 공항을 선택한다는 것은 사실상 불가능하기 때문이다.

(3) 일본에 있어서는 항공기에 따른 누적적 손해에 관한 사건으로서 1981년 12월 16일의 일본최고재판소의 판결이 있다. 이것은 소위 오사카국제공항 공해소송 상고심판결로 불리어지고 있지만 이 판결의 요지는 최고재판소는 첫째, 민사상청구로서 항공기의 이·착륙을 하는 국영공항에서 이·착륙을 전면 금지(차지: injunction)시킬 수는 없다는 것과, 둘째 오사카국제공항은 국영공항으로서 그 설치 및 관리에는 하자가 있는 것이기 때문에 국가는 그것에 따라 손해를 입은 자에 대하여 국가배상법 제2조 1항의 규정에 의하여 책임이 있다고 판결하였다. 상기 첫째 이유는 국영공항에 있어서 운수대신의 공항관리권과 항공행정권과의 불가분일체의 관계에 있고 따라서 항공행정권의 행사의 취소변경은 민사상의 청구에 관한 소송에는 부적당하다고 하는 것이다.

상기 둘째 이유는 원고인 주민의 피해내용도 광범위하고 중대하므로 이들 주민이 동공항의 존재에 따라 받는 이익과 입은 손해 사이에는 손해가 필연적으로 크므로 피고인 국가는 상당한 피해대책을 강구하지 않고 공항의 확장을 하였기 때문에 이들 제반의 사정을 종합적으로 살피어 볼 때 국가의 공항공용행위는 위법이라는 것이다.

더욱이 판결은 손해가 인정되고 위험의 존재를 인식하면서 구태여 그것에 따른 피해를 용인하고 있던 자는 배상을 청구하는 권리를 가지지 않고 장래의 손해에 관하여 청구권의 성립여부와 그 액수를 미리 명확히 인정할 수 없기 때문에 그것을 인정할 수는 없다고 하였다. 이 판결은 일본에 있어서 항공기에 의한 지상손해에 관한 중요한 원칙을 나타내고 있는 것으로 평가되고 있다.

제2편 국내항공법(國內航空法)

제1장 항공기의 운항

제1절 적용항공기

1. 항공기의 뜻과 항공법의 적용

시카고조약의 부속서에 의하면, 항공기(aircraft)라 함은 공기의 반동에 의해 공중에 부양하는 기기의 총칭이고 넓은 의미로는 비행기, 비행선, 기구, 활공기(滑空機)연 등이 포함된다고 주장하는 학자도 있다.[1] 항공기의 정의를 필요로 하는 것은 공중을 부양하는 어떤 물체에 대해 법률을 적용시켜야만 하는 가를 분명히 하는데 있지만[2] 민간항공에서의 법률적 용상 그 대상이 되고 있는 항공기는 앞에서 언급한 의미보다 훨씬 제한적이다.

예를 들면 한국의 항공법 제2조 제1항에서 "항공기"란 비행기, 비행선, 활공기(滑空機), 회전익(回轉翼) 항공기, 그 밖에 대통령령으로 정하는 것으로서 항공에 사용할 수 있는 기기(機器)를 말한다고 규정하고 있다.

미국은 연방항공법 제101조 제5항에서 「항공기라 함은 공기 중을 비행 및 비행할 목적으로 사용되거나 또는 설계되어진 장치이다」라고 폭 넓은 정의를 내리고 있지만 [3]현실적인 법 적용을 할 때에는 부속법규 및 그 해석에 따라 그 내용은 한정되어지고 있다. 영국에서는 실정법상 항공기의 정의는 두고 있지 않지만 항공교통령에 의하면 사용 가능한 것의 종류가 상세히 규정되어 있다.[4]

2. 민간항공기의 기본요건

민간항공에 사용되는 항공기는 감항성(堪航性: airworthiness)을 지닌 것이라야만 한다. 감항성이라 함은 공중에서의 항행에 견딜 수 있는 것을 의미한다. 시카고조약은 제31

---

1) 板本昭雄, 前揭書, 123頁.
2) 山口眞弘, 「航空法規解說」, (1976年, 航空振興財團), 3頁.
3) 49 US.C. Sec. 40102 (a) (6).
4) Air Navigation(No.2) Order 1985, Schedule 1.

조에서 국제항공에 종사하는 항공기에는 그 등록국이 발급한 감항증명서(airworthiness certificate)를 비치하는 것이 필요하다는 요지의 규정을 두고 있다.[5] 감항증명이라 함은 그 항공기가 감항성을 지니고 있다는 요지의 증명서이다.

최근 항공기소음이 각 나라의 국민 특히 공항주변의 주민들에게 피해를 주고 있는 것이 문제가 되어 그 음원(音源)이 되는 항공기를 규제하여야만 된다는 여론이 강하게 형성되어 ICAO는 항공기소음에 관한 제16 부속서를 제정하였다. 제16 부속서는 소음기준 적합증명제도에 관하여 규정한 것으로서 한국과 일본에도 항공법에 의하여 소음기준에 적합하지 않은 항공기는 항공에 사용할 수 없게 되어있다.[6]

3. 비적용항공기

시카고조약은 민간항공기에만 적용되고 국유항공기는 적용되지 않는다고 규정하고 있다(조약 제3조 (a)). 군, 세관 및 경찰업무에 사용되는 항공기는 국유항공기로 간주된다. (조약 제3조 (b)). 국유항공기인지 아닌지는 그 항공기의 사용목적에 따라 판단되어진다. 민간항공기에도 군 업무에 사용되는 항공기는 국유항공기가 되며 또한 정기항공운송을 위해 사용하고 있는 민간항공기를 이용하여 군 목적의 스파이행위를 수행하게 하는 일 등은 금지된다. 이 경우는 민간항공의 남용이 되며 조약상의 금지행위가 된다(조약 제4조).

공역(空域)은 민간항공기 뿐만이 아니라 국유항공기도 이용되기 때문에 시카고조약은 제3조(d)에서 당사국이 국유항공기에 관한 규제를 마련할 때에는 민간항공기의 항행안에 관한 타당한 고려를 하여야만 된다고 규정하고 있다.

미국의 연방항공법에서도 공역의 사용에 관하여 연방항공청장관이 국유항공기에 대하여서도 권한을 가지고 있고 그 권한의 행사에는 국방상 충분한 고려를 기울여야만 된다고 규정하고 있다. 일본항공법은 민간항공기에 적용되지만 자위대법에는 항공법의 적용을 제외시키는 규정이 있다.

우리나라는 항공법 제2조 제2항에서는 "국가기관 등 항공기"란 국가, 지방자치단체, 그 밖에 「공공기관의 운영에 관한 법률」에 따른 공공기관으로서 대통령령으로 정하는 공공기관이 소유하거나 임차(賃借)한 항공기로서 ① 재난 · 재해 등으로 인한 수색(搜索)

---

5) Article 31(Certificates of airworthiness) Every aircraft engaged in international navigation shall be provided with a certificate of airworthiness issued or rendered valid by the State in which it is registered.

6) 항공법 제16조2항, 일본항공법 제10조제3항 및 제4항.

·구조, ②산불의 진화 및 예방, ③응급환자의 후송 등 구조·구급활동, ④ 그 밖에 공공의 안녕과 질서유지를 위하여 필요한 업무 중 어느 하나에 해당하는 업무를 수행하기 위하여 사용되는 항공기라고 규정하고 있다. 다만, 군용·경찰용·세관용 항공기는 제외시키고 있다.

제2절 항공기의 등록

1. 국제조약상의 규정

시카고조약 제17조는 「항공기는 등록한 나라의 국적을 가진다」라고 규정하고 있어 등록국주의를 채택하고 있다.[7] 더욱이 동 조약 제19조에서는 「체약국에 있어 항공기의 등록 또는 등록의 변경은 그 나라의 법령에 쫓아 행하지 않으면 아니 된다」라고 규정하여 항공기 등록의 준거법을 지정하였고 제18조에서는 「항공기는 둘 이상의 나라에 등록할 수 없다고 규정하여 항공기의 2중 등록을 금지시켰다.

2. 한국과 일본에 있어서의 항공기등록

우리나라에서 항공기를 소유하거나 임차하여 항공기를 사용할 수 있는 권리가 있는 자(이하 "소유자등"이라 한다)는 항공기를 국토해양부장관에게 등록하여야 하고 등록된 항공기는 한국의 국적을 취득하게 되고 이에 따른 권리·의무를 갖게 된다(항공법 제3, 4조). 항공기에 대한 소유권의 취득·상실·변경은 등록하여야 그 효력이 생기고 항공기에 대한 임차권은 등록하여야만 제3자에 대하여 그 효력이 발생하게 된다(항공법 제5조). 한국의 항공법은 다음의 사람이 소유하는 항공기는 한국에서 등록할 수 없다고 규정하여 소유자에 의한 부적격항공기에 관한 규정을 두었다.

항공법 제6조에서 ① 다음 각호의 1에 해당하는 자가 소유 또는 임차하는 항공기는 등록할 수 없고 다만 한국의 국민 또는 법인이 임차하거나 기타 사용할 수 있는 권리를 가진 항공기는 그러하지 아니하다고 규정하였다.

---

7) Article 17(Nationality of aircraft) Aircraft have the nationality of the State in which they are registered.

1. 대한민국의 국민이 아닌 자

2. 외국정부 또는 외국의 공공단체

3. 외국의 법인 또는 단체

4. 제1호부터 제3호까지의 어느 하나에 해당하는 자가 주식이나 지분의 2분의 1

5. 외국인이 법인등기부상의 대표자이거나 외국인이 법인등기부상의 임원 수의 2 분의 1 이상을 차지하는 법인

한편 시카고조약은 제18조에 의거 항공기의 2중 등록을 금지시킨바 있다.[8] 따라서 외국에 등록된 항공기는 다른 요건이 충족되어 있다고 할지라도 외국에서의 등록이 말소되지 않은 한 한국에서는 등록을 할 수가 없다는 것이다.

등록에 관한 상세한 내용은 국토해양부가 주관하여 제정한바 있는 항공기 등록령 및 항공기 등록규칙에 의하여 구체적으로 규정되어 있으며 항공기의 등록은 법령에 다른 규정이 있는 경우를 제외하고는 당사자의 신청 또는 관공서의 촉탁이 있어야만 하게 되어 있고 항공기 등록원부에 등재하게 된다. 항공기는 등록을 하였을 때에 한국의 국적을 취득하게 되며 등록된 항공기는 소유권에 관하여 제3자에 대한 대항요건을 구비하게 된다.

누구든지 국토해양부장관에게 항공기 등록원부의 등본 또는 초본의 발급을 청구하거나 항공기 등록원부의 열람을 청구할 수 있다(항공법 제13조). 국토해양부장관은 항공기 소유자가 신규 등록을 하였을 때에는 신청인에게 항공기 등록증명서를 교부하여야 한다. 항공기를 신규로 등록한 때에는 소유자 등은 당해 항공기의 등록기호표를 국토해양부령이 정하는 형식·위치 및 방법 등에 따라 항공기에 붙여야 하고 누구든지 항공기에 붙인 등록기호표를 훼손해서는 아니 된다(항공법 제14조).

3. 정보의 국제적인 교환

시카고조약의 당사국은 요구가 있으면 다른 당사국 또는 ICAO에 대하여 자국에 등록된 특정의 항공기의 등록 및 소유권에 관한 정보를 제공하지 않으면 아니 된다.

더욱이 당사국은 자국에 등록된 통상 국제항공에 종사하는 항공기의 소유 및 관리에 관한 보고서를 ICAO에 제공할 의무가 있다(동 조약 제21조)[9].

---

8) Article 18 (Dual registration) An aircraft cannot be validly registered in more than one State, but its registration may be changed from one State to another.

9) Article 21 (Report of registrations) Each contracting State undertakes to supply to any other contracting State or to the International Civil Aviation Organization, on demand, information concerning the

4. 외국의 제도

미국에서의 항공기 등록은 연방항공청장관이 주관하고 있으며 연방항공청이 제정한바 있는 규칙에 따라 등록을 하게 된다. 등록된 항공기는 미국의 국적을 취득하지만 그것만으로는 항공기의 소유권의 대항요건을 갖추어지게 되지 않는다. 항공기 및 항공기의 발동기에 관한 등록(recording)의 제도가 있어 항공기 및 항공기의 발동기의 소유자는 그 등록된 사항에 관하여 대항요건을 가지게 된다. 등기는 등록과 똑같이 연방항공청(FAA) 장관이 주관하고 있다.

5. 항공기의 임대차

최근 금융상의 이유와 그 밖의 이유로 한 나라에 등록된 항공기를 다른 나라의 항공사가 장기간에 걸쳐 임차하고 자사의 승무원에게 운항하게 하는 국제항공업무를 운용하는 일들이 종종 발생하고 있다. 그러나 시카고조약은 항공규칙의 적용, 감항증명서 및 항공기승무원의 기능증명서의 발급 등 항공기의 운항에 관한 여러 요건을 '등록국주의'를 원칙으로 적용시키고 있기 때문에 부분적으로 시카고조약의 부속서(Schedule)에서 그 원칙을 완화하는 것이 임차항공기의 운항기업에게 예측하지 못한 어려움을 줄일 수가 있다.

이 때문에 1980년 10월, 이 문제를 해결할 목적으로 ICAO 제23회 총회는 시카고 조약의 제83조의 2를 신설하였다. 이 조항에 따라 예를 들면 등록국 '갑'으로부터 '을'국의 항공기업이 항공기를 임차할 경우 '갑'국은 '을'국과의 교섭에 따라 시카고조약 제12조(항공규칙: Rules of the air), 제30조(항공기무선장비: Aircraft radio equipment), 제31조(감항증명서: Certificates of airworthiness) 및 제32조(승무원의 면장: Licenses of personnel)에 규정하는 '갑'국의 항공기에 관련된 임무와 임무의 전부 또는 일부를 '을'국에게 이전할 수가 있다. 이 경우 '갑'국은 이전의 한도에 있어 등록국으로서 조약상의 책임이 면제되지만 제3국에 대해서는 그 약정이 조약 제83조에 따라 이사회에 등록되거

---

registration and ownership of any particular aircraft registered in that State. In addition, each contracting State shall furnish reports to the International Civil Aviation Organization, under such regulations as the latter may prescribe, giving such pertinent data as can be made available concerning the ownership and control of aircraft registered in that State and habitually engaged in international air navigation. The data thus obtained by the International Civil Aviation Organization shall be made available by it on request to the other contracting States.

나, 공표되거나 또는 제3국에게 통지한 후가 아니면 유효하게 되지 않는다. 이 추가조항은 1977년 6월 20일에 발효되었고 일본도 이것을 비준하였고 1998년 6월 26일에 조약으로서 공포하였다. 이것에 따라 항공기 임대차는 현저하게 간소화하게 되었다.

제3절 항공기의 휴대서류

1. 조약상의 요건

시카고조약 제29조에 의거 국제항공에 종사하는 항공기는 모두 다음의 서류를 휴대하지 않으면 아니 된다.

(1) 등록증명서
(2) 감항증명서(堪航證明書)
(3) 각 승무원의 적당한 면장
(4) 항공일지
(5) 무선기를 장치할 때 항공기의 면허장
(6) 여객을 운송할 때에 그 성명, 출발지 및 목적지의 표시
(7) 화물을 운송할 때에 적하목록 및 화물의 세목신고서

우리나라는 항공법 제41조 제3항에 의거 항공기를 항공에 사용하려는 자 또는 소유자 등은 해당 항공기에 항공기 안전운항을 위하여 필요한 항공계기(航空計器), 장비, 서류, 구급용구 등을 설치하거나 탑재하여 운용하여야 한다고 규정한고 있다.

2. 항공기 등록증명서

등록증명서(certification of registration)는 국가가 발행하는 항공기의 등록증명서이며 그것에는 등록인의 주소 및 성명, 그밖에 국적, 등록기호, 항공기의 형식 및 제조자, 항공기의 제조번호 등이 기재되는 것이 보통이다.

시카고조약 제7 부속서는 등록증명서의 양식 등을 규정하고 있다. 또한 제7 부속서는 항공기의 국적 및 등록기호에 관하여 그 구성, 표시하는 위치 및 문자의 형식 등에 관하

여 규정하고 있지만 이는 시카고조약 제20조의 「국제항공에 종사하는 모든 항공기는 그 적정한 국적 및 등록기호를 게시하여야만 된다는 것」을 받아들인 것이다[10].

우리나라는 국토해양부 주관하에 제정한바 있는 항공기등록시행령 및 항공기등록시행규칙에 항공기등록절차에 관한 사항이 상세히 규정되고 있다.

3. 항공기의 감항증명서(堪航證明書)

감항증명서(certificate of airworthiness)는 개별 항공기가 등록국의 정하여진 기술적 기준에 적합하다고 인정된 경우 그 국가가 발행하는 취지의 증명서이고 항공기의 기술적 기준에 관해서는 시카고조약 제8 부속서에 정하여져 있다. 항공기 등록국이 증명서를 발급하고 그것이 유효하다고 인정한 요건이 부속서에 정하여지고 있는 최저의 표준과 같거나 그 이상의 것이 있는 한 다른 당사국들도 그 감항증명서를 인정하지 않으면 아니 된다(조약 제33조).

또한 항공기에는 형식증명(type certificate)으로 불리어지는 것이 있다. 이것은 항공기의 형식, 예를 들면 보잉 747SR형이라고 말하는 특정한 항공기의 형식에 관하여 항공기의 제조국이 안전성확보의 견지에서 강도, 구조 및 성능 등의 기준에 적합한가 아닌가를 검사한 후에 부여하는 증명이고 항공기의 감항증명을 전제로 하는 것이다.

따라서 형식증명을 받은 형식과 동일한 종류의 형식항공기는 각각의 항공기에 관하여 일일이 형식증명을 받을 필요는 없고 감항증명을 받는 것만으로 족하다. 한국의 항공법은 제17조에서 형식증명을 규정하고 있다. 한국항공법 제15조 (감항증명)에 의하면 항공기가 안전하게 비행할 수 있는 성능이 있다는 증명(이하 "감항증명"이라 한다)을 받고자 하는 자는 국토해양부령이 정하는 바에 따라 국토해양부장관에게 이를 신청하여야 하고 감항증명은 한국의 국적을 가진 항공기가 아니면 이를 받을 수가 없으며 감항증명을 받지 아니한 항공기는 이를 항공에 사용해서는 아니 된다고 규정하고 있다.

감항증명의 유효기간은 1년으로 되어 있지만 항공기의 시험비행 등을 위하여 국토행양부장관으로부터 허가를 받은 경우에는 감항증명을 받지 아니하여도 된다.

우리나라에서 제작·운항 또는 정비 등을 한 항공기등·장비품 또는 부품을 외국으로 수출하려는 자는 국토해양부령으로 정하는 바에 따라 국토해양부장관에게 수출감항승인

---

10) Article 20 (Display of marks) Every aircraft engaged in international air navigation shall bear its appropriate nationality and registration marks.

을 신청하여 승인을 받아야한다 (항공법 제15조의 2).

4. 승무원의 면허장

승무원의 적당한 면허장(the appropriate licences for each member of the crew) 이 란 시카고조약 32조에 규정되고 있는 운항승무원(members of the operating crew of every aircraft)의 기능증명서(certificate of competence) 및 면허장(license) 등을 말한다. 기능증명서 및 면허장에 관하여 시카고조약 제32조는 국제항공에 종사하는 모든 항공기 의 조종사 기타의 운항승무원은 항공기가 등록받은 나라에서 발급한 또는 유효하다고 인 정되는 기능증명서 및 면허장을 소지하지 않으면 아니 된다. 다만 당사국은 자국영역의 상공비행에 관하여 자국민에 대하여 다른 당사국이 부여한 기능증명서 및 면허장의 인정 을 거부할 권리가 있다.

이에 관하여 제1 부속서는 국제표준과 권고를 규정하고 있지만 그와 동등 이상의 발 행요건을 조건으로 한 당사국간의 상호인정은 조약 제33조에 규정되어 있다.

한국항공법은 제25조 이하에서 항공종사자의 자격증명을 제31조 이하에서는 항공기승 무원의 신체검사증명에 관한 규정을 두고 있다. 자격증명이란 특정 항공업무에 종사하는 자가 그 업무에 필요한 지식과 능력이 있다는 것을 증명하는 것이다.

항공 업무에 종사하고자 하는 자는 국토해양부장관으로부터 항공종사자자격증명을 받 아야만 하는데 자격취득요건으로 연령제한이 있다. 즉, 자격증명을 받을 수 없는 자로서 는 ① 자가용조종사의 자격의 경우에는 17세(자가용활공기조종사의 경우에는 16세미만) 미만인 자, ② 사업용조종사·항공사·항공기관사 및 항공정비사의 자격의 경우에는 18 세미만인 자, ③ 운송용조종사·항공교통관제사·항공공장정비사 및 운항관리사의 자격 의 경우에는 21세미만인 자, ④ 자격증명의 취소처분을 받고 그 취소일 붙어 2년이 경과 되지 아니한 자 등 등이다 (항공 제26조).

자격증명의 종류로는 ① 운송용 조종사, ② 사업용 조종사, ③ 자가용 조종사, ④부조 종사, ⑤경량항공기 조종사, ⑥항공사, ⑦항공기관사, ⑧항공교통관제사, ⑨항공정비사, ⑩운항관리사 등이 있다 (항공 제26조).

일본항공법은 제22조 이하에서 기능증명을 제31조 이하에서 항공신체검사증명에 관한 규정을 두고 있다. 항공신체검사증명이란 시카고조약 제32조에서 말하는 면장을 일컫는 것이다. 기능증명은 예를 들면 정기운송용 조종사라든가 항공기관사라든가의 자격별로 발급된다(일본항공법 제24조).

항공기승무원의 신체검사증명은 우리나라 항공법 제26조 제1호 내지 제5호의 규정에 의한 자격증명을 받은 자중 항공기에 탑승하여 항공 업무에 종사하는 자와 동조 제6호의 규정에 의한 항공교통관제사의 자격증명을 받은 자 중 항공 업무에 종사하는 자는 국토 해양부령이 정하는 바에 따라 항공의학에 관한 전문교육을 받은 의사로서 국토해양부장관이 지정한 자로부터 자격증명별로 항공기승무원의 신체검사증명을 받아야 한다. 항공신체검사에 대한 전문의사의 지정기준, 항공기승무원 신체검사증명의 신체검사기준 및 유효기간은 건설교통부령으로 정하도록 규정하고 있다(항공법 제31조).

특히 우리나라항공법 제34조의 2에 의거 두 나라 이상의 영공(領空)을 운항하는 항공기의 조종사와 두 나라 이상의 영공을 운항하는 항공기에 대한 관제를 하는 항공교통관제사 (Air Traffic Controler: ATC)는 국토해양부장관으로부터 항공영어구술능력증명을 받아야 한다.

5. 항공일지

항공일지(Journey log book)는 항공기의 사용, 정비 및 개조 등에 관한 기록부로서 등록국의 소정양식에 따라 비치가 요구되고 있다. 시카고조약 제34조는 「국제항공에 종사하는 모든 항공기에 관하여 이 조약에 의하여 수시로 정해지는 형식의 항공기, 그 승무원 및 각 비행세목을 기입한 항공일지를 보유하지 않으면 안된다」고 규정하고 있다. 항공기의 운항에 관한 제6 부속서는 그 중에 항공일지의 기재내용을 규정하고 있고 우리나라항공법에서는 제41조에 규정하고 있다.

6. 항공기국의 면허장

항공기국(aircraft radio station)이라 함은 항공기에 장비된 무선국인 것이고 무선국의 운용에는 등록국의 면허를 필요로 하게 된다. 시카고조약 제30조는 「각체약국의 항공기는 등록을 받은 나라의 당국으로부터 무선송신기를 장비하고 또한 운용하기 위한 면허장을 발급 받은 때에만이 다른 체약국의 영역 내 또는 그 영역의 상공에서도 그 송신기를 휴대할 수 있다」라고 규정하였다.

또한 「무선송신기는 항공기가 등록을 받은 나라의 당국이 발급한 특별한 면허장을 소지한 항공기승무원에 한하여 사용할 수 있다」라고 하고 규정하고 있다.

무선 송신기는 항공기의 항행중의 위치, 진로를 측정하기 위하여 필요하며 기타 긴급할 때에 연락에도 필요불가결한 것이기 때문에 미리 엄밀히 규제를 함으로써 가장 효과적으로 이용할 가 있는 것이다.

7. 여객명부

시카고조약 제29조가 규정한 여객의 이름, 탑승지 및 목적지가 기재된 표를 소위 말하는 여객명부(passenger manifest)라고 한다. 항공기가 당사국에 출입할 때 필요로 하는 서류에 대해서는 출입국의 간소화에 관한 제9 부속서에서 규정되어 있다. 당초 출입국절차의 간소화에 관한 동 조약 제22조의 규정이 있고 당사국은 항공기의 항행을 쉽게 하기 위하여 실행 가능한 조치를 취할 것을 약정하고 있다.

한편 시카고조약 제23조에서는 국제표준 또는 권고방식에 따라 국제항공에 관한 세관 및 출입국의 절차를 정할 것을 규정하고 있다. 시카고조약 제9 부속서는 이와 같은 조약상의 규정을 근거로 해서 그 제2항, 6항에 따라 당사국이 항공기가 입국할 때 여객명부의 제출을 요구하는 것을 금지시키고 있다.

8. 화물목록

항공화물운송의 경우 화물목록(cargo manifest)은 항공기에 탑재되어있는 화물의 세부목록에 관한 서류이다. 화물목록의 제출은 시카고조약 제9 부속서에서 항공기가 입국하는 당사국의 임의적재량에 맡겨놓고 있지만 당사국이 그것을 요구하는 경우에도 항공운송장(airwaybill)의 번호, 항공운송마다 하물의 수 및 화물의 성질(the nature of goods)이상의 기입을 요구해서는 아니 된다고 규정하였다. 그 서식은 동 부속서 부록 제2호에 기재되어 있다.

1981년 6월 27일에 위험물의 안전운송에 관한 제18 부속서가 새로 채택되어 1984년 1월 1일부터 시행되고 있지만 동 부속서에 의하면 위험물에 대해 그 뜻을 명백히 승무원 등에 알리지 않으면 안 되는 것으로 하였다.

제4절 운항에 대한 국제적 협력

1. 국제표준과 권고방식

항공의 안전 및 그 발달을 위해서는 항공기의 운항에 관하여 유효한 시설과 적절한 관리가 필요하다. 그 때문에 각국은 각각의 영역에 있어서 필요한 시설을 설치하고 항공기 운항에 대한 관리를 하고 있다. 국제항공은 두 나라이상의 영역에 걸쳐 수행되기 때문에 각국이 각기 독자의 방식으로 시설을 설치하고 관리하기 때문에 항공기의 운항은 매우 복잡하고도 곤란해져 그 안전성을 현저하게 해할 우려성이 있다.

그 때문에 시카고조약은 시설 및 방식의 통일화 및 표준화에 관한 규정을 두고 있다. 동 조약 제37조에서 「각 체약국은 항공기 항공종사자, 항공로 및 부속업무에 관한 규칙, 표준, 절차 및 조직이 실행 가능한 최고도의 통일을 요구하고 있고 그 통일이 항공을 쉽게 하고 동시에 개선하는 모든 사항에 대해 확보하는 일에 협력하는 것을 약속 한다」라고 규정하고 있다 이를 위해 ICAO는 국제표준 및 권고방식 및 절차를 필요에 따라 수시로 채택하고 개정도 하고 있다. 국제표준(International Standards)은 그 적용이 필요한 것이고 자국의 방식이 그것과 전혀 일치하지 않는 나라는 자국의 방식과 국제표준과의 차이를 즉각 ICAO에 통고하지 않으면 아니 된다.

한편 국제표준의 개정이 있는 경우에 자국의 방식에 적절한 개정을 한 나라는 그 개정의 채택일로부터 60일 이내에 ICAO이사회에 그 취지를 통고하거나 또는 자국이 취하려 하는 조치를 명시하지 않으면 아니 된다. 이 경우 이사회는 국제표준의 특이점과 이것에 대응하는 그 국가의 국내방식과의 상위한 점이 있을 때에는 즉시 다른 모든 국가들에게 통고하지 않으면 아니 된다(동 조약 제38조).

항공기 및 항공기부품의 감항성 또는 성능에 관하여 국제표준과 다른 기준을 적용하고 있는 나라가 발급하는 감항증명서 및 항공종사자에 대하여 국제표준과 다른 기준을 채택하고 있는 나라가 발급하는 면장 또는 증명서는 국제표준과의 상위점의 명세를 증명서 또는 면장에 배서되어 있지 않으면 아니 된다(동 조약 제39조).

더욱이 이와 같은 증명서와 면장을 가진 항공기 또는 항공종사자는 입국하는 영역이 속하는 국가의 허가를 받은 경우를 제외하고는 국제항공에 참가할 수가 없다(동 조약 제40조). 또한 국제항공의 안전을 확보하기 위하여 엄격한 제한이 있다. 권고방식(Recommended Practices)은 표준방식과는 달리 당사국에 그 채택을 요망하는데 불과하다. 더욱이 미국의

1978년의 모델협정 및 모델·오픈스카이협정이 안전 확보에 관한 조항을 규정하고 있다는 것은 이미 앞에서 서술한바 있다.

2. 항공시설

당사국은 실행가능하다고 인정하는 한 ICAO가 수시로 권고하여 설정하는 국제표준 및 권고방식에 따라 국제항공을 용이하게 하기 위하여 그 영역내의 공항, 무선시설, 기상 시설, 기타 항공시설을 설정하지 아니하면 안 되고 더욱이 통신, 부호, 기호, 신호 및 조명 기타 운항상에 필요한 방식 및 규칙을 채택하여 항공지도(aeronautical maps) 및 항공도(charts)의 간행을 확보하기 위한 국제적 조치에 협력하지 않으면 아니 된다(동 조약 제28조).

이사회는 당사국의 공항 기타 공항시설이 현존 또는 계획 중의(계획 중의) 국제항공업무에 안전하고 정확하며 능률적인 또한 경제적인 운영을 위하여 합리적인 판단을 하여 적당하지 않다고 인정한 때에는 그 사태를 구제하는 방법을 발견하기 위해 직접 관계국 및 영향을 받는 기타 나라와 협의를 하여야 하고 또한 사태구제의 목적을 위하여 권고를 할 수가 있다(동 조약 제69조).

당사국은 이러한 권고를 받아드리기 위하여 이사회와 협약을 체결할 수가 있고 더욱이 그 권고를 받아들이는데 필요로 하는 비용의 전부 또는 일부를 이사회에 부담시킬 수 있다(동 조약 제70조).

이사회가 비용의 전부 또는 일부를 부담하는 시설의 설치를 위하여 토지가 필요한 경우에는 당사국은 이를 위해 토지를 제공하여야 하고 더욱이 이사회가 공정하며, 합리적인 조건하에 그 나라의 법률에 따라 토지를 사용하는 것을 촉진시키지 않으면 아니 된다(동 조약 제72조)

이사회는 당사국으로부터 요청이 있을 경우에 공항 그 밖의 항공시설에서 다른 당사국의 국제항공업무의 안전하고 능률적이며 경제적인 운영을 위하여 필요로 하는 것의 설치, 인력배치, 유지 및 관리를 하는 것을 동의하고 설치한 시설의 사용에 관하여 공정하고 합리적인 요금을 정할 수 있다(동 조약 제71조)

이들은 국제항공에 필요한 국제표준에 합치되는 항공시설의 설치에 관하여 자국의 힘만으로는 실시가 곤란한 나라 또는 자국에 국제항공기업이 없기 때문에 국제표준에 알맞는 시설의 설치에 적극적이지 않은 나라에 대한 원조를 규정한 것으로 ICAO로 하여

금 세계 전 지역에 걸친 국제항공업무의 안전 및 효율적인 운영을 촉진하는데 그 목적이 있었던 것이다.

더욱이 각 당사국은 조약에 따라 외국의 항공기가 자국의 영역 내에서 비행해야 할 항공로 및 그 업무에 사용하는 공항을 지정할 수 있다(동 조약 제68조). 우리의 항공법 제5장 항공시설 (동법 제75조부터 제111조의 6까지 규정되어 있음)내에는 제1절 비행장과 항행안전시설, 제2절 공항, 제3절 공항운영증명 (2003년 7월 25일 신설됨) 등으로 각각 구성되어 있다. 제1절에서는 ①비행장 및 항행안전시설의 설치, ②비행장 및 항행안전시설의 완성검사 및 변경, ③비행장 및 항행안전시설 사용의 휴지·폐지·재개 및 관리, ③항행안전시설의 성능적합증명, ④항공통신업무 등, ⑤비행장 또는 항행안전시설 설치허가의 취소, ⑥항공장애 표시등의 설치 등, ⑦비행장 설치자 등의 지위승계 등을 각각 규정하고 있다.

제2절 공항에는 ①공항개발 중장기 종합계획의 수립, 변경 및 고시 등, ②공항개발사업의 시행자에 대한 허가, ②공항개발사업 실시계획의 수립·승인 등, ③토지에 출입 및 사용과 수용 등, ④ 공항개발사업의 대행, ⑤공항시설관리권, ⑥공항시설에서의 금지행위, ⑦소음피해방지대책의 수립 등, ⑧항공기소음피해방지 대책위원회의 구성 등을 각각 규정하고 있다. 제3절에서는 ①공항운영증명 등, ②공항운영규정 및 검사 등, ③공항운영증명 취소 등, ④과징금의 부과 등을 각각 규정하고 있다.

3. 시카고 조약의 부속서

시카고조약 제37조에 규정되어 있는 국제표준 및 권고방식은 부속서에 정리되어 있다. 이들 내용은 다음과 같다.

(1) 제1부속서 – 항공종사자의 면허(Personnel Licensing)

이 부속서는 조종사(pilot)의 면허 및 등급평가, 조종사이외의 항공기승무원 예를 들면 항공사, 항공기관사, 항공통신사 등의 면허, 항공기승무원 이외의 종사자 예를 들어 항공기정비원, 항공교통관제관 등에 대한 면허 및 등급평가, 의학적요건 예를 들면 조종사의 신체 및 정신적요건 등에 관하여 규정하고 있다.

(2) 제2부속서 - 항공규칙(Rules of the Air)

이 부속서는 항공규칙의 적용범위, 충돌의 회피, 비행정보, 불법방해 등에 관한 일반규칙, 유시계비행규칙, 계기비행규칙, 신호, 항공기에 표시해야 하는 등화, 순항고도, 민간항공기의 요격(interception) 등에 관하여 규정하고 있다.

(3) 제3부속서 - 국제항공을 위한 기상업무 (Meteorological Service For International Air Navigation)

이 부속서는 기상대, 기상관측, 기상보고, 공항 등의 항공기상정보, 항공기상도, 통신에 대한 요건과 이용 등에 관하여 규정하고 있다.

(4) 제4부속서 - 항공도(Aeronautical Charts)

이 부속서는 항공도에 관한 일반세칙, 진입도, 착륙도 및 비행장도 등에 관하여 규정하고 있다.

(5) 제5부속서 - 공지통신에 사용되는 측정단위(Units of Measurement to be Used in Air and Ground Operations)

이 부속서는 측정단위의 국제화의 촉진, 고도, 거리, 위도, 경도, 시계, 풍속, 기압, 속도, 조명도, 음량, 그 밖의 것에 대한 표준과 기호를 규정하고 있다.

(6) 제6부속서 - 항공기의 운항(Operation of Aircraft)

이 부속서는 기장의 직무, 비행기의 성능과 운항한계, 비행기의 계기 및 장비품, 비행기록, 비행기의 정비, 항공기승무원, 운항관리자, 운항매뉴얼 및 기록류, 객실승무원, 보안에 관하여 규정하고 있다. 제1부의 상업항공과 제2부의 일반항공으로 분류되어 있다.

(7) 제7부속서 - 항공기의 국적과 등록기호(Aircraft Nationality and Registration Marks)

이 부속서는 항공기의 국적, 등록, 등록의 공동기호, 기호의 명시장소와 등록증명서에 관하여 규정하고 있다.

(8) 제8부속서 - 항공기의 감항성(Airworthiness of Aircraft)

이 부속서는 항공기의 감항증명, 그 표준형식, 항공기와 부품의 감항성 기준에 관하여 규정하고 있다.

(9) 제9부속서 - 출입국의 간소화(Facilitation)

이 부속서는 항공기, 여객, 승무원, 화물의 출입국과 통과절차의 간소화에 관하여 규정하고 있다.

(10) 제10부속서 - 항공통신(Aeronautical Telecommunications)

이 부속서는 무선항법원조시설, 통신장치와 무선주파수 등에 관하여 규정하고 있다. 최근의 통신기술의 발달에 따라 5부로 나뉘어져 있다.

(11) 제11부속서 - 항공교통업무 (Air Traffic Services)

이 부속서는 항공교통관리업무, 비행정보업무와 재난구조의 경우 경급업무에 대해 규정하고 있다.

(12) 제12부속서 - 수색구조업무(Search and Rescue)

이 부속서는 항공기의 수색과 구조에 관한 조직, 절차 등에 관하여 규정하고 있다.

(13) 제13부속서 - 항공기사고조사(Aircraft Accident Investigation)

이 부속서는 항공기사고에 관한 통보, 조사관할, 조사절차, 조사보고서 등에 관하여 규정하고 있다.

(14) 제14부속서 - 비행장(Aerodromes)

이 부속서는 표점, 해발과 온도 등의 비행장데이터, 활주로, 숄더와 착륙대 등의 물리적 특성, 장해물의 제한과 제거, 시각원조시설, 비행장설비, 등화 등에 관하여 규정하고 있다. 제2부는 헬리포트(헬리콥터 발착장)에 관하여 규정하고 있다.

(15) 제15부속서 - 항공정보업무(Aeronautical Information Services)

이 부속서는 항공로지(항공로지), 항해에 관한 시설, 상황, 서비스, 절차와 장해 등의 정보인 NOTAM, 항공정보서큘러, 전기통신요건 등에 관하여 규정하고 있다.

(16) 제16부속서 - 환경보호(Environmental protection)

이 부속서는 비행기의 소음제한, 그 기준이 되는 평가단위, 소음측정점과 시험절차 등에 관하여 규정하고 있다. 2부로 나뉘어 제2부에서는 항공 엔진의 배출물에 관하여 규정하고 있다.

(17) 제17부속서 - 보안(Security)

이 부속서는 항공기의 공중납치 등의 항공기에 대한 불법행위에 대처하기 위하여 조직, 협력 과 비행장 및 운항자에 대한 정보와 보고 등에 관하여 규정하고 있다.

(18) 제18부속서 - 위험물건의 안전 운송 (The Safe Transport of Dangerous Goods)

이 부속서는 위험품의 정의(정의), 구분, 포장, 표시와 운송의 제한에 대해 규정하고 있다.

제5절 한국과 일본에 있어서의 항공법체계

1. 한국의 항공법 및 항공관련 법의 구성

(1) 항공법의 연혁

우리에게 처음 적용된 1921년의 「조선항공법」은 1921년의 일본항공법을 준용한다는 내용이었으며 1921년의 일본항공법은 1919년의 파리조약에 준거하여 제정된 법규로 총 7장으로 구성되어 있다(제1장 총칙, 제2장 항공기검사와 등록, 제3장 항공종사자, 제4장 비행장과 그 관리자, 제5장 항공운송, 제6장 잡칙, 제7장 벌칙).

1927년 시행된 조선항공법과 더불어 해방되던 시기까지 우리의 사회적·경제적 환경과 산업전반의 기반이 마련되지 못한 상태에서 항공부문에 대한 관심은 소수 몇몇 개인의 열성과 노력에 의해 항공산업의 명맥을 유지하고 있었으며 이를 뒷받침 할만한 제도적 장치는 전무한 장태였다.

해방 후 미군정 산하 운수부에 설치된 비행운송국이 1948년 교통부시설국 항공과로 흡수되면서 우리나라 민간항공행정기구로 발족하게 되었다.

우리나라는 1952년 국제민간항공협약에 가입한 후 1960년까지 정부에서는 점점 항공법에 대한 관심을 갖게 되면서 항공법 제정을 몇 차례 시도하였으나 국회 회기의 불연속 등 정국불안과 사회적여건 미성숙으로 제정하지 못하였다.

우리나라는 1952년에 국제민간항공기관(ICAO)의 회원국으로 되어 국제민간항공 협약 (시카고조약)과 동 부속서에 준거하여 1958년 미연방항공청(FAA)의 항공전문가의 협조를 당시 교통부는 항공법 초안을 작성하게 되었다. 교통부에서 최종안이 마련된 것은 1959년 8월 21일이었고 법제처의 심의를 거쳐 국무회의에 상정·의결된 것은 1960년 11월 11일이었다.

당시 항공법의 최종안은 전문 10개장 제143개 조문으로 편성되어 있었으며 이 법안은 1961년 2월 10일 민의원 제38차 본회의에서, 다시 2월 22일 참의원 제17차 본회의에서 각각 통과되어 1961년 3월 7일 법률 제591호로서 정부가 공시하고 3개월 후인 6월 7일부터 시행하게 되었다.

(2) 항공법의 구성 체계

항공법은 항공기의 개념, 항공기의 등록, 항공종사자의 자격증명, 항공기운항의 허가 및 제한(공역의 지정, 비행정보 제공 등), 항공시설의 설치허가 및 검사(비행장, 항행안전 시설, 공항 등), 항공운송 사업자에 대한 면허와 운임 및 요금의 인가, 항공기취급업자의 등록, 한국항공진흥협회의 설립, 외국항공기의 항행허가, 항공사고 조사, 항공범죄 및 처벌 등 국가공권력의 개입과 행정처분 등을 주된 내용으로 하고 있는 항공공법(Public Air Law)과 항공사와 승객 및 하주 간에 이루어지고 있는 항공운송계약과 항공기사고로 인한 항공사의 승객 및 하주에 대한 손해배상책임, 항공기의 갑작스러운 추락 등으로 인한 지상 제3자에 대한 불법행위로 인한 손해배상책임 등을 규정한 항공사법(Private Air Law)으로 크게 둘로 나눌 수가 있다.

항공기의 운항은 국제성이라는 특성이 있기 때문에 국제항공운송에 관한 공법적 사항 (시카고조약 및 국제항공범죄에 관한 조약 등)을 주된 내용으로 하고 있는 국제항공공법 (Public International Air Law)과 국제항공운송에 있어 운송계약의 불이행과 불법행위로 인하여 발생되는 손해에 대한 국제항공운송인의 민사책임관계(바르샤바 조약, 헤이그 의 정서, 몬트리올 조약 등)를 주된 내용으로 하고 있는 국제항공사법(Private International Air Law)으로 양분할 수가 있다.

우리나라의 항공법은 1962년부터 2010년까지 수십 차례 이상의 개정을 거쳐 현재에 이르고 있다. 현재 시행되고 있는 우리의 개정항공법(2010년 5월 30일, 법률 제10331호)

은 제1장 총칙, 제2장 항공기, 제3장 항공종사자, 제4장 항공기의 운항, 제5장 항공시설, 제6장 항공운송사업, 제7장 항공기취급업, 제8장 외국항공기, 제9장 보칙, 제10장 벌칙의 총 10개장과 184개 조문으로 구성되어 있다.

하위법규인 항공법 시행령은 1961년 8월 10일 대통령령 제96호로, 동법 시행규칙은 1962년 9월 7일 교통부령 제135호로 각각 제정 공포되어 왔는데 그 동안 많은 개정을 거쳐 시행되어 오고 있다.

특히 정부(국토해양부)는 국적항공기가 그 동안 국내에서 또는 해외에서 자주 발생되었던 항공기사고의 정확한 원인조사와 예방대책을 강구하기 위하여 2001년 9월 12일 항공법을 개정하여 항공사고 조사위원회의 설치, 업무 및 구성에 관한 법적근거를 마련하였다(동법 제152조의 2~17).[11] 그 후 정부(국토해양부)는 2009년 6월 9일 현행 「항공법」을 개정하여 그 내용이 보다 객관적이고 독립적인 항공기사고 조사를 위하여 법률 제9781호로 「항공 · 철도사고 조사에 관한 법률」로 분법(分法)하였다.

「항공 · 철도 사고조사에 관한 법률」의 주된 내용은 제1장 총칙(입법목적, 용어정의, 적용범위), 제2장 항공 · 철도사고조사위원회(항공 · 철도사고조사위원회의 설치, 위원회의 업무, 동위원회의 업무 및 구성, 위원의 자격요건과 신분보장 및 임기, 분과위원회, 사무국의 설치 등), 제3장 사고조사(항공 · 철도사고 등의 발생 통보, 사고조사의 개시 및 수행 등, 항공 · 철도사고조사단의 구성 · 운영, 사고조사보고서의 작성 등, 안전권고 및 정보의 공개금지 등), 제4장 보칙, 제5장 벌칙 등 38개조문으로 구성되어 있다.

최근에 항공안전 강화추세에 따라 빈번하게 개정되고 있는 국제민간항공조약 부속서의 표준 및 권고사항에 신속하게 대처할 수 있도록 그 근거규정은 법률로 정하고 세부기술적인 사항은 하위법령에서 정하도록 하며, 그 간 제도운영과정에서 나타난 일부 미비점을 보완하기 위하여 항공법을 개정한바 있다.

최근에 항공법이 개정된 입법이유는 다음과 같다.

(가) 현재 법률로 규정하고 있는 기준 · 절차 · 방식 등에 관한 비행규칙에 관한 사항을 국제민간항공조약 및 그 부속서에서 정한 내용에 따라 국토해양부령 으로 정하도록 하였다.

(나) 항공교통업무를 국제기준에 맞게 항공교통관제업무, 비행정보업무, 경보업무 로 구분하고, 업무의 내용과 방법 등은 건설교통부령으로 정하도록 하며 국 토해양

---

11) 김두환, 「항공기사고조사제도의 비교법적 고찰」, 상사법의 현대적과제, 손주찬교수 화갑기념논문집(1984년 7월), 박영사, 418-454면.

부장관은 항공교통업무를 체계적으로 수행하기 위한 항공교통업무안 전관리계획을 수립·시행하도록 하였다.

(다) 국토해양부장관은 항행의 안전성, 정규성 및 효율성을 확보하기 위하여 필요로 하는 항공정보 및 항공로, 항행안전시설, 관제권 등의 정보가 기재된 항공지도를 제공하도록 하였다.

(라) 항공기를 운항하고자 하는 자는 항공기 안전을 위하여 필요한 항공계기·장 비·서류·구급용구 등을 설치 또는 탑재하도록 하고, 설치방법 및 운용방 법 등은 국토해양부령으로 정하도록 하였다.

(마) 항공운송사업자는 항공기 사고예방을 위하여 비행자료의 분석과 보호방법 등이 포함된 사고예방 및 비행안전프로그램을 수립·운용하도록 하였다.

(바) 항공기로 위험물을 운송하고자 하는 자는 국토해양부장관의 허가를 받도록 하였고, 위험물을 취급하고자 하는 자는 국토해양부장관이 지정한 전문교육 기관에서 위험물 취급교육을 이수하도록 하였다.

(사) 국토해양부장관은 항공운송사업의 운항증명을 받은 항공운송사업자와 항공 기사용사업자가 부정한 방법으로 운항증명을 받거나 법령에 위반한 경우 이 를 취소 또는 정지할 수 있도록 하고, 그 취소 또는 정지가 공익을 해할 우 려가 있는 경우 등에는 50억원 이하의 과징금을 부과할 수 있도록 하였다.

(아) 정기항공운송사업자가 다른 항공운송사업자(외국인 항공운송사업자를 포함) 와 운수협정을 체결하는 때에는 국토해양부장관의 인가를 받도록 하였고, 그 내용이 경쟁을 실질적으로 제한하는 경우, 이용자의 이익을 부당하게 침 해하는 경우, 가입 또는 탈퇴를 부당하게 제한하는 경우, 운수협정의 목적 이 공공복리에 반하는 경우를 제외하고는 「독점규제및 공정거래에 관한 법 률」의 일부 규정을 적용하지 아니하도록 하였다.

앞으로 항공법을 다시 개정할 때에는 외국의 입법례 (예: 독일의 항공운송법, 중국의 민용항공법 등)를 참작하여 우리의 현실에 알 맞는 항공운송인의 민사책임(손해배상 등)에 관한 규정[12], 항공기의 갑작스러운 추락으로 인한 지상 제3자에 대한 배상책임에 관한 규정, 항공교통관제기관(Air Traffic Control Agency)의 책임에 관한 규정[13]의 책임

---

12) 김두환, 「항공여객운송인의 손해배상책임과 입법론」, 항공우주법학회지(제10호, 1998년8월), 한국항공우주법학회, 13-116면.

13) Doo Hwan Kim, *Legal Aspects of ATCA Liability*, Annals of Air and Space Law (Vol. XX, Part 1, 1995), Institute of Air and Space Law, McGill University, Montreal, Canada, at 209-220.

에 관한 규정 등을 종합적으로 연구·검토하여 삽입하는 것이 필요하다고 보았다.

그러나 우리나라 정부(법무부)는 2011년 5월 23일 상법을 개정하여 제6편에 항공운송인의 민사책임에 관한 규정과 항공기 운항자의 지상 제3자에 대한 배상책임관계 등을 신설함으로서 보다 합리적이고 세계에서 제일 앞서가는 입법체계를 갖추게 되었다. 이 개정상법은 우리나라에서 2011년 11월 24일부터 시행하게 된다.

이와 더불어 항공관련법으로는 항공기와 항공기용 기구의 제조·수리방법을 규율한 「항공기제조사업법」이 1961년 제정되었다. 그러나 항공기제조사업법은 그 후 1978년 「항공공업진흥법」으로 통합 되었다가 다시 1987년에 「항공우주산업개발촉진법」으로 흡수·통합되었다.

또한 1968년에는 민간항공기의 정비지원업무를 국방부산하 공군군수가령부에서 시행하도록 하는 「항공기 정비 특별회계법」을 제정하였으나 이 또한 1970년 국내민간항공회사가 자체 정비가 가능함에 따라 동법을 폐지하였다. 아울러 항공운송사업을 국익차원에서 육성·발전시키기 위해서 1971년 「항공운송사업진흥법」을 제정하였으며 이들 법은 그 동안 여러 차례의 개정을 현재까지 시행해 오고 있다.

(3) 항공법의 법 계통

현재 우리 항공법은 법계통의 측면에서 볼 때에 앞서 언급한바 있는 시카고조약 및 그 부속서의 내용뿐만 아니라 영·미법계인 미국연방항공법의 내용의 일부도 받아드리고 있으나 독일·일본과 같은 대륙법계에 속한다고 볼 수가 있다.

법 형태 측면에서는 주로 항공안전과 항공사업의 질서유지를 위해 행정감독규정이 중심이 된 항공행정법형 내지는 항공공법형(航空公法型)으로 되어 있으며 항공기사고로 인한 항공운송인의 손해배상책임과 항공보험조항에 대한 문제를 다룬 항공사법에 속한 규정은 전무한 장태이다.

그러나 주요선진국(독일, 프랑스, 스위스, 러시아항공법 등)에서는 행정적 규제 기타 공법적 규정 이외에 항공운송인의 민사책임에 관한 사법규정을 포함시키고 공·사법규정을 혼합하여 통합한 입법이 일반화되어가고 있는 실정이다.

항공관련법은 대부분 국제민간항공기구에서 현안문제로 다루어진 국제간 조약내용을 국내에서 시행하고, 국내 항공 모법내용을 보완하기 위해 제정된 단행법으로 되어 있다.

우리의 항공관련법 구성 체계를 살펴보면 현재 「항공운송사업 진흥법」은 전문 13개 조문과 부칙, 「항공안전 및 보안에 관한 법률」은 전문51개 조문과 부칙, 「항공우주산업개발촉진법」전문22개 조문과 부칙, 「한국공항공사법」은 전문21개 조문과 부칙, 「인천공항공사법」은 전문 20개 조문과 부칙으로 각각 구성되어 있다.

(4) 우리나라의 항공법과 시카고조약 및 그 부속서와의 관계

국제민간항공협약(시카고조약)은 2011년 8월 9일 현재 190개국이 가입되어 있으며 우리나라는 이 조약에1952년 11월 11일에 가입하였고 북한은 1997년 8월 16일에 가입되어 있다. 따라서 우리나라와 북한은 UN산하 ICAO의 회원국으로 되어 있으며 이 시카고조약은 우리나라가 국회가 정부가 공포한바 있으므로 우리 헌법 제6조에 의거 국내법과 동일한 효력이 있다.

시카고조약의 부속서의 국내법적 성질에 관하여는 다음과 같이 설명할 수 있다. 시카고조약의 부속서는 조약자체가 아니며 조약으로서 공포되었다고 보기 어렵기 때문에 우리나라의 국내법으로서의 효력을 갖지 않는다. 그러나 부속서의 내용 특히 국제표준 등에 관해서는 원칙적으로 이를 준수할 것을 약속되어 있기 때문에 그 내용은 국내법령인 법률이나 명령에 편입되어 준수가 요청되고 있다.

물론 우리나라 항공법 제1조가 「국제민간 항공조약의 규정 및 이 조약의 부속서로서 채택된 표준, 방식 및 절차에 준거하여, 항공기의 안전법을 정한다」고 규정하고 있지만 이러한 규정에 의해서 시카고조약 부속서의 내용이 직접 국내법의 법원으로서의 성질을 갖는다고 보기는 어려운 점이 있다. 그러나 우리나라 항공법 및 그 시행명령 등이 시카고조약 및 그 부속서의 내용에 준거하여 제정되어 있기 때문에 실제상 국내법의 일부로 되어 있고 항공법 및 그 시행명령 등의 해석에 있어서는 조약 및 그 부속서에 준거하여 행하도록 되어 있다.

2. 일본의 항공법과 운항규정 및 항공교통업무

(1) 일본의 전후 항공법의 연혁과 구성체계

일본에 해당되는 항공기운항규제의 중심은 항공법이다. 항공법은 1952년 7월 15일에 공포되어 당일 시행되었다. 제2차세계대전후의 일본은 항공활동이 일절금지 되어 있었지만 1951년 9월의 평화조약의 서명을 계기로 항공법 제정을 서둘러 평화조약이 발효된 1952년에 공포·시행하기에 이르렀던 것이다. 평화조약 제13조(c)는 일본이 시카고조약의 당사국이 되기까지 국제항공에 적용되는 동 조약의 규정을 시행하는 한편 동 조약의 부속서로 채택된 표준, 방식과 절차를 밟는 것을 규정하고 있다.

일본항공법은 이와 같은 바탕에 입각하여 「이 법률은 국제민간항공조약의 규정 및 동 조약의 부속서로서 채택된 표준, 방식 및 절차에 준거하여 항공기항행의 안전 및 항공기 항행에 기인하는 장해의 방지를 도모하기 위한 방법을 정하고 항공기를 운항하여 운영하는 사업의 질서를 확립함으로써 항공의 발달을 도모하는 것을 목적으로 한다」라고 규정하고 있다(항공법 제1조). 2011년 5월 25이 개정된바 있는 일본항공법은 10개장, 162개 조문으로 만들어졌지만 「제2장 등록」에서 「제6장 항공기의 운항」까지의 각장은 시카고 조약의 부속서에 준거한 항공기의 운항에 관련된 규정으로 되어있다.

일본항공법의 규정은 정령(政令)인 항공법시행령, 운수성령인 항공법시행규칙에 의하여 보완되고 있으며 세부적인 사항은 운수성대신의 고시에 위임되어 있는 것이 많다. 따라서 항공법의 적용을 위해서는 고시를 포함하여 그것들을 전체적으로 파악하는 것이 때때로 필요하다.

(2) 일본의 운항규정

항공기의 운용에 관하여 그 세부적인 것을 법으로 정하는 것은 반드시 적당한 것은 아니다. 특히 항공기의 복잡한 구조와 안전상의 요청에 의하여 상당히 세부적인 사항까지 규정을 두어 그의 완전한 실시를 승무원이 행하지 않으면 아니 되기 때문이다. 그 때문에 일본항공법은 제104조에서 정기항공기업에 운항규정을 작성하게 하여 그것들을 국토교통대신이 인가하도록 규정하고 있다. 국토교통대신은 신청된 운항규정이 일본항공법 시행규칙 제214조에 규정된 기준에 적합한지를 심사하여 인가의 여부를 결정한다. 정기항공기업은 인가받은 항공규정에 따라 운항하지 않으면 아니 된다. 운항규정에 따르지 않고 항공기를 운항하였을 때는 일본항공법 제157조에 규정된 벌칙에 따라 적용받게 된다.

항공기의 운용에 관하여 운용의 내용이 극히 세밀하기 때문에 실무상 운항규정으로 규율할 수 없는 부분은 운항규정의 하위에 있는 항공기업의 매뉴얼 등에 위임하고 있다. 이 경우 매뉴얼 등은 어디까지나 항공기업의 내부적인 법규이지만 항공의 안전성의 관점에서 항공법 내용을 이행하는데 필요하다.

(3) 일본의 항공교통업무

항공기가 비행하는 공역에는 비행정보구역, 항공교통관제구역, 항공교통관제권역 등이 있다. 항공기는 항공교통관제권역에서는 국토교통대신이 부여한 항공교통지시에 따라 운항하지 않으면 아니 된다(일본항공법 제98조). 비행정보구역(Flight Information Region, F. I. R.)은 ICAO의 이사회에서 승인된 항공교통협정에 기초하여 관계국에 할당된다. 그 범위는 영공 외에 걸치지만 이 구역에 있어서는 관제권과 경합하지 않는 한 정보의 제공만으로 관제업무를 행하지 않는 것이 원칙이다.

항공교통관제구역이란 지표 또는 수면으로부터 200M 이상의 고도의 공역으로 국토교통대신의 고시로 지정하는 구역이다(일본항공법 제2조 12항). 항공교통관제권이란 국토교통대신의 고시로 지정하는 비행장 및 그 부근상공의 공역으로 국토교통대신의 고시로 지정하는 지역이다(일본항공법 제2조 13항). 이들 구역에서 항공기는 항공교통지시에 따르지 않고 운항할 때에는 항공법상의 벌칙을 받게 된다(일본항공법 제154조 8항).

항공교통지시의 성격에 관하여는 명령적인 성질과 허가적인 성질의 것이 있다. 그러나 양자는 본질적으로 서로 어긋나지는 않지만 항공교통의 지시와 기장의 책임의 관하여 문제가 될 때가 있다.

시카고조약 제2 부속서에서 「항공기의 기장은 기장인 동안 항공기의 처치에 관하여 최종의 권한을 가지지 않으면 아니 된다」(동 부속서2. 4.)라고 규정하고 있기 때문에 항공교통지시가 잘못되어 그에 따라 항공기를 조종했기 때문에 사고가 발생하였더라도 기장은 잘못된 지시를 이유로 면책될 수 없다는 학설이 있다. 그러나 양자의 관계는 구체적인 사건에 대하여 신중하게 검토하여야할 성질의 것이라고 사료된다. 공역에서는 최근 방공식별권(Air Defence Identification Zone)으로 부르는 구역이 설정되어 있다. 이것은 영공의 외측에 꽤 넓은 범위에 설치되고 1950년 12월 미국 행정명령에 의하여 시작되었다고 한다. 이것은 국가안전 목적을 위하여 외국항공기를 식별하고 위치를 선정하여 관제하기 위하여 설치되었던 것이다. 일본도 1969년 방위청명령 「방공식별권에서의 비행요령에 관한 명령]으로 그것을 설치했다. 이는 영공침범에 대한 조치를 효과적으로 수행하기 위한 것으로 민간항공기의 비행공역에 관하여 원칙적으로 법률상의 효력을 가지는 것은 아니다.

제2장 우리나라에서 새로운 항공법의 탄생

제1절 항공법의 구조 개편이유

항공운송사업·안전·공항건설 분야 등 그 내용이 방대하고 체계가 복잡한 현행 「항공법」 및 관계법령을 각 분야별로 통합·일원화하고 체계적으로 구분하여, 업무추진 효율성 및 법령 수요자의 접근성을 제고시키고자 새로운 법안을 마련하였다.

최근 국토해양부는 현행 항공법을 대체하는 항공사업법안(Draft for the Air Business Act), 항공안전법안(Draft for the Air Safety Act), 공항시설법안(Draft for the Airport Establishment Act), 항공보안법안(Draft for the Air Security Act)등으로 분법(分法)하고 항공운송사업진흥법과 수도권신공항건설촉진법을 각각 항공사업법 및 공항시설법과 통폐합하는 안을 마련하여 그 취지와 주요내용을 국민들에게 미리 알려 이에 대한 의견을 듣고자 「행정절차법」 제41조에 따라 6월 30일 입법예고(기간 2011년 6월 30일부터 7월 19일)한바 있다. 항공운송사업진흥, 안전, 공항시설법의 제정이유를 간략하게 다음과 같이 설명하고자한다.

가. 「항공법」중 항공사업 분야 + 「항공운송사업진흥법」 통합 → 「항공사업법」 제정

나. 「항공법」중 항공안전 분야 + 「항공안전법」 제정

다. 「항공법」중 항공시설 분야 + 「수도권신공항건설촉진법」 통합 → 「공항시 설법」 제정

「항공사업법」안은 현행 항공법 중 정책·사업 분야와 「항공운송사업진흥법」을 통합하여 항공관련 각종 사업의 체계와 내용을 알기 쉽도록 개편하고 정비업, 취급업 등 비운송항공사업 분야의 투자여건을 개선하여 육성기반을 마련하기 위하여 제안한 것이다.

「항공안전법」안은 현행 항공법중 항공기 등록·안전성인증, 항공종사자 등 안전에 관한 규정을 분리하고 운항승무원 피로관리·외국항공기 안전관리 강화 등 항공안전에 필요한 사항 등을 새롭게 반영하였다.

「공항시설법」안은 현행 항공법 중 공항·비행장·항행안전시설 분야와 「수도권신공항건설촉진법」을 통합하여 공항·비행장 개발을 효율적으로 추진하고 도서지역 접근성 강화와 항공레저 활성화를 위해 공항·비행장 개발에 민간 참여를 허용하고 재정지원 근거를 마련하기 위한 것이었다.

제2절 항공사업법 안의 제정이유와 주요내용

1. 제안이유

「항공법」은 단일한 법에 항공의 기본적인 내용뿐만 아니라 세부 기술적인 사항까지 망라하여 타 법에 비해 법체계와 내용이 복잡하고, 개정에 많은 시간이 소요되는 등 업무 효율성이 떨어지고 국제기준에 대한 제도적 적응성이 낮은 실정이었다. 이에 따라 항공기 안전운항 및 기술에 관한 사항, 공항·비행장·항행안전시설 등 공항시설 분야에 관한 사항은 별도의 법률로 제정하는 한편, 항공운송사업, 항공기 사용사업, 항공기 대여업, 항공기 취급업, 항공기 정비업 등의 인허가 절차 및 준수사항은 이 법에 따로 규정함으로써 항공관련 각종 사업의 체계와 내용을 알기 쉽도록 개편하여 국민이 항공법규를 보다 잘 이해할 수 있도록 하고, 아울러 신기술 개발 등 항공환경의 급격한 변화에 신속히 대처하려는 목적으로 제안한 것이다.

2. 주요내용

국토해양부가 주관하여 제정한바 있는 「항공사업법제정법률 안」은 13개장(제1장 총칙, 제2장 항공운송사업, 제3장 항공기사용사업, 제4장 항공기대여업, 제5장 항공기취급업, 제6장 항공기정비업, 제7장 상업서류 송달업 등, 제8장 초경량비행장치 사용사업 등, 제9장 외국인 국제항공운송사업의 허가 등, 제10장 항공교통이용자 보호, 제11장 항공사업의 진흥, 제12장 보칙, 제13장 벌칙)과 전문135개 조문으로 구성되어 있으며 주요내용은 다음과 같다.

1) 항공운송사업 규정의 체계화(안 제2장)

(1) 항공운송사업 면허, 사업자 준수사항 등 관련 내용이 구분 없이 나열되어 있어 해당 사업관련 규정내용을 일목요연하게 이해하기 곤란하였다.

(2) 항공운송사업을 체계적으로 관리하기 위하여 항공운송사업면허·운수권 배 분, 사업자 준수사항, 이용자 보호, 양수·양도 및 휴업·폐업, 면허정지·취소 등을 통

합하되, 내용별로 구분하여 체계적으로 정리하도록 규정하였 다.

2) 외국인 국제항공운송사업 관련 규정의 명확화(안 제9장)

(1) 외국항공기 운항과 항공운송사업에 관한 사항이 법규 성격상 구분됨에도 분류하지 않고 기술하고 있고, 외국인 국제항공운송사업 관련 권리·의무사항을 국내 사업 자 규정을 준용토록 정하고 있어 법 체계가 복잡함
(2) 외국인 운송사업자에게만 적용되는 외국인 국제항공운송사업과 외국항공기 유상운송 의 허가 및 사업자 이행사항, 사업계획 변경인가 등에 관한 사항 을 일원화하였다.

3) 항공관련 사업 절차의 정비 및 규제완화(안 제2조제16호, 제88조)

(1) 관련 각종 사업의 절차를 항공운송사업을 중심으로 규정하고 항공운송사업외 정비 업, 취급업 등은 이를 준용하도록 하여, 항공사업의 특성에 맞는 절차가 되지 못하 고 각 사업별로 위반행위에 부과하는 과징금이 과도한 측면이 있음
(2) 항공기 정비업, 항공기 취급업 등 각 항공사업별로 구분하여 특성에 맞도록 인허 가 절차, 양도·양수, 준수사항 등 절차를 전면 정비하고, 과징금을 사업 특성에 맞게 조정하는 등 규제 완화

4) 항공보험의 범위 확대(안 제2조제17호, 제41조, 제45조, 제100조)

(1) 항공사업자와 자가용항공기 운영자에게만 항공보험 가입의무를 규정하고 있고 항 공기 대여업, 항공기 사용사업에 대해서는 보험가입 의무가 없음
(2) 항공기 대여업 신설에 따라 항공기 대여업자도 항공보험에 가입토록 하고, 항공기 사용사업에 대한 보험가입 의무를 법으로 규정하는 등 항공보험에 관한 사항을 전 면 정비함

5) 항공사업의 특성을 반영한 과징금 상한을 하향 조정(안 제42조, 제66조, 제77조)

(1) 각 사업별의 사업정지에 갈음하는 과징금의 상한을 일률적으로 규정하고 있어 항

공사업의 규모 등 각 사업별 특성을 반영하지 못하고 있음

(2) 대규모의 항공운송사업에 비해 상대적으로 사업규모가 작은 항공기사용사업, 정비업, 취급업 등에 대해 과징금의 상한을 사업의 실제 규모에 맞추어 현실화하고, 관련 산업이 발전할 수 있는 기반 마련이 기대됨

6) 벌칙조항 조정(안 제128조, 제129조제2항제3호)

(1) 「항공운송사업진흥법」에서 규정하고 있는 보조금, 장려금 등의 부정 교부나 목적 외 사용 및 보험가입 의무 위반에 대한 벌칙이 불균형적으로 운영되고 있음
(2) 현행 「항공운송사업진흥법」에 규정된 벌칙과 「항공법」에 규정하고 있는 벌칙을 유사한 위반행위간에 균형있게 조정함

제3절 항공안전법 안의 제정이유와 주요내용

1. 제안이유

「항공법」에서 항공기 등록·안전성인증, 항공종사자, 항공기 운항 및 항공교통업무 등 항공안전·기술에 관한 규정을 「항공안전법 안」으로 분리하여 항공안전관리를 전문화하고, 최근 ICAO 국제기준의 제·개정에 따라 신설·변경되는 안전기준을 반영하며, 현행 제도의 운영상 나타난 일부 미비점을 개선·보완하고 국민의 입장에서 알기 쉽게 법률을 정비하고자 함.

2. 주요내용

국토해양부가 주관하여 제정한바 있는 「항공안전법제정법률 안」은 13개장(제1장 총칙, 제2장 항공기 등록, 제3장 항공기 형식증명 등, 제4장 항공종사자 등, 제5장 항공기의 운항, 제6장 공역 및 항공교통업무 등, 제7장 항공운송사업자의 준수사항 등, 제8장 항공기사용사업자의 준수사항 등, 제9장 정비조직의 인증, 제10장 외국항공기 등의 준수사항,

제11장 경량항공기 및 초경량비행장치의 준수사항 등, 제12장 보칙, 제13장 벌칙)과 전문176개 조문으로 구성되어 있으며 주요내용은 다음과 같다.

1) 「항공법」의 분법을 통한 「항공안전법」 제정 (안 제1장, 제2장, 제3장, 제4장, 제5장, 제6장, 제7장, 제8장, 제9장, 제10장, 제11장, 제12장 및 제13장 신설)

(1) 현행 「항공법」은 단일 법률에 항공에 관한 모든 내용을 담고 있어 법체계와 내용이 복잡하여 법률 수요자의 이해가 어려우며 항공업무 추진의 효율성도 저하됨에 따라 「항공법」을 기능별·분야별로 재편성하고, 체계적으로 정비가 필요하게 되었다.

(2) 현행 「항공법」에서 항공안전·기술에 관한 규정을 분리하여 안전기준·절차 등을 항공기·항공종사자·사업자 등 종류별로 구분·체계화하여 「항공안전법」을 제정하기로 하였다.

(3) 「항공안전법」을 제정함에 따라 ICAO 국제기준의 적기 국내법규화 등 항공안전에 관한 업무 추진의 효율성을 제고하고 법률 수요자가 쉽게 이해할 수 있을 것으로 기대된다.

2) 「항공법」의 분법을 통한 「항공안전법」 제정 이외에도 다음과 같은 개정 수요를 반영시켰다.

(1) "항공기" 용어정의 개정 (안 제2조제1호)

가) 현행 용어정의는 항공역학적 특성이 아닌 단순 종류별로 구분하고 있어 ICAO 국제기준(부속서 7)의 "항공기" 정의와도 맞지 않고, 위그선(지 구표면에 대한 공기의 반작용으로 비행) 등 새로운 비행방식의 비행체 에 대한 법 적용 여부 논란 소지가 있다.

나) "항공기"의 용어정의를 ICAO 국제기준의 "항공기"의 정의와 일치하도 록 '공기의 반작용(지구표면에 대한 공기의 반작용은 제외)으로 뜰 수 있는 기기'로 개정하였다.

다) "항공기" 용어정의를 개정함으로써 ICAO 국제기준과 적합성을 확보하 고, 새로운 비행방식의 비행체에 대한 법 적용 여부 논란 등의 문제가 해소될 것으로 기대된다.

(2) "영공" 용어정의 신설 (안 제2조제27호 신설)

가) "영공"은 국가의 배타적 주권이 미치는 영역으로서 영공통과허가 등 관련 업무 수행 시 용어정의 부재로 그 의미 해석에 논란이 있는 등 문제 점이 있다.

나) "영공"을 대한민국의 영토와 「영해 및 접속수역법」에 따른 내수 및 영 해의 상공으로 용어정의를 신설하였다.

다) "영공" 용어정의를 신설함으로써 국가의 배타적 주권이 미치는 영역을 명확히 하고, 영공통과허가 등 관련 업무 수행 시 논란의 소지가 해소 될 것으로 기대된다.

(3) 항공교통관제연습제도 도입(안 제41조 신설)

가) 교육기관의 학생관제사가 항공교통관제사 자격증명 시험에 응시하기 위 해서는 3개월 이상의 관제실무경력이 필요하나, 항공교통관제는 항공업 무로서 자격증명 소지자만 수행토록 되어있어 법적으로 괴리가 있었다.

나) 교육기관의 학생관제사가 항공교통관제연습을 할 수 있도록 법적 근거 를 마련하고 국토해양부령으로 정하는 자격요건을 갖춘 자의 감독 하에 항공교통관제연습을 실시하도록 하는 등 안전장치를 마련하였다.

다) 교육기관의 학생관제사가 법적 제도권 내에서 안전하게 항공교통관제연습을 할 수 있도록 함으로써 학생관제사의 항공교통관제역량 향상에 기 여할 것으로 기대된다.

(4) 운항승무원 등에 대한 피로관리 강화 (안 제50조제1항)

가) ICAO 국제기준(부속서 6) 개정에 따라 국제선을 운항하는 비사업용 항공기에 종사하는 승무원에 대해서도 사고예방을 위한 피로관리가 필요로 하게 되었다.

나) 국제선을 운항하는 비사업용 항공기에 종사하는 승무원에 대하여 승무 시간, 비행 시간 등을 제한할 수 있도록 규정하였다.

다) 국제선을 운항하는 비사업용 항공기에 종사하는 승무원에 대하여 피로 관리규정을 적용함으로써 ICAO 국제기준을 준수하고 사고예방 효과를 높일 수 있을 것으로 기대된다.

(5) 주정음료등의 사용 제한 강화 및 위반 시 처분 근거 신설 (안 제51조제5항 및 안 제156조제4호 신설)

가) 대국민의 항공교통 이용의 안전 확보를 위해 항공종사자 및 객실승무원의 주정음

료등의 사용 제한 및 위반 시 처분을 강화할 필요가 있다.

나) 업무 수행 제한을 위한 혈중알콜농도 기준을 강화하고, 주정음료등의 영향으로 업무를 수행할 수 없는 상태에서 업무에 종사한 경우 처분토록 벌칙규정을 신설하였다.

다) 주정음료 등의 사용 제한 및 위반 시 처분을 강화함으로써 대국민의 항 공교통안전이 강화되고 항공기 탑승 승객이 사고 위험으로부터 보호될 것으로 기대된다.

(6) 항공안전관리시스템 도입·운영 의무대상자 확대 (안 제53조제2항)

가) ICAO 국제기준(부속서 8) 개정에 따라 항공기 등의 제작에 관련된 업 체도 항공안전관리시스템을 도입하여 운영할 필요가 있게 되었다.

나) 항공안전관리시스템 도입·운영 의무 대상에 항공기 등의 제작에 관련 된 형식증명 소지자, 부가형식증명 소지자 및 제작증명 소지자를 추가 시켰다.

다) 항공기 등의 제작에 관련된 업체도 항공안전관리시스템을 도입·운영토 록 함으로써 ICAO 국제기준을 준수하고 항공안전이 강화될 것으로 기 대된다.

(7) 항공교통업무 수행 주체 확대 및 항공교통업무운영증명제도 도입(안 제79조, 안 제80조, 제81조, 제82조, 제83조 신설)

가) 현행법상 항공교통업무 수행 주체를 국토해양부장관으로 한정하고 있어, 항공전문교육기관 또는 사설비행장 설치자 등 민간이 항공교통업무를 수행하고자 할 경우에는 국가로부터 민간위탁을 받아야만 수행이 가능 하나, 민간위탁 시에는 계약행위를 통해 국가가 비용을 부담해야 하는 모순이 있게 되었다.

나) 국토해양부장관 이외의 자도 항공교통업무를 제공할 수 있도록 법적 근거를 마련하고 이에 따른 항공교통안전 확보를 위해 국토해양부장관이 정한 요건을 갖추어 항공교통업무운영증명을 받도록 하였다.

다) 민간도 항공교통업무 제공체계를 구비하면 누구든지 항공교통업무를 수 행할 수 있도록 규제를 완화함으로써 항공교통업무의 저변 확대 및 사 설비행장·항공전문교육기관 활성화에 기여하도록 하였다.

(8) 외국항공기에 대한 안전관리 강화 (안 제100조, 제102조 및 제103조 신설)

가) ICAO 국제기준(부속서 6)에 따라 외국항공기에 대해 운항안전성을 검사하고, 검증된 운항안전성을 유지토록 하여야 하나 관련 규정이 미흡하 여 보완이 필요하였다.

나) 외국항공기에 대한 운항증명승인 및 취소 처분에 관한 규정을 신설하고 운항안전성 검사 관련 규정을 보완하였다.

다) 외국항공기에 대한 운항증명승인제도 도입 및 운항안전성 검사 관련 규정을 보완함으로써 ICAO 국제기준을 준수하고 외국항공기의 안전도 를 제고할 수 있을 것으로 기대된다.

(9) 경량항공기·초경량비행장치의 안전규정 명확화 (안 제11장)

가) 현행 「항공법」 상 경량항공기·초경량비행장치에 대한 안전규칙은 대 부분 항공기에 관한 조항을 준용하고 있어 법률 수요자의 이해가 어려 우며, 항공기의 안전관리규정 적용에 따른 비효율성 등의 문제점이 있다.

나) 경량항공기·초경량비행장치에 대한 등록·신고, 안전성인증, 조종사 자 격관리, 안전준칙 등 안전관리규정을 분리하여 체계적으로 규정하고 준용조항을 최소화 하였다.

다) 경량항공기·초경량 비행장치에 대한 안전관리규정을 분리·체계적으로 규정함으로써 법률 수요자가 쉽게 이해하고, 안전관리의 효율성이제고 될 것으로 기대된다.

(10) 항공안전 의무보고 위반자에 대한 제재수단 마련 (안 제175조제4항제1호 신설)

가) 항공안전 의무보고에 따른 보고를 하지 아니하거나 허위로 보고한 자에 대한 제재수단의 부재로 법 집행의 실효성 저하 등의 문제가 있었다.

나) 항공안전 의무보고에 따른 보고를 하지 아니하거나 허위로 보고한 자에 대하여 과태료(100만원)를 부과하도록 규정하였다.

다) 항공안전 의무보고에 따른 보고를 하지 아니하거나 허위로 보고한 자에 대한 제재수단을 마련함으로써 보고제도 운영이 강화되고 법 집행의 실 효성이 제고될 것으로 기대된다.

제4절 항공시설 법안의 제안이유와 주요내용

1. 제안이유

현행 「항공법」중 공항시설(공항·비행장·항행안전시설) 분야와 「수도권신공항건설촉진법」을 통합·일원화하여 보다 체계적이고 알기 쉽게 개편하고,

공항분야의 인프라 확충과 정책여건·국제기준에 탄력적으로 대처하기 위해 공항·비행장 관련 주요정책의 심의·조정 기능을 강화하고, 비행장 개발시 사업시행자에 대한 국고지원 및 토지수용권을 부여하며, 수도권 외 지역에서도 공항개발사업의 일환으로 주변지역 개발 허용 및 개발 예정지역 내의 행위제한 제도를 신설하고자 함. 아울러, 경량항공기 이착륙장 시설기준 근거를 마련하고, 실시계획 승인기간을 단축하는 등 공항시설 법률을 새로이 제정하려는 것임

2. 주요내용

국토해양부가 주관하여 제정한바 있는 「공항시설법제정법률 안」은 8개장(제1장 총칙, 제2장 공항 및 비행장의 개발, 제3장 공항·비행장 관리 및 운영, 제4장 항행안전시설, 제5장 보칙, 제8장 벌칙)과 전문69개 조문으로 구성되어 있으며 주요내용은 다음과 같다.

1) 공항·비행장 관련 주요정책 심의·조정 기능 강화(안 제7조)

(1) 현재는 법률적 근거가 아닌 사회간접자본 건설추진위원회 규정(대통령령)에 의한 사회간접자본 건설추진위원회에서 신공항 건설 관련 주요정책에 대한 심의·조정을 하여 왔다.
(2) 신공항 건설뿐만 아니라 일정규모 이상 공항시설 확충시에도 심의·조정할 수 있는 「공항정책심의위원회」를 신설토록 하였다.
(3) 공항정책심의위원회의 법률적 지위를 확보함으로써 정책결정의 법적 안전성 및 투명성을 제고시킨다.

2) 공항 · 비행장 개발에 관한 기술심의 일원화(안 제8조)

(1) 공항 · 비행장 개발사업은 토목 · 건축 · 기계설비 등 여러분야가 복합되어 분야별 전문성을 바탕으로 한 심의가 필요하나 수도권건설촉진법의 「신 공항건설심의위원회」와 건설기술관리법의 「설계자문위원회」로 이원화되 어 구성 · 운영 중이다.
(2) 「공항개발기술심의위원회」를 신설하여 공항 및 비행장 개발 · 확장시 분 야별 기술심의를 일원화시킨다.
(3) 건축법 제4조의 건축위원회 심의, 건설기술관리법 제5조의 건설기술심의 회 심의 및 도시교통정비촉진법 제16조의 교통영향분석 · 개선대책의 검 토 등 관계 3개 법에 의한 심의 · 검토를 의제 처리함으로써 업무처리의 효율성 제고시킨다.

3) 실시계획 승인기간 단축 및 4개 의제규정 추가(안 제11조)

(1) 국토해양부장관이 실시계획을 승인하려는 경우 그 실시계획이 관계 법률 에 적합한지에 대해 소관 행정기관의 장과 협의할 때 그 협의기간이 30 일 로 장기간 소요된다.
(2) 소관 행정기관의 장과 협의기간을 단축(30일 → 20일)하고, 「골재채취법」제22조에 따른 골재채취의 허가 등 4개 법률의 의제 규정을 추가하는 한편, "공항개발기술심의위원회"를 거친 경우 「건설기술관리법」제5조에 따른 건설기술심의위원회 심의 등 3개 법률에 따른 심의 · 검토를 의제한다.
(3) 신속하고 효율적인 사업추진 도모 및 민원인의 경제적인 부담을 경감시킨다.

4) 공항개발예정지역 내의 행위 제한 신설(안 제13조)

(1) 공항개발 기본계획 수립 고시 후 실시계획 수립 시까지 1년 또는 2년 이 상이 소요됨에도 행위제한 규정이 없어 개발예정지역 내에서 보상비를 노 린 각종 시설물의 설치, 토지형질변경 및 죽목 식재 등의 행위가 가능하 다.
(2) 공항개발예정지역 내 토지 형질변경, 공작물 설치, 토석채취 및 물건적 치 행위 등 대통령령으로 정하는 행위를 제한시킨다.
(3) 행위 제한을 통해 불필요한 보상 방지 등 예산 절감 및 신속한 공항개발 사업 추

진 가능

5) 비행장 개발시 토지수용권 확대 적용(안 제15조)

(1) 항공 레저 · 관광 등을 위한 육상 · 수상비행장 인프라 구축이 필요하나, 시 행자에 대한 타인 토지의 출입 · 사용 · 수용할 수 있는 제도가 미비하다.

(2) 국민의 재산권 보호를 위해 비행장 개발 사업시행자가 국토해양부 · 지자체 · 공공 기관인 경우에 한하여 타인 토지에 대한 출입 · 사용 · 수용할 수 있는 권한을 부 여한다.

(3) 항공 레저 · 관광용 경 · 수상비행장 등 인프라 구축을 용이하게 함으로써 국민편 익 증진 및 항공산업 발전에 기여할 것으로 기대된다.

6) 사업시행자의 공항 주변지역 개발 확대 적용(안 제23조)

(1) 수도권신공항건설촉진법에서는 사업을 효율적으로 추진하기 위해 필요시 인 천공 항 개발예정지역의 경계로부터 10km 범위 내에서 일정한 지역을 주 변개발 예정 지역으로 지정하여 공항사업으로 개발을 추진할 수 있으나 그 외 지역에서 신공항 개발시 주변지역을 공항사업으로 개발할 수 있는 근거 미비하다.

(2) 공항 개발예정지역 경계로부터 일정한 지역을 주변개발 예정지역으로 지정 하여 공항사업으로 개발을 할 수 있도록 하고, 구체적 범위 및 지정절차는 하위 법령 (대통령령)에서 정하도록 한다.

(3) 공항개발사업 추진시 사업시행자가 주변지역을 공항시설과 병행하여 편의시설 등 을 공항개발사업의 일환으로 개발할 수 있어 신공항 개발의 효율성 제고시킨다.

7) 비행장 개발시 재정지원 확대 적용(안 제24조)

(1) 항공 관광 · 레저용 육상 · 수상비행장 등 개발시 민간부문 투자촉진을 위 한 재정 지원제도가 미흡하다.

(2) 비행장 개발시 활주로 등 기본시설을 국가가 건설할 경우에는 예산의

(3) 관광 · 레저용 육상 · 수상비행장 개발 등 인프라 구축 관련 지방자치단체 · 민간부

문의 투자를 촉진시킨다.

8) 경량항공기 등 이 · 착륙장 시설기준 근거 마련(안 제26조)

(1) 항공 레저 · 관광용 경량항공기 및 초경량비행장치의 보유대수가 최근 급격히 증가하고 있으나 이에 대한 시설기준 미비하다.
(2) 경량비행기 및 초경량비행장치의 이착륙장 시설기준 근거를 마련하고 최소기준을 규정하거나 제시(권고)할 수 있도록 한다.
(3) 경량비행기 및 초경량비행장치 운항시 안전사고 예방에 기여할 것으로 기대 된다

9) 비행장 시설의 관리 · 운영권 위임 근거 마련(안 제39조)

(1) 공항시설에 대해서는 공항공사 등에게 관리 · 운영 권한을 위임할 수 있는 「공항시설관리권 설정」근거가 있으나, 비행장 시설에 대해서는 공항공사 등 관련기관에 관리 · 운영 권한을 위임할 수 있는 근거가 없다.
(2) 국가가 건설한 비행장 활주로 등 기본시설에 대해서도 공항공사 등 제3자 에게 관리 · 운영 권한을 위임할 수 있는 「비행장시설관리권 설정」근거를 마련하였다.
(3) 비행장의 효율적인 관리 · 운영과 항공 레저 · 관광 활성화 및 항공기 제 작 · 정비 등 항공산업 육성에 기여할것으로 기대된다.

제5절 항공보안법 안의 제안이유와 주요내용

1. 제안이유

「항공안전법」제정에 따라 법률이름의 유사로 인한 혼선을 예방하기 위하여 법률명을 「항공보안법」으로 변경하고, 민간항공에 대한 보안을 강화하기 위하여 공항운영자 등에게 국가항공보안계획의 이행 의무를 부여하며, 공항운영자 · 항공운송사업자 등의 의무 위반시 처벌규정을 보완하여 법률의 실효성을 확보하는 등 현행 제도의 운영상 나타난 일부 미비점을 개선 · 보완하려는데 그 목적이 있다.

2. 주요내용

국토해양부가 주관하여 제정한바 있는 「항공보안법제정법률 안」은 8개장(제1장 총칙, 제2장 항공보안협의회 등, 제3장 공항·항공기 등의 보안, 제4장 항공기 안의 보안, 제5장 항공보안장비 등, 제6장 항공보안 위협에 대한 대응, 제7장 보칙, 제8장 벌칙)과 전문 53개 조문으로 구성되어 있으며 주요내용은 다음과 같다.

1) 「항공안전 및 보안에 관한 법률」을 「항공보안법」으로 변경(법률 제명)

(1) 「항공법」 정비로 「항공안전법」이 제정됨에 따라 법률명 유사로 인한 혼선을 예방하기 위하여 「항공안전 및 보안에 관한 법률」을 「항공보안법」 으로 변경토록 한다.

2) 공항운영자 등에게 국가항공보안계획의 이행 의무 부여(안 제9조제4항 신설)

(1) 공항운영자 등에게 국가항공보안계획 및 자체 보안계획을 이행하도록 의 무를 부여하였다.
(2) 공항운영자 등에게 국가항공보안계획 및 자체 보안계획에서 정하는 사항을 이행하도록 의무를 부여함에 따라 민간항공에 대한 보안이 강화될 것 으로 기대된다.

3) 상용화주 지정 취소요건 보완(안 제19조제1항제1호 신설)

(1) 상용화주 지정기준에 미달하게 되거나 항공화물보안기준을 위반한 경우에 만 상용화주 지정을 취소할 수 있도록 하였다.
(2) 거짓이나 그 밖의 부정한 방법으로 지정을 받은 경우에도 상용화주 지정 을 취소할 수 있도록 규정하였다.
(3) 당연히 지정 취소를 하여야 하는 사유를 추가함에 따라 법률 적용에 따른 혼란을 사전에 예방할 수 있을 것으로 기대된다.

4) 국가항공보안우발계획의 수립 · 시행(안 제33조제1항 신설)

(1) 국토해양부장관이 국가항공보안우발계획을 수립 · 시행하고, 공항운영자 등 은 국가항공보안우발계획에 따라 자체 우발계획을 수립하도록 보완하였다.
(2) 국가항공보안우발계획과 공항운영자 등의 자체 우발계획이 유기적으로 연 계될 수 있도록 함으로써 정책의 실효성이 확보될 것으로 기대된다.

5) 법률의 실효성 확보를 위한 처벌규정 보완(안 제51조 및 제53조)

(1) 공항운영자 · 항공운송사업자 등이 이 법률을 위반한 경우 벌금 또는 과태료 처분을 규정하고 있으나, 의무 위반에 대한 처벌규정이 전반적으로 미 흡 할 뿐만 아니라 벌금형 위주로 규정되어 있다.
(2) 공항운영자 · 항공운송사업자 등의 의무 위반에 대한 처벌규정을 확대하고, 일부 벌금형을 과태료로 전환시키었다.
(3) 처벌규정이 없어 이행을 강제하기 어려웠던 사항들에 대한 처벌규정 신설 로 법률의 실효성 확보가 가능하게 되고, 경미한 사항은 벌금형을 과태료 로 전환함에 따라 과잉 처벌을 방지할 수 있을 것으로 기대된다..

6) 법률 위반 행위자 외에 그 법인 또는 개인도 처벌할 수 있도록 양벌규정 신설(안 제52조)

(1) 법인 또는 개인의 업무에 관하여 법률을 위반한 경우 행위자에 대하여만 처벌하도록 규정하였다.
(2) 행위자 뿐만 아니라 그 법인 또는 개인에 대하여도 처벌할 수 있도록 양 벌 규정을 신설 함으로써 법률 위반행위 방지에 상당한 주의와 감독을 하 게 될 것이므로 법률의 실효성 확보가 기대된다.[14]

---

14) 국토해양부 홈페이지, 정보마당→법령정보→이법예고→ http://www.mltm.go.kr

제3장 항공교통관제기관(ATCA)의 책임

제1절 머리말

항공교통관제의 주된 목적은 항공관제권내(航空管制圈內)에서 항공기의 운항안전, 운항질서유지, 신속한 이동을 증진시키는데 그 목적이 있다. 따라서 항공교통관제기관은 항공기의 운항질서유지, 신속한 이동, 운항안전을 확보하는데 담보책임을 부담하게 된다.[15]

오늘날 세계도처에서 항공교통관제기관(Air Traffic Control Agencies: 이하 ATCA이라고 칭함)의 고의 또는 과실로 인하여 항공기사고가 발생하고 있으며 이 사고로 인하여 인적 또는 물적 손해(인명의 사상, 화물의 손괴 또는 연착 등)가 발생되었을 경우, 손해배상책임의 한계 및 배상한도가액을 규정한 특별법이 각국마다 존재하지 않고 있으며 이에 관한 국제조약도 없기 때문에 가해자(항공교통관제기관 등)와 피해자(승객, 하주, 조종사) 간에 손해배상책임가액문제를 둘러싸고 그 분쟁이 심화되어 가고 있다.

특히150여 국가간에 국적이 상이한 항공교통관제기관(ATCA)의 고의 또는 과실로 인하여 항공기사고가 발생하였을 경우, 각국마다 손해배상에 관한 책임제도, 책임제한, 담보책임, 구상권행사, 책임주체, 이행보조자의 책임, 재판관할권, 제척기간 등에 관한 특별규정이 없으며 배상에 관한 법규가 상이하고, 국제조약이 없기 때문에 세계적으로 통일된 조약을 만들려고 하였다. 1964년에 UN산하 국제민간항공기구(ICAO)의 법률위원회에서 항공교통관제기관의 민사책임에 관한 조약초안을 심의하기 위하여 소위원회를 구성하였고 활동을 개시한 후 여러 차례 회합을 가진 바 있으나(30여 년간 토의) 아직도 국가간에 합의된 국제조약초안을 단일안으로 작성하지 못하고 있다.

따라서 여러 국가 상호간에 ATCA의 손해배상책임에 관한 그 분쟁에 휘말려 들어갈 우려성이 있으므로 이와 같은 분쟁요인을 어느 정도 감소시키고 신속하게 해결하기 위해서는 분쟁당사자간에 형평의 원칙에 입각하여 가해자와 피해자간에 권익조정을 한 후 통일된 국제조약의 마련이 과거 그 어느 때 보다도 시급하다고 사료된다.

항공교통관제기관의 고의 또는 과실에 기인하여 발생된 항공기사고의 피해자에 대한 민사책임은 일반적으로 각국이 민·상사법상의 계약책임규정에 의하여 처리하는 때보다

---

15) Shawcross and Beaumont, *op.cit*, at 273.

는 오히려 불법행위책임(delictual liability)의 규정에 의하여 처리하는 때가 더욱 많아 졌기 때문이다.16) 이와 같은 이유 때문에 세계적으로 많은 항공법학자들은 대륙법 뿐만 아니라 영·미법상 ATCA의 민사책임에 관한 법적성질을 계약책임(contractual liability) 으로 보는 것이 아니고 불법행위책임(delictual liability)이라고 주장하고 있으며 필자도 이 견해에 찬동하고 있다. 1945년의 시카고조약 제2 부속서 항공규칙(Rule of Air Law) 에 의하면 기장은 공항의 관제탑 내에 있는 항공교통관제기관의 지시에 순응하여야만 된 다고 규정하고 있다. 시카고조약 체결당사국들은 공중 또는 지상에서의 항공기의 충돌예 방과 비행정보 및 경보제공, 항공기의 이동에 따르는 질서유지를 확보하기 위하여 적절 한 항공교통관제써비스(항공교통관제서비스)를 제공하여야만 된다고 규정하고 있다. 특히 항공교통관제기관의 의무는 항공기의 운항안전을 위하여 항상 주의의무를 다하여 업무를 처리하여야만 된다.

이와 같은 주의의무는 항공교통관제업무에 관계된 규정뿐만 아니라 항공교통관제기관 과 조종사간의 관계에서 발생되는 것이다. 이러한 주의의무의 결핍 또는 위반은 과실 (negligence)에 해당되므로 ATCA의 과실로 인하여 피해를 입은 자는 손해배상청구소송 을 제기할 수가 있는 것이다. 왜냐하면 각국의 정부 또는 국영공항공단 소속하에 있는 특정항공교통관제기관이 항공교통관제업무를 처리하는 과정에서 과실이 있어 항공기사고 가 발생되었을 경우 ATCA는 민사책임을 부담하고 있기 때문에 고용주로서의 정부기관 또는 국영공항공단은 국가배상책임 또는 사용자로서의 손해배상책임을 부담하게 된다.

항공기의 기장과 조종사는 항공기의 운항안전에 대하여 제일차적 책임을 지게 된다. 조종사 또는 기장이 운항안전에 대한 결정은 항공교통관제기관에 의하여 제공된 비행정 보를 비롯하여 그가 이용할 수 있는 정보에 기초를 두고 있다. 공항관제탑 내에 있는 항 공교통관제관은 첨단화된 전자장비를 이용하고 있기 때문에 조종사보다도 더욱 무거운 책임을 부담하는 경우도 있다. 한편 항공교통관제관들은 항공관제권내에서 모든 항공기 의 이동을 육안만으로는 식별할 수가 없다.

그래서 어떤 경우에는 항공기의 안전운항에 관한 비행정보를 제공하는 항공교통관제기 관이 조종사보다 더욱 무거운 책임을 부담하는 경우도 있게 되는 것이다. 이와 같은 항 공교통관제업무는 항공교통관제기관이 피고용인으로서 그들의 직무수행에 의하여 야기된 행위에 대하여 국가 또는 공공기관이 대리인으로서 책임을 지게 되지만 항공교통관제기

---

16) Edgar Ruhwedel, *Flugsicherheit, Luftverkehrskontrolle und Haftung*, Zeitschrift für Luft-und Weltraumrecht, Köln (1973), at 265-266.

관의 자격으로서 한 행위와 관제기관 개인의 자격으로서 한 행위 간에 구분이 어렵게 되는 경우도 있게 된다.

그 동안 항공교통관제기관의 민사책임문제 및 국제조약초안의 입안에 관하여 국제민간항공기관(ICAO)법률위원회와 국제법률협회(ILA)항공법위원회에서 토의되었던 내용을 간략하게 소개하기로 한다.

제2절 국제민간항공기관(ICAO) 법률위원회와 국제법률협회(ILA) 항공법위원회에서의 토의내용

국제적인 면에서 볼 때 항공교통관제기관의 민사책임에 관한 법률문제와 국제조약초안의 입안문제에 대하여 이미 1964년부터 1980년에 걸쳐 UN산하 국제민간항공기관(ICAO)의 법률위원회와 1986년의 제62차 국제법률협회의 서울대회(한국)의 비공식 실무위원회, 1988년의 제63차 국제법률협회의 바르샤바대회(폴란드)항공법위원회, 1992년의 제65차 국제법률협회의 카이로대회(이집트) 실무위원회에서 제기되어 이미 토의안건으로서 채택되어 여러 차례 토의된 바 있다.17)

특히 주목할 만한 일은 ICAO의 아르헨티나 대표가 항공교통관제기관의 책임에 관한 국제조약예비초안을 ICAO 사무국에 제출한 바 있으나18) ICAO 법률위원회에서는 이를 채택하지 아니하였다. ICAO 제15차 법률위원회에서 항공교통관제기관의 책임제도에 관한 각국의 동향을 조회한 바 있는데 1964년부터 1965년 사이에 있었던 40개국에 대한 ICAO의 조사결과를 살펴보기로 한다.19)

먼저 유념하여야 할 점은 현행법상 항공교통관제기관을 상대로 제소할 수 있다고 적극적으로 해답한 국가는 24개국에 불과하다. 그 중 폴란드는 외국의 법원에 소추하는 것은 인정을 하지 않는다고 답변하였다.

잔여 16개국 중 6개국은 국내법의 개정을 포함하는 어떤 필요한 조치를 취함으로써

---

17) Doo Hwan Kim, *Liability of Govermental Bodies in International Civil Aviation*, Chia-Jui Cheng and Pablo Mendes de Leon, The Highway of Air and Outer Space over Asia, Martinus Nijihoff Publishers, The Netherlands, at 180-181 (1992).

18) ICAO Legal Committee, -29th Session-, (Montreal, 4-15 July 1994), LC/29-WP/7, 8/3/94 pp.2-47.

19) LC/SC/LATC No.32(14/4/65) Appendix A.; Doc 8444 LC/151.

항공교통관제기관에 대한 소추가 가능하다는 취지의 답변을 한 바 있다.

이와 같은 상황아래서 각국은 어떠한 책임제도를 지향하고 있는가를 살피어 보기로 한다. ICAO 사무국에서 준비한 질의서는 복수회답을 인정한 바 있고, 회답총계는 회답국 수와 일치하지 않은 점이 다소 있었다.[20]

(1) 정부기관으로서 항공교통관제기관의 책임제도에 관한 각국의 의향을 살피어 보면 이 경우에 ① 과실책임의 원칙을 찬성하는 국가는 35개국, 즉 유럽의 주요국가들과 한국, 중국, 일본, 미국, 캐나다 등을 포함하고 있다. 칠레는 유일하게 적극적인 반대국가이었다. ②추정과실책임의 원칙을 찬성한 국가는 아르헨티나(제1순위), 남아프리카(조건부), 네덜란드(조건부), 스위스(제1순위) 등 4개국뿐이었다. ③ 절대책임(absolute liability)의 원칙을 찬성하고 있는 국가는 독일(설비의 결함이 있을 때만), 스위스(제2순위), 스페인 등 3개국뿐이었다. 독일은 기본적으로 과실책임의 원칙을 찬성하고 있었다. 적극적인 반대국은 스웨덴 1개국뿐이었다.

(2) 다음으로 정부기관으로 되어 있지 않은 사적 항공교통관제기관의 책임제도에 관한 각국의 의향을 살펴보기로 한다. 사적 항공교통관제기관은 정부기관과 동종의 책임제도를 채택할 것이냐 그 가부에 대하여 각국에 질의를 하였다. ① 정부기관과 동종의 책임제도를 채택하는 것이 좋다고 하는 국가는 32개국이었고, ② 다른 종류의 책임제도를 채택하는 것이 좋다고 답한 국가는 트리니다드 (1)개국 뿐이었다. 항공교통관제관이 정부기관으로 소속되었을 때의 책임원칙은 회답이 없었지만 사적인 항공교통관제기관으로 존재할 때는 추정적 과실책임의 원칙을 채택하여 줄 것을 답한 바 있다. 이상과 같은 답변내용을 고려하여 볼 때 제2회 소위원회는 과실책임의 원칙에 입각한 책임제도의 채택에 찬의를 표시하고 있었던 것이다.[21] 제16회 법률위원회도 이와 같은 결론을 추인하였다.

더욱이 동 법률위원회는 다음의 네 가지 문제에 대한 재검토를 위해 이 문제들을 소위원회에 의뢰하였다. ① 항공기의 자동설비에 결함이 있을 경우에 입증책임의 문제, ② 당초 절대책임의 원칙이 긍정되고 있는 소송에 있어서 피고이었던 자가 구상권청구소송을 제기하는 경우에도 절대책임의 원칙이 계속 긍정되느냐 되지 않느냐의 문제, ③ 항공교통관제기관이 포함된 소송에 있어서 국가당국의 기록제출의무의 범위에 관한 문제, ④ 관계기록의 보관기관의 문제 등이 있었다.

---

20) 關口雅夫, "航空交通管制機關の國際的民事責任に關する條約の立法化の動向及びその問題點", 空法, 第27號(1986), 73面.

21) Doc. 8767-LC/156~1, p.139.

20여 년 전의 조사로는 40%에 해당하는 국가가 ATCA의 공적 항공교통관제기관에 대한 외국민간인의 소추에 대하여 소극적인 해답을 한 바 있다.

20여 년 전의 조사로는 현행법상 즉각 실시하기 어려운 국가를 포함하여 압도적인 다수국가가 ATCA의 공적항공교통관제기관에 대한 책임제도에 대하여 과실책임의 원칙을 적용하여야만 된다고 주장한바있다.

제26차 ICAO회의가 1987년 4월 28일부터 5월 13일에 걸쳐 캐나다의 몬트리올에서 개최되었다. 제26차 ICAO법률위원회에서는 항공교통관제기관의 책임에 관한 국제기구 및 각국의 의견서, 발표자의 보고서가 첨부된 ICAO 사무국의 연구보고서를 중심으로 장차의 토의진행절차에 대하여 심도 있게 논의된 바 있다.

1990년 몬트리올에서 개최된 제27차 ICAO법률위원회에서는 다음과 같은 두 가지 사항에 대하여 ICAO이사회의 승인에 따라 일반작업프로그램(General Work Programme)으로 정하여 계속 토의키로 정하였다.

1. 항공교통관제기관의 책임
2. 바르샤바 제도에 관한 통합조약초안의 입안에 관한 연구 등.

한편 1992년 4월에 이집트의 카이로에서 개최된 제65차 국제법률협회(ILA)의 항공법 분과위원회에서 항공교통관제기관의 책임에 관한 국제조약예비초안을 심의키로 정하고 본격적으로 동 조약 예비초안에 대한 토의가 있었다.

1994년 7월 4일부터 15일까지 몬트리올에서 개최된 제29차 ICAO 법률위원회에서도 ICAO 이사회의 결의에 따라 항공교통관제기관의 책임에 관한 조약초안의 작성에 관하여 일반작업 프로그램(General Work Programme)으로서 계속 토의키로 하였다. 시카고 조약에 따라 이 조약에 가입한 국가들은 항공관계법규의 통일을 위하여 상호간에 공동노력을 하여야만 된다는 것이 기본입장으로 되어 있다.

향후 항공교통관제기관의 책임에 관한 조약예비초안을 정식으로 입안할 때에 그 기준으로 다음과 같은 항목이 삽입하여야만 된다고 본다.

① 항공교통관제기관의 정의 및 적용범위
② 책임원칙(과실책임주의 또는 무과실책임주의 중 택일함)
③ 책임가액(유한책임원칙 또는 무한책임원칙 중 택일함)
④ 재판관할권과 적용법규
⑤ 시효관계
⑥ 보증관계

⑦ 잡칙

⑧ 외교조항

ICAO법률위원회와 ILA항공법분과위원회는 각국의 국내입법에 기준이 되는 국제조약안을 입안하는데 국제적으로 권위가 있는 기구이다. ICAO 법률위원회는 모든 국가와 공공기관에 적용되는 항공교통관제에 관한 규칙을 통일시키기 위하여 항공교통관제기관의 책임에 대한 국제조약예비초안을 시급히 작성하는 것이 바람직하다고 사료된다.

제3절 항공교통관제기관의 책임제도를 통일시켜야만 되는 이유

국제항공운송에 비행하는 항공기는 항공교통관제관의 유도에 따라 체약당사국의 영공을 비행할 때도 있으나 지상에 있는 항공교통관제관과 연락이 두절되어 제3국의 영공을 비행하는 경우 중대한 항공기사고가 발생되어 해결하여야만 될 심각한 법률문제가 제기된 때도 있다(예: 1983년 9월 1일 발생된 대한항공의 007기 추락사건). 자국의 항공교통관제관의 유도과실로 인하여 자국의 영공에서 타국의 항공기가 추락하는 경우도 있고 타국의 항공교통관제관의 과실로 인하여 타국의 영공에서 자국의 항공기가 추락하는 경우도 있다.

각국마다 손해배상책임에 관한 법률제도가 영·미법계와 대륙법계 간에 차이가 있기 때문에 국제항공교통관제사건에 관한 법적해결방안이 세계적으로 통일되지 않고 있으므로 국내법만으로 해결될 수 없는 난점이 있기 때문에 어느 나라 법률을 적용시켜야만 되느냐 하는 문제가 각국의 법률 간에 충돌된 때가 있다.

항공교통관제기관의 고의 또는 과실에 기인된 항공기 사고로 입은 손해에 대하여 피해자는 배상청구소송을 제기할 수 있는 국제적으로 통일된 재판기준의 설정이 절실히 필요하다고 본다. 이와 같이 통일된 재판기준이 마련된다면 항공교통관제사건은 국내성과 국제성 등 양면성이 있기 때문에 가해자(ATCA) 와 피해자간에 책임한계 및 배상가액, 재판관할권 등의 문제가 분명하게 해결될 수 있는 것이므로 당사국간에 분쟁해결과 재판이 신속히 이루어질 수 있게 된다고 본다.

항공교통관제기관의 책임에 관한 조약초안이 입안될 때에는 반드시 과실이 있는 피고(가해자)에 대하여 원고(피해자)가 손해배상청구를 행사할 수 있는 권리가 분명히 보장되어있는 규정이 조약초안에 마련되어야만 한다고 본다.

여하간 항공교통관제기관의 민사책임에 관한 국제조약초안을 입안할 시에 많은 국가들 간에 상이한 법률제도를 조화시키고 통일시키는 것이 바람직한 일이라고 볼 수가 있다.

제4절 항공교통관제기관의 손해배상책임에 관한 각국의 입법례

항공교통관제기관의 손해배상책임에 관한 선진국의 입법례를 간략하게 소개하고자 한다. 프랑스에서는 항공교통관제기관이 국가공무원의 신분이기 때문에 이들의 과실 있는 행위에 대하여 중대한 과실(faute lourde)이 발견될 경우 국가가 책임을 부담하는 것을 원칙으로 하고 있다. 1980년에 프랑스 낭뜨에 있는 행정재판소에서 항공기충돌사고로 인한 소송사건에서 85%가 항공교통관제기관의 중대한 과실(fates graves)에 기인되므로 국가가 책임을 부담한다고 판결하였고, 15%가 조종사과실에 기인되므로 항공사가 책임을 부담한다고 판결을 한 바 있다.22)

미국에서는 항공교통관제기관의 책임문제는 연방불법행위청구법(Federal Torts Claims Act)에 의하여 처리되고 있다. 연방불법행위청구법에 의하여 미국정부가 책임을 부담하게 됨은 항공교통관제기관의 과실(negligence)이 입증되어야만 하고 그와 같은 과실은 고통을 받고 있는 손해에 대한 주된 원인(近因: Proximate Cause)이 있어야만 된다.

영국에서는 항공교통관제기관의 책임문제에 대하여 1981년의 항공교통규칙(The Air Navigation Order)에 의거 처리되고 있다.23) 민간항공청(The Civil Aviation Authority: 이하 CAA이라고 칭함)은 항공기의 운항질서유지와 신속한 이동을 담당하고 있는 항공교통관제업무에 대하여 책임을 부담하게 된다. CAA의 항공교통관제국장은 교통성장관과 국방성장관이 협의하여 임명하게 된다. 항공교통관제국의 설립목적 가운데 하나는 수시로 운항서비스를 점검하는데 있다.

독일에서는 헌법 제34조(공법상의 손해배상)와 민법 제839조(공무의무위반에 대한 책임)에 의거하여 항공교통관제기관의 책임문제에 대하여 법적처리가 가능하다고 보아 별도의 특별 입법을 고려하지 않고 있다.

일본에서는 민간항공교통관제업무의 총괄은 운수성에서 담당하고 있으며 일본항공법 제137조에 의거하여 국토교통대신의 권한에 속하는 사항을 지방항공국장 또는 항공교통

---

22) Tribunal Administratif de Nantes: 1982, RFDA, at 265 sqq.

23) B. G. Gervss, *Aviation Law*, London(1983), at 618.

관제부장에게 위임시킬 수 있게 규정되어 있다.

한편 일본항공법에 따라 국토교통대신의 권한에 속하는 사항 중 기상상태에 의한 계기비행, 계기방식에 의한 비행, 항공교통관제권내에 있어서의 비행, 항공교통의 지시 등을 국토교통대신이 방위청장관에게 위임시킬 수 가 있다. 일본도 항공교통관제기관의 신분은 국가공무원이기 때문에 이들의 고의 또는 과실 있는 행위에 기인된 항공기사고를 입은 피해자에 대하여 고용주로서의 정부 또는 공공기관은 헌법 제17조 및 국가배상법 제1조에 규정에 의거하여 손해배상책임을 부담하게 된다.

우리나라에서는 항공법 제70조(항공교통의 지시)에 의거하여 항공기는 관제권 또는 관제구내에서 국토해양부장관이 지시하는 이륙 · 착륙의 순서 또는 시기와 비행의 방법에 따라 비행하여야만 된다고 규정하고 있다. 한편 국토해양부장관은 항공기의 승무원에 대하여 항공기의 운항에 필요한 정보를 제공하여야만 된다고 항공법 제73조에 규정하고 있다. 우리나라에서도 항공교통관제기관의 신분은 국가공무원이기 때문에 이들의 고의 또는 과실 있는 행위에 기인된 항공기사고를 입은 피해자에 대하여 고용주로서의 정부 또는 공공기관은 헌법 제29조와 국가배상법 제2조의 규정에 따라 손해배상책임을 부담하게 된다. 항공기 사고로 인한 희생자들은 과실이 있는 항공교통관제기관을 상대로 하여 손해배상을 청구할 수 있지만 한편 피고용인인 항공교통관제관의 법적지위는 형평의 원칙에 입각하여 항상 보호받지 않으면 아니 된다고 본다.

제5절 항공교통관제기관의 손해배상책임

항공교통관제기관은 항공기사고로 인하여 입은 인적 또는 물적 손해가 항공교통관제관, 피고용인, 대리인 측의 과실이 원인으로 된 때에 책임을 부담하게 된다. 한편 항공교통관제기관은 불가항력적사유와 제3자의 행위로 피해자 측의 과실이 원인이 되어 발생된 손해에 대해서는 그 책임이 감면된다.

항공교통관제사건에 있어 원고(피해자)측의 과실 또는 불가항력에 대하여 영 · 미법에서는 기여과실(contributory negligence), 불가항력(force majeur) 등의 사유로 피고(가해자)측의 책임을 경감 내지 면책 시킬 수가 있게 되지만 대륙법에서도 이와 유사하게 그 책임을 감면 시킬 수가 있으며 민법의 과실상계의 규정에 의거 처리 될 수가 있다.

대부분의 국가들은 항공교통관제기관의 책임에 관하여 과실책임주의에 입각하고 있으며 따라서 원고 측에 입증책임을 부과시키고 있다. 한편 항공교통관제기관의 행위를 원인으로 하여 발생된 손해에 대하여 ATCA고용주로서의 국가 또는 공공기관이 그 책임을 부담하게 된다. 오늘날 세계의 항공산업은 고도로 발전되고, 항공기운항기술도 급격히 발달됨에 따라 국제민간항공운송인의 손해배상책임원칙을 규정한 국제조약은 1970년대부터 종전의 1929년의 바르샤바조약 및 1955년의 헤이그의정서에서 규정된바 있는 과실책임주의의 원칙을 지양하고 1971년의 과테말라의정서 및 1975년의 몬트리올 제3, 제4 추가의정서, 1978년의 개정 로마조약 등에서는 피해자보호를 위하여 무거운 책임인 무과실책임주의의 원칙을 채택하고 있다.24) 한편 각국은 항공교통관제기관의 책임제도에 있어 상술한 바 있는 최근 경향인 무과실책임주의의 원칙을 채택하기 보다는 오히려 과실책임주의의 원칙을 채택하도록 고집하고 있다.25) 항공기업은 그 자체가 정부소유이거나 정부지배 하에 있거나 또는 사적 소유의 기업이냐를 막론하고, 원칙적으로 영리성과 공공성 등의 양면적인 특성을 지니고 있다.

한편 항공교통관제기관은 공적 또는 사적기관으로 서로 구별하지 않고 다같이 항공교통의 안정과 효율성의 유지 및 촉진을 그 직접목적으로 하고 있다. 환언하면 항공교통관제기관은 공익을 목적으로 하는 비영리사업을 행하는 기관으로 점진적으로 변모되어 가고 있다.

이 항공기업이 정부 또는 국영기업의 소유냐 사기업의 소유냐에 따라서 그 법적성질면에 차이가 나고 있고, 또한 각국의 법 제도의 상위로 인하여 항공교통관제기관의 책임에 관한 국제조약초안을 입안하는 데 있어 과실책임주의를 채택 할 것인가 또는 무과실책임주의를 채택할 것인가에 대하여 아직도 각국간에 의견일치를 보지 못하고 있어 조약초안을 마련하지 못하고 있다. 지역적으로 한정은 되어 있지만 하나의 다수국가 간에 항공교통관제기관에 관한 국제조약이 존재하고 있는데 이것은 1960년의 유로컨트롤(Eurocontrol) 국제조약을 의미하고 있다.

이 조약상의 책임제도를 분석해 보면 이 조약에서는 과실책임주의의 원칙을 채택하고 있다.

각국은 항공교통관제기관의 책임제도가 공적 기관이냐 또는 사적 기관이냐를 구분하지 않고, 그 사업목적이 공익성이라는 측면을 고려하여 원칙적으로 국제법상 또는 국가행정

---

24) Doo Hwan Kim, *Some Considerations of the Draft for the Convention on a Integrated System of International Liability*, Vol.53,No.2, Journal of Air and Commerce(1988), SMU, at 765-796.

25) 關口雅夫, 前揭論文, 67面.

법상의 국가책임제도에 대응시키고 있다. 이와 같은 것은 항공교통관제기관에 관한 책임 제도의 변경에 그 기초가 되는 국제법 및 국가 행정법상의 국가책임제도의 변경이 되는 것을 조건으로 한다면 그 변경도 가능하게 된다는 것을 암시하는 견해도 있다.[26]

그러나 1970년부터 대부분의 국제항공관련책임조약의 책임제도(예: 과테말라의정서 및 개정된 로마조약 등)가 무과실책임주의의 원칙을 채택하고 있어 가해자보다는 피해자 보호에 역점을 두고 있다. 그러나 이와 같은 상황변화는 원칙적으로 항공교통관제기관의 책임제도의 변경에 직접적인 요인이 되지 못하고 있다.

그러나 항공교통관제기관의 민사책임에 관한 국제조약초안을 정식으로 입안할 때에는 ① 항공기사고원인의 입증곤란성 극복 ② 책임한계의 판정 용이성 ③ 피해자보호면에 치중 ④ 항공교통관제사건의 신속한 해결과 해결기준 마련 등을 고려하여 볼 때에 무과 실책임주의의 원칙을 도입하는 것이 바람직하다고 본다. 한편 항공교통관제기관의 민사 책임에 관한 국제조약초안을 입안할 때에 가장 중요한 사항은 앞에서 언급한 바와 같이 어느 책임원칙(과실책임주의 또는 무과실책임주의 중 택일함)과 어느 책임가액(유한책임 주의 또는 무한책임주의 중 택일함)을 채택하느냐가 가장 큰 중요한 문제로 부각되어 있 었다.

다음으로 항공교통관제기관의 고의 또는 과실에 기인된 항공기사고로 입은 손해에 대 하여 피해자는 가해자인 ATCA에 대하여 얼마만큼 손해배상가액을 청구할 수 있느냐는 문제를 검토하기로 한다. 즉, 피해자는 가해자에 대하여 유한책임가액으로 청구할 수 있 느냐 또는 무한책임가액으로 청구할 수 있느냐는 두 가지 문제 가운데서 하나를 택일하 지 않으면 아니 된다. 국제민간항공운송인 및 운항자의 손해배상책임관계를 규정한 1929 년의 바르샤바조약, 1933년의 로마조약, 1955년의 헤이그의정서, 1966년의 몬트리올협 약,[27] 1971년의 과테말라의정서, 1975년의 몬트리올 추가 제1, 제2, 제3, 제4 의정서, 1999년의 몬트리올조약, 2009년의 몬트리올 불법방해조약과 일반위험조약 등의 국제조 약에서는 인적 손해(승객의 사상 등) 또는 물적 손해(수하물 및 화물의 망실, 손괴, 연착 등)에 대하여 모두 유한책임주의를 채택하고 있으며, 이와 같은 유한책임주의의 채택은 지난 80여 년간 세계의 항공운송업계를 지배해 오고 있어 그 동안 그 기반이 구축되어

---

26) 關口雅夫, 前揭論文, 77面 參照.

27) 1966년의 몬트리올협약(Montreal Agreement)은 외국 및 미국항공기가 미국에서 출발하고, 미국으로 도 착하고, 미국을 도중 기착지로 하여 미국영공을 비행하는 항공기소속 외국항공사 및 미국항공사는 이 협 약에 가입하여야만 미국영공을 비행할 수 있다는 것임. 이 협약은 국제조약이 아니고 외국항공사 및 미 국항공사들과 미행정부간에 체결된 협약(agreement)임.

왔던 것이며 지금도 각국의 항공법 내지 항공사의 항공운송약관에는 인적 또는 물적 손해에 대하여 모두 책임제한의 원칙(유한책임주의)을 채택해 오고 있다.

현재 선진국의 많은 항공사들의 여객 및 화물운송약관에서는 인적 손해(승객의 사상 등)에 대하여 승객 일인당 100,000계산단위(Special Drawing Right: SDR)를 물적 손해에 대하여 화물 킬로그램 당 17계산단위(SDR)를 손해배상가액으로 채택해오고 있었다. 1975년의 몬트리올 제3추가의정서 상에 규정하고 있었던 인적손해(승객의 사상 등)에 대한 승객일인당 100,000계산단위(SDR)를 일본의 항공사들은 항공운송약관에서 채택해 오고 있었으나 인명존중사상 등을 이유로 1992년11월20일부터 이를 전면 폐지하고 무한책임주의를 항공운송약관에서 일시적으로 채택하였지만 그러나 1999년의 몬트리올조약을 비준한 후에는 무한책임제도를 폐지하고 다시 유한책임제도로 복귀하였다.

우리나라의 대한항공이나 아시아나항공에서는 몬트리올 제3추가의정서상의 규정내용대로 인적 손해(승객의 사상 등)에 대하여 승객 일인당 100,000계산단위(SDR)를 손해배상가액으로 채택해 오고 있었지만(유한책임의 원칙) 1997년도에 국내 및 국제여객운송약관을 개정하여 항공운송인의 유한책임(승객 일인당 100,000계산단위로 배상함)에 관한 규정을 철폐하였으므로 한 때 일본과 같이 무한책임제도를 채택한바 있었지만 그러나 1999년의 몬트리올조약을 비준한 후에는 대한항공이나 아시아나항공역시 무한책임제도를 폐지하고 다시 유한책임제도로 복귀하였다.

전기국제조약 등에서 인적 손해(승객의 사상 등)에 대한 승객 일인당의 손해배상책임한도가액을 인상시키기 위한 국제회의에서는 항상 선진국과 개발도상국가간에 이해관계가 대립되어 있으므로 수십 년간 전기조약들을 개정할 때마다 국가간에 가장 큰 쟁점 가운데 하나로 대두된 바 있다.

따라서 항공교통관제기관의 책임에 관한 국제조약초안을 입안할 시에 피해자의 일실이익과 정신적 고통의 위자료 등을 고려하여 볼 때 손해배상가액을 책정하여야 하지만 각국 간의 국민소득과 경제사정이 모두 상이하므로 인적 손해배상책임가액을 유한책임으로 할 것이냐 또는 무한책임으로 할 것이냐 하는 것은 조약초안에서 정하지 말고 유보조항(reservation clause)으로 정하여 각국의 실정에 맞게 국내법에 맡기는 것이 타당하다고 보며 이렇게 함으로서 오랫동안 끌어왔던 조약초안을 신속히 제정할 수 있다고 본다.

제6절 맺는 말

각국마다 항공교통관제기관에 대하여 직접적이든 간접적이든 간에 법적 규제를 가하고 있다. 세계 각국은 항공교통관제업무의 중요성을 인식하여 항공기사고를 미연에 방지하기 위하여 이 관제업무에 대하여 직·간접적으로 규제를 가하고 있다. 국제적으로도 유럽국가들 간에 항공기운항안전을 위한 협력에 관한 협정인 유로콘트롤(유로컨트롤)(Eurocontrol)이 체결된 바 있고[28] 중미에서도 COCESNA(Coperation Centroamericiana de Servicios de Navegacion Aérea) 협정이 체결된 바 있으며, 아프리카에서도 ASECNA(the Agence pour la Sécurité de la Navigation Aériene en Ariqueet à Madagascar) 협정이 체결된 바 있으므로 항공교통관제에 관하여 지역적으로 블럭권을 형성하여 국가간에 상호협력을 하고 있다. 그러나 전 세계적으로 볼 때, 이에 관한 통일된 국제조약과 국내법이 없으므로 항공교통관제기관의 고의 또는 과실로 인하여 발생된 항공기 사고에 대하여 항공교통관제기관의 책임한계, 손해배상가액, 구상권문제, 재판관할권 문제를 둘러싸고 가해자와 피해자 간에 분쟁이 발생되고 있고 장기화될 우려성이 있을 뿐만 아니라 국가 상호간도 이와 같은 분쟁에 휘말려 들어가는 경향이 있다.

이와 같은 분쟁요인을 어느 정도 감소시키고 신속하게 해결하기 위해서는 형평의 원칙에 입각한 가해자와 피해자간, 또는 국가 상호간에 권익조정을 한 후 통일된 국제조약의 성립이 필요하다고 본다. 항공교통관제기관의 민사책임에 관한 국제조약초안을 입안할 때에는 ① 조약의 적용범위, ② 책임주체, ③ 항공교통관제기관의 책임원칙, ④ 손해배상책임가액, ⑤ 입증책임, ⑥ 구상권의 행사, ⑦ 재판관할권 ⑧ 소송절차, ⑨ 제척기간 등을 규정한 조약초안이 작성되어야만 한다고 본다.

이와 같은 조약초안을 국제민간항공기구(ICAO)의 법률위원회 또는 세계국제법협회(ILA)내 항공법위원회에서 작성하여 국제회의에서 여러 차례 토의를 거쳐 마련된 조약안을 국가간에 합의를 보아 통일된 국제조약이 제정된다면 각국간의 공항당국과 항공사간, 항공교통관제기관과 피해자간의 책임한계 및 책임가액 등이 분명하게 정하여지게 되므로 마찰요인도 감소시킬 뿐만 아니라 당사자간의 분쟁해결과 재판도 신속히 이루어 질 수가 있다고 본다.

항공기사고의 특수성 등 (① 사고의 전손성(all or nothing), ② 지상종속성(ATCA와

---

28) Kim Doo Hwan, *Some Consideration on the Liability of Air Traffic Control Agencies*, Air Law, Vol. XIII, No. 6 December, 1988, Kluwer, The Netherlands, pp.268-272.

항공기의 비행과 연결), ③ 손해의 거액성, ④ 사고의 국제성, ⑤ 사고의 순간성 등)을 고려하여 볼 때에 항공교통관제기관의 손해배상책임에 관한 통일된 조약 등이 제정됨으로써 분쟁사건의 해결과 국제소송의 간편성 및 신속성을 도모할 수 있다고 본다. 이와 같은 새로운 국제조약의 제정은 넓은 의미에서 볼 때 세계법 통일운동의 일환이라고 볼 수가 있다.

제4장 항공기사고와 항공기제조업자의 법적 책임

제1절 항공기사고와 손해배상책임

공중에서 항공사고의 원인은 ① 조종사 또는 승무원의 과실, ② 공항 또는 지상관제관의 지시착오, ③ 항공기의 정비불량으로 인한 기계고장, ④ 항로(air route)상에서 항공기 상호간 또는 이물(조류, 장애물, 산, 등) 접촉사고로 인한 추락, ⑤ 기상조건의 악천후와 난기류의 돌발적인 원인으로 항공기의 부력, 양력 및 추력의 일부상실로 인한 추락,29) ⑥ 항공기제조과정에서 원시적인 하자로 인한 기기 또는 엔진고장으로 기인된 추락 등 인위적요인과 자연적인 요인으로 크게 둘로 나눌 수가 있다.

인위적 요인으로는 책임발생 원인이 고의이든 과실이든지 간에 타인에게 신체상 또는 재산상의 손해를 가하였기 때문에 민사법상 불법행위로 인한 손해배상책임을 가해자가 부담하게 된다.(민법 제750조: 과실책임주의) 그러나 과학기술의 발달로 위험성이 수반하는 기업(원자력, 자동차, 항공기 등)이 발전함에 따라 민사상의 손해배상액을 과실책임주의에 입각하여 해결하기에는 너무나 벅차므로 무과실책임주의의 이론이 이러한 위험산업 분야에 적용되고 있는 것이 오늘날의 실정이다.30)

아무리 최고기술을 가지고 주의의무를 다하고 과실이 없더라도 제작상의 하자로 인하여 손해가 발생된다는 점과 설사 과실이 있다고 하더라도 이러한 위험기업의 경우에 피

---

29) 野上鐵夫, 航空責任試論, 海上保安大學研究報告, 1971年度, 第16卷 第1號, 59頁.
30) 곽윤직, 채권각론, 박영사, 1979, 578-579면.

해자가 입증을 하기에 대단히 어렵다는 점을 고려할 때에 피해자보호를 위하여 무과실책임주의의 원칙은 항공산업 분야에도 숙명적으로 적용되어야만 할 이론이라고 본다.

항공기사고에 있어서 자연적 요인으로는 책임발생의 원인이 불가항력적 사유(Act of God)와 직결되는 것이므로 사고발생원인과 손해발생액을 산정할 때에 인과관계론(Kausalität)에 입각하여 엄밀히 객관적인 제3자적 기관에서 조사하겠지만 「상당성」이론을 축소 해석하여 피해자보호에 만전을 기하여야만 할 것이다. 항공기사고의 대부분은 항공기의 이착륙 전후에 발생되는 수 분간의 happenings이며 운항도중에도 사고가 발생할 때에는 공중에서 정체하여 수리할 수가 없어 불과 수 분 내에 항공기체는 말할 것도 없고 기내에 탑승하고 있는 인명, 재물까지도 추락으로 인하여 전멸되다시피 된다. 이것을 우리는 항공사고의 전손성(全損性)이라고 말할 수 있다. 손상의 결과는 all or nothing을 통상으로 하고 있으므로 공동공손과 공난구조의 요건으로 하여 생각하여 볼 만한 잔존이익의 기대는 절망적이므로 잔존결과주의의 입법은 무의미하다고 볼 수 있다.31)

항공기사고의 발생원인을 규명함에 있어서 고의냐, 경미한 과실이냐, 중대한 과실이냐, 불가항력적이냐 하는 것은 이러한 항공사고의 전손성으로 인하여 판정하기가 대단히 어려울 뿐만 아니라 입증문제에 있어 거증책임이 ① 피해자에게 있느냐, ② 운송업자에게 있느냐, ③ 항공기제조업자에게 있느냐 하는 것이 국제항공법위원회(I.C.A.O), 국제항공조약성안시에도 논의된 바 있으며32) 영국과 미국의 항공사건의 판례에서도 심각한 문제로 대두된 바 있다. 최근의 영·미의 판례경향은 항공기사건에 있어 피해자보호를 위하여 무과실책임(Strict Liability)주의에 입각한 '엄격한 책임'을 항공기운송업자, 판매업자, 제조업자에게 부과시키고 있는 경향이 있다.33)

---

31) 野上鐵夫, 前揭書, 60頁.

32) Andreas F. Lowenfeld, *"Aviation Law, case and materials",* Matthew Bender, 1972, pp. 413-465; 吉永榮助. 坂本昭雄 共著, 最新國際航空法要論, 日本育信堂, 1976, 40-235頁; 小野谷操三, 空中運送法論, 日本有裴閣, 1959, 117-236頁←이 책은 1929년도의 Warsaw조약을 내용을 해설한 일본어 서적임.

33) 손주찬, 「항공운송기업의 민사책임」, 박사학위논문, 1979. 6. 49-58면; Lee S. Kreindler, *"Aviation Accident Law,"* Vol. 1, Matthew Bender, 1978, pp.50-55; Frumer & Friedman, "Products Liability", §§16.01[1], 16.03[4][a]; Delta Airlines, Inc. v. Douglas Aircraft Co, 47, Cal RPTR 518 (Cal. App, 1965); In Boeing Airplane Co v. Brown, 291 F2d 310 (9th Cir 1969), the court held the aircraft manufacturer to be liable for any negligence in the design or construction of component made by an independent subcontractor.

제2절 국제조약과 항공손해배상책임

이것은 1929년도에 국제항공운송에 관한 Warsaw조약이 체결된 이후 1955년도의 Hague의정서(1967년도에 한국가입), 1966년도의 Montreal협정서(1973년도에 대한항공 가입) 1971년도의 Guatemala 의정서, 1975년도의 Montreal 4개 추가의정서 등을 살피어 볼 때에 이 조약들이 내면적으로 흐르고 있는 정신이 항공운송인에 대한 과실책임주의를 적용시키고 있으며 항공운송기업의 보호를 위하여 손해배상가액은 무한책임원칙이 아니라 유한책임원칙을 채택하고 있는 점이다. 한편 이들 조약에서는 항공사고로 인한 피해자를 보호하기 위하여 전액책임주의를 채택하고 있으며 피해자에 대한 손해배상가액의 최고한도액도 Warsaw조약(승객사상 시 1인당 8,300달러임)에 비하여 Montreal협정 (승객사상 시 1인당 75,000달러임)이 배상액도 높이 산정되고 있다.[34]

항공운송기업에 대한 과실책임주의는 비판적이며 한때 국제회의에서 결과책임주의를 적용하여야만 된다는 이론이 제기된바 있다.[35] 이러한 국제조약은 나라마다 자국의 항공 운송기업을 보호하기 위하여 유한책임원칙을 채택하였을 뿐만 아니라(독일, 프랑스, 영국, 미국 등) 과실책임주의에 의하여 피해자에 대한 전액책임주의를 채택하고 있다는 점은 해상법에서 선주의 유한책임제도를 인정하여 전액책임주의를 채택하고 있는 1957년도의 브뤼셀조약과 일맥상통하는 점이 있다.[36]

초기단계에는 어느 나라든지 항공산업을 보호육성하기 위하여 자국의 항공기운송업자 또는 판매업자, 제조업자가 항공기사고의 막대한 손해로부터 구제하여 주기 위하여 정책적으로 유한책임제도를 채택하는 경향이 있으나 영·미국에서는 항공산업의 발전한 역사가 약 60-70여년에 달하고 있으므로 피해자의 권익보호와 항공책임보호제도의 발달로 인하여 운송업자 및 제조업자에게 '엄격한 책임'(무과실책임)을 과하더라도 일정한 수준에 달한 영·미의 항공산업 발전에 별 지장을 주지 않으므로 법의 권형유지를 위하여 무과실책임에 대한 판례들이 많이 나오고 있다.[37]

---

34) 항공운송인의 려객에 대한 유한책임한도액(사상시);
   1929년 Warsaw 조약: 최고 10,000달러
   1955년 Hague 의정서: 최고 20,000달러
   1966년 Montreal 협정서: 75,000달러 (소송비용포함)

35) ICAO Doc, 7450, LC/136, vol. 1. p.80.

36) 小町谷操三, 前揭書, 165-168面; 鄭熙喆, 商法學原論(下), 博英社, 1980, 157-159面; 徐燉珏, 商法論議(下), 法文社, 1979, 50-78面.

37) Lees, Kreindler, *op. cit,* pp.5-1-73, 6-1-12, 7-1-50, 8-1-3; 土井輝生, 製品責任, 日本同文舘, 1976,

특히 항공기의 초음속화(Super Sonic)의 기술발달로 인하여 세계가 일일생활권으로 접어들고 있으며 초음속여객기가 파리로 출발하여 3개국을 거쳐 불과 수분 내에 코펜하겐에 도착할 수 있게 되어 있다. 항공사고가 만일 발생하였다고 가정할 때에는 역시 수분 내에 발생되는 것이며 최근 항공기의 대형화로 인하여(승객 300명 - 500명) 대량사고가 일어나고 있다. 타국 내에서 자국항공기로 사고가 일어날 때에 민사책임문제로 인한 손해액에 대하여 섭외사법관계(국제사법)와 국제조약을 채용 또는 적용하여 처리하게 되는 복잡한 국제문제가 발생한다.[38] 항공기는 공항에서 출발하여 공로를 거쳐 다른 공항에 도착하여야만 되는 필연적인 운송수단이므로 지상관제시설 내에 있는 관제관 또는 지상측의 공항관리자, 기상정보관, 탑재관계자, 장비, 보급자 간에 사고의 원인이 직접 또는 간접으로 연결되므로 이를 '항공사고의 지상종속성'이라고 말할 수 있다. 이러한 항공기 운항은 절대적인 위험성이 수반되며 항공사고의 특성인 ① 전손성, ② 대량성 및 손해의 거액성, ③ 순간성, ④ 종속성, ⑤ 국제성을 띠고 있으므로 운송업자뿐만 아니라 항공기 제조업자는 이러한 사고가 발생하지 않도록 사전에 예방점검 및 검사를 철저히 하며 고액정밀기술을 충분히 습득한 후 완전무결한 항공기를 제작하는 것이 우리들에게 부가된 책임이다.

제3절 항공사고건수

사고 면에 있어서 1973년부터 1978년 7월말까지 우리나라의 육상에서 이루어지고 있는 자동차 및 철도사고와, 해상에서 발생되고 있는 해운사고와 공중에서 일어나는 항공사고간에 비교하여 발생건수와 사망자수를 년 평균치를 대비하여 본다면 다음 표로 설명할 수가 있다.[39] 다음 표에서 보는 바와 같이 다행히 육상, 해상사고에 비하여 항공사고가 적고 안전 운항되고 있지만 현재 대한항공이 자사소속항공기로 국내선과 국제선을 취항하고 있으며, 군용기 및 기타 항공기와 타국의 항공사소속 항공기도 우리나라 영공에 취항되고 있다.

595-635頁; 有泉亨·唄孝一編, 現代損害賠償法講座, 製造物責任, 日本評論社, 1974. 279-416頁; 伊澤孝平, 航空法, 有斐閣, 1969, 86-89頁; Harold F. Lusk, *Business Law, Principle and Case*, Irwin, 1972, pp.768-80.

38) 황산덕. 김용한 공저, 신국제사법, 박영사, 1979, 236-243면.

39) 대한항공 발행, 전게서, 832면.

교통수단별 사고비교

(1973년～1978년 8월까지 년 평균) (사망자수)

연도/수단	자동차	철도	해운	항공
연평균	44,886건 (3,684명)	116건 (14명)	236건 (103명)	1건 (2명)

　그러나 언제 일어날지도 모르는 항공사고에 대비하기 위하여 민사법상의 손해배상책임 문제와 국제중재의 소송문제 등에 사전에 정부의 태도가 밝혀져야만 하며 이에 대한 대책도 수립되어야만 사고 후의 수습책도 신속하게 마련될 수 있다고 본다. 1979년도에 세계의 Airline 등의 사고는 여객운송 중의 사망사고가 20건이며 승객의 사망자 수는 1,267명이다. 그 이후에 화물운송 또는 회항 중의 사망사고는 12건이며 승무원의 사망자 수는 149명으로 되어 있다. 이것은 1978년도 중에 여객사망사고가 27건으로 79년도보다 많았지만 승객의 사망자수가 962명으로 인원 면에서는 오히려 적었다. 1979년도에 항공기사고 중에는 미국의 McDouglas항공기제작회사에서 제작된 DC-10제트여객기의 사고가 3건 포함되어 있다.

　1979년 5월 25일에 시카고의 O'Hare국제공항에서 일어난 American 항공사 소속 DC-10기에 의한 사고는 승객 261명과 승무원 13명이 전원 사망되었고 작년 10월 31일 Mexico City 공항의 짙은 안개 속에 추락한 바 있는 Western 항공사소속 DC-10기의 승객 75명이 사망된 바 있다. 1979년 11월 28일에 남극의 에레바스산에 충돌한 바 있는 New Zealand 항공사소속 DC-10기에 의한 추락사고로 승객 237명과 승무원 20명이 전원 사망하였다.[40] 특히 DC-10기는 1974년 3월 3일 파리 근교에서 Turkey항공사 소속으로 운항 중 추락사고로 승객 346명이 전원 사망하여 항공사상 최악의 대참사를 기록한 바 있다. 1979년 이후 현재까지도 항공기 대형사고는 세계 도처에서 계속 발생되고 있다.

제4절 시카고의 항공사고내용

　특히 항공사고는 운항자(조종사 등)의 과실로 인하여 발생되는 경우도 있지만 제작자

---

40) 航空, 1980年 4月號, 165面; 英國의 "Flight"誌, 1980年 1月 26日發行.

의 과실로 인하여 일어나는 경우도 많이 있으므로 손해배상책임에 대하여 '제조물책임론'과 연결하여 종합적으로 검토하지 않으면 아니 된다. 1979년도 항공사고중 항공기제작자의 과실로 인하여 발생되었던 대표적인 시카고의 오헤어 국제공항의 항공사고에 대하여 사건개요를 논하기로 한다. 한때 전 세계적으로 떠들썩하게 물의를 일으킨 바 있는 1979년 5월 25일 상기공항에서 DC-10기가 이륙 후 항공사고로 인한 승객 274명 사망의 대참사에 대하여 항공기운송회사(American Airlines)가 운항상의 과실에 대한 책임이 있느냐 또는 항공기제조회사(Mcdonell Douglas)가 제작상의 과실에 대한 책임이 있느냐에 대하여 심각한 논쟁이 있었던 사건이다. 여하간 항공사고로 희생된 유족들은 사고를 일으킨 DC-10기를 제조한 Mcdonell Douglas사와 운항회사인 아메리칸항공사에 대하여 손해배상청구를 하였다. 유가족대표인 케리팀즈씨는 1979년 6월 8일 전유가족을 대표하여 8억 달러의 손해배상을 청구하였는데 이 소송은 DC-10기의 구조 및 제작상의 결함을 근거로 하였고 한편 다른 두 유가족은 2천만 달러와 5백만 달러를 각각 청구하였는데 이 중 한 가족은 사고당시 기체에서 떨어져 나온 엔진의 제조회사인 General Electric사에 대하여 소송을 제시하였다. 이 사고의 원인은 DC-10기가 공항을 이륙하자 3개의 엔진 중 좌측날개에 부착되어 있는 엔진이 Pylon에 연결되어 있었으며 Pylon과 좌측날개의 접합부문은 볼트로 고착되어 있었다. 이 볼트가 너무 오래되어 내구성이 약화되어 부러졌으므로 엔진 1개가 떨어져나가면서 지상으로 낙하되어 이 항공기가 균형을 유지하지 못하여 추락된 것이다.[41]

미국연방항공청(FAA)에서는 사고원인조사결과에 따라 한때 미국항공사들이 국외 또는 국내에서 운항중인 DC-10기 138대에 대하여 전부 운항중지명령을 내렸을 뿐만 아니라 외국항공 소속 DC-10기의 미국영공 통과를 금지시켰다. 이 사고 직후에는 승객의 안전을 도모하기 위하여 워싱턴연방지방법원에서 비행금지 가처분명령을 내린 바도 있다.[42] 이러한 미국의 결정은 전 세계에 영향을 미치어 일부국가에서 DC-10기의 비행을 중지시켰고(예 일본, 프랑스, 독일 등) 한국에서도 대한항공사가 보유하고 있는 DC-10기의 5대에 대하여 한때 교통부가 운항을 중지시킨 바가 있다.

미국의 FAA의 DC-10기에 대한 비행금지결정에 대하여 한국항공승객협회와 전세계11개 항공사가 가입되고 있는 국제항공운송협회(IAFA) 등은 ① DC-10기종 시리즈 10기

---

41) Time, 1979年 6月 11日字號. pp.22-23; Newsweek, 1979年 6月 11日字號. pp.14-21; Time, 1979年 6月 18日字號, pp.30-31.

42) 東亞日報, 1979年 6月 7日字, 1面; 航空, 1979年 8月號, 25面.

종만 금지시킬 것이지 DC-10기종의 전체를 포괄시킨다는 것은 부당하다는 점과, ② 세계항공사의 막대한 수입 감소, ③ 승객의 발 묶임 등의 이유를 들어 강력한 항의를 기술한 바 있다. 심지어 일부국가의 항공사에서는 이러한 손해에 대하여 FAA를 상대로 손해배상청구소송을 제기하겠다고 위협까지 하였다.[43]

DC-10기의 사고는 세계항공사상 크게 물의를 일으켰던 사고이므로 이 제트여객기가 미국Mcdonell Douglas사에서 어떠한 동기로 제작하였으며 제작과정 및 사고 후의 개선사항에 대하여서 살펴보기로 한다. 1960년대에 맥도널 더글라스사가 DC-10기의 제작에 나섰을 때는 장거리 취항용으로 객석 450석의 Boeing 747기가 이미 국제항공계를 주름잡고 있었고 경쟁사인 록히드사도 보다 작은 단거리용으로 점보제트 L1011기의 제작계획을 발표한 바 있다. 이에 Mcdonell Douglas사가 부랴부랴 200억 달러 상당의 항공기 제작 판매 계획으로 「보다 소량의 연료, 보다 소량의 소음, 보다 염가의 항공기」의 제작이란 캐치프레이즈를 내걸고 1대당 1,500백억 달러를 들여 343석의 DC-10기를 제작하기에 이르렀던 것이다.

그후 DC-10기는 미국에서 가장 인기 있는 여객기가 됐으며 미국 내 1일 비행횟수만도 450회를 웃돌아 10만 명이상의 승객을 운송하게 되자 전 세계 약 41개 항공사가 290대의 DC-10기를 구입 취항시키기에 이르렀던 것이다. 당초 미국항공계권위자들은 맥도널 더글라스사가 록히드사의 L1011기와 보잉747기와의 치열한 경쟁을 위해 졸속제작을 하였다고 지적하였다. 그도 그럴 것이 처음 이 회사는 록히드사보다 뒤늦게 이 항공기제작에 돌입하였으면서도 무려 2주일이나 조립당일을 앞질러 공정을 끝마쳤다는 사실이 이를 반증한다.

이들과 함께 미의회조사단도 이 항공기전체의 통제선배선, 기실마루바닥설계, 화물창을 닫는 전자시스템공사가 L1011기나 747기는 4개의 수압기를 부착하는 데 비해 이 항공기는 단 3개만을 부착시키려는 회사의 방침을 들어 그 시정을 촉구했었다. 모든 여객기의 설계기준은 안전도, 경제성, 기체설계의 정확성 등이며 그 가운데서도 기계고장 가능성을 최소한으로 줄이는 안전도가 가장 중요하다. 새로운 형의 여객기를 제작하려면 항속거리, 탑승능력, 속도 등, 기본설계가 마련된 다음에도 5000여명이나 되는 기술자들이 부문별로 세밀히 연구검토를 한다.

최종적인 판단은 안전도의 여부에 따라 결정되는데 가장 중요한 것이 비상안전조치이다. 다시 말해서 항공기의 한 부품이 고장 난다 해도 즉각 자동적인 보조기의 작동으로

---

43) 東亞日報 1979年 6月 8日字, 3面.

정국을 모면할 수 있는 안전판이 마련돼 있어야 합격권에 든다는 것이다. 이 원칙에 따른다면 시카고 참사 같은 것은 일어날 수 없는 사고였다고 항공전문가들은 주장하고 있다. 설령 Pylon에 부착된 Bolt가 마모돼 부러졌더라도 항공기전체가 조종불능상태에 빠졌다는 것은 무언가 DC-10기의 설계 자체에 하자가 있다고 하는 것이 사고당시에 심각히 논의되었던 것이며 문제된 바가 있다.

결론적으로 말한다면 DC-10기 시카고사고에 대하여 미국국가운수안전위원회(National Transportation Safty Board)의 사고 조사 및 미국연방항공청(Federal Aviation Adminstration)에서 행한 DC-10기의 안전성에 관한 상세한 재조사 결과 시정조치사항으로 금년 5월 27일 미연방항공청(F.A.A)에서 DC-10기의 파이론 개수에 따르는 감항성(堪航性改善命令: A.D.)을 발하였다. 일본도 이에 따라 금년 6월 17일 DC-10기의 파이론 개수에 의한 내공성개선지시를 운수성항공국에서 시달하였다. 이 새로운 감항성 개선명령은 항공기술적인 사항을 많이 포괄하고 있기 때문에 본론에서 약하기로 한다.44) 세계의 항공업계의 현황을 보면 항공기사고의 원인이 운송인에게만 있지 않고 제조자에게도 과실이 있다고 판정될 때에는 법적인 측면에서 항공사고에 대한 손해배상책임이론 및 판례가 대륙법계(독, 불, 일 등)와 영·미법계 간에 상이한 점을 발견할 수가 있다. 그러나 미국과 영국이 항공기생산에 있어 가장 오래되었으며 전 세계 자유진영국가에서 약 75%이상을 생산하고 있으므로 항공기제조업자의 법적책임문제도 영·미에서 법 이론과 판례가 먼저 나왔고 활발히 논의되고 있다.

제5절 항공기제조업자의 법적책임

1. 항공운송인의 책임과 제조업자의 책임

항공운송인의 민사책임문제인 손해배상책임 및 가액에 대하여 대륙법계인 독일, 프랑스, 이태리, 자유중국의 항공법전에는 각각, 바르샤바조약, Hague의정서 Montreal협정서의 취지에 따라 규정하고 있으며 세계2차 대전 후 수차 개정된 바 있다.45) 심지어 판례

---

44) 航空情報(日本), 1980年 9月號, 酣燈社發行, 152頁.

45) 독일: 항공운송법(Luftverkehrgesetz) 제33조에서 제56조까지 민사책임문제(손해가액: 금액책임주의)를 규정하고 있음. 제46조(손해배상책임한도액): 사상시 67,500Mark. 물적손해시 Kilogramm 당 67,50Mark,

법국가인 영국까지 항공운송법(1932년)및 항공운송령(1951년)을 제정하여 성문화시키고 있다. 그러나 우리나라와 일본은 아직도 항공사고에 대한 민사책임문제에 따르는 손해배상책임 및 가액을 규정하고 있지 않고 있다. 그러나 우리는 항공운송인의 손해배상가액을 명확하게 정하기 위하여 선진국의 예와 같이 항공법에 정하는 것이 세계적인 입법화 경향에 호흡을 같이 할 수 있으며 국제조약의 취지에도 합치되지 않을까 생각된다. 하물며 항공기제조업자의 민사법상책임문제에 대해서는 입법화가 되어 있지 않고 있으며 독일, 프랑스 등의 나라에서도 판례, 학설에 의하여 논의되고 있고 항공법분야에서 '제조자의 책임이론'은 새로운 분야로서 대두되고 있다. '항공기제조업자의 책임론'에 대하여 전 세계적인 면에서 볼 때에 미국이 가장 발전되어 있고 판례도 많이 나오고 있다.

유럽에서는 「미국의 항공기제조업자에 대한 민사책임에 관한 판례」를 많이 평석하여 연구발표하고 있고 일본에서도 이에 대한 몇 편의 논문이 나온 바 있다.[46]

1977년 3월 31일부터 4월 2일까지 독일의 Köln대학에서 "Product Liability in Air and Space Transportation"라는 제목 아래 국제토론회가 개최된 바 있다. 이 토론회는 Köln 대학의 항공법연구소가 독일항공우주법협회 및 국제법협회 공법위원회의 협조를 받아 공동으로 개최되었던 것이며 유럽과 미국으로부터 항공산업관계 전문가 및 공법학자 등 학계 및 실업계인사가 약 100여명이 참석하였다.

앞으로 수년간 또는 가까운 장래에 항공사고에 대비하기 위하여 제조물책임과 책임체제의 확립이 제도적인 면에서 마련되어야만 한다고 본다.

항공운송에 있어서 운송인의 책임체제에 대하여 Warsaw조약이 세월이 흘러가는 동안 변화, 수정되어 가고 있지만 미국의 판례법 체계 하에서 항공기제조책임은 항공기판매량의 증가와 더불어 경이적으로 발달되고 있다. 항공운송에 있어서 제조물책임과 운송책임

휴대수하물 1인당 1,350Mark. ※1968년 11월 4일에 개정된 항공운송법에 의거한 것임(전문 63개 조문으로 되어 있음); 프랑스: 항공법 제34조-43조에 손해배상책임문제에 대하여 규정하고 있다.(전문 58개 조문임); 이탈리아: 항행법전(전문 1231개 조문으로 된 방대한 법전임) 제942조-제952조에 손해배상책임에 관한 규정임; 대만; 자유중국: 민용항공법(전문 93개 조문임, 1974년도 개정) 손해배상책임에 관한 조문은 제67조-76조임. 第67條: 航空器失事致人死傷, 或毀損動産 不動産時, 不論故意或過, 航空器所有人應負損害賠償責任, 其因不可抗力所生之損害, 亦應負責, 自航空器上落下或投荷物品, 致生損害時亦同.

46) "Product Liability in Air and Space Transportation" 題目下에 1977年 Köln(Cologne) 大學에 있어서 國際討論의 議事綠參照; Karl-Heinz Böockstiegel, Schriftenreihe Internationales Wirtschaftrecht.Band 1, 1978, S.332(ISBN 3452 181418); 野上鐵夫, 「空法學界における最近の世界的傾向」, 愛媛法學會(學術誌), 第5卷 2號, 1978年 12月 發行, 83-107頁; 野上鐵夫, 「最近の空法學界の管見」, 愛媛法學會, 第6卷 1號, 1979年 5月 發行, 61-76面; 高田桂一, 「1979年 日本空法學界回顧」, 法律時報, 第51卷 13號, 1980年 1月號.

과의 양 분야에서 불만족스러운 상태로 인하여 파생되는 최근의 불안한 법적상태는 혼란과 무질서를 생기게 하는 요인이 되었으며 제조물책임과 운송책임체제의 양자간에 연휴성도 상실하게 되었다.

따라서 미국의 여러 토론회에서는 법정책적인 분야의 효력과 전문가의 분석적 효력으로 양자간의 결합하는 길을 모색하였던 것이며 최종적으로 다시 한번 하나의 체제로 결합하는 길을 찾았던 것이다. 최종적으로 하나의 체제라는 것은 한쪽으로 피해자의 위험에 충분한 주의를 기울이는 것이며 항공사 또는 제조자에 대하여 적절한 청구를 용인하는 점에 있다. 다른 한편으로 항공사와 제조자의 책임자간의 문제에 관하여 예측 가능성과 보험에 관한 통일적인 체제를 갖추어야만 한다고 토론회에서 제기된 바 있다[47].

항공운송에 관한 국제조약(바르샤바 조약 등)과 독일, 프랑스, 이탈리아 등 국가의 입법례에서 운송인의 과실책임주의에 입각하여 손해배상가액에 대한 유한책임제도(금액책임주의)를 채택하고 있는 바와 같이 발전도상국가에서도 항공기제조업자의 민사상의 손해배상책임가액도 항공사고위험의 특수성인 ① 항공사고의 전손성, ② 항공사고의 거액성, ③ 항공산업의 보호육성이라는 정책적인 면을 고려하여 항공기제조업자에게 무한책임을 과할 것이 아니라 항공산업의 발달수준이 일정한 궤도에 올라설 때까지 유한책임제도를 채택하여야만 될 것으로 생각한다. 미국에서는 항공사고로 인하여 피해자가 손해를 입었을 때에 제조자가 자기의 과실이 없다는 것을 입증하지 못하면 '엄격하게 책임'을 지며 이러한 무과실책임을 인용하는 판례가 나오고 있다.

그러나 우리나라는 항공산업이 첫 출발하려는 나라이므로 항공사고의 특수성(전손으로 인한 입증난이성)을 고려하여 하자있는 항공기(제조상의 과실)로 인하여 제3자가 신체상 또는 재산상 손해를 입었을 때에 제조자는 무과실책임을 진다고 하더라도 손해배상가액에 대해서는 유한책임제도를 채택하여야만 된다고 본다.

따라서 이러한 항공사고의 손실에 대비하기 위하여 항공기제조 및 운송에 대한 책임보험제도를 시행하여 손해배상책임을 분산시켜야만 된다고 생각한다.

2. 제조업자책임의 의의와 발달과정

제조물책임(Products Liability)이라 함은 상품의 생산, 유통 및 판매의 일련의 과정에 관여한 자가 그 물건의 결함에 의하여 생긴 생명, 신체 및 재산 및 기타 권리에 대한 침

---

47) 독일의 항공법 학술지, ZLW, Heft 3, Sep. 1978 부록 참조.

해로부터 생기는 손해를 최종소비자나 이용자 또는 제3자에 대하여 배상할 의무를 말하며 이를 제조업자의 책임(Manufacturer's Liability)이라고 한다. 또한 영·미에서는 생산품책임이라고도 말하고 있다.[48] 다시 풀이하여 말하면 판매된 제조물에서 발생된, 배수인 또는 제3자의 신체 또는 재산에 대하여 입은 손해를 제조업자(Maker) 또는 기타 매도인(판매업자인 소매업자와 도매업자 포함)에게 과하여지는 책임이므로 미국에서 과거 약 40여년간 소비자보호를 위하여 급속히 발전되어온 민사법이론의 한 분야이다.[49]

독일에서는 제조물책임(Produzenhaftung)에 대하여 통일적인 입법조치가 되어 있지 않고 학설. 판례에 의하여 법리가 발전되어 오고 있으며 부분적으로 제조물책임을 인정하는 법률이 제정되고 있다.[50]

프랑스, 일본에서도 제조물책임에 관한 학설 및 판례가 나오고 있으며 소비자보호를 위하여 심각히 논의되고 있다. 국제적으로는 1957년 3월 유럽심의회(Council of Europe)에서 작성한 제조물책임에 관한 유럽조약초안(Draft for the European Convention on Products Liability in regard to Personal Injury and Death)이 있고 또 다른 하나는 유럽공동체(European Communities)의 제조물책임에 관한 EC의 입법 통일과 소비자보호의 관점에서 각국의 제조물책임입법을 명하는 지침(Directive)안이 수차에 걸쳐 검토되어 1979년 9월 26일에 최종 안이 발표된 바 있다.[51]

우리나라도 현재 부정불량상품 및 결함상품의 발생, 가격조작, 허위과대선전 등으로 인하여 소비자의 생명. 신체. 재산에 대한 피해가 날로 늘어나게 됨에 따라 소비자보호문제가 심각한 사회문제로 대두되어 1980년 1월 4일 소비자보호법이 제정된 바 있다. 그러나 이 법은 제조자가 하자 있는 제품을 만들어 소비자에게 피해를 입혔을 때 민사상 손해배상책임(무과실책임)을 과할 수 있는 규정이 없어 소비자보호에 만전을 기할 수 없으므로 제조물의 하자로 인하여 발생된 민사상의 손해배상책임을 엄격히 규정할 수 있도록 법의 근거를 마련하여 주어야만 될 줄로 생각한다.

미국에서는 이 제조물책임(Products Liability)이 소비자보호를 위하여 하자가 있는 식품, 약품, 일반제품, 등 광범위하게 적용되고 있으며 심지어 항공기사고로 인한 손해배상

---

48) 唄孝一·有泉亨 共編, 前揭書, 製造物責任諸問題, 279頁; 홍천룡, 소비자피해구제에 관한 연구, 1980년 7월, 박사학위논문(경희대학교), 31면; J.A. Henderson & R.N. Pearson, *Products Liability*: The torts process(Boston: Little Brown Co, 1975), p.546.; Diederichsen, Die Haftung des Warenherstellers (München und Berlin, 1967), Vorwort 참조.

49) 土井輝生編, 前揭書, 393頁.

50) 森島昭夫, 製造物責任-その現狀と課題-(商事法研究會, NBL, No.3, 1978). 100頁.

51) 川井健, 「ECの製造物責任法」, (ジュリスト, No. 709, 1980, 2), 134-135頁.

청구소송사건까지 제조물책임이론이 도입되어 적용되고 있고 판례까지 많이 나오고 있다.

우리나라도 항공우주산업개발촉진법(舊航空工業振興法)이 제정된 바 있으며 과거 미국과 F5 E&F 제트 전투기에 대한 공동조립생산이 된 바 있다. 대한항공(KAL)에서 당초 미국의 Hughes Helicopters사의 기술지원 하에서 KAL-Hughes 500D 헬리콥터가 국내에서 조립 생산된 바 있다. 또한 대한항공의 국제항공노선이 미주, 유럽, 동남아, 중동노선에 취항하고 있으므로 예측하지 못하는 항공사고가 발생할 때를 대비하여 민사법상 제조업자의 손해배상책임을 명확하게 하여 둘 필요가 있다. 우리나라는 앞으로 항공기생산에 있어 미국과의 공동생산, 허가생산, 기술협력 등이 있을 것으로 예상되므로 항공기 제조과정, 시험비행, 운항 등에서 발생되는 항공사고로 인한 피해자의 손해배상에 대하여 미국법상의 제도 및 판례를 알아둠으로써 법적 측면에서 항공기사고에 대한 대책수립에 도움이 되지 않을까 사료된다.

3. 미국에 있어 항공기제조업자의 법적 책임

(1) 제조업자에 대한 책임개요

미국에 있어 항공기에 관한 「제조업자책임(Manufacturer's Liability)의 법」은 항공기사건에 대한 복잡한 문제를 해결하는 과정에서 때때로 「생산품책임(Products Liability)의 법」으로 불리어질 때도 있다. 사실 대부분의 어려운 항공기사건들은 제조회사들을 상대로 소송을 제기하는 것들이기 때문에 항공책임(Aviation Liability) 문제는 제조업자의 책임문제로 압축하여 논의하項공기제조업자들은 영·미법상 일반적으로 제조업자로서의 의무를 위반할 때에는 책임을 지게 된다. 제조업자들은 과실(Negligence)에 대하여 책임을 질뿐만 아니라 불법행위에 대하여서도 무과실책임(Strict Liability: 엄격한 책임)을 지게 된다. 또한 업자들은 명시적 또는 묵시적인 보증(Express or Implied Warranties) 위반에 대하여 책임을 진다. 항공사고가 과실에 기인된 경우에 있어 피해자가 제조업자를 상대로 소송을 제기할 때에 당사자 간에 계약관계(Privity of Contract)는 필요하지 않다는 주장이 나오고 있다.52)

항공기의 보증위반(Breach of Warranty)에 관하여서도 법원의 견해가 일치되고 있지는 않지만 다수설은 품질보증위반을 다루는 소송사건에 있어 당사자간의 계약관계는 본질적인 것이 아니라고 주장하고 있다. 과실에 관하여 항공기제조업자는 항공기를 잘못

---

52) Lee S. Kreindler, Aviation Accident Law, Matthew Bender ed. 1978, §7-02[1], pp.3-7.

설계한 것에 대하여 책임을 지게 된다. 제조업자는 항공기의 위험한 특징을 이용자에게 경고(Warn)하지 않을 때에 책임을 지게 된다. 이러한 경고의무는 항공기를 매각한 후에도 계속된다. 제조업자가 공업표준규격에 맞춘다는 것은 어려운 일이지만 상당한 주의의무를 다하여 공업표준규격에 맞추어야만 된다.

이러한 특수문제들은 미국이 항공에 관한 정부의 감독체제를 효율적으로 활용함으로써 부수적으로 일어나게 된다. 그러므로 이 문제는 미국정부의 관할 하에 있는 감독기관이 철저히 감독을 하지 못하였을 때에는 정부차원에서 책임을 지느냐 또는 제조업자들은 정부역할로 인하여 책임이 감경되느냐 하는 문제가 발생된다. 경우에 따라서는 항공기매매가 다른 나라와 정부간 또는 민간인간에 거래가 형성되기 때문에 국제사법상 어려운 문제점이 제기된다. 드문 일이지만 자국에서 생산된 항공기가 자국에서 항공사고가 일어날 때도 있지만 대부분의 경우는 다른 나라에서 항공사고가 일어날 때가 있다.

왜냐하면 국제항공기술의 발달로 인하여 오늘날 항공기가 초음속화, 대형화가 되어 있으므로 국가간에 항공협정의 체결로 민간항공노선이 신장되고 있는 추세이므로 제3국, 제4국 등에서 항공사고가 일어날 때가 많이 있다. 때때로 항공기는 대리상인을 통하여 최종구매자에게 매각된다. 다시 말하면 자국에서 제조된 항공기가 타국에 매각되어 제3자에서 항공사고가 일어날 때가 있다. 이러한 상황에서 법인의 주소지가 있는 국가 또는 법인의 영업행위가 행하여지는 제4국에서 소송이 제기될 수가 있다.[53]

(2) 과실에 대한 책임(Liability for Negligence)

① 제조상의 과실(Faulty Manufacture)

명백히 항공기제조업자는 항공기 또는 기기, 신품을 잘못 만들거나 조립한 과실에 대하여 승객 또는 조종사에게 책임을 부담하게 된다.[54] 소형항공기에서 사용되고 있었던 연료펌프 부착의 하자로 인하여 원고가 피고인 제조업자에 대하여 승소판결을 받은 사례가 있다.[55]

---

53) Lee S Kreindler, ibid, SS. 3-7.

54) North American Aviation 대 Hughes 사건, 247 F2d 517(9th Cir 1957) cert, denied 355 U8914(1958): Starkey 대 Miami 항공주식회사소송사건, 10Avi 18106, 214 Sozd, 738(FlaApp 1968), 소송원인은 항공기내 보조연료탱크가 하자있는 것을 공급하였기 때문에 과실에 대한 책임을 져야 한다.

55) In Boeing Airplane Co v. Brown 291 F2d 310 (9th Cir 1961).

② 설계상의 과실(Faulty Design)

항공기제조업자는 항공기의 설계상의 과실(Negligence)에 대하여 책임을 진다. 불법행위법(The Restatement of Torts) 제398조를 볼 것 같으면 동산의 제조업자가 동산을 사용하는 자에 대하여 설계나 안전장치를 함에 있어 상당한 주의를 하지 않으므로 인하여 발생된 신체상의 손해에 대하여 책임을 진다고 규정하고 있다.56)

③ 경고에 대한 실패(Failure to Warn)

제조업자는 이미 알고 항공기의 위험스러운 특징을 구매자에게 통지하지 않으므로 인하여 발생된 손해에 대하여 책임을 질뿐만 아니라 항공기 매각 후에도 이러한 통지의무는 계속된다.57) 항공기구매자에게 제조업자가 부실한 경고(Warning)를 할 때에는 책임을 지게 된다. 또한 항공여객기의 제조업자가 항공사에게 위험스러운 특징을 경고하지 않을 경우에 이로 인하여 발생된 손해에 대하여도 승객에게 책임을 부담하게 된다.58)

④ 매각후의 계속적 경고의무

항공기제조업자들은 항공기를 매각한 후에도 항공기에서 발생되는 새로운 사항에 대하여 계속적으로 알고 있어야만 한다. 제조업자들은 항공기를 매각한 후 오랫동안 항공기 구매자에게 "service letters" 또는 "service bulletins"를 발행하여 송부하여야 한다. 이러한 서비스 서한이나 책자에는 매각 후에 발생되었던 항공기의 특수한 이상과 이러한 이상을 처리하는 방법 또는 위험스러운 점이 있다면 이를 제거하는 방법 등이 그 내용에 기재되어야만 한다. 제조업자들은 항공기의 특징과 위험스러운 사항이 있으면 이를 연방항공청(FAA)에 알려 주어야 하고 FAA는 항공안전을 위하여 항공기의 변경을 명령하거나 암시하여 주는 감항성 지침(airworthiness directives)를 정기적으로 모든 항공기 사용자에게 하여야 한다.

⑤ 안내서발급의 불이행(Failure to Instruct)

항공기와 많은 구성부품은 작동하는 데에 소요되는 상세한 안내서를 필요로 하고 있

---

56) Smith v. Piper Aircraft Cor, 18 FRD 169 (MD Pa 1955); Northwest Airlines v. Glenn L Martin Co. supra, n 4.

57) De Vito v. United Airlines, 89 F Supp 88 (EDNY 1951); Becker v. American Airlines, Inc. 200F Supg 243(SDNY 1961).

58) De Vito v. United Airlines. supra, n 9; Lee S. Kreindler, ibid, §7, 02[3], pp.7-8.

다. 항공기는 고도로 정밀화된 복잡한 고안물이다. 그러므로 항공기의 모든 부품을 사용함에 있어 필요로 하는 상세한 안내서를 항공기제조업자는 구매자 또는 사용자에게 교부할 의무(duty)가 있다. 항공기의 운항 및 정비에 대하여 필요로 하는 안내서가 제트여객기 1대에 대하여 약 10권이나 되며 한 권의 지면 수는 수백페이지에 달한다.

제조업자는 상세한 안내서를 조종사, 정비자, 각 부문의 기술자들이 알 수 있도록 작성하여야만 되고 이 안내서는 모형도, 사진, 도면, 도해 등이 첨부되어야만 한다. 이러한 안내서 내용의 정보는 대단히 중요한 것이며 안내서가 부적절하게 또는 불충분하게 작성되었을 때에는 중대한 항공사고의 원인이 될 수가 있다. 항공기제조업자가 구매자에게 충분한 정보(Information)를 주지 않으므로 인하여 발생된 항공사고에 대하여 과실(Negligence)로써 법적책임을 지게 된다.[59]

⑥ 주의의 기준(Standard of Care)

항공기제조자는 정상적인 주의의무(a duty of ordinary care)를 다하여 제작하여야만 될 것이고 대단히 상세하게 규정되어 있는 연방항공규칙(Federal Aviation Regulations)에 따라 민간 항공기를 설계하여 제작하지 않으면 안된다. 이 규칙에 위반하여 항공기를 제작할 때에는 과실의 증거(evidence of negligence)가 된다.[60]

최근 몇 년 동안 미국에 있어서 항공사고의 원인이 조종자(operator)에 의한 사고보다도 제조업자(manufacturer)의 과실에 기인된 제작상 하자에 의하여 일어난 사고가 더 많다. 항공사고의 원인이 설계상의 과오에 의하여 일어나는 경우가 있으며, 정부가 최종적으로 검수증명, 용인을 하였을 때에는 민사법상 정부책임문제가 일어나게 된다. 이러한 검수증명은 안전운항과 직결되는 문제이므로 행정당국자는 항공기의 원자재의 검수, 부속품, 기계부품, 엔진, 프로펠러 등을 시험하고 최종적으로 시험비행까지 한다.

행정당국자는 검수와 시험비행 등을 적절하게 하였느냐 또는 최소한도로 미국연방항공청안전규칙과 일치되느냐를 조사하여야만 된다고 미국의 민간항공법에 규정하고 있다. 1958년도의 미국민간항공법 제603조 (c)항을 볼 것 같으면 미연방항공청장의 감항증명서(堪航證明書) 발급에 대하여 다음과 같이 규정하고 있다.

"If the Administrator finds that the aircraft conforms to the type certificate therefor, and, after inspection, that the aircraft is in condition for safe operation, he shall

---

59) Lee S Kreindler, *ibid*, §7.02[4], pp.7-12.
60) Murray v. Bensen Aircraft Corp. 259 NC 638, 131 SE 2d 367 (1963).

issue an airworthiness certificates" 또한 미국항공사고소송사건에 있어서 원피고간에 피고인 제조업자의 항변으로서 조종사에게 기여과실(Contributory Negligence)이 있다고 주장하는 사례가 많이 있으며 인정된 판결도 있다.[61]

(3) 보증위반에 대한 책임(Liability for Breach of Warranty)

① 명시적인 보증(Express Warranty) 위반

항공기 및 부품 제조업자가 항공기의 명시적인 보증위반으로 인하여 발생된 손해에 대하여 상해자 및 사망자의 유족에 대하여 민사법상의 책임을 진다.

미국의 통일상법전(UCC) 제2－313조에서도 확언, 약속 및 설명에 의한 명시적인 보증책임을 규정하고 있으며 이 조문은 항공기사건에도 적용되고 있다. 항공기제조회사가 항공기판매를 위하여 광고를 한다든지 특별히 항공기 또는 부품을 구매하도록 소개된 안내서(Brochure) 등은 명시적인 보증책임이 있는 것이다. 보증(Warranty)이라는 것은 불법행위의 일부라고 생각되어 왔지만 최근에는 널리 계약책임이라고 생각되어 왔다. 그러나 미국의 많은 법원들은 보증한 사람은 계약관계(Contractual relation) 또는 계약당사자관계(Privity)가 있는 사람에 대하여서만 책임을 진다고 판결을 하고 있다.[62]

보증책임은 역사적으로 약속위반에 대한 구제로부터 부진실 표시(Misrepresentation)가 된 것으로서 불법행위의 성질이 농후하게 있다고 보고 있다.[63] 미국에 있어서 '제조업자의 책임'을 묻는 소송의 67.5%는 뉴욕주에서 제기되고 있으며 12.5%가 보스턴지구, 나머지 20%가 기타 주에서 일어나고 있다. 그러나 최근에 미국의 항공기소송사건에 있어서 광고 등의 이유를 들어 당사자계약관계를 일부 주에서는 그리 중요시하지 않게 여기고 있다.[64]

② 묵시적인 보증(Implied Warranty)위반

항공기제조업자는 항공기구매자에 대하여 묵시적인 보증위반으로 발생된 손해에 대하여 민사상의 책임을 진다. 미국의 통일상법전 제2－314조에 상품가치, 상관습에 대한 묵

---

61) Sivain v. Boeing Airplane Co, 337 F2d 940(2d Cir [NY] 1964). cert denied 380 US 951 (1965).
62) Remedy for Breach of Warranty, Text, Ch. 1, 3-4.
63) 土井輝生編, 前揭書, 617-635頁.
64) Robert Braucher, Shimchiro Michida, "*American Law on Commercial Transaction and the Japanese Civil and Commercial Codes*", vol. 1. Tokyo University Press. 1960. pp.65-67; Lee S Kreindler, ibid, § 7.03[1] 7-40.

시적 보증책임을 규정하고 있다. 항공기소송사건에 있어서 묵시적인 보증은 당사자계약 관계가 필요 없다는 견해가 있다.[65]

③ 불법행위에 있어서 엄격책임(Strict Liability in Tort)

보증위반에 대한 책임은 원상회복을 청구함에 있어 과실의 입증이 필요 없으며 '엄격한 책임'으로 인정되고 있다. 항공기를 직접 공급한 매수인에 대한 매도인의 제조물책임은 과실책임과 엄격책임 양자로 구분된다. 영·미법상 전자는 불법행위책임에 의거하게 되는 것이고 후자는 매매계약상의 보증에 의거한 무과실책이므로 인정되고 있다. 구체적인 소송사건에 있어서 매수인이 결함 있는 항공기에 의하여 손해를 입은 경우에 이 두 가지 것 중 어느 것을 선택하는 것이 편리한가 보기로 한다.

과실 책임 쪽을 택하여 매도인에 대하여 소제기를 하려면 절대적 조건으로 매도인의 과실을 입증하지 아니하면 아니 되기 때문에 무과실책임이 있는 보호책임을 추궁하여 소제기 하는 것이 소송 기술상 편리하다. 따라서 매수인이 매도인의 '제조물 책임'을 추궁할 때에는 보증책임 위반을 이유로 소제기 하는 것이 보통으로 되어 있다.

제조업자가 제품(항공기)의 결함으로 인하여 구매자 또는 사용자에게 손해를 입힐 때에 하자(흠결)에 대한 철저한 점검을 하지 못한 점에 대하여 불법행위로서 '엄격한 책임'을 부담하게 된다. 불법행위에 있어서 엄격책임론에 따르면 격지 간에 있는 구매자, 구매자의 종업원, 사용자 또는 소비자, 승객에게까지 확대되어 하자에 대한 책임을 부담하여야만 된다는 이론이 나오게 된다.

4. 대륙법계에서 항공기제조업자의 책임

(1) 항공기제조업자의 하자담보책임론

영·미법상의 제조물책임이론을 대륙법상(독일, 프랑스, 일본 등)의 민사법분야에 전용 해석하려고 할 때에 법리구성면에 있어 계약책임론과 불법행위책임론으로 나누어지는데 일본에 있어서의 통설은 불법행위책임론이다. 영·미법상의 제조물책임론을 민사법상의 계약책임론으로 이론구성 한다면 하자담보책임론과(현행민법 제580조 및 제581조) 채무불이행책임론(현행민법 제390조)으로 나눌 수 있으며 이 두 책임론은 당사자계약관계가

---

65) As to rejection of privity requirement in actions for breach of implied warranties, see Hoffman v. Cox. 35 Mise 2d 103, NYS2d 485 (1965); Lee S Kreinder, ibid, §7.03[3], pp.7-43.

있음을 전제로 하고 있다.

특히 담보책임에 관한 입법례를 보면 독일민법 제4 59조 - 제493조 독일상법 제377조 - 제379조 사이에 규정하고 있고 프랑스민법에는 제1641조부터 규정되어 있으며 일본민법에서는 제561조 - 제578조, 일본상법 제526조 - 제528조, 사이에 담보책임에 관한 규정을 두고 있다. 우리나라 민법은 담보책임에 관하여 제570조부터 제589조 사이에 규정되어 있고 상인간의 거래관계에 적용되는 하자담보책임에 관하여는 상법 제69조와 제70조에 각각 규정하고 있다.

항공기매매에 있어 대부분의 경우 항공기제조업자는 매도인이 되고 항공기운송인은 매수인이 되어 매매계약을 체결하며 잔금 지급 후 항공기를 인도 받게 되는 것이 대륙법상 적용되는 매매계약(민법 제563조, 민법 제568조, 상법 제67조)의 이론이다. 그러나 항공기제작은 기체, 엔진, 수십만 내지 수백만 종에 달하는 기기부품의 조립에 의하여 제작된다. 항공산업은 총합시스템산업이므로 기술적, 경제적필요성에 따라 주계약자는 항공기구성품의 일부를 국내외적으로 전문계열하청업체에 하청을 주어 제작하게 된다. 이러한 주문생산은 대륙법상 부합계약(한국민법 제664조, 도급 일본민법 제632조 청부, 독일민법 제631조 도급계약 (Werkvertrag))의 일종이라고 볼 수 있다. 항공기제조업자가 항공기를 매각한 후 고유적인 하자로 인한 항공사고가 발생하여 구매자(운송인)에게 손해를 입혔을 때에 매수인이 구매당시 하자를 알지 못하였을 경우(선의 무과실)에 한하여 민법 제580조 또는 상법 제69조의 하자담보책임조항에 의거 계약해제권, 대금감액권, 손해배상청구권이 구매자에게 있다고 볼 수 있다.

그러나 이 하자담보책임론을 적용할 때에 피해자가 제조업자의 제조과정상의 과실을 입증할 필요가 없다는 점에서 유리할지 모르나 피해자가 하자의 사실을 안 날로 붙어 6개월 내에 권리행사를 하여야 하므로(민법 제582조 또는 상법 제69조) 제척기간 6개월을 항공기사고 손해배상청구소송사건에 적용한다는 것은 기간이 너무 단기이므로 재고되어야만 한다고 본다. 항공사고의 특성인 순간성으로 인하여 사고원인조사를 함에 있어 장시일이 소요된다는 점과 영ㆍ미법상 항공기 매각 후에 계속 책임을 진다는 판례 등을 종합적으로 고려할 때에 피해자보호를 위하여 제척기간은 항공기에 한해서는 별도법규로 정하여야만 되리라고 본다.

(2) 항공기제조업자의 채무불이행책임론

제조물책임론을 채무불이행책임론(민법 제390조)으로 이해하는 입장에서는 제품의 하자로 인하여 야기되는 확대손해는 특별한 사정으로 인한 손해로서(민법 제399조III) 진보될 것이며 이와 더불어 채무불이행으로서 이행이익 내지 제조물자체의 배상청구, 수리 및 교부청구, 대금청구소송이 가능하다고 본다.

현행민법에는 불완전이행에 관한 명문의 규정은 없으나 대륙법계의 판례 및 학설상 인정되는 것으로서 적극적 채권침해라고 보고 있다. 제조물책임을 채무불이행책이므로 이론구성하는 이유는 제조업자가 제품에 대하여 ① 묵시의 보증, ② 품질보증서를 교부함으로 보증책임을 부담하며 이를 위반할 때에 채무불이행으로 보아 이론구성한 것으로 본다. 최근 독일학설에서도 인정하는 바와 같이 품질보증서의 발행은 「품질보증서의 범위 내에서 제조자로부터 최종 소비자에 대하여 직접 인수한 특별계약책임」을 형성한다고 말하고 있다.

항공기제조업자는 자기제품에 관하여 품질보증에 위반함으로써 채무불이행으로 인한 책임을 진다고 볼 수 있다. 그러나 항공기제조업자의 책임문제에 있어 하자담보책임론이나 채무불이행책임론은 계약관계를 전제로 하고 있으므로 매매당사자간에 적용하는 데 적합하다고 본다. 그러나 항공운송에 있어 항공사고로 인한 피해자는 여객 또는 화주이므로 이들과 운송인간의 법률관계가 운송계약에 기초하여 있는데 제조자의 제조물하자 또는 과실로 운송인(항공사 등)이 운송채무를 이행하지 못하였을 때에 항공여객 또는 화주가 직접 항공기제조회사를 상대로 손해배상청구권을 행사할 수 있느냐가 검토되어야 할 문제라고 생각된다.

(3) 항공기제조업자의 불법행위책임론

제조물책임론에 관하여 독일, 프랑스 및 일본 등에서 많은 판례와 학설이 나오고 있지만 일본에 있어서의 통설은 불법행위책임론으로서 일본민법 제709조의 적용설이다. 일본민법 제709조를 보면 고의 또는 과실에 기인하여 타인의 권리를 침해한 자는 이것으로 인하여 발생된 손해를 배상할 책임이 있다고 규정하고 있으며 독일민법에서는 제823조, 우리나라 민법에서도 제750조에 불법행위에 관한 조문이 각각 규정하고 있다.

제조물책임론을 불법행위책임론으로 이론 구성할 때에 일반불법행위의 성립요건으로 ① 과실, ② 인과관계, ③ 손해발생 등을 요건으로 하고 있다. 과실이라 함은 통상인이 예견할 수 있었던 손해의 발생을 회피하여야 할 상당한 주의 의무가 있는데도 불구하고 이를 하지 않은 것을 말하며 「상당한 주의」라 함은 제조물의 하자의 양태에 따라 구체적으로 논의되어야만 할 것이다.

따라서 제조물책임에 있어서 과실인정여부는 특히 항공기사고 면에 곤란한 점이 많이 있다. 구체적인 과실판단의 기준으로서 제조물의 하자의 발생양태를 어떻게 파악할 것인가가 문제되는 데 독일법에서 말하고 있는 네 가지의 유형적 방법을 논하기로 한다. 이러한 하자의 유형에는 ① 설계상의 하자, ② 제조 또는 관리상의 하자, ③ 설명지시 또는 경고상의 하자(표시하자), ④ 연구개발도상의 하자(개발위험) 등이 있으며 항공기제작과정에서도 이러한 종류의 하자로 인하여 운항도중 항공사고가 일어나는 것은 영·미법계 국가나 대륙법계국가나 대동소이하다고 본다.

대륙법계에서 제조물책임이론 구성을 불법행위책임론으로 볼 때에 고의. 과실에 대한 입증책임이 피해자에게 있으나 항공기사고의 전손성, 순간성과 피해자가 항공기 내용에 대한 전문적인 지식이 없어 가해자의 과실에 대해 입증하기가 곤란하다는 점을 고려할 때에 입증책임(擧證)문제는 가해자에게 전도되어야만 한다고 생각한다. 항공사고에 있어 가해자가 이에 대한 과실입증을 하지 못하면 피해자보호를 위하여 가해자가 무과실책임을 부담할 수 있도록 할 것이며 피해자에 대한 손해액도 보상에 만전을 기할 수 있도록 제도적인 보장이 필요하다고 본다.

민·상법상 하자담보책이므로 인한 손해배상청구권행사의 제척기간이 피해자에게 6개월로 보장되어 있는데 반하여 불법행위로 인한 손해배상청구권행사의 소멸시효기간은 3년으로 되어 있으며 일반채권의 소멸시효기간은 10년으로 되어 있다. 그러나 항공기사고로 인한 피해자의 손해배상청구권의 행사기간은 항공기사고의 특수성을 고려하여 별도법규로 정하여야만 되리라고 본다.

제6절 항공기책임보험제도의 확립

1. 항공기제조책임 보험론

이상 항공사고의 특성과 항공기제조자의 민사법상 책임문제를 고찰하여 보았다. 우리는 80년대를 향하여 항공산업을 육성발전 시키기 위하여 예측할 수 없는 항공재난의 위험사고로부터 책임을 분산시키기 위하여 항공기책임보험제도의 확립이 무엇보다도 시급하다고 본다. 항공기를 제작하는 과정에서 또는 제작후의 시험비행과 운항 도중에 사고로 인한 거액의 손실이 발생할 때를 대비하기 위하여 항공기제조책임보험을 제조업자에게 의무적으로 가입시키도록 법에 근거를 마련하여야만 된다고 본다.

우리나라 항공우주산업개발촉진법에는 항공기제조책임보험에 관한 규정이 없으므로 별도로 정하여야만 된다고 생각하다. 항공기제조업자 및 운송업자를 부여의 손해로부터 구제하고 또한 항공기업을 보호함과 동시에 항공사고로 인한 피해자(승객, 화주 및 지상 제3자)에 대한 보호와 손해배상액의 보장을 위하여 항공기제조및 운항 등을 종합적으로 검토하여 강제책임보험제도를 마련함이 필요하다고 본다.

이제도 마련을 위하여서 항공기업주와 피해자간에 양쪽을 다 보호하고 항공산업체를 부여의 거액에 달하는 손해액으로부터 구제하여 주기 위하여 가칭 '항공기손해보장법'이라는 특별법이 제정되어야만 한다고 생각한다. 우리나라 자동차손해배상보장법에는 운송인에게 손해배상책임보험에 강제가입 시킬 수 있도록 강제가입에 관한 규정이 제5조에 마련되어 있다.

2. 항공책임보험의 강제가입에 대한 입법례

항공책임보험에 관하여 강제보험의 입법화 경향을 본다면 국제조약과 국내법상의 규정으로 나눌 수 있다. 먼저 국제조약을 볼 것 같으면 1952년도 로마에서 체결된 「외국항공기의 추락에 의하여 일어난 지상 제3자에 대한 손해에 관한 조약」의 제3장 제15조 내지 제18조에 걸쳐서 동 조약상의 책임한도액을 보완하는 책임보험제도를 상세히 규정하고 있다. 이 로마조약은 지상에서 일어난 손해가 하나의 체약국(締約國)의 영토 내에서 다른 체약국의 항공기에 의하여 발생된 사고가 경우에 적용되나 결과책임, 유한책임 및 그 책임이행의 보장을 위한 강제보험, 금전기탁, 은행보장이라는 보장제도의 세 가지 요소를 지주(支柱)로 하고 있어 강제보험에 관한 규정으로 되어 있다.

국내법의 입법화 경향을 보면 1968년도의 독일항공법 제50조에 강제보험에 관한 법적 근거가 마련되어 있다. 동조문의 내용을 볼 것 같으면 '항공운송기업은 항공여객의 사고(제44조)에 대하여 부보의 의무를 진다. 보험최저액은 사망 또는 계속적인 수입불능의 경우에 35,000DM으로 한다. 사고보험이 지급된 때에는 손해배상청구권은 소멸한다고 규정하고 있다. 이탈리아에서는 이탈리아항공법전에 승객보험을 강제보험으로서 규정하고 있다.(제941조, 제943조 및 제985조 참조)

영국에서는 1949년의 민간항공법상에 로마조약(1933년) 체제를 받아들여 절대책임주의를 취함과 동시에 강제보험제도(Compulsory Insurance)를 도입 규정하고 있다(동법

제43조). 그러나 영국에서는 여객에 대한 보상책임보장제도가 없으므로 독일, 이탈리아의 강제보험제도와는 상이하다.

미국은 항공보험제도가 수준 높게 발달되어 있고 항공기업이 자율적으로 항공보험을 충분히 이용하고 있으며 피해자에 대한 항공기업의 보상능력이 있으므로 강제보험에 대한 입법화는 되어 있지 않고 있다. 불란서는 미국과 같이 여객에 대한 보상책임을 보장하기 위한 강제보험은 입법화가 되어 있지 않고 임의보험에 속하고 있다. 일본은 항공기 운항자의 민사책임에 관한 특별한 법규제가 없을 뿐만 아니라 운항자의 책임보장을 위한 강제보험에 대하여 매우 강조되고 있으면서도 아직 법제화는 되어 있지 않고 있다.

제7절 우리나라 항공기책임보험제도의 확립방향

우리나라 항공법 제122조(사업개선명령)에 의거 국토해양교통부장관은 항공운송의 안전, 항공운송사업의 건전한 발전 위하여 필요하다고 인정되는 경우에는 정기항공운송사업자에게 항공기사고로 인하여 지급할 손해배상을 위한 보험계약의 체결하도록 행정명령 발할 수가 있다.

일본항공법 제112조(사업개선의 명령)에서도 국토교통대신은 정기항공운송사업자의 사업에 관하여 공공의 복지를 저해하고 있는 사실이 인정될 때에는 당해 정기항공운송사업자에게 항공사고에 의하여 지불하여야만 되는 손해배상을 위하여 보험계약을 체결할 것을 명할 수가 있다.

독일, 이탈리아와 같이 승객에 대한 손해배상책임을 보장하는 강제보험제도와는 다르기 때문에 우리나라도 항공강제보험제도에 관한 입법화는 되어 있지 않고 있으며 자동차와 원자력 등에 대해서는 손해배상책임보험이 특별법으로 규정되어 있다.

우리나라는 1969년도에 「원자력손해배상법(2010년 개정)」을 제정하여 피해자 보호와 원자력사업의 건전한 발전에 기여하고 있으며 민사법상의 무과실책임론의 도입(동법 제3조)과 상사법상의 책임보험계약제도(동법 제7조)를 도입하여 피해자보호에 역점을 두고 있다. 특히 원자력사업자를 보호하기 위하여 사업자가 손해배상을 하여 줌으로써 발생된 손실을 보상하기 위하여 1975년도에 「원자력손해배상보상계약에 관한 법률」을 제정한 바 있다.

우리나라는 제조물의 결함으로 인하여 발생한 손해에 대한 제조업자 등의 손해배상책임을 규정함으로써 피해자의 보호를 도모하고 국민생활의 안전향상과 국민경제의 건전한 발전에 기여함을 목적으로 2000년 1월 12일에 「제조물책임법」을 제정한 바 있다.

우리나라 항공법에 항공기운송인 및 제조업자의 손해배상책임에 대하여 선진국의 입법례, 판례, 국제조약의 취지를 참작하여 현 실정에 알맞은 원칙적인 규정을 삽입할 뿐만 아니라 항공기업가 및 피해자보호와 위험분산을 최대한도로 시키기 위하여 항공책임보험제도의 확립이 시급하다고 본다.

특히 항공사고로 인한 거액의 손해배상을 보장하기 위하여 항공기업가에게는 강제보험제도를 채택하여 의무적으로 책임보험에 가입토록 하여야 할 것이며 원자력손해배상법의 입법취지와 같이 「가칭, 항공기손해배상보장법」의 제정이 필요하다고 사료된다. 이 보장법에는 자가보험제도의 일환인 항공재해보상기금의 적립도 필요하므로 초기단계에서는 정부가 당분간 재정 및 금융지원을 하여야만 된다고 본다.

우리나라가 항공기제조산업을 본격적으로 착수하기에 앞서 항공산업육성에 대한 주도 치밀한 중장기계획을 수립하여야만 되며 이 계획을 수립하는 과정에서 ① 기술적인 면, ② 경제적인 면, ③ 산업체적인 면, ④ 법적인 면 등에서 여러 가지 문제점 등을 추출하여 종합적으로 검토함으로써 완전무결한 계획을 수립하여 기반구조의 조성에 만전을 기하여야만 된다.

제5장 항공기사고의 조사제도

제1절 머리말

우리나라의 경제가 고도로 성장·발전됨에 따라 국내 및 국제항공수송량도 대폭 증가하게 되어 항공기의 운항횟수도 증편되어 가고 있으므로 항공로선면에 과밀화 현상이 일어나고 있어 항공기 사고발생에 대한 개연 가능성도 점점 높아져 가고 있다. 특히 1997년 10월 7일부터 9일까지 태국 방콕에서 국제민간항공기구(ICAO)의 주관으로 개최된 남북한항공회담에서 최대 쟁점사항이었던 상호비행정보구역(FIR) 통과노선개설과 이에 관련된 관제직통 통신망 구성에 합의하였으므로 1997년내에 북한영공이 개방돼 한국, 미국, 일본 등 각국항공기들이 북한의 비행정보구역을 통과하여 운항할 수 있게 되었고 언론에 보도된 바 있다.66)

이에 따라 한국과 미주(美洲)간, 또는 한국과 동남아 항공노선간의 비행시간이 약 20여분 내지 40여분 간 단축되었으며 항공로선면에 과밀화 현상도 더욱 증가될 것으로 예상된다. 더욱이 오늘날 세계의 항공로선면에도 과밀화현상이 증가되고 있음으로 인하여 세계의 도처에서 대형항공기사고가 계속 일어나고 있으며 우리나라의 항공기도 최근에 와서 여러 곳에서 대형항공기사고가 자주 일어나고 있다.67)

1983년 9월 1일 사할린 상공에서 대한항공소속 보잉 747 점보여객기가 소련 전투기의 미사일 공격을 받고 추락하여 승객 및 승무원 269명이 전원 사망하는 대참사가 발생된 바 있다.

1997년 8월 6일 22시 05분 김포국제공항에서 승객 231명과 승무원 23명 등 254명을 태우고 출발한 대한항공 801편 여객기(보잉 747-300B)가 미국영토인 괌의 아가냐 공항에 동년 8월 6일 0시 55분 착륙하려다 인근 밀림지대에 추락해 25명은 기적적으로 살아났으나, 나머지 승객과 승무원 228명은 전원 사망한 바 있다.68)

한편 1997년 8월 괌에서 항공기사고가 발생된 지 불과 한 달도 되지 않아 한국인 21명을 포함한 승객 60명과 승무원 6명 등 66명을 태운 베트남항공 VN 815편 여객기가 역시 1997년 9월 3일 오후 3시 50분 프놈펜근교 포첸통국제공항에 착륙을 시도하려다가 공항부근의 논에 추락하여 한국인과 대만인이 대부분인 승객 및 승무원 66명 가운데 태국 어린이 1명을 제외한 65명이 전원 사망하여 계속 발생되고 있는 항공기사고에 대하여 온 국민들에게 커다란 충격을 안겨 준 바 있다.69) 아직도 1983년에 발생된 대형항공기사고의 정확한 원인을 밝혀내지 못하고 있어 안타까운 마음 금할 길이 없으며 철저한 원인규명과 사고재발을 방지하기 위하여 하루속히 우리나라 항공기사고 조사제도의 문제점을 추출하여 해결방안을 마련하는 것이 시급하다고 사료된다.

이와 같은 문제점을 추출하고 해결방안을 마련하기 위해서 우선 항공기사고의 본질과 그 원인은 무엇이며 항공기사고에 관한 국제조약과 세계 각국의 입법례를 살펴본 후 우

---

66) 조선일보, 1997년 9월 8일자, 10월 8일자 1면; 동아일보, 1997년 9월 8일자, 10월 8일자 1면 참조.
67) 한국일보, 1983년 9월 2일자, 4면 참조.
68) 조선일보, 1997년 8월 7일자 1면, 9월 4일자 2면; 동아일보 8월 7일자 1면 참조.
69) 조선일보 및 동아일보, 1997년 9월 4일자 1면 참조.

리나라 항공기사고제도의 현황, 문제점 등을 지적하고 해결방안을 제시하고자한다. 항공기사고의 본질은 이 사고가 언제, 어디에서, 어떻게, 누구에 의하여, 무엇 때문에 발생 되는지 그 누구도 예측할 수가 없으며, 일단 사고가 발생되었다고 가정한다면 그 사고가 순식간에 일어나며 대형화되어 인적 또는 물적 손해는 거액에 달하게 된다.

항공기사고는 일반적으로 다른 교통사고와는 달리 여러 가지 특성을 지니고 있는데 ① 사고의 전손성(all or nothing), ② 사고의 순간성, ③ 사고의 대형·거액성, ④ 사고의 지상종속성(ATC와의 관계), ⑤ 사고의 국제성, ⑥ 사고의 입증곤란성 등으로 인하여 사고원인을 구명하는데 무척이나 힘이 들며 사고원인을 정확하게 찾아 내지 못하고 원인불명으로 끝나는 사례도 더러 있다.

항공기사고의 조사목적은 사고원인을 명확하게 구명하여 사고의 재발방지와 예방대책을 수립하는데 정확한 자료로 활용하는데 그 목적이 있다.

항공기사고의 발생원인은 ① 조종사, 승무원의 고의 또는 과실, ② 공중에서의 항로 (air route) 이탈, ③ 항공기 상호간의 충돌과 근접실수(near-miss)비행, ④ 항공기의 정비 불량으로 일어나는 기기의 고장, ⑤ 항공기와 이물접촉(조류, 장애물 등), ⑥ 기상조건의 악천후와 돌발적인 난기류 (turbulence)에 의한 항공기의 부력, 양력, 추력 등의 상실로 인한 추락, ⑦ 공항 내 항공교통관제관의 고의 또는 과실 (ATC의 지시착오 등), ⑧ 항공기의 제조과정에서의 하자 (제조물책임: Products Liability), ⑨ 항공기의 불법납치과정에서 발생되는 기체훼손 등 여러 가지 복합적 요인으로 일어나고 있으며, 특히 첨단항공기술의 급격한 발달로 인하여 사고원인도 다양화 내지 복잡화되어 가고 있다.

과거 20여 년간 우리나라 및 세계도처에서 발생된 주요 항공기사고(참사)에 대한 일지를 다음과 같이 살펴보기로 한다.[70)]

① '78. 4. 21: 대한항공 소속 보잉 707여객기, 파리출국 후 항로 이탈로 소련 무르만스크에 비상 착륙 시 승객 2명 사망, 10명 부상.

② '79. 7. 16: 대한항공 소속 보잉 DC10 여객기, 기압장치 고장으로, 승객 40명 부상.

③ '80. 8. 19: 사우디 L - 1011기 리아드공항에서 비상착륙 실패로 인하여 승객 및 승무원 301명 사망.

④ '80. 11. 19: 대한항공 소속 보잉 747 점보여객기, 조종실수로 김포공항에 비상착륙실패로 인하여 승객 15명 사망.

⑤ '82. 8. 2: 대한항공 소속 보잉 747 점보여객기가 대만상공서 난기류로 곤두박질하

---

70) 조선일보, 1997년 9월 4일자 2면 참조.

여 승객 22명 부상.

⑥ '83. 9. 1: 대한항공 소속 보잉 747 점보여객기가 사할린 상공에서 구소련 전투기의 미사일 공격을 받고 추락하여 승객 및 승무원 269명 전원 사망

⑦ '85. 6. 23: 인도항공 소속 보잉 747 점보 여객기, 아일랜드 연안에 추락하여 승객 및 승무원 329명 사망.

⑧ '85. 8. 12: 일본항공 소속 보잉 747기, 일본국내에 위치하고 있는 산에 충돌하여 승객 및 승무원 520명 사망.

⑨ '88. 7. 3: 이란항공 소속 에어버스 A-300 여객기 미국의 항공모함 빈세트호에 의하여 격추되어 승객 및 승무원 290명 사망.

⑩ '88. 12. 21: 미국의 팬암항공사 소속 보잉 747기 스코틀랜드 상공에서 테러로 폭발하여 승객 및 승무원 270명 사망.

⑪ '94. 4. 26: 중화항공 소속 에어버스 A-300-600R 여객기, 일본 나고야공항에서 착륙실패로 폭발하여 승객 및 승무원 262명 사망.

⑫ '96. 7. 17: 미국 TWA항공사 소속 보잉 747 여객기 뉴욕 롱아일랜드에서 폭파되어 승객 및 승무원 228명 사망.

⑬ '96. 11. 12:사우디항공 소속 보잉 747 여객기와 카자흐 일류신 수송기와 충돌하여 승객 및 승무원 351명 사망.

⑭ '97. 8. 6: 대한항공 보잉 747 여객기가 미국영토인 괌의 아가냐공항에 착륙하려다 인근 밀림지대에 추락해 25명은 기적적으로 살아났으나 나머지 승객 및 승무원 228명은 전원 사망.

⑮ 2001.11.12: 미국 뉴욕시의 존 F 케네디 국제공항을 이륙한 미국 국적의 아메리칸항공사(AAL) A-300-600R 여객기 587편이 9시 15분 이륙 직후 도미니카공화국 수도 산토도밍고로 향하다 2,900피트(880미터) 상공에서 갑자기 케네디공항에서 8㎞ 떨어진 거주지역이며 맨해튼에서 24㎞ 떨어진 부둣가 부근 거주지역에 추락하면서 건물들과 부딪쳐 화염에 휩싸여 탑승자 260명 모두 사망했고 추락현장에서 적어도 4채 이상의 건물들이 검은 화염에 휩싸여 지상의 5명이 추가로 사망하여 총265명이 사망.

⑯ 2002. 4. 15: 중국국제항공사 소속 보잉 767 항공기가 김해국제공항 인근 경남 김해시 지내동 동원아파트 뒷편 돗대산 기슭에 추락하여 승객 및 승무원 129명이 사망하였고 생존자는 37명.

특히 2001년 9월 11일 발생한 미국 뉴욕의 110층 세계무역센터(WTC) 쌍둥이 빌딩과 워싱턴의 국방부 건물에 대한 오사마 빈 라덴의 테러조직인 알 카에다 등 이슬람 테러조직(추정)에 의한 항공기 납치에 의한 동시다발 자살테러 사건내용에 대하여 다음과 같이 살피어 보기로 한다.

2001년 9월 11일 오전 9시부터 오후 5시 20분 사이에 일어난 항공기 납치에 의한 동시다발 자살테러로 인해 미국 뉴욕의 110층 짜리 세계무역센터(WTC) 쌍둥이 빌딩이 무너지고 워싱턴의 국방부 청사(펜타곤)가 공격을 받은 대참사가 발생하였다.

항공기납치사건은 4대의 민간항공기를 납치한 이슬람 테러단체에 의해 동시다발적으로 이루어졌는데 시간대별 상황은 다음과 같다.

이날 오전 7시 59분 92명의 승객을 태운 아메리칸항공사 소속 AA11편이 보스턴을 출발해 로스앤젤레스를 향해 날아올랐다. 이어 08시 1분 45명을 태운 유나이티드항공사의 UA93편이 뉴저지주에서 샌프란시스코로, 08시 14분 65명을 태운 유나이티드항공사의 UA175편이 보스턴에서 로스앤젤레스로, 09시 64명을 태운 아메리칸항공사의 AA77편이 워싱턴에서 로스앤젤레스로 각각 날아올랐다.

08시 45분 아메리칸항공사 소속의 AA11편이 항로를 바꾸어 세계무역센터 북쪽 건물과 충돌한 직후인 09시 3분 유나이티드항공사의 UA175편이 남쪽 건물과 충돌하였다. 09시 40분 아메리칸항공사의 AA77편이 워싱턴의 국방부 건물과 충돌하고, 이어 09시 50분 세계무역센터 남쪽 건물이 붕괴된 뒤, 10시 유나이티드항공사의 UA93편이 피츠버그 동남쪽에 추락하였다. 10시 29분 세계무역센터 북쪽 건물이 완전히 붕괴되었고, 이 여파로 인해 17시 25분 47층짜리 세계무역센터 부속건물인 7호 빌딩이 힘없이 주저앉았다. 세계 초강대국 미국은 순식간에 아수라장으로 바뀌었고, 세계경제의 중심부이자 미국 경제의 상징인 뉴욕은 하루아침에 공포의 도가니로 변하고 말았다. 미국의 자존심이 한 번에 무너졌을 뿐만 아니라 이 세기의 대폭발 테러로 인해 5,000여명의 무고한 시민이 생명을 잃었다. 사건이 일어나자마자 CNN 방송망을 타고 시시각각으로 사건 실황이 전 세계에 생중계되면서 세계 역시 경악하였다.

납치당한 4대의 항공기에는 3～5명의 납치범들이 탔을 것으로 추정되었는데 미국연방수사국(FBI)이 밝힌 자료에 따르면, 범인들 가운데 신원이 밝혀진 5명은 사우디아라비아와 이집트 출신의 조종사들로 알려졌다. 미국은 사우디아라비아 출신의 국제테러리스트인 오사마 빈 라덴(Osama bin Laden)과 그의 추종조직인 알 카에다(Al-Queda)를 주요 용의자로 보고 있었으며 그밖에 팔레스타인해방기구(PLO) 산하의 무장조직인 하마스

(HAMAS), 이슬람원리주의 기구인 지하드, 레바논의 헤즈볼라 등 다른 이슬람 테러조직들도 관여했을 것으로 보고 있다.

항공기가 세계무역센터 남쪽 건물과 충돌한 직후인 09시 31분, 부시(George W. Bush) 미국 대통령은 이 테러사건을 「미국에 대한 명백한 테러 공격」으로 규정하고 이어 전국의 정부 건물에 대피령을 내리는 한편, 국제연합·시어스 타워 등 주요건물을 폐쇄하였다. 같은 날 금융시장의 폐장 결정을 내린 뒤, 뉴욕과 워싱턴에 해군의 구축함 등 장비를 파견하였다.

9월 12일 테러 개입자들에 대해 사전경고 없이 보복할 것을 천명하고 이튿날 부시대통령은 『이 테러를 21세기 첫 전쟁』으로 규정하였다. 9월 15일 빈 라덴이 숨어 있는 아프가니스탄에 대한 지상군투입의 결정을 내리는 한편, 아프가니스탄의 인접국인 파키스탄을 설득해 영공개방 등의 약속을 받아내고, 작전명을 「무한 정의작전」으로 명명한 뒤 보복전쟁에 들어갔다.

같은 해 10월 7일, 미국은 『테러와의 전쟁』이라는 명분을 내세워 영국과 함께 아프가니스탄의 카불공항과 탈레반국방부, 잘랄라바드공항, 칸다하르 탈레반 지휘사령부, 헤라트공항 유류저장고, 마자르 이샤리프 탈레반 군장비집결지, 콘두즈 탈레반 지역군사작전지휘소 등에 50기의 토마호크 미사일을 발사, 알 카에다의 훈련캠프와 탈레반 정부의 군사시설 등에 엄격히 제한된 선별공격을 감행함으로써 제한전쟁의 포문을 열었다.

미국·영국 연합군은 2001년 10월 9일 현재 아프가니스탄 주변에 350여기의 항공전력을 배치하고 아프가니스탄영토에서 자유로운 전·폭격기를 이용한 공습을 통해 아프가니스탄 북부동맹군을 앞세워 수도 카불 등 주요도시를 점령하고 궁극적으로 아프가니스탄에서 반 탈레반정권을 수립한 뒤 빈 라덴의 알 카에다 조직을 뿌리 뽑는다는 이른바 『테러말살』전략에 돌입하였던 것이다.

상기 미국 내 9.11 항공기납치 테러사건으로 인한 피해는 4대의 항공기에 탑승한 승객 266명 전원 사망, 워싱턴 국방부청사 사망 및 실종 125명, 세계무역센터 사망 및 실종 4,600~5,900명 등 정확하지는 않지만 인명피해만도 5,000여 명에 달한다. 경제적인 피해는 세계무역센터 건물가치 11억 달러(1조 4300억 원), 테러 응징을 위한 긴급지출액 400억 달러(약 52조 원), 재난극복 연방 원조액 111억 달러(약 52조 원) 외에 각종 경제활동이나 재산상 피해를 더하면 화폐가치로 환산하기 어려울 정도이다.[71]

---

71) http://kin.naver.com/browse/db_detail.php?dir_id=61401&docid=110162

미국내 9.11 항공기납치 테러사건으로 인한 세계무역센터 붕괴 전 장면

항공기사고의 정확한 원인을 밝히는데 도움을 주기 위하여 국제민간항공조약은 어떻게 사고 조사에 관한 조항을 규정하고 있으며, 국제민간항공기관의 법률위원회 (ICAO, Legal Committee)와 유럽공동체내의 유럽의회에서는 이 사고 조사제도에 관하여 어떻게 논의되고 결정(입법동향)되고 있는가를 소개함과 동시에, 비교법적인 견해에서 이 사고 조사에 관한 세계 각국의 입법례와 제도 (① 미국, ② 영국, ③ 캐나다, ④ 독일, ⑤ 네덜란드, ⑥ 스위스, ⑦ 스웨덴, ⑧ 뉴질랜드 ⑨ 일본)를 살펴본 후, 결론으로 우리나라 항공기사고 조사제도에 관한 현황, 문제점과 해결방안 에 대하여 필자의 의견을 제시하기로 한다.

제2절 항공기사고조사와 국제민간항공조약

오늘날 국제항공운송의 발달로 인하여 항공사고는 복수국가의 관계로 발생되는 경우가 많이 있다. 예를 들면, A국에서 제조된 항공기를 B국에서 등록하고 C국에 임대를 하여 주었는데, D국에서 사고가 발생된 경우, 이 사고는 A, B, C, D 모든 국가들에게 관계된다.

따라서 관계 국가들 간에 불필요한 혼란과 분쟁방지를 위하여 사고 조사를 실시하는 국가와 실시하지 않은 국가들 간에 사고 조사에 관한 기본적인 표준방식을 미리 국제적으로 정하여 둘 필요가 있게 된다. 국제민간항공조약(Convention on International Civil Aviation: 이하 시카고조약이라고 약칭함)에서는 이와 같은 목적을 달성하기 위하여 새로이 규정을 제정하여 사고 조사에 대한 국제적인 표준방식을 미리 마련하였던 것이다.

시카고조약 제26조에서는 사고 조사에 관한 기본원칙을 정하였고 세부규정은 동 조약

제37조에 의하여 동 조약 부속서(국제표준규칙)에 위임시키게 되었던 것이다. 더욱이 시카고조약 제38조에 의하면 전기 국제표준규칙과 배치되는 국내규정을 적용하는 국가는 국제표준규칙과 틀리는 점을 UN산하 국제민간항공기관(International Civil Aviation Organization: 이하 ICAO 라고 약칭함)에 통고하여야만 된다고 규정하여 사고 조사의 국제적 통일을 도모하였다. 따라서 사고 조사에 관한 국제표준규칙은 ICAO이사회의 결의로 제13 부속서가 제정하게 되었던 것이다. 시카고조약 제26조에서 항공기사고 조사의 기본원칙을 다음과 같이 규정하였다.

첫째, 사고 조사를 행하는 경우는 사고로 인하여 승객의 사망 또는 중상을 입혔을 경우와 항공기 또는 항공시설의 중대한 기술적인 흠결로 인하여 사고가 발생된 경우이다. 둘째, 사고 조사는 사고가 일어난 국가에서 행하여야만 된다는 점이다. 다만, 자국법이 허용되는 한도 내에서 시카고조약 제13 부속서에 따라 조사를 할 수가 있다. 셋째, 항공기의 등록국은 조사에 대한 입회인을 임명할 수가 있고 조사에 관한 보고와 의견을 받을 권리가 있다.[72]

시카고조약 제13 부속서는 국제표준에 추가하여 권고방식을 집록하고 있지만[73] 부속서의 채택과 개정은 이사회의 결의가 있어야만 된다. 이사회가 부속서를 채택하기 위해서는 이를 위하여 소집된 회의에서 3분의 2의 투표가 필요하고 채택된 문서를 체약국에 송부한 후 3개월 이내에 체약국의 과반수로부터 불승인의 통고가 없는 한, 이것을 송부한 후 3개월, 또는 이사회가 정한 날에 이 부속서가 발효된다.

시카고조약 제13 부속서가 처음으로 채택된 것은 1951년이고 오늘날까지 여덟 차례 개정된 바 있다. 일본은 1956년에 ICAO 이사회 국으로 선출된 이후 모든 개정에 참가한 바 있으므로 우리나라가 현재 항공수송량 면에서 세계 10위권 내에 접어들고 있으므로 하루속히 ICAO 이사회 국으로 진출하여 동 조약 및 부속서의 개정에 적극적으로 참가하여 우리의 의견도 반영시켜야만 된다고 본다.

시카고조약 제13 부속서에 규정된 중요한 내용을 요약하여 살피어 본다면 다음과 같이 요약할 수가 있다.

첫째, 항공기사고 조사의 목적은 사고의 재발을 방지하는데 있으며, 「사고의 비난 또는 책임을 지우는 데」목적이 있는 것은 아니다.

시카고조약 제13 부속서에 기초한 사고 조사의 구체적인 절차를 규정한 「국제민간항

---

72) 阪本照雄, 航空調査について, (日本空法學會 發行, 第30號, 1989年), 68-70面 參照.

73) 국제민간항공조약 제37조 (k).

공기관사고의 Manual」에서 이를 명확하게 규정하고 있다. 즉, 이 Manual에서 사고 조사의 성격과 관련하여 「사고 발생자에 대한 범죄성과 책임성의 평가는 사고 조사기관의 임무에 포함되지 않고 있다는 점이다. 이것은 일반적으로 그 나라의 사법기관의 특권에 속하는 사항이라고」 언급하고 있다.74)

이 제13 부속서는 작성할 당시에 미국의 사고 조사의 규정, 절차와 관행에 많은 영향을 받은 바 있다.75) 미국은 세계최대의 항공수송량의 규모를 가지고 있을 뿐만 아니라 세계에서 가장 많은 항공기를 생산하고 있으므로 사고의 재발방지와 사고원인에 대한 철저한 구명과 대책은 다른 나라의 항공기사고 조사제도와도 직·간접적으로 크게 영향을 미치고 있다.

둘째, 체약국의 조사에 관한 관할권과 부수적인 권한이 국제적으로 배분되어 있다는 점이다. 시카고조약 제13 부속서는 체약국이 사고의 발생국, 사고기의 등록국, 사고기의 운항국, 사고기의 제조국, 사망자의 국적국이 될 때도 있지만, 다른 국가가 될 때도 있으므로 이와 같은 국가들 간에 분쟁을 방지하기 위하여 사고 조사의 권한과 책임한계, 협력 등에 관하여 분명하게 규정하여 둘 필요가 있다.76)

셋째, 체약국의 사고 조사기관의 지위에 관하여 독립성을 명확하게 규정하고 있다는 점이다. 즉, 사고 조사기관은 항공기사고 조사를 위하여 독립성이 확보되어야만 되고 권한을 제한을 받지 않아야만 된다고 규정하고 있다.77)

넷째, 현재 및 장래의 사고 조사에 방해가 되는 진술 또는 문서 등의 공개를 제한하고 있다는 점이다.78) 사고 조사를 위한 진술 또는 문서가 민사, 행정, 형사 등의 목적으로 이용됨으로 인하여 사고 조사의 완벽을 조해하는 요인이 될 수도 있는 것이므로 이것을 방지하기 위한 제한이라고 볼 수가 있다. 그렇지만 이 제한규정의 적용은 일본을 포함하여 10여 개국이 유보하였기 때문에 이사회는 1988년에 새로운 부대문서를 마련하여 이와 같은 제한의 실시를 각 체약국의 결정에 맡겨 놓고 있다.79)

다섯째로 사고 조사에 관한 연락과 보고에 관한 절차를 명확하게 규정하고 있다는 점이다.

---

74) The ICAO Manual of Aircraft Investigation, Doc. 6920.

75) C. O. Miller, Aviation Investigation, JALC 46-2, 1981.

76) ICAO Annex 13, Chapter 13.

77) ICAO Annex 13, 5.4.

78) ICAO Annex 13, 5.12.

79) ICAO Annex 13, ATTACHMENT D.

사고 조사의 획일화와 더불어 연락에 의하여 발생되는 정보지연의 혼란을 방지하는데 그 목적이 있다. 시카고조약 제13 부속서는 사고 조사에 관하여 중요한 문서인데도 불구하고 체약국의 일부가 이 정신을 무시하여 그 적용을 태만히 하거나 해석을 왜곡시키고 있다는 비난도 있다.[80]

일본에서는 국제, 국내의 여하한 항공기사고 조사에도 불구하고, 이 사고 조사는 시카고조약 제13 부속서에 준거하여 실시하고 있으며 항공사고 조사위원회법 제15조에서도 「위원회는 국제민간항공조약의 규정 및 동 조약의 부속서에서 채택된 표준, 방식 및 절차에 준거하여 항공사고 조사를 하여야만 된다.」고 규정하고 있다.

이와 같은 범위 내에서 일본은 국제규칙을 국내법화 하였다고 해석할 수가 있다.[81]

우리나라는 항공기사고 조사 및 처리요령(1995년 5월 16일, 건설교통부훈령 제71호)에 의거 대한민국 비행정보구역내(FIR)에서 발생한 민간항공기의 사고에 대한 조사와 처리에 있어 이 요령이 적용되며 이 요령에 따로 정하지 않는 사항은 시카고조약 제13 부속서에 의하여 처리한다고 규정하고 있어 우리나라 역시 이 국제규칙을 받아 드리고 있다고 볼 수가 있다.

항공기사고 조사(aircraft accident inquiry)에 관하여 국제민간항공기관의 가입국 (1997년 10월 15일 현재, 185개국 가입)들이 항공기사고를 일으켰을 때에는 국제민간항공조약 제26조 (항공기사고 조사)를 준용하게 된다.

항공기사고 조사에 대하여 시카고조약가 권고하는 절차로서는 동 조약 제37조에 의거 채택된 국제기준(international standards)과 권고방식(recommended practices), 사고 조사에 관한 시카고조약 제13 부속서(aircraft accident inquiry)에 의하여 처리되고 있다.[82]

시카고조약 제26조(사고 조사; international standards)에 사고가 일어난 국가는 자국의 법률이 허용하는 한도내에서 시카고조약가 권고하는 절차에 따라 사고의 상황조사(an inquiry into the circumstances of the accidents)를 하여야만 된다고 규정하고 있지만 이 「사고의 상황조사」에 대한 목적과 사고 조사기관 그 자체에 관하여는 규정하지 않았다. 그러나 사고 조사의 기술적 기준 및 권고에 관하여는 동 조약 제37조의 규정에 따라

---

80) Shawcross&Beaunont, Air Law, 1988, Ⅵ(41).

81) 山口眞弘, 航空事故調查, 35頁.

82) ① Andreas F. Lowenfeld, *Aviation Law, Cases and Materials, Documents Supplement*, 1972, New York, pp.177~181; ② I.C.A.O., Manual of Aircraft Accident Investigation, 4th ed., 1970(Doc. 6920-2n/8554); ③ Wijk, A.A. van, *The Fourth Edition of Annex 13 of the Chicago Convention (Aircraft accident Investigation; Its History, its Future and the Problem of Disclosure of Record)*, Air Law, Vol. 1, 1976, p.173.

채택된 바 있는 동 조약 제13 부속서에서 사고 조사의 목적, 사고를 발생하게 된 가능성 있는 원인과 사고방지를 할 수 있는 대책에 대하여 조사할 것을 규정하였다.

동 조약 제13 부속서 제5장은 사고 조사의 개시 또는 실시에 관하여 관계국의 책임, 조사의 조직 및 실시의 방법, 조사에 대한 관계국의 참가를 규정하고 있다. 한편 동 부속서의 부록에서 최신보고서를 요약하는 양식에 대하여 첨가하는 보충적 자료 또는 적용의 색인방법에 관하여 규정하고 있다. 동 조약 제13 부속서에 있어서의 권고방식은 항공기 사고 조사에 관한 세칙인 것이고, 그 통일적적용이 국제항공의 안전, 정확 및 능률을 위하여 바람직한 규정이라고 인정되므로 체약국은 이 규정을 따르는데 최선을 다 하여야만 된다. 국제기준조항들은 항공기사고에 관하여 그 통일적 적용이 국제항공의 안전 및 정확을 위하여 필요하다고 인정되는 사항들만을 규정하였다.

특히 2개 국가간의 항공협정에 있어서 일반적으로 국제항공에 관한 항공기사고의 처리에 대하여 그 취급절차를 규정하는 것이 보통이지만 그 내용에 있어 시카고조약 및 제13 부속서의 규정과 거의 같게 규정하고 있다. 시카고조약 제26조는 체약국의 항공기가 다른 체약국의 영역에서 사고를 일으킨 경우에 사고발생국은 사고 조사를 하여야만 되고 그 국가에 대하여 보고 및 의견을 통지하여야만 된다고 규정하고 있다. 시카고조약 제13 부속서에서도 항공기의 등록국은 사고가 발생된 국가가 행하는 사고 조사에 참가할 수 있다고 규정하고 있다.

그 밖에 항공기의 제조국(the state of manufacture)과 사고에 의하여 자국민이 사망한 국가도 사고 조사에 참가할 수 있는 규정을 설정하고 있으며, 특히 1979년의 개정에 의하여 항공기의 운항자국(the state of operator)도 참가할 수 있도록 규정하고 있다.

따라서 시카고조약 제13 부속서에서 권고로서 시행한 조사실시국은 최종보고서의 정보를 국제적으로 알림으로써 중요한 사고방지대책을 강구할 수 있으며, 또한 능률적인 조사기술의 효율적인 방법을 강구하기 위하여 특히 그 정보의 가치성이 인정될 때에는 시카고조약에 요약된 최종보고서를 보낼 수가 있다.

제3절 유엔산하 국제민간항공기관(ICAO)의 입법동향

유엔 산하 국제민간항공기관(ICAO)의 입법동향을 잠시 살펴보기로 한다.

1. ICAO의 법률위원회(ICAO Legal Committee)

1981년 6월 ICAO의 법률위원회의 전체작업계획(표)에 관한 전문가위원회에서 "항공기사고와 사고 조사에 관한 법률관계"라는 주제로 법률위원회의 전체작업계획표에 새로운 의제로 채택할 것을 권고하였다. 이 의제에 대한 기본적인 조사연구는 이미 ICAO의 사무국(Secretariat)에 의하여 작업이 착수된바 있다.[83] ICAO의 정책연구방향에 관한 두 가지 주된 경향은 첫째, 항공기의 기술적인 측면에 관한 것이고, 둘째, 사고 조사절차에 관한 문제이다.

① 기술적(안전)조사는 다른(책임추궁) 조사와는 본질적으로 차이가 있었다.

② 상기 안전조사기간 중에 얻은 정보제공자에 관한 면책적 지위를 인정코자하는 연구 등이 있었다. 이 두 가지 사항에 대하여 이미 1974년 6월 3일부터 24일 사이에 개최된 바 있는 ICAO의 제4차 항공기사고 조사와 예방분과회의에서 정식으로 거론된 바 있었다.

2. 시카고조약 제13부속서의 6, 8판

시카고조약 제13 부속서 6판은 1978년 11월 25일 ICAO 이사회에 의하여 채택된 바 있는 수정안이 통합되어, 1980년 3월 24일부터 발효된바 있다. 국제기준 5. 12(Diclosure of records)조항을 확대해석하여 제기된 바 있는 문제점에 대한 해결사항을 포함시키었는데, 1979년의 사고예방조사회의에서는 많은 권고사항을 채택하여 6판에 통합시켰다. 1994년 7월에 제13 부속서가 수정되어 8판이 발효된 바 있다.

3. 시카고조약 제13부속서 5판에 대한 ICAO의 추록

1979년에 6개 체약국은 자국의 국내법규 및 관례와 제13 부속서 5판에 규정되어 있는 국제기준 및 권고사항과 차이가 있음을 공시하였다. 이 체약국들 가운데 사개국은 권고 5. 12(보고서 기록의 공개)는 자국의 국내법규(스위스, 독일, 오스트레일리아, 오스트리아)와 반대되는 조항이며 차이가 있음을 제시하였다.[84]이들 국가들의 논평은 제13 부

---

83) See Report of the Panel in Air Law(1981) 4, pp.261~264; cf. also, item X(e) of this study.

속서 5판(1980년 5월 12일)의 추록으로 발행되었다.

4. 1979년의 ICAO사고예측방지 조사분과회의

ICAO사고예방조사분과회의가 1979년 9월 4일부터 20일 사이에 캐나다의 몬트리얼에서 개최된 바 있다. 이 회의에서 제13 부속서 5판 가운데 항공기사고 조사에 관한 국제기준 5. 12(Diclosure of records) 조항에 대하여 다음과 같이 문제제기를 하였다. 긴급한 문제로서 ICAO는 "항공기 사고 조사에 관한 정보자유의 입법"에 대하여 법시행의 방안으로 입법 및 사고 조사 전문가들의 참여하에 검토되어야만 한다고 의견 제시가 있었다(Recommendation 7/3-"Legal Implications of Freedom of Information Legislation").[85]

5. ICAO법률위원회의 전체작업계획에 대한 전문가회의

전기 전문가회의는 1981년 6월 8일부터 16일 사이에 캐나다의 몬트리올에서 개최된 바 있다. ICAO법률위원회의 작업계획의 일환으로 「항공기사고 조사에 대한 법적시행」에 관한 추가의제에 대한 선정제안은 네덜란드(Doc. PE/PLC-WD/6-3, 8/4/81), 칠레(Doc. PE/PLC-WD/16-20, 11/5/81)와 항공기조종사 국제총연합회(IFALPA; Doc. PE/PLC-WD/6-7, 10/4/81)에 의하여 전문가회의에서 제안되었다.[86] 이 제안은 대다수의 항공전문가들이 이 의제와 관련하여 이미 전문가들의 의견을 기초로 하여 ICAO의 사무국에서 기본적 연구작업에 착수한 것은 고려할 만한 가치가 있는 견해라고 밝힌바 있다.[87]

6. ICAO이사회에 의한 결정

1981년 10월 26일 제104차회기 제3차회의에서 ICAO이사회는 법률위원회의 전체작

---

84) Text of these comments in Doc. AVW/RTM 81 Attachment "P", 32 Contracting States Notified ICAO that no differences existed.

85) The items were dealt with at the ALG/79 meeting under agenda item 7; Freedom of Information, Legislation and Annex 13, Paragraph 5.12.-Disclosure of Records. Doc. AVW/RTM/81 Attachment "Q", For a report on AIG/79, see Air Law V(1980), pp.54~57.

86) The Report of the 1981, IFALPA Annual Conference, Air Law, VI(1981), p.199.

87) See report of the I.C.A.O. Panel of Exports on the General Work Programme of the Legal Committee, Air Law VI(1981), pp.261~264.

업계획에 대한 전문가회의의 보고서를 기초하여 검토하였다. 동이사회는 「항공기사고의 사건조사에 관한 법적시행」제12조 6항에 대한 상세한 연구자료를 준비하여 제출할 것을 결정하고 사무총장에게 요청하였다.

7. ICAO사무국 및 법률위원회에 의한 검토

ICAO의 제13 부속서 5. 12(Diclosure of records)조항 가에 대하여 몇몇 국가에서는 자국의 국내법규와 관련시켜 이의를 제기한 바 있다. 사실 제13 부속서 제6판 5. 12조항은 문제가 제기되고 있는데(국제기준 및 절차로부터의 이탈이 있을 때에는 시카고조약 제38조에 의거 즉각 ICAO에 통보하기로 되어 있음), 일부국가들은 제13 부속서 5. 12 조항이 자국의 국내법과 반대된다는 점을 ICAO에 통보한 바 있다.

여하간 이러한 문제들을 ICAO에서 논의하게 되었는데 사무국(ICAO Secretariat)에 의하여 검토된 후 「항공기사고와 사건조사에 대한 법적 시행」이라는 의제로 ICAO법률 위원회에서 논의하게 되었던 것이다. 여러 국가들의 입법과 제도간의 균형유지와 항공기 사고와 사건 조사자들 간의 기술적인 면과 안전적인 측면 사이에 균형을 유지시켜야만 한다는 것은 「항공기사고와 사건조사에 관한 다자간의 국제협약」에서 우리는 발견할 수 가 있다.

1994년 7월에 개정된 바 있는 제13 부속서 제8판 5. 12조항의 내용을 살펴어 볼 것 같으면 그 내용은 다음과 같다. 항공기사고 또는 사건조사 실시국은 사고 조사에 관한 기록사항에 대한 공개가 당해 조사 혹은 장래의 조사에 있어서 정보수집에 불리한 영향을 줄 수 있다고 판단할 경우 그 기록이 사고, 사건조사 이외의 목적에 이용되지 않도록 하여야만 된다고 규정하고 있다.

제4절 항공기사고조사제도와 유럽연합(EU)의 의회

1976년 10월에 유럽지역정책, 계획, 운송위원회(Committee on Regional Policy, Regional Planning and Transport)는 항공관제(Air Traffic Control)에 대한 안전을 증진 시킬 것을 목적으로 조사보고서를 작성할 것을 결정하였다. 이 결정은 1976년 9월 10일 Zagreb 상공에서 발생된 항공기의 공중충돌사건을 계기로 조사하게 되었던 것이며 1976

년 10월 15일 유럽연합의회의 전체회의에서도 토의가 진행되어 왔다. 조사보고서작성에 대한 결정은 1976년 11월 19일 유럽연합의회의 의장의 통첩에 의거, 시달되었다.

항공기사고 또는 사건조사 실시국은 사고 조사에 관한 기록사항에 대한 공개가 당해 조사 혹은 장래의 조사에 있어서 정보수집에 불리한 영향을 줄 수 있다고 판단될 경우 그 기록이 항공기사고, 사건조사 이외의 목적에 이용되지 않도록 하여야만 된다고 규정하고 있다.

1976년 10월에 유럽지역정책, 계획, 운송위원회(Committee on Regional Policy, Regional Planning and Transport)는 항공교통관제(Air Traffic Control)에 대한 안전을 증진시킬 것을 목적으로 조사보고서를 작성할 것을 결정하였다. 이 결정은 1976년 9월 10일 Zagreb 상공에서 발생된 항공기의 공중충돌사건을 계기로 조사하게 되었던 것이며 1976년 10월 15일 유럽연합의회의 전체회의에서도 토의가 진행된 바 있다. 조사보고서작성에 대한 결정은 1976년 11월 19일 유럽연합의회의 의장의 통첩에 의거 시달되었다. 88)

1977년 1월 24일 Mr. L. Moe 씨가 위원회의 보고자로 임명되었으며 그의 보고서는 1977년 5월 25일, 9월 22일, 1978년 3월 29일 동위원회에 제출된 바 있고 이 보고서를 중심으로 이 위원회에서 여러 차례 토의된 바 있다.89)

이 보고서에서는 당시 항공기사고에 대한 유럽 여러 나라의 보고제도가 부적절하게 되어 있다고 지적된 바 있다. Mr. Osborn씨는 "유럽 여러 나라의 항공운송인들은 법적 제재조치의 가능성과 과다한 보상청구액의 두려움 때문에 항공기사고사건에 대한 발생원인의 정보를 국제항공운송협회(IATA)의 안전정보교환처에 정확하게 제공하는 것을 싫어하고 있다"고 언급을 한 바 있다.

항공기사고에 있어서는 사고발생 원인에 대한 체계적인 자료의 수집과 분석에 역점을 두어야만 하며 항공기의 추락, 항공기 상호간의 충돌과 근접실수(near-miss)비행, 인간의 과오, 항공기의 기술적인 결함, 통제기기의 고장 등에 의하여 사고가 발생하였을 때에 이에 대한 정밀한 정보를 우선적으로 조사하고 분석하여야만 된다고 전기보고서에서 지적하였다. 이와 같은 정보의 공개는 일반국민이 참고할 수 있는 것이므로 이와 유사한 항공기사고사건의 재발을 방지하는데 크게 도움을 주게 된다. 유럽연합의 가맹국들은 항공

---

88) The study, as indicated by its title(Report on the promotion of efficient air traffic control), covered a whole range of ATC related items. For the purposes of the present study only the area of incident reporting will be pursued.

89) The report appeared as working Document 49/78 of the European Parliament April 20, 1978). The document also includes the comments expressed by the Committee on Energy and Research, adopted on June 21, 1977, pp.72~85.

기사고에 관한 보고절차에 관한 규정과 근접실수(near-miss)비행에 기인된 항공기사고사건에 대한 분석체계, 항공교통관제제도의 일부 결함 등에 대하여 개선하여야 된다고 유럽연합의회에서 결의된 바 있다.[90]

한편 항공기사고에 관한 정보의 교환은 항공안전에 대하여 많은 관심을 가지고 있는 국가들에게 있어 사고재발을 방지하는데 대단히 중요한 참고자료가 된다. 그럼에도 불구하고 많은 항공운송인들은 국제항공운송협회(IATA)의 안전정보교환처에 보고서 제출을 기피하고 있다. 그 기피사유는 항공사가 사건개요를 기술한 문서를 법원에 제출하게 되면 유일한 입증자료가 노출되어 소송기술면에서 불리하게 되므로 법원에 의하여 무거운 책임과 손해배상가액이 과다하게 책정될 증거자료가 될 우려 때문이다.

유럽연합의회는 1978년 5월 10일에 항공사고에 관계되는 모든 이해관계인과 단체들을 위하여 항공기사고보고제도와 항공교통관제제도 등의 개선이 필요하므로 이를 심의하고자 위원회구성에 대한 결의안이 채택되어 조직이 된 바 있다. 따라서 문제에 대하여 1979년 3월 19일부터 20일 사이에 공청회를 가진 바 있으며 이 공청회에 벨바팀보고서가 보고되었는데 주요골자는 항공교통관제의 경영과 통제에 대한 능률증진 (the Promotion of Efficient Air Traffic Management and Control) 방안을 제시한바 있다.[91]

이 공청회에서는 다음과 같은 국제기관 및 단체들의 대표자들이 많이 참석하였다.[92]

① Commission of the European Communities;

② Assembly of the Western European Union (WEU), Committee on Scientific Technological and Aerospace Questions;

③ EUROCONTROL;

④ International Air Transport Association (IATA);

⑤ International Civil Airports Association (ICAA);

⑥ International Civil Aviation Organization (ICAO);

⑦ International Federation of Air Line Pilots Association (IFALPA);

⑧ International Federation of Air Traffic Controller's Association (IFATCA);

---

90) Aart van Wijk, Amsterdam, "*The Investigation of Aircraft Accidents and Incidents-Some Recent National and International Developments*", Zeitschrift für Luft und Weltraumrecht, Köln, 1982, März, SS.38~41.

91) Verbatim Report of Public Hearing: Doc. PE 58.065 (1979. 8. 5); Aart van Wijk, *ibid.*, pp.39~40.

92) Verbatim Report of the Public Hearing on the Promotion of Efficient Air Traffic Managemen and Control, Paris, 19 and March, 1979, Doc. PE 58.065(8. 5. 1979).

⑨ Italian Military ATC Authority;

⑩ North Atlantic Treaty Organization (NATO);

⑪ Parliamentary Assembly of the Council of Europe Committee on Science & Technology;

⑫ Trade Union of the European Communities-Section EUROCONTROL

유럽연합의회에서는 여러 차례 항공기사고 조사의 보고제도에 관하여 논의한 끝에 1979년 5월 8일 다음과 같은 내용의 결의안을 채택하였다.[93]

현재 약간의 예외는 있지만 대체적으로 유럽 여러 나라의 항공기사고의 발생원인에 대한 조사보고제도는 부적절하게 되어 있기 때문에, 항공교통관제관과 조종사가 강요당하고 있을 뿐만 아니라 솔직한 사고보고가 징계조치를 받는 요인이 될 수 있기 때문에 조종사들은 이 점에 대하여 두려워하고 있어 제대로 보고가 이루어지지 않고 있다.

그러므로 유럽연합의회는 다음과 같은 사항을 회원국들에게 권고한다.[94]

1) 회원 국가들의 법률은 용서할 수 있는 인간 과오가 있을 때에 이 과오가 자동적으로 형사소추로 인하여 조종사가 책임을 지지 않도록 책임보장에 관한 규정을 잘 조화시켜 입법을 하여야만 된다.

2) 항공운항의 안전 면에 영향을 미치는 사건은 익명으로도 보고할 수 있도록 하여야만 되며 책임보장이 되지 않는 징계조치는 가급적 피하여야만 된다.

3) 항공기사고에 관한 사건보고와 근접실수(near-miss) 비행사고 사건보고는 가능한 한 속히 모든 관련된 단체에 이용될 수 있도록 보고 되여야만 한다.

제5절 항공기사고조사제도에 관한 각국의 입법례

1. 미 국

항공기사고 조사에 관하여 미국은 우수한 능력을 가지고 있으며 좀 시간이 걸리더라도 철저하게 과학적인 방법으로 원인규명을 해오고 있으며 사고재발를 방지하기 위하여 여러 가지 대책을 세우고 있다. 그러나 미국의 항공기사고 조사가 오늘날 높은 수준에 도

---

93) European Parliament Working Document 106/79, May 2. 1979.

94) Aart van Wijk, Amsterdam, op. cit., 1982. 3, p. 41.

달하게 된 것은 몇 가지의 반성과 사고착오에 대한 시정조치가 있었기 때문이다.

당초 1926년의 항공상업법에서는 항공상업장관이 항공기사고 조사에 관한 업무를 관장하고 있었다.[95] 1935년, Missouri주에서 일어났던 TWA항공기사고는[96] 미국민이 사고 조사에 대한 정치로부터 독립된 전문사고 조사관들의 조직화가 절실히 필요하다는 느낌을 가지게 되었으므로 1938년, 연방항공법 (Federal Aviation Act) 을 제정하게 된 동기가 되었던 것이다.

1938년의 연방항공법에서 사고 조사는 독립된 항공안전위원회(ASB)에 위임시켰고 동법에서는 항공행정을 민간항공청(CAA)에 집중시켰기 때문에 항공안전위원회는 조직적으로 민간항공청의 산하에 설치하게 되었던 것이다.[97]

1956년에 Grand Canyon상공에서 일어났던 UAL기와 TWA기간의 공중충돌은 한꺼번에 128명의 인명손실을 입은 대형사고였으며 항공기사고의 공포가 국민에게 강한 인상을 심어 주었고 결과적으로 민간항공의 공역조정 등을 포함한 곤란한 문제들의 해결을 재촉하게 되었던 것이다. 1958년에는 새로운 연방항공법이 제정하게 되어 새로 설립된 연방항공청(FAA)은 항공의 기술면에 관한 규제와 감독을 집중케 하였으며 한편, 대통령이 임명하는 5명의 위원에 의하여 구성된 민간항공위원회(CAB)에 항공운송에 대한 경제적측면의 규제와 항공기사고 조사업무를 주관하도록 규정하였다. 1966년에 운송행정을 일원화시킬 목적으로 운수성법이 제정되었고 이것이 계기가 되어 항공기사고 조사는 다른 교통기관의 사고 조사기관과 합병되어 신설된 국가운송안전위원회(NTSB)에 이관시키게 되었다. 국가운송안전위원회는 대통령이 임명하는 5명의 위원으로 구성되고 독립된 기관으로 사고 조사를 담당하게 되었고 운수성내에 설치되었다. 그렇지만 점점 항공기의 대형화와 항공기술의 첨단화로 인하여 항공기사고는 복잡하여지고 대형화되어 가고 있어 과거 그 어느 때보다도 사고 조사의 중립성과 사고 조사기관의 독립성이 요청되어 1974년에 독립안전위원회법을 제정하게 되었던 것이며 이 법에 의하여 국가운송안전위원회를 운수성으로부터 분리시키게 되었던 것이다.

독립안전위원회법의 전문에서 입법 목적을 다음과 같이 규정하고 있다.

「이 위원회에 부과된 책임을 올바르게 수행하기 위해서는 다른 정부기관의 규제 하에 두고 있는 운송수단의 사고의 원인을 철저하게 조사하는 것이 필요하며 정부기관의 관행

---

95) Air Commerce Act of 1926.

96) 이 사고는 당시, 미국의 상원 의원 1명이 사망하여 의회 내외로 커다란 문제가 된 바 있다.

97) 항공안전위원회는 대통령이 임명하는 3명의 위원에 의하여 구성되며 그 중 1명의 위원은 조종사이어야만 된 다.

또는 규칙을 계속적으로 심사·평가하여 사정하는 것도 필요하다. 그렇지만 경우에 따라서는 정부기관 또는 직원에 대하여 비판적이고 또는 불이익이 되는 결론과 권고도 발동하는 것이 요구되었다. 어떠한 연방기관일지라도 미국의 다른 성, 국, 위원회 또는 기관으로부터 완전하게 분리되어 독립되지 않는 한, 이와 같은 기능을 완벽하게 행할 수가 없다.98)

　　국가운송안전위원회가 다른 정부기관으로부터 독립이 보장되지 않는 한, 사고 조사의 임무를 정당하게 수행할 수 없다는 취지인 것이다. 이 법률이 제정되기 이전에는 위원회와 운수성의 부서 및 타 기관들의 고집 때문에 마찰이 있었고 운수성 내의 간부직원들로부터 위원회에 대한 심한 간섭이 있어 업무에 지장이 있었다고 한다.99) 국가운송안전위원회의 위원의 임기는 5년이고 5명의 위원 가운데에서 1명은 위원장이 된다.100) 1990년도의 동위원회의 예산은 총경비는 2,540만달러였고, 사고 조사비는 1,270만 달러이며 직원 수는 314명이었다.101)

　　국가운송안전위원회의 직무로서 가장 중요한 것은 사고를 조사하고 원인 또는 추정원인을 확정하여 이 사고에 대한 보고서를 작성하는 것이 주된 목적이었다. 그러나 동위원회는 사고 조사의 실시를 운수장관에게 요청하여야만 되고 운수장관의 보고에 기초하여 그 원인 또는 추정원인을 확정할 수 있게 되어 있다. 이러한 것들은 사고의 종류가 다양하므로 동위원회의 한정된 인원 등을 고려할 때에 위원회에게 선택적인 기능을 부여하였다고 볼 수가 있다. 또한 동위원회는 사고의 재발방지를 위하여 의회 또는 정부에 대하여 정기적으로 보고하여야만 되고 운송의 안전에 관한 권고 또는 해결방안 등을 제출하여야만 된다. 한편 위원회의 권한으로서 위원 및 관계직원들은 사고현장에서 조사를 하고 공청회를 개최하며 증인의 출두와 증언을 요구할 수 있으며 증거의 제출 등도 명할 수가 있으며 관계서류를 열람할 수가 있다.

　　또한 위원장은 소환장을 발급할 수 있으며 소추에 응하지 않은 자에게는 법원 개입으로 형벌을 부과할 수도 있다. 더욱이 필요할 경우 다른 관청의 협력을 요구할 수 있으며 시설도 이용할 수가 있고 용역도 제공 받을 수가 있다. 사고 조사에 필요한 검시에 관한

---

98) 49 USCS SEC. 1901 (2).

99) C. O. Miller, Aviation Accident Investigation, JALC 46-2, 1981, p. 248.

100) 49 USCS SEC. 1902.

101) Aviation Daily, January 10, 1987.

보고서의 사본도 요구할 수 있으며 필요에 따라 검시의 실시를 명할 수도 있다.

또한 동위원회는 항공기운항안전에 관한 권고를 발할 수 있는 권한을 가지고 있으며, 위원회가 운수장관에 대하여 운항안전에 관한 권고를 보냈을 때에는, 운수장관은 수령 후 90일이 내에 문서로 시행여부결과를 동위원회에 회신하여야만 된다. 동위원회의 조사 결과는 항공기운항안전의 집행하는데 있어 대단히 중요한 역할을 하게 된다.

오늘날 미국의 국가운송안전위원회는 사고 조사기관으로서 오랜 역사를 가지고 있을 뿐만 아니라 육상, 해상 및 항공운송행정업무의 감독기관인 운수성으로부터 독립된 사고 조사기관이라는 것은 그 누구도 부인할 수가 없다. 공정한 항공기사고 조사는 미국에 있어서 가장 중요한 과제 가운데 하나이며 이 때문에 많은 우여곡절을 거쳐 도달한 것이 국가운송안전위원회였다고 볼 수가 있다.

항공기사고 조사와 관련된 중요한 사항은 소송법상의 민사소송절차와 형사소송절차와 밀접한 관계가 있다는 점이다. 민사소송절차와의 관계에서는 객관성을 유지하기 위하여 희생자, 유족, 보험회사 및 그의 대리인은 사고 조사에 참가할 수 없다고 규정하고 있다. 사고 조사의 목적은 사고의 재발을 방지하는데 있으므로 책임문제와 분리시킴으로서, 조사의 독립성을 확보하는데 필요한 조치라고 사료된다.

독립안전위원회법에서는 이와 같은 취지가 잠재되어 있으므로 동위원회가 작성하는 보고서에 대하여 이용제한에 관한 규정이 있다. 동위원회법 제1903조 (c)항은 「사고 또는 사고 조사에 관한 위원회의 보고서는 이 보고서에 기재된 사고에 기인하는 손해배상을 위한 소송에 있어서 그 전부 또는 일부를 불문하고 증거로서 인정하거나 사용되어서는 아니 된다」고 규정하고 있다.[102] 그러나 이 규정은 현실적으로 판례에 의하여 완화되어 가고 있으며 많은 법원에서는 위원회가 확정시킨 원인부분을 제외하고는 사고보고서의 부분적인 사용을 인정하고 있다.[103] 한편 위원회는 직원의 증언에 관하여 형식상 증언녹취와 질문서에 국한시키고 있다.

형사소송절차와의 관계에서는 **Miranda Rule** 과 자기부담죄의 문제가 있다. **Miranda Rule**이라는 것은 정부소속의 질문자가 용의자에 대하여 질문에 앞서 묵비권 등이 용의자의 권리라는 것을 고지하는 의무이지만[104] 사고 조사에 있어서는 정부소속 질문자 일지라도 조사할 당시 용의자가 비구속상태에 있기 때문에 이 **Rule**은 적용되지 않는다.[105]

---

102) 49 USCS SEC. 1903.

103) Phillip J. Kolezynski, *The Criminal Liability of Avaition Related Issues of Mixed Criminal-Civil Litigation*, JALC 51-1, 1981, p. 23; Supa. O. C. Miller, p. 261.

104) Miranda v. Arizona, 384 U. S. 436, 1966.

자기부담죄라는 것은 「누구든지……형사사건에 있어서 자기에게 불이익한 증인이 된다는 것을 강요하지 않는다」라는 것을 의미하는 것인데 미국헌법수정 제5조와 관련이 있으며 사고 조사의 과정에 있어 이 조항의 적용가능성 있느냐 없느냐 하는 것에 대하여 논란이 되고 있다. 사고 조사관의 질문을 받는 경우에 장래소추를 받을 가능성이 있는 자도 있고 질문자가 사고 조사관일지라도 종국적으로 자기부담죄에 회귀될 가능성이 있으므로 사고 조사관의 질문에 묵비할 수 있다고 해석된다.

더욱이 판례에서는 그 자가 반드시 용의자일 필요[106]는 없고 자기부담죄의 가능성도 그만큼 높지 않게 요구하지 않는다. 사고 조사관이 사고 조사의 업무수행상 그 자의 증언이 여하한 경우에도 필요할 경우에 그 자의 형사면책의 문제가 논란이 되고 있다. 형사면책은 사법성에서 관련된 자에게 부여할 수 있으며[107] 그 이외의 자에게는 부여할지라도 무효가 된다.

미국의 항공기사고 조사의 저류에는 일관하여 항공기사고 재발 방지를 위한 사상이 흐르고 있다.

요컨데 미국에 있어서 항공기사고 조사제도는 1966년의 미국운수성(설치)법(Department of Transportation Act, 80 Stat. 931)과 간접적으로 독립안전위원회법(Independent Safety Board Act, 1974) 제304조 (a)항에 의거 항공기사고 조사(aircraft accident investigation) 업무를 국가운송안전위원회(The National Transportation Safety Board)가 담당하고 있다.[108]

1958년의 미국연방항공법(Federal Aviation Act of 1958)은 제7절에 항공기사고 조사에 관한 규정을 설정하고 있는데 제701조에는 민간항공기의 사고 조사, 제702조에는 민간항공기와 군용항공기간의 사고 조사 또는 군용항공기의 단독사고 조사, 제703조에는 특별청문위원회의 설치에 관한 것을 내용으로 하여 규정하고 있다.

특히 미국의 국가운송안전위원회(NTSB)는 민간항공기의 사고에 관하여 사고 조사를 할 때에 적용되는 사실, 현황조건, 개개의 사고에 관련된 상황, 추정적 원인 등(Investigate such accidents and report the facts, conditions, and circumstances relating to each accident and the probable cause thereof)을 조사할 의무가 있다.[109]

---

105) Supra. Phillip J. Kolezynski, p. 40.

106) Malloy v. Hogan, 378 US 1, 11, 1964.

107) Supra. Phillip J. Kolezynski, p. 44.

108) John Gelder, The Federal Aviation Act of 1958.

109) Lee S. Kreindler, Aviation Accident Law, 1982, Vol. Ⅰ, pp. 1~18; "航空事故調査制度につい

항공기사고 조사에 관한 구체적인 법률상의 근거규정은 앞에서 언급한 바와 같이 미국 연방항공법 제701조에서부터 제703조까지 규정하고 있는데, 국가운송안전위원회의 조직, 권한 등에 관해서는 운수성법 제5조에 규정하고 있다. 국가운송안전위원회는 운수성 (Department of Transportation)으로부터 독립된 기관(Independent Agency)으로서 기능, 권한, 의무의 행사에 있어서 운수성장관 및 동성직원으로부터 독립적 존재로 되어 있고 (운수성법 제5조 (f) 규칙제정권과 동조 (k)), 직원의 임명권을 갖고 있다(동조 (n)).

국가운송안전위원회는 상원의 동의를 얻어 대통령에 의하여 임명된 5명의 위원으로 구성된다.

위원 가운데 3명 이상은 동일정당에 속해서는 안된다. 위원회의 위원은 위원회에 부과된 기능, 권한, 의무를 신속하게 처리할 수 있는 능력을 갖고 있느냐, 없느냐 하는 점을 고려하여 임명하지 않으면 안된다[110]. 위원이 그 직무에 관하여 부적합하거나 의무태만, 부정행위가 있을 경우 대통령에 의하여 해임된다(동법 제5장 (h)). 위원은 원칙적으로 5년의 임기로 한다(동법 제5장 (i)). 5명의 위원 가운데 일명은 위원장, 다른 1명은 부위원장으로 하되 대통령에 의하여 지명된다(동법 제5장 (j)).

국가운송안전위원회는 대별하여 두 가지 임무가 있는데, 첫째로 항공기사고 조사의무를 수행하고 사고의 추정원인을 결정하지만, 다른 하나는 운수성장관 또는 각청장관(운수성에 소속된 연방도로청, 연방철도청, 연방항공청)에 의하여 발행된 면허 또는 허가에 관하여 행한 불이익처분에 대한 소를 재심사한다는 것이다(동법 제5장 (b)(1)(2)).

이상 5명의 위원에 의하여 통할되어 있는 국가운송안전위원회(NTSB)의 내부조직중 최대의 것은 항공안전국(Bureau of Aviation Safety)으로서 ① Chicago, ② Anchorage, ③ Denver, ④ Fort Worth, ⑤ Kansas City, ⑥ Washington, ⑦ Dallas 등 공항의 11개소의 지방관서에 기술조사관을 배치하고 있다. 워싱톤의 본국에는 전기역학, 인간요인(Human Factor), 야금학, 기상, 시스템구조, 동력장비, 전자기기, 운항, 장비 및 관제의 경험을 갖고 있는 기술조사관이 배치되고 있다.

공보실(Office of Public Affairs)에서는 사고 조사의 결과 작성된 조사보고서, 통계자료, 기술연구, 항공안전에 관한 권고, 보도관계자에 대한 발표 내지 설명을 업무로 하고 있다.

청문관실(Office of Hearing Examiners)은 사고 조사 후 조사결과에 기초하여 공청회

て", 日本空法學會, 空法 第23,24合併號, 1981, 85~87面 參照.

110) 山崎悠基, "英美における航空機事故の原因調査のやりかた", ジュリスト (No. 488), 1971. 9. 15.

를 개최함과 동시에 한편 조종사, 항공사, 정비사, 운항관리자, 항공교통관제관, 항공사에 관한 면허의 정지, 취소에 대한 소를 심리한다.

항공기사고는 언제든지 순식간에 사고가 발생되며 일단 사고가 발생되며 조사에 착수하게 되면 워싱톤 및 지방관서에 배속되어 있는 기술조사관들이 조사하지만 특히 워싱톤의 본국에는 항상 각 기술분야를 총망라한 10명 전후로 편성된 사고 조사파견팀이 대기하고 있으며 사고가 발생되면 미국 내에 어떠한 사고현장까지 급히 달려가게 된다.

따라서 사고 현장에서 5~10일간 사실증거를 수집하게 되는데 이것이 사고원인결정을 위한 자료가 된다. 더구나 이와 같은 국가운송안전위원회내의 항공안전국의 기술조사관은 별도로 통신·전자기기, 의학, 장비, 운항, 동력, 엔진, 기록장치, 기체, 기상, 사고의 목격, 추락위치의 상황에 대하여 특별한 학식과 경험을 갖고 있는 자 및 증인을 국가운송안전위원회(NTSB)의 사고 조사를 보좌하기 위하여 임명할 수가 있다. 이들은 NTSB의 임시직원으로 임명된다(제701조 (B)).[111]

항공기사고 조사를 할 때에 NTSB의 위원, 기술조사관, 제701조 (B)에 의하여 임시직원으로 임명된 학식경험자 및 증인들도 사고 조사에 관하여 NTSB가 갖고 있는 권한과 똑같은 권한을 부여받게 된다. 따라서 이러한 사람들은 조사를 할 때에 미국 내의 여하한 장소에서도 청문회를 개최할 수 있으며 소환장에 서명하여 이것을 발부하거나, 선서를 시키거나 증인을 심문하여 증거를 압수할 권한을 갖고 있다(운수법 제5장 (I)). 또한 NTSB는 사고 조사를 위하여 다른 정부기관의 협력을 구할 수가 있다. 즉 연방항공법 제701조 (f)에 의하여 NTSB의 요구에 따라서 연방항공청은 항공기사고 조사를 하게 되고 NTSB에게 사고의 사실, 상황 및 환경에 관하여 보고하지 않으면 안된다. 그러나 사고원인이 결정 그 자체는 이 보고서에 입각하여 NTSB 자신이 결정하게 된다. 또한 연방항공법 제701조 (g)에 의하면 NTSB는 동위원회에 의한 여하한 조사에도 연방항공청 책임자 또는 그 대행자의 참여를 인정하지 않는다. 그러므로 연방항공청(FAA)의 대표자는 NTSB의 사고 조사에 있어서 동위원의 추정사고원인의 결정에 참가할 수가 없다.

NTSB의 사고 조사방법으로 엔진, 프로펠러, 부속품 또는 기내물품을 필요한 만큼 조사하게 하거나 시험할 권한을 가지고 있다. NTSB는 사망사고의 경우에 사고당시에 탑승하고 있었던 것과 사고의 결과 사망한 바 있는 유체를 조사하게 하거나 또는 사고 조사에 필요로 하는 한도 내에서 검시하거나 기타 시험을 할 권한을 가지고 있다(제701조 (c)). 항공기엔진, 프로펠러, 부속품 또는 탑재된 물품은 NTSB가 규정하는 세칙에 따라

---

111) Billyou, On Air Law, p. 77; 國家運送安全委員會를 以下에서는 NTSB라는 略稱을 使用하기로 한다.

보존하거나 이동시키지 않으면 안된다.

이상은 NTSB가 행하고 있는 민간여객기의 사고 조사방법이지만 「상업항공에 있어서는 대중의 안전에 대한 중대한 문제를 포함하는 사고」에 대하여 NTSB는 3명의 위원으로 구성된 특별조사위원회를 설치할 수가 있다. 그 중 1명은 NTSB에 소속되거나 특별조사위원회의 위원장이 될 수가 있다. 나머지 2명은 일반대중을 대표하기 때문에 대통령에 의하여 임명되지 않으면 안된다(제703조 (a)). 일반대중을 대표하여 임명된 위원은 사고 조사에 관한 훈련 또는 경험에 의하여 정당한 적격성을 갖고 있지 않으면 아니 되며 또한 사고에 관련된 여하한 항공기업체에 경제적인 이해관계를 가지고 있어서는 안된다. 특별조사위원회가 설치되었을 때에는 이것은 NTSB와 같은 권한을 갖게 된다. 따라서 특별조사위원회는 학식과 경험이 있는 자를 임시직원으로 임명할 수가 있다(제701조 (c)(d)).

NTSB의 조사결과는 청문관(Examiner, NTSB의 하나의 기구)을 통하여 공청회에 제출할 수가 있다. 청문관은 NTSB가 제701조 (a)(2)에 입각하여 사고추정원인의 최종보고서를 제출하기에 앞서서 자료로 준비보고서를 제출하지 않으면 안된다.[112]

이 NTSB의 보고서는 당해사고에 관하여 중요성을 가지고 있을 뿐만 아니라 미국에 있어서 항공산업의 발달면에 큰 공헌을 하고 있다. 이론적인 면에서 볼 때에 NTSB의 조사는 특정사고의 추정원인을 규명하는데 있어 기술적인 시험이고 이 절차는 소송도 아니 될 뿐만 아니라, 이 건에 있어 원고·피고 또는 심문인·피심문인이라고 하는 대립당사자는 존재할 수가 없게 된다.[113]

특히 연방항공법 제701조 (e)(증거로서의 기록서와 보고서의 사용)는 다음과 같이 규정하고 있다. 「사고 및 그 조사보고서의 전부 또는 일부는 보고서에 기재된 사항으로부터 일어나는 손해배상의 소송에 있어 증거로서 인정하거나 또는 사용할 수가 없다」((e) No Part of any report or reports of the Board relating to any accident or the investigation thereof, shall be admitted as evidence or used in any suit or action for damages growing out of any matter mentioned in such report or reports.).

그렇지만 이와 같은 청문 및 보고서는 장래에 손해배상청구소송을 제기하고자 하는 자 또는 신문보도 관계자들에게 있어서는 대단히 중요한 관심사가 되고 있다. 따라서 제701조 (e)의 규정이 있음에도 불구하고 NTSB의 조사 및 청문서상에 증언, 보고, 증거의 형

---

112) Billyou, *op. cit.*, p. 77.

113) Billyou. *op. cit.*, p. 80.

식으로 제출된 자료는 실제로 민사소송에서 종종 입증방법으로 이용되고 있다.114) 이상 미국에서 발생된 민간항공기가 사고에 관하여 살펴보았다.

다음으로 미국에서 발생된 외국항공기의 사고 또는 외국에서 발생된 미국항공기의 사고에 대해서는 1944년의 국제민간항공에 관한 시카고조약 제26조에 의거 체약국은 국제민간항공기관(ICAO)에 의하여 권고된 절차에 따라 사고의 원인 및 상황을 파악하기 위하여 조사단을 설치하여야만 된다고 규정하고 있다. 사고를 일으킨 항공기의 등록국은 그 조사단에 Observer를 파견할 수가 있다. 만일 미국에서 등록된 항공기가 외국체약국의 영역에서 사고를 일으켰을 때에는 그 국가에서 사고 조사를 하게 되는데 미국은 그 곳에 Observer를 파견할 수가 있다.

만일 미국에 등록되지 않는 항공기가 외국에서 사고를 일으킨 경우에, 예를 들면 이 항공기에 미국국민이 탑승하고 있을지라도 또는 미국의 항공기제조회사에 의하여 생산되었든지 간에 미국은 사고 조사에 Observer를 파견할 권리를 가질 수가 없다.115) 미국의 NTSB는 위원회의 의견으로 장래에 있어서 동종의 사고방지를 방지하는데 도움이 될 수 있다는 점을 FAA에 권고할 수 있다고 연방항공법 제701조 (a)(2)에 규정하고 있으므로 일반적으로 NTSB는 직접적인 사고원인이 아닐지라도 개선할 만한 점이 발견되면 권고하는 것이 통례로 되어 있다. 이 권고내용은 엄격하고 recommendation이라는 형식을 취하기도 하지만 조사권고서 중에 권고내용을 기술하는 경우도 있다.

더욱이 동조 (a)(4)는 「NTSB는 공익에 반하지 않는다고 간주되는 형식과 방법으로 보고서를 작성·공표 한다」고 규정하고 있어 항공기사고발생 원인에 관한 조사보고서에 대하여 공시주의원칙을 채택하고 있다. 이러한 점은 우리가 정확한 사고발생 원인을 알아야만 사고재발을 방지하는데 중지를 모을 수 있는 것이므로 본받을 만한 점이라고 볼 수가 있다.

한편 동조(a)(5)에서 「NTSB는 항공기의 항행의 안전, 사고에 대한 재발을 감소시키거나 제거시키는데 최선의 방법을 확정시켜야만 한다」고 규정하고 있다.

오늘날 미국에서는 항공기사고발생 원인을 구명하는데 있어 항공기후미에 부착되어 있는 블랙박스(Black Box) 안에 Flight Data Recorder(FDR, 자동비행자료기록기)가 장치되어 있으므로, NTSB는 이 FDR를 이용하여 대부분 원인을 구명하는 경우도 있으나,

---

114) Billyou, *op. cit.*, p. 80; Miller, *Government Records and Reports in Civil Litigation*, 1961 Insurance Counsel Journal 442, pp. 452~455.

115) Billyou, *op. cit.*, p. 79.

FDR의 증거능력에 대하여 간혹 법원에서 문제가 될 때에도 있다.116)

2. 영 국

영국은 미국 다음으로 항공기사고 조사로 정평이 나 있는 국가이다.

영국의 항공기사고 조사는 1983년의 민간항공규칙과 1986년의 항공교통규칙에 의하여 시행되고 있다. 이 민간항공규칙에서는 사고 조사의 목적을 「인명의 보호와 장래에 있어 사고의 방지를 목적으로 하였고, 사고의 상황과 원인을 확정하는데 있으며 죄책을 분담시키는 것은」아니라고 규정하였다. 영국의 항공기사고 조사제도에 관한 발전과정을 살펴보기로 한다.

영국에 있어서의 항공기사고 조사제도는 항공교통정책의 일환으로서 일찍이 1920년대에 해난심판에 유사한 제도로 발전되어 왔고 1922년의 영국항공규칙에 의하면 항공기사고가 발생된 경우에 항공장관은 조사관을 임명하고 사실 내지 관계자를 조사케 한 후 보고서를 작성토록 하였다.117) 특히 조사관이 승무원의 면상을 취소하여만 된다고 인정하였을 때에는 그 취지를 보고서에 부가토록 하고 일응 조사에 대한 절차를 취하도록 하였다. 이와 같이 항공장관이 심판개시의 필요성을 인정한 경우에는 적임자를 위촉하게 되고 조종사, 항공기관사 기타 항공전문가를 출석케 하여 심판소와 유사한 것을 구성케 한 후 공판절차를 갖추게 하였다.

영국에 있어서 항공기사고 조사에 관한 법률상 근거규정은 1949년의 민간항공법(Civil Aviation Act)의 제10절에서 찾아볼 수가 있다. 동법 제10절에서는 「사고 조사」를 제목으로 하고 있고 한편 통상장관은 ① 민간기의 사고 조사에 관하여 규칙을 제정하는 권한을 갖고 있으며, ② 민간기 이외의 항공기를 포함한 사고에 대하여도 통상장관은 관계당국과 협의하여 규칙제정권이 있다는 취지를 동절에 규정하고 있다.

이 법에 기초하여 우선 1951년에 민간항공(사고 조사)규칙이 제정되었고 1969년에는 동민간항공(사고 조사)규칙이 개정된 바 있다. 민간기와 군용기간에 충돌에 관한 사고 조사에 대하여서도 1959년의 민간항공명령(국유기의 적용에 관한 것)에 의하여 1959년에 항공규칙(민간기와 군용기를 포함한 사고 조사)이 제정되었다. 한편 1976년도에 영국의

---

116) Aart van Wijk, *idid.*, 1982. 3, SS. 21~37.

117) Macmillan, shipping Inquiries and Courts, 1922, p.8; Shawcross and Beaumont, *Air Law, 4th ed., London, 1977*, pp.316~319.

항공항행명령(Air Navigation Order 1976)과 항공항행(총)규칙(Air Navigation(General) Regulations)이 제정 내지 개정된 바 있다.[118]

영국에 있어 민간항공기의 사고 조사방법으로 비공개사고조사(Private Investigation) 와 공개사고 조사(public inquiry)가 있다. 비공개 사고조사의 주체가 되는 사람은 사고 조사관(inspector of accidents)으로서 영국의 통상성(board of trade)에서 임명된다.[119]

그 중 1명은 수석사고 조사관으로 임명하지 않으면 안된다.(1969년 규칙 제8조(1)).

또한 사고 조사를 함에 있어 필요하다고 생각되는 조언 또는 원조를 얻기 위하여 수석 조사관의 요구에 의하여 통상성은 어떤 특정의 사고 조사자를 조력자로 임명할 수가 있 다. 이 자는 동규칙에 정하고 있는 사고 조사관과 동일한 권한을 갖게 된다(동 규칙 제8 조 (3)).

다음으로 공개사고 조사의 주체가 되는 것은 심판관(commissioner)에 의한 공개심판 이다. 심판관은 대법관에 의하여 임명된 10년 이상의 경험을 가지고 있는 1명의 법정변 호사(Barrister)로 하고, 2명 이상의 배석심판관(assessors)에 의하여 보좌하게 된다. 배석 심판관은 항공학 기타 특별한 기술·지식을 가지고 있는 자 중에서 대법관이 임명하게 된다.

이러한 자들이 공개심판청을 구성하게 된다. 1951년의 규칙에서는 민간항공성으로 되 어 있었지만 1969년의 규칙에서는 통상성으로 사무분장이 바뀌었다. 통상성 밑에는 Second Permanent Secretary가 있으며 그 밑에 Secondary Secretary가 있다. 그 하부조 직으로 안전 및 운항과, 민간항공 제1과~제3과, 항공관제과, 과학기술고문 등의 과가 있 다. 한편 통상장관직할하에 사고 조사부(Accident Investigation Branch)가 별도로 있고 2부에는 24명의 사고조사관이 임명되어 있다. 1969년의 민간항공(사고 조사)규칙은 영국 상공에서 민간항공기 또는 그 이외의 지역에 있어서는 영국에 등록된 민간기의 사고만을 조사한다고 규정하고 있다(동 규칙 제3조).

항공기사고라 함은 어떤 사람이 비행할 의도를 가지고 항공기를 탑승한 때로부터 내릴 때까지 발생하는 것으로써, 사상자 또는 기체에 중대한 손해를 입힌 사고가 발생한 경우 에 기장 또는 사용자는 통상성뿐만 아니라 경찰에 신고하여만 된다고 규정하고 있다(동 규칙 제5·6조 (1) 참조). 사고현장에 관할경찰서장 이외의 자가 가깝게 가서는 아니 되

---

118) Shawcross and Beaumont, *Air Law, London, 1978*, pp.319~336, 이 책에서 英國의 航空機事故調 査制度에 관하여 詳細히 記述하고 있다.

119) 山崎悠基, 前揭論文, 61面.

고 규칙에서 규정한 바 있는 특별한 경우를 제외하고는 사고기를 이동시켜서도 아니 된다고 역시 동 규칙에서 규정하고 있다.

비공개 사고조사의 경우에 수석조사관은 사고 조사를 할 것인가, 하지 아니할 것인가를 결정하지 않으면 안된다(동 규칙 제8조 (2)).

사고 조사를 하겠다는 취지의 공식발표는 수석조사관이 적당하다고 판단되는 방법으로 발표를 하게 된다. 따라서 사고의 현황, 원인에 관하여 의견을 진술하고자 하는 자는 발표된 일정한 기간 내에 문서를 작성하기 위하여 진술할 기회를 부여받게 된다(동 규칙 제10조 (1)). 사고 조사를 함에 있어서는 조사관에게 다음의 6가지 항목의 권한을 부여하게 된다.

① 적당하다고 인정되는 자를 소환장에 의하여 호출하거나 질문에 대한 회답, 정보의 제공, 책, 서류, 물품 등 조사관이 관련이 있다고 생각되는 것을 제출토록 요구하거나, 사고 조사가 완료될 때까지 상기물건을 압수하게 하는 것.

② 적당하다고 인정되는 자에게서 증언을 청취하거나 서명하게 하는 것.

③ 사고기와 사고현장에 들어가 조사하고 더욱이 사고기, 그 물품, 장비품을 보존하게 하는 것.

④ 이러한 것들을 보존하기 위하여 점검하거나, 움직이게 하거나, 테스트 등 기타 조치를 취할 수 있을 것.

⑤ 필요한 경우에는 여하한 장소 및 건물에도 들어가 조사할 수 있을 것.

⑥ 증거보존을 위하여 필요한 조치를 취하는 것(동 규칙 제9조) 등이다.

사고 조사가 종료된 경우에 수석조사관 또는 통상성에 의하여 임명된 조사관은 통상성에 보고서를 제출하여야만 된다. 보고서에는 사고의 현황과 원인에 관하여 결론을 기재하고 또한 인명의 보존 내지 장래에 있어서 동종사고의 재발방지에 적당하다고 생각하는 것을 의견 또는 권고로서 기재하지 않으면 안된다(동 규칙 제10조 (5)). 조사관은 이 보고서를 제출하기 전에 이 보고서에 의한 사고에 관하여 어떤 책임이 있다고 인정되는 회사, 기장 또는 상무성을 포함한 기타의 자에게 조사결과와 결론을 상세하게 통지하여야 하며, 이들로부터 재심사의 신청이 있을 때에는 받아들이지 않으면 안된다(동 규칙 제11조).

동 규칙 제11조에 따라 통지를 받은 자는 사고의 책임이 어떠한 의미에서 자기에게 혹은 사망자에게 귀속되는가를 제정한 후 자기 또는 사망자의 지정유언집행인, 관재인 또는 대표자는 그 조사결과 및 결론을 재심사하여 달라고 청구할 수가 있다(동 규칙 제12조 (2)). 재심사위원회(Review Board)는 대법관에 의하여 임명된 위원장과 기술보좌관

(Technical Assessors)으로 구성된다(동 규칙 제12조 (2)). 재심사청구서는 보고서의 조사 결과 및 결론에 반대되는 이유를 상세하게 기재하지 않으면 안된다(동 규칙 제12조 (3)).

재심사절차가 정의와 공익에 반하기 때문에 공개하지 않는다고 재심사위원회가 결정한 것 이외에는 이 재심사절차는 공개함을 원칙으로 하고 있다(동 규칙 제13조 (3)). 공개사고 조사는 통상성이 공익을 위하여 사고의 현황, 원인 및 특정의 사항을 조사하기 위하여 공개심판을 하는 것이 당연하다고 생각될 때에는 공개토록 한다. 통상성이 공개심판을 명하였을 때에는 사건을 법무장관(Attorney General)에게 송달하고, 그 후 사건을 준비하고 진행시키는 것은 법무장관의 지시에 따라 재무성법무관이 심판업무를 맡아 수행하게 된다.

공개심판을 할 때에는 법무장관은 그 취지의 통지를 사고기의 소유자, 운항자, 임차인, 기장 등 사고에 관여한 자 또는 적당하다고 인정하는 자에게 통지를 하여야만 된다(동 규칙 제16조 (4)). 이 공개심판의 통지를 송달 받은 자는 심판관계인으로 간주된다. 통상성의 관계자를 포함한 어떠한 사람도 심판청의 허가를 얻어 출정하거나 심판관계인이 될 수 있다(동 규칙 제16조 (5)(6) 참조).

공개심판청의 심판관은 치안판사가 법정(Summary Jurisdiction)에서 가지고 있는 모든 권한 이외에 다음과 같은 권한도 갖게 된다.

1) 심판의 목적을 위하여 필요하다고 생각되는 장소 또는 건물에 들어가 조사하게 할 수가 있다.

2) 적당하다고 인정하는 자를 소환장에 의하여 증인으로 출정시키거나 심문하거나 또는 사고에 관련된 정보, 책, 서류, 문서 또는 물품을 제출하도록 명할 수가 있다.

3) 증인을 선서케 하거나 또는 진술서에 서명하게 할 수가 있다(동 규칙 제16조 (8)). 선서진술서 및 법령에 의한 신청서는 심판에 있어 증거로 쓸 수가 있다(동 규칙 제16조(9)). 심문은 법무장관측의 증인의 출정 및 심문으로 시작되지만 이것에 대한 반대심문, 재심문을 하게 할 수가 있다(동 규칙 제16조 (12)). 법무장관측의 증인심문이 종료함과 동시에 법무장관은 사고와 사고에 관여된 사람에게 취한 바 있는 조치에 관하여문제점(추정사고원인 등)을 진술하지 않으면 안된다(동 규칙 제16조 (13)). 이에 대하여심판관은 심판관계인에게 청문하여 문제점을 심판하게 된다.

통상성은 공개심판절차가 종료된 후 곧 그 심판사건의 전부 또는 일부에 대하여 재심판을 명령할 수가 있다.

통상성은 다음과 같은 경우에 재 심판을 명령하지 않으면 아니 된다.

① 새로운 중요한 증거가 발견되었을 때,

② 기타 이유에 의하여 오판의 의심이 있다고 생각될 때.

재심판절차는 공개심판절차와 동일한 규칙에 따라 행하지 않으면 안된다(동 규칙 제17조 (1)(2)(3)).

1969년의 규칙은 이상의 비공개 사고조사 및 공개사고 조사의 목적을 「사고의 발생현황 및 원인을 확정케 하여 장래의 사고를 방지하는데 그 의의가 있는 것이며 사고관계자를 책임지우려고 하는 것은 아니다」라고 규정하고 있다(동 규칙 제4조, 이 규정은 1969년의 규칙에서 처음으로 삽입되었으며 1951년의 규칙에서는 없었던 조문이다).[120] 이 규정은 앞에서 언급한 바와 같이 미국의 연방항공법 제701조 (a)5와 동종의 규정임에도 불구하고, 조사결과 및 보고서가 소송의 자료에 이용되고 있고 이 규정이 사고관계자에게 얼마나 영향을 미치고 있는지에 대해서는 문헌에서 찾아보기가 힘들다.

그렇지만 예를 들어 조사결과 및 보고서가 당사자에게 불이익한 결과를 실제로 영향을 미친다고 가정하면, 비공개 사고조사에서는 이것에 의하여 귀책사유가 있다고 판단되는 자는 재심사를 신청함으로써 자기를 방어할 수 있는 길이 열리고 있다(동 규칙 제11조~제13조).

또한 공개사고 조사에 있어서는 증인심문, 증거의 제출, 의견진술, 재심판의 길이 열리고 있기 때문에(동 규칙 제16~제17조), 공평한 판단을 확보할 수 있도록 법적근거를 마련하여 놓고 있다. 이상 영국의 항공기사고 조사제도와 그 절차에 대하여 살펴보았다. 그 후 영국은 민간항공법(Civil Aviation Act)을 1982년과 1996년에 개정한 바 있다.

3. 캐나다

캐나다에 있어서 항공기사고의 조사ㆍ보고 절차에 관한 토의의 출발점은 대체로 1981년 3월17일 항공안전에 관한 청문위원회보고서를 기점으로 하고 있다.[121] 상기위원회는 위원장(대법원판사인 Mr. Charles L. Dubin of Toronto)의 이름을 따서 듀빈위원회(Dubin Commission)가 1979년 8월 3일 "Order in Council"에 의거 설치되었다. 이 위원회는 사고 조사와 약간의 현안문제들에 대하여 검토, 보고(콤마가 빠졌습니다)할 것을

---

120) MCnair, *On Air Law*, p. 386; Civil Aviation (Investigation of Accidents) Regulations, 1969(S.1. 1969, no 833).

121) Published in May 1981 by the Canadian Government Publishing Center, Hull, Quebec, Canada (K2A089), Catalogue NoT. 52~58/1~1981E; Hereinafter called the(Dubin) Report.

위임받았지만, 캐나다운수성의 요청에 따라 항공기사고와 조사, 보고체제 등의 문제에 대하여 우선하여 보고할 것을 결정 하였다. 1981년 3월 17일 듀빈보고서 제1권을 운수성에 제출되었기 때문에 1981년 7월에 처음으로 공적조치가 이루어졌고 아울러 공표하기에 이르렀다.122)

본 논문에서는 지면관계로 듀빈보고서(Dubin report)의 전내용을 설명할 수는 없고 중요한 목차을 발췌하여 소개하기로 한다.

◇ The Dubin Report-Summary of Content

Part I(pages 11~13): Aviation in Canada (캐나다에 있어서의 항공), An overview (개관)

Part Ⅱ(pages 14~15): Current Legislation (최근의 입법)

Part Ⅲ(pages 16~32): Canadian Air Transport Admonition(CATA) (캐나다의 항공운송청)

Part Ⅳ(pages 33~39): Current Accident and Incident Investigation Legislation (최근의 사고와 부수되는 조사입법)

Part Ⅴ(pages 40~143): Aircraft Accident Statistic (항공기조사통계)

Part Ⅵ(pages 104~105): Aviation Safety Bureau (항공안전국)

항공안전국은 현재 항공사고의 조사와 부수 업무에 대하여 책임을 지고 있다.

항공안전국장은 민간항공총국장(Director General, Civil Aeronautics, 1971년에 설립)에 대하여 책임을 진다. 항공안전국은 4개부서로 구성되어 있다.

① Aviation Safety Investigation(ASI) (항공안전조사부)

② Aviation Safety Analysis(ASA) (항공안전분석부)

③ Aviation Safety Promotion(ASP) (항공안전증진부)

④ Aviation Safety Engineering(ASE) (항공안전기술부)

Part Ⅶ(pages 106~109): Aircraft Accident Review Board(항공사고 조사위원회) 이 위원은 1976년에 설치되었는데 항공안전조사부에 의하여 준비된 고서를 재검토하게 된다.

Part Ⅷ(pages 110~175): Analysis of the AviationSafety Bureau (항공안전부의 분석)

---

122) The Canadian MOT announced that he had obtained cabinet approval for a Canadian Aviation Safety Board independent of the Ministry of Transport, as recommended by the Dubin report (Aviation Week & Space Technology, July 20, 1981).

Part Ⅸ (pages 176~222): An Independent Tribunal (독립심판소)

듀빈위원회(Dubin Commission)는 항공기사고의 공정한 조사를 위하여 독립심판 소의 설치를 건의하고 있다.

Part Ⅹ (pages 223-243): Privilege with Respect to Evidence Obtained by Inve stigator(조사부에 의하여 얻은 증거에 대한 특권)

Part (pages 244-251): Relationship Accident Investigators with Coroners (Coroners 와 항 공사고 조사자와의 관계)

Part (pages 252-261): Recommendations (권고사항)

Part XIII (page 263): Conclusion (결론)

이상 듀빈보고서 상의 중요 항목만을 살펴보았다.

4. 독 일

독일에 있어서의 항공기사고 조사에 대해서는 연방정부가 그 전속적 권한을 가지고 있으며 이에 따르는 업무를 취급하고 있다. 항공기사고 조사에 관하여 연방정부의 권한을 행사하는 기관은 연방운수성의 항공국과는 별도의 기관인 연방항공청(Luftfahrt Bundesamt)이고, 사고 조사의 방법 및 절차에 관하여는 항공기사고 조사규칙(Allgemeine Verwaltungsvorschriften des Bundesministers für Verkehr die fachliche Untersuchung von Unfällen bei dem Betrieb von Luftfahrzeugen)에서 상세히 규정하고 있다. 사고 조사에 관해서는 연방항공청을 직할로 하여 조사하는 것이 당연하지만 사고의 내용 또는 결과가 중대한 것에 한하여 연방운송장관이 사고 조사위원회에서 조사할 것을 명할 수가 있다.

사고 조사에 관해서는 연방항공청을 직할로 하여 조사하는 것이 당연하지만 사고의 내용 또는 결과가 중대한 것에 한하여 연방운수장관이 사고 조사위원회에서 조사할 것을 명령할 수가 있다. 사고 조사위원회는 특정사고에 국한하여 개별적으로 설치될 수가 있다.[123] 위원회는 위원장 및 3인의 위원으로 구성되지만 위원장은 판사직의 자격 있는 자로 하여금 충원되도록 하고 있다. 위원회는 관계자를 출석시키어 이들에 대한 질문을 하거나 또는 증거를 조사할 수가 있다. 항공기사고 조사규칙 제1조에 의하면 항공기사고는 공공의 이익을 고려하여 조사하게 되는데 공공의 이익이라 함은 항공기에 의하여 손해가

---

123) Max Hofmann, *Luftverkehrsgesetz*, Kommentar, München, 1971, SS. 389~412.

발생된 경우, 항공기자체에 손해가 발생된 경우 또는 항공기사고로 인한 인명의 사상자가 발생된 경우를 조사한다고 규정하고 있다.

한편 항공기사고 조사보고서의 작성 및 공표는 행정기관이 인정하는 판단의 표시로 작성되지만 이것 모두가 행정처분은 아니기 때문에, 그 내용에 불복하는 자가 그 처분의 취소 또는 변경을 청구하여 관할법원에 소송을 제기할 수는 없지만, 사고 조사보고서가 완결된 후에 새로운 사실 또는 증거가 발견되었을 때에는 이것에 의하여 추정적 사고원인에 변경시키는 경우에는 사고 조사 절차가 재개된다고 규정하고 있다(항공기사고 조사규칙 제11조).[124]

1981년도에 개정된 바 있는 독일항공운송법(Luftverkehrsgesetz) 제32조 1항 6호에 의하면 연방운수성교통부장관은 연방참의원의 동의를 얻어 항공기사고 및 항공기조난의 통지, 당해사고 및 조난에 대한 전문가의 조사와 함께 조난항공기의 수색 및 구조에 관하여 이 법의 시행에 필요한 명령을 할 수 있다고 규정하고 있으므로 항공기사고 조사규칙은 이 법에 근거하여 제정하였다고 볼 수가 있다. 한편 동법 제32조 3항의 내용을 살펴보면 국제민간항공기관(ICAO)이 정하는 방침 및 권고를 시행하기 위한 명령은 연방참의원의 동의가 필요 없다고 규정하고 있어 국제우선주의를 받아들이고 있으므로 주목할 만한 조항이라고 풀이할 수가 있다.

5. 네덜란드

네덜란드는 1937년 이래 항공기사고에 대하여 항공사고예비조사부(Bureau of the Preliminary Investigation of Accidents; 약어로 B.V.O.)에 의하여 사고 조사가 담당되어 왔다. 이부서는 독립된 기구가 아니라 네덜란드민간항공청(Netherlands Civil Aviation Administration)의 내부기구로 되어 있다. 어떤 중대한 항공기사고가 발생하였을 때에는 때로는 독립된 기구인 항공위원회(Aviation Board; Raad voor de Luchtvarrt)에 의하여 조사가 될 때도 있다.

Tenerife에서 네덜란드의 KLM항공소속 민간여객기와 미국의 Panam항공사소속 민간여객기간에 충돌사고가 발생되어 항공위원회에서 사고 조사를 한 바 그 결과가 불만족스럽게 되자, 네덜란드 항공사소속 조종사협회(VNV)는 이사회의 결의에 따라 민간항공국

---

124) Abraham, Hans Jürgen, *Das Recht der Luftfahrt*, Bd. Ⅱ, Nationales Deutsches Luftrecht und Nachträg zum ersten Band; Max Hofmann, *op. cit.*, SS. 389~390.

에 서한을 보냈는데 그 내용은 다음과 같다.

네덜란드의 항공기사고 조사절차에 대하여 원칙적으로 국제민간항공기관(ICAO)의 부속서 제13조…기준 3.1(ICAO, Annex 13 Standard 3.1)에 규정되어 있는 기준에 의하여 조사하여야만 되고 이 기준을 전적으로 도입할 시기가 왔다고 건의를 하였다. 1979년 9월 2일 응답으로 네덜란드민간항공청은 다음과 같이 네덜란드 항공사소속 조종사협회에게 회신하였다.

ICAO의 부속서 제13조의 규정을 새로운 법에 도입하여야 한다는 것과 항공위원회의 징계권문제에 대하여는 신중히 검토한 후 네덜란드정부가 1937년의 항공기재난법(Air Disaster Law)을 개정할 의사가 있음을 표시하였다. 1980년부터 1981년까지 1937년의 항공기재난법의 개정작업이 네덜란드민간항공청(Netherlands Civil Aviation Authority)에 의하여 진행되어 왔으며 전기 내용을 수용하여 동법이 개정된 바 있다.[125]

6. 스위스

스위스는 1980년 8월 20일에 항공기사고 조사에 관한 새로운 규정이 소개되었다. 스위스는 1979년 10월 17일에 스위스법이 국제민간항공기관(ICAO)의 권고사항 5.12 - 기록공개(Recommendation 5. 12-Disclosure of Records)에 따를 수 없다고 ICAO에 통보한 바 있다.[126]

그러나 1980년의 새로운 규정은 항공기사고의 완전한 기록서류와 조사보고서가 사법과 행정당국의 요청에 따라 조사절차의 목적으로 이용될 수가 있다고 규정하고 있다(항공법 제3조).

사실 이 사고 조사절차는 사법적 측면에 치중되었기 때문에 형사절차에 관한 연방법률도 사고 조사건에 대하여 적용이 되고 있다. 항공기사고에 관련된 사람들은 증인으로서가 아니라 정보제공자로 청문할 수가 있으며 증언을 거부할 수 있는 권리가 있음을 알려주어야만 한다(항공법 제13조). 스위스연방정부는 치안면에 대내 또는 대외적으로 위험이 존재할 만한 상당한 이유가 있을 때에는 비공개로 청문회를 개최할 수가 있다. 1980년 스위스의 항공기사고 조사에 관한 규정은 전체적으로 볼 때에 현재 ICAO에 의하여

---

125) The text of the VNV proposals was published as Doc. AVW/RTM/81, Attachment "HA"(Netherlands text) and Attachment"HB"(English text).

126) Reported in I.C.A.O. Supplement to Annex 13, 5th ed., 5.12. 1980: See Doc. AVW/RTM/81 Attachment "P".

개발된 안전에 관련된 사고 조사 규정으로부터 약간 이탈된 점을 엿볼 수가 있다.127) 그 밖에 스위스에서는 1948년 12월 항공법을 국내입법으로 제정된 바 있었으나 공사법규정이 혼재되어 있었으며, 항공운송인의 인적 또는 물적 손해에 대한 손해배상한도액의 인상과 재판관할권관계를 규정하기 위하여 1977년 6월 24일 개정하여 1978년 1월 1일부터 시행해 오고 있다.

스위스의 연방항공국(Federal Aviation Department)은 그 동안의 항공기술의 급격한 발달과 경제사회여건의 변화와 국제협력 및 조약들을 고려하여 1981년 이후 대폭적으로 항공법을 개정한 바 있다.128)

7. 스웨덴

스위스는 1978년에 스웨덴정부의 법률에 따라 항공기사고 조사기관을 항공기사고의 조사를 위하여 새로운 독립기구로서 설치하였다.129) 스웨덴정부당국이 항공기사고 조사기관을 독립기구로 설치한데 대하여 다음과 같은 세 가지 이유를 들고 있는데 이것은 우리들에게 매우 관심을 끌게 하는 항목들이며 참고 될 만한 사항이다.

첫째, 중대하고 치명적인 항공기사고는 독립되고 중립적인 기구에 의하여 조사하여야만 된다. 둘째, 항공기사고 조사당국의 인적 구성원은 상근(full time)으로 고용하여야만 된다. 임시(part time)직일 때에는 사고 조사가 오래 끌게 되므로 난처하게 된다. 사고 조사원은 충분한 자격과 노련한 경험을 구비한 자이어야만 되고 항공기사고 조사에 대한 전문적인 기준을 만들 수 있는 자이어야만 된다.

셋째, 항공기사고 조사 분야에 대한 국제적인 발전 추세는 스칸디나비아에 있는 나라 뿐만 아니라 많은 나라에서 조사기관을 독립기구로 설치해 오고 있다. 스웨덴에서는 조사당국이 가끔 특별임무로 치명적인 군용기사고로 인하여 발생된 인적 또는 물적 손해까지도 조사를 해오고 있다.130)

---

127) The text of some articles of the 1980 Switzerland regulation has been reproduced as Doc. AVM/RTM/81 Attachment "K". Full text(in French) as Appendix "I" to IATA Legal Information Bulletin no. 55(January 1981). The new regulation was discussed by Kurt Lier(Chief of the Swiss Accident Investigation Bureau).

128) Werner Guildmann, "*Towards a Complete Revision of the Swiss Aviation Act,*" 1981, Air Law, Vol. 4. The Netherlands.

129) Aart van Wijk, "*The Investigation of Aircraft Accidents and Incidents-Some Recent National and International Developments*", Zeitschrift für Luft und Weltraumrecht, 1982, März, Köln, S. 44.

8 뉴질랜드

1979년 11월 28일 뉴질랜드 항공사소속 DC-10점보 민간여객기가 경치가 좋은 Antarctica상공을 비행하는 도중 Erebus산 중턱에 충돌하여 추락하였기 때문에 여객기 안에 타고 있던 승객 257명이 전원 사망했다. 1980년 5월 3일에 항공기사고 조사자의 보고서를 접수한 후 뉴질랜드정부는 왕립청문위원회(Royal Commission of Enquiry)를 설치할 것을 결정하였다. 대법원 판사인 P.T. Mahon씨가 청문위원회의 위원장이 되었고 동위원회에서 조사한 보고서를 1981년 4월 16일 수상에게 제출하였다.

동위원회는 ① 항공기사고 조사제도, ② 특히 항공기사고 조사 기간 중 얻은 이해관 계인의 정보가 정확하며 이용될 수가 있는 것인지 현행법규와 연관시켜 검토를 하였다. 뉴질랜드의 항공기사고 조사처(Office of Air Accident Investigation)는 관계성문법규에 따라 독립법을 유지하고 있었기 때문에 조사원의 지위 및 기구, 관계성문법규를 개정할 이유가 없다는 의견을 상기 보고서에서 제시한 바 있다.[131]

9. 일 본

일본에서는 1966년에 계속 발생된 대형여객기의 사고처리를 중심으로 하여 대형사고 에 즉응할 수 있는 능력을 구비하기 위하여 1967년 7월 항공국 기술부 내에 항공기사고 조사처리위원회가 설치되었다. 1971년, 1972년에 대형항공기사고가 연속하여 발생하였기 때문에 사고 조사방법 면에 문제점이 제기되어 사고원인의 공정, 정확하고 능률적인 조 사와 진상을 구명함으로써 사고예방과 항공안전의 길을 모색할 목적으로 독립성이 강한 상설의 「항공·철도사고조사위원회」를 1974년 1월 11일 운수 성내에 설치하였다.

다음으로 일본의 항공기사고 조사제도의 법적 뒷받침을 하고 있는 관계법규를 소개하 기로 한다. 일본에서는 항공사고의 원인을 구명하여 사고 조사를 하고 적절하게 사고방 지에 기여할 것을 목적으로 하여 상설기구로서 항공사고 조사위원회가 설치되었는데 이

---

130) Jacob Sundberg, *Aircraft Accident Investigation in Swedish Civil Aviation*, Arkiv for Luftrecht, Bind 4, Hefte 1, August 1968, pp.11~52.

131) The full report of the Royal Commission was published by P.D. Hasselberg, Government Printer, Wellington, New Zealand, 1981; See, also, Magaret A. Vennell, *Report of the Royal Commission to Enquire into the Crash on Mt, Erebus, Antarctica of a DC-10 Aircraft operated by air New Zealand Limited*, in Air Law Ⅵ, 4(1981), pp. 254~259.

기구설치에 대한 법적근거로는 1973년 10월 12일(법률 제113호) 항공사고 조사위원회설치법을 제정되어 공포된 바 있다.

일본은 1973년 12월 27일(정령 제377호) 항공사고 조사위원회설치법시행령을, 1973년 12월 27일(정령 제376호) 항공조사위원회설치법의 시행기일 정하는 정령을, 1973년 12월 27일(운수성령 제60호) 항공사고 조사위원사무국조직규칙을, 1974년 1월 10일(운수성고시 제7호) 항공사고입회검사원의 증표의 양식에 관한 고시를, 1974년 11월 6일 항공사고 조사위원회운영규칙(항공사고 조사위원회 공시 제1호)을 각각 제정하여 시행한 바 있다.

항공사고 조사위원회법을 제정하게 된 직접적인 동기는 1971년도에 발생된 바 있는 젠니꼬기(全日空機: All Nippon Ways: ANA)와 일본자위대기의 충돌사고를 계기가 되어 입법이 되었던 것이다. 상기설치법이 제정되기 이전까지의 항공기사고의 조사실태(方法)는 대규모의 사고가 발생하였을 때에는 그 때마다 관계되는 전문가를 초빙하여 조사단을 편성하게 하였고 소규모의 사고에 대해서는 운수성항공국이 직접 조사를 하여 왔다.[132]

항공기사고가 발생할 때마다 조사단을 편성한다는 것은 사고원인조사의 능률성, 신속성, 정확성이라는 측면에서 볼 때에 불충분하게 되기가 쉽고 또한 항공교통관제, 항공보안시설의 설치 및 관리, 항공정책의 수립 등만을 전담하는 항공국이 스스로 사고원인을 조사한다는 것은 객관성, 공정성의 면에서 볼 때에도 문제점이 있었으므로 이를 해결하기 위하여 조사위원회를 독립·상설기관으로 설치하였던 것이다.

그후 일본국토교통성은 2007년 8월 「운수안전위원회(運輸安全委員會)」의 신설을 총무성(행정관리국)에 요구, 동년 12월에 국토교통대신과 총무대신과 절충하여 설치할 것을 합의가 되어 2008년 1월 29일 일본정부는 정기국회에 수안전위원회설치법안을 제출하여 동년4월 25일 이 법안이 국회에서 통과되어 2008년 10월 1일부터 「일본운수안전위원회」가 발족하게 되었다. 이 「운수안전위원회」의 모체는 종전의 「항공·철도사고조사위원회」와 「해난심판청」의 사고원인규명 업무를 통합한 것이지만, 「항공·철도사고조사위원회」는 국가행정조직법 제8조에 근거하여 만든 심의기관에 불과하였지만 「운수안전위원회」는 국가행정조직법 제3조에 근거한 정부 부처로서 권한 등이 대폭 강화된 독립 심의기관이 되었다.

따라서 「운수안전위원회 설치법」에 근거하여 설치된 「운수안전위원회」는 항공기사고

---

132) 淺野裕司, 航空事故調査委員會制度について, 空法, 日本空法學會 發行, 第22, 23合倂號, 1981, 90~91面.

· 철도사고 · 선박사고 또는 중대한사고의 원인규명 조사를 실시하고, 조사 결과에 따라 국토교통대신 또는 원인 관계자에 대하여 필요한 시책 및 조치를 취할 것을 요구하고 사고의 방지 및 피해의 경감을 도모할 것을 목적으로 하고 있다.

일본에서 항공기사고가 발생된 경우에 「운수안전위원회」는 국제민간항공조약의 규정 및 동 조약의 부속서에서 채택된 바 있는 표준, 방식 및 절차에 준거하여 항공기사고의 원인을 규명하고 조사하도록 「운수안전위원회 설치법」에 규정하고 있다. 항공기사고는 사고가 발생되기까지의 위험을 「공난(空難)」이라는 개념으로 파악할 수 있지만 먼저 사고방지를 하고 만일 방지를 하지 못하게 된다면 새로운 대책을 강구하여 항공교통의 안전을 도모하여야 한다. 만일 공난이 발생하게 되면 사고원인을 철저히 규명하여 사고방지에 관한 종합적인 대책을 강구하고 나아가서 사고경감에 대한 시책을 강구하여야만 된다. 이 사고방지대책은 소위 공난방지대책이라고 이름을 붙일 수도 있지만 생각에 따라서는 범죄의 경감을 도모하려고 하는 형사정책의 이념과도 유사한 점이 있다. 여기에서 말하고 있는 공난방지대책의 근거를 형성하고 기초가 되는 제도의 필요성은 실로 공난의 심판조사제도라고 말할 수가 있다.

항공기사고의 조사목적은 항공기사고재발을 방지하는데 목적이 있을 뿐만 아니라 사고에 대한 원인을 규명하는데 있는 것이므로 사고 조사를 한 경우에는 조사보고서를 작성하게 되지만 이것은 어디까지나 행정면에서의 사고 조사이기 때문에 범죄수사를 위한 보고서와는 다르다.[133]

항공기사고 조사에서 수집된 정보가 형사책임의 소추에 이용되고 있음은 이의(異議)가 있다고 일본의 아사노유지(淺野裕司) 교수가 주장하고 있는데 그 내용을 요약하여 보면 다음과 같다.[134] 항공기사고의 조사목적은 사고원인의 규명과 사고재발방지에 있는 것이므로 범죄수사의 경우와는 목적자체가 다르기 때문에 조사결과가 서면으로 작성된 보고서일 경우에는 이것이 범죄 수사자료로 이용되거나 더 나아가 형사재판의 증거로 사용될 때도 있다. 항공기사고 조사보고서는 조사관이 조사한 결과를 위원회에 보고하는 서면으로써 법률에 의거하여 작성하게 되며 경찰관작성의 수사보고서나 체포수속서와 동일하게 피고인(피의자) 이외의 자가 작성한 「기타 서면」으로 되기 때문에 일본형사소송법 제321조가 적용받게 된다.[135]

133) 淺野裕司, 前揭論文, 91面 參照.

134) 淺野裕司, 前揭論文, 91-94面.

135) 團藤重光, 「刑事訴訟法要綱」, 246面.

1969년 10월 일본궁기공항에서 일어난 YS11기의 착륙사고에 관하여 미야사끼(宮崎) 지방재판소에서 이 소송사건에서 검찰측이 항공기사고 조사위원회의 보고서를 법정에 입증자료로 제시하였기 때문에 재판부에서도 이 자료를 참작한바 있다.

항공기사고에서 수집된 정보가 형사책임추급에 이용된 다는 것은 이의가 있을 수 있다고 보겠다. 과거 일본의 사례는 이와 같은 항공기사고 조사위원회의 항공기사고 조사보고서를 검찰측이 법정에 제시하였기 때문에 재판소는 이것을 이용하고 있었다. 항공기사고에 있어서는 승무원이 계속해서 착각을 일으킨 상황을 정확하게 파악했는지, 그 판단, 대응조치 등을 구체적으로 밝힐 필요가 있다.

항공기사고는 그 원인이 복잡한 경우가 많이 있고 무엇보다도 사고가 전손(全損)이 되기 때문에 소급해서 사고의 원인을 밝히는 것이 무엇보다도 중요하다고 본다.

항공기조종사는 항공기운항에 대하여 전반적인 사항을 잘고 있으며 또한 항공교통관제관(ATC) 또는 기상관계통보관 등도 운항과 직접 연관되어 있으므로 이들의 고의 또는 과실은 항공기사고와 연관이 될 수도 있다. 예를 들면 조종석 내에 있어서의 계속적인 착각에 대하여 당사자 이외의 자가 심리학적 판정을 할 수 있는가는 의문이 있다. 이것은 관제탑(Control Tower)내의 경우도 마찬가지이다.

항공기사고의 진실한 원인을 알기 위해서는 당사자들의 솔직한 진술이 대단히 중요하다. 그러나 일본의 과거의 사례에서는 이러한 진술 등의 집대성한 것이 항공기사고보고서가 되었고 마침내 당사자들에게 형벌을 과하게 되는 중요자료가 되고 말았다. 이러한 결과 사고 조사에 있어서 관계자로부터 상세한 진술 등 적극적인 협력을 기대할 수가 없게 되었고 사고원인의 정확한 규명과 사고재발방지대책을 수립하는 데 있어 장해요인이 된 바 있다. 한편 형사사건에 있어서는 「누구든지 자기에게 불이익한 진술은 강요당하지 않는다」는 원칙에 따라 인권을 간접적으로 침해하는 것을 방지하고 있다. 이와 같은 일본의 형사소추문제는 국제적으로는 확립되어 가고 있는 관행으로부터 이탈되어 있으므로 시카고조약 제26조 및 동 조약 제13 부속서의 규정과 일치가 되지 않는다고 아사노(淺野)교수는 그의 논문에서 주장하고 있다.136) 항공기조난이 계속 발생된다고 하여 조종사 또는 항공교통관제관의 기량을 의심하고 감정론에 입각하여 형사책임추급에만 몰두한다는 것은 절대로 피하여만 된다.

예를 들면 조종사 또는 항공교통관제관에게 형사책임만을 추급하여 처벌한다고 하더라도 항공기사고가 없어진다는 보장은 없다고 본다. 일본과 같이 과실책임론이 우선하여

---

136) 淺野裕司, 前揭論文, 92面.

책임추급과 사고 조사가 혼연(混然)되어있는 풍토하에서는 합리적인 사고 조사를 한다는 것은 어렵게 되어 있다고 아사노(淺野)교수는 주장하고 있다. 물론 오해해서는 안 될 사항은 모든 당사자의 책임을 추급하지 말라는 것은 아니며 사고 조사에 있어서는 Human Factor 등에 관하여 분석탐구 등 사고방지에 실효를 거둘 수 있는 과학적인 사고방지대책이 마련하여야만 된다는 것이 무엇보다도 필요하다. 항공기운항안전이 무엇보다도 중요한 것이 때문에 징계주의만을 고집할 것이 아니라 공난심판제도(空難審判制度)를 확립하여 사고원인을 규명하고 이것을 방지하기 위한 철저한 대책이 필요하다고 본다.[137]

제6절 우리나라의 항공기사고조사제도

1. 항공철도사고조사위원회의 설립과 목적

우리나라의 항공철도사고조사위원회는 2002년 8월 12일 설치된 항공사고조사위원회와 2005년 7월 28일 설치된 철도사고조사위원회를 통합하여 2006년 7월 9일부터 시행된 「항공·철도 사고조사에 관한 법률」제4조 (항공·철도사고조사위원회의 설치)에 의거 2006년 7월 10일 새롭게 설치되어 출범하였다.

항공·철도사고를 조사하는 목적은 사고원인을 명확하게 규명하여 향후 유사한 사고를 방지하는데 있으며, 더 나아가서는 고귀한 인명과 재산을 보호함으로써 국민의 삶의 질을 향상시키는데 있다.

우리나라의 「항공·철도 사고조사에 관한 법률」은 5개장(제1장 총칙, 제2장 항공·철도사고조사위원회, 제3장 사고조사, 제4장 보칙, 제5장 벌칙)과 전문38개 조문으로 구성되어 있다.

2. 항공철도사고조사위원회의 조직

항공철도사고조사위원회는 위원장을 포함한 12인으로 구성되어 국토해양부 물류혁신본부장이 상임위원을 겸임하고 있으며, 위원회 내에는 항공분과위원회와 철도분과위원회

---

137) 淺野裕司, 前揭論文, 93面 參照.

로 구분하여 운영되며 각각 5인의 관련분야 전문지식이나 경험을 가진 비상임위원으로 구성되어 있다. 항공·철도사고조사 등 위원회 업무는 사무국장을 비롯한 사무국 11명과 항공사고조사관 9명, 철도사고조사관 5명이 포함된 총 26명이 수행하고 있다.[138]

3. 항공·철도사고조사위원회의 주요업무

항공·철도사고조사위원회의 주요업무는 항공사고조사, 철도사고조사, 공청회개최 및 사고조사자원공유 가 큰 업무가 되겠다. 항공사고 조사 시에는 블랙박스 해독이 철도사고 조사 시에는 철도차량운행기록 분석이 포함된다.

공청회는 현장조사에서 발견된 사실을 보완하고, 사고조사의 지속적 수행을 위하여 공청회를 개최한다. 공청회는 국민적 관심이 많거나, 항공안전에 중대한 문제가 있는 사고에 대하여 개최한다. 공청회를 통하여 사실조사보고서의 적절성과 공정하고 완벽한 사고조사를 위한 증거를 확보하기 위한 것이다. 공청회시에는 위원회 위원 중 1명이 의장직을 맡게 되며 의장은 공청회 참여인단을 지정할 수 있으며 사고조사에 참석한 기관의 책임과 권리를 결정하는 것이 아니기 때문에 공청회 진행에 있어서 이러한 것에 대하여는 언급하지 않는다. 다만, 공청회는 사고와 관련된 자료를 수집하여 사고원인에 대한 안전개선권고 사항 등을 도출해내는 과정이다. 증인들에 대한 심문은 의장, 공청회참석기관등에 의해 수행되며 증인은 사고조사와 관련된 증언을 하겠다는 선서를 하고 증언한다. 증언은 사고조사가 객관적이며, 공정하고, 공개적으로 수행되고 있다는 것을 명백히 하기 위한 것이다.

4. 항공기사고와 기장의 의무

우리나라 항공법 제50조에 의하면 ① 기장의 승무원에 대한 지휘감독, ② 기장의 운항준비 확인조치, ③ 기장의 승객에 대한 피난 또는 안전조치(위난시), ④ 기장의 구조 및 위난방지조치(위난시), ⑤ 항공기사고발생시 기장 또는 항공기사용자의 보고조치 등을 항목별로 구분하여 규정하고 있다. 특히 기장은 다음에 게기하는 사고가 발생하였을 경우에는 국토해양부령이 정하는 바에 따라 국토해양부장관에게 그 사실을 보고하여야만

---

138) http://www.araib.go.kr

되고, 다만 기장이 보고할 수 없을 경우에는 당해항공기의 소유자 등이 보고하도록 규정되어 있다(동법 제50조 제5항).

1. 항공기의 추락, 충돌, 화재
2. 항공기사고로 인한 사람의 사상 또는 물건의 손괴
3. 항공기안에 있는 사람의 사망 또는 행방불명
4. 기타 교통부영이 정하는 항공기에 의한 사고

기장은 다른 항공기에 대하여 추락, 충돌, 화재가 발생한 것을 안 때에는 국토해양부령에 정하는 바에 의하여 국토해양부장관에게 그 사실을 보고하도록 되어 있고 다만 무선전신이나 무선전화로 안 때에는 예외로 한다고 동법 제50조 제6항에 규정하고 있다.

한편 건설교통부장관은 사고 조사를 위하여 사고에 관련된 항공기의 소유자, 항공기승무원, 사고의 구조에 임 한자, 기타 관계자에 대하여 보고나 자료의 제출을 요구하거나 소속공무원으로 하여금 관계장부·서류 기타물건을 검사하게 할 수 있고, 사고의 현장에서 구조활동을 하는 자 기타 관계인에게 질문하게 할 수 있다.

기장은 항행 중 그 항공기에 급박한 위난이 생긴 경우에는 여객의 구조, 지상 또는 수상에 있는 사람이나 물건에 대한 위난방지에 필요한 수단을 강구하여야만 되고, 여객 기타 항공기내에 있는 자를 떠나게 한 후가 아니면 항공기를 떠나서는 안된다고 동법 제50조 제4항에 규정하고 있는데 이 규정에 위반하였을 때는 5년 이하의 징역에 처한다고 동법 제167조에 규정하고 있다.

더욱이 국방장관은 항공기 또는 선박의 조난사고가 발생한 때에는 재난관리법 및 수난구호법 등 관계법령에 의하여 긴급구조업무에 책임이 있는 기관의 긴급구조 활동에 대한 군의 지원을 신속하게 할 수 있도록 다음 각호의 조치를 취하여야만 된다고 재난구호법 제31조에 규정하고 있다.

① 탐색구조본부의 설치·운영
② 탐색구조본부의 지정 및 출동대기태세의 유지

항행 중의 항공기를 추락 또는 전복시키거나 파괴한 자는 사형, 무기, 5년 이상의 징역에 처하며(동법 제157조), 이 제157조의 죄를 범하여 사람을 사상에 이르게 한 자는 사형, 무기 또는 7년 이상의 징역에 처하도록 무겁게 규정하고 있고(동법 제158조), 미수죄도 역시 처벌하도록 규정되어 있다(동법 제159조). 과실로 항공기·비행장·공항시설 또는 항공보안시설을 손괴하거나 기타의 방법으로 항공상의 위험을 발생하게 하거나 항행중의 항공기를 추락 또는 전복시키거나 파괴한 자는 1년 이하의 징역이나 금고 또는

2,000만 원 이하의 벌금에 처한다고 규정하고 있다(동법 제160조 제1항). 업무상 과실 또는 중대한 과실로 인하여 제1항의 죄를 범한 때에는 3년 이하의 징역이나 금고 또는 5,000만 원 이하의 벌금에 처하도록 동법 제160조 제2항에 규정하고 있다.

제3편 개정상법 중 항공운송편

제1장 머리말

우리나라의 상법개정 안 (제6편 항공운송규정 신설)이 2011년 4월 29일 국회를 통과한 후 5월23일 정부가 공포하였고 6개월 후인 금년 11월 24일부터 대한민국 전 영역에 시행하게 되었음은 세계의 상법전들 가운데 프랑스, 일본 및 중국보다도 앞서나가는 세계최초의 입법례가 되었다. 우리나라는 매년 항공수요가 급격히 증가하고 있어 국제 또는 국내공항에서 항공기의 이·착륙이 증가되고 있음으로 국제 또는 국내의 항공로선면에 과밀화현상이 일어나고 있어 항공기사고의 발생에 대한 개연 가능성도 점점 높아져 가고 있다. 항공기사고는 국민의 생명, 신체 또는 재산에 손해를 입힘으로 대형 참사가 발생 될 뿐만 아니라 손해가 거액에 달하고 있어 항공기사고가 발생되지 않도록 사전에 철저한 예방대책을 강구하지 않으면 아니 된다.

만일, 항공기사고가 발생되었을 때에는 항공보험에 의하여 손해액은 보험회사로부터 어느 정도 보상을 받을 수 있지만 피해자와 항공운송인간에 배상책임의 한도 및 배상액을 둘러싸고 해결(합의)되지 않을 경우 분쟁이 오래 끌게 된다. 한국과 일본의 항공법 내지 민·상법에는 이와 같은 분쟁을 해결하기 위한 항공운송인의 민사책임에 관한 규정이 없었기 때문에 할 수 없이 항공운송약관 또는 민·상법의 육상운송 내지 해상운송에 관한 규정을 준용하거나 또는 적용하고 있었기 때문에 항공기사고의 특수성을 고려할 때에 여러 가지 문제점들이 이 발생되고 있었다.

우리나라와 일본의 상법은 육상운송계약과 운송인의 손해배상책임관계를 상행위편에 규정하고 있고 해상운송계약과 운송인의 손해배상책임관계에 대하여서는 해상편에 각각 규정하고 있었지만 항공운송계약과 운송인의 손해배상책임관계에 관한 규정은 상법에 한 조문도 규정하고 있지 않았기 때문에 항공기소송사건에 있어 육상 또는 해상운송에 관한 규정을 준용하자는 의견(학설)이 나누어진바 있었다.

그러나 항공기사고는 육상 또는 해상사고와 다른 특수한 성질을 지니고 있다. 따라서 항공운송의 특수성을 고려할 때에 독자적인 입법이 바람직하다는 견해가 있었다. [1)

항공기사고의 특성은 ① 전손성(全損性: all or nothing), ② 순간성(Augenblick), ③ 손해의 거액성, ④ 지상종속성(地上從屬性: 항공기의 이착륙은 지상에 있는 항공교통관

---

1) 김두환, 「항공운송인의 책임과 그 입법화에 관한 연구」, 법학박사 학위논문, 경희대학교 대학원, 1984년, 101～102면.

제사의 지시에 따름) ⑤ 국제성, ⑥ 입증(立證)의 곤란성 등을 가지고 있기 때문에 앞에서 언급한 육상 또는 해상운송에 관한 규정을 준용한다는 것은 문제점이 있다고 본다.

국제항공운송에 관한 국제조약 및 의정서[2]의 내용과 세계 각국의 입법례 등을 참작하여 우리나라의 국내항운(航運)실정에 알 맞는 부분을 수용하여 국내항공운송계약을 중심으로 한 법률관계와 항공운송인의 책임한계 및 배상책임과 항공기운항자의 사고로 인하여 지상 제3자에게 손해를 입혔을 경우 항공기 운항자는 불법행위책임을 부담하게 됨으로 배상액의 한도를 규정하기 위하여 상법을 개정하는 것이 가장 바람직하다고 의견을 이미 제시한바 있다.[3]

이에 따라 항공운송계약 당사자 간의 법률관계를 종합적으로 분석하여 항공운송인의 책임한계와 손해배상한도액을 명확하게 정하고 항공기의 추락 또는 그로 인하여 발생된 낙하물이 지상에 있는 제3자에게 손해를 입혔을 경우 이를 배상하여야만 되는 항공기운항자의 불법행위로 인한 배상책임과 배상한도액 등의 규정을 개정상법에 각각 반영된바 있다. 개정상법 제6편 (항공운송조문 신설)에서는 항공기사고에 기인하여 점점 증가하고 있는 항공운송에 관계된 분쟁을 신속하게 해결하기 위해 사건해결의 기준과 법적인 근거를 마련하였다.[4]

이와 같이 상법을 개정함으로써 국내 항공소송사건에 대한 재판의 기준을 마련하게 되었고 재판의 공정성과 신속성 및 능률성을 도모할 수가 있게 되었다. 정부 (법무부)는 국내항공여객과 하주의 권익을 보호하고, 항공운송당사자간의 권리의무 내지 책임 한계를 명확하게 정하기 위하여 개정상법 「제5편 해상」 다음에 「제6편 항공 운송」을 신설한 후 새롭게 40개 조문 (개정상법 제896조～～제935조)을 제정하였다. 한편 이번 개정상법 내에 항공운송편이 신설하게 경위를 다음과 같이 설명하고자 한다.

---

2) 1929년의 바르샤바조약, 1955년의 헤이그의정서, 1961년의 과다라야라조약, 1975년 몬트리올 제1, 제2, 제3추가의정서 및 제4의정서와 1999년의 몬트리올조약, 1952년과 1978년의 개정로마조약 및 2009년 2개의 몬트리올조약.

3) 김두환, 「최신 국제항공법학론」, 한국학술정보[주], 2005년, 352～356면.

4) 金斗煥, 「韓國商法の改正法律案に新設された航空運送法の主な內容と展望」, 空法第51號, 2010年, 日本空法學會發行, 勁草書房, 3頁.

제1절 개정상법에 항공운송편이 신설하게 된 입법경위

우리나라는 1929년의 바르샤바조약(국제항공운송에 있어서의 약간의 규칙의 통일에 관한 조약)에 가입하지는 않았지만 바르샤바조약을 개정한바 있는 헤이그의정서를 1967년 7월 13일에 비준하였으므로 발효일은 1967년 10월 11일이었다. 이 헤이그의정서는 우리헌법 제6조에 의거 국내법과 동일한 법적인 효력을 가지고 있다.

우리나라에서는 상법 가운데 육상운송계약을 중심으로 한 법률관계에 대하여 상행위편에 36개 조문(상법 제114조로부터 150조까지)을 규정하고 있으며 해상편에는 해상운송계약을 중심으로 한 법률관계가 124개 조문(상법 제740조로부터 제864조까지)이 있어 비교적 상세히 규정하고 있다.

이 상행위편 가운데 육상사고로 인한 육상운송의 손해배상책임에 관한 규정으로는 상법 제135조로부터 제138조까지에 규정되고 있으며 해상사고로 인한 해상운송인의 손해배상책임에 관한 규정으로서는 상법 제769조로부터 제776조, 상법 제794조로부터 제799조까지 사이에 규정하고 있다. 항공운송인의 민사책임에 관한 규정은 구 상법 및 현행 항공법에도 기타 항공관계법규 내에 한 조문도 규정되어 있지 않고 있다. 따라서 항공운송인의 책임에 관하여 육상운송인의 책임에 관한 상법의 규정을 준용하자고 주장하는 학설과 해상운송인의 책임에 관한 규정을 준용하여야만 된다고 주장하는 학설과 대립되어 있었지만 이것은 법 해석론에 편중되어 있는 학설이라고 사료된다. 필자는 항공기사고로 인한 손해는 육상 또는 해상사고에 기인된 손해와는 다른 특수성인 ①전손성(全損性, all or nothing), ②순간성(Augenblicken), ③지상종속성(地上從屬性, 항공기의 이착륙은 지상에 있는 항공교통관제사의 지시에 따름), ④손해의 거액성, ⑤국제성이 있기 때문에 항공운송인의 민사책임에 관한 규정을 새로이 입법하는 것이 절실하게 필요하였다. 이와 같은 국내입법의 방법으로는 다음과 같은 세 가지 방법이 있다.

첫째 방법으로는 현재의 상법전 가운데에 「제6편, 항공운송」이라는 새로운 편을 신설하여 이 항공운송편에는 항공운송계약을 중심으로 한 법률관계를 규정한 항공운송인의 계약책임과 항공기운항자의 사고로 인하여 지상 제3자에게 손해를 입혔을 경우 항공기운항자가 피해자보호를 위하여 불법행위책임을 부담한다는 규정을 신설하자는 것이다.

둘째 방법으로는 기존 항공법을 개정하여 이 법 가운데에 항공운송인의 계약책임과 항공운항자의 불법행위책임에 관한 규정을 삽입하는 방법이 있으며, 셋째의 방법으로는 항공운송계약 및 항공운항자의 불법행위관계와 배상책임관계를 규정하는 새로운 「항공운송법」을 단행법의 형태로 제정하는 방법이 있다.

우리나라는 법무부의 상법개정심의위원회에서 상법가운데 제4편 보험법 및 제5편 해상법의 개정작업을 1986년도부터 본격적으로 시작하여 1989년 5월 20일에 끝이 난 바 있는데 이 때 당시 상법개정(보험·해상편)시안이 작성된 바 있다. 이때 당시 필자는 상법개정심의위원회내의 해상법개정분과위원회에서 해상법개정심의가 끝난 후 언급한 바 있는데 즉 항공운송계약과 배상책임에 관한 국내입법에 대하여 상기 세 가지 방법 가운데 어느 한 가지 방법을 택하여 입법작업을 추진하는 것이 필요하다고 제안하였다.

필자가 가장 합리적이고 바람직하다고 생각하는 것은 상법 가운데에 항공운송계약책임과 불법행위책임에 관한 배상규정을 신설하자는 방법이었다.5) 그러나 만약 이와 같은 사항들을 심의할 시간이 없다면 선진각국의 입법례를 참고하여 항공법을 개정하거나 또는 새로운 「항공운송계약법」을 제정하는 부대결의안을 낼 것을 제안하였다. 상기 법무부 해상법개정심의위원회에서는 필자의 의견을 받아드렸음으로 1989년 5월 20일에 개최된 전체상법(보험·해상)개정심의위원회에 회부된 결과 필자의 의견대로 새로운 「항공운송계약법」을 입법할 것을 만장일치로 결의하였다.6) 이 결의에 따라 1990년 4월 1일, 법무부 내에 『항공운송계약법 제정실무위원회』가 교수, 판·검사, 변호사 등에 의하여 조직되었다.7) 상기 실무위원회는 여러차례 토의한 결과를 정리하여 1990년 9월 1일, 「항공운송계약법요강 안」을 작성하였다.

항공운송계약법 제정실무위원회는 상기 법요강안을 중심으로 하여 항공운송인의 민사책임에 관한 국제조약과 각국의 입법례 등을 중심으로 거듭 토의하여 우리나라의 항운실정에 적합한 「항공운송계약법시안」이 작성되었고8) 1991년 4월 20일, 이 항공운송계약법시안을 여러 차례 심의한 결과 1993년6월19일, 동실무위원회에서는 「항공운송계약법의 최종시안」을 작성하였다. 이 「항공운송계약법의 최종시안」의 내용은 제1장의 총칙이 3개 조문, 제2장의 여객운송이 13개 조문, 제3장의 화물운송이 13개조문 등, 합계 26개 조문으로 구성되어 있었다.9) 이 최종시안은 바르샤바조약, 헤이그의정서 및 과테말라의정서

---

5) 김두환, 전게논문, 공법(空法, 제3호, 1990), 일본공법학회(日本空法學會) 발행, 93-94면.

6) 1989년8월10일부, 「법률신문」, 10면

7) 한국항공우주법학회, <학회소식>, 항공법학회지(제2호, 1990), 343면.

8) 한국항공우주법학회, <학회소식>, 항공법학회지(제3호, 1991), 321면.

9) 「항공운송계약법의 최종시안」의 주된 내용은 ① 여객항공권, 수하물표 또는 항공화물운송장의 기재사항, ② 항공여객, 수하물 또는 항공화물운송인의 책임(과실추정책임주의의 채택) 및 책임 한도액, ③ 피해자의 기여과실에 기인하는 항공운송인의 책임면제 또는 감경, ④ 항공운송인의 책임감면약정의 금지, ⑤ 항공운송인의 책임한도의 적용 배제(고의 또는 인식 있는 중대한 과실; wilful misconduct), ⑥ 항공운송사

의 일부내용을 수용하고 있었으며 주된 내용은 항공여객 및 화물운송계약을 중심으로 한 법률관계를 규정하였다.

그러나 필자는 상기 최종시안을 심의하는 도중 항공운송인의 책임 및 배상책임한도액 등에 관한 각국의 입법례 및 국제조약, 의정서 등을 살피어 본 결과 항공운송인의 계약 책임뿐만 아니라 항공기운항자의 지상 제3자에 대한 불법행위책임까지 포함시킨 새로운 「항공운송법요강시안」을 작성하는 것이 바람직하다고 필자는 제안한바 있었다.[10]

상기 『항공운송계약법 제정실무위원회』에서 오랜 동안동 최종시안을 심의한 끝에 최종시안 제8조에 각 여객에 대한 항공여객운송인의 배상책임한도액을 10만 계산단위라고 규정하고 이었으므로 상기배상책임한도액에 관하여 실무위원회에서 위원들 간에 원안대로 하자는 의견과 20만 계산단위 또는 무한책임으로 하자는 의견 등으로 대립되었다. 오랜 동안 여러 차례 토의를 하였지만 합의가 이루어지지 않았으므로 실무위원회는 마침내 그 기능을 발휘하지 못하게 된 체 아쉽게도 1993년 7월 이후 해체되고 말았다. 그 후 항공운송계약법의 입법추진은 더 이상 추진이 되지 않았다.

2006년 9월 7일 공군회관에서 개최된 공군이 주최한 「2006년도 항공우주법세미나」에 참석한 당시 법무부 법무실장[11]를 필자는 우연히 만나 현행 상법전 내 제6편에 항공운송에 관한 규정을 신설하자는 의견을 제시하여 이를 수용하였음으로 이때부터 상법개정 작업이 착수되었다. 그러나 2007년 5월 4일 법무부로 부터 『항공관련 법제도 정비 연구용역(연구과제명: 항공운송 및 우주개발관련 국제조약 및 외국입법례분석과 우리나라법제의 개선 과제)을 필자를 포함하여 5명의 교수(한국항공우주법학회 임원)[12]가 공동으로

용인에 대한 배상청구액의 한도, ⑦ 탁송수하물의 인도(추정적 효력의 인정), ⑦ 항공운송인에 대한 비계약적(불법행위책임 등)청구의 인정, ⑧ 항공화물의 처 분청구권의 인정, ⑨ 항공운송인에 대한 제소청구권의 시효 등으로 구성되어 있었다.

10) 상기 「항공운송법요강시안」 가운데에 규정할 주된 내용은, ① 입법 목적, ② 적용범위, ③ 「항공수하물」, 「항공화물」, 「항공운송」, 「항공운송인」, 「항공사고」, 「계산단위(SDR)」 등의 개념정립, ④여객항공권, 수하물표 또는 항공운송장의 기재사항, ⑤항공운송인의 책임원칙 및 책임한도액, ⑥피해자의 기여과실에 기인되는 항공운송인의 책임감면, ⑦ 면책특약의 금지, ⑧ 항공운송인의 책임한도의 적용배제(wilful misconduct), ⑨ 소의 명의, ⑩ 순차운송의 법률관계, ⑪ 운송인의 사용인(이행보조자)에 대한 책임, ⑫ 수하물 및 화물의 멸실 등의 통지의무, ⑬ 항공운송인에 대 한 소를 제기하는 기한, ⑭ 계약운송인 이외의 실제운송인에 의하여 행하여진 항공운송의 법률 관계(실제운송인의 책임 등), ⑮항공기의 추락 또는 파편의 낙하에 의한 지상 제3자에게 입힌 인적 또는 물적 손해에 대한 배상책임(不法行爲책임 등), 항공운송장 또는 화물수령증에 관한 추 정적효력(prima facie evidence)의 인정, 항공화물의 처분청구권의 인정, 제3자에 대한 청구권(求 償權), 전급금의 지급, 복합운송, 중재제도의 도입, 항공보험, 재판관할지, 항공운송인에 대한 제 소의 소멸시기(除斥) 등 이었다.

11) 전검찰총장 김준규(金晙圭)

12) 법무부의 용역과제 공동수행자: 책임연구원 홍순길교수, 연구원 김두환교수, 이강빈교수, 김종복 교수, 김선이교수

받아 각자 연구과제를 분담하여 6개월간 연구를 한 후 동년 10월 30일 법무부에 연구결과보고서를 제출한바 있다. 필자도 상기 연구과제를 분담하여 연구결과인 「상법개정시안 (제6편 항공운송 신설)」을 작성하여 법무부에 제출한바 이 상법개정시안을 법무부가 정식으로 받아들여, 2008년 1월 29일, 법무부는 「상법항공운송법제정 특별분과위원회 (교수3명, 변호사2명, 항공사 법무부장1명, 법무부 검사1명, 법무연구관1명 합계7명)」으로 구성하였다. 상기 법무부 「상법항공운송법제정 특별분과위원회」는 계속 작업을 하여 2008년 6월 상법개정시안 (42개 조문)을 제정하였다.

한편 국민들의 의견을 수렴하기 위하여 2008년 6월 25일, 법무부가 주최하는 공청회를 개최한바 있고 2008년 8월 6일부터 26일까지, 정부(법무부)는 「상법일부개정법률 안 (제6편에 항공운송법 조문을 신설)」을 입법·예고한바 있다. 정부(법무부)가 「상법의 항공운송편 일부개정법률(안)」 입법·예고한 이유는 다음과 같다. 우리나라 항공운송산업이 비약적으로 발전하여 세계 8위권에 진입하였음에도 불구하고 당사자 사이의 이해관계는 오로지 항공사가 제공하는 약관에만 의존하고 있어서 법적 안정성이 훼손될 우려가 있으므로, 승객과 화주의 권익을 보호하고 항공운송 당사자의 권리의무를 명확히 하기 위하여 상법 가운데에 「항공운송편」을 마련하였다. 2008년 09월 09일부터 2008년 12월 16일까지 법제처에서 상기 상법일부개정에 관한 법안심의를 마친 후 국무회의에 상정되어 12월23일, 「상법일부개정법률 안 (제6편에 항공운송법 조문 신설)이 국무회의에서 통과되었다. 2008년 12월 31일 정부는 상기 「상법일부개정법률 안 (제6편 항공운송, 40개 조문 신설13), 의안번호3382호)」을 국회에 제출하였음으로 2009년 1월 2일 국회의 법제사법위원회에 회부되어 동 법안을 심의한바 있다. 한편 국회법제사법위원회는 실무계 (항공사 등), 학계 및 법조계 등의 의견을 수렴하기 위하여 2010년 11월 22일(월) 「상법일부개정법률 안 (제6편 항공운송)」에 관한 공청회를 국회법제사법위원회 회의장(본관 406호실)에서 개최한바 있다. 2011년 4월 29일 상법일부개정법률 안 (제6편 항공운송 규정 신설)이 국회를 통과하였고 5월23일 정부가 공포하였음으로 6개월 후인 금년 11월 24일부터 대한민국 전 영역에 시행하게 되었음으로 이 문제를 해결하게 되었다. 금년 11월부터 우리나라의 개정상법의 시행은 세계의 상법전가운데 일본, 중국 및 프랑스보다도 앞서가는 세계 최초의 입법사례가 되었다.

---

13) 상법 제6편 항공운송(제896조-제935조)、제1장 통칙(3개 조문)、제2장 운송、제1절 통칙(5개 조 문)、제2절 여객운송(9개 조문)、제3절 물건운송(8개 조문)、제4절 운송증서(9개 조문)、제3장 지상 제3자의 손해에 대한 책임(6개 조문)、합계40개 조문으로 구성되어 있다.

제2절 항공운송약관의 문제

앞에서 언급한 바와 같이 국내항공운송에 있어서 항공운송인의 손해배상책임과 배상한도액에 관하여 대부분의 나라들(영국, 미국, 캐나다, 독일, 프랑스, 이탈리아, 일본, 스페인, 스위스, 오스트레일리아, 중국, 대만 등)은 상기 국제조약 및 의정서의 입법정신과 내용을 수용하여 공·사법규정을 넣은 자국의 항공법 또는 항공운송을 제정하여 시행해오고 있다.

그러나 한국과 일본은 국내항공운송에 있어 여객뿐만 아니라 화물사건에 대하여 항공운송인의 책임한계와 손해배상액을 규정한 일반법 또는 특별법이 없기 때문에 항공사의 국내항공여객약관 또는 화물운송약관에 따라 처리하고 있는 것이 오늘날의 실정이다. 특히 국내항공운송약관이 상기 조약 및 의정서의 내용과 일하지 않거나 또는 상기조약 및 의정서의 내용에 따라 제정된 항공회사의 운송약관이 국내법과 저촉되었을 때에는 약관의 법적효력 문제가 제기된다.

일본에서는 항공운송약관의 일부조항이 오사카지방법원의 판결에 의하여 무효로 된 사건이 있었으므로[14] 항공운송업계에 커다란 파문을 일으킨 바 있다. 이에 관한 대책으로서 일본은 항공법연구회 내에 항공운송특별위원회를 설치하여 항공운송법에 관한 국내입법 작업이 추진된 결과 1974년 「항공운송법요강시안」을 작성하여 공표 한 바 있었다.[15]

한국에서도 1981년 항공운송약관의 일부조항(여객에 의한 제소권의 행사기간은 2년)이 서울지방법원의 판결에 의하여 무효로 되어 한때 문제가 발생된 적이 있었다.[16]

이와 같은 약관의 규제방법으로는 사법적 규제, 행정적 규제, 입법적 규제방법 등이 있으나, 법원판결에 의한 사법적 규제와 행정관청의 인가에 의한 행정적인 규제방법 등은 약관규제 면에 한계성이 개재되어 있었으므로 문제점이 계속 일어나고 있었다.[17] 약관에

---

14) つばめ号航空機事故損害賠償請求事件, 大阪地法, 1967年6月12日, 下級民集第18卷, 5·6号, 641頁.

15) 日本航空運送法特別委員會, 「航空(旅客)運送法要綱試案」, 空法(第17号, 1974年), 73-80頁.

16) 항공기사고로 인한 손해배상청구소송사건(서울지법 제5부, 1981.9.24판결, 81가합1906, 손해배상): 一심에서는 대한항공의 국제선여객운송약관 제17호 제2항(여객의 제소권행사기간2년)을 인정받지 못하였지만 二심(서울고법 제9민사부, 1983년 3월 29일 판결, 81나3430, 손해배상)에서는 인정받은 사건이다; 항공기사고로 인한 손해배상청구소송사건(서울지법 제5부, 1981년 12월 10일 판결, 81가합 67, 구상금); 一심에서는 대한항공의 국제선화물운송약관 제17호 제1항(화물에 관한 손해배상의 청구기간)을 받아들이지 않았지만, 二심(서울고법 제5민사부, 1982년 7월 9일 판결, 82나720, 구상금)의 소에서는 받아들였던 사건이다.

17) 손주찬, 「보통거래약관의 효력규정의 신설, 상법개정의 론점, (한국상사법학회편), 삼영사, 1981,25 면 참조: 권오승, 「보통거래약관법시안」, 민사법개정의견서, (한국민사법학회편), 박영사, 1982, 402-422면 참조.

대한 사법적 통제는 이용자 및 소비자가 기업을 상대로 하여 소송을 제기하는 경우에만 이루어질 수가 있는데, 법률지식이 부족한 이용자 및 소비자가 법원에서 약관의 개별조항의 유효성을 다투는 것은 거의 힘든 일이므로 이용자들은 이와 같은 소송상의 위험부담 때문에 약관에 대해 법원에서 다투기를 꺼려하게 되고, 그 결과 기업가들은 불공정한 거래약관을 마음대로 사용할 수 있게 되어 사법적통제의 한계성을 드러내놓고 있었다.[18]

보통거래약관의 효력(구속력)의 근거에 대하여는 세 가지 학설이 있는데, ① 법률행위이론(일본 판례의 입장: 주장하는 학자, 戸田修三, 靑山善充), ② 상관습법이론(石井照久, 鈴木竹雄, 大森忠雄), ③ 자치법이론[정희철 (일정한 범위 내에서 제한을 가하고 있음), 안동섭] 등으로 구분되고 있었다.[19] 일본의 최근의 유력한 학설은 상관습법이론과 자치법 이론으로 되어 있는데, 상관습법이론의 내용만을 잠시 살펴보기로 한다. 이 설은 약관 그 자체를 상관습법으로 인정하는 것이 아니라 특정한 거래에 있어서 「약관에 의한다」는 것을 내용으로 하는 상관습법 내지 상관습이 성립된다고 보는 입장이다.

구체적인 약관을 상관습법 내지 상관습의 내용으로 보는 것은 아니기 때문에 백지상관습법설 내지 백지상관습설이라고 주장할 때도 있다. 즉, 일반적으로 거래가 약관에 의하여 체결되는 분야에 있어서는 당해거래 분야에 있어서의 계약은 「약관에 의한다」고 하는 관습법 내지 「사실인 관습」이 존재하기 때문에, 개개의 계약은 약관에 의하여 지배된다고 주장하는 학설이다.[20] 약관에 대한 행정적 규제방법은 행정관청의 인가에 의한 규제하는 방법인데, 이것으로 약관에 대한 규제에 만전을 기할 수 있다고 하기는 어렵다고 본다. 학설·판례에는 행정관청의 인가유무는 약관의 효력에 영향이 없다는 견해도 있다.[21] 특히 1989년 3월 31일 한국정부내의 경제기획원소속의 약관심사위원회에서 대한항공의 국내선항공운송약관의 일부조항이 무효 심결을 받은 최초의 결정이 있었는데 그 내용은 다음과 같다.

청구인 한국소비자보호원 원장 최동규는 대한항공의 국내선항공운송약관 제44조1항에 규정하고 있는 「여객의 사상에 대한 배상책임」은 계약불이행 또는 불법행위에 기인된 손

---

18) 권오승.전게서 406면 참조: 1929.12.24, 民錄 21輯, 2182面: 大板高判, 1963.10.3, 判例時報 369號, 42面.

19) 河本一郎, 「普通取引約款の拘束力」, 商法の爭點, (1978, 有斐閣), 6-7面 參照; 大塚龍兒, 「約款解 釋方法」, 民法の爭點(加藤一郎編), (1978, 有斐閣), 224-227面 參照; 이은영, 「보통거래약관의본 질 (하)」, 사법행정, (1983, 9 한국사법행정학회편), 34-41면 참조.

20) 河本一郎.前揭論文 6面: 普通去來約款의 拘束力에 관한 學說中 商慣習法理論에 따르고 있다(筆者).

21) 손주찬, 전게서, 25면; 日本最高裁判所, 1970, 12,. 24, 民集 第24卷 13號, 2187面; 河本一郎, 前揭論文, 6面.

해에 대해서는 일반의 배상책임은 별도로 제한하고 있으므로 국제운송에 있어 10만 SDR(당시 약13만 달러)로 규정하고 있는 것에 대하여 국내선은 7만 5천 달러로 규정하고 있는 것은 「법 앞에서는 평 등하다는 사람」을 차별하는 것이기 때문에 항공운송계약의 공정성의 향상과 피해자보호를 강화하기 위하여 운송약관 가운데 부당한 내용은 개선되지 않으면 아니 된다고 청구하였다.

청구인은 대한항공의 국내운송의 배상한도액을 폐지하거나 또는 적어도 국제선과 과 동일하게 배상한도액을 조정하지 않으며 아니 된다고 피청구인인 (주)대한항공의 대표이사에 대한 심사청구서를 경제기획원장관에게 제출하였다(約款規制法 제19조). 경제기획원장관은 「이 약관조항의 문제점을 약관심사위원회에 회부하였으며 동위원회에서 심의한 결과 대한항공의 국내여객운송약관 제44조 1항은 무효로 심결 하였다.

그 심결이유는 ① 국제항공운송에 있어 운송인의 배상책임한도액은 유한책임원칙을 규정하고 있는 조약에 기초하여 결정되지만 국내운송에 있어서 운송인의 배상책임한도액은 각 나라의 국내법 또는 운송약관은 독자적으로 규정할 수 있는 것이므로(미국과 일본은 무한책임주의를 채택하고 있음) 각 나라의 경제사정 및 생활수준 등에 따라 그 한도액은 틀리는 것이므로 한국의 최근의 경제사정 및 미국의 원화의 환산율 등을 감안한다면 인적손해에 대한 배상한도액을 7만5천 달러로 국내여객운송약관에 규정한 것은 실정을 반영하였다고 볼 수가 없으며 국내의 다른 운송분야에 있어 인적손해에 대한 통상의 배상액에도 달하지 않는 저액의 한도액이기 때문에 약관의 규제에 관한 법률 제6조 제3항 1호에 규정되고 있는 「고객에 대한 부당한 불리한 조항」에 해당됨으로 이 약관 제44조 1항의 책임한도액인 「미화 7만 5천 달러」로 규정한 부분은 무효라고 심결 하였다.[22] 그 후 이 심결에 의하여 1989년 5월 16일부터 대한항공과 아시아나항공은 함께 국내선여객운송약관[23]을 개정하여 국제선여객운송약관과 똑같이 항공운송인의 손해배상책임한도액을 대폭 인상하여 여객1인당 배상한도액을 10만 SDR로 결정하여 시행한바 있다.

---

22) 金斗煥, 「韓國における航空運送人の責任に關する法規制の現狀と比較法的考察」, 空法(第3号 1990), 日本空法學會發行, 85-87頁.

23) 1989년의 대한항공의 국내선여객운송약관 제44조 및 아시아나항공의 국내선여객송약관 제41조 참조; 1989년8월7일부, 「법률신문」, 10면 참조.

제3절 항공운송인의 민사책임에 관한 세계 각국의 입법례

세계의 많은 나라들(50여 개국)은 항공운송인의 손해배상책임과 배상한도액에 관련된 규정을 항공법 또는 다른 특별법 가운데 정하여 시행해오고 있으며 독일, 프랑스, 캐나다, 중국 등 일부의 나라에서는 항공법 가운데 공법적인 규정과 항공운송인의 민사책임에 관한 사법적인 규정을 함께 규정하여 혼재 한체 시행해 오고 있다.

그러나 우리나라와 일본에서는 항공법 가운데 주로 공법적인 규정만을 중심으로 규정하고 있으며 민사책임에 관한 사법적인 규정은 거의 규정하지 않고 있다. 독일, 캐나다 등의 일부 나라에서는 항공운송인의 민사책임에 관한 1929년의 바르샤바조약, 1955년의 헤이그의정서, 1961년의 과다라하라조약, 1975년의 몬트리올 제1, 제2, 제3추가의정서와 몬트리올 제4의정서[24]및 1999년의 몬트리올조약[25], 1952년 및 1978년의 개정로마조약 등의 주된 내용을 항공법 가운데에 수용하여 시행해 오고 있다.

1. 영 국

영국에서는 1919년부터 항공운항법(Air Navigation Act)을 제정하여 시행해 오고 있었지만 1949년에 공·사법규정이 혼재되어 있는 민간항공법(Civil Aviation Act)으로 대체하여 시행해 오고 있었다. 그 후 이 민간항공법을 보완하기 위하여 1968년, 1971년, 1978년, 1980년, 1982년, 1988년, 1989년, 1990년, 2000년, 2001년, 2003년, 2004년 6월 1일에 각각 개정하여 현재 시행해 오고 있다.

영국은 1929년의 바르샤바조약의 내용을 수용하여 국내입법에 의하여 제정된 항공운송법(The Carrige of Air Act)은 1955년의 헤이그의정서와 1961년의 과다라하라조약이 발효됨에 따라 또다시 개정되었다. 1975년의 몬트리올 제2, 제3추가의정서, 제4의정서의 내용을 수용하여 1979년의 항공운송 및 도로법을 제정하여 시행한바가 있으며 이 법은, 항공운송에 관한 법률이다. 영국은 1999년의 몬트리올조약을 1999년 5월 28일에 서명하

---

24) Doo Hwan Kim, "*The Innovation of the Warsaw System and the IATA Intercarrier Agreement*", The Utilization of the World's Air Space and Free Outer Space in the 21st Century (Book), Kluwer Law International, 2000, The Netherlands, at 66-67.

25) 1999년의 몬트리올조약은 미국을 비롯하여 30개국이상이 비준하였기 때문에 2003년 11월 4일부터 전 세계적으로 발효가 되었다. 그 후 이 조약은 가입국이 계속 늘어나 2011년 8월 11일 현재 102개국이 가입되어 있다.

였고 2004년 4월 29일에 비준하였으므로 2004년 6월 28일부터 영국 내에서 발효되었다.[26)

2004년의 개정민간항공법 제9편 A 국제항공운송에서는 국제항공운송인의 민사책임과 관계가 있는 14개 조문을 규정하고 있으며 그 주요한 내용은 ① 법으로서의 효력이 있는 조약, ② 특히 과다라하라조약과 몬트리올조약의 적용, ③ 치명적인 사고, ④ 소송제기 기한, ⑤ 기여과실, ⑥ 유한책임(limited liability), ⑦ 계산단위(SDR)의 가치, ⑧ 체약국 당사자에 대한 소송관계, ⑨ 몬트리올조약의 당사국에 대한 소송 등의 규정이 있다.

동민간항공법 제9편 B국내항공운송에서는, 국내항공운송인의 민사책임과 관계가 있는 19개 조문을 규정하고 있으며 그 주요한 내용은, ① 실제운송인에 의하여 이행되는 운송에 관한 규정, ② 순차운송인에 의하여 이행되는 운송에 관한 규정, ③ 지연(delay)과 관계가 있는 운송인의 책임, ④ 책임의 기피, ⑤ 기여과실, ⑥ 책임제한, ⑦ 중대한 과실 또는 무모한 행위, ⑧ 운송인의 사용인 또는 대리인, ⑨ 손해 및 책임의 총체, ⑩ 불법행위자, ⑪ 운송인간의 관계, ⑫ 소송의 제한, ⑬ 복합운송 등이 있다.

1979년의 항공운송 및 도로법(Carriage by Air and Road Act)의 내용에도 몬트리올 제3 추가의정서를 수용하여 항공여객운송인의 손해배상 책임한도액을 여객 1인당 10만 SDR로 규정하고 있다.

2. 미 국

미국에서는 바르샤바조약을 1934년 7월 31일, 비준하였기 때문에 1934년 10월 29일부터 발효되었다.

그러나 미국정부는 헤이그의정서를 1956년 6월 28일에 서명한 이후 47년간이라는 오랜 세월 동안 비준을 하고 있지 않고 있다가 마침내 2003년 9월 15일 비준을 하였기 때문에, 2003년 12월 14일부터 발효하게 되었다. 그러나 미국정부는 몬트리올 제3 추가의정서를 1971년 3월 8일에 서명을 하였지만 아직도 현재까지 비준은 하지 않고 있다.

실인즉 미국에서는 이 몬트리올 제3추가의정서를 과거 닉슨, 포드, 카터 행정부에서 미국상원의 비준을 얻으려고 강력히 추진하였으나 실효를 거두지 못하였고 레이건 행정부(Reagan Administration)에서도 이 의정서에 대하여 비준을 얻으려고 강력히 요청하면서 이 제3 및 제4 추가의정서는 국제항공운송을 이용하는 미국시민의 이익에 명확하게

---

26) http://www.icao.org/cgi/goto_m.pl?/icao/en/leb/treaty.htm

가장 잘 봉사하여 줄 수 있는 조약이라고(……a treaty which clearly serves the best interests of U.S citizens using international air transportation)하고 당시 부통령이 직접 사회를 보면서 투표에 임하였으나 통과선인 3분의 2의 득표를 얻지 못하여 실패로 돌아갔다.

투표결과는 이 비준에 찬성한 상원의원은 50표이고 반대하는 의원은 42표, 기권1표, 투표에 참가하지 않은 의원 7표로서 상원의 전체의 의원은 100명으로서 통과선인 3분의 2의 선인 의원 67명 이상의 찬성표를 얻어야만 하는데 17표를 더 득표를 하지 못하였기 때문에 실패로 돌아가고 말았다. 이 투표결과는 전세계 항공국가들의 관심의 대상이 되었던 사항으로서 예의 주시하고 있었으며 미국의 비준만을 기다리고 눈치를 보고 있었던 국가들에게는 심한 충격을 안겨다 주었다.27)

미국의 국내항공운송인의 책임은 무한책임이며, 인적손해배상책임한도액이 여객 1인당(사상자) 1,000,000달러까지 미국지방법원의 판결이 내려지고 있는 실정이므로 (과테말라의정서 제35조에서는 조약상의 배상책임한도액이상으로 국내보조조치를 할 수 있는 규정이 있음) 몬트리올 제3추가의정서상의 100,000SDR는 너무 낮은 금액이고 미국시민의 권익·옹호면에 문제점이 있다고 보아 입법부는 사법부의 판결이유도 고려하여 비준을 반대하였던 것이다. 미국은 국토가 광활하기 때문에 미국시민의 일상생활 면에 있어 항공운송의 비중은 매우 중요한 지위를 차지하고 있을 뿐만 아니라 이는 곧 선거와 관련되므로 배상한도액을 인상시키려는 미국의회 쪽의 주장도 일리가 있었다.

이 때 당시 미국사회에서 몬트리올 제3추가의정서상의 항공운송인의 책임원칙인 무과실책임주의와 인적손해배상책임한도액 100,000SDR에 대하여 개발도상국가(77그룹의 나라들과 비동맹국가중 일부 나라들)에서는 너무 고액이고 운송인에게 무거운 책임이라고 주장하는 반면에, 미국은 배상책임한도액이 저액이라는 이유로 비준을 기피하려는 경향이 있었다.

미국은 1975년 9월 25일, 몬트리올 제4의정서를 서명한 후 1998년 12월 4일에 비준하였고 발효일은 1999년 3월 4일이다. 한편 미국은 세계최신의 조약인 1999년의 몬트리올조약을 1999년 5월 28일에 서명하였고 2003년 9월 5일, 비준하였기 때문에 발효일은 2003년 11월 4일이다.28) 미국에 있어서 California주, Delaware주29), Missouri주를 비롯

---

27) George N.Tompkins, "The Defeat of the Montreal Protocol in the U.S Senate……What Next?", Lloyd's Aviation Law, Sep. 15, 1983. at 1-5.

28) http://www.icao.org/cgi/goto_m.pl?/icao/en/leb/treaty.htm

29) http://www.delcode.state.de.us/title2/c003

하여 23개 주30)에 의하여 채택되고 있는 1920년의 항공통일주법(Uniform State of Law of Aeronautics)은 항공운송인의 각 여객에 대한 사망과 부상 또는 물건의 손괴에 관한 절대책임(absolute liability), 항공기충돌에 기인된 손해배상책임(불법행위적용), 지상 제3자의 손해에 대한 운항자의 책임, 항공운송인의 민사책임에 관한 규정 등을 정하고 있다.

미국에 있어 대다수의 주에서는 지상 제3자의 손해에 대한 운항자의 책임에 관한 법규를 가지고 있지만 각각의 주마다 법규의 내용이 다르기 때문에 이와같은 다른 내용에 의하여 발생되는 불편을 제거하기 위하여 항공통일주법이 제정된바 있다. 이 항공통일주법이 채택하지 않고 있는 주에 대해서는 보통법(common law)의 원칙이 적용되고 있어 사건해결에 있어 과실책임의 원칙에 의거 처리되고 있다.31)1953년의 미국연방항공법 (Federal Aviation Act of 1953)은 공·사법규정이 혼재되고 있으며 여러 차례 개정하면서 시행해 오고 있다. 미국 내의 항공기사고에 기인되는 손해배상청구사건에 있어서는 대부분이 연방불법행위청구법(Federal Tort Claims Act)을 적용되고 있으므로 원고가 고의 또는 과실을 입증하는데 시간이 많이 걸리고 있어 희생자와 유족 등의 손해배상이 적절한 시기에 이루어지지 않고 있어 피해자 등에게는 막대한 타격을 주고 있다.

미국의 렌드용역회사(US Rand Corporation)의 연구보고서에 의하면 손해배상청구소송사건에 있어 화해에 도달하는데 평균2년이 걸리고 있으며 재판이 진행되고 있을 때에는 평균4년 이상이 소요되고 있다. 미국에서는 바르샤바체제하에 있는 국제항공운송인의 유한책임한도액을 「깨뜨리기(breakable)」위하여, 항공사 측의 「인식 있는 무모한 과실 (wilful misconduct)」을 입증하는 데는 평균 7년 이상 걸리고 있다고 있다. 더욱이 상기 연구보고서에 의하면 바르샤바조약에 기초한 미국인의 원고 등은 1970년부터 1982까지 사이에 발생된 항공기사고에 의한 손해배상청구소송사건에 있어 평균 20만 달러를 받은 바 있었지만 미국 내의 불법행위책임제도하에서는 평균 49만 달러를 받은 바 있다고 보고한바 있다.32)

여하간 미국은 일본 및 한국과 똑같이 국내항공운송인의 책임은 무한책임이기 때문에 최근의 보도에 의하면 미국 내의 불법행위책임소송에 있어서 원고가 평균 80만~100만 달러 까지 손해배상액을 받은 바 있다.

---

30) Journal of Air Law and Commerce (USA), Vol.19, No.2 1952, at 166.

31) 池田文雄, 「地上損害と事責任」, 空法(第1号, 1955), 日本航空法學會發行, 68-69頁.

32) Doo Hwan Kim, "*Liability of Governmental Bodies in International Civil Aviation,*" The Highways of Air and Outer Space over Asia, Martinus Nijhoff Publishers, The Netherlands, 1992, at 189.

3. 캐나다

캐나다는 1929년의 바르샤바조약[33] 및 1955년의 헤이그의정서[34]의 가입국이었고 1971년의 과테말라의정서를 1971년 3월 8일에 서명을 하였지만 아직도 비준은 하지 않고 있다. 1975년의 몬트리올 제4의정서는 1975년 12월 30일에 서명하였고 그 후 1999년 8월에 27일에 비준하였기 때문에 발효일은 1999년 11월 25일이다. 1999년의 몬트리올조약은 2001년 10월 1일에 서명하였고 그 후 2002년 11월 19일에 비준서를 ICAO에 기탁하였기 때문에 발효일은 2003년 11월 4일이다.

2004년의 캐나다항공운송법(Carriage by Air Act)[35]에서는 여객, 수하물 및 화물의 손해에 대한 국제항공운송인의 책임요건 및 배상한도액에 관하여 제1 부속서는 바르샤바조약을, 제2 부속서는 여객이 사망한 경우에 운송인의 책임에 관한 규정을, 제3 부속서는 헤이그의정서를, 제4 부속서는 과다라하라조약을, 제5부속서는 몬트리올 제4의정서를, 제6 부속서는 1999년의 몬트리올조약을 각각 적용하게 된다고 규정하고 있다. 상기 캐나다항공운송법은 2009년 3월 20일에 개정된바 있다. 상기 캐나다항공법의 6개 부속서에 규정하고 있는 3개의 조약과 2개의 의정서는 국제항공운송에 적용되고 있으며 이러한 것들의 적용범위에 있어서 상기조약과 의정서 등은 법률로서의 효력(the force of law)을 가지고 있으며 국내항공운송에는 적용될 수가 없다.

4. 유럽연합(EU)

지난 20년 동안 유럽연합(EU)은 항공에 대한 단일시장의 창설에 기인되어 혁명적인 변화를 경험했다. 항공운송산업의 모든 역할 자들은(고객, 항공사, 공항과 종업원들) 새로운 항공노선과 공항, 선택의 자유, 낮은 운임, 서-비스의 전체적인 개선으로 혜택을 받았다. 여하간 EU 이외의 국가로 비행을 할 때 항공사들은 아직도 상업적인 자유를 충분히 누릴 수가 없었고 승객들은 항공사의 선택의 자유도 다소 불편하였다. 국제항공은 전통적으로 관심 있는 노선에 항공사의 수를 제한하였고 비행편수, 가능한 목적지 들을 제한

---

33) 캐나다는 바르샤바조약을 1947년 6월 10일에 비준하였으므로 캐나다 내에 발효일은 1947년 9월 8일이다.

34) 캐나다는 헤이그의정서를 1956년 8월 16일에 서명하였고 그후 1964년 4월 18일에 비준 하였으므로 1964년 7월 17일부터 발효되었다.

35) R. S. 1985, c. C-26; Revised Statutes of Canada, 1985, Vol. Ⅱ. Queens Printer For Canada, Chapter C-26.

하는 개별국가 간의 양자 간 항공협정에 의하여 지배되어 왔다.

이와 같은 제한들을 극복하기 위해, EU는 국경을 넘는 항공 정책을 확대시켜 왔다.

첫째, EU단일 시장에서 유래한 운항의 자유와 일치하지 않은 항공협정들은 EU영역 밖으로의 비행할 때에 유럽항사들이 동등한 입장을 확실히 법적인 보장을 받을 수 있도록 개정할 필요가 있다. 둘째, 유럽 연합 (EU)은 지중해와 동유럽에 있는 인접국가 들과 2010 년까지 「공동항공영역」을 구축하기 위해 작업을 해 오고 있다. 셋째, EU가 다른 주요 국제파트너와 함께 「개방화된 항공영역」을 구축하려고 추진하고 있다.[36] 긴밀한 국제 관계는 개방된 시장뿐만 아니라 유럽연합 (EU)은 국제항공운송의 안전과 보안의 높은 수준을 보장하고 환경에 대한 항공의 충격을 해결하기 위해 보다 효과적으로 다른 국가와 함께 작업을 할 수가 있다.

1990년대에 들어와서 항공운송인의 책임체계의 개선에 관한 국제적인 노력이 답보상태에 있었지만 유럽연합(EU)만큼은 독자적인 개선노력을 모색하여왔다. 이와 같은 개선노력의 일환으로 1994년의 유럽민간항공운송회의(European Civil Air- Carriage Conference; ECAC)의 결의에 따라 회원국들에게는 기존의 책임체계를 유지하되 인명사고에 대해서는 배상책임한도액을 25만 SDR(Special Drawing Right; 특별인출권: 이하SDR이라고 약칭함) [37]로 인상할 것을 권고하였다.[38]

더욱이 유럽연합집행위원회(European Committee)는 EU회원국들 간에 조화된 항공정책의 수립을 목표로 하여 1995년에 항공운송인의 배상책임한도액을 일괄적으로 60만 Ecu[39]로 인상하는 개정안을 준비하였다.

그러나 1995년에 국제항공운송협회(IATA)는 국제항공운송인간협정(IATA Intercarrier Agreement)[40]을 체결하여 10만 SDR까지는 엄격책임(strict liability)을 택하였고 그 상한

---

36) http://ec.europa.eu/transport/air/international_aviation/international_aviation_en.htm

37) 국제통화기금(IMF)의 통화단위이다. 주요국의 통화단위인 미국의 달러, 유럽련합의 Euro 화, 일본의 엔화, 영국의 Pound화의 통화가치를 가중평균하여 SDR(Special Drawing Right: 특별인출권: 계산단위)의 가치로 정하여지게 된다. 대략 1 SDR은 미국의 1 달러(US Dollar)의 가치를 가지고 있지만 세계경제의 호황 또는 불황에 의하여 그 가치는 매일 변동되고 있다. 2011년 8월 16일 현재 1 SDR의 가치는 1,60 달러이다(http://www.imf. org); 일본국제해상물품운송법 제13조(책임の한도), 한국상법 제747조(책임의 한도액) 및 제789조의2(책임의 한도)에서는 SDR를 계산단위(unit of account)로 번역하고 있어 통화표시단위로서 사용하고 있다.

38) Empfehlung ECAC/16-1, BAnz v. 3. 12. 1994, S. 12446.

39) 대략 60万 Euro에 해당된다.

40) IATA Inter-carrier Agreement on Passenger Liability, adopted at the IATA Annual General Meeting at Kuala Lumpur on 31 October 1995.

액을 초과하는 제2단계에서는 무한 및 과실추정책임을 택하는 이원적 배상책임제도를 채택하였으므로 유럽연합집행위원회(European Committee)도 종래의 입장을 변경하였다.

즉 유럽연합(EU)도 IATA의 국제항공운송인간협정의 내용과 대체로 같게 항공운송인에게 무과실책임을 부담시킨 「항공사고에 대한 항공운송인의 책임에 관한 시행령(2027/97)」을 제정하였다. 동시행령은 원칙적으로 승객이 입은 손해에 대하여 법률 또는 약정에 의하여 제한할 수가 없는 운송인의 무한책임을 강행적으로 규정하였지만(제3조) 10만 SDR까지는 무과실책임을 채택하였고 그 이상에 대해서는 과실추정책임을 부담시키는 이원적인 책임체계를 도입하였다.

특히 피해자에 있어서는 항공기사고가 발생된 후 2주간 내에 일정한 손해배상액을 미리 지급할 것을 의무화시켰다. 예를 들면 승객이 사망할 때에 15,000SDR까지는 미리 지급토록 하는 것을 핵심적인 내용으로 하고 있다. 독일은 유럽연합의 회원국이기 때문에 동시행령의 내용을 1999년에 항공운송법의 개정을 통하여 국내법에 반영시킨바 있다.[41]

5. 독 일

(1) 항공운송법의 개정경위와 항공관계 조약의 비준

독일에 있어서는 세계 제1차대전의 종전 후 1922년 8월 1일에 본격적으로 항공운송법(Luftverkehrsgesetz)을 제정[42]하였으므로 대륙법계의 항공법 중 가장 잘 정비된 법으로서 비교항공운송법의 영역에서 중요한 비중을 차지하고 있다. 그 후 이 법은 1933년, 1936년, 1938년, 1943년에 각각 개정되었고 세계 제2차 대전의 종전후에도 1959년에 전면적으로 개정되었지만 계속하여 새로운 국제조약의 체결과 항공운항기술의 발달 등 시대변천에 호응하기 위하여 1968년, 1970년, 1971년, 1980년, 1982년,[43] 1990년, 1999, 2002년, 2003년, 2004, 2007년, 2010년에도 각각 개정된 바 있다.

---

41) 그러나 동시행령의 제정은 몬트리올조약안을 준비하고 있었던 국제민간항공기관(ICAO) 의 실무그룹에 영향을 주었고 1992년, 일본이 항공사의 국제선항공운송약관을 개정하여 국제항공운송인의 책임에 관하여 세계 최초로 무한책임제도를 도입(Japanese Initiative) 한 내용과 1995년의 국제항공운송협회(IATA) 의 「여객책임에 관한 운송인간의 협정」의 내용들이 1999년의 몬트리올조약의 내용에 일부가 반영되었다; Schmid/Müller-Rostin, In-Kraft-Treten des Montrealer Übereinkommen von 1999, NJW 2003/49, S. 3517f.

42) 獨逸帝國官報, I, 1922, S.681.

43) 1982년의 개정항공운송법(Luftverkehrsgesetz)에서는 국제항공운송인의 배상책임한도액을 여객 1인당 32만 마르크로 규정한바 있다.

독일항공운송법은 항공행정규제법과 같은 공법적인 사항과 항공운송인의 운송계약 책임을 중심으로 한 항공 사법적인 사항을 하나의 법률 가운데 한데 합쳐 규정되어 있으므로 공·사법적인 규정이 혼재되어 있는 것이 그 특색으로 나타나고 있다.

특히 항공사법적인 사항에 관하여 항공기 운항자의 책임을 운송 외의 책임(항공기운항자의 지상 제3자에 대한 책임: 불법행위책임)과 군용기의 책임까지 분류하여 규정하고 있는 점이 그 특징으로 나타나고 있다.

독일은 1929년의 바르샤바조약[44], 1955년의 헤이그의정서[45]및 1961년의 과다라하라조약[46]의 가입국이지만 그밖에 1971년의 과테말라의정서를 1971년 3월 8일에 서명하였으나 아직도 비준은 하지 않고 있다. 독일의 항공운송법(LuftVG)은 운송인의 운송계약에 기인한 책임에 관하여 바르샤바/헤이그조약, 과다라하라조약, 1952년 및 1978년의 개정 로마조약의 주요한 내용을 대폭적으로 수용하였다.

독일은 전 세계적으로 발효된 1999년의 몬트리올조약을 1999년 5월 28일에 서명하였고 2004년 4월 29일에 비준서를 ICAO에 기탁하였으므로 2004년 6월 4일부터 독일국내에 발효되었다. 국내항공운송에도 1999년의 몬트리올조약의 내용과 유럽연합이사회가 제정한 바 있는 항공관계시행령을 적용시키기 위하여 2004년 4월 6일, 독일항공운송법을 개정하였고 2004년 5월 24일 공포하였으므로 2004년 6월 28일부터 발효되었다.

더욱이 2004년의 독일개정항공운송법가운데 항공운송인의 책임(운송계약책임)에 관한 관련규정(동법 제44조부터 56조까지) 등을 1999년의 몬트리올조약의 내용과 일치시키기 위하여 대폭적으로 개정하였던 것이다.

독일의 항공운송법은 항공운송계약에 따라 운송을 한 경우에 항공기사고로 인하여 발생된 승객의 사망·상해 또는 건강침해, 여객운송의 지연 등(인적손해)와 승객의수하물 또는 화물의 파괴, 손상, 멸실 및 운송지연 등(물적 손해)에 대한 손해배상책임과 손해배상책임을 보전하기 위한 보험 등, 항공운송인의 민사책임을 규정한 것이 독일항공운송법의 중요한 내용이다.

독일은 유럽연합(EU)의 회원국이기 때문에 EU의 항공운송에 관한 법규를 국내법에 반영시킬 의무가 있다. 따라서 항공사에 대한 영업허가의 교부에 관하여 1992년 7월 23

---

44) 독일은 바르샤바조약을 1929년 10월 12일에 서명하였고 1933년 9월 30일에 비준하였다.

45) 독일은 헤이그의정서를 1955년 9월 28일에 서명하였고 그 후 1960년 10월 27일에 비준하였으므로 1963년 8월 1일부터 발효되었다.

46) 독일은 과다라하라 조약(Guadalajara Convention)을 1961년 9월 18일에 서명하여 1964년3월27일에 비준하였으로 1964년 5월 31일부터 발효되었다.

일의 유럽연합이사회의 92/2407시행령[47]및 2002년 5월 13일 유럽의회와 이사회의 889/2002시행령에 따라 개정된 「항공사의 사고책임에 관한 1997년 10월 9일의 유럽연합이사회2027/97의 시행령」[48]이 적용되었다(독일개정항공운송법 제44조).[49] 항공기사건을 처리하는 해당 규정이 상기국제조약 및 유럽연합의 법 규정에 없는 경우에는 보충적으로 독일개정항공운송법 중에 있는 책임에 관한 규정이 적용된다.

(2) 개정항공운송법의 구성

2010년 8월 5일에 개정된바 있는 항공운송법은 5개장(제1장 항공운송; 제1절 항공기 및 항공운송종사원, 제2절 공항, 제3절 항공운송기업 및 주선, 제4절 운송규정, 제5절 공항정비, 비행안전 및 비행 기상안내, 제6절 전의 소유관계와 공용징수, 제7절 공통규정), 제2장 책임, 제3장 형벌과 벌금, 제4장 항공운송관계사항의 시행일, 제5장 경과부칙)과 11개절 및 전문 73개 조문으로 구성되어 있다. 특히 이 법 가운데 항공운송인 및 항공기 운항자의 민사책임과 관계가 있는 장 및 절은 제2장 책임, 제1절 항공기에 의하여 운송하지 않는 자(지상 제3자)와 물건에 대한 책임, 제2절 운송계약책임, 제3절 군용항공기에 관한 손해배상책임, 제4절 손해배상책임에 관한 공통규정 등으로 분류되어 구성되고 있으며 상기 장·절의 조문은 동법 제33조부터 제56조까지 23개 조문을 규정하고 있다.

---

47) ABlEG Nr. L 240 S. 1.

48) ABlEG Nr. L 285 S. 1.

49) LuftVG § 44 Anwendungsbereich

Für die Haftung auf Schadensersatz wegen der Tötung, der Körperverletzung oder der Gesundheitsbeschädigung eines Fluggastes durch einen Unfall, wegen der verspäteten Beförderung eines Fluggastes oder wegen der Zerstörung, der Beschädigung, des Verlustes oder der verspäteten Beförderung seines Reisegepäcks bei einer aus Vertrag geschuldeten Luftbeförderung sowie für die Versicherung zur Deckung dieser Haftung gelten die Vorschriften dieses Unterabschnitts, soweit

4. das Übereinkommen vom 28. Mai 1999 zur Vereinheitlichung bestimmter Vorschriften über die Beförderung im internationalen Luftverkehr (BGBl 2004 II S. 458) (Montrealer über einkommen) und das Montrealer-Übereinkommen-Durchfuhrungsgesetz vom 6. April 2004(BGBl. I S. 550),

5. die Verordnung (EWG) Nr. 2407/92 des Rates vom 23. Juli 1992 über die Erteilung von Betriebsgenehmigungen an Luftfahrtunternehmen (ABl. EG Nr. L240 S. 1), in der jeweils geltenden Fassung, und

6. die Verordnung (EG) Nr. 2027/97 des Rates vom 9. Oktober 1997 uber die Haftung von Luftfahrt unternehmen bei Unfallen (ABl. EG Nr. L 285 S. 1), geändert durch die Verordnung (EG) Nr. 889/2002 des Europäischen Parlaments und des Rates vom 13. Mai 2002 (ABl. EG Nr. L 140 S. 2), in der jeweils geltenden Fassung, nicht anwendbar sind oder keine Regelung enthalten.

(3) 항공운송인의 책임과 배상의 범위

항공운송인의 책임발생에 대한 원인에 관하여 몬트리올조약 제17조에서는 종래의 바르샤바조약 제17조와 똑같이 여객의 사망 또는 신체상의 상해(bodily injury)으로 규정하고 있으므로 특히 신체상의 상해에 관해서는 정신적인 상해(mental injury)까지 포함되느냐 또는 포함되지 않느냐에 관하여 학설상의 대립이 있었지만 다수설은 포함되지 않는다고 주장하고 있다.

몬트리올조약 제17조[50])의 신체상의 상해의 해석에 관해서는 체약국들의 법원해석(판지)에 맡겨놓고 있다고 해석되어진다. 그러나 독일의 개정항공운송법에서는 손해배상의 대상이 되고 있는 손해의 종류에 사망, 신체상의 상해 또는 기타 건강적인 상해(sonst gesundheitlich geschädigt)에 의하여 발생된 손해에 대하여서도 항공운송인의 배상의무로 규정하고 있다(동법 제45조 1항). 이 조문은 독일개정항공운송법상의 손해배상의 범위로, 사망, 신체상해 또는 건강을 침해하는 기타의 정신상해(mental injury)까지 광범위하게 규정하고 있다. 더욱이 이 조문의 제2항에 규정하고 있는 여객의 건강상해(Gesundheitsbeschädigung eines Fluggastes)에는 정신적인 상해를 포함시키고 있으므로 법 해석론의 입장에서 본다면 과테말라의정서 제17조에 규정하고 있는 여객의 신체상의 상해(personal injury)의 내용과 대체적으로 같은 의미이므로 정신상의 손해(mental loss)의 포함여부에 관한 학설상의 논쟁을 입법론적으로 해결하였다고 볼 수가 있다.

(4) 항공운송인의 배상책임의 한도액

독일개정항공운송법 제45조에서는 유럽연합의 항공운송시행령 및 몬트리올조약 제21조와 똑같이 항공여객운송인에 대하여 이원적 배상책임제도(二元的 賠償責任制度)를 수용하고 있다. 먼저 이 조항은 항공사고로 인하여 발생된 승객의 사망·신체상해·건강침해 등에 대하여 항공운송인에게 손해배상책임을 부과시키고 있다(동법 제45조 제1항).

동법 제45조 제1항의 사고에 대하여 항공운송인은 여객1인당 113,100계산단위 한도내에서 배상책임을 부담한다(동법 제45조 2항).[51])

---

50) 關口雅夫, 「國際航空運送についてのある規則の統一についての條約(1999年モントリォール條約)」, 駒澤大學法學部政治學論集(第50号, 平成11月1日發行), 23—24頁; 小林登, 「1999年モントリォール條約における國際航空運送人の責任—旅客運送責任に關する規定を 中心として」, 空法(第42号, 2001), 日本空法學會發行, 27-28頁; 김두환, 「국제항공운송인의 책임에 관한 최신몬트리올조약의 주요내용과 논점」, 항공진흥(2003년제1호/ 통권29호), 한국항공진흥협회발행, 151-152면.

51) LuftVG § 45 Haftung für Personenschäden
(1) Wird ein Fluggast durch einen Unfall an Bord eines Luftfahrzeugs oder beim Ein- oder

그러나 발생된 손해가 항공운송인 또는 사용인의 위법 및 과실이 있는 작위 또는 부작위에 의하여 발생되지 않았다는 것과 또한 발생된 손해가 외면적(ausschliesslich)으로 제3자의 위법 및 과실이 있는 작위 또는 부작위에 의하여 일어난 손해배상총액에 대하여도 동일하게 적용된다.

1999년의 몬트리올조약 제21조에 항공여객운송인의 피해자(被害者, 死傷者)에 대한 배상책임한도액이 10만SDR(특별인출권=계산단위)로 규정되어 있는데 동 조약 제24조에 의거 동조약이 발효된 날로부터 5년마다 물가지수의 상승을 고려하여 배상한도액을 재조정하기로 규정되어 있어 독일은 항공운송인의 배상한도액을 여객1인당 113,100계산단위로 인상시켜 재조정한 것이다. 즉 독일은 항공객우송인의 피해자에 대한 배상책임한도액을 113,100만계산단위로 규정하고 있는데 이 책임한도액까지는 무과실책임주의를 채택하였다고 보며 113,100계산단위 초과부분에 대하여는 과실책임주의를 채택하였다고 볼 수가 있다.

(5) 항공운송인의 연착에 대한 책임과 배상한도액

종래의 독일항공운송법은 수하물 또는 화물의 연착(Verspätung)이나 여객운송의 지연으로 인한 손해에 대해서 별도로 규정하지 않고 있었다. 그러나 이에 대해 바르샤바 조약은 제19조에서 지연운송에 대한 운송인의 책임을 정하고 있으며 독일은 바르샤바조약의 가입국이기 때문에 이 조약에 의하여 지연운송에 대한 운송인의 책임을 추궁할 수가 있다.

따라서 2010년에 개정된 독일항공운송법 제46조는 몬트리올조약 제19조를 수용하여

Aussteigen getötet, körperlich verletzt oder gesundheitlich geschädigt, ist der Luftfrachtführer verpflichtet, den daraus entstehenden Schaden zu ersetzen.

(2) In den Fällen des Absatzes 1 haftet der Luftfrachtführer für jeden Fluggast nur bis zu einem Betrag von 113.100 Rechnungseinheiten, wenn

1. der Schaden nicht durch sein rechtswidriges und schuldhaftes Handeln oder Unterlassen oder das rechtswidrige und schuldhafte Handeln oder Unterlassen seiner Leute verursacht wurde oder

2. der Schaden ausschließlich durch das rechtswidrige und schuldhafte Handeln oder Unterlassen eines Dritten verursacht wurde.

Der Höchstbetrag nach Satz 1 gilt auch für den Kapitalwert einer als Schadensersatz zu leistenden Rente.

(3) Übersteigen in den Fällen des Absatzes 1 die Entschädigungen, die mehreren Ersatz- berechtigten wegen der Tötung, Körperverletzung oder Gesundheitsbeschädigung eines Fluggastes zu leisten sind, insgesamt den Betrag von 113.100 Rechnungseinheiten und ist eine weitergehende Haftung des Luftfrachtführers nach Absatz 2 ausgeschlossen, so verringern sich die einzelnen Entschädigungen in dem Verhältnis, in welchem ihr Gesamtbetrag zu diesem Betrag steht.

여객운송의 연착에 대한 항공운송인의 배상책임을 규정하고 있으며(동법 제46조 제1항), 연착운송에 대한 배상책임한도액도 몬트리올조약 제22조를 수용하여 각 여객 당 4,694 단위의 배상액까지 책임을 부담시키고 있다(동법 제46조 제2항).[52]

수하물의 운송에 관해서는 파괴, 멸실, 훼손 또는 연착의 경우에 있어 운송인의 책임은 1,131계산단위의 금액을 한도로 하고 있다(동법 제47조 제4항).[53]

탁송수하물과 화물의 훼손·연착이 있을 때의 이의신청기간(동법 제47조 제6항, 제7항)에 관해서는 바르샤바조약 제26조 2항을 수용하고 있다.

(6) 항공운송법에 있어 국제조약의 내용을 받아들인 다른 주요한 조문

독일개정항공운송법에 있어 탁송수하물과 화물의 훼손·연착이 있는 경우의 이의신청 기간(동법 제47조 6항)에 관해서는 1999년의 몬트리올조약 제31조 제2항을 수용하고 있다.[54] 항공기사고에 의한 피해자가 항공운송인의 책임을 추궁하기 위한 2년간의 제소기간(제척기간: 동법 제39조 a[55])은 바르샤바조약 제29조제1항과 몬트리올조약 제35조제1항을 수용하고 있다. 개정독일항공운송법 제48조a 제1항 및 제2항에 규정하고 있는 순차

---

52) LuftVG § 46 Haftung bei verspäteter Personenbeförderung
(1) Wird ein Fluggast verspätet befördert, ist der Luftfrachtführer verpflichtet, den daraus entstehenden Schaden zu ersetzen. Die Haftung ist ausgeschlossen, wenn der Luftfrachtführer und seine Leute alle zumutbaren Maßnahmen zur Vermeidung des Schadens getroffen haben oder solche Maßnahmen nicht treffen konnten.
(2) Im Falle des Absatzes 1 Satz 1 haftet der Luftfrachtführer für jeden Fluggast nur bis zu einem Betrag von 4.694 Rechnungseinheiten. Dies gilt nicht, wenn der Schaden vom Luftfrachtführer oder seinen Leuten in Ausführung ihrer Verrichtungen vorsätzlich oder grob fahrlässig verursacht wurde.

53) LuftVG § 47 Haftung für Gepäckschäden
(4) In den Fällen der Absätze 1 bis 3 haftet der Luftfrachtführer für jeden Fluggast nur bis zu einem Betrag von 1.131 Rechnungseinheiten. Satz 1 gilt für aufgegebenes Reisegepäck nicht, wenn der Fluggast bei der Übergabe an den Luftfrachtführer den Betrag des Interesses an der Ablieferung am Bestimmungsort angegeben und das für die Haftung für dieses Interesse verlangte Entgelt gezahlt hat. In diesem Fall haftet der Luftfrachtführer bis zur Höhe des angegebenen Betrages, es sei denn, dass dieser höher als das tatsächliche Interesse ist.

54) LuftVG § 47 Haftung für Gepäckschäden
(6) Ist aufgegebenes Reisegepäck beschädigt oder verspätet befördert worden, können Ansprüche nach Absatz 1 oder 2 nur geltend gemacht werden, wenn der Fluggast dem Luftfrachtführer den Schaden unverzüglich nach seiner Entdeckung, bei der Beschädigung von Reisegepäck spatestens binnen sieben Tagen nach der Annahme, bei der verspäteten Beförderung von Reisegepäck spätestens binnen 21 Tagen, nach dem das Reisegepäck dem Fluggast zur Verfügung gestellt worden ist, schriftlich anzeigt.

55) LuftVG § 49 a Ausschlussfrist Die Klage auf Schadensersatz kann nur binnen einer Ausschlussfrist von zwei Jahren erhoben werden.

운송(손해의 원인, 구간책임, 연대책임 등)과 관련이 있는 조문은 바르샤바조약 제30조와 몬트리올조약 제36조 제1항, 제2항, 제3항을 수용하고 있다. 항공계약운송인(vertraglicher Luftfrachtführr)이외의 항공실제운송인(ausführender Luftfrachtführer)에 의한 계약 및 민사책임과 관계가 있는 규정은 개정항공운송법 제48조의 2의 제1항으로부터 제6항까지의 6개 조문을 설정한 것으로서 그 내용은 1961년의 과다라하라조약의 내용과 몬트리올조약 제39조로부터 제48조까지의 10개 조문 가운데 일부 내용을 수용하고 있다.

비행 중의 항공기 또는 그것으로부터의 낙하물이 지상의 제3자에게 손해를 끼치는 일이 종종 발생되고 있으므로 지상의 제3자(피해자)에 대한 배상 문제가 발생되고 있다. 개정항공운송법에서는 낙하물이 지상 제3자에게 가한 손해에 대한 규제에 관하여 제2장 책임, 제1절 항공기에 의하여 운송되지 아니한 물건과 사람에 대한 책임(항공기보유자의 지상 제3자의 손해에 대한 배상책임)은 제33조로부터 제43조까지 11개 조문이 규정되고 있으며 이들 조문들은 1952년의 로마조약과 1978년의 몬트리올의정서가운데의 일부내용을 수용하고 있다.

독일은 2009년 5월에 ICAO에서 제정된바 있는『항공기의 불법방해 행위에 기인된 제3자에 대한 손해배상에 관한 조약 (Convention on Compensation for Damage to Third Parties, Resulting from Acts of Unlawful Interference Involving Aircraft』에 가입한바 없지만 항공기 운항자의 사고로 기인된 지상 제3자의 손해에 대한 항공기 운항자의 배상한도액을 규정한 동 조약 4조의 내용을 받아들여 2010년 8월에 개정된바 있는 독일개정항공운송법 제37조에서도 독일 국민들을 보호하기 위하여항공기 운항자의 배상한도액을 대폭 인상시켰다.

6. 프랑스

프랑스는 1929년의 바르샤바조약56)및 1955년의 헤이그의정서57)의 가입국이고 1971년의 과테말라의정서를 1971년 3월 8일에 서명하였지만 아직도 비준은 하지 않고 있다. 프랑스에서는 1975년의 몬트리올 제1, 제2추가의정서를 비준하였고 제3추가의정서와 몬트리올 제4의정서는 서명하였지만 아직도 비준은 하지 않고 있다. 또한 1999년의 몬트리

---

56) 프랑스는 바르샤바조약을 1929년 10월 12일에 서명하였고 1932년 11월 15일에 비준하였 으므로 프랑스 내 발효일은 1933년 2월 13일이다.

57) 프랑스는 헤이그의정서를 1955년 9월 28일에 비준하였으므로 발효일은 1963년 8월 1일 이다.

올조약은 1999년 5월 28일에 서명하였고 그 후 2004년 4월 29일에 비준하였으므로 발효일은 2004년 6월 28일이다.[58]

프랑스는 국제항공운송에 있어 항공운송인의 민사책임에 관하여 상기조약 또는 의정서 등이 적용되지만 국내항공운송에 있어서 1976년의 「국내항공운송인의 책임제한법」이 적용되고 있다. 프랑스에 있어서는 「국내항공운송인의 책임제한법」에 따라 항공운송인의 인적손해배상책임한도액을 50프랑(Loi 82~325)으로 인상한 바 있다.

7. 이탈리아

이탈리아는 1929년의 바르샤바조약[59] 및 1955년의 헤이그의정서[60]의 가입국이며 또한 과테말라의정서를 1971년 3월 8일에 서명하였고 1985년 3월 26일에 비준하였다. 이탈리아에서는 1975년의 몬트리올 제1, 제2추가 의정서를 비준하였으며 제3추가의정서는 1978년 5월 15일에 서명하였고 5년 4월 2일에 비준하였다.

몬트리올 제4의정서는 1978년 5월 15일에 서명하여 1985년 4월 2일에 비준하였으므로 발효일은 1995년 6월 14일이다. 1999년의 몬트리올조약은 1999년 5월 28일에 서명하여 2004년 4월 29일에 비준하였으므로 발효일은 2004년 6월 28일이다.

이탈리아의 국제항공운송에 있어서는 항공운송인의 민사책임에 관하여 상기조약 또는 의정서 등이 적용되지만 국내항공운송에 있어서는 이탈리아항행법전(Codice della Navigazion)이 적용되며 이 항행법전에서는 항공운송인의 손해배상책임관계를 동법 제942조로부터 제952조까지 규정하고 있으므로 바르샤바조약의 사법상의 체계를 대부분 수용하고 있다.

8. 스위스

스위스는 1929년의 바르샤바조약[61] 및 1955년의 헤이그의정서[62]의 가입국이고 또한

---

58) http://www.icao.org/cgi/goto_m.pl?/icao/en/leb/treaty.htm

59) 이탈리아에서는 바르샤바조약을1929년 10월 12일에 서명하였고 1933년 2월 14일에 비준하였는데 발효일은 1933년 5월 15일이다.

60) 이탈리아에서는 헤이그의정서를 1955년 9월 28일에 서명하였고 1963년 5월 4일에 비준하 였는데 발효일은 1963년 8월 2일이다.

61) 스위스는 바르샤바조약을 1929년 10월 12일에 서명하였고 1934년 5월 9일에 비준하였으므로 발효일은

과테말라의정서를 1991년 4월 24일에 서명하였지만 아직도 비준은 하지 않고 있다. 스위스는 역시 1975년의 몬트리올 제1, 제2추가의정서를 비준하였고 제3추가의정서는 1975년 9월 25일에 서명하여 1987월 12월 9일에 비준하였다. 몬트리올 제4의정서도 1975년 9월 25일에 서명하여 1987년 12월 9일에 비준하였으므로 발효일은 1998년 6월 14일이다. 1999년의 몬트리올조약은 1999년 5월 28일에 서명하였지만 아직도 비준은 하지 않고 있다.

스위스의 국제항공운송에 있어서 항공운송인의 민사책임에 관하여 상기조약 또는 의정서 등이 적용되고 있지만 국내항공운송에 있어서는 항공운송법(Air Navigation Act)이 적용되고 있다. 스위스에서는 1985년에 항공운송법이 개정되어 「바르샤바체제」에 따라 손해배상책임과 배상한도액을 인상ㆍ조정하였다.

9. 스페인

스페인은 1929년의 바르샤바조약63) 및 1955년의 헤이그의정서64)의 가입국이며 또한 과테말라의정서를 1971년 4월 24일에 서명하였지만 아직도 비준은 하지 않고 있다.

스페인에 있어서 1975년의 몬트리올 제1, 제2추가의정서를 비준하였고 제3추가의정서는 1987년 12월 19일에 서명하여 1989월 7월 20일에 비준하였다. 몬트리올 제4의정서도 1981년 9월 30일에 서명하여 1985년 1월 8일에 비준하였으므로 발효일은 1998년 6월 14일이다.

한편 스페인은 1999년의 몬트리올조약을 2000년 1월 14일에 서명하여 2004년 4월 29일에 비준하였으므로 발효일은 2004년 6월 28일이다. 스페인의 국제항공운송에 있어서는 항공운송인의 민사책임에 관하여 상기조약 또는 의정서 등이 적용되었지만 국내항공운송에 있어서는 항공운송법(Air Navigation Act)이 적용되고 있다. 국내항공운송에 있어서는 각 여객의 사망ㆍ상해에 대한 운송인의 책임과 책임한도액에 관해서는 스페인

1934년 8월 7일이다.

62) 스위스에 있어서는 헤이그의정서를 1955년 9월 28일에 서명하였고 1962년 10월 19일에 비준하였으므로 발효일은 1963년 8월 1일이다.

63) 스위스에 있어서는 헤이그의정서를 1955년 9월 28일에 서명하였고 1962년 10월 19일에 비준하였으므로 발효일은 1963년 8월 1일이다.

64) 스페인은 헤이그의정서를 1955년 9월 28일에 서명하였고 1962년 10월 19일에 비준하였음으로 발효일은 1963년 8월 1일이 된다.

의 항공운송법(Air Navigation Act) 제13장에 규정하고 있다.

10. 오스트레일리아

오스트레일리아는 1929년의 바르샤바조약[65] 및 1955년의 헤이그의정서[66]의 가입국이며 1975년의 몬트리올 제4 의정서를 1991년 4월 24일에 서명하여 1997년 1월 13일 에 비준하였으므로 발효일은 1998년 6월 14일이다. 오스트레일리아는 역시 1961년의 과다라하라조약은 1962년 6월 19일에 서명하여 1962년 11월 1일 에 비준하였고 1999년의 몬트리올조약은 2004년 4월 29일에 가입하였으므로 발효일은 2004년 6월 28일이 된다. 오스트레일리아는 1959년 4월 21일에 국회에서 통과된 항공운송법(An Act relating to Carriage by Air of 1959; Civil Aviation[Carriers Liability]Act)이 시행되었으므로 1935년의 Carriage by Air Act는 폐지되었다. 그 후 항공운송법(Civil Aviation Act)은 1962년, 1964년, 1967년, 1988년, 1996년, 2002년, 2003년, 2010년에 각각 개정된바 있다.

오스트레일리아항공운송법은 제1부가 서문(Part1, Preliminary), 제2부(Part 2)는 바르샤바조약 및 헤이그의정서를 적용하는 운송, 제3부(Part 3)는 바르샤바조약(without the Hague Protocol)만을 적용하는 운송, 제3부A(Part 3 A)는 과다라하라조약을 적용하는 운송, 제3부B(Part 3B)는 몬트리올 제3추가의정서를 적용하는 운송(미발효), 제3부C(Part 3C)는 몬트리올 제4의정서를 적용하는 운송, 제4부(Part 4)는 이 법이 적용하는 기타의 운송, 제5부(Part 5)는 잡칙(Miscellaneous) 등, 5개부에 의하여 구성되고 있다.[67]

상기 제2부와 제3부는 전부가 국제운송에 적용되고 있으며 그의 적용범위는 이들 조약과 의정서는 법으로서의 효력(the force of law)을 가지고 있다(동법 제11조 제1항, 제20조 제1항). 따라서 일부의 손해배상의 범위·피해자의 기여과실·프랑(francs)화의 오스트레일리아 통화로의 환산 등에 관해서는 특별한 규정을 설정하고 있다.

오스트레일리아의 연방(Commonwealth)내의 항공운송에 관해서는 제4부(Part 4)에 관계규정을 설정하고 있다(동법 제27조 제1항c ~ 제41조).이 국내항공운송에 있어서 여객의

---

65) 오스트레일리아는 바르샤바조약을 1929년 10월 12일에 서명하여 1961년 9월 28일에 비준하였으므로 발효일은 1961년 12월 27일이 된다.
66) 오스트레일리아는 헤이그의정서를 1971년 3월 26일에 비준하였으므로 발효일은 1971년 6월 24일이다.
67) http://www.austlii.edu.au/au/legis/cth/consol_act/cala1959327

사상에 대하여 운송인의 책임을 규정하였다(동법 제28조). 수하물의 멸실·훼손에 대하여 운송인 및 사용인이 손해를 방지하기 위한 모든 필요한 조치를 취하였거나 또는 그와 같은 조치를 취할 수 없었다는 것을 입증하지 못하였을 때에는 책임을 진다고 규정하고 있다(동법 제29조).

그러나 손해배상청구소송에 있어서 운송인이 여객의 과실에 의하여 손해가 발생하였다는 것을 입증하였을 경우에는 손해액의 산정에 이것을 참작할 수가 있다(동법 제39조). 국내항공운송인의 책임한도액에 있어 각 여객의 사상에 대해서는 500,000오스트레일리아 달러(AUD) 또는 계약에 의하여 정하여진 그 이상의 금액, 국내항공운송인 이외의 운송인의 책임한도액에 있어 각 여객의 사상에 대하여 260,000SDR 또는 계약에 의하여 정하여진 그 이상의 금액, 탁송수하물의 손해에 대해서는 900오스트레일리아 달러(AUD) 또는 계약에 의하여 정하여진 그 이상의 금액, 탁송수하물 이외의 수하물에 대해서는 여객1인당 90오스트레일리아 달러(AUD) 또는 계약에 의하여 정하여진 그 이상의 금액으로 규정하고 있다(동법 제31조). 항공운송인의 책임을 면제하거나 또는 이 제4부(Part 4)에서 정하고 있는 책임한도보다 낮은 한도를 정하는 약정은 무효로 한다. 그러나 이와 같은 약정의 무효에 의하여 운송계약의 전체가 무효가 되는 것은 아니다(동법 제32조).

항공운송인의 사용인에 대한 책임도 운송인과 똑같이 제한될 수가 있으며 운송인과 사용인이 배상을 받을 수 있는 합계액은 운송인의 배상한도액을 초과할 수 없다고 규정하고 있다(동법 제33조). 또한 손해배상청구의 소송을 2년 이내에 제기하지 않을 경우에는 제소청구권이 소멸된다는 점(동법 제33조) 등에 관해서는 바르샤바조약/헤이그의정서의 내용을 수용하고 있다.

11. 일 본

일본에 있어서 항공법제는 지금으로부터 약 90년 전 군사상의 요청과 관련되어 발달하여 왔으며 처음에는 항공행정기구도 육군성항공국으로 편재되어 있었으므로 항공에 관한 법령도 육군성령으로 제정되어 왔으나 1923년에 체신성으로 이관되었다. 그 후 다시 항공관계 업무는 운수성으로 이관되어 현재까지 운수성에서 관장해 오고 있다. 일본은 1921년에 항공법(법률 제54호)을 제정하여 시행해 오다가 몇 차례 개정한 바 있는데, 세계 제2차대전전까지 이 법은 일본민간항공의 기본법으로서 커다란 역할을 하여왔다. 당초 이 법은 1919년의 파리 조약에 기초하여 만든 법이다.

2차대전 패전의 결과 맥아더연합군사령관의 지시에 따라 일본인은 일체의 항공에 관한 업무활동을 금지 당했기 때문에 전전의 항공법은 유명무실하게 되었다.[68] 7년이라는 공백기를 지나 1952년부터 항공활동이 전면적으로 자유롭게 되자 1952년에 새로운 항공법과 동법시행령, 동 규칙을 제정하여 시행하여 오다가 여러 차례 개정된 바 있다. 일본에 있어서 국제민간항공조약의 규정 및 동 조약의 부속서로서 채택된 표준, 방식 및 절차에 준거하여 항공기의 항행에 기인되는 장해의 방지를 도모하는 방법을 정하고 이에 따라 항공기운항사업의 적정 및 합리적인 운영을 확보함으로서 그 이용자의 편의를 증진시키기 위하여 1952년 7월 15일(법률 제231호)에 제정된 항공법은 2004년 10월 20일까지의 사이에 44번 개정된 바 있다.

이 법은 항공운송계약을 중심으로 한 국내항공운송인의 민사책임에 관한 사법적인 규정을 설정하지 않고 있으며 다만 항공기운항의 안전과 항공기운항사업의 질서를 도모하기 위한 감독규제를 정한 공법적인 규정(항공행정의 단속규정)을 주로 규정한 법률이다.

일본에 있어서는 1929년의 바르샤바조약[69] 및 1955년의 헤이그의정서[70]의 가입국이고 또한 1975년의 몬트리올 제4 의정서는 2000년 6월 20일에 비준하였음으로 발효일은 2000년 9월 18일이다. 일본은 1999년의 몬트리올조약을 2000년 6월 20일에 비준하였고 발효일자는 2003년 11월 4일이다.

일본에서도 상기 바르샤바조약과 헤이그의정서를 비준하였고 1966년의 몬트리올협약에 가입한바 있지만 항공운송인의 민사책임에 관한 국내입법은 되어 있지 않으므로 국제항공운송인의 책임관계는 조약과 국제항공운송약관에 의존하고 있으며 국내항공운송인의 책임관계는 국내항공운송약관 또는 민법 내지 상법에 의하여 처리되고 있다. 1981년에 일본항공은 국제선여객운송약관을 개정하여 1975년도의 몬트리올 제3추가의정서에 규정되고 있는 여객1인당 국제항공운송인의 배상책임한도액을 10만 SDR로 도입한바 있지만 국내항공운송약관은 국내항공운송인의 배상책임에 대하여 무한책임의 원칙을 채택한 바 있다.

1992년에 정기항공운송을 운영하는 일본의 항공운송인은 운송약관을 재차 개정하여 그때까지 10만 SDR로 규정하고 있었던 여객에 대한 책임한도액을 폐지하여 동년 11월

---

68) 伊澤孝平, 前揭書 6面 參照.

69) 일본은 바르샤바조약을 1929년 10월 29일에 서명하여 1953년 5월 20일에 비준하였음으로 발효일자는 1953년 8월 18일이다.

70) 일본은 헤이그의정서를 1967년 8월 10일에 서명하여 1967년 8월 10일에 비준하였으므로 발효 일자는 1967년 11월 8일이다.

20일부터 시행하였다.[71]

국제항공에 있어 운송인의 책임한도액의 폐지는 세계최초의 것이므로 외국의 항공법학자 및 전문가들은 이 조치를 「일본의 선구적인 조치(Japanese Initiative)」라고 호칭하고 있으며 이 선구적인 조치에 대하여 논평을 가한 바 있다.[72] 일본의 항공운송인의 운송약관(여객 및 수하물)에 대한 개정내용은 다음과 같다.

  (1) 운송인은 바르샤바조약 제22조 제1항의 규정에 의한 책임한도액의 원용(주장)을 포기한다.

  (2) 운송인은 10만 SDR까지는 동 조약 제22조 제1항에 규정하고 있는 항변권의 원용은 포기한다.

  (3) 운송인은 징벌적 손해배상(punitive damage)에 대하여 일체 책임을 부담하지 않는다. [73]

일본에서는 1969년 6월 12일 대판지방법원의 판결[74]에 의하여 일동항공사(日東航空社)의 운송약관 제24조에 규정되고 있었던 여객1인당 항공운송인의 배상책임한도액 백만엔은 너무 저액이므로 공서양속에 반함으로 허락할 수 없다고 판결하여 동항공사 약관 조항이 깨진 사례가 있다.

이 판결은 일본항공업계에 커다란 충격(shock)을 주어 항공운송법의 입법문제가 제기되었다. 따라서 1967년에 국내입법과 조약개정에 관한 것을 연구목적으로 하는 일본 항공진흥재단 내에 「항공사법연구회」가 설치되었고 1971년에 과테말라의정서가 성립됨에 따라 이 연구회 내에 법학계·관계관청·항공회사·보험회사 기타관계자들로 구성되어지는 「항공운송법특별위원회」가 조직되었으며 동의정서의 비준을 전제로 한 항공운송법의 입법문제가 계속 검토되었다.[75]

동위원회는 1972년에 「항공운송법의 제정에 관한 문제점」이라는 보고서를 작성하여 공표한 바 있다.[76] 따라서 계속 이 보고서에서 제기되었던 문제점에 대한 토의내용을 토대로 하여 항공운송법의 입법을 준비하는 방향으로 그 요강시안의 작성에 착수하여 그

---

71) 板本昭雄,「國際航空運送人の責任に關する日本の新措置」, 關東學院法學, 第5卷, 第2号.

72) Llyods Aviation Law, Vols. 11-22, 12-3, 12-5, 12-8, 12-12; Journal of Air Law and Commerce (School of Law, Southern Methodist University, Texas, USA), Vol. 60, at 825.

73) 板本昭雄, 新しい國際航空法, 有信堂(1999), 164頁.

74) 日本下級民集18卷5·6号, 641頁.

75) 松岡誠之助,「航空運送法の立法問題」, 空法(第17号, 1974年), 日本空法學會發行, 53-72頁.

76) 「航空運送法制定に關する問題点」이라는 題目을 부친 報告書는『ジュリスト』, 515号, 94頁 以下에 게재되어 있다.

당시 여객운송의 실체규정의 부분에 관하여 총괄적으로 심의를 하여 종료시킨 바 있었다. 이 「항공(여객)운송법요강시안」77)은 동위원회의 간사회에서 작성되어 1973년 10월 15일에 개최된 바 있는 일본공법학회에 소개되었고 그 후 약간의 수정을 가하여 1974년 10월 15일에 항공운송법특별위원회간사회의 명의로 공표된 바 있었다. 이 요강 시안이 일본에서 최초의 항공운송인의 민사책임에 관한 입법 작업이었다.

12. 중 국

(1) 민용항공법의 제정경위와 항공관계 국제조약

중국정부는 「중화인민공화국민용항공법(中華人民共和國民用航空法, Civil Aviation Law of the People's Republic of China)」을 제정하여 1995년 10월 30일, 제8회 전국인민대표대회의 상무위원회의 제16차 회의에서 통과되었고 같은 날에 중국 국가주석령 제56호에 의하여 공포되어1996년 3월 1일부터 발효되었다. 한편 이 중국민용항공법은 1998년 4월 29일에 개정된 바 있다. 중국은 바르샤바조약을 1958년 7월 20일에 비준하였으므로 1958년 10월 18일부터 발효되었고 헤이그의정서는 1975년 8월 20일에 비준하였기 때문에 1975년 11월 18일부터 발효되었다.

중국은 1999년의 몬트리올조약을 1999년 5월 28일에 서명하였고 2005년 6월 1일 비준서를 국제민간항공기관(ICAO)에 기탁하였음으로 2005년 7월 31일부터 발효되었다.78)

중국의 민용항공법은 항공운송계약책임에 관한 바르샤바조약, 헤이그의정서, 1961년의 과다라하라조약, 1975년의 몬트리올 제2, 제4추가의정서 등과 항공불법행위책임에 관한 1952년의 로마조약의 내용을 대폭수용하고 있다.

즉, 이 민용항공법도 하나의 법전 가운데에 공·사법적인 규정이 혼재되어 있는 것이 특색으로 나타나 있다. 특히 항공사법적인 사항에 관해서는 운송계약책임은 물론 불법행위책임(운송외의 책임: 항공기운항자의 지상 제3자에 대한 책임)을 각각 규정하고 있는 것이 그 특징으로 되어있다. 중국의 민간항공산업에 관한 법적 체계의 기본 틀은 「중화인민공화국민용항공법」에 기초하고 있다. 중국은 ICAO가 제정한 규정들과 표준 부속서 등을 참작하여 법체계를 발전시켜왔다. 중국민용항공총국(CAAC)은 항공기의 비행기준, 감항증명, 항공교통관제, 공항과 안전에 관한 35개의 법규들과 표준지침 등을 제정하고

---

77) 航空(旅客)運送法要綱試案은 日本空法(第17号, 1974)誌의 73頁부터 80頁까지에 게재되어 있다.
78) http://www2.icao.int/en/leb/List%20of%20Parties/Mtl99_EN.pdf

있으며 그 동안 수년간에 걸쳐 100개 이상의 항공과 관련이 있는 규칙과 상당수의 고시 및 예규 등을 제정하여 공표한 바 있다.

따라서 중국민용항공총국에서는 항공기업 등의 항공안전에 관한 관리체계 및 표준지침 등을 설정하고 있으며 개선을 촉진시키기 위하여 중국의 민용항공법과 중국정부에 의하여 만든 관련규정 및 표준지침 등에 기초한 관련운영교본과 프로그램 등을 항공사 등이 준수할 수 있도록 작성하였다. 예를 들면 중국국제항공사(Air China), 중국동방항공사(China Eastern Airlines), 중국북방항공사(China Northern Airlines)와 중국남방항공사(China Southern Airlines) 등의 운영교본 등은 중국정부로부터 허가를 받아 사용하고 있다. 중국은 앞으로도 계속하여 항공과 관련이 있는 법규 등을 제정하여 공포할 것이다.

(2) 민용항공법의 구성

중국의 민용항공법은 16개장과 214개 조문에 의하여 다음과 같이 구성되어 있다.

제1장 총칙,

제2장 민간항공기의 국적,

제3장 민간항공기의 권리,

제1절 일반규정,

제2절 민간항공기의 소유권과 저당권,

제3절 민간항공기의 선취특권,

제4절 민간항공기의 리스(物融),

제4장 민간항공기의 감항관리,

제5장 항공인원,

제6장 민간공항,

제7장 공중항행,

제8장 공공항공운송기업,

제9장 공공항공운송,

제1절 총칙,

제2절 운송증권,

제3절 운송인의 책임,

제4절 실제운송인이 이행한 항공운송을 총괄하는 특별규정

제10장 일반항공,

제11장 수색, 구출과 사고 조사,

제12장 지상 제3자의 손해에 대한 배상책임,

제13장 외국항공기를 관리하는 특별규정,

제14장 외국관련문제에 대한 법의 적용,

제15장 법적 책임,

제16장 부칙

중국의 민용항공법 가운데 항공운송계약 및 항공운송인의 책임 등과 관련이 있는 조문은 제9장 공공항공운송, 제1절 총칙(적용범위: 3개 조문), 제2절 운송증권(15개 조문), 제3절 운송인의 책임(13개 조문), 제4절 실제운송인이 이행한 항공운송을 총괄하는 특별규정(8개 조문), 제10장 일반항공(일반항공의 개념, 비행안전의 보장, 비상업용 또는 상업용 항공종사원의 등록, 일반 항공운항종사원의 지상 제3자에 대한 책임보험의 부보 등(6개 조문), 제11장 수색, 구출과 사고 조사(6개 조문), 제12장 지상 제3자의 손해에 대한 배상책임(불법행위책임 등: 16개 조문) 등으로 구성되어 있다.

(3) 민용항공법에 있어서 국제조약의 수용

중국의 민용항공법이 국제항공운송인의 민사책임에 관한 바르샤바조약, 헤이그의정서, 1961년의 과다라하라조약, 1975년의 몬트리올 제2, 제4의정서 등을 수용한 주요한 조문들을 다음과 같이 소개하기로 한다.

중국민용항공법에서는 국내항공운송과 국제항공운송의 정의를 명확하게 규정하고 있으며(동법 제107조), 항공운송인의 인적손해(여객의 사상)에 대한 책임(동법 제124조)[79]은 대체로 바르샤바조약 제17조를 수용하고 있지만 단서조항은 과테말라의정서 제4조와 유사하다. 항공운송인의 물적 손해(여객의 휴대수하물 또는 탁송수하물의 파괴, 망실 또는 손괴)에 대한 책임(동법 제125조)[80]도 바르샤바조약 제18조와 몬트리올 제4의정서 제18

---

79) 第124條 因發生在民用航空器上或者在旅客上，下民用航空器過程中的事件，造成旅客人身傷亡的，承運人応当承担責任；但是，旅客的人身傷亡完全是由于旅客本人的健康狀況造成的，承運人不承担責任.

Article 124. The carrier shall be liable for the death or personal injury of a passenger, if the accident took place on board the civil aircraft or in the course of any of the operations of embarking on or disembarking from the civil aircraft; provided that the carrier is not liable if the death or injury resulted solely from the state of health of the passenger.

80) 第125條 因發生在民用航空器上或者在旅客上，下民用航空器過程中的事件，造成旅客随身携帶物品毁減，遺失或者損坏的，承運人応当承担責任. 因發生在航空運輸期間的事件，造成旅客的托運

조를 수용하고 있다. 중국민용항공법 제126조[81])에 규정하고 있는 항공운송인의 여객, 수하물 및 화물에 관한 지연배상책임에 대하여 바르샤바조약 제19조를 수용하였으며 운송인의 입증책임에 대해서는 바르샤바조약 제19조 단서조항을 수용하고 있다(과실추정책임주의의 도입). 항공운송에 있어서 여객과 하주(수하물 및 화물)의 과실 또는 기여과실-(contributory negligence)에 기인된 손해라는 것이 입증된 경우에 항공운송인의 책임은 민용항공법 제127조에 규정하고 있다.

중국의 국내항공운송에 있어서 운송인의 책임제한은 국무원산하의 주관 부서인 민간항공총국이 제정한 국무원의 인가를 득한 후 공포·시행 하고 있다(동법 제128조)[82]). 단 여객과 송하인의 탁송수하물 또는 화물에 대한 특별신고와 필요로 하는 할증금을 지급한 경우에 특별 신고액을 보상한다는 규정은(동법 제128조) 바르샤바조약 제22조 제2항 단서와 몬트리올 제4의정서 제22조 제2항 단서를 수용하였다고 볼 수가 있다.

국제항공운송에 있어서 각 여객에 대한 운송인의 책임한도액은 16,600 계산단위로 제한된다는(동법 제129조)[83]) 이 조문은 몬트리올 제2추가의정서 제2조를 수용한 것이다. 탁송수하물 또는 화물의 운송에 있어 운송인의 책임은 1킬로그램 마다 17 계산단위를 한도로 하고 있으며 또한 여객의 휴대수하물에 대한 운송인의 책임은 여객 1인당 332계산단위로 제한하는 조문도(동법 제129조) 몬트리올 제2추가의정서 제2조를 수용한 것이다.

行李毀滅, 遺失或者損壞的, 承運人应当承擔責任, 旅客隨身携帶物品或者托運行李的毀滅, 遺失或者損壞完全是由于行李本身的自然屬性, 質量或者欠陷造成的, 承運人不承擔責任.
本章所称行李, 包括托運行李和旅客隨身携帶的物品. 因發生在航空運輸期間的事件造成貨物毀滅, 遺失或者損壞的, 承運人应当承擔責任; 但是, 承運人証明貨物的毀滅, 遺失或者損壞完全是由于下列原因之一造成的, 不承擔責任:
(一) 貨物本身的自然屬性, 質量或者欠陷;
(二) 承運人或者其受雇人, 代理人以外的人包裝貨物的, 貨物包裝不良;
(三) 戰爭或者武裝沖突;
(四) 政府有關部門實施的与貨物入境, 出境或者過境有關的行爲.
本條所称航空運輸期間, 是指在机場內, 民用航空器上或者机場外降落的任何地点, 托運行李, 貨物處于承運人掌管之下的全部期間.
航空運輸期間, 不包括机場外的任何陸路運輸, 海上運輸, 內河運輸過程; 但是, 此种陸路運輸, 海上運輸, 內河運輸是爲了履行航空運輸合同而裝載, 交付或者轉運, 在沒有相反証据的情況下, 所發生的損失視爲在航空運輸期間發生的損失.
81) 第126條 旅客, 行李或者貨物在航空運輸中因延誤造成的損失, 承運人应当承擔責任; 但是, 承運人証明本人或者其受雇人, 代理人爲了避免損失的發生, 已經采取一切必 要措施或者不可能采取此种措施的, 不承擔責任.
82) 第128條 國內航空運輸承運人的賠償責任限額由國務院民用航空主管部門制定, 報國務院批准后公布執行.
83) 第129條 國際航空運輸承運人的賠償責任限額按照下列規定執行: 對每名旅客的賠償責任限額爲16.600計算單位.

운송인은 항공운송에 있어서 손해를 일으킬 의도를 갖거나 또는 손해가 발생될 염려가 있음을 인식하면서 무모하게 행한 운송인, 사용인 또는 대리인의 작위 또는 부작위로 인하여 일어난 손해라는 것이 입증된 경우에는 책임제한과 관련이 있는 중국민용항공법 제128조 및 제129조의 규정을 원용할 권리가 없다고 규정하고 있어 항공운송인은 무한책임이 된다는 것이다(동법 제132조). 이 조문은 바르샤바조약 제25조에 규정하고 있는 wilful misconduct(고의성이 있는 중대한 과실)의 개념을 도입하였고 또한 몬트리올 제4의정서 제9조의 내용을 수용하고 있다.[84]

수하인이 이의를 제기하지 않고 여객의 탁송수하물 또는 화물을 받았을 때에는 양호한 상태로 운송증권에 따라 인도된 것으로 추정한다고 규정하였다(동법 제134조).[85] 이 조문은 바르샤바조약 제26조 1항의 prima facie evidence(추정적 증거)라는 개념을 중국민용항공법에 도입한 것이다.

탁송수하물과 화물의 훼손·연착되었을 때의 이의신청기간(동법 제134조)에 관해서는 바르샤바조약 제26조 2항을 수용하고 있다. 항공사고에 기인하는 피해자가 항공운송인의 책임을 추궁하기 위한 2년간의 제소기간(시효기간: 동법 제135조[86])은 바르샤바조약 제29조제1항을 수용하고 있다. 민용항공법 제136조에 규정되어 있는 순차운송(손해의 원인, 구간책임, 소제기권자, 연대책임 등)과 관련이 있는 조문은 바르샤바조약 제30조에 수용하고 있다. 항공계약운송인 이외의 항공실제운송인에 의한 계약 및 민사책임과 관계가 있는 규정은 민용항공법 제137조로부터 제144조까지의 8개 조문으로서 그 내용은 대체로 1961년의 과다라하라조약의 내용을 도입한 것이다.

비행중의 항공기 또는 그것으로부터의 낙하물이 지상의 제3자에게 손해를 입히는 일들이 종종 발생되고 있어 지상의 제3자(피해자)에 대한 보상문제가 제기되고 있다. 중국민용항공법에서는 항공기의 지상 제3자에게 입힌 손해의 규제에 대하여 제12장 지상 제3자의 손해에 대한 배상책임 즉, 제157조로부터 제172조까지의 16개 조문이 규정되어 있으므로 이것들의 조문은 1952년의 로마조약과 1978년의 몬트리올 의정서 가운데 일부의 내용을 받아들이고 있다.

---

84) 第132條 経証明, 航空運輸中的損失是由于承運人或者其受雇人, 代理人的故意或者明知可能造成損失而輕率地作爲或者不作爲造成的, 承運人无權援用本法第一百二十八條, 第一百二十九條有關賠償責任限制的規定.

85) 第134條 旅客或者收貨人收受托運行李或者貨物而未提出异議, 爲托運行李或者貨物已経完好交付幷与運輸凭証相符的初步証据.

86) 第135條 航空運輸的訴訟時效期間爲二年, 自民用航空器到達目的地点, 応当到達目的地点或者運輸終止之日起計算.

(4) 중국에 있어 국내항공운송인 책임

1989년 2월 20일에 공포되어 동년 5월 1일부터 시행되고 있는 국무원에서 제정한 「국내항공운송여객신체상해배상책임잠정규정」이 있는데 이 규정은 1993년11월 29일에 수정된바 있다. 상기 규정은 모두 11개 조항으로 구성되어 있는데 운송인의 책임부담범위, 면책사유, 배상한도액, 외국인 여객에 대한 배상, 소송에 관한 규정을 두고 있다. 중국 민항국에서 공포하고 2006년 2월 28일부터 시행하고 있는 「국내항공운송 운송인의 배상책임 한도액에 관한 규정」에서는 중국국내항공운송에 있어서 여객의 사망 및 상해에 대한 항공운송인의 책임배상 한도액을 40만 위앤으로 규정하고 있다. 87)

13. 대 만

대만정부는 민용항공법을 제정하여 1953년 5월 30일, 총통령에 의하여 공포·시행되어 왔지만 1974년 , 1984년, 1995년, 1998년, 1999년에 각각 개정된 바 있다.

2005년의 개정민용항공법에 의하면 이 편제는 제1장 총칙, 제2장 항공기, 제3장 항공종사원, 제4장 공항, 비행장 및 항행구조, 제5장 비행안전, 제6장 민간항공운송기업의 관리, 제1절 민간항공운송기업, 제2절 일반항공기업, 제3절 항공주선업, 제4절 항공화물분배센터, 제5절 공항지상조업서비스, 제7장 외국항공기 또는 외국민간항공운송기업, 제8장 항공기사고 조사, 제9장 배상책임, 제10장 형벌, 제11장 부칙 등, 11개장, 5개절 및 123개 조문에 의하여 구성되고 있으며 또한 이 법도 역시 공·사법규정이 혼재되어 있다.88)

개정민용항공법 가운데에 항공운송인의 배상책임에 관한 규정은 동법 제89조로부터 제99조까지 11개 조문을 규정하고 있다. 대만의 민용항공법도 바르샤바조약/헤이그의정서 등의 일부 내용을 수용하고 있다.

---

87) 李華, 「중국항공운송법의 현황 및 주요내용과 앞으로의 전망: 항공운송인의 책임을 중심으로」, 항공우주법학회(제26권 제 1호, 2011년), 한국항고우주법학회 발행, 151면; 2006年2月28日, 民 航總局公布了≪國內航空運輸承運人賠償責任限額規定≫第三條國內航空運輸承運人(以下簡称承運 人) 應 当在下列規定的賠償責任限額內按照實際損害承担賠償責任, 但是≪民用航空法≫另有規定的 除外：(一) 對每名旅客的賠償責任限額爲人民幣40万元；(二) 對每名旅客隨身携帶物品的賠償責任 限額爲人民幣3000元；(三) 對旅客托運的行李和對運輸的貨物的賠償責任限額, 爲每公斤人民幣100 元。

88) http://www.mantraco.com.tw:81/civilairacte.htm#8

14. 북 한

북한은 우리나라가 가입한바 없는 1929년의 바르샤바조약(국제항공운송에 있어서의 약간의 규칙의 통일에 관한 조약)을 가입하였고,[89] 우리나라가 가입한바 있는 바르샤바조약을 개정한 1955년의 헤이그의정서[90]도 가입하였으며 또한 북한은 1944년의 시카고조약(국제민간항공조약)의 비준서를 1977년 8월 16일, ICAO에 기탁하였으므로 현재 ICAO의 회원국으로 되어 있다. 세계 각국의 항공사가 가입되고 있는 국제항공운송협회(IATA)에 북한의 고려항공사(Air Koryo)가 가입하고 있다.

북한의 국제항공운송에 있어서는 항공운송인의 책임에 관하여 전기 바르샤바조약 및 헤이그의정서가 적용된다. 북한의 항공운송의 민간항공을 담당하는 부서는 평양시 순안구역에 소재하고 있는 조선민용항공총국이다. 당초 1955년 에 설립된 「민용항공국」은 1994년 2월, 조선민용항공총국으로 확대·개편하였다.[91]

북한의 항공시설은 대부분이 군사목적의 군용공항으로 되어 있으며 민간항공기를 취항시키고 있는 공항은 「평양순안공항」이 유일한 국제공항으로서 항공운송의 중추적인 기능을 수행하고 있다.[92] 이 순안공항은 평양으로부터 북쪽으로 22㎞ 떨어져 있으며 순안구역의 서쪽에 위치하고 있는 북한의 국제공항으로서 조선민용항공총국이 관리하고 있다.

북한의 민용항공법(조선민주주의인민공화국 민용항공법)은 2000년 3월 23일 최고인민회의 상임위원회 정령 제1419호로 채택되었으며 2002년 5월 9일 최고인민회의 상임위원회 정령 제3025호로 수정보충 되었다. 또한 북한은 2005년 8월 9일, 최고인민회의 상임위원회 정령 제1236호 의하여 민용항공법을 수정하여 이 법 가운데 새로운 「항공보안(제72조~제75조)」에 관한 4개 조문을 신설했다.

북한의 민용항공법은 11개장(제1장 민용항공법의 기본, 제2장 항공성원, 제3장 항공기, 제4장 비행장, 제5장 항공기의 운행, 제6장 항공영업, 제7장 다른 나라 항공기의 운행, 제8장 항공보안, 제9장 항공기의 구난구조와 사고조사, 제10장, 항공보험, 제11장 민용항공사업에 대한 지도통제 및 분쟁해결 포함)과 전문 94개 조문으로 구성되어 있다.

북한의 민용항공법은 남한의 항공법과 달리 공법적인 규정과 사법적인 규정이 혼재되

---

89) 북한은 바르샤바조약을 1961년 3월 1일에 비준하였으므로 발효일은 1961년 5월 30일이다.

90) 북한은 헤이그의정서를 1980년 11월 4일에 비준하였으므로 발효일은 1981년 2월 2일이다.

91) http://www.yonhapnews.co.kr/ynafile/2000/nk/terms/s86.html

92) http://kin.naver.com/browse/db_detail.php?d1id=8&dir_id=810&docid=16823

어 있으며 이 민용항공법은 민용항공사업과 관련하여 북한이 승인한 국제협약은 이 법과 같은 효력을 가진다고 동 법제9조에 규정하고 있는데 이 조문은 「국제민간항공조약 (시카고 조약)」의 일부의 내용을 수용하였다고 볼 수가 있다.

북한의 2005년 개정민용항공법은 항공수송계약법과 항공불법행위법으로 크게 둘로 나누어져 규정하고 있는데 동법 제45조(항공소송계약)에 의하면 항공수송은 항공회사와 려객 또는 짐 임자 사이에 맺은 수송계약에 따라 한다고 규정하고 있으며 동법 제54조에서는 항공회사의 책임에 대하여 다음과 같이 규정하고 있다.

북한의 개정민용항공법 제54조(항공사의 책임)

항공사가 책임을 지는 경우는 다음과 같다.

1. 여객이 항공기에 탑승하기 시작한 때부터 항공기에서 내릴 때까지의 사이 에 사망하였거나 인체에 피해를 입었을 경우

2. 수송지연으로 려객이나 손짐, 화물에 손해를 입혔을 겨우

3. 항공기의 사고 또는 항공기에서 떨어진 물체에 의하여 제3자가 사망하였 거나 피해, 손해를 입었을 경우

동법 제54조 (1)항은 북한이 1960년 6월 30일에 가입한바 있는 1929년의 바르샤바조약 제17조를 수용하여 입법된 조문이며 동법 제54조 제2항은 바르샤바조약 제19조를 수용하여 입법한 조문이다. 동법 제54조 제3항은 우리나라와 북한이 가입한바 없는 1952년의 로마조약 (항공기에 기인된 지상 제3자에 책임에 관한 조약)을 제1조의 내용을 받아들여 입법된 조문이라고 사료된다.

제1조의 입법내용을 받아들였다. 항공운송인의 배상책임한도액 등에 대하여 민용항공법에서 구체적인 규정이 없으므로 북한은 유한책임주의를 배제하고 무한책임주의 도입하였다고 볼 수가 있다. 국제항공운송법분야에서 기틀을 마련하고 원조라고 말할 수 있는 1929년의 바르샤바조약을 현대화시키기 위하여 새로 만든 1999년 몬트리올 조약에 우리나라는 2007년 10월 30일에 가입한바 있지만 북한은 아직도 가입하지 않고 있다.

제4절 각국의 항공관계의 입법례에 관한 내용분석

이상 미국, 영국, 독일, 프랑스, 유럽연합(EU), 일본, 중국 및 북한 등 14개 나라들의 항공법 내지 항공운송법의 성립경위, 주요내용 및 항공여객운송인의 책임에 관한 각국의

입법례 등을 살펴봤는데 대부분의 나라들은 전부가 단행법인 특별법(항공법 또는 항공운송법)을 제정하여 시행해 오고 있다. 이와 같은 특별법 가운데에는 공·사법규정이 혼재되어 있는 것이 그 특징으로 나타나고 있다. 이와 같이 항공법 또는 항공운송법을 특별법으로 제정한 이유는 법의 개정용이성과 항공운송의 특수성을 고려하여 입법하였다고 사료된다.

상기 나라들의 항공법 내지 항공운송법의 내용을 큰 패턴(pattern)으로 구분하여 본다면 공법적인 규정과 사법적인 규정을 혼재된 체 규정하고 있으므로 공법적인 규정의 주요내용은, ① 영공권(영공의 이용자유), ② 항공기의 등록, ③ 항공종사원의 자격 및 증명(조종사 등), ④ 항공로, 공항, 비행장 등의 관리 및 보안시설의 설치, ⑤ 항공기의 안전운항관계, ⑥ 항공운송업관계, ⑦ 외국항공기의 취항허가에 관한 사항 등이 있으며 사법적인 규정의 주요내용은, ① 항공여객 및 물건운송계약, ② 항공운송장, ③ 항공운송인의 손해배상책임 및 배상한도액, ④ 항공운송인의 책임소멸시기, ⑤ 항공기 추락으로 기인된 지상 제3자에 대한 항공기운항자의 손해배상책임 및 배상한도액, ⑥ 순차운송, ⑦ 항공계약운송인 이외의 실제운송인의 법률관계와 배상책임, ⑧ 강제항공보험 등에 관한 사항 등을 규정하고 있으므로 이러한 것들을 비교항공법적인 입장에서 분석하여 본다면 상기 항목과 같은 것들이 공통점으로 나타나고 있다. 상기 나라들의 항공법 내의 사법적 규정은 자국 내의 항공기사고에 기인하여 인적 또는 물적 손해가 발생하였을 때에 피해자 보호를 위하여 항공운송인 및 항공기 운항자에게 손해배상책임 및 배상한도액을 부담시킬 수 있도록 법적인 근거를 마련하기 위하여 제정된 법규들이다.

제5절 상법 가운데에 항공운송편을 신설하게 된 입법배경

세계 8위의 항공수송국[93]인 우리나라 항공산업규모에 상응하는 항공운송의 사법관계(私法關係: 항공운송계약관계와 불법법행위관계) 규율할 법률 마련이 필요로 하게 되었다. 항공기사고의 특수성을 고려하여, 항공운송인의 손해배상책임, 배상한도액, 책임소멸시기 등에 관한 사법적인 규정들이 없어 우리나라에서 입법의 미비점이 있었음으로 이와 같은 입법의 미비점을 없애고 법의 공백을 메꿈으로서 법률관계의 보충성, 정확성과 안정

---

93) 2005년의 ICAO 통계에 의하면 우리나라는 항공여객 13위, 항공화물 6위의 항공수송국이 되었다.

성을 도모하는데 입법목적이 있었다. 한편 항공운송계약관계의 사법적 (私法的)인 기준을 제시하여 법의 공백을 없애고, 항공기사고가 발생할 떼에 가해자와 피해자간에 책임한계 등을 명확히 함으로서 분쟁당사자간의 법률관계를 신속·공정하게 해결하는데 재판의 기준 마련이 필요로 하게 되었다. 특히 개정상법 가운데에 항공운송편을 신설하게 된 배경은 항공운송에 관련된 국제조약과 외국의 입법례 등을 참작하여 우리의 실정에 알맞는 항공운송법을 입법하였던 것이다. 우리나라에서 과거 항공기사고가 발생한 경우 항공운송인과 피해자간의 책임한계 및 배상한도액에 관하여 국제항공운송에 있어서는 우리나라가 비준한 국제조약과 국제항공운송약관에 의하여 당사자 간의 분쟁을 어느 정도 해결할 수가 있었지만 국내항공운송의 경우에는 항공운송인의 민사책임에 관한 규정이 항공법에 없었기 때문에 국내항공운송약관과 민·상법의 규정에 따라 재판을 하지 않으면 아니 되었다.

현행 상법전에서는 상행위편과 해상편에 육상 및 해상운송계약에 관계되는 법류관계와 육상 및 해상운송인의 책임 및 손해배상관계를 각각 비교적 상세히 규정하고 있는 것은 육운 및 해운관계의 국제조약에 기초하고 있는 독일 및 프랑스상법전 등의 영향을 받아 만든 하나의 역사적인 유물에 불과하다고 사료된다.

새롭게 발전되어가고 있는 항공운송에 있어서는 항공운송계약 및 항공운송인의 책임관계와 배상한도액을 명확하게 정하여 항공관계 국제조약과 선진각국의 입법례를 참작하여 한국의 경제 및 항운실정에 알맞도록 금년 5월 23일 정부는 상법을 일부 개정하였다.

상법이 개정됨에 따라, ① 국내항공운송약관의 일부조항의 무효문제도 어느 정도 해결되었으며, ② 가해자(항공회사)와 피해자간의 책임원칙과 배상한도액이 개정상법에 마련됨에 따라 판결에 앞서 분쟁당사자간에 조정 또는 화해 등 해결기준과 재판의 기준을 정할 수 있는 길이 마련되었고, ③ 항공기사고에 기인된 손해의 특수성을 고려한 법조문이 상법 내에 신설됨으로서 재판관은 항공기사건을 재판할 때에 이 법 조문을 「재판의 기준」으로 삼을 수가 있게 되었고, ④ 재판의 능률성·신속성 등도 도모할 수 있게 되었다.

제6절 개정상법 중 항공운송편을 신설하게 된 이유

우리나라는 1967년 10월 30일에 헤이그의정서를 비준하였음으로 발효일은 1967년 12월 29일이다. 이 헤이그의정서는 한국헌법 제6조에 의거 국내법과 동일한 효력을 가지게 된다. 현재 우리나라 상법전 내에는 육상운송계약을 중심으로 한 법률관계에 대하여 「상행위편」에 36개 조문 (상법 제114조부터 150조까지)이 규정되어 있고 「해상편」에는 해상운송계약을 중심으로 한 법률관계가 155개 조문 (상법 제740조부터 제895조까지)이 있어 비교적 상세히 규정하고 있다. 상기 「상행위편」 내에 육상사고로 기인된 육상운송인의 손해배상책임에 관한 규정으로서 상법 제135조 내지 138조가 있고 해상사고로 기인된 해상운송인의 손해배상책임에 관한 규정은 상법 제794조 내지 제799조가 있다. 그러나 항공운송인의 민사책임에 관한 규정은 상법개정 전에 상법 또는 항공법 및 기타 항공관계 법규 내에 한 조문도 규정되지 않았다. 100여년전에 우리나라 국민들이 외국 (하와이, 미국 등), 또는 국내의 제주도에 여행갈 때에는 거의 모두가 선박을 이용 하였지만 현재는 많은 국민들이 선박을 이용하지 않고 항공기를 이용하고 있다. 한국의 상법전에는 육상, 해상 운송인의 손해배상책임에 관한 규정은 상세하게 규정되어 있었지만 항공운송인의 손해배상책임에 관한 규정은 한 조문도 규정하고 있지 않았기 때문에 항공기사건에 대한 재판의 기준설정, 신속성, 공정성, 능률성 등을 확보하기 위해 이번에 상법을 개정하여 제6편에 항공운송에 관한 규정을 신설하였던 것이다.

정부도 국내항공운송에 있어서 여객 및 하주(荷主)의 권익을 옹호하고 항공운송당사자 간의 권리의무를 명확하게 하기 위여 상법 내에 「항공운송편」을 제정하는 것이 필요하다는 것을 인식하였음으로 이 「상법일부개정법률 안 (제6편 항공운송 신설)」을 국무회의 의결을 거친 후 2008년 12월 30일 정부 (법무부)가 동 법안을 국회에 제출하였던 것이며 이 법안의 편성·내용은 다음과 같다. 제1장 「통칙」(3개 조문), 제2장 「운송」, 제1절 「통칙」(5개 조문), 제2절 「여객운송」(9개 조문), 제3절 「물건운송」(8개 조문), 제4절 「운송증서」(9개 조문), 제3장 「지상 제3자의 손해에 대한 책임」 (6개 조문) 총 40개 조문으로 구성되어있다.

제2장 개정상법에 신설된 항공운송편의 주요내용과 앞으로의 전망

제1절 개정상법에 신설된 항공운송편의 주요내용

우리나라 개정상법 제6편에 신설된 「항공운송법」의 주요내용을 다음과 같이 설명하고자한다.

(1) 항공기의 의의 및 적용범위 (제896조 및 제897조 신설)

① 이 개정상법에 항공운송편을 신설함에 따라 그 적용대상 및 범위로서 항 공기의 의의와 적용범위를 규정하였다.
② 항공기의 개념을 상행위나 그 밖의 영리를 목적으로 운항에 사용하는 항공 기로 정의하였으며, 영리를 목적으로 하지 않는 항공기라도 국·공유의 항 공기가 아니라면 항공운송편의 규정을 적용받도록 규정하였다.

[입법배경과 그 이유]

항공운송편이 적용되는 항공기의 개념과 적용범위를 구체적으로 정함으로서 법적용어의 범위를 명확히 하였다.

(2) 항공운송인 및 항공기 운항자의 책임감면 (제898조 신설)

① 항공운송인 및 항공기 운항자가 손해 발생에 피해자의 과실이 있었음을 증 명한 경우에는 과실상계[94]의 원칙에 따라 그 책임을 감면할 수 있도록 규 정하였다.
② 항공운송인 및 항공기 운항자의 손해배상책임에 대하여 특히 여객운송인이 무과실

---

94) 영미법의 기여과실 (contributory negligence)은 불법행위법에서 원고가 입은 손해에 대하여 법적 원 인에 기여 (contribute)한 원고 측의 과실이 있을 경우 영국법에서는 1945년의 Law Reform Act에 의하여 과실상계가 인정되었다. 미국에서는 일부 주에서 과실상계를 인정하는 제정법을 채택하고 있으며 그 밖의 주에서는 기여과실 rule를 존속시키고 있다.

책임을 부담하는 경우에도 과실상계의 원칙이 적용되어 그 책임을 감 면할 수 있도록 분명하게 규정하였다.

[입법배경과 그 이유]

손해배상액의 확정에 관한 사법(私法)의 일반원칙을 항공운송 편에도 받아드려 당사자 간의 이해관계를 합리적으로 조정하여 공평 · 타당하게 분쟁을 해결하는 데 그 목적이 있다.

[입법례]

1999년 몬트리올 조약 제20조

(3) 비계약적 청구에 대한 적용 등 (제899조 신설)

① 비계약적 청구에 대한 운송인의 책임에 관한 규정은 운송인의 불법행위로 인한 손해배상의 책임에도 적용한다. 항공운송인의 책임과 관련하여 계약 책임 뿐만 아니라 불법행위책임에도 항공운송편 의 책임제한에 관한 규정 비계약적 청구에도 불법행위책임 적용된다고 분명히 규정하였다.

② 항공운송인의 불법행위책임에도 항공운송의 책임에 관한 규정이 적용됨을 명확히 하고, 운송인의 사용인이나 대리인도 고의 또는 인식 있는 무모한 행위가 없는 한 운송인의 항변과 책임제한을 원용할 수 있도록 규정하였다.

그러나 항공운송여객 또는 수하물의 손해가 운송인의 사용인이나 대리인의 고의로 인하여 발생하였거나 또는 여객의 사망 · 상해 · 연착 (수하물의 경우 멸실 · 훼손 · 연착)이 생길 염려가 있음을 인식하면서 무모하게 한 작위 또 는 부작위로 인하여 발생하였을 때에는 그 사용인이나 대리인은 운송인이 주장할 수 있는 항변과 책임제한을 원용할 수 없도록 규정하였다.

[입법배경과 그 이유]

(1) 비행중인 국내 또는 외국 항공기가 갑자기 고장이 나거나, 난기류 (turbulence), 납치, 테러사건 등으로 추락하여 지상에 있는 제3자에게 인적손해 (사망 또는 부상 등) 또는 물적 손해 (물건의 손괴)를 입힌 경우에 피해자가 가해자를 상대로 손해배상청구권을 행사할 수 있는 법적 근거를 마련하기 위하여 이 조문을 신설하였다고 본다.

(2) 항공기의 돌연한 추락과 그로인한 낙하된 물건들에 의하여 지상에 있는 제3 자가 손해를 입은 경우 피해자들이 미국에서는 「연방불법행위청구법 (Federal Tort Claims

Act)」, 독일에서는 「항공운송법 (Lufftverkehrsgesetz)」, 중 국에서는 「민용항공법」에 의거 각각 소송을 제기할 수 있지만 한국과 일본 은 이에 관한 법률의 규정이 없었기 때문에 피해자인 우리 국민을 보호하기 위하여 이 법조문을 신설하는 것이 필요로 하였던 것이다.

(3) 항공운송인 등의 손해배상책임 범위에 관하여 일관된 해석을 통해 항공운송 인과 소비자 간의 합리적 예측이 가능해져 분쟁의 신속·공정한 해결이 가능 해 질 것으로 기대되고 있다

[입법례]

독일개정항공운송법 제33조 내지 제43조), 중국개정민용항공법 제157조 내지 165조, 1952년의 로마조약 제1조, 한국 민법 제750조, 북한민용항공법 제54조

[학설의 논점]

(1) 불법행위로 인한 손해배상청구권에 대하여 학설은 청구권경합설과 법조경합 설로 나누어진다. 한국의 대법원과 일본의 최고재판소의 판례의 입장은 청구 권경합설을 지지하고 있다.

(2) 항공운송인의 불법행위책임에서도 항공운송인의 책임에 관한 규정이 적용될 수 있음을 분명히 하였고 항공운송인의 사용인이나 대리인이 고의 또는 인식 있는 무모한 행위 (wilful misconduct)가 없는 한 항공운송인의 항변과 책 임제한을 원용(援用: 주장) 할 수 있도록 규정하였다.

[영미법의 개념]

wilful-misconduct의 개념[95]은 인식 있는 중대한 과실, 고의성이 있는 중대한 과실 등으로 해석되고 있지만 일본의 최고재판소와 한국의 대법원 판례의 입장 은 「중대한 과실」이라고 해석하고 있다.

(4) 실제운송인에 대한 청구 (제900조 신설)

① 운송계약의 당사자인 계약운송인의 위임을 받아 운송의 전부 혹은 일부를 수행할

---

95) Willful misconduct generally means a knowing violation of a reasonable and uniformly enforced rule or policy. It means intentionally doing that which should not be done or intentionally failing to do that which should be done, knowing that injury to a person will probably result or recklessly disregarding the possibility that injury to a person may result. The term is applied in various legal contexts, such as torts and public offices.

실제운송인(actual carrier)의 책임관계를 규정하였다.

② 실제운송인에 대하여 손해배상청구가 있는 경우에 고의 또는 인식 있는 무 모한 행위가 없는 한 실제운송인 및 그 사용인 또는 대리인이 책임제한 규 정을 원용할 수 있도록 규정하였고, 실제운송인의 책임한도액은 계약운송인 의 책임한도액을 초과할 수 없으며, 실제운송인이 손해배상책임을 부담하는 경우 계약운송인과 연대책임이 있음을 분명히 하였다.

③ 계약운송인과 실제운송인은 소비자의 손해에 관하여 연대책임이 있음을 명시함으로써 운송인의 합리적인 경영을 지원함과 아울러 항공운송인의 내부 관계로 인하여 소비자가 불이익을 입는 사례가 해소될 것으로 기대된다. 또 한 실제운송인의 책임과 의무외 에 운송인이 책임과 의무를 부담하기로 하 는 특약 또는 운송인의 권리나 항변의 포기는 실제운송인이 동의하지 아니 하는 한 실제운송인에게 영향을 미치지 아니한다고 규정하고 있다.

[입법배경과 그 이유]

(1) 계약운송인(contracting carrier)과 실제운송인(actual carrier)의 개념을 확립함과 동시에 실제운송인의 책임관계를 규정하였다.

(2) 항공수송의 발달에 따라 임차 (賃借: hire), 전세 (專貰), 교체(交替: inter- change) 비행기와 용기 (傭機: charter) 등이 성행 되고 있음으로 이와 같은 현상은 계약운송인과 실제운송인이 다른 경우가 많이 발생하고 있었지만 바 르샤바조약에서는 실제운송인의 책임관계를 규정한 법조문이 없어 문제점이 제기 된바 있었다. 이 실제항공운송인의 책임문제를 해결하기 위하여 1961년 에 「계약운송인 이외의 자 에 의하여 행하여지는 국제항공운송에 관한 규칙 의 통일을 위한 바르샤바조약을 보완하는 조약」이 UN산하 ICAO에서 채 택되었다. 이 조약을 일명 「과달라하라 조약 (Guadalajara Convention)」 이라고 호칭하고 있는데 주로 항공실제운송인의 민사책임 관계를 규정하였 다. 이 「과달라하라조약」은 1964년 5월 1일부터 전 세계적으로 발효되어 있고 2011년 8월 19일 현재 86개국이 가입되고 있다. 독일의 개정항공운송 법과 중국의 개정민용항공법에서도 항공실제운송인의 책임관계를 규 정하고 있다.

(3) 이 상법개정안에서는 상기 「과달라하라조약」의 일부 내용과 1999년의 몬트 리올 조약 의 내용을 받아들이고 있다.

몬트리올 조약 제39조~ 제48조, 독일의 개정항공운송법 제48조의 2, 1항부터 6항까지의 6개 조문, 중국의 개정민용항공법 제137~144조.

(5) 순차운송 (제901조 신설)

① 하나의 항공운송에 대해 둘 이상의 운송인이 순차적으로 각 운송구간별로 여객·수하물 또는 운송물의 운송을 수행하는 경우 사고발생 시 그 책임과 법률관계를 규정하였다. 즉 순차운송에서 여객의 사망, 상해 또는 연착으로 인한 손해배상은 그 사실이 발생한 구간의 운송인에게만 청구할 수 있다. 다만, 최초 운송인이 명시적으로 전 구간에 대한 책임을 인수하기로 약정한 경우에는 최초 운송인과 그 사실이 발생한 구간의 운송인이 연대하여 그 손해를 배상할 책임이 있다.

② 각 항공운송구간의 항공운송인도 항공운송계약의 당사자임을 명확히 하고, 여객의 사망, 부상 또는 연착 및 수하물·운송물의 멸실, 훼손 또는 연착으로 인한 손해가 발생한 경우 각 운송구간의 운송인의 책임 및 운송인 사이의 구상관계를 분명하게 규정하였다.

[입법배경과 그 이유]

순차운송에 관여하는 운송인간의 책임 범위와 구상관계를 합리적으로 조정하고, 송하인이 손해배상을 청구할 상대방을 명확히 규정함으로써 순차운송에 관한 분쟁을 신속하게 해결할 수 있을 것으로 기대된다.

[입법례]

몬트리올 조약 제39조, 상법 제138조

(6) 항공운송인의 책임 및 채권의 소멸 (제902조 및 제919조 신설)

① 항공운송인의 책임에 관한 제척기간 및 채권의 소멸시효에 대하여 규정하였다.

② 항공운송인의 여객, 송하인 또는 수하인에 대한 책임은 2년의 제척기간이 지나면 소멸하는 것으로 하고, 육상·해상운송 규정과의 균형을 고려하여 화물운송인의 송하인 또는 수하인에 대한 채권의 소멸시효를 2년으로 규정하였다.

[입법배경과 그 이유]

(1) 항공여객 및 물건운송인의 책임소멸시기에 대하여 1929년의 바르샤바조약 제29조 제1항 및 1999년 몬트리올조약 제35조에서도 책임소멸시기를 2년 내로 규정하고 있음으로 이번 개정상법에서도 이 내용을 도입한 것이다. 이 책임 소멸시기를 제척기간이라고 주장하는 학설도 있으나 소멸시효라고 보 는 것이 통설이다.

(2) 항공운송과 관련된 분쟁의 신속한 해결을 통해 당사자들의 법률관계가 조 기 에 안정될 것으로 기대된다.

[입법례]

1999년의 몬트리올조약 제35조, 2007년의 독일개정항공운송법 제39조, 제49조a, 제39조, 제49조 a.

(7) 항공운송계약 조항의 무효 (제903조 신설)

① 항공운송인의 책임에 관한 규정이 강행규정임을 명문화하였다.
② 항공운송인의 책임을 면제하거나 감경하는 계약조항은 무효임을 분명히 규 정하였다.

[입법배경과 그 이유]

(1) 항공기이용자의 보호를 위하여 항공회사의 면책특약의 금지조항과 운송계약 의 독립성을 보장하기 위하여 규정하였다.

(2) 항공운송인이 부담해야 할 위험을 소비자에게 전가하지 못하도록 강제함으 로써 여객 및 화주 보호에 이바지할 것으로 기대 된다.

[입법례]

1999년의 몬트리올조약 제20조, 독일개정항공운송법 제49조 c, 중국개정민용항공법 제127조

(8) 항공운송인의 여객 손해에 대한 책임 및 책임한도액 (제904조 · 제905조 및 제907조 신설)

① 항공여객운송인은 항공기 사고에 기인된 여객의 사망 또는 신체상해, 연착 에 대한 책임 및 책임한도액을 규정하였다.
② 항공기내 또는 승강 과정(乘降過程) 중에 발생한 여객의 사망 또는 신체 의 상해

로 인한 손해에 대하여 여객 1인당 10만 계산단위(unit of account: SDR)까지는 운송인이 무과실책임을 지도록 규정하였으며 10만 계산단위 를 초과하는 손해는 운송인이 과실추정책임을 도입하되 그 과실 없음을 증명하면 면책될 수 있도록 규 정하였다.

③ 한편, 여객의 연착으로 인한 손해에 대하여 운송인이 그 과실 없음을 증명 한 경우에만 면책될 수 있도록 규정하였고, 여객 1명당 4,150 계산단위를 한도로 그 책임을 제한시키는 조문을 신설했다.

[입법배경과 그 이유]

항공기사고로 기인하여 발생된 여객의 사망 또는 신체가 상해된 경우 그 손해에 대하여 여객1인당 10만 계산단위까지는 피해자 보호를 위하여 항공운송인에게 무과실책임을 부담시키고 유한책임주의를 채택하였지만 10만 계산단위를 초과하는 손해에 대하여는 과실추정책임을 부담시킴과 동시에 무한책임주의를 채택하였다고 본다. 즉 항공여객운송인의 책임(liability of air passenger's carriers) 관계를 규정한 이 조문의 내용은 1999년의 몬트리올조약 제21조의 입법취지에 따라 「2원적 책임제도(two tier liability system)」를 도입하였다고 볼 수가 있다.

[입법례]

1999년의 몬트리올조약 제21조, 독일개정항공운송법 제45 조, 중국개정민용항공법 제128~129조

(9) 선급금의 지급의무 (제906조 신설)

① 항공기 사고로 여객의 사망 또는 상해가 발생한 경우 피해자에게 닥친 당장 의 경제적 곤란을 해소하기 위하여 운송인에게 손해배상액의 일부를 지체 없 이 먼저 지급하도록 규정하였다.

② 여객의 사망 또는 상해사고가 발생한 경우, 운송인에게 선급금(先給金) 지급의무가 있음을 분명히 하고, 선급금의 범위 및 절차에 대해서 대통령령으 정하도록 하였다.

[입법배경과 그 이유]

(1) 항공기사고로 인한 여객의 사망이나 부상이 발생한 경우 시급한 유족들의 장 례비용과 부상자의 치료비를 미리 지불할 수 있는 법적인 근거를 마련하기 위 하여

규정하였다고 본다.

(2) 뜻하지 않은 사고로 인한 본인과 가족들의 급박한 경제적 곤란을 실질적으 해결함으로써 소비자의 권익 보호에 기여할 것으로 기대된다.

[입법례]

1999년의 몬트리올조약 제28조

(10) 수하물의 멸실, 훼손, 연착에 대한 운송인의 책임 및 책임한도액 (제908조 부터 제910조까지 신설)

① 항공여객운송의 수하물의 멸실, 훼손, 연착으로 인한 손해에 대하여 운송인의 책임 및 책임한도액을 규정하였다.

② 여객의 수하물 중 위탁수하물이 항공운송인의 관리 아래에 있는 기간 중에 멸 실 또는 훼손된 경우에는 운송인의 무과실책임과 면책사유를 규정하였고, 개 인 소지품 등 휴대수하물이 멸실 또는 훼손된 경우에는 운송인의 과실책임도 규정하였다.

③ 수하물의 연착으로 인한 손해에 대하여 운송인의 과실책임을 분명히 하는 한 편, 수하물의 멸실·훼손·연착에 대한 운송인의 책임이 여객 1명당 1,000 계산단위로 제한됨을 규정하였다.

[입법배경과 그 이유]

항공운송 수하물의 적재 중 또는 양육 작업 중, 또는 운송인의 관리 중에 항공사고 가 발생하여 수하물이 분실 또는 훼손되었을 때에 항공물건운송인의 책임(liability of air cargo carriers)관계를 분명하게 하기 위하여 규정하였다.

(11) 항공운송물 손해에 대한 운송인의 책임 및 책임한도액 (제913조부터 제915조까지 신설)

① 항공운송물의 멸실·훼손·연착으로 인한 손해에 대한 운송인의 책임 및 책 임한도액 등을 규정하였다.

② 항공운송 중 발생한 운송물의 멸실·훼손·연착으로 인한 손해에 대하여 운송 인의 책임 및 면책 사유를 규정하고, 그 손해배상책임액이 운송물 1킬로 그램 당 17

계산단위를 한도로 하되 송하인과의 운송계약상 그 출발지, 도착지 및 중간 착륙지가 대한민국 영토 내에 있는 운송의 경우에는 손해가 발생한 해당 운송물의 1킬로그램당 15계산단위의 금액을 한도로 한다. 다만, 송하인이 운 송물을 운송인에게 인도할 때에 도착지에서 인도받을 때의 예정가액을 미리 신고한 경우에는 운송인은 신고가액이 도착지에서 인도할 때의 실제가액을 초과한다는 것을 증명하지 아니하는 한 신고가액을 한도로 책임을 진다.

③ 수하인은 운송물의 일부멸실 또는 훼손을 발견하면 운송물을 수령한 후 지 체 없이 그 개요에 관하여 운송인에게 서면 또는 전자문서로 통지를 발송 하여야 한다. 다만, 그 멸실 또는 훼손이 즉시 발견할 수 없는 것일 경우에 는 수령일 부터 14일 이내에 그 통지를 발송하여야 한다. 운송물이 연착된 경우 수하인은 운송물을 처분할 수 있는 날부터 21일 이내에 이의를 제기 하여야 한다.

④ 운송인의 책임 발생 원인과 책임한계 등을 분명히 함으로써 합리적인 운송 계약의 체결이 가능하도록 하고, 분쟁에 대한 신속하고 공정한 해결 기준이 마련될 것으로 기대된다.

[입법배경과 그 이유]

(1) 항공운송과 관련이 있는 최신의 국제조약과 각국의 입법례 등을 참작한 후 수하물 및 운송물에 대한 항공물건운송인의 손해배상책임 및 그 한도액을 규정하였다.

(2) 국내항공물건운송인의 책임한도액을 계산단위로 표시한 이유는 해상 및 항 공운송에 관한 국제조약 (1978년의 개정로마조약, 1978년의 국제해상물건 운송조약(Hamburg Rule), 1980년의 UN국제복합운송조약, 1975년의 몬트 리올 제1, 제2, 제3추가 의정서 및 제4의정서, 1999년의 몬트리올조약 등과 2010년에 개정된 독일의 항공운송법, 중국의 개정민용항공법, 일본의 국제 해상물품운송법과 한국의 상법 등 이 IMF (국제통화기금)의 통화단위인 특별 인출권 (Special Drawing Right : SDR)를 계산단위(Unit of Account)로 표시하였기 때문에 세계적인 흐름에 보조를 맞추기 위하여 이번 개정상법 에서도 손해배상한도액을 계산단위로 표시하였다.

(3) 국내항공운송물의 멸실·훼손·연착으로 인한 손해에 대한 국내항공물건운 송인의 배상액은 국제항공운송과 차등을 두어 해당 운송물의 1킬로 그램당 15계산단위의 금액으로 제한하였다.

[입법례]

1975년의 몬트리올 제4의정서 제7조, 1999년의 몬트리올조약 제21 내지 23조, 독일의 개정항공운송법 제47조 4항, 중국의 민용항공법 제129조, 일본의 국제해상물품운송법 제13조, 한국의 상법 제770조와 제797조

(12) 운송증서 (여객항공권, 수하물표, 항공화물운송장, 제921조부터 제929조까지 신설)

① 항공운송에 있어서 일반적으로 발행되고 있는 여객항공권, 수하물표, 항공화 물운송장, 화물수령증 등 항공운송증서에 대한 근거 규정 등을 마련하였다.
② 여객운송의 경우에 발행되는 여객항공권 및 수하물표에 대하여 운송인의 교 부의무, 여객항공권의 기재사항 및 전자여객항공권의 발행에 관하여 규정하 고 있다. 또한 화물운송의 경우에 발행되는 항공화물운송장 및 화물수령증에 대하여 그 작성, 교부 및 기재사항 등을 규정하는 한편, 항공운송증서에 관한 규정의 위반 효과, 항공화물운송장의 기재사항에 관한 책임 및 항공운송증서 에 대한 기재에 관한 효력을 규정하였다.

[입법배경과 그 이유]
(1) 항공운송증서는 증거증권(Beweis Urkunde)으로서의 효과가 있기 때문에 증 권의 기재사항에 위반한다고 하더라도 본질적으로 운송계약에는 영향을 미치 지 않는다.
(2) 정보의 기록을 유지하는 방법은 컴퓨터 및 인터넷을 통한 정보의 기록도 포 함하는 것을 목적으로하고 있으며 현재 여객전자항공권의 발행이 국내뿐만 아니라 전 세계적으로 보급되고 있는 현상이므로 E-ticket 발행의 법적근거 를 마련하였다.
(3) 실무에서는 항공운송장을 대신하여 항공화물수령증으로 교부하는 것이 일반 적이기 때문에 이에 관한 법적근거도 마련하였다.

[입법례]
과테말라의정서 제4조, 1999년의 몬트리올조약 제3조

(13) 지상 제3자에 대한 손해배상 책임(제930조부터 제935조까지 신설)

① 항공기운항자는 비행중인 항공기 또는 항공기로부터 떨어진 사람이나 물건으 로 인하여 사망하거나 상해 또는 재산상 손해를 입은 지상(지하, 수면 또는 수중을 포

함한다)의 제3자에 대하여 손해배상책임을 진다.

② 항공기의 추락 또는 항공기로부터 떨어진 물건 등으로 인하여 지상의 제3자가 신체 또는 재산상 손해를 입은 경우에 항공기 운항자의 무과실책임과 면책 사유를 규정하였다.

③ 하나의 사고에 대한 항공기 운항자의 유한책임을 규정하여 항공기 최대이륙 중량에 따른 총체적 책임제한과 인적 손해에 따른 1인당 12만 5천 계산단위의 금액을 한도로 하는 개별적 책임제한에 관한 규정을 두는 한편, 항공기 운항자의 유한책임의 배제사유, 책임에 관한 제척기간 및 책임제한의 절차에 대하여 규정하였다.

[입법배경과 그 이유]

① 항공기의 돌연한 추락이나 공중에서 물건의 낙하에 의하여 지상에 있는 제3자에게 손해를 입혔을 경우 항공기운항자의 법적인 책임을 규정함으로서 항공운송계약을 통하여 보호 받을 수 없는 지상 제3자를 합리적으로 보호 받을 수 있도록 항공불법행위에 기인된 손해배상청구권을 행사 할 수 있는 법적인 근거를 마련하였다.

② 항공기의 비행 중 돌연한 추락으로 인한 지상 제3자의 인적 또는 물적 손해에 관계된 「개정상법 제6편(항공운송)」제3장 (지상 제3자의 손해에 대한 책임)에 규정되어 있는 6개 조문의 신설은 타당하다고 본다.

앞에서도 언급한 바와 같이 항공기의 추락 사고는 사전에 그 누구도 예측할 수 없는 사항이며 우리나라 및 각국의 항공기가 세계 도처에서 돌연한 추락으로 인하여 지상에 있는 제3자에게 인적·물적 손해를 입힌 사례가 있었으며 앞으로도 있을 가능성이 있음으로 이에 대비하기 위하여 이 조문을 신설하였다고 본다 96).

③ 항공기에 의한 지상 제3자의 손해에 대한 배상책임을 규정한 조약으로 1933년 로마조약, 1952년의 개정로마조약과 1978년 몬트리올 의정서와 2009년의 2개의 몬트리올 조약이 있으나 개정상법에서는 1952년의 개정로마조약의 일부 내용을 받아들였다.

[입법례]

외국의 입법례를 보면, 독일, 중국 및 북한도 「항공기운항자의 지상 제3자에 대한 책

---

96) 1999년 4월15일 오후 4시4분(한국 시간 오후 5시4분)에 대한항공 6316편 MD-11 화물기가 중국 상해홍차 오공항을 이륙해 서울로 향하 딘 중 동 화물기가 1,500m까지 상승하다 급강하하면서 공항 남동쪽 약 11.6km 지점의 주택가 공사장에 추락하는 사고가 발생하여 이 항공기는 전파되었고 화재가 발생하면서 조종사를 포함한 탑승자 3명과 현지 중국의 주민5명이 사망하였고 현지 주민 40명이 크고 작은 부상을 입는 등 인적손해를 입힌 사례 가 있다; http://www.traveltimes.co.kr/news/news_tview. asp?idx=21916

임에 관한 1952년의 로마조약 및 1978년의 몬트리올 의정서」에 가입하지 않았지만 항공기운항자의 지상 제3자에 대한 책임관계를 규정하였고, 독일도 개 정항공운송법에서 1952년 개정로마조약. 1978년의 몬트리올 의정서 및 2009년 의 불법방해조약 일부 내용을 수용하여 항공기 운항자의 지상 제3자에 대한 책 임에 관한 조문을 동법 제33조부터 제43조까지[97] 11개 조문으로 비교적 상세히 규정하고 있다.

중국은 민용항공법 제12장에 지상 제3자에 대한 책임에 관한 조 문을 두어 동법 제157조부터 제172조까지[98] 16개 조문에 더욱 상세히 규정하 고 있다. 러시아도 2007년의 개정항공법에 지상 제3자에 대한 책임에 관한 조문 을 제130조에 규정하였고 북한에서도 2005년의 개정민용항공법 제54조[99])에서 항공운송인의 계약책임뿐 만 아니라 항공기의 사고 또는 항공기에서 떨어진 물 체에 의하여 제3자가 사망하였거나 피해, 손해를 입었을 경우 항공사가 불법행 위책임을 지도록 규정하였다.

제2절 개정상법 내 항공운송편의 문제점과 앞으로의 전망

1. 항공여객운송인의 배상책임한도액에 관한 문제점

바르샤바조약상의 배상한도액을 그 동안 몇 차례 개정을 하였지만 실효를 거두지 못한 점에 대한 반성으로 1999년의 몬트리올조약에서는 5년마다 SDR를 구성하는 미국, 영국, 유럽연합 및 일본의 소비자물가지수의 인플레이션율이 10%를 넘을 때에는 배상한도액을 자동적으로 상향조정할 수 있도록 단계적인 증액조항(Escalator Clause)을 몬트리올 조약 제24조에 신설하였다.

몬트리올조약이 1999년 5월 28일 제정되어 2003년 11월 4일에 전 세계적으로 발효되었는데 국제민간항공기구 (ICAO)에서 상기 국가들의 인프레이숀율을 조사한 결과 이 조

---

97) 김두환, 전게서, (2005), 326~332면, 536~537면.
98) 김두환, 전게서, (2005), 344면, 551~558면 참조.
99) 북한민용항공법, 주체94(2005년) 8월 9일 최고인민회의 상임위원회 정령 제1236호로 수정 보완 하였다.
   북한민용항공법 제54조(항공사의 책임) 항공사가 책임을 지는 경우는 다음과 같다.
   1. 여객이 항공기에 탑승하기 시작한 때부터 항공기에서 내릴 때까지의 사이에 사망하였거나 인체에 피해를 입었을 경우
   2. 수송지연으로 여객이나 손짐, 화물에 손해를 입혔을 경우
   3. 항공기의 사고 또는 항공기에서 떨어진 물체에 의하여 제3자가 사망하였거나 피해, 손해를 입었을 경우

약이 발효된 이후 지난 5년간의 기간 동안 상기 국가들의 인플레이션율이 13.1%로[100] 올라갔음으로 이를 근거로 하여 항공운송인의 배상한도액을 아래와 같이 인상하였다. 이 조약의 가입국인 한국도 피해자인 우리국민을 보호하기 위하여 인상된 배상책임한도액을 앞으로 또다시 우리상법의 일부를 개정할 때에 반드시 반영시키는 것이 옳다고 본다. 몬트리올 조약 제24조에 의거 항공운송인의 배상한도액의 인상을 다음과 같은 「국제항공운송인의 배상한도액 인상 비교표」로 설명하고자한다.

국제항공운송인의 배상책임한도액 인상 비교표

현행 국제항공운송인의 책임한도액	국제항공운송인의 책임한도액의 인상
여객의 사망 또는 부상 1인당 10만SDR 1999년의 몬트리올조약 제21조 1항	여객의 사망 또는 부상 1인당 113,100 SDR
화물의 파괴, 멸실, 훼손/연착 1kg당 17SDR 1999년의 몬트리올조약 제22조 3항	화물의 파괴, 멸실, 훼손/연착 1kg당 19 SDR
수하물의 책임한도액 여객 1인당 1,000SDR 1999년의 몬트리올조약 제22조 2항	수하물의 책임한도액 여객 1인당 1,131SDR
연착의 경우 여객1인 당 4,150SDR 1999년의 몬트리올조약 제22조 1항	연착의 경우 여객1인 당 4,694SDR

2. 2009년 몬트리올 2개 조약과 개정상법과의 관계

2001년 9월 11일 미국의 뉴욕에서 발생한 항공기 납치에 의한 테러사건은 미국에 있어 일시에 막대한 인적·물적 피해를 안겨다 주었다. 영국의 로이드보험 등 세계의 보험업계는 막대한 손실을 입었기 때문에 항공회사의 보험 (항공보험)을 기피하는 현상이 일어났다. UN산하 국제민간항공기구 (ICAO) 법률위원회에서는 9/11사건 이후 이 같은 테러사건의 법적인 대응책과 자구책(自救策)을 마련하기 위하여 약8년간의 심의를 한 끝에 항공기 불법방해행위(테러)와 일반위험에 관한 새로운 2개의 국제조약초안을 마련하였다. 2009년 4월 20일부터 5월 2일까지 캐나다 몬트리올에서 열린 ICAO외교회의에서 새로운 두 개의 국제조약이 성립되었다.

즉, 첫째 조약은 국제테러 (terror)에 대비하여 만들어진 「항공기불법방해행위에 기인하여 발생된 제3자에 대한 손해배상에 관한 조약 (Convention on Compensation for Damage to Third Parties, Resulting from Acts of Unlawful Interference Involving

---

100) http://www.magrathoconnor.com/2009/12/montreal-convention-1999-increase-in-limitation-on-liability

Aircraft : 略稱, Unlawful Interference Convention, 불법방해조약, 8개장과 47개 조문으로 구성됨)」이고 두 번째 조약은 일반적인 위험(항공기의 추락과 그로인한 낙하물이 지상 제삼자에게 손해를 입힌 경우)에 대비하여 만들어진「항공기에 기인된 제3자에 대한 손해배상에 관한 조약(Convention on Compensation for Damage Caused by Aircraft to Third Parties : 略稱, General Risk Convention : 일반위험조약, 5개장과 28개 조문으로 구성됨)이 있다. 상기 첫 번째 국제조약은 세계 각국 가운데 35개국이 비준한 날로부터 180일이 경과된 날로부터 발효가 되고 상기 두 번째 국제조약은 35개국이 비준한 날로부터 60일이 경과된 날로부터 발효가 된다. 2011년 8월 19일 현재 상기「불법방해조약」은 파나마를 포함한 8개국이 서명하고 있으며 또한 상기「일반위험조약」은 칠레를 포함한 10개국이 서명하였지만[101] 상기 2개의 국제 조약을 비준한 나라는 아직 한 나라도 없다. 우리나라의「개정상법」에서는 현재 상기 2개의 국제 조약을 받아드리지 않고 있지만 앞으로 상기 2개의 국제조약이 세계적으로 발효가 되는 시점에서는「개정상법(제6편의 항공운송)」내에 있는 지상 제3자에 대한 항공기운항자의 책임한도액(제932조)에 관해서는 2010년의 독일개정항공운송법과 같이 항공기운항자의 배상한도액을 인상시키는 것이 바람직하다고 본다.

3. 앞으로의 전망

「개정상법(제6편 항공운송)」은 2011년 11월 24일부터 전국적으로 시행되기 때문에 2012년부터 우리나라의 법학전문대학원(Law School)에서도「항공운송법(상법)」강좌가 개설될 것으로 기대되며 우리나라의 대형항공사뿐만 아니라 저가항공사들 까지도 개정상법 내에 있는 항공운송편을 관심을 갖고 연구하리라고 전망된다.

---

101) http://www2.icao.int/en/leb/List%20of%20Parties/2009_GRC_en.pdf

제3장 맺는 말

오늘날 국제항공운송의 사법적인 법률관계는 1929년의 바르샤바조약, 1955년의 헤이그의정서, 1961년의 과달라하라조약, 1966년의 몬트리올협정, 1975년 몬트리올 제1, 제2, 제3, 추가의정서 및 몬트리올 의정서, 1999년의 몬트리올조약, 1952년, 1978년의 개정로마조약 등에 의거 어느 정도 해결할 수가 있었지만 과거 국내항공운송의 사법적인 법률관계에 대하여 한국과 일본은 법률에 아무런 규정이 없었으므로 항공운송약관 또는 민·상법 등을 준용하여 처리하고 있었다. 그러나 앞에서도 언급한바와 같이 운송약관의 일부조항이 약관심사위원회의 무효결정 내지 법원으로부터 무효판결이 난바 있어 문제점들이 제기된바 있었다.

이와 같은 문제점들을 해결하기 위하여 이번에 정부에서 상법을 개정한 것은 법의 공백을 탈피시키는데 중요한 역할을 하였을 뿐만 아니라 현행 상법전에 한공운송에 관한 규정을 신설한 것은 전 세계의 각 나라의 상법전 가운데 첫 입법례가 되었음으로 일본을 비롯하여 다른 나라들도 자국의 상법전을 개정하여 항공운송에 관한 규정을 신설할 것으로 예상된다. 국제무한경쟁시대에 접어든 이때에 우리나라 항공운송산업의 국제경쟁력을 배양함과 동시에 항공운송인(가해자)과 피해자 간에 형평의 원칙에 따라 상호 간의 권익 조정을 위하여 현행상법을 개정(항공운송법 신설)한 것은 우리들이 해결하여야만 할 시급한 과제이었던 것이다.

이와 같은 국내의 입법문제의 해결과 가해자와 피해자 간의 책임한계를 명확하게 정하고자 선진국의 입법례 및 각종 항공운송관계 국제조약 등을 참작하여 우리나라 현실에 알맞게끔 상법을 개정(항공운송법 신설)한 것은 192개국이 가입하고 있는 「국제민간항공기구(ICAO)」와 전 세계의 230개의 항공사가 가입되고 있는 「국제항공수송협회(IATA)」로부터 신뢰를 더욱 얻는데 좋은 계기가 될 것으로 예상된다.

〈부 록〉

〈부 록 1〉

1944년의 국제민간항공조약 원문(시카고조약)

CONVENTION ON INTERNATIONAL CIVIL AVIATION

Signed at Chicago,
on 7 December 1944[102]

PREAMBLE

WHEREAS the future development of international civil aviation can greatly help to create and preserve friendship and understanding among the nations and peoples of the world, yet its abuse can become a threat to the general security;

WHEREAS it is desirable to avoid friction and to promote that cooperation between nations and peoples upon which the peace of the world depends;

THEREFORE, the undersigned governments having agreed on certain principles and arrangements in order that international civil aviation may be developed in a safe and orderly manner and that international air transport services may be established on the basis of equality of opportunity and operated soundly and economically;

Have accordingly concluded this Convention to that end.

---

102) ICAO Doc.7300/7 (7th ed. - 1997); in force on 4 April 1947; 187 parties as at 30 June 2001. Thailand deposited the notification of ratification on 4 April 1947; thus, according to Article 91 (b), for Thailand, the Convention entered into force on 4 May 1947.

PART I

AIR NAVIGATION

CHAPTER I

GENERAL PRINCIPLES

AND APPLICATION OF THE CONVENTION

Article 1

Sovereignty

The contracting States recognize that every State has complete and exclusive sovereignty over the airspace above its territory.

Article 2

Territory

For the purposes of this Convention the territory of a State shall be deemed to be the land areas and territorial waters adjacent thereto under the sovereignty, suzerainty, protection or mandate of such State.

Article 3

Civil and state aircraft

(a) This Convention shall be applicable only to civil aircraft, and shall not be applicable to state aircraft.

(b) Aircraft used in military, customs and police services shall be deemed to be state aircraft.

(c) No state aircraft of a contracting State shall fly over the territory of another State or land thereon without authorization by special agreement or otherwise, and in accordance with the terms thereof.

(d) The contracting States undertake, when issuing regulations for their state aircraft, that they will have due regard for the safety of navigation of civil aircraft.

Article 3 bis[103]

(a) The contracting States recognize that every State must refrain from resorting to the use of weapons against civil aircraft in flight and that, in case of interception, the lives of persons on board and the safety of aircraft must not be endangered. This provision shall not be interpreted as modifying in any way the rights and obligations of States set forth in the Charter of the United Nations.

(b) The contracting States recognize that every State, in the exercise of its sovereignty, is entitled to require the landing at some designated airport of a civil aircraft flying above its territory without authority or if there are reasonable grounds to conclude that it is being used for any purpose inconsistent with the aims of this Convention; it may also give such aircraft any other instructions to put an end to such violations. For this purpose, the contracting States may resort to any appropriate means consistent with relevant rules of international law, including the relevant provisions of this Convention, specifically paragraph (a) of this article. Each contracting State agrees to publish its regulations in force regarding the interception of civil aircraft.

(c) Every civil aircraft shall comply with an order given in conformity with paragraph (b) of this Article. To this end each contracting State shall establish all necessary provisions in its national laws or regulations to make such compliance mandatory for any civil aircraft registered in that State or operated by an operator who has his principal place of business or permanent residence in that State. Each contracting State shall make any violation of such applicable laws or regulations punishable by severe penalties and shall submit the case to its competent authorities in accordance with its laws or regulations.

(d) Each contracting State shall take appropriate measures to prohibit the deliberate use of any civil aircraft registered in that State or operated by an operator

---

103) Protocol relating to an amendment to the Convention on International Civil Aviation [Article 3 bis] Signed at Montreal on 10 May 1984; ICAO Doc. 9436 (1984); in force on 1 October 1998; 119 parties as at 30 June 2001. Thailand deposited the instrument of ratification on 12 July 1985.

who has his principal place of business or permanent residence in that State for any purpose inconsistent with the aims of this Convention. This provision shall not affect paragraph (a) or derogate from paragraphs (b) and (c) of this Article.

Article 4

Misuse of civil aviation

Each contracting State agrees not to use civil aviation for any purpose inconsistent with the aims of this Convention.

CHAPTER II

FLIGHT OVER TERRITORY OF CONTRACTING STATES

Article 5

Right of non-scheduled flight

Each contracting State agrees that all aircraft of the other contracting States, being aircraft not engaged in scheduled international air services shall have the right, subject to the observance of the terms of this Convention, to make flights into or in transit non-stop across its territory and to make stops for non-traffic purposes without the necessity of obtaining prior permission, and subject to the right of the State flown over to require landing. Each contracting State nevertheless reserves the right, for reasons of safety of flight, to require aircraft desiring to proceed over regions which are inaccessible or without adequate air navigation facilities to follow prescribed routes, or to obtain special permission for such flights.

Such aircraft, if engaged in the carriage of passengers, cargo, or mail for remuneration or hire on other than scheduled international air services, shall also, subject to the provisions of Article 7, have the privilege of taking on or discharging passengers, cargo, or mail, subject to the right of any State where such embarkation or discharge takes place to impose such regulations, conditions or limitations as it may consider desirable.

Article 6

Scheduled air services

No scheduled international air service may be operated over or into the territory of a contracting State, except with the special permission or other authorization of that State, and in accordance with the terms of such permission or authorization.[104]

Article 7

Cabotage

Each contracting State shall have the right to refuse permission to the aircraft of other contracting States to take on in its territory passengers, mail and cargo carried for remuneration or hire and destined for another point within its territory. Each contracting State undertakes not to enter into any arrangements which specifically grant any such privilege on an exclusive basis to any other State or an airline of any other State, and not to obtain any such exclusive privilege from any other State.

Article 8

Pilotless aircraft

No aircraft capable of being flown without a pilot shall be flown without a pilot over the territory of a contracting State without special authorization by that State and in accordance with the terms of such authorization. Each contracting State undertakes to insure that the flight of such aircraft without a pilot in regions open to civil aircrarft shall be so controlled as to obviate danger to civil aircraft.

---

104) Policy and Guidance Material on the Regulation of International Air Transport (2nd ed. – 1999) ICAO Doc.9587 at 1.8. In 1952, the Council adopted a definition of the term "scheduled international air service" for the guidance of States in interpretation or application of Articles 5 and 6 of the Convention.

Article 9

Prohibited areas

(a) Each contracting State may, for reasons of military necessity or public safety, restrict or prohibit uniformly the aircraft of other States from flying over certain areas of its territory, provided that no distinction in this respect is made between the aircraft of the State whose territory is involved, engaged in international scheduled airline services, and the aircraft of the other contracting States likewise engaged. Such prohibited areas shall be of reasonable extent and location so as not to interfere unnecessarily with air navigation. Descriptions of such prohibited areas in the territory of a contracting State, as well as any subsequent alterations therein, shall be communicated as soon as possible to the other contracting States and to the International Civil Aviation Organization.

(b) Each contracting State reserves also the right, in exceptional circumstances or during a period of emergency, or in the interest of public safety, and with immediate effect, temporarily to restrict or prohibit flying over the whole or any part of its territory, on condition that such restriction or prohibition shall be applicable without distinction of nationality to aircraft of all other States.

(c) Each contracting State, under such regulations as it may prescribe, may require any aircraft entering the areas contemplated in subparagraphs (a) or (b) above to effect a landing as soon as practicable thereafter at some designated airport within its territory.

Article 10

Landing at customs airport

Except in a case where, under the terms of this Convention or a special authorization, aircraft are permitted to cross the territory of a contracting State without landing, every aircraft which enters the territory of a contracting State shall, if the regulations of that State so require, land at an airport designated by that State for the purpose of customs and other examination. On departure from the territory of a contracting State, such aircraft shall depart from a similarly designated customs airport. Particulars of all designated customs airports shall be published by the State and transmitted to the International Civil Aviation Organization established under Part II of this Convention for communication to all other contracting States.

Article 11

Applicability of air regulations

Subject to the provisions of this Convention, the laws and regulations of a contracting State relating to the admission to or departure from its territory of aircraft engaged in international air navigation, or to the operation and navigation of such aircraft while within its territory, shall be applied to the aircraft of all contracting States without distinction as to nationality, and shall be complied with by such aircraft upon entering or departing from or while within the territory of that State.

Article 12

Rules of the air

Each contracting State undertakes to adopt measures to insure that every aircraft flying over or maneuvering within its territory and that every aircraft carrying its nationality mark, wherever such aircraft may be, shall comply with the rules and regulations relating to the flight and maneuver of aircraft there in force. Each contracting State undertakes to keep its own regulations in these respects uniform, to the greatest possible extent, with those established from time to time under this Convention. Over the high seas, the rules in force shall be those established under this Convention. Each contracting State undertakes to insure the prosecution of all persons violating the regulations applicable.

Article 13

Entry and clearance regulations

The laws and regulations of a contracting State as to the admission to or departure from its territory of passengers, crew or cargo of aircraft, such as regulations relating to entry, clearance, immigration, passports, customs and quarantine shall be complied with by or on behalf of such passengers, crew or cargo upon entrance into or departure from, or while within the territory of that State.

Article 14

Prevention of spread of disease

Each contracting State agrees to take effective measures to prevent the spread by means of air navigation of cholera, typhus (epidemic), smallpox, yellow fever, plague, and such other communicable diseases as the contracting States shall from time to time decide to designate, and to that end contracting States will keep in close consultation with the agencies concerned with international regulations relating to sanitary measures applicable to aircraft. Such consultation shall be without prejudice to the application of any existing international convention on this subject to which the contracting States may be parties.

Article 15

Airport and similar charges

Every airport in a contracting State which is open to public use by its national aircraft shall likewise, subject to the provisions of Article 68, be open under uniform conditions to the aircraft of all the other contracting States. The like uniform conditions shall apply to the use, by aircraft of every contracting State, of all air navigation facilities, including radio and meteorological services, which may be provided for public use for the safety and expedition of air navigation.

Any charges that may be imposed or permitted to be imposed by a contracting State for the use of such airports and air navigation facilities by the aircraft of any other contracting State shall not be higher,

(a) As to aircraft not engaged in scheduled international air services, than those that would be paid by its national aircraft of the same class engaged in similar operations, and

(b) As to aircraft engaged in scheduled international air services, than those that would be paid by its national aircraft engaged in similar international air services.

All such charges shall be published and communicated to the International Civil Aviation Organization, provided that, upon representation by an interested contracting State, the charges imposed for the use of airports and other facilities shall be subject to review by the Council, which shall report and make recommendations thereon for the consideration of the State or States concerned. No fees, dues or other charges shall be imposed by any contracting State in respect solely of the right of transit over or entry into or exit from its territory of any aircraft of a contracting State or persons or property thereon.

Article 16

Search of aircraft

The appropriate authorities of each of the contracting States shall have the right, without unreasonable delay, to search aircraft of the other contracting States on landing or departure, and to inspect the certificates and other documents prescribed by this Convention.

CHAPTER III

NATIONALITY OF AIRCRAFT

Article 17

Nationality of aircraft

Aircraft have the nationality of the State in which they are registered.

Article 18

Dual registration

An aircraft cannot be validly registered in more than one State, but its registration may be changed from one State to another.

Article 19

National laws governing registration

The registration or transfer of registration of aircraft in any contracting State shall be made in accordance with its laws and regulations.

Article 20

Display of marks

Every aircraft engaged in international air navigation shall bear its appropriate nationality and registration marks.

Article 21

Report of registrations

Each contracting State undertakes to supply to any other contracting State or to the International Civil Aviation Organization, on demand, information concerning the registration and ownership of any particular aircraft registered in that State. In addition, each contracting State shall furnish reports to the International Civil Aviation Organization, under such regulations as the latter may prescribe, giving such pertinent data as can be made available concerning the ownership and control of aircraft registered in that State and habitually engaged in international air navigation. The data thus obtained by the International Civil Aviation Organization shall be made available by it on request to the other contracting States.

CHAPTER IV

MEASURES TO FACILITATE

AIR NAVIGATION

Article 22

Facilitation of formalities

Each contracting State agrees to adopt all practicable measures, through the issuance of special regulations or otherwise, to facilitate and expedite navigation by aircraft between the territories of contracting States, and to prevent unnecessary delays to aircraft, crews, passengers and cargo, especially in the administration of the laws relating to immigration, quarantine, customs and clearance.

Article 23

Customs and immigration procedures

Each contracting State undertakes, so far as it may find practicable, to establish customs and immigration procedures affecting international air navigation in accordance with the practices which may be established or recommended from time to time, pursuant to this Convention. Nothing in this Convention shall be construed as preventing the establishment of customs-free airports.

Article 24

Customs duty

(a) Aircraft on a flight to, from, or across the territory of another contracting State shall be admitted temporarily free of duty, subject to the customs regulations of the State. Fuel, lubricating oils, spare parts, regular equipment and aircraft stores on board an aircraft of a contracting State, on arrival in the territory of another contracting State and retained on board on leaving the territory of that State shall be exempt from customs duty, inspection fees or similar national or local duties and charges. This exemption shall not apply to any quantities or articles unloaded, except in accordance with the customs regulations of the State, which may require that they shall be kept under customs supervision.

(b) Spare parts and equipment imported into the territory of a contracting State for incorporation in or use on an aircraft of another contracting State engaged in international air navigation shall be admitted free of customs duty, subject to compliance with the regulations of the State concerned, which may provide that the articles shall be kept under customs supervision and control.

Article 25

Aircraft in distress

Each contracting State undertakes to provide such measures of assistance to aircraft in distress in its territory as it may find practicable, and to permit, subject to control by its own authorities, the owners of the aircraft or authorities of the State in which the aircraft is registered to provide such measures of assistance as may be necessitated by the circumstances. Each contracting State, when undertaking search for missing aircraft, will collaborate in coordinated measures which may be recommended from time to time pursuant to this Convention.

Article 26

Investigation of accidents

In the event of an accident to an aircraft of a contracting State occurring in the territory of another contracting State, and involving death or serious injury, or indicating serious technical defect in the aircraft or air navigation facilities, the State in which the accident occurs will institute an inquiry into the circumstances of the accident, in accordance, so far as its laws permit, with the procedure which may be recommended by the International Civil Aviation Organization. The State in which the aircraft is registered shall be given the opportunity to appoint observers to be present at the inquiry and the State holding the inquiry shall communicate the report and findings in the matter to that State.

Article 27

Exemption from seizure on patent claims

(a) While engaged in international air navigation, any authorized entry of aircraft of a contracting State into the territory of another contracting State or authorized transit across the territory of such State with or without landings shall not entail any seizure or detention of the aircraft or any claim against the owner or operator thereof or any other interference therewith by or on behalf of such State or any person therein, on the ground that the construction, mechanism, parts, accessories or operation of the aircraft is an infringement of any patent, design, or model duly granted or registered in the State whose territory is entered by the aircraft, it being agreed that no deposit of security in connection with the foregoing exemption from seizure or detention of the aircraft shall in any case be required in the State entered by such aircraft.

(b) The provisions of paragraph (a) of this Article shall also be applicable to the storage of spare parts and spare equipment for the aircraft and the right to use and install the same in the repair of an aircraft of a contracting State in the territory of any other contracting State, provided that any patented part or equipment so stored shall not be sold or distributed internally in or exported commercially from the contracting State entered by the aircraft.

(c) The benefits of this Article shall apply only to such States, parties to this Convention, as either (1) are parties to the International Convention for the Protection of Industrial Property and to any amendments thereof; or (2) have enacted patent laws which recognize and give adequate protection to inventions made by the nationals of the other States parties to this Convention.

Article 28

Air navigation facilities and standard systems

Each contracting State undertakes, so far as it may find practicable, to:

(a) Provide, in its territory, airports, radio services, meteorological services and other air navigation facilities to facilitate international air navigation, in accordance with the standards and practices recommended or established from time to time, pursuant to this Convention;

(b) Adopt and put into operation the appropriate standard systems of communications procedure, codes, markings, signals, lighting and other operational practices and rules which may be recommended or established from time to time, pursuant to this Convention;

(c) Collaborate in international measures to secure the publication of aeronautical maps and charts in accordance with standards which may be recommended or established from time to time, pursuant to this Convention.

CHAPTER V
CONDITIONS TO BE FULFILLED
WITH RESPECT TO AIRCRAFT

Article 29

Documents carried in aircraft

Every aircraft of a contracting State, engaged in international navigation, shall carry the following documents in conformity with the conditions prescribed in this Convention:

(a) Its certificate of registration;

(b) Its certificate of airworthiness;

(c) The appropriate licenses for each member of the crew;

(d) Its journey log book;

(e) If it is equipped with radio apparatus, the aircraft radio station license;

(f) If it carries passengers, a list of their names and places of embarkation and destination;

(g) If it carries cargo, a manifest and detailed declarations of the cargo.

Article 30

Aircraft radio equipment

(a) Aircraft of each contracting State may, in or over the territory of other contracting States, carry radio transmitting apparatus only if a license to install and operate such apparatus has been issued by the appropriate authorities of the State in which the aircraft is registered. The use of radio transmitting apparatus in the territory of the contracting State whose territory is flown over shall be in accordance with the regulations prescribed by that State.

(b) Radio transmitting apparatus may be used only by members of the flight crew who are provided with a special license for the purpose, issued by the appropriate authorities of the State in which the aircraft is registered.

Article 31

Certificates of airworthiness

Every aircraft engaged in international navigation shall be provided with a certificate of airworthiness issued or rendered valid by the State in which it is registered.

Article 32

Licenses of personnel

(a) The pilot of every aircraft and the other members of the operating crew of every aircraft engaged in international navigation shall be provided with certificates of competency and licenses issued or rendered valid by the State in which the aircraft is registered.

(b) Each contracting State reserves the right to refuse to recognize, for the purpose of flight above its own territory, certificates of competency and licenses granted to any of its nationals by another contracting State.

Article 33

Recognition of certificates and licenses

Certificates of airworthiness and certificates of competency and licenses issued or rendered valid by the contracting State in which the aircraft is registered, shall be recognized as valid by the other contracting States, provided that the requirements under which such certificates or licenses were issued or rendered valid are equal to or above the minimum standards which may be established from time to time pursuant to this Convention.

Article 34

Journey log books

There shall be maintained in respect of every aircraft engaged in international navigation a journey log book in which shall be entered particulars of the aircraft, its crew and of each journey, in such form as may be prescribed from time to time pursuant to this Convention.

Article 35

Cargo restrictions

(a) No munitions of war or implements of war may be carried in or above the territory of a State in aircraft engaged in international navigation, except by permission of such State. Each State shall determine by regulations what constitutes munitions of war or implements of war for the purposes of this Article, giving due consideration, for the purposes of uniformity, to such recommendations as the International Civil Aviation Organization may from time to time make.

(b) Each contracting State reserves the right, for reasons of public order and safety, to regulate or prohibit the carriage in or above its territory of articles other than those enumerated in paragraph (a): provided that no distinction is made in this respect between its national aircraft engaged in international navigation and the aircraft of the other States so engaged; and provided further that no restriction shall be imposed which may interfere with the carriage and use on aircraft of apparatus necessary for the operation or navigation of the aircraft or the safety of the personnel or passengers.

Article 36

Photographic apparatus

Each contracting State may prohibit or regulate the use of photographic apparatus in aircraft over its territory.

CHAPTER VI

INTERNATIONAL STANDARDS AND RECOMMENDED PRACTICES

Article 37

Adoption of international standards and procedures

Each contracting State undertakes to collaborate in securing the highest practicable degree of uniformity in regulations, standards, procedures, and organization in relation to aircraft, personnel, airways and auxiliary services in all matters in which such uniformity will facilitate and improve air navigation.

To this end the International Civil Aviation Organization shall adopt and amend from time to time, as may be necessary, international standards and recommended practices and procedures dealing with:

(a) Communications systems and air navigation aids, including ground marking;

(b) Characteristics of airports and landing areas;

(c) Rules of the air and air traffic control practices;

(d) Licensing of operating and mechanical personnel;

(e) Airworthiness of aircraft;

(f) Registration and identification of aircraft;

(g) Collection and exchange of meteorological information;

(h) Log books;

(i) Aeronautical maps and charts;

(j) Customs and immigration procedures;

(k) Aircraft in distress and investigation of accidents;

and such other matters concerned with the safety, regularity, and efficiency of air navigation as may from time to time appear appropriate.

Article 38

Departures from international standards and procedures

Any State which finds it impracticable to comply in all respects with any such international standard or procedure, or to bring its own regulations or practices into full accord with any international standard or procedure after amendment of the latter, or which deems it necessary to adopt regulations or practices differing in any particular respect from those established by an international standard, shall give immediate notification to the International Civil Aviation Organization of the differences between its own practice and that established by the international standard. In the case of amendments to international standards, any State which does not make the appropriate amendments to its own regulations or practices shall give notice to the Council within sixty days of the adoption of the amendment to the international standard, or indicate the action which it proposes to take. In any such case, the Council shall make immediate notification to all other states of the difference which exists between one or more features of an international standard and the corresponding national practice of that State.

Article 39

Endorsement of certificates and licenses

(a) Any aircraft or part thereof with respect to which there exists an international standard of airworthiness or performance, and which failed in any respect to satisfy that standard at the time of its certification, shall have endorsed on or attached to its airworthiness certificate a complete enumeration of the details in respect of which it so failed.

(b) Any person holding a license who does not satisfy in full the conditions laid down in the international standard relating to the class of license or certificate which he holds shall have endorsed on or attached to his license a complete enumeration of the particulars in which he does not satisfy such conditions.

Article 40

Validity of endorsed certificates and licenses

No aircraft or personnel having certificates or licenses so endorsed shall participate in international navigation, except with the permission of the State or States whose territory is entered. The registration or use of any such aircraft, or of any certificated aircraft part, in any State other than that in which it was originally certificated shall be at the discretion of the State into which the aircraft or part is imported.

Article 41

Recognition of existing standards of airworthiness

The provisions of this Chapter shall not apply to aircraft and aircraft equipment of types of which the prototype is submitted to the appropriate national authorities for certification prior to a date three years after the date of adoption of an international standard of airworthiness for such equipment.

Article 42

Recognition of existing standards of competency of personnel

The provisions of this Chapter shall not apply to personnel whose licenses are originally issued prior to a date one year after initial adoption of an international standard of qualification for such personnel; but they shall in any case apply to all personnel whose licenses remain valid five years after the date of adoption of such standard.

PART II

THE INTERNATIONAL CIVILAVIATION ORGANIZATION

CHAPTER VII

THE ORGANIZATION

Article 43

Name and composition

An organization to be named the International Civil Aviation Organization is formed by the Convention. It is made up of an Assembly, a Council, and such other bodies as may be necessary.

Article 44

Objectives

The aims and objectives of the Organization are to develop the principles and techniques of international air navigation and to foster the planning and development of international air transport so as to:

(a) Insure the safe and orderly growth of international civil aviation throughout the world;

(b) Encourage the arts of aircraft design and operation for peaceful purposes;

(c) Encourage the development of airways, airports, and air navigation facilities for international civil aviation;

(d) Meet the needs of the peoples of the world for safe, regular, efficient and economical air transport;

(e) Prevent economic waste caused by unreasonable competition;

(f) Insure that the rights of contracting States are fully respected and that every contracting State has a fair opportunity to operate international airlines;

(g) Avoid discrimination between contracting States;

(h) Promote safety of flight in international air navigation;

(i) Promote generally the development of all aspects of international civil aeronautics.

Article 45

Permanent seat

The permanent seat of the Organization shall be at such place as shall be determined at the final meeting of the Interim Assembly of the Provisional International Civil Aviation Organization set up by the Interim Agreement on International Civil Aviation signed at Chicago on December 7, 1944. The seat may be temporarily transferred elsewhere by decision of the Council.

[The permanent seat of the Organization shall be at such place as shall be determined at the final meeting of the Interim Assembly of the Provisional International Civil Aviation Organization set up by the Interim Agreement on International Civil Aviation signed at Chicago on December 7, 1944. The seat may be temporarily transferred elsewhere by decision of the Council, and otherwise than temporarily by decision of the Assembly, such decision to be taken by the number of votes specified by the Assembly. The number of votes so specified will not be less than three-fifths of the total number of contracting States.][105]

Article 46

First meeting of Assembly

The first meeting of the Assembly shall be summoned by the Interim Council of the above-mentioned Provisional Organization as soon as the Convention has come into force, to meet at a time and place to be decided by the Interim Council.

---

105) This is the text of the Article as amended by the Eighth Session of the Assembly on 14 June 1954; it entered into force on 16 May 1958. Under Article 94(a) of the Convention, the amended text is in force in respect of those States which have ratified the amendment. In respect of the States which have not ratified the amendment, the original text is still in force. As to 30 June 2001, there are 128 ratifying States. Thailand deposited the notification of ratification on 18 January 1960 (effective that same date).

Article 47

Legal capacity

The Organization shall enjoy in the territory of each contracting State such legal capacity as may be necessary for the performance of its functions. Full juridical personality shall be granted wherever compatible with the constitution and laws of the State concerned.

CHAPTER VIII

THE ASSEMBLY

Article 48

Meetings of Assembly and voting

(a) The Assembly shall meet annually and shall be convened by the Council at a suitable time and place. Extraordinary meetings of the Assembly may be held at any time upon the call of the Council or at the request of any ten contracting States addressed to the Secretary General.

[(a) The Assembly shall meet not less than once in three years and shall be convened by the Council at a suitable time and place. Extraordinary meetings of the Assembly may be held at any time upon the call of the Council or at the request of any ten contracting States addressed to the Secretary General.][106)

[(a) The Assembly shall meet not less than once in three years and shall be convened by the Council at a suitable time and place. Extraordinary meeting of the Assembly may be held at any time upon the call of the Council or at the request of not less than one-fifth of the total number of contracting States addressed to the Secretary General.][107)

---

106) This is the text of the Article as amended by the Eighth Session of the Assembly in 14 June 1954; it entered into force on 12 December 1956. Under Article 94(a) of the Convention, the amended text is in force in respect of those States which have ratified the amendment. As to 30 June 2001, there are 132 ratifying States. Thailand deposited the notification of ratification on 18 July 1956.

107) This is the text of the Article as amended by the 14th Session of the Assembly in 14 September

(b) All contracting States shall have an equal right to be represented at the meetings of the Assembly and each contracting State shall be entitled to one vote. Delegates representing contracting States may be assisted by technical advisers who may participate in the meetings but shall have no vote.

(c) A majority of the contracting States is required to constitute a quorum for the meetings of the Assembly. Unless otherwise provided in this Convention, decisions of the Assembly shall be taken by a majority of the votes cast.

Article 49

Powers and duties of Assembly

The powers and duties of the Assembly shall be to:

(a) Elect at each meeting its President and other officers;

(b) Elect the contracting State to be represented on the Council, in accordance with the provisions of Chapter IX;

(c) Examine and take appropriate action on the reports of the Council and decide on any matter referred to it by the Council;

(d) Determine its own rules of procedure and establish such subsidiary commissions as it may consider to be necessary or desirable;

(e) Vote an annual budget and determine the financial arrangements of the Organization, in accordance with the provisions of Chapter XII;

[(e) Vote annual budgets and determine the financial arrangements of the Organization, in accordance with the provisions of Chapter XII;][108)

(f) Review expenditures and approve the accounts of the Organization;

(g) Refer, at its discretion, to the Council, to subsidiary commissions, or to any

---

1962; it entered into force on 11 September 1975. Under Article 94(a) of the Convention, the amended text is in force in respect of those States which have ratified the amendment. As to 30 June 2001, there are 107 ratifying States. Thailand deposited the notification of ratification on 28 February 1963.

108) This is the text of the Article as amended by the Eighth Session of the Assembly in 14 June 1954; it entered into force on 12 December 1956. Under Article 94(a) of the Convention, the amended text is in force in respect of those States which have ratified the amendment. As to 30 June 2001, there are 132 ratifying States. Thailand already deposited the notification of ratification on 18 July 1956.

other body any matter within its sphere of action;

(h) Delegate to the Council the powers and authority necessary or desirable for the discharge of the duties of the Organization and revoke or modify the delegations of authority at any time;

(i) Carry out the appropriate provisions of Chapter XIII;

(j) Consider proposals for the modification or amendment of the provisions of this Convention and, if it approves of the proposals, recommend them to the contracting States in accordance with the provisions of Chapter XXI;

(k) Deal with any matter within the sphere of action of the Organization not specifically assigned to the Council.

CHAPTER IX
THE COUNCIL

Article 50
Composition and election of Council

(a) The Council shall be a permanent body responsible to the Assembly. It shall be composed of twenty-one contracting States elected by the Assembly. An election shall be held at the first meeting of the Assembly and thereafter every three years, and the members of the Council so elected shall hold office until the next following election.

[(a) The Council shall be a permanent body responsible to the Assembly. It shall be composed of twenty-seven contracting States elected by the Assembly. An election shall be held at the first meeting of the Assembly and thereafter every three years, and the members of the Council so elected shall hold office until the next following el 7 This is the text of the Article as amended by the Eighth Session of the Assembly in 14 June 1954; it entered into force on 12 December 1956. Under Article 94(a) of the Convention, the amended text is in force in respect of those States which have ratified the amendment. As to 30 June 2001, there are 132 ratifying States. Thailand already deposited the notification of ratification on 18 July 1956. Back ection.][109]

[(a) The Council shall be a permanent body responsible to the Assembly. It shall be composed of thirty contracting States elected by the Assembly. An election shall be held at the first meeting of the Assembly and thereafter every three years, and the members of the Council so elected shall hold office until the next following election.][110]

[(a) The Council shall be a permanent body responsible to the Assembly. It shall be composed of thirty-three contracting States elected by the Assembly. An election shall be held at the first meeting of the Assembly and thereafter every three years, and the members of the Council so elected shall hold office until the next following election.][111]

[(a) The Council shall be a permanent body responsible to the Assembly. It shall be composed of thirty-six contracting States elected by the Assembly. An election shall be held at the first meeting of the Assembly and thereafter every three years, and the members of the Council so elected shall hold office until the next following election.][112]

(b) In electing the members of the Council, the Assembly shall give adequate representation to (1) the States of chief importance in air transport; (2) the States not otherwise included which make the largest contribution to the provision of facilities for international civil air navigation; and (3) the States not otherwise included whose designation will insure that all the major geographic areas of the world are represented on the Council. Any vacancy

---

109) This is the text of the Article as amended by the 13th (Extraordinary) Session of the Assembly on 19 June 1961; it entered into force on 17 July 1962. As to 30 June 2001, there are 125 ratifying States. Thailand deposited the notification of ratification on 17 January 1962.

110) This is the text of the Article as amended by the 17th (A) (Extraordinary) Session of the Assembly on 12 March 1971; it entered into force on 16 January 1973. As to 30 June 2001, there are 121 ratifying States. Thailand deposited the notification of ratification on 14 September 1971.

111) This is the text of the Article as amended by the 21st Session of the Assembly on 14 October 1974; it entered into force on 15 February 1980. As to 30 June 2001, there are 118 ratifying States. Thailand deposited the notification of ratification on 6 March 1981.

112) This is text of the Article as amended by the Assembly in 1990. To bring it into force, 108 ratifications are required. As to 30 June 2001, there are 87 ratifying States; thus, the text has not entered into force. Thailand deposited the notification of ratification on 12 February 1993.

on the Council shall be filled by the Assembly as soon as possible; any contracting State so elected to the Council shall hold office for the unexpired portion of its predecessor's term of office.

(c) No representative of a contracting State on the Council shall be actively associated with the operation of an international air service or financially interested in such a service.

Article 51

President of Council

The Council shall elect its President for a term of three years. He may be reelected. He shall have no vote. The Council shall elect from among its members one or more Vice Presidents who shall retain their right to vote when serving as acting President. The President need not be selected from among the representatives of the members of the Council but, if a representative is elected, his seat shall be deemed vacant and it shall be filled by the State which he represented. The duties of the President shall be to:

(a) Convene meetings of the Council, the Air Transport Committee, and the Air Navigation Commission;

(b) Serve as representative of the Council; and

(c) Carry out on behalf of the Council the functions which the Council assigns to him.

Article 52

Voting in Council

Decisions by the Council shall require approval by a majority of its members. The Council may delegate authority with respect to any particular matter to a committee of its members. Decisions of any committee of the Council may be appealed to the Council by any interested contracting State.

Article 53

Participation without a vote

Any contracting State may participate, without a vote, in the consideration by the Council and by its committees and commissions of any question which especially affects its interests. No member of the Council shall vote in the consideration by the Council of a dispute to which it is a party.

Article 54

Mandatory functions of Council

The Council shall:

(a) Submit annual reports to the Assembly;

(b) Carry out the directions of the Assembly and discharge the duties and obligations which are laid on it by this Convention;

(c) Determine its organization and rules of procedure;

(d) Appoint and define the duties of an Air Transport Committee, which shall be chosen from among the representatives of the members of the Council, and which shall be responsible to it;

(e) Establish an Air Navigation Commission, in accordance with the provisions of Chapter X;

(f) Administer the finances of the Organization in accordance with the provisions of Chapters XII and XV;

(g) Determine the emoluments of the President of the Council;

(h) Appoint a chief executive officer who shall be called the Secretary General, and make provision for the appointment of such other personnel as may be necessary, in accordance with the provisions of Chapter XI;

(i) Request, collect, examine and publish information relating to the advancement of air navigation and the operation of international air services, including information about the costs of operation and particulars of subsidies paid to airlines from public funds;

(j) Report to contracting States any infraction of this Convention, as well as any failure to carry out recommendations or determinations of the Council;

(k) Report to the Assembly any infraction of this Convention where a contracting State has failed to take appropriate action within a reasonable time after notice of the infraction;

(l) Adopt, in accordance with the provisions of Chapter VI of this Convention, international standards and recommended practices; for convenience, designate them as Annexes to this Convention; and notify all contracting States of the action taken;

(m) Consider recommendations of the Air Navigation Commission for amendment of the Annexes and take action in accordance with the provisions of Chapter XX;

(n) Consider any matter relating to the Convention which any contracting State refers to it.

Article 55
Permissive functions of Council

The Council may:

(a) Where appropriate and as experience may show to be desirable, create subordinate air transport commissions on a regional or other basis and define groups of states or airlines with or through which it may deal to facilitate the carrying out of the aims of this Convention;

(b) Delegate to the Air Navigation Commission duties additional to those set forth in the Convention and revoke or modify such delegations of authority at any time;

(c) Conduct research into all aspects of air transport and air navigation which are of international importance, communicate the results of its research to the contracting States, and facilitate the exchange of information between contracting States on air transport and air navigation matters;

(d) Study any matters affecting the organization and operation of international air transport, including the international ownership and operation of international air services on trunk routes, and submit to the Assembly plans in relation thereto;

(e) Investigate, at the request of any contracting State, any situation which may appear to present avoidable obstacles to the development of international air navigation; and, after such investigation, issue such reports as may appear to it desirable.

CHAPTER X
THE AIR NAVIGATION COMMISSION

Article 56
Nomination and appointment of Commission

The Air Navigation Commission shall be composed of twelve members appointed by the Council from among persons nominated by contracting States. These persons shall have suitable qualifications and experience in the science and practice of aeronautics. The Council shall request all contracting States to submit nominations. The President of the Air Navigation Commission shall be appointed by the Council.

[The Air Navigation Commission shall be composed of fifteen members appointed by the Council from among persons nominated by contracting States. These persons shall have suitable qualifications and experience in the science and practice of aeronautics. The Council shall request all contracting States to submit nominations. The President of the Air Navigation Commission shall be appointed by the Council.][113]

[The Air Navigation Commission shall be composed of nineteen members appointed by the Council from among persons nominated by contracting States. These persons shall have suitable qualifications and experience in the science and practice of aeronautics. The Council shall request all contracting States to submit nominations. The President of the Air Navigation Commission shall be appointed by the Council.][114]

---

113) This is the text of the Article as amended by the 18th Session of the Assembly on 7 July 1971; it entered into force on 19 December 1974. As to 30 June 2001, there are 124 ratifying States. Thailand deposited the notification of ratification on 14 September 1972.

114) This is the text of the Article as amended by the Assembly in 1989. To bring it into force, 108 ratifications are required. As to 30 June 2001, there are 88 ratifying States; thus, the text has not

Article 57

Duties of Commission

The Air Navigation Commission shall:

(a) Consider, and recommend to the Council for adoption, modifica= tions of the Annexes to this Convention;

(b) Establish technical subcommissions on which any contracting State may be represented, if it so desires;

(c) Advise the Council concerning the collection and communication to the contracting States of all information which it considers necessary and useful for the advancement of air navigation.

CHAPTER XI
PERSONNEL

Article 58

Appointment of personnel

Subject to any rules laid down by the Assembly and to the provisions of this Convention, the Council shall determine the method of appointment and of termination of appointment, the training, and the salaries, allowances, and conditions of service of the Secretary General and other personnel of the Organization, and may employ or make use of the services of nationals of any contracting State.

Article 59

International character of personnel

The President of the Council, the Secretary General, and other personnel shall not seek or receive instructions in regard to the discharge of their responsibilities from any authority external to the Organization. Each contracting State undertakes fully to respect the international character of the responsibilities of the personnel and not to

---

entered into force.

seek to influence any of its nationals in the discharge of their responsibilities.

Article 60

Immunities and privileges of personnel

Each contracting State undertakes, so far as possible under its constitutional procedure, to accord to the President of the Council, the Secretary General, and the other personnel of the Organization, the immunities and privileges which are accorded to corresponding personnel of other public international organizations. If a general international agreement on the immunities and privileges of international civil servants is arrived at, the immunities and privileges accorded to the President, the Secretary General, and the other personnel of the Organization shall be the immunities and privileges accorded under that general international agreement.

CHAPTER XII

FINANCE

Article 61

Budget and apportionment of expenses

The Council shall submit to the Assembly an annual budget, annual statements of accounts and estimates of all receipts and expenditures. The Assembly shall vote the budget with whatever modification it sees fit to prescribe, and, with the exception of assessments under Chapter XV to States consenting thereto, shall apportion the expenses of the Organization among the contracting States on the basis which it shall from time to time determine.

[The Council shall submit to the Assembly annual budgets, annual statements of accounts and estimates of all receipts and expenditures. the Assembly shall vote the budgets with whatever modification it sees fit to prescribe and with the exception of assessments under Chapter XV to States consenting thereto, shall apportion the expenses of the Organization among the contracting States on the basis which it shall from time to time determine.][115)

Article 62

Suspension of voting power

The Assembly may suspend the voting power in the Assembly and in the Council of any contracting State that fails to discharge within a reasonable period its financial obligations to the Organization.

Article 63

Expenses of delegations and other representatives

Each contracting State shall bear the expenses of its own delegation to the Assembly and the remuneration, travel, and other expenses of any person whom it appoints to serve on the Council, and of its nominees or representatives on any subsidiary committees or commissions of the Organization.

CHAPTER XIII
OTHER INTERNATIONAL ARRANGEMENTS

Article 64

Security arrangements

The Organization may, with respect to air matters within its competence directly affecting world security, by vote of the Assembly enter into appropriate arrangements with any general organization set up by the nations of the world to preserve peace.

---

115) This is the text of the Article as amended by the Eighth Session of the Assembly on 14 June 1954; it entered into force on 12 December 1956. Under Article 94(a) of the Convention, the amended text is in force in respect of those States which have ratified the amendment. As to 30 June 2001, there are 132 ratifying States. Thailand deposited the notification of ratification on 18 July 1956.

Article 65

Arrangements with other international bodies

The Council, on behalf of the Organization, may enter into agreements with other international bodies for the maintenance of common services and for common arrangements concerning personnel and, with the approval of the Assembly, may enter into such other arrangements as may facilitate the work of the Organization.

Article 66

Functions relating to other agreements

(a) The Organization shall also carry out the functions placed upon it by the International Air Services Transit Agreement and by the International Air Transport Agreement drawn up at Chicago on December 7, 1944, in accordance with the terms and conditions therein set forth.

(b) Members of the Assembly and the Council who have not accepted the International Air Services Transit Agreement or the International Air Transport Agreement drawn up at Chicago on December 7, 1944 shall not have the right to vote on any questions referred to the Assembly or Council under the provisions of the relevant Agreement.

PART III

INTERNATIONAL AIR TRANSPORT

CHAPTER XIV

INFORMATION AND REPORTS

Article 67

File reports with Council

Each contracting State undertakes that its international airlines shall, in accordance with requirements laid down by the Council, file with the Council traffic reports, cost statistics and financial statements showing among other things all receipts and the sources thereof.

CHAPTER XV
AIRPORTS AND OTHER AIR NAVIGATION FACILITIES

Article 68

Designation of routes and airports

Each contracting State may, subject to the provisions of this Convention, designate the route to be followed within its territory by any international air service and the airports which any such service may use.

Article 69

Improvement of air navigation facilities

If the Council is of the opinion that the airports or other air navigation facilities, including radio and meteorological services, of a contracting State are not reasonably adequate for the safe, regular, efficient, and economical operation of international air services, present or contemplated, the Council shall consult with the State directly concerned, and other States affected, with a view to finding means by which the situation may be remedied, and may make recommend- ations for that purpose. No contracting State shall be guilty of an infraction of this Convention if it fails to carry out these recommendations.

Article 70

Financing of air navigation facilities

A contracting State, in the circumstances arising under the provisions of Article 69, may conclude an arrangement with the Council for giving effect to such recommendations.

The State may elect to bear all of the costs involved in any such arrangement. If the State does not so elect, the Council may agree, at the request of the State, to provide for all or a portion of the costs.

Article 71

Provision and maintenance of facilities by Council

If a contracting State so requests, the Council may agree to provide, man, maintain, and administer any or all of the airports and other air navigation facilities, including radio and meteorological services, required in its territory for the safe, regular, efficient and economical operation of the international air services of the other contracting States, and may specify just and reasonable charges for the use of the facilities provided.

Article 72

Acquisition or use of land

Where land is needed for facilities financed in whole or in part by the Council at the request of a contracting State, that State shall either provide the land itself, retaining title if it wishes, or facilitate the use of the land by the Council on just and reasonable terms and in accordance with the laws of the State concerned.

Article 73

Expenditure and assessment of funds

Within the limit of the funds which may be made available to it by the Assembly under Chapter XII, the Council may make current expenditures for the purposes of this Chapter from the general funds of the Organization. The Council shall assess the capital funds required for the purposes of this Chapter in previously agreed proportions over a reasonable period of time to the contracting States consenting thereto whose airlines use the facilities. The Council may also assess to States that consent any working funds that are required.

Article 74

Technical assistance and utilization of revenues

When the Council, at the request of a contracting State, advances funds or provides airports or other facilities in whole or in part, the arrangement may provide, with the consent of that State, for technical assistance in the supervision and operation of the airports and other facilities, and for the payment, from the revenues derived from the operation of the airports and other facilities, of the operating expenses of the airports and the other facilities, and of interest and amortization charges.

Article 75

Taking over of facilities from Council

A contracting State may at any time discharge any obligation into which it has entered under Article 70, and take over airports and other facilities which the Council has provided in its territory pursuant to the provisions of Articles 71 and 72, by paying to the Council an amount which in the opinion of the Council is reasonable in the circumstances. If the State considers that the amount fixed by the Council is unreasonable it may appeal to the Assembly against the decision of the Council and the Assembly may confirm or amend the decision of the Council.

Article 76

Return of funds

Funds obtained by the Council through reimbursement under Article 75 and from receipts of interest and amortization payments under Article 74 shall, in the case of advances originally financed by States under Article 73, be returned to the States which were originally assessed in the proportion of their assessments, as determined by the Council.

CHAPTER XVI

JOINT OPERATING ORGANIZATIONS
AND POOLED SERVICES

Article 77

Joint operating organizations permitted

Nothing in this Convention shall prevent two or more contracting States from constituting joint air transport operating organizations or international operating agencies and from pooling their air services on any routes or in any regions, but such organizations or agencies and such pooled services shall be subject to all the provisions of this Convention, including those relating to the registration of agreements with the Council. The Council shall determine in what manner the provisions of this Convention relating to nationality of aircraft shall apply to aircraft operated by international operating agencies.

Article 78

Function of Council

The Council may suggest to contracting States concerned that they form joint organizations to operate air services on any routes or in any regions.

Article 79

Participation in operating organizations

A State may participate in joint operating organizations or in pooling arrangements, either through its government or through an airline company or companies designated by its government. The companies may, at the sole discretion of the State concerned, be state-owned or partly state-owned or privately owned.

PART IV

FINAL PROVISIONS

CHAPTER XVII

OTHER AERONAUTICAL
AGREEMENTS AND ARRANGEMENTS

Article 80

Paris and Habana Conventions

Each contracting State undertakes, immediately upon the coming into force of this Convention, to give notice of denunciation of the Convention relating to the Regulation of Aerial Navigation signed at Paris on October 13, 1919 or the Convention on Commercial Aviation signed at Habana on February 20, 1928, if it is a party to either. As between contracting States, this Convention supersedes the Conventions of Paris and Habana previously referred to.

Article 81

Registration of existing agreements

All aeronautical agreements which are in existence on the coming into force of this Convention, and which are between a contracting State and any other State or between an airline of a contracting State and any other State or the airline of any other State, shall be forthwith registered with the Council.

Article 82

Abrogation of inconsistent arrangements

The contracting States accept this Convention as abrogating all obligations and understandings between them which are inconsistent with its terms, and undertake not to enter into any such obligations and understandings. A contracting State which, before becoming a member of the Organization has undertaken any obligations toward a non-contracting State or a national of a contracting State or of a non-contracting State inconsistent with the terms of this Convention, shall take immediate steps to procure its release from the obligations. If an airline of any contracting State has entered into any such inconsistent obligations, the State of which it is a national shall use its best efforts to secure their termination forthwith and shall in any event cause them to be terminated as soon as such action can lawfully be taken after the coming into force of this Convention.

Article 83[116)]

Registration of new arrangements

Subject to the provisions of the preceding Article, any contracting State may make arrangements not inconsistent with the provisions of this Convention. Any such arrangement shall be forthwith registered with the Council, which shall make it public as soon as possible.

Article 83 bis

Transfer of certain functions and duties

(a) Notwithstanding the provisions of Articles 12, 30, 31 and 32(a), when an aircraft registered in a contracting State is operated pursuant to an agreement for the lease, charter or interchange of the aircraft or any similar arrangement by an operator who has his principal place of business or, if he has no such place of business, his permanent residence in another contracting State, the State of registry may, by agreement with such other State, transfer to it all or part of its functions and duties as State of registry in respect of that aircraft under Articles 12, 30, 31 and 32(a). The State of registry shall be relieved of responsibility in respect of the functions and duties transferred.

(b) The transfer shall not have effect in respect of other contracting States before

---

116) On 6 October 1980 the Assembly decided to amend the Chicago Convention by introducing Article 83 bis. Under Article 94 (a) of the Convention the amendment came into force on 20 June 1997 in respect of States which ratified it. As to 30 June 2001, there are 127 ratifying States. Up to date, Thailand has not ratified the text.

either the agreement between States in which it is embodied has been registered with the Council and made public pursuant to Article 83 or the existence and scope of the agreement have been directly communicated to the authorities of the other contracting State or States concerned by a State party to the agreement.

(c) The provisions of paragraphs (a) and (b) above shall also be applicable to cases covered by Article 77.

CHAPTER XVIII
DISPUTES AND DEFAULT

Article 84
Settlement of disputes

If any disagreement between two or more contracting States relating to the interpretation or application of this Convention and its Annexes cannot be settled by negotiation, it shall, on the application of any State concerned in the disagreement, be decided by the Council. No member of the Council shall vote in the consideration by the Council of any dispute to which it is a party. Any contracting State may, subject to Article 85, appeal from the decision of the Council to an ad hoc arbitral tribunal agreed upon with the other parties to the dispute or to the Permanent Court of International Justice. Any such appeal shall be notified to the Council within sixty days of receipt of notification of the decision of the Council.

Article 85
Arbitration procedure

If any contracting State party to a dispute in which the decision of the Council is under appeal has not accepted the Statute of the Permanent Court of International Justice and the contracting States parties to the dispute cannot agree on the choice of the arbitral tribunal, each of the contracting States parties to the dispute shall name a single arbitrator who shall name an umpire. If either contracting State party to the dispute fails to name an arbitrator within a period of three months from the date of the appeal, an arbitrator shall be named on behalf of that State by the President of the Council from a list of qualified and available persons maintained by the Council. If, within thirty days, the arbitrators cannot agree on an umpire, the President of the Council shall designate an umpire from the list previously referred to. The arbitrators and the umpire shall then jointly constitute an arbitral tribunal. Any arbitral tribunal established under this or the preceding Article shall settle its own procedure and give its decisions by majority vote, provided that the Council may determine procedural questions in the event of any delay which in the opinion of the Council is excessive.

Article 86

Appeals

Unless the Council decides otherwise any decision by the Council on whether an international airline is operating in conformity with the provisions of this Convention shall remain in effect unless reversed on appeal. On any other matter, decisions of the Council shall, if appealed from, be suspended until the appeal is decided. The decisions of the Permanent Court of International Justice and of an arbitral tribunal shall be final and binding.

Article 87

Penalty for non-conformity of airline

Each contracting State undertakes not to allow the operation of an airline of a contracting State through the airspace above its territory if the Council has decided that the airline concerned is not conforming to a final decision rendered in accordance with the previous Article.

Article 88

Penalty for non-conformity by State

The Assembly shall suspend the voting power in the Assembly and in the Council of any contracting State that is found in default under the provisions of this Chapter.

CHAPTER XIX
WAR

Article 89
War and emergency conditions

In case of war, the provisions of this Convention shall not affect the freedom of action of any of the contracting States affected, whether as belligerents or as neutrals. The same principle shall apply in the case of any contracting State which declares a state of national emergency and notifies the fact to the Council.

CHAPTER XX
ANNEXES

Article 90
Adoption and amendment of Annexes

(a) The adoption by the Council of the Annexes described in Article 54, subparagraph (l), shall require the vote of two-thirds of the Council at a meeting called for that purpose and shall then be submitted by the Council to each contracting State. Any such Annex or any amendment of an Annex shall become effective within three months after its submission to the contracting States or at the end of such longer period of time as the Council may prescribe, unless in the meantime a majority of the contracting States register their disapproval with the Council.

(b) The Council shall immediately notify all contracting States of the coming into force of any Annex or amendment thereto.

CHAPTER XXI

RATIFICATIONS, ADHERENCES, AMENDMENTS, AND DENUNCIATIONS

Article 91

Ratification of Convention

(a) This Convention shall be subject to ratification by the signatory States. The instruments of ratification shall be deposited in the archives of the Government of the United States of America, which shall give notice of the date of the deposit to each of the signatory and adhering States.

(b) As soon as this Convention has been ratified or adhered to by twenty-six States it shall come into force between them on the thirtieth day after deposit of the twenty-sixth instrument. It shall come into force for each State ratifying thereafter on the thirtieth day after the deposit of its instrument of ratification.

(c) It shall be the duty of the Government of the United States of America to notify the government of each of the signatory and adhering States of the date on which this Convention comes into force.

Article 92

Adherence to Convention

(a) This Convention shall be open for adherence by members of the United Nations and States associated with them, and States which remained neutral during the present world conflict.

(b) Adherence shall be effected by a notification addressed to the Government of the United States of America and shall take effect as from the thirtieth day from the receipt of the notification by the Government of the United States of America, which shall notify all the contracting States.

Article 93

Admission of other States

States other than those provided for in Articles 91 and 92 (a) may, subject to approval by any general international organization set up by the nations of the world to preserve peace, be admitted to participation in this Convention by means of a four-fifths vote of the Assembly and on such conditions as the Assembly may prescribe: provided that in each case the assent of any State invaded or attacked during the present war by the State seeking admission shall be necessary.

Article 93 bis[117]

(a) Notwithstanding the provisions of Articles 91, 92 and 93 above:

(1) A State whose government the General Assembly of the United Nations has recommended be debarred from membership in international agencies established by or brought into relationship with the United Nations shall automatically cease to be a member of the International Civil Aviation Organization;

(2) A State which has been expelled from membership in the United Nations shall automatically cease to be a member of the International Civil Aviation Organization unless the General Assembly of the United Nations attaches to its act of expulsion a recommendation to the contrary.

(b) A State which ceases to be a member of the International Civil Aviation Organization as a result of the provisions of paragraph (a) above may, after approval by the General Assembly of the United Nations, be readmitted to the International Civil Aviation Organization upon application and upon approval by a majority of the Council.

(c) Members of the Organization which are suspended from the exercise of the rights and privileges of membership in the United Nations shall, upon the request of the latter, be suspended from the rights and privileges of membership

---

117) On 27 May 1947 the Assembly decided to amend the Chicago Convention by introducing Article 93 bis. Under Article 94(a) of the Convention the amendment came into force on 20 March 1961 in respect of States which ratified it. As to 30 June 2001, there are 100 ratifying States. Thailand deposited the notification of ratification on 3 December 1957.

in this Organization.

Article 94

Amendment of Convention

(a) Any proposed amendment to this Convention must be approved by a two-thirds vote of the Assembly and shall then come into force in respect of States which have ratified such amendment when ratified by the number of contracting States specified by the Assembly. The number so specified shall not be less than two-thirds of the total number of contracting States.

(b) If in its opinion the amendment is of such a nature as to justify this course, the Assembly in its resolution recommending adoption may provide that any State which has not ratified within a specified period after the amendment has come into force shall thereupon cease to be a member of the Organization and a party to the Convention.

Article 95

Denunciation of Convention

(a) Any contracting State may give notice of denunciation of this Convention three years after its coming into effect by notification addressed to the Government of the United States of America, which shall at once inform each of the contracting States.

(b) Denunciation shall take effect one year from the date of the receipt of the notification and shall operate only as regards the State effecting the denunciation.

CHAPTER XXII

DEFINITIONS

Article 96

For the purpose of this Convention the expression:

(a) "Air service" means any scheduled air service performed by aircraft for the public transport of passengers, mail or cargo.

(b) "International air service" means an air service which passes through the air space over the territory of more than one State.

(c) "Airline" means any air transport enterprise offering or operating an international air service.

(d) "Stop for non-traffic purposes" means a landing for any purpose other than taking on or discharging passengers, cargo or mail.

SIGNATURE OF CONVENTION

In WITNESS WHEREOF, the undersigned plenipotentiaries, having been duly authorized, sign this Convention on behalf of their respective governments on the dates appearing opposite their signatures.

DONE at Chicago the seventh day of December 1944, in the English language. A text drawn up in the English, French, and Spanish languages, each of which shall be of equal authenticity, shall be opened for signature at Washington, D.C. Both texts shall be deposited in the archives of the Government of the United States of America, and certified copies shall be transmitted by that Government to the govenments of all the States which may sign or adhere to this Convention.

[DONE at Chicago the seventh day of December 1944 in the English language. The texts of this Convention drawn up in the English, French, Russian and Spanish languages are of equal authenticity. These texts shall be deposited in the archives of the Government of the United States of America, and ceritfied copies shall be transmitted by that Government to the governments of all the States which amy sign or adhere to this Convention. This Convention shall be open for signature at Washington, D.C.][118]

---

118) PROTOCOL relating to an amendment to the Convention on International Civil Aviation Signed at Montreal on 30 September 1977; ICAO Doc. 9208; in force on 17 August 1999. As to 30 June

[DONE at Chicago the seventh day of December 1944 in the English language. The texts of this Convention drawn up in the English, Arabic, French, Russian and Spanish languages are of equal authenticity. These texts shall be deposited in the archives of the Government of the United States of America, and ceritfied copies shall be transmitted by that Government to the governments of all the States which amy sign or adhere to this Convention. This Convention shall be open for signature at Washington, D.C.][119)

[DONE at Chicago the seventh day of December 1944 in the English language. The texts of this Convention drawn up in the English, Arabic, Chinese, French, Russian and Spanish languages are of equal authenticity. These texts shall be deposited in the archives of the Government of the United States of America, and ceritfied copies shall be transmitted by that Government to the governments of all the States which amy sign or adhere to this Convention. This Convention shall be open for signature at Washington, D.C.][120)

2001, there are 104 ratifying States. Thailand deposited the notification of ratification on 13 January 1987.

119) PROTOCOL relating to an amendment to the Convention on International Civil Aviation Signed at Montreal in 1995; not in force. To bring the text into force, 122 ratifications are required but as to 30 June 2001, there are 39 ratifying States. Thailand deposited the notification of ratification on 29 July 1997.

120) PROTOCOL relating to an amendment to the Convention on International Civil Aviation Signed at Montreal on 1 October 1998; ICAO Doc.9722; not in force. To bring the text into force, 124 ratifications are required. As to 30 June 2001, there are 22 ratifying States. Up to date, Thailand has not ratified the text.

1999년의 몬트리올 조약에 관한 원문과 대조한 번역문

Convention for the Unification of Certain Rules for International Carriage by Air

(국제항공운송에 있어 어떤 규칙의 통일에 관한 조약)

THE STATES PARTIES TO THIS CONVENTION

RECOGNIZING the significant contribution of the Convention for the Unification of Certain Rules Relating to International Carriage by Air signed in Warsaw on 12 October 1929, hereinafter referred to as the Warsaw Convention, and other related instruments to the harmonization of private international air law;

RECOGNIZING the need to modernize and consolidate the Warsaw Convention and related instruments;

RECOGNIZING the importance of ensuring protection of the interests of consumers in international carriage by air and the need for equitable compensation based on the principle of restitution;

REAFFIRMING the desirability of an orderly development of international air transport operations and the smooth flow of passengers, baggage and cargo in accordance with the principles and objectives of the Convention on International Civil Aviation, done at Chicago on 7 December 1944;

CONVINCED that collective State action for further harmonization and codification of certain rules governing international carriage by air through a new Convention is

the most adequate means of achieving an equitable balance of interests; HAVE
AGREED AS FOLLOWS:

(번역문)

　이 조약의 당사국은 1929년 10월 12일에 바르샤바에서 서명된 국제항공운송에 관한
어떤 규칙의 통일에 관한 조약(이하 바르샤바조약이라고 약칭함) 및 기타 관련 국제문서
들의 국제항공사법의 조화를 위하여 이룩한 현저한 공헌을 인정하고, 바르샤바조약 및
관련문서들의 현대화와 통합하여야 할 필요성을 인정할 뿐만 아니라 국제항공운송에 있
어 소비자의 여러 이익의 보호를 확보하는 중요성과 원상회복원칙에 기초한 형평한 보상
의 필요성을 인식하면서, 1944년 12월 7일 시카고에서 체결된 국제민간항공조약의 여러
원칙과 여러 목적에 따라 국제항공운송업의 질서 있는 발전과 승객, 수하물 및 화물의
원활한 흐름의 바람직함을 재확인하고, 하나의 새로운 조약을 통하여 국제항공운송을 규
제하는 약간의 규칙에 관하여 더욱 향상된 조화와 법전화를 도모하기 위하여 각국이 공
동으로 행동함으로서 이익의 형평한 균형을 달성하는데 가장 적절한 수단이라는 것을 확
신하면서, 아래와 같이 협정(協定)한다.

Chapter 1. General Provisions (제1장 총 칙)

Article 1－Scope of Application (제1조－적용범위)

1. This Convention applies to all international carriage of persons, baggage or cargo
   performed by aircraft for reward. It applies equally to gratuitous carriage by
   aircraft performed by an air transport undertaking.

2. For the purposes of this Convention, the expression international carriage means
   any carriage in which, according to the agreement between the parties, the
   place of departure and the place of destination, whether or not there be a break
   in the carriage or a transhipment, are situated either within the territories of
   two States Parties, or within the territory of a single State Party if there is an
   agreed stopping place within the territory of another State, even if that State is
   not a State Party. Carriage between two points within the territory of a single
   State Party without an agreed stopping place within the territory of another
   State is not international carriage for the purposes of this Convention.

3. Carriage to be performed by several successive carriers is deemed, for the purposes of this Convention, to be one undivided carriage if it has been regarded by the parties as a single operation, whether it had been agreed upon under the form of a single contract or of a series of contracts, and it does not lose its international character merely because one contract or a series of contracts is to be performed entirely within the territory of the same State.

4. This Convention applies also to carriage as set out in Chapter V, subject to the terms contained therein.

(번역문)

1. 이 조약은 항공기에 의하여 유상으로 행해지는 여객, 수하물 또는 화물의 모든 국제운송에 적용된다. 이 조약은 항공운송기업이 항공기에 의하여 무상으로 행하는 운송에도 똑같이 적용된다.

2. 이 조약의 적용상 「국제운송」이란 당사자간의 약정에 의하여 운송의 중단 또는 환적의 유무를 불문하고, 출발지 및 도착지가 2개의 당사국의 영역 내에 있는 운송 또는 출발지 및 도착지가 단일의 당사국의 영역 내에 있고 아울러 예정기항지가 다른 국가(본 조약의 당사국인지 여부를 불문한다)의 영역 내에 있는 운송을 말한다. 단일의 당사국의 영역 내에 있는 2개 지점 사이의 운송으로 다른 국가의 영역 내에 있는 예정기항지가 없는 것은 이 조약의 적용상 국제운송은 아니다.

3. 둘 이상의 운송인이 계속하여 행하는 항공운송은 당사자가 단일의 취급을 한 경우에는, 단일의 계약 형식에 의한 것인지 또는 일련의 계약 형식에 의한 것인지를 불문하고, 이 조약의 적용상 하나의 불가분의 운송으로 간주되며, 이러한 운송은 단일의 계약 또는 일련의 계약이 동일한 국가의 영역 내에서 전부 이행된다는 이유만으로 그 국제적 성질을 잃는 것은 아니다.

4. 이 조약은 제5장에 정하여진 조건에 따라 동장(同章)에 규정되어 있는 운송에 관하여도 적용된다.

Article 2 — Carriage Performed by State and Carriage of Postal Items (제2조 — 국가가 행하는 운송 및 우편물의 운송)

1. This Convention applies to carriage performed by the State or by legally constituted public bodies provided it falls within the conditions laid down in

Article 1.

2. In the carriage of postal items, the carrier shall be liable only to the relevant postal administration in accordance with the rules applicable to the relationship between the carriers and the postal administrations.

3. Except as provided in paragraph 2 of this Article, the provisions of this Convention shall not apply to the carriage of postal items.

(번역문)

1. 이 조약은 제1조에 규정되어 있는 조건에 합치되는 한 국가 또는 기타 공법인이 수행하는 운송에도 적용된다.

2. 우편물의 운송에 관하여는 운송인은 운송인과 우편당국 사이의 관계에 적용되는 규칙에 따라 해당 우편당국에 대해서만 책임을 진다.

3. 이 조약의 규정은 본조 제2항에서 규정한 경우를 제외하고는 우편물의 운송에는 적용되지 아니한다.

Chapter Ⅱ Documentation and Duties of the Parties Relating to the carriage of Passengers, Baggage and Cargo (제2장- 여객, 수하물 또는 화물의 운송에 관한 증권과 당사자의 의무)

Article 3- Passengers and Baggage (제3조- 여객 및 수하물)

1. In respect of carriage of passengers, an individual or collective document of carriage shall be delivered containing:

   (a) an indication of the places of departure and destination;

   (b) if the places of departure and destination are within the territory of a single State Party, one or more agreed stopping places being within the territory of another State, an indication of at least one such stopping place.

2. Any other means which preserves the information indicated in paragraph 1 may be substituted for the delivery of the document referred to in that paragraph. If any such other means is used, the carrier shall offer to deliver to the passenger a written statement of the information so preserved.

3. The carrier shall deliver to the passenger a baggage identification tag for each

piece of checked baggage.

4. The passenger shall be given written notice to the effect that where this Convention is applicable it governs and may limit the liability of carriers in respect of death or injury and for destruction or loss of, or damage to, baggage, and for delay.

5. Non-compliance with the provisions of the foregoing paragraphs shall not affect the existence or the validity of the contract of carriage, which shall, nonetheless, be subject to the rules of this Convention including those relating to limitation of liability.

(번역문)

1. 여객의 운송에 관하여 아래의 사항을 기재한 개인용 또는 단체용의 운송증권이 교부된다.

   (a) 출발지 및 도착지의 표시

   (b) 출발지 및 도착지가 단일의 당사국의 영역 내에 있고 아울러 한 개 또는 두개 이상의 예정기항지가 다른 국가의 영역 내에 있는 경우에는 이러한 해당 예정기항지 중 최소한 한 개의 표시

2. 제1항에 표시된 정보를 보존하는 다른 어떠한 수단도 제1항에 규정된 운송증권의 교부에 대신할 수 있다. 전기 다른 수단을 사용 경우에 운송인은 여객에 대하여 해당 보존된 정보의 서면기재서를 교부할 수 있음을 제의하여야 한다.

3. 운송인은 위탁받은 개개의 수화물마다 수화물 식별표를 여객에게 교부하여야만 된다.

4. 운송인은 본 조약이 적용되는 경우, 본 조약이 적용되며 아울러 본 조약이 사망 또는 상해, 수화물에 대한 파괴 또는 멸실, 훼손, 그리고 연착에 관한 운송인의 책임을 제한할 수 있다는 취지를 여객에게 서면으로 통지하여야 한다.

5. 전항의 규정들에 따르지 아니한 것은, 운송계약의 존재 또는 효력에 영향을 미치지 아니하며, 해당 계약에는, 책임제한에 관한 규정들을 포함한 본 조약의 규정들이 적용된다.

Article 4 - Cargo (제4조 - 화물)

1. In respect of the carriage of cargo, an air waybill shall be delivered.

2. Any other means which preserves a record of the carriage to be performed may

be substituted for the delivery of an air waybill. If such other means are used, the carrier shall, if so requested by the consignor, deliver to the consignor a cargo receipt permitting identification of the consignment and access to the information contained in the record preserved by such other means.

(번역문)

1. 화물의 운송에 관하여서는 항공운송장이 교부되어야 한다.

2. 이행되고 있는 는 운송의 기록을 보존하는 어떠한 다른 수단도 항공운송장의 교부에 대신할 수 있다. 전기(前記) 다른 수단이 이용되는 경우, 송하인에 의하여 청구가 있는 때에는 운송인은 화물의 식별과 해당 다른 수단에 의하여 보존된 기록에 포함된 정보의 입수를 가능하게 하는 화물수령증을 송하인에게 교부한다.

Article 5 − Contents of Air Waybill or Cargo Receipt
(제5조 − 항공운송장 또는 화물수영증의 내용)

The air waybill or the cargo receipt shall include:

(a) an indication of the places of departure and destination;

(b) if the places of departure and destination are within the territory of a single State Party, one or more agreed stopping places being within the territory of another State, an indication of at least one such stopping place; and

(c) an indication of the weight of the consignment.

(번역문)

항공운송장 또는 화물수령증은 아래의 사항을 기재하여야만 된다.

(a) 출발지 및 도착지의 표시

(b) 출발지 및 도착지가 단일의 당사국의 영역 내에 있고 아울러 1개 또는 2개 이상의 예정기항지가 다른 국가의 영역 내에 있는 경우에는 해당 기항지 중 최소한 1개의 표시

(c) 화물의 중량의 표시

Article 6 − Document Relating to the Nature of the Cargo
(제6조 − 화물의 성질 에 관한 서류)

The consignor may be required, if necessary to meet the formalities of customs, police and similar public authorities, to deliver a document indicating the nature of the cargo. This provision creates for the carrier no duty, obligation or liability resulting therefrom.

(번역문)

송하인은 세관, 경찰 및 유사한 공공기관에서의 절차상 필요한 경우에는, 화물의 성질을 표시하는 서류의 제출을 요구할 수 있다. 본 조는 이로 인하여 발생되는 어떠한 책임이나 의무를 운송인에게 부과하지 아니한다.

Article 7 – Description of Air Waybill (제7조 – 항공운송장의 서식)

1. The air waybill shall be made out by the consignor in three original parts.
2. The first part shall be marked "for the carrier"; it shall be signed by the consignor. The second part shall be marked "for the consignee"; it shall be signed by the consignor and by the carrier. The third part shall be signed by the carrier who shall hand it to the consignor after the cargo has been accepted.
3. The signature of the carrier and that of the consignor may be printed or stamped.
4. If, at the request of the consignor, the carrier makes out the air waybill, the carrier shall be deemed, subject to proof to the contrary, to have done so on behalf of the consignor.

(번역문)

1. 항공운송장은 송하인에 의하여 원본 3통을 작성하여야만 된다.
2. 제1의 원본에는,「운송인용」라고 기재하여 송하인이 서명하여야 한다. 제2의 원본에는,「수하인용」라고 기재하여 송하인 및 운송인이 서명하여야 한다. 제3의 원본에는 운송인이 서명하며, 운송인은 위 원본을 화물을 수령한 후 송하인에게 교부하여야 한다.
3. 운송인 및 송하인의 서명은, 인쇄 또는 스탬프로 대신할 수 있다.
4. 송하인의 요청에 의하여 운송인이 항공운송장을 작성하는 경우에는, 운송장은, 반증이 없는 한, 송하인을 위하여 작성한 것으로 간주한다.

Article 8 – Documentation for Multiple Packages
(제8조 – 복수의 짐에 관한 서류)

When there is more than one package:

(a) the carrier of cargo has the right to require the consignor to make out separate air waybills;

(b) the consignor has the right to require the carrier to deliver separate cargo receipts when the other means referred to in paragraph 2 of Article 4 are used.

(번역문)

2개 이상의 짐이 있는 때에는,

(a) 화물의 운송인은 송하인에 대하여 개별적으로 항공운송장을 작성할 것을 요구할 수 있는 권리를 가진다.

(b) 제4조 제2항에 규정된 다른 수단이 이용되는 때에는 송하인은 운송인에 대하여 개별적으로 화물수령증을 교부할 것을 요구할 수 있는 권리를 가진다.

Article 9 — Non — compliance with Documentary Requirements
(제9조 – 서류 요구조건의 불준수)

Non – compliance with the provisions of Articles 4 to 8 shall not affect the existence or the validity of the contract of carriage, which shall, nonetheless, be subject to the rules of this Convention including those relating to limitation of liability.

(번역문)

운송계약이 제4조부터 제8조까지의 규정에 따르고 있지 않은 경우에도 해당 계약의 존재 또는 효력에는 영향이 없으며 해당 계약에는 그럼에도 불구하고, 책임제한에 관한 규정을 포함한 본 조약의 규정들이 적용된다.

Article 10 — Responsibility for Particulars of Documentation
(제10조 – 서류의 명 세에 관한 책임)

1. The consignor is responsible for the correctness of the particulars and statements relating to the cargo inserted by it or on its behalf in the air waybill or furnished by it or on its behalf to the carrier for insertion in the cargo receipt or for insertion in the record preserved by the other means referred to in

paragraph 2 of Article 4. The foregoing shall also apply where the person acting on behalf of the consignor is also the agent of the carrier.

2. The consignor shall indemnify the carrier against all damage suffered by it, or by any other person to whom the carrier is liable, by reason of the irregularity, incorrectness or incompleteness of the particulars and statements furnished by the consignor or on its behalf.

3. Subject to the provisions of paragraphs 1 and 2 of this Article, the carrier shall indemnify the consignor against all damage suffered by it, or by any other person to whom the consignor is liable, by reason of the irregularity, incorrectness or incompleteness of the particulars and statements inserted by the carrier or on its behalf in the cargo receipt or in the record preserved by the other means referred to in paragraph 2 of Article 4.

(번역문)

1. 송하인은 항공운송장에 스스로 또는 스스로를 위하여 기재된 화물에 관한 명세 및 신고내용이 정확하다는 것과 화물수령증 또는 제4조 제2항에 규정된 다른 수단에 의하여 보존되는 기록에의 기입을 위하여 스스로 또는 스스로를 위하여 운송인에 제시된 화물에 관한 명세 및 신고가 정확하다는 것에 대하여 책임을 진다. 전항의 내용은 해당 송하인을 위하여 행위 하는 자가 운송인의 대리인인 경우에도 적용된다.

2. 송하인은 스스로 또는 스스로를 위하여 제출된 명세 및 신고내용의 불비(不備), 부정확 또는 불완전에 의하여 생긴 운송인의 손해 또는 운송인이 책임을 지는 다른 사람의 손해에 대하여 운송인에 대하여 보상책임을 진다.

3. 운송인은 제1항 및 제2항의 규정에 따르는 것을 조건으로 스스로 또는 스스로를 위하여 화물수령증 또는 제4조 제2항에 규정된 다른 수단에 의하여 보존되는 기록에 기입된 명세 및 신고의 불비, 부정확 또는 불완전에 의하여 생긴 송하인의 손해 또는 송하인이 책임을 지는 다른 자의 손해에 관하여 송하인에 대하여 보상책임을 진다.

Article 11 - Evidentiary Value of Documentation
(제11조 - 서류의 증명력)

1. The air waybill or the cargo receipt is prima facie evidence of the conclusion of the contract, of the acceptance of the cargo and of the conditions of carriage

mentioned therein.

2. Any statements in the air waybill or the cargo receipt relating to the weight, dimensions and packing of the cargo, as well as those relating to the number of packages, are prima facie evidence of the facts stated; those relating to the quantity, volume and condition of the cargo do not constitute evidence against the carrier except so far as they both have been, and are stated in the air waybill or the cargo receipt to have been, checked by it in the presence of the consignor, or relate to the apparent condition of the cargo.

(번역문)

1. 항공운송장 또는 화물수령증은, 반증이 없는 한 증권 상에 기재되어 있는 계약의 체결, 화물의 수령 및 운송의 조건에 관하여 증명력[121]을 갖는다.

2. 화물의 중량, 치수, 포장상태 및 짐의 개수에 관한 항공운송장 또는 화물수령증에 기재된 신고는 반증이 없는 한 증명력을 갖는다. 화물의 수량, 용적 및 상태에 관하여 기재된 신고는 그것이 운송인에 의하여 송하인의 입회 아래 점검하여 그 취지가 항공운송장이나 화물수령증에 기재된 경우 또는 그것이 화물의 외견상 명확한 것에 관한 경우를 제외하고는 운송인에 대하여 불이익한 증거로 되지 아니한다.

Article 12 - Right of Disposition of Cargo (제12조 - 화물의 처분권)

1. Subject to its liability to carry out all its obligations under the contract of carriage, the consignor has the right to dispose of the cargo by withdrawing it at the airport of departure or destination, or by stopping it in the course of the journey on any landing, or by calling for it to be delivered at the place of destination or in the course of the journey to a person other than the consignee originally designated, or by requiring it to be returned to the airport of departure. The consignor must not exercise this right of disposition in such a way as to prejudice the carrier or other consignors and must reimburse any expenses occasioned by the exercise of this right.

2. If it is impossible to carry out the instructions of the consignor, the carrier must so inform the consignor forthwith.

---

121) prima facie: 추정적 효력을 의미한다.

3. If the carrier carries out the instructions of the consignor for the disposition of the cargo without requiring the production of the part of the air waybill or the cargo receipt delivered to the latter, the carrier will be liable, without prejudice to its right of recovery from the consignor, for any damage which may be caused thereby to any person who is lawfully in possession of that part of the air waybill or the cargo receipt.

4. The right conferred on the consignor ceases at the moment when that of the consignee begins in accordance with Article 13. Nevertheless, if the consignee declines to accept the cargo, or cannot be communicated with, the consignor resumes its right of disposition.

(번역문)

1. 송하인은 운송계약에 기초한 모든 채무를 이행하는 것을 책임을 진다는 조건으로 출발 또는 도착 공항에서 화물을 회수하거나 운송 도중의 착륙 시 화물의 운송을 중지하거나 당초 지정한 수하인 이외의 자에게 도착지에서 또는 운송의 도중에 있어서 화물을 인도하게 하거나 또는 출발 공항으로 화물을 반송시키는 것에 의하여 화물을 처분할 수 있는 권리를 갖는다. 송하인은 운송인 또는 다른 송하인의 이익을 침해하는 방법으로 처분 권한을 행사해서는 아니 되며 위 권리 행사에 의하여 생긴 비용을 상환하지 아니하면 아니된다.

2. 운송인은 송하인의 지시를 따를 수 없는 경우에는 지체 없이 그 취지를 송하인에게 통지하여야 한다.

3. 운송인은 송하인에게 교부된 항공운송장 또는 화물수령증의 제시를 요구하지 않고 화물의 처분에 관한 송하인의 지시에 따른 경우에는 이로 인한 해당 항공운송장 또는 화물수령증의 적법한 소지인에게 발생된 모든 손해에 대하여 책임을 진다. 이는 송하인에 대한 운송인의 구상을 방해하지 아니하는 것이다.

4. 본조에 기초한 송하인의 권리는, 수하인의 권리가 제13조에 의하여 발생한 때에 소멸한다. 다만 수하인이 화물의 수령을 거부한 때 또는 수하인과 연락을 취할 수 없는 경우에는 송하인은 그 권리를 회복한다.

Article 13 - Delivery of the Cargo (제13조 - 화물의 인도)

1. Except when the consignor has exercised its right under Article 12, the

consignee is entitled, on arrival of the cargo at the place of destination, to require the carrier to deliver the cargo to it, on payment of the charges due and on complying with the conditions of carriage.

2. Unless it is otherwise agreed, it is the duty of the carrier to give notice to the consignee as soon as the cargo arrives.

3. If the carrier admits the loss of the cargo, or if the cargo has not arrived at the expiration of seven days after the date on which it ought to have arrived, the consignee is entitled to enforce against the carrier the rights which flow from the contract of carriage.

(번역문)

1. 수하인은 송하인이 제12조에 기한 권리를 행사하는 경우를 제외하고는, 화물이 도착지에 도달한 때에 운송인에 대하여 상당한 비용을 지급하거나 아울러 운송의 조건에 따르는 것을 조건으로 하여 화물의 인도를 청구할 수 있는 권리를 갖는다.

2. 운송인은 별도의 약정이 없는 한 화물이 도착하자마자 즉시 그 취지를 수하인에게 통지할 의무가 있다.

3. 운송인이 화물의 멸실을 인정한 때 또는 화물이 도달하여야 할 날로부터 7일이 경과하여도 도달하지 않는 때에는, 수하인은 운송인에 대하여 운송계약으로부터 발생되는 권리를 행사할 수 있다.

Article 14 — Enforcement of the Rights of Consignor and Consignee
(제14조 – 송하인 및 수하인의 권리 행사)

The consignor and the consignee can respectively enforce all the rights given to them by Articles 12 and 13, each in its own name, whether it is acting in its own interest or in the interest of another, provided that it carries out the obligations imposed by the contract of carriage.

(번역문)

송하인 및 수하인은 운송계약에 의하여 부과된 채무를 이행하는 것을 조건으로, 자기의 이익을 위한 것인지 또는 다른 사람의 이익을 위한 것인지를 불문하고 각자 자기의 이름으로 제12조 및 제13조에 의하여 송하인 및 수하인에게 각기 부여된 모든 권리를 행사할 수 있다.

Article 15 — Relations of Consignor and Consignee or Mutual Relations of Third Parties

(제15조 — 송하인과 수하인의 관계 또는 제3자와의 상호관계)

1. Articles 12, 13 and 14 do not affect either the relations of the consignor and the consignee with each other or the mutual relations of third parties whose rights are derived either from the consignor or from the consignee.

2. The provisions of Articles 12, 13 and 14 can only be varied by express provision in the air waybill or the cargo receipt.

(번역문)

1. 제12조, 제13조 및 제14조의 규정은 송하인과 수하인의 사이의 관계 또는 송하인 이나 수하인으로부터 권리를 취득한 제3자 사이의 관계에 영향을 미치지 아니한다.

2. 제12조, 제13조 및 제14조의 규정은 항공운송장 또는 화물수령증에 있는 명시의 규정에 의해서만 변경될 수가 있다.

Article 16 — Formalities of Customs, Police or Other Public Authorities (제16조 — 세관, 경찰 또는 기타 공공기관에서의 서류절차)

1. The consignor must furnish such information and such documents as are necessary to meet the formalities of customs, police and any other public authorities before the cargo can be delivered to the consignee. The consignor is liable to the carrier for any damage occasioned by the absence, insufficiency or irregularity of any such information or documents, unless the damage is due to the fault of the carrier, its servants or agents.

2. The carrier is under no obligation to enquire into the correctness or sufficiency of such information or documents.

(번역문)

1. 송하인은 화물을 수하인에게 인도하기 전에 세관, 경찰 및 기타 공공기관의 절차이 행을 위하여 필요로 하는 정보 및 서류를 제출하여야 한다. 송하인은 운송인에 대 하여 그 정보 또는 서류의 부존재, 불충분 또는 불비로 인하여 발생한 손해에 대하 여 책임을 진다. 다만 그 손해가 운송인 또는 그의 사용인이나 대리인의 과실에 기 인한 경우는 그러하지 아니한다.

2. 운송인은 제1항에 규정된 정보 또는 서류가 정확한지 여부 또는 충분한지 그 여부를 조사할 의무를 부담하지 아니한다.

Chapter Ⅲ Liability of the Carrier and Extent of Compensation for Damage (제3장 운송인의 책임 및 손해배상의 범위)

Article 17 – Death and Injury of Passengers – Damage to Baggage (제17조 – 여객 의 사망과 상해 – 수화물의 손해)

1. The carrier is liable for damage sustained in case of death or bodily injury of a passenger upon condition only that the accident which caused the death or injury took place on board the aircraft or in the course of any of the operations of embarking or disembarking.

2. The carrier is liable for damage sustained in case of destruction or loss of, or of damage to, checked baggage upon condition only that the event which caused the destruction, loss or damage took place on board the aircraft or during any period within which the checked baggage was in the charge of the carrier. However, the carrier is not liable if and to the extent that the damage resulted from the inherent defect, quality or vice of the baggage. In the case of unchecked baggage, including personal items, the carrier is liable if the damage resulted from its fault or that of its servants or agents.

3. If the carrier admits the loss of the checked baggage, or if the checked baggage has not arrived at the expiration of twenty-one days after the date on which it ought to have arrived, the passenger is entitled to enforce against the carrier the rights which flow from the contract of carriage.

4. Unless otherwise specified, in this Convention the term "baggage" means both checked baggage and unchecked baggage.

(번역문)

1. 운송인은 여객의 사망 또는 신체의 상해의 경우에 입은 손해에 대하여 그의 사망 또는 상해의 원인이 된 사고(accident)가 항공기 내에서 일어났거나 또는 탑승하거나 내리는 과정에서 일어난 것을 유일한 조건으로 책임을 진다.

2. 운송인은 탁송 수화물의 파괴 멸실 또는 훼손의 경우에 입은 손해에 대하여 그의 파괴, 멸실 또는 훼손이 원인으로 된 사실(event)이 항공기 내에서 또는 탁송 수화물이 운송인의 관리 아래에 있는 기간 중에 발생하였음을 유일한 조건으로 책임을 진다. 그러나 그 손해가 수화물의 고유한 결함, 품질 또는 하자로부터 발생한 경우에는 운송인은 그 범위 내에서 책임을 지지 않는다. 운송인은 개인 소지품을 포함하는 비탁송수하물인 경우에 그 손해가 운송인 또는 그의 사용인이나 대리인의 과실에 의하여 발생한 경우에는 책임을 진다.

3. 운송인이 탁송수화물의 멸실을 인정한 때 또는 탁송수하물이 도달하여야 할 날로부터 21일이 경과하여도 도달하지 않을 때에 여객은 운송인에 대하여 운송계약으로부터 발생하는 권리를 행사할 수 있다.

4. 본 조약에서 달리 특정하지 않는 한 수하물이라는 용어는 탁송수하물과 비탁송수하물의 양자를 의미한다.

Article 18 - Damage to Cargo (제18조 - 화물에 대한 손해)

1. The carrier is liable for damage sustained in the event of the destruction or loss of, or damage to, cargo upon condition only that the event which caused the damage so sustained took place during the carriage by air.

2. However, the carrier is not liable if and to the extent it proves that the destruction, or loss of, or damage to, the cargo resulted from one or more of the following:

   (a) inherent defect, quality or vice of that cargo;

   (b) defective packing of that cargo performed by a person other than the carrier or its servants or agents;

   (c) an act of war or an armed conflict;

   (d) an act of public authority carried out in connection with the entry, exit or transit of the cargo.

3. The carriage by air within the meaning of paragraph 1 of this Article comprises the period during which the cargo is in the charge of the carrier.

4. The period of the carriage by air does not extend to any carriage by land, by sea or by inland waterway performed outside an airport. If, however, such

carriage takes place in the performance of a contract for carriage by air, for the purpose of loading, delivery or transhipment, any damage is presumed, subject to proof to the contrary, to have been the result of an event which took place during the carriage by air. If a carrier, without the consent of the consignor, substitutes carriage by another mode of transport for the whole or part of a carriage intended by the agreement between the parties to be carriage by air, such carriage by another mode of transport is deemed to be within the period of carriage by air.

(번역문)

1. 운송인은 화물의 파괴, 멸실 또는 훼손의 경우에 입은 손해에 대하여 그 손해의 원인이 된 사고(event)가 항공운송 중에 발생한 경우만을 조건으로 하여 책임을 진다.

2. 그러나 운송인은 화물의 파괴, 멸실 또는 훼손이 아래의 하나 또는 둘 이상의 원인으로부터 발생하였음을 증명한 경우에는 증명한 정도에 따라 책임을 지지 않는다.

　　(a) 화물의 고유한 결함, 품질 또는 하자

　　(b) 운송인 또는 그의 사용인이나 대리인 이외의 자가 행한 화물의 결함이 있는 포장

　　(c) 전쟁행위 또는 무력분쟁

　　(d) 화물의 수출입 또는 통과에 관하여 취해진 공적기관의 행위

3. 본 조 제1항에서 의미하는 항공운송에는 화물이 운송인의 관리 아래에 있는 기간이 포함된다.

4. 항공운송의 기간에는 공항 밖에서 행해지는 육상운송, 해상운송 또는 내륙수로운송의 기간은 포함되지 않는다. 다만 그러한 운송이 항공운송계약의 이행함에 있어 적재, 인도 또는 환적을 위하여 행해진 때에 어떠한 손해도 반증이 없는 한 모두 항공운송 중에 일어난 하나의 사고의 결과라고 추정된다. 운송인이 당사자 사이의 약정에 의하여 항공운송으로 행해질 것이 예정된 운송의 전부 또는 일부를 송하인의 동의 없이 다른 어떤 운송수단으로 대체한 때에는 그 다른 운송수단에 의한 운송은 항공운송의 기간내의 것으로 간주한다.

Article 19 – Delay (제19조 – 연착)

The carrier is liable for damage occasioned by delay in the carriage by air of passengers, baggage or cargo. Nevertheless, the carrier shall not be liable for damage occasioned by delay if it proves that it and its servants and agents took all measures that could reasonably be required to avoid the damage or that it was impossible for it or them to take such measures.

(번역문)

운송인은 여객, 수화물 또는 화물의 항공운송에 있어서 연착으로 인하여 발생된 손해에 대하여 책임을 진다. 다만 운송인은 자신과 그의 사용인 및 대리인이 손해를 방지하기 위하여 합리적으로 요구되는 모든 조치를 취하였다는 것과 또는 그와 같은 조치를 취하는 것이 불가능하였다는 것을 입증한 때에는 책임을 지지 아니한다.

Article 20 - Exoneration (제20조 - 책임감면)

If the carrier proves that the damage was caused or contributed to by the negligence or other wrongful act or omission of the person claiming compensation, or the person from whom he or she derives his or her rights, the carrier shall be wholly or partly exonerated from its liability to the claimant to the extent that such negligence or wrongful act or omission caused or contributed to the damage. When by reason of death or injury of a passenger compensation is claimed by a person other than the passenger, the carrier shall likewise be wholly or partly exonerated from its liability to the extent that it proves that the damage was caused or contributed to by the negligence or other wrongful act or omission of that passenger. This Article applies to all the liability provisions in this Convention, including paragraph 1 of Article 21.

(번역문)

운송인은 손해배상을 청구하는 자 또는 배상청구자가 행사하는 권리를 발생시켰던 자의 과실 또는 기타 불법한 작위나 부작위가 손해를 발생시키거나 손해에 기여하였다는 것을 입증한 경우에는, 운송인은 이러한 과실 또는 불법한 작위나 부작위가 손해를 발생시키거나 손해에 기여한 정도에 따라 손해배상청구자에 대한 책임의 전부 또는 일부를 면제받는다. 여객의 사망 또는 상해로 인한 배상이 여객 이외의 자에 의하여 청구된 경우 운송인은 손해가 여객의 과실 또는 기타 불법한 작위나 부작위가 손해를 발생시키거나 손해에 기여하였다는 것을 증명한 범위 내에서 그의 책임의 전부 또는 일부를 면제받는다. 이 조문은 제21조 제1항의 규정을 포함한 이 조약에 규정되어 있는 모든 책임규정들에 적용된다.

Article 21 — Compensation in Case of Death or Injury of Passengers (제21조 — 여객의 사망 또는 상해의 경우에 있어 배상)

1. For damages arising under paragraph 1 of Article 17 not exceeding 100 000 Special Drawing Rights for each passenger, the carrier shall not be able to exclude or limit its liability.

2. The carrier shall not be liable for damages arising under paragraph 1 of Article 17 to the extent that they exceed for each passenger 100,000 Special Drawing Rights if the carrier proves that:

   (a) such damage was not due to the negligence or other wrongful act or omission of the carrier or its servants or agents; or

   (b) such damage was solely due to the negligence or other wrongful act or omission of a third party.

(번역문)

1. 운송인은 제17조 1항의 규정에 의하여 발생한 손해에 대하여 여객 1인당 100,000SDR(특별인출권: 계산단위)을 초과하지 않는 부분에 관하여는 그의 책임을 면제하거나 제한할 수 없다.

2. 제17조 1항의 규정에 의하여 발생한 손해 중 여객 1인당 100,000SDR을 초과하는 부분에 대하여는, 운송인은 다음 중 어느 하나를 증명하면 책임을 지지 않는다.

   (a) 그 손해가 운송인과 그의 사용인 및 대리인의 과실 또는 다른 불법한 작위나 부작위에 의하여 발생하지 아니하였다는 것.

   (b) 그 손해가 오로지 제3자의 과실 또는 다른 불법한 작위나 부작위에 의하여서만 발생하였다는 것.

Article 22 — Limits of Liability in Relation to Delay, Baggage and Cargo (제22 조 — 연착, 수하물 및 화물에 있어서의 책임의 한도)

1. In the case of damage caused by delay as specified in Article 19 in the carriage of persons, the liability of the carrier for each passenger is limited to 4,150 Special Drawing Rights.

2. In the carriage of baggage, the liability of the carrier in the case of destruction, loss, damage or delay is limited to 1,000 Special Drawing Rights for each

passenger unless the passenger has made, at the time when the checked baggage was handed over to the carrier, a special declaration of interest in delivery at destination and has paid a supplementary sum if the case so requires. In that case the carrier will be liable to pay a sum not exceeding the declared sum, unless it proves that the sum is greater than the passenger's actual interest in delivery at destination.

3. In the carriage of cargo, the liability of the carrier in the case of destruction, loss, damage or delay is limited to a sum of 17 Special Drawing Rights per kilograms, unless the consignor has made, at the time when the package was handed over to the carrier, a special declaration of interest in delivery at destination and has paid a supplementary sum if the case so requires. In that case the carrier will be liable to pay a sum not exceeding the declared sum, unless it proves that the sum is greater than the consignor's actual interest in delivery at destination.

4. In the case of destruction, loss, damage or delay of part of the cargo, or of any object contained therein, the weight to be taken into consideration in determining the amount to which the carrier's liability is limited shall be only the total weight of the package or packages concerned. Nevertheless, when the destruction, loss, damage or delay of a part of the cargo, or of an object contained therein, affects the value of other packages covered by the same air waybill, or the same receipt or, if they were not issued, by the same record preserved by the other means referred to in paragraph 2 of Article 4, the total weight of such package or packages shall also be taken into consideration in determining the limit of liability.

5. The foregoing provisions of paragraphs 1 and 2 of this Article shall not apply if it is proved that the damage resulted from an act or omission of the carrier, its servants or agents, done with intent to cause damage or recklessly and with knowledge that damage would probably result; provided that, in the case of such act or omission of a servant or agent, it is also proved that such servant or agent was acting within the scope of its employment.

6. The limits prescribed in Article 21 and in this Article shall not prevent the court from awarding, in accordance with its own law, in addition, the whole or part of the court costs and of the other expenses of the litigation incurred by the plaintiff, including interest. The foregoing provision shall not apply if the amount of the damages awarded, excluding court costs and other expenses of the litigation, does not exceed the sum which the carrier has offered in writing to the plaintiff within a period of six months from the date of the occurrence causing the damage, or before the commencement of the action, if that is later.

(번역문)

1. 여객의 운송에서 있어서 제19조에 규정된 연착으로 인하여 발생된 손해에 대하여, 운송인의 책임은 여객 1인당 4,150SDR을 한도로 한다.

2. 수화물의 운송에 있어서는, 파괴, 멸실, 훼손 또는 연착에 대한 운송인의 책임은 여객 1인당 1,000SDR을 한도로 한다. 그러나 여객이 탁송 수화물을 운송인에게 인도할 때에 도착지에서 인도 받을 때의 가격을 특별히 신고하고 아울러 필요로 하는 추가요금을 지급한 경우에는 그러하지 아니한다. 이 경우에는 운송인은 신고 된 가격이 도착지에서 인도할 때의 여객에 있어서의 실제가격을 초과한다는 것을 증명하지 않는 한, 신고 된 가격을 한도로 하는 금액을 지급하여야 한다.

3. 화물의 운송에 있어서는, 파괴, 멸실, 훼손 또는 연착에 대한 운송인의 책임은, 1kg당 17SDR을 한도로 한다. 다만 송하인이 짐을 운송인에게 인도할 때에 도착지에서 인도 받을 때의 가격을 특별히 신고하고 아울러 필요로 하는 추가요금을 지급한 경우에는 그러하지 아니한다. 이 경우에는, 운송인은 신고 된 가격이 도착지에서의 인도할 때의 실제가격을 초과한다는 것을 증명하지 않는 한, 신고 된 가격을 한도로 하는 금액을 지급하여야 한다.

4. 화물의 일부 또는 그 안에 포함되어 있는 물품의 파괴, 멸실, 훼손 또는 연착의 경우에, 운송인의 책임한도액을 결정함에 있어 고려되어야 할 중량은 관련되는 1개 또는 2개 이상의 짐의 총 중량만을 고려하여야 한다. 그러나 화물의 일부 또는 그 안에 포함되어 있는 물품의 파괴, 멸실, 훼손 또는 연착이 동일한 항공운송장 또는 화물수령증 또는 이들 증권이 발생되지 아니한 경우에는 제4조 제2항에 규정된 다른 수단들에 의하여 보존되는 동일한 기록에 기재되고 있는 다른 짐의 가치에 영향을 미치는 때에는, 이러한 다른 1개 또는 2개 이상의 짐의 총 중량도

고려하여야만 한다.

5. 본 조의 제1항과 제2항의 규정들은 운송인 또는 그 사용인이나 대리인이 손해를 발생시킬 의도로써 행한 또는 손해가 발생할 염려가 있음을 인식하면서 무모하게 행한 작위나 부작위에 의하여 손해가 발생한 것이 증명된 경우에는 적용하지 아니한다.[122] 그러나 사용인 또는 대리인에 의한 이러한 작위나 부작위의 경우에 해당 사용인 또는 대리인이 자기의 직무 범위 내에서 행위 하였다는 것이 또한 증명되어야 한다.

6. 제21조 및 본 조에 규정된 책임한도는 법원이 자국의 법령에 따라 원고가 지급한 소송비용 및 기타 비용에 이자를 포함한 금액의 전부 또는 일부를 추가로 판정하는 것을 방해하지 아니한다. 전기의 규정은 소송비용 및 소송에 관한 기타 경비를 제외한 판정된 손해액이 손해를 발생시킨 사고의 날로부터 6개월 이내에 또는 소송의 제기가 위의 기간 보다 늦은 때에는 소송의 제기 이전에 운송인이 원고에게 서면에 의하여 제의한 금액을 초과하지 아니한 때에는 적용하지 아니한다.

Article 23 − Conversion of Monetary Units (제23조 − 통화단위의 환산)

1. The sums mentioned in terms of Special Drawing Right in this Convention shall be deemed to refer to the Special Drawing Right as defined by the International Monetary Fund. Conversion of the sums into national currencies shall, in case of judicial proceedings, be made according to the value of such currencies in terms of the Special Drawing Right at the date of the judgement. The value of a national currency, in terms of the Special Drawing Right, of a State Party which is a Member of the International Monetary Fund, shall be calculated in accordance with the method of valuation applied by the International Monetary Fund, in effect at the date of the judgement, for its operations and transactions. The value of a national currency, in terms of the Special Drawing Right, of a State Party which is not a Member of the International Monetary Fund, shall be calculated in a manner determined by that State.

2. Nevertheless, those States which are not Members of the International Monetary

---

122) 만약 가해자인 국제항공물건운송인에게 인식이 있는 중대한 과실(영미법상의 Wilful misconduct)이 있는 경우에는 책임제한이 배제된다는 것이다.

Fund and whose law does not permit the application of the provisions of paragraph 1 of this Article may, at the time of ratification or accession or at any time thereafter, declare that the limit of liability of the carrier prescribed in Article 21 is fixed at a sum of 1,500,000 monetary units per passenger in judicial proceedings in their territories; 62,500 monetary units per passenger with respect to paragraph 1 of Article 22; 15,000 monetary units per passenger with respect to paragraph 2 of Article 22; and 250 monetary units per kilogramme with respect to paragraph 3 of Article 22. This monetary unit corresponds to sixtyfive and a half milligrammes of gold of millesimal fineness nine hundred. These sums may be converted into the national currency concerned in round figures. The conversion of these sums into national currency shall be made according to the law of the State concerned.

3. The calculation mentioned in the last sentence of paragraph 1 of this Article and the conversion method mentioned in paragraph 2 of this Article shall be made in such manner as to express in the national currency of the State Party as far as possible the same real value for the amounts in Articles 21 and 22 as would result from the application of the first three sentences of paragraph 1 of this Article. States Parties shall communicate to the depositary the manner of calculation pursuant to paragraph 1 of this Article, or the result of the conversion in paragraph 2 of this Article as the case may be, when depositing an instrument of ratification, acceptance, approval of or accession to this Convention and whenever there is a change in either.

(번역문)

1. 이 조약에서 특별인출권으로 표시된 금액은 국제통화기금(IMF)에서 개념을 규정한 특별인출권을 의미한다. 특별인출권으로 표시된 금액의 국내통화로의 환산은, 소송 절차의 경우에는, 판결 일에 있어서의 특별인출권의 국내통화환산가액에 따라 정한다. 국제통화기금의 가맹국인 당사국의 특별인출권의 국내통화환산가액은 판결의 날에 효력이 있는 국제통화기금이 자기의 운영 및 거래의 실무에 적용되는 평가방식에 따라 산정된다. 국제통화기금의 비가맹국인 당사국의 특별인출권에 대한 국내통화환산가액은 그 당사국이 결정하는 방법에 따라 산정된다.

2. 다만 국제통화기금의 비가맹국으로서 자국의 법령이 본 조 제1항 규정의 적용을 인정하지 않는 나라는 본 조약의 비준이나 가입 시에 또는 그 후 언제라도 자국의 영역 내의 소송절차에 있어서는 제21조에 규정된 운송인의 책임한도를 여객 1인당 1,500,000 통화단위금액, 제22조 제1항에 관하여는 여객 1인당 62,500통화단위금액, 제22조 제2항에 관하여는 여객 1인당 15,000통화단위금액, 제22조 제3항에 관하여는 중량 1 kg당 250통화단위금액으로 하는 것을 선언할 수 있다. 이 통화단위는 순도 1,000분의 900의 금 65.6㎎에 해당된다. 위 통화단위금액은 해당 국가의 통화의 단수가 없는 금액으로 환산할 수 있다. 위 통화단위금액의 체약국의 통화로의 환산은 해당 체약국의 법령이 정한 바에 따라 행한다.

3. 본조 제1항의 제4문에 정하고 있는 산출 및 본조 제2항에 정하고 있는 환산방식은 가능한 한 본조 제1항의 제1문부터 제3문까지의 적용에 의하여 산출되는 제21조 및 제22조 소정의 금액과 실질 가치가 가능한 한 동등한 금액을 해당 당사국의 통화로 표시할 수 있는 방법으로 이루어져야 한다. 당사국은 본조 제1항에 따른 산출방법 또는 필요한 경우 본조 제2항에 의한 환산결과를, 이 조약의 비준서, 수락서, 승인서 또는 가입서를 기탁할 때 및 위 양자 중 어느 하나에 변경이 있을 때에는 기탁자에게 통지하여야 한다.

Article 24 — Review of Limits (제24조 — 책임한도의 재검토)

1. Without prejudice to the provisions of Article 25 of this Convention and subject to paragraph 2 below, the limits of liability prescribed in Articles 21, 22 and 23 shall be reviewed by the Depositary at five year intervals, the first such review to take place at the end of the fifth year following the date of entry into force of this Convention, or if the Convention does not enter into force within five years of the date it is first open for signature, within the first year of its entry into force, by reference to an inflation factor which corresponds to the accumulated rate of inflation since the previous revision or in the first instance since the date of entry into force of the Convention. The measure of the rate of inflation to be used in determining the inflation factor shall be the weighted average of the annual rates of increase or decrease in the Consumer Price Indices of the States whose currencies comprise the Special Drawing

Right mentioned in paragraph 1 of Article 23.

2. If the review referred to in the preceding paragraph concludes that the inflation factor has exceeded 10 percent, the Depositary shall notify States Parties of a revision of the limits of liability. Any such revision shall become effective six months after its notification to the States Parties. If within three months after its notification to the States Parties a majority of the States Parties register their disapproval, the revision shall not become effective and the Depositary shall refer the matter to a meeting of the States Parties. The Depositary shall immediately notify all States Parties of the coming into force of any revision.

3. Notwithstanding paragraph 1 of this Article, the procedure referred to in paragraph 2 of this Article shall be applied at any time provided that one-third of the States Parties express a desire to that effect and upon condition that the inflation factor referred to in paragraph 1 has exceeded 30 percent since the previous revision or since the date of entry into force of this Convention if there has been no previous revision. Subsequent reviews using the procedure described in paragraph 1 of this Article will take place at five-year intervals starting at the end of the fifth year following the date of the reviews under the present paragraph.

(번역문)

1. 이 조약의 제25조의 여러 규정에 영향을 미치지 않고 아울러 아래 본조 제2항이 적용되는 것을 조건으로 하여, 제21조, 제22조 및 제23조에 규정된 책임한도는 전회의 개정이후의 또는 최초의 개정에 있어서 이 조약이 발효된 날 이후의 인플레이션의 누계율에 상당하는 인플레이션계수를 참조하여 기탁자가 5년 간격으로 재검토하여야만 된다. 제1회의 재검토는 본 조약의 발효일로부터 5년째 되는 해의 말에 또는 이 조약이 최초의 서명을 위하여 개방된 날로부터 5년 이내에, 이 조약이 발효되지 않은 때에는 그 이 조약의 발효의 1년째 이내에 하여야만 된다. 인플레이션계수의 결정에 사용되는 인플레이션율의 기준은 자국의 통화가 제23조의 제1항에 규정된 특별인출권을 구성하는 나라들의 소비자물가지수의 연간 상승·하락률의 가중평균에 의하여 산정한다.

2. 전항에 규정된 재검토에 의하여 인플레이션계수가 10%를 초과한다고 결론을 내렸

을 때에는 수탁기관은 책임한도의 개정을 체약국에 통고하여야만 된다. 해당 개정은 체약국에 대한 통고로부터 6개월 후에 효력이 발생한다. 체약국에 개정을 통지 후 3개월 이내에 당사국의 과반수이상이 개정을 불승인한다는 것을 등록한 경우에는 해당 개정은 그 효력을 발생하지 않으므로 수탁기관은 해당 개정 문제를 당사국들의 토의에 회부하여야 한다. 수탁기관은 모든 당사국에게 개정의 발효에 대하여 지체 없이 통고하여야 한다.

3. 본조 제1항에 불구하고, 본조 제2항에 규정된 개정 절차는, 당사국의 1/3 이상이 개정의 필요성에 대한 의사를 표시하거나 그리고 제1항에 기재되어 있는 인플레이션계수가 전번의 개정 이후 또는 사전의 개정이 없을 때에는 이 조약의 발효일로부터 30%를 초과하는 것을 조건으로 하여 언제든지 적용될 수가 있다. 본조 제1항에 규정된 절차에 따른 재검토는 본 항에 기초한 재검토일로부터 5년이 되는 해의 연말을 기준으로 하여 5년마다 할 수 있다.

Article 25 – Stipulation on Limits (제25조 – 책임한도에 관한 특약)

A carrier may stipulate that the contract of carriage shall be subject to higher limits of liability than those provided for in this Convention or to no limits of liability whatsoever.

(번역문)

운송인은, 운송계약이 이 조약에 규정된 책임한도보다 높은 한도의 적용을 받거나 또는 어떠한 책임제한도 적용 받지 않는 것을 정할 수 있다.

Article 26 – Invalidity of Contractual Provisions (제26조 – 계약조항의 무효화)

Any provision tending to relieve the carrier of liability or to fix a lower limit than that which is laid down in this Convention shall be null and void, but the nullity of any such provision does not involve the nullity of the whole contract, which shall remain subject to the provisions of this Convention.

(번역문)

운송인의 책임을 면제하거나 본 조약에서 정한 책임한도보다도 낮은 한도를 정하는 계약조항은 무효로 한다. 그러나 이러한 계약조항의 무효는 계약전체가 무효로 되지 아니하며 계약은 계속하여 이 조약의 적용을 받게 된다.

Article 27 - Freedom to Contract (제27조 - 계약의 자유)

Nothing contained in this Convention shall prevent the carrier from refusing to enter into any contract of carriage, from waiving any defences available under the Convention, or from laying down conditions which do not conflict with the provisions of this Convention.

(번역문)

이 조약에서 정하고 있는 어떠한 규정도, 운송인이 어떠한 운송계약의 체결을 거절하거나, 이 조약에 근거하여서 행사할 수 있는 어떠한 항변권을 포기하거나 또는 본 조약의 규정들에 저촉되지 않는 조건을 약정하는 것을 방해하지 않는다.

Article 28 - Advance Payments (제28조 - 전도금 지급)

In the case of aircraft accidents resulting in death or injury of passengers, the carrier shall, if required by its national law, make advance payments without delay to a natural person or persons who are entitled to claim compensation in order to meet the immediate economic needs of such persons. Such advance payments shall not constitute a recognition of liability and may be offset against any amounts subsequently paid as damages by the carrier.

(번역문)

여객의 사망 또는 상해가 발생된 항공기사고의 경우에 운송인은 자국의 법령이 규정하고 있을 때에는, 손해배상청구를 할 수 있는 자연인 또는 손해배상청구권을 가진 자에 대하여 그 자의 긴급한 경제적 필요를 충족시키기 위하여 지체없이 전도금(前渡金)을 지급하여야 한다. 이러한 전도금의 지급은 운송인의 책임을 인정하는 것이 아니며 또한 그 후 운송인이 손해배상으로서 지급하여야 할 금액과 상계 할 수가 있다.

Article 29 - Basis of Claims (제29조 - 손해배상의 청구기초)

In the carriage of passengers, baggage and cargo, any action for damages, however founded, whether under this Convention or in contract or in tort or otherwise, can only be brought subject to the conditions and such limits of liability as are set out in this Convention without prejudice to the question as to who are the persons who have the right to bring suit and what are their respective rights. In any such action, punitive, exemplary or any other non-compensatory damages shall not be recoverable.

(번역문)

여객, 수화물 및 화물의 운송에 있어서의 손해배상에 관한 어떠한 소송도 그 소송이 본 조약에 근거한 것인지 또는 계약, 불법행위 기타의 사유를 이유로 한 것인지를 불문하고, 본 조약이 정한 조건 및 책임한도에 따라서만 제기할 수 있다. 다만 이는 소송을 제기할 수 있는 권리를 가지는 자의 결정 및 이러한 자가 각기 가지는 권리의 결정 문제에는 영향을 미치지 아니한다. 어떠한 소송에서도, 징벌적(懲罰的), 징계적 또는 기타 비전보적(非塡補的) 손해는 보상될 수 없다.

Article 30 − Servants, Agents − Aggregation of Claims
(제30조 − 사용인, 대리인 − 손해 배상의 총액)

1. If an action is brought against a servant or agent of the carrier arising out of damage to which the Convention relates, such servant or agent, if they prove that they acted within the scope of their employment, shall be entitled to avail themselves of the conditions and limits of liability which the carrier itself is entitled to invoke under this Convention.

2. The aggregate of the amounts recoverable from the carrier, its servants and agents, in that case, shall not exceed the said limits.

3. Save in respect of the carriage of cargo, the provisions of paragraphs 1 and 2 of this Article shall not apply if it is proved that the damage resulted from an act or omission of the servant or agent done with intent to cause damage or recklessly and with knowledge that damage would probably result.

(번역문)

1. 본 조약에 정한 손해에 관하여 운송인의 사용인 또는 대리인에 대하여 소송이 제기된 경우에 있어서 그 사용인 또는 대리인이 자기의 직무 범위 내에서 행위 하였음을 증명한 때에는 해당 운송인이 본 조약 아래에서 주장할 수 있는 책임 조건 및 한도를 원용할 수 있다.

2. 전기의 경우에 있어서 운송인 및 그 사용인이나 대리인으로부터 받을 수 있는 배상의 총액은 전기의 책임한도를 초과할 수 없다.

3. 화물운송을 제외한 운송에 관하여는 본조 제1항 및 제2항의 규정은, 손해를 발생시킬 의도로써 행한 또는 손해가 발생할 염려가 있음을 인식하면서 무모하게 행한 사용인 또는 대리인의 작위나 부작위에 의하여 손해가 발생한 것이 증명된 경우에는 적용하지 아니한다.

Article 31 − Timely Notice of Complaints (제31조 − 이의제기의 기한)

1. Receipt by the person entitled to delivery of checked baggage or cargo without complaint is prima facie evidence that the same has been delivered in good condition and in accordance with the document of carriage or with the record preserved by the other means referred to in paragraph 2 of Article 3 and paragraph 2 of Article 4.

2. In the case of damage, the person entitled to delivery must complain to the carrier forthwith after the discovery of the damage, and, at the latest, within seven days from the date of receipt in the case of checked baggage and fourteen days from the date of receipt in the case of cargo. In the case of delay, the complaint must be made at the latest within twenty-one days from the date on which the baggage or cargo have been placed at his or her disposal.

3. Every complaint must be made in writing and given or dispatched within the times aforesaid.

4. If no complaint is made within the times aforesaid, no action shall lie against the carrier, save in the case of fraud on its part.

(번역문)

1. 탁송수화물 및 화물을 인도받을 권리를 가진 자가 이의를 제기하지 않고 이를 수령한 것은 탁송수화물 및 화물은 반증이 없는 한 양호한 상태로 아울러 운송서류 또는 제3조 제2항 및 제4조 제2항에 규정된 다른 수단에 의하여 보존되는 기록에 따라 인도되었다는 증명력(prima facie)을 갖는다.

2. 훼손의 경우에는 인도 받을 권리를 가진 자는 훼손을 발견한 후 지체없이 또는 늦

어도 탁송수화물에 관하여는 그 수령일로부터 7일 이내에 화물에 관하여는 그 수령일로부터 14일 이내에 운송인에 대하여 이의를 제기하여야 한다. 연착의 경우에는 인도받을 권리를 가진 자가 수화물 또는 화물을 처분할 수 있는 날로부터 21일에 이내에 이의를 제기하여야 한다.

3. 모든 이의는 서면에 의하여 전기의 기간 내에 교부되거나 발송되어야 한다.

4. 전기의 기간 내에 이의 제기가 행해지지 않은 때에는 운송인에 대한 소송은 운송인 측에게 사기가 있는 경우를 제외하고는 수리되지 아니한다.

Article 32 – Death of Person Liable (제32조 – 책임을 지는 자의 사망)

In the case of the death of the person liable, an action for damages lies in accordance with the terms of this Convention against those legally representing his or her estate.

(번역문)

책임을 지는 자가 사망한 경우, 손해배상에 관한 소송은 이 조약에 정하여진 조건에 따라 책임을 지는 자의 법정 승계인에 대하여 제기할 수 있다.

Article 33 – Jurisdiction (제33조 – 재판관할)

1. An action for damages must be brought, at the option of the plaintiff, in the territory of one of the States Parties, either before the court of the domicile of the carrier or of its principal place of business, or where it has a place of business through which the contract has been made or before the court at the place of destination.

2. In respect of damage resulting from the death or injury of a passenger, an action may be brought before one of the courts mentioned in paragraph 1 of this Article, or in the territory of a State Party in which at the time of the accident the passenger has his or her principal and permanent residence and to or from which the carrier operates services for the carriage of passengers by air, either on its own aircraft, or on another carrier's aircraft pursuant to a commercial agreement, and in which that carrier conducts its business of carriage of passengers by air from premises leased or owned by the carrier itself or by another carrier with which it has a commercial agreement.

3. For the purposes of paragraph 2,

(a) "commercial agreement" means an agreement, other than an agency agreement, made between carriers and relating to the provision of their joint services for carriage of passengers by air;

(b) "principal and permanent residence" means the one fixed and permanent abode of the passenger at the time of the accident. The nationality of the passenger shall not be the determining factor in this regard.

4. Questions of procedure shall be governed by the law of the court seized of the case.

(번역문)

1. 손해배상에 관한 소송은, 원고의 선택에 따라 어느 하나의 체약국의 영역 내에서 운송인의 주소지 운송인의 주된 영업소의 소재지 또는 운송인이 계약을 체결한 영업소의 소재지의 법원 또는 도착지의 법원의 어느 한 곳에 제기하여야 한다.

2. 여객의 사망 또는 상해로 인한 손해에 대하여 손해배상에 관한 소는 본조 제1항에 규정된 곳의 법원이나 또는 사고 발생 당시 여객이 주요하고 항구적인 거주지를 가지고 있었던 체약국의 영역 내에 있는 법원에 제기할 수가 있다. 그러나 관계하고 있는 운송인이 자기 소유의 항공기에 의하거나 또는 상업상의 합의에 기초한 다른 운송인이 소유하고 있는 항공기에 의하여 해당 체약국의 영역과의 사이에 여객의 운송을 하고 있으며 또한 해당관계하고 있는 운송인이 자기 또는 상업상의 합의하에 있는 다른 운송인이 임차 또는 소유하고 있는 시설을 이용하여 해당 체약국의 영역 내에서 여객의 항공운송업무를 수행하고 이는 경우에 한한다.

3. 제2항의 적용에 있어서,

(a) 「상업상 합의」이란 대리점협정이외의 운송인들 사이의 체결된 협정으로 운송인간의 공동항공여객운송업무의 공급에 관한 것을 말한다.

(b) 「주요하고 항구적인 거소」란 사고 당시의 여객의 정착적이고 항구적인 거주지를 를 말한다. 여객의 국적은 이 점에 관하여 결정적인 요인이 되지 아니한다.

4. 소송절차는, 소송사건이 계류되어 있는 법원이 적용하는 법률에 의한다.

Article 34 - Arbitration (제34조 - 중재)

1. Subject to the provisions of this Article, the parties to the contract of carriage

for cargo may stipulate that any dispute relating to the liability of the carrier under this Convention shall be settled by arbitration. Such agreement shall be in writing.

2. The arbitration proceedings shall, at the option of the claimant, take place within one of the jurisdictions referred to in Article 33.

3. The arbitrator or arbitration tribunal shall apply the provisions of this Convention.

4. The provisions of paragraphs 2 and 3 of this Article shall be deemed to be part of every arbitration clause or agreement, and any term of such clause or agreement which is inconsistent therewith shall be null and void.

(번역문)

1. 본 조의 규정에 따른다는 것을 조건으로 하여 화물의 운송계약의 당사자들은 본 조약에 기초한 운송인의 책임에 관한 분쟁에 관하여 중재에 의하여 해결한다는 약정을 할 수 있다. 이러한 약정은 서면으로 하여야 한다.

2. 중재 절차는 손해배상 청구자의 선택에 따라 제33조에 규정된 관할지 중 한 곳에서 개최되어야 한다.

3. 중재인 또는 중재법원은 이 조약의 규정들을 적용하여야 한다.

4. 본조의 제2항 및 제3항의 규정들은 각 중재조항 또는 약정의 일부로 간주되고, 이 규정들에 위반하는 중재조항 및 약정의 어떠한 규정도 무효이다.

Article 35 – Limitation of Actions (제35조 – 제소기한)

1. The right to damages shall be extinguished if an action is not brought within a period of two years, reckoned from the date of arrival at the destination, or from the date on which the aircraft ought to have arrived, or from the date on which the carriage stopped.

2. The method of calculating that period shall be determined by the law of the court seised of the case.

(번역문)

1. 손해배상의 권리는 소송이 도착지에서의 도착일, 항공기가 도착하였어야 할 날 또는 운송의 중지된 날로부터 기산하여 2년의 기간 내에 제기되지 아니한 때에는 소멸한다.

2. 전항에 규정된 기간의 계산 방법은 소송이 계류되어 있는 법원이 적용하는 법률에 의하여 결정된다.

Article 36 - Successive Carriage (제36조 - 순차운송)

1. In the case of carriage to be performed by various successive carriers and falling within the definition set out in paragraph 3 of Article 1, each carrier which accepts passengers, baggage or cargo is subject to the rules set out in this Convention and is deemed to be one of the parties to the contract of carriage in so far as the contract deals with that part of the carriage which is performed under its supervision.

2. In the case of carriage of this nature, the passenger or any person entitled to compensation in respect of him or her can take action only against the carrier which performed the carriage during which the accident or the delay occurred, save in the case where, by express agreement, the first carrier has assumed liability for the whole journey.

3. As regards baggage or cargo, the passenger or consignor will have a right of action against the first carrier, and the passenger or consignee who is entitled to delivery will have a right of action against the last carrier, and further, each may take action against the carrier which performed the carriage during which the destruction, loss, damage or delay took place. These carriers will be jointly and severally liable to the passenger or to the consignor or consignee.

(번역문)

1. 2인 이상의 운송인이 연속하여 행하는 운송으로서 제1조 제3항의 정의에 합치하는 경우 여객 수화물 또는 화물을 인수한 각 운송인은 본 조약의 규정의 적용을 받고 또한 그의 관리 아래에서 행해지는 부분의 운송에 운송계약이 관계되는 때에는 운송계약의 당사자 중 1인으로 간주된다.

2. 이와 같은 성질을 가지고 있는 운송인 경우에 여객 또는 여객에 관한 손해배상을 받을 권리를 가지고 있는 자는 명시의 약정에 의하여 최초의 운송인이 모든 운송구간에 관한 책임을 인수하는 경우를 제외하고 사고 또는 연착을 일으키게 한 운송을 행한 운송인에 대하여서만 소송을 제기할 수가 있다.

3. 수화물 또는 화물에 관하여 여객 또는 송하인은 최초의 운송인에 대하여 소를 제기할 수 있는 권리를 가진 자, 인도 받을 수 있는 권리를 가진 여객 또는 수하인은 최후의 운송인에 대하여, 각기 소송을 제기할 권리를 가진다. 또한 이러한 송하인 또는 수하인들은 파괴, 멸실, 훼손 또는 연착이 발생한 운송 부분을 실행한 운송인에 대하여도 각기 소송을 제기할 권리를 가진다. 이러한 운송인들은, 해당 송하인 및 수하인에 대하여 연대책임을 진다.

Article 37 − Right of Recourse against Third Parties
(제37조− 제3자에 대한 구상의 권리)

Nothing in this Convention shall prejudice the question whether a person liable for damage in accordance with its provisions has a right of recourse against any other person.

(번역문)

본 조약의 어떠한 규정도, 본 조약의 규정들에 의하여 손해배상책임을 지는 자가 다른 사람에 대하여 구상의 권리를 가지는지 여부에 관하여는 영향을 미치지 아니한다.

Chapter Ⅳ Combined Carriage (제4장 복합 운송)

Article 38 − Combined Carriage (제38조 − 복합운송)

1. In the case of combined carriage performed partly by air and partly by any other mode of carriage, the provisions of this Convention shall, subject to paragraph 4 of Article 18, apply only to the carriage by air, provided that the carriage by air falls within the terms of Article 1.

2. Nothing in this Convention shall prevent the parties in the case of combined carriage from inserting in the document of air carriage conditions relating to other modes of carriage, provided that the provisions of this Convention are observed as regards the carriage by air.

(번역문)

1. 일부가 항공기에 의하여 행하여지고 또한 일부가 기타의 운송수단에 의하여 행하여지는 복합운송의 경우에 본 조약의 규정들은 제18조의 제4항의 규정을 적용하는

것을 조건으로 하여, 항공운송에 대해서만 적용된다. 다만, 해당 항공운송이 제1조의 문언(文言)에 합치하는 것인 경우에 한한다.

2. 본 조약의 어떠한 규정도 복합운송의 경우에 당사자가 항공운송의 증권에 다른 운송수단에 관한 조건을 기재한 것을 방해하지 아니한다. 다만 항공운송에 관해서는 본 조약의 규정이 준수되어야 한다.

Chapter Ⅴ Carriage by Air Performed by a Person other than the Contracting Carrier (제5장 계약운송인 이외의 자에 의하여 이행되는 항공운송)

Article 39 – Contracting Carrier–Actual Carrier
(제39조 – 계약운송인 – 실제운송인)

The provisions of this Chapter apply when a person (hereinafter referred to as "the contracting carrier") as a principal makes a contract of carriage governed by this Convention with a passenger or consignor or with a person acting on behalf of the passenger or consignor, and another person (hereinafter referred to as "the actual carrier") performs, by virtue of authority from the contracting carrier, the whole or part of the carriage, but is not with respect to such part a successive carrier within the meaning of this Convention. Such authority shall be presumed in the absence of proof to the contrary.

(번역문)

본 장의 규정들은, 어떤 사람(이하 「계약운송인」이라고 함)이 본인으로서 여객이나 송하인 또는 이들을 위하여 행위하는 자와 사이에 본 조약의 적용을 받는 운송계약을 체결하고 아울러 타인(이하 「실제운송인」이라고 함)이 계약운송인으로부터 위임받은 권한에 의하여 운송의 전부 또는 일부를 이행하는 경우로서 본 조약에서 의미하는 순차운송인에 해당하지 않은 경우에 적용한다. 계약운송인으로부터의 수권은 반증이 없는 한 추정된다.

Article 40 – Respective Liability of Contracting and Actual Carriers
(제40조 – 계약·실제운송인의 각 책임)

If an actual carrier performs the whole or part of carriage which, according to the contract referred to in Article 39, is governed by this Convention, both the contracting carrier and the actual carrier shall, except as otherwise provided in this Chapter, be subject to the rules of this Convention, the former for the whole of the carriage contemplated in the contract, the latter solely for the carriage which it performs.

(번역문)

어떤 실제운송인이 제39조에 규정된 계약에 따라 이 조약의 적용을 받게되는 운송의 전부 또는 일부를 이행한 때에는 계약운송인과 실제운송인 쌍방은 본 장에 다른 정함이 있는 경우를 제외하고는 계약운송인이 계약에서 정하여진 운송의 전부에 대하여, 실제운송인이 자기가 이행한 운송에 대해서만 본 조약의 규정들의 적용을 받게 된다.

Article 41 - Mutual Liability (제41조 - 상호 간 책임)

1. The acts and omissions of the actual carrier and of its servants and agents acting within the scope of their employment shall, in relation to the carriage performed by the actual carrier, be deemed to be also those of the contracting carrier.

2. The acts and omissions of the contracting carrier and of its servants and agents acting within the scope of their employment shall, in relation to the carriage performed by the actual carrier, be deemed to be also those of the actual carrier. Nevertheless, no such act or omission shall subject the actual carrier to liability exceeding the amounts referred to in Articles 21, 22, 23 and 24. Any special agreement under which the contracting carrier assumes obligations not imposed by this Convention or any waiver of rights or defences conferred by this Convention or any special declaration of interest in delivery at destination contemplated in Article 22 shall not affect the actual carrier unless agreed to by it.

(번역문)

1. 실제운송인이 행한 운송에 관하여 실제운송인 및 실제운송인의 사용인과 대리인이 자기의 직무범위 내의 행위를 행한 자의 작위 또는 부작위는 계약운송인의 작위 또는 부작위로 간주된다.

2. 실제운송인이 행한 운송에 관하여 계약운송인 및 계약운송인의 사용인과 대리인의

그 직무범위 내에서 행해진 작위와 부작위는 실제운송인의 작위와 부작위로 간주된다. 더욱이 실제운송인의 책임은 이러한 작위와 부작위로 인하여 제21조 내지 제24조에 규정된 한도를 초과하는 책임을 지지 아니한다. 본 조약에 의하여 부과 받지 않은 의무를 부담하기로 하는 계약운송인에 의한 모든 특약, 본 조약에 의하여 부여받은 권리 및 항변에 대한 모든 포기 또는 본 조약 제22조에 규정된 도착지에서의 인도 시 가격의 특별신고는 실제운송인이 승낙하지 않은 한 실제운송인에게는 영향을 미치지 아니한다.

Article 42 — Addressee of Complaints and Instructions (제42조 — 이의와 지시의 상대방)

Any complaint to be made or instruction to be given under this Convention to the carrier shall have the same effect whether addressed to the contracting carrier or to the actual carrier. Nevertheless, instructions referred to in Article 12 shall only be effective if addressed to the contracting carrier.

(번역문)

본 조약에 의하여 운송인에 대하여 행해야 할 어떤 이의(異議) 또는 지시는 계약운송인에게 하거나 실제운송인에게 하거나 동일한 효력이 있다. 다만 제12조에 규정된 지시는 계약운송인에게 행한 때에만 효력이 있다.

Article 43 — Servants and Agents (제43조 — 사용인 및 대리인)

In relation to the carriage performed by the actual carrier, any servant or agent of that carrier or of the contracting carrier shall, if they prove that they acted within the scope of their employment, be entitled to avail themselves of the conditions and limits of liability which are applicable under this Convention to the carrier whose servant or agent they are, unless it is proved that they acted in a manner that prevents the limits of liability from being invoked in accordance with this Convention.

(번역문)

실제운송인이 이행한 운송에 관하여 실제운송인과 계약운송인의 사용인 또는 대리인은 각자의 직무범위 내에서 행위 하였음을 증명한 때에는 본 조약에 의하여 그의 운송인에게 적용되는 책임의 조건 및 한도를 원용할 수 있다. 그러나 해당사요인 또는 대리인의 행위가 이 조약에 의하여 책임한도를 배제시키는 방법으로 행해졌다는 것이 증명된 때에는 그러하지 아니한다.

Article 44 - Aggregation of Damages (제44조 - 손해배상의 총액)

In relation to the carriage performed by the actual carrier, the aggregate of the amounts recoverable from that carrier and the contracting carrier, and from their servants and agents acting within the scope of their employment, shall not exceed the highest amount which could be awarded against either the contracting carrier or the actual carrier under this Convention, but none of the persons mentioned shall be liable for a sum in excess of the limit applicable to that person.

(번역문)

실제운송인이 이행한 운송에 있어서 실제운송인과 계약운송인 및 직무범위 내에서 행위 하였던 전기 운송인들의 사용인이나 대리인으로부터 배상 받을 수 있는 총액은 본 조약에 의하여 계약운송인 또는 실제운송인에 대하여 재정 될 수 있는 최고액을 초과하지 아니하고, 전기의 어떠한 자도 자기에게 적용되는 한도액을 초과하는 금액에 대하여는 책임을 지지 아니한다.

Article 45 - Addressee of Claims (제45조 - 청구의 상대방)

In relation to the carriage performed by the actual carrier, an action for damages may be brought, at the option of the plaintiff, against that carrier or the contracting carrier, or against both together or separately. If the action is brought against only one of those carriers, that carrier shall have the right to require the other carrier to be joined in the proceedings, the procedure and effects being governed by the law of the court seized of the case.

(번역문)

실제운송인이 이행한 운송에 있어서 손해배상의 소송은 원고의 선택에 따라 실제운송인 또는 계약운송인에 대하여 제기할 수 있고, 이 양자에 대하여 공동 또는 개별적으로 제기할 수 있다. 손해에 관한 소송이 실제운송인 또는 계약운송인의 어느 일방에 대해서만 제기된 때에는 피소된 운송인은 다른 운송인에 대하여 소송절차에 참가할 것을 요구할 권리가 있다. 소송참가의 절차 및 효력은 소송이 계류된 법원의 법률에 따라 규율된다.

Article 46 − Additional Jurisdiction (제46조 − 추가적 재판관할)

Any action for damages contemplated in Article 45 must be brought, at the option of the plaintiff, in the territory of one of the States Parties, either before a court in which an action may be brought against the contracting carrier, as provided in Article 33, or before the court having jurisdiction at the place where the actual carrier has its domicile or its principal place of business.

(번역문)

제45조에 규정된 손해배상의 소송은 원고의 선택에 따라 어느 1개의 당사국의 영역 내에서 제33조에 규정된 바에 따라 계약운송인에 대하여 제기될 수 있는 법원 또는 실제운송인의 주소지나 또는 자기의 주된 영업소의 소재지를 관할하는 법원에 제기되어야 한다.

Article 47 − Invalidity of Contractual Provisions (제47조 − 계약조항의 무효화)

Any contractual provision tending to relieve the contracting carrier or the actual carrier of liability under this Chapter or to fix a lower limit than that which is applicable according to this Chapter shall be null and void, but the nullity of any such provision does not involve the nullity of the whole contract, which shall remain subject to the provisions of this Chapter.

(번역문)

본 장에서의 계약운송인 또는 실제운송인의 책임을 면제하거나 본 장에 의하여 적용되는 책임한도보다 낮은 한도를 정하는 계약조항은 무효로 한다. 다만 계약 전체는 이러한 계약조항의 무효에 의하여 무효로 되지 아니하며 계속하여 본 장의 규정들의 적용을 받는다.

Article 48 − Mutual Relations of Contracting and Actual Carriers (제48조 − 계약 · 실제 운송인의 상호 관계)

Except as provided in Article 45, nothing in this Chapter shall affect the rights and obligations of the carriers between themselves, including any right of recourse or indemnification.

(번역문)

제45조에 규정된 경우를 제외하고 본 장의 어떠한 규정도 계약운송인과 실제운송인 사이에 있어서의 상환 또는 구상의 권리를 포함한 권리 및 의무에는 영향을 미치지 아니 한다.

Chapter Ⅵ Other Provisions (제6장 기타 조항)

Article 49 – Mandatory Application (제49조 – 강제적용)

Any clause contained in the contract of carriage and all special agreements entered into before the damage occurred by which the parties purport to infringe the rules laid down by this Convention, whether by deciding the law to be applied, or by altering the rules as to jurisdiction, shall be null and void.

(번역문)

운송계약상의 약정 조항 및 손해발생 전의 특약은 당사자가 이러한 조항 또는 특약으로써 적용될 법률을 결정하거나 또는 재판 관할에 관한 규칙을 변경하는 것에 의하여 본 조약의 규정에 위반한 때에는 무효로 한다.

Article 50 – Insurance (제50조 – 보험)

States Parties shall require their carriers to maintain adequate insurance covering their liability under this Convention. A carrier may be required by the State Party into which it operates to furnish evidence that it maintains adequate insurance covering its liability under this Convention.

(번역문)

체약국들은 자국의 운송인에 대하여 본 조약 아래에서의 책임을 담보하기에 적절한 보험에 가입하도록 요구하여야 한다. 체약국은 자국 안으로 운항하고 있는 운송인에 대하여 본 조약 아래에서의 책임을 담보하기에 충분한 보험에 가입하도록 요구할 수 있다.

Article 51 – Carriage Performed in Extraordinary Circumstances (제51조 – 예외적 상황 아래에서 이루어지는 운송)

The provisions of Articles 3 to 5, 7 and 8 relating to the documentation of carriage shall not apply in the case of carriage performed in extraordinary circumstances outside the normal scope of a carrier's business.

(번역문)

운송의 증권에 관한 제3조 내지 제5조, 제7조 및 제8조의 규정은 운송인으로서의 통상의 업무 범위를 벗어난 예외적인 상황 아래에서 행해지는 운송에는 적용하지 아니한다.

Article 52 – Definition of Days (제52조 – 일수의 정의)

The expression-days-when used in this Convention means calendar days, not working days.

(번역문)

본 조약에 있어서의 「일수」는 영업일에 의하지 않고 역일에 의한다.

Chapter Ⅶ Final Clauses (제7장 최종 규정)

Article 53 – Signature, Ratification and Entry into Force (제53조 – 서명, 비준 및 효력발생)

1. This Convention shall be open for signature in Montreal on 28 May 1999 by States participating in the International Conference on Air Law held at Montreal from 10 to 28 May 1999. After 28 May 1999, the Convention shall be open to all States for signature at the Headquarters of the International Civil Aviation Organization in Montreal until it enters into force in accordance with paragraph 6 of this Article.

2. This Convention shall similarly be open for signature by Regional Economic Integration Organizations. For the purpose of this Convention, a "Regional Economic Integration Organization" means any organization which is constituted by sovereign States of a given region which has competence in respect of certain matters governed by this Convention and has been duly authorized to sign and to ratify, accept, approve or accede to this Convention. A reference to a "State Party" or "States Parties" in this Convention, otherwise than in paragraph 2 of Article 1, paragraph 1(b) of Article 3, paragraph (b) of Article

5, Articles 23, 33, 46 and paragraph (b) of Article 57, applies equally to a Regional Economic Integration Organization. For the purpose of Article 24, the references to "a majority of the States Parties" and "one-third of the States Parties" shall not apply to a Regional Economic Integration Organization.

3. This Convention shall be subject to ratification by States and by Regional Economic Integration Organizations which have signed it.

4. Any State or Regional Economic Integration Organization which does not sign this Convention may accept, approve or accede to it at any time.

5. Instruments of ratification, acceptance, approval or accession shall be deposited with the International Civil Aviation Organization, which is hereby designated the Depositary.

6. This Convention shall enter into force on the sixtieth day following the date of deposit of the thirtieth instrument of ratification, acceptance, approval or accession with the Depositary between the States which have deposited such instrument. An instrument deposited by a Regional Economic Integration Organization shall not be counted for the purpose of this paragraph.

7. For other States and for other Regional Economic Integration Organizations, this Convention shall take effect sixty days following the date of deposit of the instrument of ratification, acceptance, approval or accession.

8. The Depositary shall promptly notify all signatories and States Parties of:

   (a) each signature of this Convention and date thereof;

   (b) each deposit of an instrument of ratification, acceptance, approval or accession and date thereof;

   (c) the date of entry into force of this Convention;

   (d) the date of the coming into force of any revision of the limits of liability established under this Convention;

   (e) any denunciation under Article 54.

(번역문)

1. 본 조약은, 1999. 5. 10.부터 같은 달 28.까지 몬트리올에서 개최된 국제항공법회의에 참가한 국가들에 의한 서명을 위하여 1999. 5. 28. 몬트리올에 개방하여 두고,

본 조 제6항에 따른 효력발생일 까지 몬트리올에 있는 국제민간항공기관(ICAO) 본부에 모든 국가들에 의한 서명을 위하여 개방하여 둔다.

2. 이 조약은 똑같이 지역경제통합기구(REIO)에 의한 서명을 위하여 개방하여 둔다. 이 조약의 적용 상 하나의 「지역경제통합기구」란 일정 지역의 주권국가들에 의하여 구성된 조직으로서 이 조약이 규율하는 특정한 사항들에 관하여 권한을 가진 기관으로서 이 조약의 서명, 비준, 수락, 승인 또는 이 조약에 가입을 위하여 정당하게 권한을 부여한 기관을 말한다. 이 조약에서의 「체약국」 또는 「체약국들」이라는 용어는 제1조 제2항, 제3조 제1항 (b), 제5조 (b), 제23, 33, 46조 및 제57조 (b)를 제외하고는, 지역경제통합기구에도 동등하게 적용된다. 제24조의 적용에 있어서, 「과반수의 당사국」 및 「1/3의 당사국」이라는 문구는 지역경제통합기구에는 적용되지 아니한다.

3. 이 조약은 이 조약에 서명한 국가들 및 지역경제통합기구에 의하여 비준되어야만 한다.

4. 이 조약에 서명을 하지 않은 국가와 지역경제통합기구도 언제든지 본 조약에 대하여 수락, 승인 또는 가입할 수 있다.

5. 비준서, 수락서, 승인서 또는 가입의 서면은 수탁기관으로 지정된 국제민간항공기관에 기탁되어야 한다.

6. 이 조약은 수탁기관에 30번째의 비준서, 수락서, 승인서 또는 가입의 서면이 기탁된 날로부터 60일째가 되는 날에 기탁한 국가들 사이에 효력이 발생한다. 하나의 지역경제통합기구에 기탁된 관련문서는 본 항의 적용에 있어서는 합산되지 아니한다.

7. 기타 다른 국가들 및 지역경제통합기구에 있어서 이 조약은 비준서, 수락서, 승인서 또는 가입의 서면이 기탁된 날로부터 60일 후에 효력이 발생한다.

8. 수탁기관은 지체 없이 모든 서명국 및 체약국들에게 아래의 사항을 통고하여야 한다.
   (a) 이 조약의 각국의 서명 및 그 일자
   (b) 각국의 비준서, 수락서, 승인서 또는 가입의 서면의 기탁 및 그 일자
   (c) 이 조약의 발효일
   (d) 이 조약 아래에서 정해진 책임한도액에 관한 개정의 발효일
   (e) 제54조에 의한 폐기

Article 54 - Denunciation (제54조 - 폐기)

1. Any State Party may denounce this Convention by written notification to the Depositary.

2. Denunciation shall take effect one hundred and eighty days following the date on which notification is received by the Depositary.

(번역문)

1. 모든 체약국은 수탁기관에 대한 서면 통고에 의하여 본 조약을 폐기할 수 있다.

2. 폐기는 수탁기관이 폐기 통고를 수령한 날로부터 180일 후에 효력이 발생한다.

Article 55 - Relationship with other Warsaw Convention Instruments (제55조 - 기타 바르샤바조약 국제문서들과의 관계)

This Convention shall prevail over any rules which apply to international carriage by air:

1. between States Parties to this Convention by virtue of those States commonly being Party to

    (a) the Convention for the Unification of Certain Rules Relating to International Carriage by Air Signed at Warsaw on 12 October 1929 (hereinafter called the Warsaw Convention);

    (b) the Protocol to Amend the Convention for the Unification of Certain Rules Relating to International Carriage by Air Signed at Warsaw on 12 October 1929, Done at The Hague on 28 September 1955 (hereinafter called The Hague Protocol);

    (c) the Convention, Supplementary to the Warsaw Convention, for the Unification of Certain Rules Relating to International Carriage by Air Performed by a Person Other than the Contracting Carrier, signed at Guadalajara on 18 September 1961 (hereinafter called the Guadalajara Convention);

    (d) the Protocol to Amend the Convention for the Unification of Certain Rules Relating to International Carriage by Air Signed at Warsaw on 12 October 1929 as Amended by the Protocol Done at The Hague on 28 September 1955 Signed at Guatemala City on 8 March 1971 (hereinafter called the

Guatemala City Protocol);

(e) Additional Protocol Nos. 1 to 3 and Montreal Protocol No. 4 to amend the Warsaw Convention as amended by The Hague Protocol or the Warsaw Convention as amended by both The Hague Protocol and the Guatemala City Protocol Signed at Montreal on 25 September 1975 (hereinafter called the Montreal Protocols); or

2. within the territory of any single State Party to this Convention by virtue of that State being Party to one or more of the instruments referred to in sub-paragraphs (a) to (e) above.

(번역문)

이 조약은 국제항공운송에 적용되는 어떠한 규정보다도 우선한다.

1. 이 조약의 당사국간의 국제항공운송에 관하여 아래 제기하는 국제조약의 당사국이라는 것

(a) 1929. 10. 12. 바르샤바에서 서명된 국제항공운송에 관한 일부 규칙의 통일을 위한 조약(이하 '바르샤바조약'이라고 한다) 또는

(b) 1929. 10. 12. 바르샤바에서 서명된 국제항공운송에 관한 일부 규칙의 통일을 위한 조약을 개정하기 위하여 1955. 9. 28. 헤이그에서 체결된 의정서(이하 '헤이그 의정서'라고 한다) 또는

(c) 1961. 9. 18. 과다라하라에서 서명된 계약운송인 이외의 자에 의하여 실행되는 국제항공운송에 관한 규칙의 통일을 위한 바르샤바조약을 보완하는 조약(이하 '과다라하라 조약'이라고 한다) 또는

(d) 1955. 9. 28. 헤이그에서 체결된 의정서에 의하여 개정된 1929. 10. 12. 바르샤바에서 서명된 국제항공운송에 관한 일부 규칙의 통일을 위한 조약을 개정하기 위하여 1971. 3. 8. 과테말라시에서 체결된 의정서(이하 '과테말라시 의정서'라고 한다) 또는

(e) 헤이그 의정서 및 과테말라시 의정서에 의하여 개정된 바르샤바조약을 개정하기 위하여 1975. 9. 25. 몬트리올에서 서명된 제1 내지 제3 추가의정서 및 몬트리올 제4 의정서(이하 '몬트리올 의정서들'이라고 한다)

2. 이 조약의 어느 단일 당사국의 영역 내에 있으며 전항 (a)에서 (e)까지의 국제 조약들의 하나 또는 둘 이상의 당사국인 나라이다.

Article 56 - States with more than one System of Law
(제56조 - 둘 이상의 법 체계를 가진 나라들)

1. If a State has two or more territorial units in which different systems of law are applicable in relation to matters dealt with in this Convention, it may at the time of signature, ratification, acceptance, approval or accession declare that this Convention shall extend to all its territorial units or only to one or more of them and may modify this declaration by submitting another declaration at any time.

2. Any such declaration shall be notified to the Depositary and shall state expressly the territorial units to which the Convention applies.

3. In relation to a State Party which has made such a declaration:

   (a) references in Article 23 to "national currency" shall be construed as referring to the currency of the relevant territorial unit of that State; and

   (b) the reference in Article 28 to "national law" shall be construed as referring to the law of the relevant territorial unit of that State.

(번역문)

1. 이 조약이 대상으로 하는 사항에 관하여 각각 상이한 법체계가 적용되는 2 이상의 지역을 그의 영역 내에 가지고 있는 국가는 서명, 비준, 수락, 승인 또는 가입을 할 때에 이 조약을 자국의 영역 내에 있는 모든 지역에 적용할 것인가 또는 하나, 둘 이상의 지역에만 적용할 것인가를 선언할 수 있고 또한 별도의 선언에 의하여 언제라도 이 선언을 수정할 수가 있다.

2. 전기의 선언은 수탁기관에 통고되어야 하고 또한 이 조약이 적용되는 영역단위가 명시되어야 한다.

3. 이와 같은 선언을 하는 체약국에 관하여,

   (a) 제23조에서 규정되고 있는 「체약국의 통화」라 함은 해당 체약국 내에 관계되고 있는 영역단위의 통화를 의미하는 것으로 해석되고, 그리고

   (b) 제28조의 「국내법」의 뜻은 그 나라의 관련영역단위의 법을 의미하는 것으로 해석된다.

Article 57 – Reservations (제57조 – 유보)

No reservation may be made to this Convention except that a State Party may at any time declare by a notification addressed to the Depositary that this Convention shall not apply to:

> (a) international carriage by air performed and operated directly by that State Party for noncommercial purposes in respect to its functions and duties as a sovereign State; and/or
>
> (b) the carriage of persons, cargo and baggage for its military authorities on aircraft registered in or leased by that State Party, the whole capacity of which has been reserved by or on behalf of such authorities.

(번역문)

이 조약은 어떠한 유보도 인정하지 않는다. 더욱이 체약국은 아래의 사항에 대하여 본 조약이 적용되지 않음을 수탁기관 앞으로의 통고에 의하여 언제든지 선언할 수 있다.

> (a) 주권국가로서의 기능과 임무에 관련하여 비영리 목적을 위하여 해당 체약국에 의하여 직접 이행 및 운영되는 국제항공운송
>
> (b) 해당 국가에 등록되거나 해당 국가에 의하여 임차된 항공기로서 그 모든 적재 능력을 해당 국가의 군(軍) 당국에 대하여 또는 군 당국을 위하여 보유되고 있는 것에 의한 군 당국을 위한 인원, 화물 및 수화물의 운송

IN WITNESS WHEREOF the undersigned Plenipotentiaries, having been duly authorized, have signed this Convention.

DONE at Montreal on the 28th day of May of the year one thousand nine hundred and ninety nine in the English, Arabic, Chinese, French, Russian and Spanish languages, all texts being equally authentic. This Convention shall remain deposited in the archives of the International Civil Aviation Organization, and certified copies thereof shall be transmitted by the Depositary to all States Parties to this Convention, as well as to all States Parties to the Warsaw Convention, The Hague Protocol, the Guadalajara Convention, the Guatemala City Protocol, and the Montreal Protocols.

(번역문)

이상의 증거로써, 아래의 전권위원들은 정당하게 위임받아 이 조약에 서명한다.

1999년 5월 28일 몬트리올에서 영어, 아랍어, 중국어, 프랑스어, 러시아어 및 스페인어로 된 6개의 동등한 효력이 있는 정본으로 작성되었다. 이 조약은 국제민간항공기관의 문서보관소에 기탁되며, 이 조약의 인증등본은 수탁기관에 의하여 본 조약의 모든 당사국들과 바르샤바조약, 헤이그의정서, 과달라하라조약, 과테말라시의정서, 몬트리올 여러 의정서들의 모든 당사국들에게 송부된다.

〈부 록 3〉

2011년의 개정상법(제6편 항공운송)

(2011년 5월 23일 법률 제10696호)

[이법 시행 2011년 11월 24일]

⊙법률 제10696호 상법 일부개정법률

상법 일부를 다음과 같이 개정한다.

제6편[제1장(제896조부터 제898조까지), 제2장(제899조부터 제929조까지) 및 제3장 (제930조부터 제935조까지)]을 다음과 같이 신설한다.

제6편 항공운송

제1장 통칙

제896조(항공기의 의의) 이 법에서 "항공기"란 상행위나 그 밖의 영리를 목적으로 운 항에 사용하는 항공기를 말한다. 다만, 대통령령으로 정하는 초경량 비행장치(초경량 비행장치)는 제외한다.

제897조(적용범위) 운항용 항공기에 대하여는 상행위나 그 밖의 영리를 목적으로 하 지 아니하더라도 이 편의 규정을 준용한다. 다만, 국유(國有) 또는 공유(公有) 항공기 에 대하여는 운항의 목적·성질 등을 고려하여 이 편의 규정을 준용하는 것이 적합하

지 아니한 경우로서 대통령령으로 정하는 경우에는 그러하지 아니하다.

제898조(운송인 등의 책임감면) 제905조제1항을 포함하여 이편에서 정한 운송인이나 항공기 운항자의 손해배상책임과 관련하여 운송인이나 항공기 운항자가 손해배상청구 권자의 과실 또는 그 밖의 불법한 작위나 부작위가 손해를 생시켰거나 손해에 기여하 였다는 것을 증명한 경우에는, 그 과실 또는 그 밖의 불법한 작위나 부작위가 손해를 발생시켰거나 손해에 기여한 정도에 따라 운송인이나 항공기 운항자의 책임을 감경하 거나 면제할 수 있다.

제2장 운송

제1절 통칙

제899조(비계약적 청구에 대한 적용 등) ① 이 장의 운송인의 책임에 관한 규정은 운 송인의 불법행위로 인한 손해배상의 책임에도 적용한다.

② 여객, 수하물 또는 운송물에 관한 손해배상청구가 운송인의 사용인이나 대리인에 대하여 제기된 경우에 그 손해가 그 사용인이나 대리인의 직무집행에 관하여 생겼을 때에는 그 사용인이나 대리인은 운송인이 주장할 수 있는 항변과 책임제한을 원용할 수 있다.

③ 제2항에도 불구하고 여객 또는 수하물의 손해가 운송인의 사용인이나 대리인의 고 의로 인하여 발생하였거나 또는 여객의 사망·상해·연착(수하물의 경우 멸실·훼손·연 착)이 생길 염려가 있음을 인식하면서 무모하게 한 작위 또는 부작위로 인하여 발생하 였을 때에는 그 사용인이나 대리인은 운송인이 주장할 수 있는 항변과 책임제한을 원 용할 수 없다.

④ 제2항의 경우에 운송인과 그 사용인이나 대리인의 여객, 수하물 또는 운송물에 대 한 책임제한 금액의 총액은 각각 제905조·제907조·제910조 및 제915조에 따른 한 도를 초과하지 못한다.

제900조(실제운송인에 대한 청구) ① 운송계약을 체결한 운송인(이하 "계약운송인" 이라 한다)의 위임을 받아 운송의 전부 또는 일부를 수행한 운송인(이하 "실제운송인" 이라 한다)이 있을 경우 실제운송인이 수행한 운송에 관하여는 실제운송인에 대하여도

이 장의 운송인의 책임에 관한 규정을 적용한다. 다만, 제901조의 순차운송에 해당하는 경우는 그러하지 아니하다.

② 실제운송인이 여객·수하물 또는 운송물에 대한 손해배상책임을 지는 경우 계약운송인과 실제운송인은 연대하여 그 책임을 진다.

③ 제1항의 경우 제899조제2항부터 제4항까지를 준용한다. 이 경우 제899조제2항·제3항 중 "운송인"은 "실제운송인"으로, 같은 조 제4항 중 "운송인"은 "계약운송인과 실제운송인"으로 본다.

④ 이 장에서 정한 운송인의 책임과 의무 외에 운송인이 책임과 의무를 부담하기로 하는 특약 또는 이 장에서 정한 운송인의 권리나 항변의 포기는 실제운송인이 동의하지 아니하는 한 실제운송인에게 영향을 미치지 아니한다.

제901조(순차운송) ① 둘 이상이 순차(順次)로 운송할 경우에는 각 운송인의 운송구간에 관하여 그 운송인도 운송계약의 당사자로 본다.

② 순차운송에서 여객의 사망, 상해 또는 연착으로 인한 손해배상은 그 사실이 발생한 구간의 운송인에게만 청구할 수 있다. 다만, 최초 운송인이 명시적으로 전 구간에 대한 책임을 인수하기로 약정한 경우에는 최초 운송인과 그 사실이 발생한 구간의 운송인이 연대하여 그 손해를 배상할 책임이 있다.

③ 순차운송에서 수하물의 멸실, 훼손 또는 연착으로 인한 손해배상은 최초 운송인, 최종 운송인 및 그 사실이 발생한 구간의 운송인에게 각각 청구할 수 있다.

④ 순차운송에서 운송물의 멸실, 훼손 또는 연착으로 인한 손해배상은 송하인이 최초 운송인 및 그 사실이 발생한 구간의 운송인에게 각각 청구할 수 있다. 다만, 제918조제1항에 따라 수하인이 운송물의 인도를 청구할 권리를 가지는 경우에는 수하인이 최종 운송인 및 그 사실이 발생한 구간의 운송인에게 그 손해배상을 각각 청구할 수 있다.

⑤ 제3항과 제4항의 경우 각 운송인은 연대하여 그 손해를 배상할 책임이 있다.

⑥ 최초 운송인 또는 최종 운송인이 제2항부터 제5항까지의 규정에 따라 손해를 배상한 경우에는 여객의 사망, 상해 또는 연착이나 수하물·운송물의 멸실, 훼손 또는 연착이 발생한 구간의 운송인에 대하여 구상권을 가진다.

제902조(운송인 책임의 소멸) 운송인의 여객, 송하인 또는 수하인에 대한 책임은 그 청구원인에 관계없이 여객 또는 운송물이 도착지에 도착한 날, 항공기가 도착할 날 또

는 운송이 중지된 날 가운데 가장 늦게 도래한 날부터 2년 이내에 재판상 청구가 없으면 소멸한다.

제903조(계약조항의 무효) 이장의 규정에 반하여 운송인의 책임을 감면하거나 책임한도액을 낮게 정하는 특약은 효력이 없다.

제2절 여객운송

제904조(운송인의 책임) 운송인은 여객의 사망 또는 신체의 상해로 인한 손해에 관하여는 그 손해의 원인이 된 사고가 항공기상에서 또는 승강(乘降)을 위한 작업 중에 발생한 경우에만 책임을 진다.

제905조(운송인의 책임한도액) ① 제904조의 손해 중 여객 1명당 10만 계산단위의 금액까지는 운송인의 배상책임을 면제하거나 제한할 수 없다.
② 운송인은 제904조의 손해 중 여객 1명당 10만 계산단위의 금액을 초과하는 부분에 대하여는 다음 각 호의 어느 하나를 증명하면 배상책임을 지지 아니 한다.
1. 그 손해가 운송인 또는 그 사용인이나 대리인의 과실 또는 그 밖의 불법한 작위나 부작위에 의하여 발생하지 아니하였다는 것
2. 그 손해가 오로지 제3자의 과실 또는 그 밖의 불법한 작위나 부작위에 의하여만 발생하였다는 것

제906조(선급금의 지급) ① 여객의 사망 또는 신체의 상해가 발생한 항공기사고의 경우에 운송인은 손해배상청구권자가 청구하면 지체 없이 선급금(先給金)을 지급하여야 한다. 이 경우 선급금의 지급만으로 운송인의 책임이 있는 것으로 보지 아니한다.
② 지급한 선급금은 운송인이 손해배상으로 지급하여야 할 금액에 충당할 수 있다.
③ 선급금의 지급액, 지급 절차 및 방법 등에 관하여는 대통령령으로 정한다.

제907조(연착에 대한 책임) ① 운송인은 여객의 연착으로 인한 손해에 대하여 책임을 진다. 다만, 운송인이 자신과 그 사용인 및 대리인이 손해를 방지하기 위하여 합리적으로 요구되는 모든 조치를 하였다는 것 또는 그 조치를 하는 것이 불가능하였다는 것

을 증명한 경우에는 그 책임을 면한다.

② 제1항에 따른 운송인의 책임은 여객 1명당 4천150 계산단위의 금액을 한도로 한다. 다만, 여객과의 운송계약상 그 출발지, 도착지 및 중간 착륙지가 대한 민국 영토 내에 있는 운송의 경우에는 여객 1명당 500 계산단위의 금액을 한도로 한다.

③ 제2항은 운송인 또는 그 사용인이나 대리인의 고의로 또는 연착이 생길 염려가 있음을 인식하면서 무모하게 한 작위 또는 부작위에 의하여 손해가 발생한 것이 증명된 경우에는 적용하지 아니한다.

제908조(수하물의 멸실·훼손에 대한 책임) ① 운송인은 위탁수하물의 멸실 또는 훼손으로 인한 손해에 대하여는 그 손해의 원인이 된 사실이 항공기상에서 또는 위탁수하물이 운송인의 관리 하에 있는 기간 중에 발생한 경우에만 책임을 진다. 다만, 그 손해가 위탁수하물의 고유한 결함, 특수한 성질 또는 숨은 하자로 인하여 발생한 경우에는 그 범위에서 책임을 지지 아니한다.

② 운송인은 휴대수하물의 멸실 또는 훼손으로 인한 손해에 대하여는 그 손해가 자신 또는 그 사용인이나 대리인의 고의 또는 과실에 의하여 발생한 경우에만 책임을 진다.

제909조(수하물의 연착에 대한 책임) 운송인은 수하물의 연착으로 인한 손해에 대하여 책임을 진다. 다만, 운송인이 자신과 그 사용인 및 대리인이 손해를 방지하기 위하여 합리적으로 요구되는 모든 조치를 하였다는 것 또는 그 조치를 하는 것이 불가능하였다는 것을 증명한 경우에는 그 책임을 면한다.

제910조(수하물에 대한 책임한도액) ① 제908조와 제909조에 따른 운송인의 손해배상책임은 여객 1명당 1천 계산단위의 금액을 한도로 한다. 다만, 여객이 운송인에게 위탁수하물을 인도할 때에 도착지에서 인도받을 때의 예정가액을 미리 신고한 경우에는 운송인은 신고 가액이 위탁수하물을 도착지에서 인도할 때의 실제가액을 초과한다는 것을 증명하지 아니하는 한 신고 가액을 한도로 책임을 진다.

② 제1항은 운송인 또는 그 사용인이나 대리인의 고의로 또는 수하물의 멸실, 훼손 또는 연착이 생길 염려가 있음을 인식하면서 무모하게 한 작위 또는 부작위에 의하여 손해가 발생한 것이 증명된 경우에는 적용하지 아니한다.

제911조(위탁수하물의 일부 멸실·훼손 등에 관한 통지) ① 여객이 위탁수하물의 일부 멸실 또는 훼손을 발견하였을 때에는 위탁수하물을 수령한 후 지체 없이 그 개요에 관하여 운송인에게 서면 또는 전자문서로 통지를 발송하여야 한다. 다만, 그 멸실 또는 훼손이 즉시 발견할 수 없는 것일 경우에는 위탁수하물을 수령한 날부터 7일 이내에 그 통지를 발송하여야 한다.

② 위탁수하물이 연착된 경우 여객은 위탁수하물을 처분할 수 있는 날부터 21일 이내에 이의를 제기하여야 한다.

③ 위탁수하물이 일부 멸실, 훼손 또는 연착된 경우에는 제916조제3항부터 제6항까지를 준용한다.

제912조(휴대수하물의 무임운송의무) 운송인은 휴대수하물에 대하여는 다른 약정이 없으면 별도로 운임을 청구하지 못한다.

제3절 물건운송

제913조(운송물의 멸실·훼손에 대한 책임) ① 운송인은 운송물의 멸실 또는 훼손으로 인한 손해에 대하여 그 손해가 항공운송 중(운송인이 운송물을 관리하고 있는 기간을 포함한다. 이하 이 조에서 같다)에 발생한 경우에만 책임을 진다. 다만, 운송인이 운송물의 멸실 또는 훼손이 다음 각 호의 사유로 인하여 발생하였음을 증명하였을 경우에는 그 책임을 면한다.

1. 운송물의 고유한 결함, 특수한 성질 또는 숨은 하자
2. 운송인 또는 그 사용인이나 대리인 외의 자가 수행한 운송물의 부적절한 포장 또는 불완전한 기호 표시
3. 전쟁, 폭동, 내란 또는 무력충돌
4. 운송물의 출입국, 검역 또는 통관과 관련된 공공기관의 행위
5. 불가항력

② 제1항에 따른 항공운송 중에는 공항 외부에서 한 육상, 해상 운송 또는 내륙수로운송은 포함되지 아니한다. 다만, 그러한 운송이 운송계약을 이행하면서 운송물의 적재(積載), 인도 또는 환적(換積)할 목적으로 이루어졌을 경우에는 항공운송 중인 것으로 추정한다.

③ 운송인이 송하인과의 합의에 따라 항공운송하기로 예정된 운송의 전부 또는 일부를 송하인의 동의 없이 다른 운송수단에 의한 운송으로 대체하였을 경우에는 그 다른 운송수단에 의한 운송은 항공운송으로 본다.

제914조(운송물 연착에 대한 책임) 운송인은 운송물의 연착으로 인한 손해에 대하여 책임을 진다. 다만, 운송인이 자신과 그 사용인 및 대리인이 손해를 방지하기 위하여 합리적으로 요구되는 모든 조치를 하였다는 것 또는 그 조치를 하는 것이 불가능하였다는 것을 증명한 경우에는 그 책임을 면한다.

제915조(운송물에 대한 책임한도액) ① 제913조와 제914조에 따른 운송인의 손해배상책임은 손해가 발생한 해당 운송물의 1킬로 그램당 17 계산단위의 금액을 한도로 하되, 송하인과의 운송계약상 그 출발지, 도착지 및 중간 착륙지가 대한민국 영토 내에 있는 운송의 경우에는 손해가 발생한 해당 운송물의 1킬로 그램당 15 계산단위의 금액을 한도로 한다. 다만, 송하인이 운송물을 운송인에게 인도할 때에 도착지에서 인도받을 때의 예정가액을 미리 신고한 경우에는 운송인은 신고 가액이 도착지에서 인도할 때의 실제가액을 초과한다는것을 증명하지 아니하는 한 신고 가액을 한도로 책임을 진다.

② 제1항의 항공운송인의 책임한도를 결정할 때 고려하여야 할 중량은 해당 손해가 발생된 운송물의 중량을 말한다. 다만, 운송물의 일부 또는 운송물에 포함된 물건의 멸실, 훼손 또는 연착이 동일한 항공화물운송장(제924조에 따라 항공화물운송장의 교부에 대체되는 경우를 포함한다) 또는 화물수령증에 적힌 다른 운송물의 가치에 영향을 미칠 때에는 운송인의 책임한도를 결정할 때 그 다른 운송물의 중량도 고려하여야 한다.

제916조(운송물의 일부 멸실·훼손 등에 관한 통지) ① 수하인은 운송물의 일부 멸실 또는 훼손을 발견하면 운송물을 수령한 후 지체 없이 그 개요에 관하여 운송인에게 서면 또는 전자문서로 통지를 발송하여야 한다. 다만, 그 멸실 또는 훼손이 즉시 발견할 수 없는 것일 경우에는 수령일 부터 14일 이내에 그 통지를 발송하여야 한다.

② 운송물이 연착된 경우 수하인은 운송물을 처분할 수 있는 날부터 21일 이내에 이의를 제기하여야 한다.

③ 제1항의 통지가 없는 경우에는 운송물이 멸실 또는 훼손 없이 수하인에게 인도된 것으로 추정한다.

④ 운송물에 멸실 또는 훼손이 발생하였거나 그런 것으로 의심되는 경우에는 운송인과 수하인은 서로 운송물의 검사를 위하여 필요한 편의를 제공하여야 한다.

⑤ 제1항과 제2항의 기간 내에 통지나 이의제기가 없을 경우에는 수하인은 운송인에 대하여 제소할 수 없다. 다만, 운송인 또는 그 사용인이나 대리인이 악의인 경우에는 그러하지 아니하다.

⑥ 제1항부터 제5항까지의 규정에 반하여 수하인에게 불리한 당사자 사이의 특약은 효력이 없다.

제917조(운송물의 처분청구권) ① 송하인은 운송인에게 운송의 중지, 운송물의 반환, 그 밖의 처분을 청구(이하 이 조에서 "처분청구권"이라 한다)할 수 있다. 이 경우에 운송인은 운송계약에서 정한 바에 따라 운임, 체당금과 처분으로 인한 비용의 지급을 청구할 수 있다.

② 송하인은 운송인 또는 다른 송하인의 권리를 침해하는 방법으로 처분청구권을 행사하여서는 아니 되며, 운송인이 송하인의 청구에 따르지 못할 경우에는 지체 없이 그 뜻을 송하인에게 통지하여야 한다.

③ 운송인이 송하인에게 교부한 항공화물운송장 또는 화물수령증을 확인하지 아니하고 송하인의 처분청구에 따른 경우, 운송인은 그로 인하여 항공화물운송장 또는 화물수령증의 소지인이 입은 손해를 배상할 책임을 진다.

④ 제918조제1항에 따라 수하인이 운송물의 인도를 청구할 권리를 취득하였을 때에는 송하인의 처분청구권은 소멸한다. 다만, 수하인이 운송물의 수령을 거부하거나 수하인을 알 수 없을 경우에는 그러하지 아니하다.

제918조(운송물의 인도) ① 운송물이 도착지에 도착한 때에는 수하인은 운송인에게 운송물의 인도를 청구할 수 있다. 다만, 송하인이 제917조제1항에 따라 처분청구권을 행사한 경우에는 그러하지 아니하다.

② 운송물이 도착지에 도착하면 다른 약정이 없는 한 운송인은 지체 없이 수하인에게 통지하여야 한다.

제919조(운송인의 채권의 시효) 운송인의 송하인 또는 수하인에 대한 채권은 2년간 행사하지 아니하면 소멸시효가 완성한다.

제920조(준용규정) 항공화물 운송에 관하여는 제120조, 제134조, 제141조부터 제143조까지, 제792조, 제793조, 제801조, 제802조, 제811조 및 제812조를 준용한다. 이 경우 "선적항"은 "출발지 공항"으로, "선장"은 "운송인"으로, "양륙항"은 "도착지 공항"으로 본다.

제4절 운송증서

제921조(여객항공권) ① 운송인이 여객운송을 인수하면 여객에게 다음 각 호의 사항을 적은 개인용 또는 단체용 여객항공권을 교부하여야 한다.

1. 여객의 성명 또는 단체의 명칭

2. 출발지와 도착지

3. 출발일시

4. 운항할 항공편

5. 발행지와 발행연월일

6. 운송인의 성명 또는 상호

② 운송인은 제1항 각 호의 정보를 전산정보처리조직에 의하여 전자적 형태로 저장하거나 그 밖의 다른 방식으로 보존함으로써 제1항의 여객항공권 교부를 갈음할 수 있다. 이 경우 운송인은 여객이 청구하면 제1항 각 호의 정보를 적은 서면을 교부하여야 한다.

제922조(수하물표) 운송인은 여객에게 개개의 위탁수하물마다 수하물표를 교부하여야 한다.

제923조(항공화물운송장의 발행) ① 송하인은 운송인의 청구를 받아 다음 각 호의 사항을 적은 항공화물운송장 3부를 작성하여 운송인에게 교부하여야 한다.

1. 송하인의 성명 또는 상호

2. 수하인의 성명 또는 상호

3. 출발지와 도착지

4. 운송물의 종류, 중량, 포장의 종별·개수와 기호

5. 출발일시

6. 운송할 항공편

7. 발행지와 발행연월일

8. 운송인의 성명 또는 상호

② 운송인이 송하인의 청구에 따라 항공화물운송장을 작성한 경우에는 송하인을 대신하여 작성한 것으로 추정한다.

③ 제1항의 항공화물운송장 중 제1원본에는 "운송인용"이라고 적고 송하인이 기명날인 또는 서명하여야 하고, 제2원본에는 "수하인용"이라고 적고 송하인과 운송인이 기명날인 또는 서명하여야 하며, 제3원본에는 "송하인용"이라고 적고 운송인이 기명날인 또는 서명하여야 한다.

④ 제3항의 서명은 인쇄 또는 그 밖의 다른 적절한 방법으로 할 수 있다.

⑤ 운송인은 송하인으로부터 운송물을 수령한 후 송하인에게 항공화물운송장 제3원본을 교부하여야 한다.

제924조(항공화물운송장의 대체) ① 운송인은 제923조제1항 각 호의 정보를 전산정보처리조직에 의하여 전자적 형태로 저장하거나 그 밖의 다른 방식으로 보존함으로써 항공화물운송장의 교부에 대체할 수 있다.

② 제1항의 경우 운송인은 송하인의 청구에 따라 송하인에게 제923조제1항 각호의 정보를 적은 화물수령증을 교부하여야 한다.

제925조(복수의 운송물) ① 2개 이상의 운송물이 있는 경우에는 운송인은 송하인에 대하여 각 운송물마다 항공화물운송장의 교부를 청구할 수 있다.

② 항공화물운송장의 교부가 제924조제1항에 따른 저장·보존으로 대체되는 경우에는 송하인은 운송인에게 각 운송물마다 화물수령증의 교부를 청구할 수 있다.

제926조(운송물의 성질에 관한 서류) ① 송하인은 세관, 경찰 등 행정기관이나 그 밖의 공공기관의 절차를 이행하기 위하여 필요한 경우 운송인의 요청을 받아 운송물의 성질을 명시한 서류를 운송인에게 교부하여야 한다.

② 운송인은 제1항과 관련하여 어떠한 의무나 책임을 부담하지 아니한다.

제927조(항공운송증서에 관한 규정 위반의 효과) 운송인 또는 송하인이 제921조부터

제926조까지를 위반하는 경우에도 운송계약의 효력 및 이 법의 다른 규정의 적용에 영향을 미치지 아니한다.

제928조(항공운송증서 등의 기재사항에 관한 책임) ① 송하인은 항공화물운송장에 적었거나 운송인에게 통지한 운송물의 명세 또는 운송물에 관한 진술이 정확하고 충분함을 운송인에게 담보한 것으로 본다.

② 송하인은 제1항의 운송물의 명세 또는 운송물에 관한 진술이 정확하지 아니 하거나 불충분하여 운송인이 손해를 입은 경우에는 운송인에게 배상할 책임 이 있다.

③ 운송인은 제924조제1항에 따라 저장·보존되는 운송에 관한 기록이나 화물수 령증에 적은 운송물의 명세 또는 운송물에 관한 진술이 정확하지 아니하거나 불충분하여 송하인이 손해를 입은 경우 송하인에게 배상할 책임이 있다. 다만, 제1항에 따라 송하인이 그 정확하고 충분함을 담보한 것으로 보는 경우 에는 그러하지 아니하다.

제929조(항공운송증서 기재의 효력) ① 항공화물운송장 또는 화물수령증이 교부된 경우 그 운송증서에 적힌 대로 운송계약이 체결된 것으로 추정한다.

② 운송인은 항공화물운송장 또는 화물수령증에 적힌 운송물의 중량, 크기, 포장의 종별·개수·기호 및 외관상태대로 운송물을 수령한 것으로 추정한다.

③ 운송물의 종류, 외관상태 외의 상태, 포장 내부의 수량 및 부피에 관한 항공 화물운송장 또는 화물수령증의 기재 내용은 송하인이 참여한 가운데 운송인이 그 기재 내용의 정확함을 확인하고 그 사실을 항공화물운송장이나 화물수령증에 적은 경우에만 그 기재 내용대로 운송물을 수령한 것으로 추정한다.

제3장 지상 제3자의 손해에 대한 책임

제930조(항공기 운항자의 배상책임) ① 항공기 운항자는 비행 중인 항공기 또는 항공기로부터 떨어진 사람이나 물건으로 인하여 사망하거나 상해 또는 재산상 손해를 입은 지상(지하, 수면 또는 수중을 포함한다)의 제3자에 대하여 손해 배상책임을 진다.

② 이편에서 "항공기 운항자"란 사고 발생 당시 항공기를 사용하는 자를 말한다. 다만, 항공기의 운항을 지배하는 자(이하 "운항지배자"라 한다)가 타인에게 항공기를 사용하게 한 경우에는 운항지배자를 항공기 운항자로 본다.

③ 이편을 적용할 때에 항공기등록원부에 기재된 항공기 소유자는 항공기 운항자로 추정한다.

④ 제1항에서 "비행 중"이란 이륙을 목적으로 항공기에 동력이 켜지는 때부터 착륙이 끝나는 때까지를 말한다.

⑤ 2대 이상의 항공기가 관여하여 제1항의 사고가 발생한 경우 각 항공기 운항자는 연대하여 제1항의 책임을 진다.

⑥ 운항지배자의 승낙 없이 항공기가 사용된 경우 운항지배자는 이를 막기 위하여 상당한 주의를 하였음을 증명하지 못하는 한 승낙 없이 항공기를 사용한 자와 연대하여 제932조에서 정한 한도 내의 책임을 진다.

제931조(면책사유) 항공기 운항자는 제930조제1항에 따른 사망, 상해 또는 재산상 손해의 발생이 다음 각 호의 어느 하나에 해당함을 증명하면 책임을 지지 아니한다.

1. 전쟁, 폭동, 내란 또는 무력충돌의 직접적인 결과로 발생하였다는 것

2. 항공기 운항자가 공권력에 의하여 항공기 사용권을 박탈당한 중에 발생하였다는 것

3. 오로지 피해자 또는 피해자의 사용인이나 대리인의 과실 또는 그 밖의 불법한 작위나 부작위에 의하여서만 발생하였다는 것

4. 불가항력

제932조(항공기 운항자의 유한책임) ① 항공기 운항자의 제930조에 따른 책임은 하나의 항공기가 관련된 하나의 사고에 대하여 항공기의 이륙을 위하여 법으로 허용된 최대중량(이하 이 조에서 "최대중량"이라 한다)에 따라 다음 각 호에서 정한 금액을 한도로 한다.

1. 최대중량이 2천 킬로그램 이하의 항공기의 경우 30만 계산단위의 금액

2. 최대중량이 2천 킬로그램을 초과하는 항공기의 경우 2천 킬로그램까지는 30만 계산단위, 2천 킬로그램 초과 6천 킬로그램까지는 매 킬로그램당 175계산단위, 6천 킬로그램 초과 3만 킬로그램까지는 매 킬로그램당 62.5계산단위, 3만 킬로그램을 초과하는 부분에는 매 킬로 그램당 65계산단위를 각각 곱하여 얻은 금액을 순차로 더한 금액

② 하나의 항공기가 관련된 하나의 사고로 인하여 사망 또는 상해가 발생한 경우 항공기 운항자의 제930조에 따른 책임은 제1항의 금액의 범위에서 사망하거나 상해를

입은 사람 1명당 12만 5천 계산단위의 금액을 한도로 한다.

③ 하나의 항공기가 관련된 하나의 사고로 인하여 여러 사람에게 생긴 손해의 합계가 제1항의 한도액을 초과하는 경우, 각각의 손해는 제1항의 한도액에 대한 비율에 따라 배상한다.

④ 하나의 항공기가 관련된 하나의 사고로 인하여 사망, 상해 또는 재산상의 손해가 발생한 경우 제1항에서 정한 금액의 한도에서 사망 또는 상해로 인한 손해를 먼저 배상하고, 남는 금액이 있으면 재산상의 손해를 배상한다.

제933조(유한책임의 배제) ① 항공기 운항자 또는 그 사용인이나 대리인이 손해를 발생시킬 의도로 제930조제1항의 사고를 발생시킨 경우에는 제932조를 적용하지 아니한다. 이 경우 항공기 운항자의 사용인이나 대리인의 행위로 인하여 사고가 발생한 경우에는 그가 권한 범위에서 행위하고 있었다는 사실이 증명되어야 한다.

② 항공기를 사용할 권한을 가진 자의 동의 없이 불법으로 항공기를 탈취(奪取)하여 사용하는 중 제930조제1항의 사고를 발생시킨 자에 대하여는 제932조를 적용하지 아니한다.

제934조(항공기 운항자의 책임의 소멸) 항공기 운항자의 제930조의 책임은 사고가 발생한 날부터 3년 이내에 재판상 청구가 없으면 소멸한다.

제935조(책임제한의 절차) ① 이장의 규정에 따라 책임을 제한하려는 자는 채권자 로부터 책임한도액을 초과하는 청구금액을 명시한 서면에 의한 청구를 받은 날부터 1년 이내에 법원에 책임제한 절차 개시의 신청을 하여야 한다.

② 책임제한 절차 개시의 신청, 책임제한 기금의 형성·공고·참가·배당, 그 밖 에 필요한 사항에 관하여는 성질에 반하지 아니하는 범위에서 「선박소유자 등의 책임제한 절차에 관한 법률」의 예를 따른다.

부 칙
이 법은 공포 후 6개월이 경과한 날부터 시행한다.

〈부록 4〉

2010년의 독일개정항공운송법 중 항공책임부분만
발췌하여 독문과 대조한 번역문

독일개정항공운송법(Luftverkehrsgesetz: LuftVG:)

Zweiter Abschnitt Haftpflicht 제2장 책임

1. Unterabschnitt Haftung für Personen und Sachen, die nicht im Luftfahrzeug befordert werden

제1절 항공기에 의하여 운송되지 않는 사람과 물건에 대한 책임 (항공기운항자의 지상 제3자에 대한 책임)

LuftVG § 33

(1) Wird beim Betrieb eines Luftfahrzeugs durch Unfall jemand getötet, sein Körper oder seine Gesundheit verletzt oder eine Sache beschädigt, so ist der Halter des Luftfahrzeugs verpflichtet, den Schaden zu ersetzen. Für die Haftung aus dem Beförderungsvertrag gegenüber einem Fluggast sowie für die Haftung des Halters militärischer Luftfahrzeuge gelten die besonderen Vorschriften der §§ 44 bis 54. Wer Personen zu Luftfahrern ausbildet, haftet diesen Personen gegenüber nur nach den allgemeinen gesetzlichen Vorschriften.

제33조(지상손해에 대한 항공기보유자의 책임)

(1) 항공기운항 중의 사고로 인하여 사람을 사망케 하거나, 신체상해를 입히거나 건강을 침해하거나 또는 물건에 손상을 가한 경우에 항공기보유자는 그 손해를 배상할

의무가 있다. 항공운송계약으로 인한 승객에 대한 책임과 군용항공기의 보유자에 대한 책임은 제44조부터 54조까지의 특별규정이 적용된다. 항공운송인원을 양성하는 자는 교육대상자들에 대하여 일반법규정에 따른 책임만을 부담한다.

(2) Benutzt jemand das Luftfahrzeug ohne Wissen und Willen des Halters, so ist er an Stelle des Halters zum Ersatz des Schadens verpflichtet. Daneben bleibt der Halter zum Ersatz des Schadens verpflichtet, wenn die Benutzung des Luftfahrzeugs durch sein Verschulden ermöglicht worden ist. Ist jedoch der Benutzer vom Halter für den Betrieb des Luftfahrzeugs angestellt oder ist ihm das Luftfahrzeug vom Halter überlassen worden, so ist der Halter zum Ersatz des Schadens verpflichtet; die Haftung des Benutzers nach den allgemeinen gesetzlichen Vorschriften bleibt unberührt.

항공기보유자의 인지 또는 동의 없이 항공기를 이용한 자는 항공기보유자를 대신하여 손해배상의 의무를 진다. 그러나 항공기의 무단사용이 보유자의 과실에 의한 것인 때에는 그 보유자는 무단사용자와 함께 손해배상의 책임을 진다. 무단사용자가 항공기의 운항을 위하여 보유자에 의하여 고용된 자이거나 또는 항공기가 보유자에 의하여 무단사용자에게 인도(引渡)된 경우에는 보유자가 손해배상의 책임을 진다. 그러나 이 경우에도 일반법규정에 의한 무단사용자의 책임에 대해서는 영향을 미치지 아니한다.

[평석]

이 조문은 표현에 차이는 있으나 제1항이 1952년 로마조약 제1조 1항에 해당하며, 지상손해에 대하여 항공기보유자의 무과실책임을 규정한 것으로 되어 있다. 제1항의 책임자를 「항공기보유자」로 번역하였으나 이것은 독어의 "Halter"를 이렇게 번역한 것이며, Rome Convention의 영문조문에는 "operator"로 되어 있으므로 후자의 경우에 일본에서는 운항자로 번역하고 있다.123)

LuftVG § 34

Hat bei der Entstehung des Schadens ein Verschulden des Verletzten mitgewirkt,

---

123) 손주찬, 「항공기에 의한 지상 제3자의 손해」, 대한국제법학회논총, 15권1호(1970년 5월), 303면 참조; ICAO Doc 7379-LC/134 Vol.II pp.249, 259, 237, 229; 제1항은 1955년의 프랑스민간항공법전 제36조1항에 해당하며 제2항은 이른바 불법사용자의 책임에 관한 규정으로서 1952년의 로마조약 제4조에 해당하는 것이다.

so gilt § 254 des Bürgerlichen Gesetzbuchs; bei Beschädigung einer Sache steht das Verschulden desjenigen, der die tatsächliche Gewalt darüber ausübt, dem Verschulden des Verletzten gleich.

제34조(피해자의 과실)

피해자의 과실이 손해의 발생에 영향을 미쳤을 때에는 독일민법 제254조가 적용된다. 물건의 손해의 경우에는 그 물건에 대하여 사실상의 지배력을 가진 자의 과실은 피해자의 과실과 같은 것으로 한다.

[평석]

이 규정은 피해자의 과실의 경우의 가해자의 책임의 감면을 인정하는 것이며, 1952년 로마조약 제6조, 1955년 프랑스민간항공법전 제36조 2항, 1942년 이태리항행법전 제966조에 각각 해당한다. 참고삼아 독일민법(B.G.B) 제254조를 보면 다음과 같다.

「손해의 발생에 피해자의 과실이 있는 때에는 배상의 의무와 범위는 그때의 사정, 특히 손해가 주로 어느 당사자에 의하여 발생하였는가를 참작하여 이를 정한다.

채무자가 알지 못하고 또 알 수 없는 특수한 손해의 위험에 있어서 피해자가 과실로 인하여 채무자에게 주의를 주지 아니하거나 또는 손해를 방지하지 아니하고 또는 이를 경감하지 아니한 때에도 같다. 이 경우에는 제278조의 규정을 준용한다.」

LuftVG § 35

(1) Bei Tötung umfaßt der Schadensersatz die Kosten versuchter Heilung sowie den Vermögensnachteil, den der Getötete dadurch erlitten hat, daß während der Krankheit seine Erwerbsfähigkeit aufgehoben oder gemindert oder sein Fortkommen erschwert oder seine Bedürfnisse vermehrt waren. Außerdem sind die Kosten der Bestattung dem zu ersetzen, der sie zu tragen verpflichtet ist.

제35조(사망의 경우의 손해배상의 범위)

(1) 사람이 사망한 경우의 손해배상은 치료비용과 질병기간 중의 생계능력의 상실, 저하 또는 소득의 감소, 지출의 증가로 인하여 사망자가 입은 재산상의 손해를 포함한다. 이 밖에 장례비는 장제를 이행 할 의무가 있는 자에게 배상하여야 한다.

(2) Stand der Getötete zur Zeit des Unfalls zu einem Dritten in einem Verhältnis, vermöge dessen er diesem gegenüber kraft Gesetzes unterhaltspflichtig war oder werden konnte, und ist dem Dritten infolge der Tötung das Recht auf

Unterhalt entzogen, so hat der Ersatzpflichtige ihm so weit Schadensersatz zu leisten, wie der Getötete während der mutmaßlichen Dauer seines Lebens zur Gewährung des Unterhalts verpflichtet gewesen sein würde. Die Ersatzpflicht tritt auch dann ein, wenn der Dritte zur Zeit des Unfalls erzeugt, aber noch nicht geboren war.

(2) (사망자가 제3자에 대하여 부양의무를 가졌던 경우의 배상액의 범위)사망자가 사고당시 제3자에 대하여 법률상 부양의무를 가졌거나 또는 가질 수 있었던 경우에, 그 사망으로 인해 결과적으로 제3자의 부양권이 박탈되었을 때에는, 배상의무자(Ersatzpflichtige)는 사망자가 그의 생존추정기간동안 부담하였을 부양의무에 상응하는 손해배상을 하여야 한다. 이러한 손해배상의무는 제3자가 사고당시 출생하지 않은 태아인 경우에도 발생한다.

[평석]

본조와 같은 피해자사망의 경우의 손해배상의 범위에 관하여 구체적으로 규정한 조문이며 그 예로는 로마조약이나 프랑스민간항공법에도 찾아 볼 수가 없다.

LuftVG § 36

Bei Verletzung des Körpers oder der Gesundheit umfaßt der Schadensersatz die Heilungskosten sowie den Vermögensnachteil, den der Verletzte dadurch erleidet, daß infolge der Verletzung zeitweise oder dauernd seine Erwerbsfähigkeit aufgehoben oder gemindert oder sein Fortkommen erschwert ist oder seine Bedürfnisse vermehrt sind.

Wegen des Shadens, der nicht Vermogensschaden ist, kann auch eine billige Entschadigung in Geld gefordert werden.

제36조(상해의 경우의 배상범위)

신체의 또는 건강을 해한 경우의 손해배상은 치료비 및 부상자가 상해의 결과 일시적 또는 계속적으로 그 생계능력의 상실 또는 저하 또는 소득의 감소 또는 지출의 증가로 인하여 입게 되는 재산상의 손해를 포함한다. 재산상의 손해가 아닐지라도 적정한 금전배상을 할 수 있다.

LuftVG § 37

(1) Der Ersatzpflichtige haftet für die Schäden aus einem Unfall

a) bei Luftfahrzeugen unter 500 Kilogramm Höchstabflugmasse nur bis zu einem Kapitalbetrag von 750.000 Rechnungseinheiten,

b) bei Luftfahrzeugen unter 1.000 Kilogramm Höchstabflugmasse nur bis zu einem Kapitalbetrag von 1,5 Millionen Rechnungseinheiten,

c) bei Luftfahrzeugen unter 2.700 Kilogramm Höchstabflugmasse nur bis zu einem Kapitalbetrag von 3 Millionen Rechnungseinheiten,

d) bei Luftfahrzeugen unter 6.000 Kilogramm Höchstabflugmasse nur bis zu einem Kapitalbetrag von 7 Millionen Rechnungseinheiten,

e) bei Luftfahrzeugen unter 12.000 Kilogramm Höchstabflugmasse nur bis zu einem Kapitalbetrag von 18 Millionen Rechnungseinheiten,

f) bei Luftfahrzeugen unter 25.000 Kilogramm Höchstabflugmasse nur bis zu einem Kapitalbetrag von 80 Millionen Rechnungseinheiten,

g) bei Luftfahrzeugen unter 50.000 Kilogramm Höchstabflugmasse nur bis zu einem Kapitalbetrag von 150 Millionen Rechnungseinheiten,

h) bei Luftfahrzeugen unter 200.000 Kilogramm Höchstabflugmasse nur bis zu einem Kapitalbetrag von 300 Millionen Rechnungseinheiten,

I) bei Luftfahrzeugen unter 500.000 Kilogramm Höchstabflugmasse nur bis zu einem Kapitalbetrag von 500 Millionen Rechnungseinheiten,

j) bei Luftfahrzeugen ab 500.000 Kilogramm Höchstabflugmasse nur bis zu einem Kapitalbetrag von 700 Millionen Rechnungseinheiten. Höchstabflugmasse ist das für den Abflug zugelassene Höchstgewicht des Luftfahrzeugs. Für die Umrechnung der Rechnungseinheit nach Satz 1 gilt § 49b entsprechend.

제37조(손해배상의 유한책임)

(1) 손해배상의무자는 사고로 발생한 손해에 대하여 다음의 책임을 진다.

a) bei Luftfahrzeugen unter 500 Kilogramm Höchstabflugmasse nur bis zu einem Kapitalbetrag von 750.000 Rechnungseinheiten,
최대이륙중량(最大離陸重量) 500킬로 그램의 항공기에서는 750.000 계산단위의 금액으로,

b) bei Luftfahrzeugen unter 1.000 Kilogramm Höchstabflugmasse nur bis zu einem Kapitalbetrag von 1,5 Millionen Rechnungseinheiten,
최대이륙중량1.000킬로그램 이하의 항공기에서는 150만 계산단위의 금액까지,

c) bei Luftfahrzeugen unter 2.700 Kilogramm Höchstabflugmasse nur bis zu einem Kapitalbetrag von 3 Millionen Rechnungseinheiten,

최대이륙중량2.700킬로그램 이하의 항공기에서는 3백만 계산단위의 금액까지,

d) bei Luftfahrzeugen unter 6.000 Kilogramm Höchstabflugmasse nur bis zu einem Kapitalbetrag von 7 Millionen Rechnungseinheiten,

최대이륙중량6.000킬로그램 이하의 항공기에서는 7백만 계산단위의 금액까지,

e) bei Luftfahrzeugen unter 12.000 Kilogramm Höchstabflugmasse nur bis zu einem Kapitalbetrag von 18 Millionen Rechnungseinheiten,

최대이륙중량12천 킬로그램 이하의 항공기에서는 18백만 계산단위의 금액까지,

f) bei Luftfahrzeugen unter 25.000 Kilogramm Höchstabflugmasse nur bis zu einem Kapitalbetrag von 80 Millionen Rechnungseinheiten,

최대이륙중량25천 킬로그램 이하의 항공기에서는 8천만 계산단위의 금액까지,

g) bei Luftfahrzeugen unter 50.000 Kilogramm Höchstabflugmasse nur bis zu einem Kapitalbetrag von 150 Millionen Rechnungseinheiten,

최대이륙중량5만 킬로그램 이하의 항공기에서는 1억5천만 계산단위의 금액까지,

h) bei Luftfahrzeugen unter 200.000 Kilogramm Höchstabflugmasse nur bis zu einem Kapitalbetrag von 300 Millionen Rechnungseinheiten,

최대이륙중량20만 킬로그램 이하의 항공기에서는 3억 계산단위의 금액까지,

I) bei Luftfahrzeugen unter 500.000 Kilogramm Höchstabflugmasse nur bis zu einem Kapitalbetrag von 500 Millionen Rechnungseinheiten,

최대이륙중량50만 킬로그램 이하의 항공기에서는 5억 계산단위의 금액까지,

j) bei Luftfahrzeugen ab 500.000 Kilogramm Höchstabflugmasse nur bis zu einem Kapitalbetrag von 700 Millionen Rechnungseinheiten.

최대이륙중량50만 킬로그램 이상의 항공기에서는 7억 계산단위의 금액까지

Höchstabflugmasse ist das für den Abflug zugelassene Höchstgewicht des Luftfahrzeugs. Für die Umrechnung der Rechnungseinheit nach Satz 1 gilt § 49b entsprechend.

최대이륙중량은 항공기의 출발을 위한 최대중량이다. 1절에 따른 계산단위의 변환은 제49조 b 가 적용된다.

(2) Im Falle der Tötung oder Verletzung einer Person Haftet der Ersatzpflichtige

für jede Person bis zu einem Kapitalbetrag von 600,000 Euro oder bis zu einem Retenbetrag von jährlich 36,000 Euro.

사람이 사망 또는 상해를 입은 경우에 배상의무자는 각 사람에 대하여 60만 유로화 또는 매년 3만6천 유로화의 연금을 지급할 책임이 있다.

(3) Übersteigen die Entschädigungen, die mehreren auf Grund desselben Ereignisses zustehen, die Höchstbeträge nach Absatz 1, so verringern sich die einzelnen Entschädigungen vorbehaltlich des Absatzes 4 in dem Verhältnis, in dem ihr Gesamtbetrag zum Höchstbetrag steht.

(3) 동일사고로 인하여 수인에게 생긴 손해배상액이 제1항의 최고액을 초과하는 경우에는 개개의 배상액은 제4항의 경우를 제외하고, 그 총액의 최고액에 대한 비율에 따라서 감액한다.

(4) Beruhen die Schadensersatzansprüche sowohl auf Sachschäden als auch auf Personenschäden, so dienen zwei Drittel des nach Absatz 1 Satz 1 errechneten Betrages vorzugsweise für den Ersatz von Personenschäden. Reicht dieser Betrag nicht aus, so ist er anteilmäßig auf die Ansprüche zu verteilen. Der übrige Teil des nach Absatz 1 Satz 1 errechneten Betrages ist anteilmäßig für den Ersatz von Sachschäden und für die noch ungedeckten Ansprüche aus Personenschäden zu verwenden.

(4) 손해배상청구권이 물적 손해와 인적손해의 양자에 기한 것인 때에는 제1항에 의하여 산정된 금액의 3분의 2(zwei Drittel)는 인적손해의 배상에 우선적으로 충당된다. 만약 이 금액이 충분치 않을 경우에는 각 청구권에 대한 지분율에 따라서 분배되어야 한다. 제1항에 의하여 산정된 금액 중 나머지 부분은 지분율에 따라서 물적 손해에 대한 배상과 전보되지 못한 인적손해에 대한 배상청구에 각각 충당되어야 한다.

[평석]

1965년의 개정항공운송법이 1959년 법과 가장 크게 달라진 조문이며 조문전체의 유한책임주의는 1952년 로마조약 제11조 및 1942년 이탈리아항행법전 제967조와 그 취지를 같이 하나, 책임제한방법은 물론 로마조약의 그것을 따른 것이다. 제1항의 책임한도액은 1992년 법보다 대폭 인상하고 있으며, 제2항은 1959년의 법 동조의 2항3문에 해당하나 역시 한도액을 올리고 있다. 한편 1999년에 개정된 독일항공운송법도 책임한도액을 독일의 화폐단위인 마르크화로 표시되어 있었지만 2004년의 개정항공운송법에서는 독일의 마르크화 대신 현재 유럽연합(EU)의 단일화폐인 유로화를 사용하고 있음으로 이에 따라 상기조문에 있는 책임한도액을 전부 유로화로 표시하기 위하여 개정한바 있다. 그러나 2010년 8월 5일 독일항공운송법이 또다시 개정됨에 따라 본 조문은 2009년 5월 2일 UN산하 국제민간항공기구(ICAO)에서 제정된바 있는 『항공기의 불법방해 행위에 기인된 손배상에 관한 조약 (Convention for Damage to Third Parties, Resulting from Acts of Unlawful Interference Involving Aircraft)』제4조에 규정되어 있는 항공기운항자의 책임한도의 내용을 받아들여 수정하였다.

LuftVG § 38

(1) Der Schadensersatz für Aufhebung oder Minderung der Erwerbsfähigkeit, für Erschwerung des Fortkommens oder für Vermehrung der Bedürfnisse des Verletzten und der nach § 35 Abs. 2 einem Dritten zu gewährende Schadensersatz ist für die Zukunft durch Geldrente zu leisten.

(2) Die Vorschriften des § 843 Abs. 2 bis 4 des Bürgerlichen Gesetzbuchs finden entsprechende Anwendung.

(3) Bei Verurteilung zu einer Geldrente kann der Berechtigte noch nachträglich Sicherheitsleistung oder Erhöhung einer solchen verlangen, wenn sich die Vermögensverhältnisse des Verpflichteten erheblich verschlechtert haben. Diese Bestimmung gilt bei Schuldtiteln des § 794 Abs. 1 Nr. 1 und 5 der Zivilprozeßordnung entsprechend.

제38조 (배상의 연부지급)

(1) 부상자의 생계능력의 상실 또는 저하, 수입의 격감, 지출의 증가에 대한 손해배상 및 제35조 2항에 의하여 제3자에 대하여 부담하게 되는 손해배상은 장래에 대하여 연금(Geldrente)으로 지급한다.

(2) 민법(BGB) 제843조 2항 내지 4항의 규정을 상응하게 준용한다.

(3) 연금지급이 확정된 이후 배상의무자의 재산상태가 현저하게 악화된 경우에 청구권자는 사후적으로 담보의 이행 또는 담보액의 인상을 청구할 수 있다. 이 규정은 민사소송법 제794조 1호 및 5호의 채무명의(Schuldtiteln)의 경우에 준용한다.

LuftVG § 39

Auf die Verjährung finden die für unerlaubte Handlungen geltenden Verjährungsvorschriften des Bürgerlichen Gesetzbuchs entsprechende Anwendung.

소멸시효에 대해서는 민법전의 불법행위 소멸시효에 관한 규정이 상응하게 준용된다.

LuftVG § 40

Der Ersatzberechtigte verliert die Rechte, die ihm nach diesem Gesetz zustehen, wenn er nicht spätestens drei Monate, nachdem er von dem Schaden und der Person des Ersatzpflichtigen Kenntnis erhalten hat, diesem den Unfall anzeigt. Der Rechtsverlust tritt nicht ein, wenn die Anzeige infolge eines Umstandes unterblieben ist, den der Ersatzberechtigte nicht zu vertreten hat, oder wenn der Ersatzpflichtige innerhalb der Frist auf andere Weise von dem Unfall Kenntnis erhalten hat.

제40조(배상청구자의 의무자에 대한 사고통지의무)배상청구권자가 손해와 배상의무자를 인지한 때로부터 늦어도 3월 이내에 의무자에 대하여 사고를 통지하지 아니한 때에는 이 법에 의하여 인정되는 권리를 잃는다. 배상청구권자의 유책사유 없이 통지가 전달되지 않거나 또는 배상의무자가 기간 내에 다른 방법으로 사고를 안 때에는 그러하지 아니한다.

LuftVG § 41

(1) Wird ein Schaden durch mehrere Luftfahrzeuge verursacht und sind die Luftfahrzeughalter einem Dritten kraft Gesetzes zum Schadensersatz verpflichtet, so hängt im Verhältnis der Halter untereinander Pflicht und Umfang des Ersatzes von den Umständen, insbesondere davon ab, wie weit der Schaden überwiegend von dem einen oder dem anderen verursacht worden ist. Dasselbe gilt, wenn der Schaden einem der 'Halter entstanden ist, bei der Haftpflicht, die einen anderen von ihnen trifft.

(2) Absatz 1 gilt entsprechend, wenn neben dem Halter ein anderer für den Schaden verantwortlich ist.

제41조 (둘 이상의 항공기에 의하여 손해가 발생한 경우)

(1) 다수의 항공기에 의해 손해가 발생하여, 항공기보유자들이 제3자에 대해 법률상 손해배상의 의무를 부담하는 경우에 보유자 상호간의 손해배상의 의무와 범위는

손해가 특히 어느 당사자에 의하여 더 많이 발생하였는가(…wie weit der Schaden uberwiegend von dem einen oder dem anderen verursac-ht worden ist.)하는 사정에 따라서 정하여진다. 손해가 어느 일방보유자에 대하여서만 생기고, 배상의무가 수인의 보유자중의 다른 한쪽에 있는 경우에도 같다.

(2) 제1항은 보유자와 더불어 다른 자가 손해에 대한 배상책임을 지는 경우에 준용한다.

[평석]

이 규정은 1952년의 로마조약 제13조에 해당되는 것이다.

LuftVG § 42

Unberührt bleiben die bundesrechtlichen Vorschriften, wonach für den beim Betrieb eines Luftfahrzeugs entstehenden Schaden der Halter oder Benutzer (§ 33 Abs. 2) in weiterem Umfang oder der Führer oder ein anderer haftet.

제42조 (책임에 관한 연방법의 적용) 항공기의 운항으로 발생하는 손해에 대한 소유자, 또는 광의의 사용자(33조2항), 조종사 또는 기타의 자에 대한 책임을 규정한 연방법률의 규정은 본법으로 인해 영향을 받지 아니한다.

LuftVG § 43

(1) Für die Versicherung zur Deckung der Haftung des Halters eines Luftfahrzeugs nach diesem Unterabschnitt gelten die Vorschriften der nachfolgenden Absätze, soweit die Verordnung (EG) Nr. 785/2004 des Europäischen Parlaments und des Rates vom 21. April 2004 über Versicherungsanforderungen an Luftfahrtunte-rnehmen und Luftfahrzeugbetreiber (ABl. EU Nr. L 138 S. 1), in der jeweils geltenden Fassung, nicht anwendbar ist oder keine Regelung enthält.

(2) Der Halter eines Luftfahrzeugs ist verpflichtet, zur Deckung seiner Haftung auf Schadensersatz nach diesem Unterabschnitt eine Haftpflichtversicherung in einer durch Rechtsverordnung zu bestimmenden Höhe zu unterhalten. Satz 1 gilt nicht, wenn der Bund oder ein Land Halter des Luftfahrzeugs ist.

(3) Für die Haftpflichtversicherung gelten die Vorschriften für die Pflichtversicherung des Versicherungsvertragsgesetzes. § 114 des Versicherungsvertragsgesetzes gilt nicht.

(1) 본 조항에 기초한 항공기의 책임을 커버하는 보험에 관한 다음 각항의 규정들은

항공운송인과 항공기 운항자 (OJ No. L 138 p. 1)를 위한 보험요건에 대한 2004년 4월 21일자 유럽의회와 이사회의 규칙(EC No 785/2004)은 적용되지 않으며 관리되지도 않는다.

(2) 항공기의 소유자는 본 조항에 따른 배상책임을 보상할 수 있도록 법령에서 정한 최고한도로 보험에 가입하여야만 된다.

(3) 책임보험의 경우 보험계약법상의 책임보험에 관한 규정들이 적용됩니다. 보험 계약 법 제 114조는 적용되지 않습니다.

[평석]

손해배상을 보장하기 위한 강제책임보험, 금전·유가증권기탁의 제도를 규정한 이 조문은 1952년의 로마조약 제15조의 취지를 따른 것이며, 독일항공운송법의 하나의 특색이라 하겠다. 1942년의 이탈리아항행법전 제798조에서도 지상 제3자손해보험이 강제보험으로 규정되고 있다. 2010년

2. Unterabschnitt Haftung für Personen und Gepäck, die im Luftfahrzeug befördert werden; Haftung für verspätete Beförderung

제2절 항공기에 운송되는 여객과 수하물에 대한 책임; 지연운송에 대한 책임

LuftVG § 44 Anwendungsbereich

Fur die Haftung auf Schadensersatz wegen der Tötung, der Körperverletzung oder der Gesundheitsbeschädigung eines Fluggastes durch einen Unfall, wegen der verspäteten Beförderung eines Fluggastes oder wegen der Zerstörung, der Beschädigung, des Verlustes oder der verspäteten Beförderung seines Reisegepäcks bei einer aus Vertrag geschuldeten Luftbeförderung sowie für die Versicherung zur Deckung dieser Haftung gelten die Vorschriften dieses Unterabschnitts, soweit

1. das Abkommen vom 12. Oktober 1929 zur Vereinheitlichung von Regeln über die Beförderung im internationalen Luftverkehr (Erstes Abkommen zur Vereinheitlichung des Luftprivatrechts) (RGBl. 1933 II S. 1039)(Warschauer Abkommen) und das Gesetz zur Durchfuhrung des Ersten Abkommens zur Vereinheitlichung des

Luftprivatrechts in der im Bundesgesetzblatt Teil III, Gliederungsnummer 96-2, veröffentlichten bereinigten Fassung,

2. das Protokoll vom 28. September 1955 zur Änderung des Abkommens zur Vereinheitlichung von Regeln ilber die Beförderung im internationalen Luftverkehr (BGBl. 1958 II S. 292),

3. das Zusatzabkommen vom 18. September 1961 zum Warschauer Abkommen zur Vereinheitlichung von Regeln über die von einem anderen als dem vertraglichen Luftfrachtfuhrer ausgefuhrte Beförderung im internationalen Luftverkehr (BGBl. 1963 II S. 1160),

4. das Übereinkommen vom 28. Mai 1999 zur Vereinheitlichung bestimmter Vorschriften über die Beförderung im internationalen Luftverkehr (BGBl 2004 II S. 458) (Montrealer über einkommen) und das Montrealer-Übereinkommen- - Durchfuhrungsgesetz vom 6. April 2004 (BGBl. I S. 550) ,

5. die Verordnung (EWG) Nr. 2407/92 des Rates vom 23. Juli 1992 über die Erteilung von Betriebsgenehmigungen an Luftfahrtunternehmen (ABl. EG Nr. L240 S. 1), in der jeweils geltenden Fassung, und

6. die Verordnung (EG) Nr. 2027/97 des Rates vom 9. Oktober 1997 über die Haftung von Luftfahrt unternehmen bei Unfällen (ABl. EG Nr. L 285 S. 1), geändert durch die Verordnung (EG) Nr. 889/2002 des Europäischen Parlaments und des Rates vom 13. Mai 2002 (ABl. EG Nr. L 140 S. 2), in der jeweils geltenden Fassung, nicht anwendbar sind oder keine Regelung enthalten.

제44조 적용분야

운송계약에 의한 운송의 경우에 사고로 인해 발생한 승객의 사망·상해 또는 건강침 해나, 여객운송의 지연, 승객의 수하물의 파괴, 손상, 멸실 또는 수하물 운송의 지연에 대 한 손해배상책임과 손해배상책임의 보전을 위한 보험에 대해서 다음의 국제조약 또는 유 럽연합의 시행령이 적용되지 않거나 동 조약 내지 유럽연합의 지침에 당해규정이 없는 경우에 한하여 본절의 규정이 적용된다.

1. 1929년 10월 29일 국제항공운송에 대한 규정들의 통일을 위한 조약(항공사법의 통 일화를 위한 첫 번째 국제조약[124]; 바르샤바 조약)과 연방관보 제3부, 목차번호

---

124) RGBl, 1933 II S. 1039.

96-2에 공포된 국제항공사법의 통일을 위한 첫 번째 조약의 이행을 위한 법률

2. 국제항공운송에 대한 규정들의 통일을 위한 조약변경에 관한 1955년의 헤이그의정서

3. 바르샤바조약에 1961년 9월 18일의 추가조약(과다라하라조약)

4. 국제항공운송에 대한 특정규정들의 통일을 위한 1999년 5월 28일의 조약[125](몬트리올 조약) 과 2004년 4월 6일에 제정된 몬트리올조약 이행법률

5. 항공사에의 영업허가교부에 대한 1992년 6월 23일의 유럽연합이사회의 92/2407시행령과,[126]

6. 2002년 5월 13일 유럽의회와 이사회의 889/2002 시행령에 의해 개정된 「항공사의 사고책임에 관한 1997년 10월 9일의 유럽연합 이사회 2027/97의 시행령.[127]

[평석]

본조문은 2004년 4월에 개정된 조문으로서 독일은 전 세계적으로 발효된바 있는 1999년의 몬트리올조약[128]에 1999년 5월 28일 서명하여 2004년 4월 29일 비준서를 ICAO에 기탁하였고 2004년 6월 4일부터 발효되었음으로 국내항공운송에도 이 몬트리올조약의 내용과 유럽연합(EU)의회와 이사회에서 제정된 항공관계시행령을 적용시키기 위하여 이 법을 개정하였던 것이다.

LuftVG § 45 Haftung für Personenschäden

1. Wird ein Fluggast durch einen Unfall an Bord eines Luftfahrzeugs oder beim Ein-oder Aussteigen getötet, körper1ich verletzt oder gesundheitlich geschädigt, ist der Luftfrachtführer verpflichtet, den daraus entstehenden Schaden zu ersetzen.

2. In den Fällen des Absatzes 1 haftet der Luftfrachtfuhrer für jeden Fluggast nur bis zu einem Betrag von 113,100 Rechnungseinheiten, wenn

   (1) der Schaden nicht durch sein rechtswidriges und schuldhaftes Handeln oder Unterlassen oder das rechtswidrige und schuldhafte Handeln oder Unterlassen seiner Leute verursacht wurde oder

   (2) der Schaden ausschliesslich durch das rechtswidrige und schuldhafte Handeln

---

125) BGBl. 2004 II S. 548.

126) ABl. EG Nr. L 240 S. 1.

127) ABl. EG Nr. L 285 S. 2.

128) 1999년의 몬트리올조약은 미국을 비롯한 30개국이상이 비준하여 2003년 11월 4일부터 전세계적으로 발효되었고 그 후 이 조약에 가입국이 계속 늘어나 2004년 8월 23일 현재 54개국이 가입되고 있다.

oder Unterlassen eines Dritten verursacht wurde. Der Höchstbetrag nach Satz 1 gilt auch für den Kapitalwert einer als Schadensersatz zu leistenden Rente.

3. Übersteigen in den Fällen des Absatzes 1 die Entschädigungen, die mehreren Ersatzberechtigten wegen der Tötung, Körperverletzung oder Gesundheitsbeschädigung eines Fluggastes zu leisten sind, insgesamt den Betrag von 113,100 Rechnungseinheiten und ist eine weitergehende Haftung des Luftfrachtführers nach absatz 2 ausgeschlossen, so verringern sich die einzelnen Entschädigungen in dem Verhältniss in welchem ihr Gesamtbetrag zu diesem Betrag steht.

제45조 인적손해에 대한 배상책임

1. 승객이 항공기내 또는 승·하기과정에서 사고를 겪어 사망하거나, 신체적 상해를 입었거나 또는 건강을 해치게 되었을 때에, 항공운송인은 그로 인해 발생한 손해를 배상할 의무가 있다.

2. 제1항의 사고에 대해서 다음의 경우에 항공운송인은 승객 당 113,100 계산단위 (SDR) 한도 내에서 책임을 부담한다.

   (1) 만약 손해가 항공운송인 또는 그의 사용인의 위법하거나 과실 있는 작위 또는 부작위에 의해서 발생하지 않은 경우

   (2) 만약 발생한 손해가 전적으로 제3자의 위법한 (과실이 있는 작위 또는 부작위에 의한 경우) 동항의 배상최고금액은 연금의 형태로 이행되는 손해배상총액에 대해 동일하게 적용된다.

3. 제1항의 사고에 있어서 어떤 한 승객의 사망, 상해 및 건강침해로 인해 다수의 청구권자에게 이행되어야 할 배상액이 113,100 계산단위의 금액을 초과하고, 제2항에 의한 운송인의 다른 세부적인 책임이 문제되지 않을 경우에, 개별적인 배상액은 배상총액에 대한 비율로 삭감된다.

[평석]

1999년 몬트리올조약 제17조 (인적손해배상책임) 및 제21조의 (여객1인당 인적손해배상책임 한도액 100,000계산단위)의 내용을 수용하였다. 이 계산단위(unit of account)는 UN산하 국제통화기금(IMF)의 화폐단위인 특별인출권(Spacial Drawing Right: SDR)을 의미하는 것이므로 상기 조약의 내용을 독일개정항공운송법에서 계산단위제도를 도입하였다. 한편 상기 몬트리올조약 제24조(책임한도의 재검토)에 근거하여 독일은 2010년 8월 5일 항공운송법을 개정하여 본 조문에서 여객 1인당 인적 손해배상책임 한도액

100,000계산단위에서 113,100계산단위로 인상시켰다.

LuftVG § 46 Haftung bei versp teter Personenbef rderung

(1) Wird ein Flaggast verspätet befördert, ist der Luftfrachtführer verpflichtet, den daraus entstehenden Shaden zu ersetzen. Die Haftung ist ausgeschlossen, wenn der Luftfrachtführer und seine Leute alle zumutbaren Massnahmen zur Vermeidung Schadens getroffen haben oder solche Massnahmen nicht treffen konnten.

(2) Im Falle des Absatzes 1 Satz 1 haftet der Luftfrachtführer für jeden Fluggast nur bis zu einem Betrag von 4.694 Rechnungseinheiten. Dies gilt nicht, wenn der Schaden vom Luftfrachtfuhrer oder seinen Leuten in Ausführung ihrer Verrichtungen vorsätzlich oder grob fahrlässig verursacht wurde.

제46조 여객운송연착에 대한 책임

(1) 여객운송이 연착되었다면, 항공운송인은 그로 인해 발생하는 손해를 배상할 의무가 있다. 다만, 항공운송인 또는 그의 사용인이 손해방지를 위해 예상 가능한 모든 조치를 다했거나 또는 그러한 조치를 취할 수 없었을 경우에는 배상책임이 면제된다.

(2) 제1항 제1문의 경우에 항공운송인은 승객당 4.694계산단위의 한도금액까지만 책임을 부담한다. 그러나 그 손해가 항공운송인 또는 그의 사용인이 운항장비의 작동 과정에서 고의 또는 중과실에 의해 발생되었을 때에는 그러하지 아니한다.

[평석]

항공여객운송인의 지연에 따르는 손해배상책임에 대하여 상기조문은 몬트리올조약 제22조의 규정을 수용하였고 동 조약 제24조에 근거하여 연착에 대한 배상책임한도액을 인상시켰다.

LuftVG § 47 Haftung für Gepäckschäden

(1) Wird aufgegebenes Reisegepäck, das sich an Bord eines Luftfahrzeugs oder sonst in der obhut des Luftfrachtführer befindet, zerstört oder beschädigt oder geht es verloren, ist der Luftfrachtführer ver pflichtet, den daraus entstehenden Schaden zuersetzen. Die Haftung ist ausgeschlossen, wenn der Schaden durch die Eigenart des Reisegepäcks oder einen ihm innewohnenden Mangel verursacht wurde.

(2) Wird aufgegebenes Reisegepäck, das sich an Bord eines Luftfahrzeugs oder

sonst in der Obhut des Luftfrachtführers befindet, verspätet befördert, ist der Luftfrachtführer verpflichtet, den daraus entstehenden Schaden zu ersetzen. Die Haftung ist ausgeschlossen, wenn der Luftfrachtführer und seine Leute alle zumutbaren Massnahmen zur Vermeidung des Schadens getroffen haben oder solche Massnahmen nicht treffen konnten.

(3) Werden nicht aufgegebenes Reisegepäck oder andere Sachen, die der Fluggast an sich trägt oder mit sich führt, zerstört oder beschädigt oder gehen sie verloren, ist der Luftfrachtführer ver pflichtet, den daraus entstehenden Schaden zu ersetzen, wenn der Schaden von dem Luftfrachtführer oder seinen Leuten schuldhaft verursacht wurde. Werden sie verspätet befördert, gilt Absatz 2 entsprechend.

(4) In den Fallen der Absatze 1 bis 3 haftet der Luftfrachtführer für jeden Fluggast nur bis zu einem Betrag von 1.131 Rechnungseinheiten. Satz 1 gilt für aufgegebenes Reisegepäck nicht, wenn der Fluggast bei der Übergabe an den Luftfrachtführer den Betrag des Interesses an der Ablieferung am Bestimmungsort angegeben und das für die Haftung für dieses Interesse verlangte Entgelt gezahlt hat. In diesem Fall haftet der Luftfrachtführer bis zur Höhe des angegebenen Betrages, es sei denn, dass dieser höher als das tatsächliche Interesse ist.

(5) Absatz 4 gilt nicht, wenn der Schaden vom Luftfrachtführer oder seinen Leuten in Ausführung ihrer Verrichtungen vorsätzlich oder grob fahrlässig verursacht wurde.

(6) Ist aufgegebenes Reisegepäck beschädigt oder verspätet befördert worden, konnen Ansprüche nach Absatz 1 oder 2 nur geltend gemacht werden, wenn der Fluggast dem Luftfrachtführer den Schaden unverzüglich nach seiner Entdeckung, bei der Beschädigung von Reisegepäck spatestens binnen sieben Tagen nach der Annahme, bei der verspäteten Beförderung von Reisegepäck spätestens binnen 21 Tagen, nach dem das Reisegepäck dem Fluggast zur Verfügung gestellt worden ist, schriftlich anzeigt. Dies gilt nicht, wenn der Luftfrachtführer arglistig gehandelt hat. Für die Einhaltung der Frist ist die Übergabe der Anzeige oder ihre Absendung massgeblich. Nimmt der Fluggast aufgegebenes

Reisegepäck vorbehaltlos an, so begrundet dies die Vermutung, dass es unbeschädigt abgeliefert worden ist.

(7) 1st aufgegebenes Reisegepäck verloren gegangen, konnen Ansprüche nach Absatz 1 nur geltend gemacht werden, wenn der Luftfrachtführer den Verlust anerkannt hat oder 21 Tage seit dem Tag vergangen sind, an dem das Reisegepäck hätte eintreffen sollen.

제47조 수하물에 대한 책임

(1) 항공기의 기체 내에 있거나 또는 기타 항공운송인의 관리책임 아래에 놓여 있는 탁송수하물(aufgegebenes Reisegepaeck)이 파괴·손상·멸실 되었을 경우, 항공운송인은 그로 인해 발생하는 손해를 배상할 책임이 있다. 다만 발생한 손해가 위탁수하물의 성질 또는 내재적 하자에 의한 것일 때에는 배상책임이 면제된다.

(2) 항공기의 기체 내에 있거나 또는 기타 항공운송인의 관리책임아래에 놓여 있는 탁송수하물이 지연운송 되었다면, 항공운송인은 그로 인해 발생하는 손해를 배상할 책임이 있다. 다만 항공운송인 또는 그의 사용인이 손해방지를 위해 예상 가능한 모든 조치를 취했거나 그러한 조치를 취할 수 없었을 때에는 배상책임이 면제된다.

(3) 위탁되지 않은 수하물 또는 승객 자신이 직접 운반하거나 몸에 휴대하는 물건이 파괴·손상·멸실 되었을 경우에 그로 인해 발생하는 손해가 항공운송인 또는 그의 사용인이 과실에 의한 것이었다면, 항공운송인은 이를 배상할 책임이 있다. 제1문의 수하물 또는 휴대물품이 지연운송 되었을 경우에는 제2항이 상응하게 준용된다.

(4) 제1항 내지 제3항의 경우에 항공운송인은 단지 승객 당 1.131 계산단위 금액의 한도내에서만 책임을 부담한다. 그러나 항공운송인에게 수하물을 인도하면서 승객이 특정지의 공급시를 기준으로 물품의 가치를 기재하고, 상응하는 운송요금을 지불하였을 경우에는 제1문이 적용되지 않는다.

(5) 발생한 손해가 항공운송인 또는 그의 사용인이 장비의 작동과정에서 고의 또는 중과실에 의한 것이었을 때에는 제4항이 적용되지 않는다.

(6) 위탁된 수하물의 손상 또는 지연운송에 따른 제1항과 제2항에 의한 청구는 승객이 운송인에게 발생한 손해를 발견(Entdeckung)후 지체 없이, 즉 탁송수하물이 손상된 경우에는 승객이 수하물을 인수한 때로부터 늦어도 7일 이내에, 위탁수하물의 지연시에는 승객이 수하물을 다시 돌려받은 날로부터 늦어도 21일 이내에 서면으로 신고하였을 경우에 한하여 유효하게 행사될 수 있다.

그러나 이 규정은 항공운송인이 악의적으로 행동하였을 경우에는 적용되지 아니한다. 신고기간의 준수여부는 신고서의 발신일 또는 제출일을 기준으로 한다. 만약 승객이 아무런 유보조건 없이 탁송수하물을 인수하였을 경우에는 수하물이 아무런 손상 없이 인도되었음이 추정(Vermutung)된다.

(7) 위탁수하물이 멸실 되었을 경우 제1항에 따른 청구권은, 항공운송인이 멸실 사실을 인정하거나 또는 위탁수하물이 도착했어야 할 날로부터 21일이 지난 후에야 행사할 수 있다.

[평석]

본조는 몬트리올조약 제18조 제1항, 제19조, 제22조 제2항 및 제31조 제2항의 내용을 수용하였고 동 조약 제24조에 근거하여 탁송수하물에 대한 배상책임한도액을 인상시켰다.

LuftVG § 48 Haftung auf Grund sonstigen Rechts

(1) Ein Anspruch auf Schadensersatz, auf welchem Rechtsgrund er auch beruht, kann gegen den Luftfrachtführer nur unter den Voraussetzungen und Beschränkungen geltend gemacht werden, die in diesem Unterabschnitt vorgesehen sind.

(2) Die gesetzlichen Vorschriften, nach denen andere Personen für den Schaden haften, bleiben unberührt. Haben die Leute des Luftfrachtführers in Ausführung ihrer Verrichtungen gehandelt, können sie sich jedoch auf die Voraussetzungen und Beschränkungen dieses Unterabschnitts berufen.

(3) Soweit die in diesem Unterabschnitt bestimmten Beträge die Haftung des Luftfrachtführers undseiner Leute begrenzen, darf der Gesamtbetrag, der von ihnen als Schadensersatz zu leisten ist, diese Beträge nicht überschreiten.

제48조 기타 다른 권리에 따른 책임

(1) 항공운송인에 대한 기타 다른 권리에 기한 손해배상청구권은 본절(제2절)이 정하는 책임조건과 책임한도 내에서만 행사될 수 있다.

(2) 법률상의 규정에 따라서 타인이 손해에 대한 책임을 지게 되는 경우에는 그 법률의 적용에 영향을 미치지 아니한다. 항공운송인의 사용인이 직무수행과정에서 손해를 끼쳤을 경우에도 사용인이 본 절의 책임조건과 책임제한을 원용할 수 있다.

(3) 본절에서 정하는 책임한도액이 항공운송인 및 항공운송사용인의 책임을 제한하는 한, 그들이 지급해야 할 배상책임액의 총액은 법정책임한도액을 초과할 수 없다.

LuftVG § 48 a Luftbeförderung durch mehrere Luftfrachtführer

(1) Wird die Luftbeförderung durch mehrer Luftfrachtführer ausgeführt und wird dabei ein Fluggast getötet, körperlich verletzt, gesundheitlich geschädigt oder verspätet befördert, ist nur der Luftfrachtführer zum Schadesersatz verpflichtet, der die Luftbeförderung ausgefuhrt hat in deren Verlauf der Unfall oder die Verspätung eingetreten ist. Dies gilt nicht, wenn der erste Luftfrachtführer die Haftung für die gesamte Luftbeförderung übernommen hat.

(2) Wird bei einer Luftbeförderung nach Absatz 1 Reisegepäck zerstört oder beschädigt, geht es verloren oder wird es verspätet befördert, sind der erste, der letzte und der jenige Luftfrachtführer zum Schadensersatz verpflichtet, der die Luftbeförderung ausgeführt hat, inderen Verlauf die Zestörung, die Beschädigung, der Verlust erfolgt oder die Verspätung eingetreten ist. Diese Luftfrachtführer haften als Gesamtschuldner.

제48조의 a 다수의 항공운송인에 의한 항공운송

(1) 항공운송이 다수의 항공운송인에 의해 차례로 실행되는 과정에서, 한 승객이 사망하거나 상해를 입거나 건강을 침해되거나 지연운송이 되는 경우, 오로지 그 사고 또는 지연이 발생된 구간을 운행한 항공운송인만이 손해배상책임을 부담할 의무가 있다. 만약 최초의 항공운송인이 항공운송전체에 대한 책임을 부담할 경우에는 그러하지 아니하다.

(2) 제1문에서 규정하는 항공운송과정에서 수하물이 파괴, 손상, 멸실 또는 지연운송되는 경우 첫 번째와 마지막 운송인 및 파괴, 손상, 멸실, 지연 등의 사고가 발생한 구간을 운행한 항공운송인이 손해배상책임을 부담한다. 이들 항공운송인은 연대하여 책임을 부담한다.

[평석]
순차항공운송인의 책임관계를 규정한 몬트리올조약 제36조의 규정을 수용하였다.

LuftVG § 48 b Haftung des vertraglichen und des ausführenden Luftfrachtführers

(1) Wer eine Luftbeförderung, zu der sich ein anderer verpflichtet hat, mit dessen Einverständnis ausführt (ausfürender Luftfrachtführer), haftet neben den anderen (vertraglicher Luftfrachtführer) nach den Vorschriften dieses Unterabschnitts.

Das Vorliegen des Einverständnisses wird vermutet. Der vertragliche und der ausführende Luftfrachtführer haften als Gesamtschuldner.

(2) Führt der ausführende Luftfrachtführer die Luftbeförderung nur auf einer Teilstrecke aus, haftet er nur für Schäden, die auf dieser Teilstrecke entstehen.

(3) Die Handlungen und Unterlassungen des ausführenden Luftfrachtführers und seiner in Ausführung ihrer Verrichtungen handelnden Leute gelt solche des vertraglichen Luftfrachtführers. Die Handlungen und Unterlassungen des vertraglichen Luftfrachtführer und seiner in Ausführung ihrer Verrichtungen handelnden Leute gelten als solche des ausführenden Luftfrachtführers, soweit sie sich auf die von ihm ausgefuhrte LuftBeförderung beziehen. Er haftet für diese Handlungen und Unterlassungen in jedem Fall nur bis zu den Beträgen der §§ 45 bis 47. Eine Vereinbarung über die Übernahme von Verpflichtungen, die in den Vorschriften dieses Unterabschnitts nicht vorgesehen sind, ein Verzicht auf die in diesen Vorschriften begrundeten Recht sowie Erklärungen eines interesses nach § 47 Abs. 4 Satz 2 wirken nicht gegen den ausführenden Luftfrachtführer, es sei denn, dass er zugestimmt hat.

(4) Die Schadesanzeige nach § 47 Abs. 6 kann sowohl gegenüber dem vertraglichen als auch gegenüber dem ausführende Luftfrachtführer mit Wikung gegen den jeweils anderen erklärt werden.

(5) Soweit der ausführende Luftfrachtführer die Luftbeförderung vorgenommen hat, gilt wegen der Haftung der Leute des vertraglichen und des ausführenden Luftfrachtführers § 48 Abs. 2 entsprechend; massgeblich sind dabei die - Voraussetzungen und Beschränkungen, die für den Luftfrachtführer gelten, zu dessen Leuten sie gehören.

(6) Für die Beträge, die der vertragliche Luftfrachtführer und seine Leute sowie der ausführende Luftfrachtführer und seine Leute als Schadensersatz zu leisten haben, gilt § 48 Abs. 3 entsprechend. Der Gesamtbetrag, der von ihnen als Schadenersatz zu leisten ist, darf den hochsten Betrag nicht überschreiten, den einer von ihnen zu leisten verpflichtet ist. Jeder von ihnen haftet jedoch nur bis zu dem für ihn geltenden Höchstbetrag.

제48조의 b 계약항공운송인과 실제항공운송인의 책임

(1) 항공운송에 대해서 계약책임을 부담하는 타인의 동의아래 항공운송을 실행하는 자(실행항공운송인)는 그 타인(계약운송인)과 더불어 본절의 규정에 따른 책임을 부담한다. 동의사실의 존부는 추정된다. 항공계약운송인 및 항공실행운송인은 연대하여 책임을 부담한다.

(2) 항공실행운송인이 단지 일부구간만을 운송하였다면, 그 운송인은 오로지 자신이 실행한 구간에서 발생한 손해에 대해서만 책임을 부담한다.

(3) 항공실행운송인 및 그 사용인의 작위와 부작위는 항공계약운송인 및 그 사용인의 작위와 부작위로 간주된다. 항공계약운송인 및 그 사용인의 작위와 부작위는, 그들이 항공운송의 실행과 관련되는 범위 내에서, 실행항공운송인 및 그 사용인의 작위와 부작위로 간주된다. 이러한 작위와 부작위에 대해 계약항공운송인은 어떤 경우에도 제45 내지 제47조의 금액내에서 책임을 부담한다. 본절에서 규정하는 않는 책임(의무)의 인수에 대한 약정, 본절의 규정에 기한 권리 및 제47조 4항 2문에 의한 이득의 표시에 대한 포기 등은, 이에 대해 실행항공운송인이 동의하지 않는 한, 그에게 적용되지 않는다.

(4) 제47조 6항에 따른 손해신고(Schadensanzeige)는 항공계약운송인 뿐만 아니라 항공실행운송인에 대해서도 각각 유효하게 이행될 수 있다.

(5) 실행항공운송인이 항공운송을 위임받아 이행하는 한도내에서 계약항공운송인과 실행항공운송인의 사용인의 책임에 관해서는 제48조 2항이 상응하게 준용된다. 동시에 항공운송인에게 적용되는 책임조건과 제한은 그의 사용인에 대해서도 동일하게 적용된다.

(6) 계약항공운송인과 그의 사용인 및 실행항공운송인과 그의 사용인이 이행해야 될 금액에 대해서는 제48조 제3항이 상응하게 준용된다. 이들 항공운송인이 지급해야 될 손해배상총액은 항공운송인 중 1인이 이행해야 할 최고한도액을 초과하지 못한다. 그러나 이들은 각자 배상해야 될 최고 한도액의 범위 내에서만 책임을 부담한다.

[평석]

본조는 계약운송인 이외의 자에 의하여 이행되는 항공운송인의 책임관계를 규정한 1961년의 과다라하라조약과 1999년의 몬트리올조약 제39조부터 제44조까지의 일부조항을 수용하고 있다.

LuftVG § 49 Anzuwendende Vorschriften

Fiir die Haftung nach diesem Unterabschnitt sind im Übrigen die Vorschriften der

§§ 34bis 36 und 38 anzuwenden.

제49조 적용규정(Anzuwendende Vorschriften)

본장(Unterabschnitt)에 따른 책임에 대한 그 밖의 사항에 대해서는 제34조 내지 제36조와 제38조를 적용한다.

LuftVG § 49 a Ausschlussfrist

Die Klage auf Schadensersatz kann nur binnen einer Ausschlussfrist von zwei Jahren erhoben werden. Die Frist beginnt mit dem Tag, an dem das Luftfahrzeug am Bestimmungsort angekommen ist, an dem es hatte ankommen sollen oder an dem die LuftBeförderung abgebrochen worden ist.

제49조의 a 제척기간

손해배상청구의 소는 단지 2년의 제척기간 내에서 제기될 수 있다. 이 기간은 당해 항공기가 특정지역(Bestimmungsort)에 도착한 날이나 도착했어야 할 날 또는 항공운송이 실패한 날부터 시작한다.

[평석]

본조는 1999년의 몬트리올조약 제35조의 내용을 수용하고 있다.

LuftVG § 49 b Umrechnung von Rechnungseinheiten

Die in den §§ 45 bis 47 genannte Rechnungseinheit ist das Sonderziehungsrecht des Internationalen Währungsfonds. Der Betrag wird in Euro nach dem Wert des Euro gegenüber dem Sonderziehungsrecht zum Zeitpunkt der Zahlung oder, wenn der Anspruch Gegenstand eines gerichtlichen Verfahrens ist, zum Zeitpunkt der die Tatsacheninstanz abschliessenden Entscheidung umgerechnet. Der Wert des Euro gegenüber dem Sonderziehungsrecht wird nach der Berechnungsmethode ermittelt, die der internationale Wahrungsfonds an dem betreffenden Tag für seine Operationen und Transaktionen anwendet.

제49조의 b 계산단위의 환산

제45조 내지 제47조에서 사용된 계산단위는 국제통화기금(IMF)의 특별인출권을 말한다. 그 금액은 지급시점의 특별인출권에 대한 유로의 환율에 따라 유로(Euro)화로 지급되거나 또는 청구권이 법정소송의 대상이 되는 경우에는 사실심(Tatsacheninstanz)의 종결판결이 행해지는 시점에서 환산된다. 특별인출권에 대한 유로화의 환율은 국제통화기

금이 당해일에 특별인출권의 유통과 거래를 위해 적용하는 계산방법에 따른다.

[평석]

본조는 1999년의 몬트리올조약 제23조의 내용을 수용하고 있으며 또한 독일은 현재 유로(Euro)화를 사용하고 있음으로 이를 표시한 것이다.

LuftVG §5 49 c Unabdingbarkeit

(1) Im Falle einer entgeltlichen oder geschaftsmässigen Luftbeförderung darf die Haftung des Luftfrachtführers nach den Vorschriften dieses Unterabschnitts im Voraus durch Vereinbarung weder ausgeschlossen noch beschränkt werden.

(2) Eine Vereinbarung, die der Vorschrift des Absatzes 1 zuwider getroffen wird, ist nichtig. Ihre Nichtigkeit hat nicht die Nichtigkeit des gesamten Vertrages zur Folge.

제49조의 c 무효약정

(1) 유상의 또는 영리적 항공운송의 경우, 본절에 규정된 항공운송인의 책임은 당사자 간 사전 약정에 의해 면제되거나 제한될 수 없다.

(2) 제1항의 규정과 모순되는 약정은 무효이다. 그러나 사전약정의 무효로 인해 계약 전체가 무효화되지 않는다.

LuftVG § 50 Obligatorische Haftpflichtversicherung

(1) Der Luftfrachtführer ist verpflichtet, zur Deckung seiner Haftung auf Schadenersatz wegen der in § 44 genannten Schäden während der von ihm geschuldeten oder der von ihm für den vertraglichen Luftfrachtführer ausgefürten Luftbeförderung eine Haftpflichtversicherung in einer durch Rechtsverordnung zu bestimmenden Höhe zu unterhalten. Satz 1 gilt nicht, wenn die Bundesrepubik Deutschland Luftfrachtführer ist. Ist ein Land Luftfrachtführer, gilt Satz 1 nur Luftbeförderung en, auf die das Montrealer Übereinkommen anwendbar ist.

(2) Für die Haftpflichtversicherung gelten die Vorschriften für die Pflichtversicherung des Versicherungsvertragsgesetzes. § 114 des Versicherungsvertragsgesetzes gilt nicht.

제50조 의무적 책임보험(Obligatorische Haftungsversicherung)

(1) 항공운송인은 자신이 이행해야 될 또는 계약항공운송인을 위해서 이행해야 될 항공운송기간 동안 제44조에서 열거한 손해로 인한 배상책임의 전보(Deckung)를 위

해서 법률이 규정하는 배상최고액의 한도 내에서 책임보험을 가입해야 할 의무가 있다. 독일연방공화국이 항공운송인인 경우에는 제1문이 적용되지 않는다. 주(Land)가 항공운송인인 경우, 제1문은 몬트리올 조약의 적용대상이 되는 항공운송에 한하여 적용된다.

(2) 책임보험의 경우, 보험계약법에 있는 책임보험에 관한 규정들이 적용된다. 보험계약법 제114조는 적용되지 않는다.

LuftVG § 51 Subsidiarität der Versicherung des vertraglichen Luftfrachtführers

Führt ein ausführender Luftfrachtführer eine Luftbeförderung für einen vertraglichen Luftfrachtführer aus, besteht eine Pflicht zur Unterhaltung einer Haftpflichtversicherung für den vertraglichen Luftfrachtführer nur, soweit

1. der ausführende Luftfrachtführer keine Haftpflichtversicherung bei einem in Deutschland zum Geschäftsbetrieb befugten Versicherer unterhält, die den Anforderungen der jeweils anwendbaren Vorschriften des § 50 oder des Artikels 4 Abs. 1 in Verbindung mit Artikel 6 Abs. 1 und 2 der Verordnung (EG) Nr. 785/2004 entspricht, oder

2. seine Haftung über die Haftung des ausführenden Luftfrachtführers hinausgeht.

제51조 계약항공운송인의 보험의 종속성

실행항공운송인이 계약항공운송인을 대신하여 항공운송을 실행하였다면, 이에 대 해 다음의 경우에 한하여 계약항공운송인을 위한 책임보험을 적용할 의무가 있다.

1. 실제항공운송인 독일에서 비즈니스 보험회사가 유지하여 수행할 권한이 없는 책임보험이 없다는 것과 EC규정(No. 785 / 2004) 제6조 1항과 2항에 연관된 제50조 또는 4조1항의 요건에 해당하거나 또는

2. 계약항공운송인의 책임이 실행항공운송인의 책임보다 더 넓을 때 제52조 삭제(we-ggefallen)

3. Unterabschnitt Haftung für militärische Luftfahrzeuge

제3절 「군용항공기에 관한 손해배상책임」

LuftVG § 53 Haftung für Schäden ausserhalb eines militärischen Luftfahrzeugs

(1) für Schädender in § 33 genannten Art. die durch militärische Luftfahrzeuge verursacht werden, haftet der Halter nach den Vorschriften des ersten Unterabschnitts dieses Abschnitts; jedoch ist § 37 nicht anzuwenden.

(2) War der getötete oder Verletzte kraft Gesetzes einem Dritten zur Leistung von Diensten in dessen Hauswesen oder Gewerbe verpflichtet, so hat der Halter des militärischen Luftfahrzeugs dem Dritten auch für die entgehenden Dienste durch Entrichtung einer Geldrente Ersatz zu leisten.

(3) (weggefallen)

제53조 (군용기에 의한 지상손해)

(1) 「제33조에 규정된 종류의 손해가 군용항공기(militärische Luftfahrzeuge)에 의하여 생긴 경우에는 보유자(Halter)는 본장(제2장) 제1절의 규정에 따라서, 책임을 진다. 다만 제37조는 적용하지 아니한다.

(2) 사망자 또는 부상자가 법률상 제3자에 대하여 가사 또는 영업상 역무를 제공할 의무를 가진 경우에는 군용항공기의 보유자는 그 제3자에 대하여 연부지급의 방법으로(durch Entrichtung einer Geldrente) 잃은 역무에 대한 손해배상을 하여야 한다.

(3) (삭제)

LuftVG § 54 Haftung für Schädenbei Beförderung in einem militärischen Luftfahrzeug

1. Wird bei der Beförderung in einem militärischen Luftfahrzeug durch einen Unfall jemand getötet, sein Korper verletzt oder seine Gesundheit geschadigt, ist der Halter des Luftfahrzeugs verpflichtet, den daraus entstehenden Schädenzu ersetzen. Er haftet für jede beförderte Person nur bis zu einem Betrag von 600.000 Euro, wenn

   (1) der Schädennicht durch sein rechtswidriges und schuldhaftes Handeln oder Unterlassen oder das rechtswidrige und schuldhafte Handeln oder Unterlassen seiner Leute verursacht wurde oder

   (2) der Schädenausschliesslich durch das rechtswidrige und schuldhafte Handeln oder Unterlassen eines Dritten verursacht wurde.

2. Werdenbei der Beförderung in einem militärischen Luftfahrzeug Reisegepäck oder andere Sachen, die der Beförderte an sich trägt oder mit sich führt, durch

einen UnfalI zerstört oder beschädigt, ist der Halter des Luftfahrzeugs verpflichtet, den daraus entstehenden Schäden zu ersetzen. Die Haftung ist für jeden Beförderten auf einen Höchstbetrag von 1,700 Euro beschränkt, ea sei denn, der Schädenist von dem Halter oder seinen Leuten in Ausführung ihrer Verrichtungen vorsätzlich oder grob Halter oder seinen Leuten in Ausführung ihrer Verrichtungen vorsätzlich oder grob fahrlässig verursacht worden.

3. Die §§ 40 und 45 Abs. 3 sowie die §§ 48 und 49 sind entsprechend anzuwenden.

4. Die Haftung darf im Voraus durch Vereinbarung weder ausgeschlossen noch beschränkt werden.

제54조 (항공운송 중 군용항공기에서 발생한 손해에 대한 배상책임)

1. 항공운송 중 군용항공기내에서 누군가 사고로 사망하거나 부상을 입거나 또는 건강을 해하여 손해를 입게 되었을 경우, 항공기보유자는 발생한 손해를 배상할 책임이 있다. 다음 각호에 해당되는 경우, 항공기보유자의 손해배상책임은 승객 당 60만 유로화의 금액까지로 제한된다.

   (1) 발생한 손해가 항공기 보유자 또는 사용인의 위법하면서 과실 있는 작위 또는 부작위에 의한 것이 아닌 경우

   (2) 발생한 손해가 전적으로 제3자의 위법하면서 과실 있는 작위 또는 부작위에 의한 것인 경우

2. 항공운송 중 군용항공기내에서 수하물 또는 기타의 휴대물건이 사고로 파괴 또는 손상되었을 경우, 항공기보유자는 발생한 손해를 배상할 책임이 있다. 이 경우 배상책임은, 발생한 손해가 직무를 수행하는 과정에서 항공기보유자 또는 사용인의 고의 또는 중과실에 의한 것이 아니라면, 승객 당 최고 1700유로화의 금액까지로 제한된다.

3. 제40조와 제45조 제3항은 제48조와 제49조와 더불어 상응하게 준용된다.

4. 배상책임은 사전약정으로 면제 또는 제한할 수 없다.

[평석]

본조는 항공여객 및 물건운송인의 책임한도액을 정한 본법 제46조의 규정과 같게 군용항공기에도 인적 및 물적(휴대수하물 또는 수하물)배상한도액을 각각 유로화로 정하였다.

4. Unterabschnitt Gemeinsame Vorschriften für die Haftpflicht

제4절 손해배상책임에 관한 공통규정

LuftVG § 55 Verhältnis zu sozial-und versorgungsrechtlichen Vorschriften
Unberührt bleiben die Vorschriften der des Siebten Buches Sozialgesetzbuch über die Unfallversicherung von Personen, die im Betrieb des Luftfahrzeughalters beschäftigt sind. Das gleiche gilt für die sonstigen Vorschriften über Unfallschäden nach den beamtenrechtlichen Vorschriften des Bundes und der Länder und den versorgungsrechtlichen Vorschriften für die Bundeswehr.

제55조 (타법규정의 적용의 인정)

항공기보유자의 사업에 종사하는 자의 손해보험(Unfallversicherung)에 관한 독일보험조례(Reichsversicherungsordnung)의 규정의 적용은 영향을 받지 아니한다. 연방 및 주의 공무원법규정에 의한 기타의 사고손해(die sonstigen Vorschriften über UnfallSchädennach den beamtenrechtlichen Vorschriften……)와 연방방위군을 위한 보호법규정(…den versorgungsrechtlichen Vorschriften für die Bundeswehr…)의 적용에 있어서도 같다.

제55조 사회복지법규에 대한 저촉규정
Verhaeltnis zu sozial-und versorgungsrechtlichen Vorschriften

항공운송종사자들의 사고보험(Unfallversicherung)에 대한 사회법 제7편의 규정은 영향을 받지 않는다. 또한 연방과 주의 공무원법상의 규정과 연방군인을 위한 복지법규(Versorgungs에 따른 사고손해에 관한 기타의 규정들도 영향을 받지 않는다.

LuftVG § 56 Gerichtsstand

(1) Für Klagen, die auf Grund dieses Abschnitts erhoben werden, ist auch das Gericht zuständig, in dessen Bezirk der Unfall eingetreten ist.

(2) Für Klagen, die auf Grund der §§ 45 bis 47 erhoben werden, ist ausserdem das Gericht des Bestimmungsorts zuständig. Im Falle des § 48 b kann die Klage gegen den vertraglichen Luftfrachtführer auch in dem Gerichtsstand des

ausführenden Luftfrachtführers erhoben werden.

(3) Ist auf die Luftbeförderung eine der in § 44 Nr. 1bis 4 genannten Übereinkünfte anzuwenden, bestimmt sich der Gerichtsstand nach dieser Übereinkünfte. Sind deutsche Gerichte nach Artikel 33 Abs. 2 des Montrealer Übereinkommens zustandig, ist für Klagen auf Ersatz des Schadens, der durch Tod oder Körperverletzung eines Reisenden entstanden ist, das Gericht örtlich zuständig, in dessen Bezirk der Reisende zum Zeitpunkt des Unfalls seinen Wohnsitz hatte.

제56조 (소의 관할)

(1) 「본장에 기하여 제기하는 소에 관하여는 사고가 발생한 지역의 법원도 관할한다.

(2) 제44조에 기하여 제기하는 소에 관하여는 이 밖에 도착지의 법원(das Gericht des Bestimmungsorts)도 관할한다. 제49조a의 경우에는 제3자에 대한 소는 항공운송인의 관할법원에도 제기할 수 있고 항공운송인에 대한 소는 제3자의 관할법원에도 제기할 수 있다.

(3) 제51조에 열거한 조약이 항공운송에 적용되는 경우에는 관할법원은 그 조약에 의하여서만 정한다.

[평석]

본조 2항 후문과 3항은 1959연 법에는 없었던 새로운 규정이며, 전자는 Guadalajara 조약의 체제를 제49조a에서 받아들이므로써 필요한 관할규정이며, 후자는 바르샤바조약 및 이와 관련되는 2개 조약이 적용되는 국제항공운송의 경우의 관할규정이다.

제56조 관할법원Gerichtsstand

(1) 본절에 의해 제기되는 소에 대해서는 사고가 발생한 구역(Bezirk)의 법원도 관할권을 갖는다.

(2) 이 밖에 제44조 내지 제47조에 의해 제기되는 소에 대해서는 도착지(Bestimmungsort)의 법원도 관할권을 갖는다. 또한 제48조의 b의 경우 항공실제운송인에 대한 소는 항공계약운송인의 관할법원에서도, 항공계약운송인에 대한 소는 항공실제운송인의 관할법원에서도 각각 제기될 수 있다.

(3) 제44조 제1호 내지 제4호에 열거된 조약들이 적용될 경우, 동 조약들에 따라서 관할법원이 정해진다. 몬트리올조약 제33조 제2항에 따라서 독일법원이 관할하게 되는 경우, 여행객의 사망 또는 신체부상으로 발생한 손해배상을 위한 소는 사고당

시 그 여행객의 거주지(Wohnsitz)를 관할하는 법원이 담당한다.

[평석]

본조 제2항은 1999년의 몬트리올조약 제45조 및 제46조의 일부 내용을 수용하고 있으며 한편 미국이 주장하여 몬트리올조약에 반영된 제5재판관할지인 항공사고당시의 여행객의 거주지를 본조 제3항에도 재판관할지로 새로이 규정한 것이다.

LuftVG § 57 (weggefallen)

제57조 삭제

1998년의 중국 개정민용항공법 중 항공책임부분만 발췌하여 영문과 대조한 번역문

중국 개정민용항공법
(The 1980 Revised Civil Aviation Law of China)

Section 3 Liability of the Carrier
제3절 운송인의 책임

Article 124. The carrier shall be liable for the death or personal injury of a passenger, if the accident took place on board the civil aircraft or in the course of any of the operations of embarking on or disembarking from the civil aircraft; provided that the carrier is not liable if the death or injury resulted solely from the state of health of the passenger.

제124조 운송인은 항공기내에서 또는 민간항공기를 탑승하거나 내리는 어떤 과정에서 만약 사고가 발생되어 승객이 사망 또는 부상되었을 경우에 책임을 진다. 그러나 승객자신의 건강상태에 기인한 사망 또는 부상되었을 경우에는 책임을 지지 않는다.

Article 125. The carrier shall be liable for the destruction or loss of, or damage to, any carry-on articles of the passenger, if the occurrence took place on board the civil aircraft or in the course of any of the operations of embarking on or disembarking from the civil aircraft of the passenger. The carrier shall be liable for the destruction or loss of, or damage to any checked baggage of the passenger, if the occurrence took place during the transport by air.

제125조 운송인은 항공기내에서 또는 민간항공기를 탑승하거나 내리는 어떠한 과정에

서 만약 사고가 발생되어 승객의 어떤 휴대 수하물이 파괴, 망실 또는 손괴되었을 경우에 책임을 진다. 운송인은 항공운송 중에 사고가 발생되어 승객의 어떤 탁송수하물이 파괴, 망실 또는 손괴되었을 경우에 책임을 진다.

The carrier shall not be liable for the destruction or loss of, or damage to, any carry-on articles or checked baggage of the passenger if such destruction or loss or damage resulted solely from the inherent defect, quality or vice of the baggage.
운송인은 만약 그 수하물의 고유한 하자, 품질 또는 결함에 유일하게 기인되어 휴대수하물 또는 탁송수하물이 파괴, 망실 또는 손괴되었을 경우에는 책임을 지지 않는다.

"Baggage" referred to in this Chapter includes both checked baggage and the carry-on articles of the passenger.
본장에서 「수하물」이라 함은 휴대수하물과 탁송수하물 둘 다 포함한다.

The carrier shall be liable for the destruction or loss of, or damage to, any cargo if the occurrence took place during the transport by air;
운송인은 항공운송 중에 사고가 발생되어 어떤 화물이 파괴, 망실 또는 손괴되었을 경우에 책임을 진다.

provided that the carrier is not liable if he proves that the destruction or loss of, or damage to, the cargo resulted solely from one or more of the following:
그러나 운송인은 그 화물이 다음과 같은 하나 또는 둘 이상의 사유에 유일하게 기인되어 파괴, 망실 또는 손괴되었을 경우에 책임을 지지 않는다.

(1) Inherent defect, quality or vice of that cargo;
(1) 화물의 고유한 하자, 품질 또는 결함

(2) Defective packing of that cargo performed by a person other than the carrier or his servants or agents;
(2) 운송인 또는 그의 사용인 또는 대리인 이외의 사람에 의하여 수행된 화물의 결함

이 있는 포장

(3) An act of war or an armed conflict; or

(3) 전쟁 또는 무력충돌

(4) An act of public authority carried out in connection with the entry, exit or transit of the cargo.

(4) 화물의 적재, 양육(揚陸) 또는 통과와 연결된 공적기관의 행위

The "period of the transport by air" refer red to in this Article means the whole period during which the checked baggage or cargo is in the charge of the carrier, whether in an airport or on board a civil aircraft, or, in the case of a landing outside the airport, in any place whatsoever.

본장에서 언급하는 「항공운송기간」이라 함은 화물이 공항 내, 민간항공기 내에 있거나 또는 공항 밖에서 양륙하는 경우나 어떠한 장소에 있을지라도 휴대수하물 또는 화물이 운송인의 보관 하에 있는 전 기간을 의미한다.

The period of the transport by air does not extend to any transport by land, by sea or by river performed outside an airport; provided that if such transport is used for loading, delivery or transhipment for the performance of a contract of transport by air, any damage took place during such transport is presumed, subject to proof to the contrary, to have been the damage taken place during the period of transport by air.

항공운송기간은 공항 밖에서 수행된 여하한 육상, 해상, 하천운송까지 확장되는 것은 아니다. 그러나 그와 같은 운송이 만약 항공운송계약의 이행을 위한 적재, 인도 또는 환적(換積)을 위하여 사용되면 그러한 운송 중에 발생된 어떠한 손해도 반증이 없는 한 항공운송기간 중에 발생된 손해였다고 추정된다.

Article 126. The carrier shall be liable for damage occasioned by delay in the transport by air of passengers, baggage or cargo; provided that the carrier is not liable if he proved that he and his servants or agents have taken all necessary measures to avoid the damage or that is was impossible for him or them to take such measures.

제126조 운송인은 여객, 수하물 또는 화물이 항공운송 중에 연착으로 인하여 발생된 손해에 대하여 반드시 책임을 진다. 그러나 운송인이 그의 사용인 또는 대리인이 손해를 방지할 모든 필요한 조치를 취하였거나 또는 그와 같은 조치를 운송인, 그의 사용인 또는 대리인들이 취하는데 불가능하다는 것이 입증되었을 경우에는 책임을 지지 않는다.

Article 127. In the transport of passengers and baggage, if the carrier proves that the damage was caused by or contributed to by the fault of the claimant, the carrier may be wholly or partly exonerated from his liability in accordance with the extent of the fault that caused or contributed to such damage. Where a person other than the passenger claims compensation with respect to the death or injury of the passenger, the carrier may similarly be wholly or partly exonerated from his liability in accordance with the extent of the fault that caused or contributed to such damage, if the carrier proves that the death or injury was caused by or contributed to by the fault of the passenger himself.

제127조 여객 및 수하물의 운송에 있어 운송인이 손해가 청구자의 과실에 기인하였거나 또는 기여하였다는 것이 입증되었을 경우에 그와 같은 손해의 원인과 기여되었다는 과실의 정도에 따라 운송인은 책임의 전부 또는 일부가 면제될 수가 있다. 여객 이외의 사람이 여객의 사망 또는 부상에 관계된 배상을 청구한 경우에 운송인이 여객의 사망 또는 부상이 여객 자신의 과실에 기인하였거나 또는 기여하였다는 것을 입증한다면 운송인은 그와 같은 손해의 원인과 기여되었다는 과실의 정도에 따라 비슷하게 책임의 전부 또는 일부가 면제될 수가 있다.

In the transport of cargo, if the carrier proves that the damage was caused by or contributed to the fault of the person claiming compensation, or the person from whom he derived his right, the carrier shall be wholly or partly exonerated from his liability in accordance with the extent of the fault that caused or contributed to such damage.

화물의 운송에 있어 운송인이 손해가 배상청구자 또는 권리를 주장하는 자의 과실에 기인하였거나 또는 기여하였다는 것이 입증되었을 경우에 그와 같은 손해의 원인에 기여되었다는 과실의 정도에 따라 운송인은 책임의 전부 또는 일부가 면제될 수가 있다.

Article 128. The limits of carrier's liability in domestic air transport shall be formulated by the competent civil aviation authority under the State Council and put in force after being approved by the State Council.

제128조 국내항공운송에 있어 운송인의 책임제한은 국무원산하 주관부서인 민간항공총국이 제정하여 국무원의 인가를 받은 후 시행한다.

If the passenger or the shipper has made, at the time when the checked baggage or cargo was handed over to the carrier, a special declaration of interest in delivery at destination and has paid a supplementary sum if the case so requires, the carrier shall be liable to pay a sum not exceeding the declared sum, unless he proves that the sum declared by the passenger or shipper is greater than the actual interest of the checked baggage or cargo in delivery at destination; the other provisions of Article 129 of this Law shall be applicable to domestic air transport except the limits of liability.

여객과 송하인이 탁송수하물 또는 화물을 도착지에서 인도할 때의 이익(價額)을 특별신고를 하고 화물을 운송인에게 인도하였을 당시에 필요에 따라 추가요금을 지급하였을 경우에는 운송인은 신고 된 가액에 초과하지 않는 금액으로 반드시 지급할 책임이 있다. 그러나 운송인이 여객과 송하인이 신고 된 가액이 도착지에서 인도함에 있어 탁송수하물 또는 화물의 실제의 이익(價額)보다도 높다는 것이 입증될 경우에는 그러하지 아니한다. 본법 제129조의 규정은 책임제한을 제외하고는 국내항공운송에도 적용된다.

Article 129. In international air transport, the liability of the carrier shall be as the following:

(1) The liability of the carrier for each passenger is limited to the sum of 16,600 units of account. Nevertheless, the passenger may agree with the carrier in writing to a limit of liability higher than that prescribed by this sub-paragraph;

제129조 국제항공운송에 있어 운송인의 책임제한은 다음과 같이 정한다.

(1) 여객 1인당 운송인의 책임은 16,600계산단위로 제한된다. 그럼에도 불구하고 여객은 운송인과 다음 항목에 규정된 것보다도 높은 책임제한금액을 서면으로 합의할 수가 있다.

(2) The liability of the carrier for each kilogram of checked baggage or cargo is limited to a sum of 17 units of account. If the passenger or shipper has made, at the time when the package was handed over to the carrier, a special declaration of interest in delivery at destination and has paid a supplementary sum if the case so requires, the carrier shall be liable to pay a sum not exceeding the declared sum, unless he proves that the sum declared by the passenger or shipper is greater than the actual interest of the checked baggage or cargo in delivery at destination.

(2) 탁송수하물 또는 화물의 매 킬로그램 당(단위로 표기하는 것이 보기 쉬울 것 같음) 운송인의 책임은 17계산단위으로 제한된다. 여객과 송하인이 탁송수하물 또는 화물을 도착지에서 인도할 때의 이익(가액)을 특별신고를 하고 화물을 운송인에게 인도하였을 당시에 필요에 따라 추가요금을 지급하였을 경우에 운송인은 신고 된 가액 초과하지 않는 금액을 반드시 지급할 책임이 있다. 그러나 운송인이 여객과 송하인이 신고 된 가액이 도착지에서 인도함에 있어 탁송수하물 또는 화물의 실제의 이익(가액)보다도 높다는 것이 입증될 경우에는 그러하지 아니한다.

In the case of destruction, loss, damage or delay of a part of checked baggage or cargo, or of any object contained therein, the weight to be taken into consideration in determining the amount to which the carrier's liability is limited shall only be the total weight of the package or packages concerned. Nevertheless, when the destruction, loss, damage or delay of a part of the checked baggage or cargo, or of an object contained therein, affects the value of other packages covered by the same baggage check or the same air way bill, the total weight of such package or packages shall also be taken into consideration in determining the limit of liability of the carrier.

탁송수하물, 화물 또는 그 안에 포함되어 있는 물건이의 일부가 파괴 또는 망실되었을 경우에 운송인의 책임제한이 되는 금액을 고려로 하는 그와 같은 짐과 짐들의 무게는 그 짐과 관계된 짐들의 총중량으로 한다. 그럼에도 불구하고 탁송수하물, 화물 또는 그 안에 포함되어 있는 물건의 일부가 파괴, 망실, 손괴 또는 연착은 같은 탁송수하물 또는 같은 항공화물운송장에 의하여 커버(cover)되는 다른 짐의 가치에 영향을 준다. 그러한 짐과 짐들의 총중량은 운송인의 책임제한을 결정함에 있어 고려되어야만 한다.

(3) The liability of the carrier for carry-on baggage of a passenger is limited to 332 units of account per passenger.

(3) 탁송수하물, 화물 또는 그 안에 포함되어 있는 물건이의 일부가 파괴 또는 망실되었을 경우에 운송인의 책임제한이 되는 금액을 고려로 하는 그와 같은 짐과 짐들의 무게는 그 짐과 관계된 짐들의 총중량으로 한다. 그럼에도 불구하고 탁송수하물, 화물 또는 그 안에 포함되어 있는 물건이의 일부가 파괴, 망실, 손괴 또는 연착은 같은 탁송수하물 또는 같은 항공화물운송장에 의하여 커버(cover)되는 다른 짐의 가치에 영향을 준다. 그러한 짐과 짐들의 총중량은 운송인의 책임제한을 결정함에 있어 고려되어야만 한다. 승객의 휴대수하물에 대한 운송인의 책임은 승객 1인당 332계산단위로 제한된다.

Article 130. Any provision tending to relieve the carrier of the liability prescribed by this Law or to fix a lower limit than that which is lay id down in this Law shall be null and void, but the nullity of any such provision shall not involve the nullity of the whole contract of transport by air.

제130조 본법에 규정된 운송인의 책임을 감경하는 어떠한 규정과 본법에서 정하고 있는 책임제한액 보다 낮게 정하는 것은 무효이다. 그러나 이와 같은 규정의 무효는 전체 항공운송계약의 무효에 영향을 미치지 않는다.

Article 131. Any action for damage occurred in air transport, however founded, can only be brought subject to the conditions and limits of liability set out in this Law, without prejudice to the question as to who are the persons who have the right to bring suit and what are their respective rights.

제131조 항공운송에서 발생된 손해배상청구소송은 이유 여하를 막론하고 소송을 제기

할 수 있는 권리를 가진 자와 그들 각자의 권리가 있는 자들의 문제에 대하여 편견 없이 본법에서 규정한 조건과 책임제한에 따라 제기할 수 있다.

Article 132. The carrier shall not be entitled to avail himself of the provisions of Articles 128 and 129 of this Law concerning the limit of liability if it is proved that the damage in the air transport resulted from an act or omission of the carrier, his servants or agents, done with intent to cause damage or recklessly and with knowledge that damage would probably result;

제132조 운송인은 항공운송에 있어 손해가 아마도 발생될 것이라는 것을 인식하면서 또는 그 손해의 원인이 된 의도를 가지고 무모하게 행한 운송인, 그의 사용인 또는 대리인의 작위 또는 부작위에 귀인(歸因) 되었다고 입증된 경우에는 책임제한에 관련된 본법 제128조 및 제129조의 규정을 원용할 권리를 가지지 못한다.

provided that, in the case of such act or omission of a servant or agent of the carrier, it is also proved that he was acting within the scope of his employment.

그러나 운송인의 사용인 또는 대리인의 작위 또는 부작위인 경우에 운송인은 고용의 범위 내에서 행한 것을 입증하여야만 된다.

Article 133. If an action is brought against a servant or agent of the carrier arising out of damage during air transport, such servant or agent, if it proves that he acted within the scope of his employment, shall be entitled to avail himself of the limits of liability as provided in Articles 128 and 129 of this Law.

제133조 만약 항공운송 중에 손해가 발생하였다고 하여 운송인의 사용인 또는 대리인을 상대로 소송이 제기되었을 경우에 사용인 또는 대리인은 그가 고용의 범위내에서 행하였다는 것을 입증한다면 본법 제128조 및 제129조에 규정되어 있는 책임제한을 원용할 권리가 있다.

The aggregate of the amounts recover able from the carrier, his servants and agents, in the case provided in the preceding paragraph, shall not exceed the legal limits of liability.

전항에 규정되어 있는 사건에 있어 운송인, 사용인 또는 대리인에 대한 배상총액은 법적 책임제한액을 초과할 수가 없다.

The provisions of paragraphs 1 and 2 of this Article shall not apply if it is proved that the damage in air transport resulted from an act or omission of the servant or agent of the carrier done with intent to cause damage or recklessly and with knowledge that damage would probably result.

본조 제1항 및 제2항의 규정은 그 손해가 아마도 발생될 것이라는 것을 인식하면서 또는 손해의 원인이 된 의도를 가지고 무모하게 행한 운송인, 그의 사용인 또는 대리인의 작위 또는 부작위에 귀인 되었다고 입증된 경우에는 적용되지 않는다.

Article 134. Receipt by the passenger of checked baggage or receipt of cargo by the consignee without complaint shall be prima facie evidence that the same have been delivered in good condition and in accordance with the document of transport.

제134조 이의가 없는 여객에 의한 탁송수하물의 수령 또는 수하인에 의한 화물의 수령은 운송증권과 일치하게 양호한 상태로 인도되었다는 증명이 추정된다.

In the case of damage to checked baggage or cargo, the passenger or consignee must complain to the carrier forthwith after the discovery of the damage, and at the latest, within seven days from the date of receipt in the case of checked baggage and fourteen days from the date of receipt in the case of cargo. In the case of delay the complaint must be made at the latest within twenty-one days from the date on which the checked baggage or cargo have been placed at the disposition of the passenger or consignee.

탁송수하물과 화물이 손괴된 경우에 여객과 수하인은 손괴를 발견한 후 즉시, 늦어도 탁송수하물인 경우에 수령일로부터 7일 이내에, 화물인 경우에는 14일 이내에 이의를 제기하지 아니하면 아니 된다. 연착의 경우에는 탁송수하물과 화물이 여객과 수하인이 처분하기 위하여 도착하여야만 되는 일자로부터 늦어도 21일 이내에 이의를 제기하지 아니하면 아니 된다.

Every complaint must be made in writing upon the document of transport or by separate notice dispatched within the periods prescribed in the preceding paragraph.

각자의 이의는 전항에 규정되어 있는 기간 내에 운송증권 또는 개별적인 발송통지서에 입각하여 서면으로 작성하여야만 된다.

Failing complaint within the periods provided in paragraph 2 of this Article, the passenger or consignee shall be deprived of the right to claim compensation from the carrier, save in the case of fraud on the part of the carrier.

본조 제2항에 규정되어 있는 기간 내에 이의제기에 실패하였다면 운송인 측의 사기인 경우를 제외하고는 여객과 수하인은 운송인에 대한 손해배상청구권이 박탈된다.

Article 135. The time for bringing up an action concerning air transport is limited to two years, reckoned from the date of arrival of civil aircraft at the destination, or from the date on which the civil aircraft ought to have arrived, or from the date on which the transport stopped.

제135조 항공운송과 관련된 소송제기기간(時效期間)은 민간항공기가 도착지에 도착하는 일자, 민간항공기가 도착하여야만 되는 일자 또는 운송이 중단된 일자로부터 기산하여 2년으로 제한된다.

Article 136. In the case of transport to be performed by various successive carriers, each carrier who accepts passengers, baggage or cargo shall be subject to the provisions of this Law, and shall be deemed to be one of the contracting parties to the contract of transport in so far as that part of the transport is concerned which is performed by it in accordance with the contract.

제136조 여러 순차운송인에 의하여 수행되는 운송인 경우에 여객, 수하물 또는 화물을 수령하는 각각의 운송인은 본법의 규정을 준수하여야만 되고 계약에 따라 순차운송인에 의하여 수행되는 운송구역이 관련되는 한에 있어 운송계약에 대한 하나의 계약당사자로 간주된다.

In the case of transport of this nature, the passenger or his successor can take action only against the carrier who performed the part of transport during which the accident or the delay occurred, save in the case where, by express agreement, the first carrier shall assume liability for the whole journey.

이와 같은 성질의 운송에 있어 여객과 순차운송인은 명시의 약정에 의하여 첫째 운송인이 전 구간에 대한 책임을 진다는 것을 제외하고는 사고 또는 연착으로 발생된 운송구간을 담당하였던 운송인만을 상대로 소송을 제기할 수가 있다.

As regards checked baggage or cargo, the passenger or shipper shall have the right of action against the first carrier, and the passenger or consignee shall have the right of action against the last carrier, and further, each may take action against the carrier who performed the part of transport during which the destruction, loss, damage, or delay took place. These carriers shall be jointly and severally liable to the passenger or to the shipper or consignee.

탁송수하물과 화물에 관하여 여객과 송하인은 첫째 운송인을 상대로 소송을 제기할 수 있는 권리를 가지며, 그리고 여객과 수하인은 마지막 운송인을 상대로 소송을 제기할 수 있는 권리를 가진다. 그리고 더 나아가서 각자는 탁송수하물과 화물의 파괴, 망실, 손해 또는 연착이 발생된 항공운송구간을 담당하였던 운송인을 상대로 소송을 제기할 수 있다. 이들 순차운송인은 여객, 송하인 또는 수하인에 대하여 개별적으로 또는 연대하여 책임을 진다.

Section 4 Special Provisions Governing Air Transport Performed by Actual Carrier
제4절 실제운송인이 이행한 항공운송을 총괄하는 특별규정

Article 137. "Contracting carrier" referred to in this Section means any person who has concluded a contract of transport by air subject to the regulations of this Chapter in his own name with a passenger or a shipper, or with the agent of a passenger or of a shipper.

제137조 본 절에서 규정된 계약운송인이라 함은 여객 또는 송하인과 여객 또는 송하인의 대리인이 자기명의로 본장의 규정에 따라 항공운송계약을 체결한 자를 의미한다.

"Actual carrier" referred to in this Section means any person to whom the performance of the whole or part of the transport referred to in the preceding paragraph has been authorized by the contracting carrier, and who is not the successive carrier as provided in this Chapter; in the absence of a proof to the contrary, such authorization is deemed to be in existence.

본 절에서 규정된 실제운송인이라 함은 전절에서 운송의 전부 또는 일부의 이행을 계약운송인에 의하여 허락받은 자이다. 실제운송인은 본장에서 규정하는 순차운송인이 아니고 반증이 없는 한 그러한 허락이 존재하는 것으로 간주된다.

Article 138. Both the contracting carrier and the actual carrier shall, except as otherwise provided in this Section, be subject to the provisions of this Chapter. The contracting carrier shall be responsible for the whole of the transport contemplated in the contract. The actual carrier shall be responsible for the transport which he performs.

제138조 계약운송인과 실제운송인 둘 다 본 절에서 규정한 것을 제외하고는 본장의 규정을 준수하여야만 된다. 계약운송인은 계약에서 정하여진 운송의 전부에 대하여 책임을 진다. 실제운송인은 그가 이행하는 운송에 대하여서만 책임을 진다.

Article 139. The acts and omissions of an actual carrier and of his servants and agents acting within the scope of their employment shall, in relation to the transport performed by the actual carrier, be deemed to be also those of the contracting carrier.

제139조 실제운송인에 의하여 이행된 운송에 관하여 그들의 고용 범위 내에서 실제운송인과 그의 사용인 또는 대리인의 작위 또는 부작위는 역시 계약운송인의 행위로 간주된다.

The acts and omissions of the contracting carrier and of his servants and agents acting within the scope of their employment shall, in relation to the transport performed by the actual carrier, be deemed to be also those of the actual carrier. Nevertheless, no such act or omission shall subject the actual carrier to liability exceeding the legal limits.

실제운송인에 의하여 이행된 운송에 관하여 그들의 고용 범위 내에서 계약운송인과 그의 사용인 또는 대리인의 작위 또는 부작위는 역시 실제운송인의 행위로 간주된다.

Any special agreement under which the contracting carrier concerned assumes obligations not imposed by this Chapter or waives the rights conferred by this Chapter or any special declaration of interest in delivery at destination contemplated in Articles 128 and 129 of this Law, shall not affect the actual carrier unless agreed by him.

관련이 있는 계약운송인이 본장에 의하여 부과되지 않은 채무, 본장에 의하여 수여된 권리의 포기, 본법 제128조 및 제129조에 규정되어 있는 도착지에서 인도 시에 이익(가액)의 특별신고에 관한 어떠한 특별약정도 그와 합의하지 않는 한 실제운송인에게 영향을 미치지 않는다.

Article 140. Any claim to be made or order to be given under the provisions of this Chapter shall have equal effect whether addressed to the contracting carrier or to the actual carrier. Nevertheless, orders referred to in Article 119 of this Law shall only be effective if addressed to the contracting carrier.

제140조 본장의 규정에 의하여 제기되는 어떠한 청구 또는 수여된 명령은 계약운송인 또는 실제 운송인에 상관없이 똑같이 효력이 있다. 그렇지만 본법119조에 규정되어 있는 지시는 계약운송인에게도 효력이 있다.

Article 141. In relation to the transport performed by the actual carrier, any servant or agent of that carrier or of the contracting carrier shall, if he proves that he acted within the scope of his employment, be entitled to avail himself of the provisions of Articles 128 and 129 of this Law concerning the limits of liability, unless he acted in a manner which, under the provisions of this Law, prevents the limits of liability from being invoked.

제141조 실제운송인, 그 운송인의 어떤 사용인 또는 대리인에 의하여 이행된 운송과 관련하여 계약운송인이 고용범위 내에서 행위 하였다는 것이 입증되면 계약운송인은 책

임제한에 관한 본 법제128조, 제129조의 규정에 따라 원용할 권리를 가진다. 그러나 계약운송인이 본법이 규정하는 방법으로 행위 하였다면 시행되고 있는 책임제한을 항변하게 된다.

Article 142. In relation to the transport performed by the actual carrier, the aggregate of the amounts recover able from that carrier and the contracting carrier, and from their servants and agents acting within the scope of their employment, shall not exceed the highest amount which could be awarded against either the contracting carrier or the actual carrier under this Law, but none of the persons mentioned shall be liable for a sum in excess of the limit of liability applicable to him.

제142조 실제운송인에 의하여 이행된 운송과 관련하여 실제운송인과 계약운송인, 고용범위내에서 행한 그들의 사용인과 대리인이 배상받을 수 있는 총액은 본법하에서 실제운송인 또는 계약운송인에 상관없이 배상금을 줄 수 있는 최고금액을 초과하여서는 아니된다.

Article 143. In relation to the transport performed by the actual carrier, an action may be brought against that carrier or the contracting carrier separately, or against both together; the carrier against whom an action has been brought shall have the right to require the other carrier to join in the proceedings.

제143조 실제운송인에 의하여 이행된 운송과 관련하여 실제운송인 또는 계약운송인을 상대로 개별적으로 또는 둘 다 소송을 제기할 수 있다. 소송을 제기당한 운송인은 소송절차에 참가한 다른 운송인에게 필요로 하는 권리를 취득하게 된다.

Article 144. Except as provided in Article 143 of this Law, nothing in this Section shall affect the rights and obligations between the actual carrier and the contracting carrier.

제144조 본법 제143조에서 규정되어 있는 것을 제외하고는 본절(本節)에 있는 실제운송인과 계약운송인간의 권리 및 의무에 아무 영향을 미치지 않는다.

Chapter XI Search and Rescue and Accident Investigation
제11장 수색, 구조와 사고조사

Article 151. A civil aircraft in emergency shall flash signals and report to air traffic control unit to request rescue; the air traffic control unit shall notify immediately the search and rescue coordination centre. A civil aircraft in emergency on the sea shall also flash signals to vessels and national maritime search and rescue service. (조문 해석 생략함)

Article 152. Any unit or person observing or listening in to the emergency of a civil aircraft shall immediately notify the search and rescue coordination centre concerned, the maritime search and rescue service concerned or the local People's Government. (조문 해석 생략함)

Article 153. Upon receiving the notification, the search and rescue coordination centre, the local People's Government and the maritime search and rescue service shall immediately organize the search and rescue operation.

The search and rescue coordination centre which has received the notice shall manage to notify the civil aircraft in emergency of the search and rescue measures already taken.

The specific measures for searching and rescuing civil aircraft shall be formulated by the State Council. (조문 해석 생략함)

Article 154. The unit or person performing search and rescue mission shall do their best to rescue the persons carried in the civil aircraft, and take measures to rescue the civil aircraft, protect the scene of accident and preserve evidences according to regulations.

제154조 수색과 구조를 하는 팀과 인원들은 민간항공기에 타고 있는 사람들을 구출하

는데 최선의 노력을 다 하여야만 되며 또한 민간항공기를 구조하는데 조치를 취하여야만 되고 사고현장을 지키고 규정에 따라 증거를 보존하여야만 된다.

Article 155. The parties to an accident of civil aircraft and persons concerned shall, at the time of investigation, truthfully reflect the situation at the scene of accident and other information concerning the accident.

제155조 민간항공기의 사고당사자와 이에 관련된 사람들은 사고현장의 상황을 진실하게 반영시켜여야만 되고 사고에 관련된 정보를 제공하여야만 된다.

Article 156. The organization and procedures of the investigation of civil aircraft accident shall be prescribed by the State Council.

제156조 민간항공기의 사고조사에 관한 기구와 절차는 국무원에 의하여 정하게 된다.

Chapter XII Liability for Damage to Third Parties on the Surface

제12장 지상 제3자의 손해에 대한 책임

Article 157. Any person on the surface (including water surface, the same below) who suffers death or personal injury or damage to property caused by a civil aircraft in flight or by any person or thing falling therefrom shall be entitled to compensation. Nevertheless, the person suffers damage shall have no right to compensation if the damage is not a direct consequence of the incident giving rise thereto, or if the damage results from the mere fact of passage of the civil aircraft through the airspace in conformity with air traffic regulations concerned of the State.

제157조 비행중인 또는 공중으로부터 낙하된 민간항공기에 기인하여 사망 또는 인적 부상을 입거나, 재산상의 손해를 입은 지상(수면 또는 수중 포함)에 있는 자는 배상을 받을 권리를 가진다. 그렇지만 그 손해가 그곳에서 발생된 사건의 직접적인 결과가 아니거나 국가의 관련 항공교통규정과 일치하게 공역내의 통과라는 단순한 사실에 귀인되었을 경우에는 손해를 입은 자는 배상을 받을 권리를 가지지 않는다.

The term "in flight" mentioned in the preceding paragraph means the period beginning from the moment when power is applied by a civil aircraft for the purpose of actual takeoff until the moment when the landing run ends. In the case of a civil aircraft lighter than air, the expression "in flight" relates to the period from the moment when it becomes detached from the surface until it becomes again attached thereto.

전항에 규정되어 있는 「비행중」이라는 용어는 실제적인 이륙을 목적으로 민간항공기에 동력이 켜지는 순간부터 시작하여 착륙이 끝나는 순간까지의 기간을 의미한다. 공기보다 가벼운 민간항공기인 경우에 「비행중」이라는 표현은 지면으로부터 분리되는 순간부터 다시 착지되는 순간까지의 기간과 관련된다.

Article 158. The liability for compensation contemplated by Article 157 of this Law shall attach to the operator of the civil aircraft.

제158조 본법 제157조에 규정되어 있는 배상책임은 민간항공기의 운항자에게도 적용된다.

The term "operator" mentioned in the preceding paragraph means the person who was making use of the civil aircraft at the time the damage was caused. However, if the control of the navigation of the civil aircraft was retained by the person from whom the right to make use of the civil aircraft was derived, whether directly or indirectly, that person shall still be considered the operator.

전항에 규정되어 있는 「운항자」라는 용어는 손해를 일으켰던 당시에 민간항공기를 사용하였던 자를 의미한다. 여하간 만약 민간항공기의 항행관리가 민간항공기의 사용권이 직접적이던 또는 간접적이던지 간에 보유한 자에 의하여 계속 유지된다면 그 자는 운항자로 고려된다.

The operator shall be considered to be making use of a civil aircraft when his servants or agents are using the civil aircraft in the course of their employment, whether or not within the scope of their authority.

운항자의 사용인과 대리인이 그들의 수권 범위 내이거나 아니거나 간에 그들의 고용기간중에 민간항공기를 사용하였을 때에는 운항자도 민간항공기를 사용하였다고 본다.

The registered owner of the civil aircraft shall be presumed to be the operator and shall be liable as such unless, in the proceedings for the determination of his liability, he proves that some other person was the operator and, in so far as legal procedures permit, takes appropriate measures to make that other person a party in the proceedings.

민간항공기를 등록한 소유권자는 운항자로 추정되는데 그 운항자가 어떤 다른 사람이 운항자이었다는 것과 법적절차가 허용되는 한도 내에서 다른 사람이 절차의 당사자로서 적절한 조치를 취하였다는 것을 입증하지 못하는 한 책임을 진다.

Article 159. If a person makes use of a civil aircraft without the consent of the person entitled to its navigational control and caused a damage to third parties on the surface, the person entitled to the navigation control, unless he proves that he has exercised due care to prevent such use, shall be jointly and severally liable with the unlawful user.

제159조 만약 항행관리에 권한을 가진 자의 동의 없이 민간항공기를 사용한 자가 지상 제3자에게 손해를 입혔을 경우에 항행관리에 권한을 가진 자는 그와 같은 사용을 막는데 상당한 주의를 다하였다는 것을 입증하지 못하는 한 불법사용자와 함께 연대책임을 진다.

Article 160. Any person who would otherwise be liable under the provisions of this Chapter shall not be liable if the damage is the direct consequence of armed conflict or civil disturbance.

제160조 본장의 규정에 의하여 다른 방법으로 책임이 있는 자는 그 손해가 무력충돌이나 민란의 직접적인 원인(결과)일 경우에는 책임을 지지 않는다.

Any person who would otherwise be liable under the provision of this Chapter shall not be liable if such person has been deprived of the right to use the civil aircraft by the public authority according to law.

본장의 규정에 의하여 다른 점에서 책임이 있는 자는 법에 따라 국가기관에 의하여 민간항공기를 사용할 수 있는 권리를 박탈당하였을 경우에는 책임을 지지 않는다.

Article 161. Any person who would otherwise be liable under the provisions of this Chapter shall be exonerated from the liability for damage if he proves that the damage was caused solely by the fault of the person who suffers the damage or of the latter's servants or agents. If the person liable proves that the damage was contributed to by the fault of the person who suffers the damage, or of his servants or agents, the compensation shall be reduced to the extent to which such fault contributed to the damage.

제161조 본장의 규정에 의하여 다른 점에서 책임이 있는 자는 그자가 그 손해가 오로지 손해를 입은 자 또는 운항자의 사용인 또는 대리인의 과실에 귀인(歸因)되었다는 것이 입증되었을 경우에는 손해에 대한 책임이 면제된다. 만약 책임을 지는 자가 그 손해가 손해를 입은 자 또는 사용인이나 대리인의 과실에 의하여 기여하였다는 것이 입증되었을 경우에 그 배상은 과실이 손해에 기여하였다는 정도에 따라 감경된다.

Nevertheless, there shall be no such exoneration or reduction if, in the case of the fault of a servant or agent, the person who suffers the damage proves that his servant or agent was acting outside the scope of his authority.

그러나 사용인 또는 대리인의 과실인 경우에 손해를 입은 자가 사용인 또는 대리인이 그의 수권범위 밖에서 행하였다는 것이 입증된다면 책임이 면제나 감경이 되지 않는다.

Where an action is brought by one person to recover the damage arising from the death or injury of another person, and the damage was caused by the fault of such other person, or of his servants or agents, the provisions of the preceding paragraph shall apply.

타인의 사망 또는 부상으로 발생된 손해와 그러한 타인, 그의 사용인 또는 대리인의 과실로 귀인(歸因)된 손해를 배상받기 위하여 한 사람에 의하여 소송이 제기되었을 경우에 전항의 규정은 적용된다.

Article 162. When two or more civil aircraft have collided or interfered with each other in flight and damage for which a right to compensation as contemplated in Article 157 of this Law results, or when two or more civil aircraft have jointly caused such damage, each of the civil aircraft concerned shall be considered to have caused the damage and the operator of each civil aircraft shall be liable.

제162조 비행 중 둘 또는 그 이상의 민간항공기가 다른 항공기와 충돌하거나 또는 추돌되었을 때, 그리고 본법 제157조의 취지에 따라 배상받을 권리가 있는 손해 또는 둘 또는 그 이상의 민간항공기가 공동으로 그러한 손해의 원인이 되었거나, 관련된 민간항공기의 각각이 손해의 원인이 되었다고 생각될 때에는 그 각자의 민간항공기의 운항자는 책임이 있다.

Article 163. The persons referred to in paragraph 4 of Article 158 and Article 159 of this Law shall be entitled to all defences which are available to an operator under the provisions of this Chapter.

제163조 본법 제158조4항과 159조에 규정되어 있는 사람들은 본장의 규정에 의하여 운항자에게 이용될 수 있는 모든 항변할 수 있는 권리가 있다.

Article 164. Neither the operator, the owner, any person liable under Article 159 of this Law, nor their respective servants or agents, shall be liable for damage on the surface caused by a civil aircraft in flight or any person or thing falling therefrom otherwise than as expressly provided in this Chapter, except any such person who has caused the damage deliberately.

제164조 운항자, 소유자, 본법 제159조에 의하여 책임이 있는 자와 그들 각각의 사용인과 대리인은 고의로 손해를 일으킨 그와 같은 사람을 제외하고는 본장에 명시적으로 규정되어 있는 공중에서 낙하된 물체로 또는 비행 중에 민간항공기에 의하여 일으킨 지상의 손해에 대하여 책임을 지지 않는다.

Article 165. Nothing in this Chapter shall prejudice the question whether a person liable for damage in accordance with its provisions has a right of recourse against any other person.

제165조 본장에서 규정과 일치하여 손해에 대한 책임이 있는 자는 타인에 대하여 구상권을 가진다는 문제에 대하여 편견이 있어서는 아니 된다.

Article 166. The operator of a civil aircraft shall be covered by insurance against liability for third parties on the surface or obtain corresponding guarantee.

제166조 민간항공기의 운항자는 지상 제3자에 대한 보험을 가입하거나 또는 이에 상응하는 보증을 취득하여야 한다.

Article 167. The insurer or the guarantor may, in addition to the defences available to the operator, and the defence of forgery, set up only the following defences against claims brought up in accordance with the provisions of this Chapter:

제167조 보험업자와 보증인은 위조의 항변, 운항자에게 이용될 수 있는 항변에 추가하여 본장의 규정에 따라 제기되는 청구권에 대하여 다음과 같은 항변을 할 수가 있다.

(1) That the damage occurred after the insurance or guarantee ceased to be effective. However, if the insurance or guarantee expires during a flight, it should be continued in force until the next landing specified in the flight plan, but no longer than twenty-four hours; and

(1) 보험과 보증이 끝난 후에 발생된 손해는 효력이 종료된다. 여하간 만약 비행 중에 보험과 보증이 만료된다면 비행계획에 기입된 다음 착륙할 때까지 유효하게 계속된다. 그러나 24시간을 초과하여서는 아니 된다.

(2) That the damage occurred outside the territorial limits provided by the insurance or guarantee, unless flight outside of such limits was caused by force majeure, assistance justified by the circumstances or an error in piloting, operation or navigation.

(2) 제한된 지역 밖의 비행이 불가항력, 상황에 따라 정당화된 구조, 조종, 운항 또는 항행의 과실에 기인하지 않는 한 지정된 지역 밖의 비행은 보험과 보증에 의하여 제한된다.

The continuation in force of the insurance and guarantee under the provisions of the preceding paragraph shall apply only for the benefit of the person suffering damage.

전항의 규정에 의한 보험과 보증의 유효한 계속은 손해를 입은 자의 이익을 위하여서만 적용되어야만 한다.

Article 168. Without prejudice to any right of direct action which the person suffering damage may have under the law governing the contract of insurance or guarantee, such person may bring a direct action against the insurer or guarantor only in the following cases:

제168조 손해로 고통을 받는 자의 어떠한 직접소송권도 편견 없이 보험계약 또는 보증계약을 총괄하는 법에 의하여 적용되지만 손해로 고통을 받는 자는 오로지 다음과 같은 사항에 대하여 보험업자 또는 보증인을 상대로 직접 소송을 제기할 수 있다.

(1) Where the insurance or guarantee is continued in force under the provisions of sub-paragraphs (1) and (2) of Article 167 of this Law; and

(1) 보험 또는 보증이 본법 제167조 1항과 2항의 규정에 유효하게 계속될 경우;

(2) The bankruptcy of the operator.

(2) 운항자의 파산

Excepting the defences specified in paragraph 1 of Article 167 of this Law, the insurer or guarantor may not, with respect to direct actions brought by the person suffering damage in accordance with the provisions of this Chapter, avail himself of any ground of nullity of the insurance or guarantee or any right of retroactive cancellation in setting up defences.

본법 제167조 1항에 규정되어 있는 항변을 제외하고는 보험업자와 보증인은 본장의 규정과 일치된 손해를 입은 자에 의하여 직접 제기된 소송에 관하여 보험업자와 보증인은 보험과 보증의 무효 또는 항변을 주장하는 소급적 취소권을 이유로 원용하지 못한다.

Article 169. If insurance or guarantee is furnished in accordance with Article 166 of this Law, it shall be specifically and preferentially assigned to payment of claims under this Chapter.

제169조 만약 보험과 보증이 본법 제166조와 일치하게 제공된다면 본장에 의한 지급청구들을 특별히 그리고 선택적으로 양도된다.

Article 170. Any sum due to an operator from an insurer shall be exempt from seizure and execution by creditors of the operator until claims of third parties under this Chapter have been satisfied.

제170조 보험업자로부터 운항자에게 지급되어야 할 금액은 본장에 의한 제3자의 청구가 이행될 때까지 운항자의 채권자에 의한 압류와 집행으로부터 면제된다.

Article 171. Actions concerning indemnity for damage to third parties on the surface shall be subject to a period of limitation of two years from the date of the incident which caused the damage; but in any case such period shall not go beyond a period of three years from the date of the incident which caused the damage.

제171조 지상 제3자에 대한 손해배상에 관계된 소송은 손해가 발생된 사고일자로부터 2년의 제소기한을 준수하여야만 된다. 그러나 어떠한 경우에도 그와 같은 제소기한은 손해가 발생된 사고일자로부터 3년의 기간을 넘어서는 아니 된다.

Article 172. The provisions of this Chapter shall not apply to the following damage:

제172조 본장의 규정은 다음과 같은 손해에는 적용되지 아니한다.

(1) The damage caused to a civil aircraft in flight, or to persons or cargo on board such aircraft;

(1) 비행 중 민간항공기를 원인으로 한 손해 또는 그와 같은 민간항공기 내에 있는 여객과 화물에 대한 손해;

(2) The damage which is regulated either by a contract between the person who suffers such damage and the operator or the person entitled to use the civil aircraft at the time the damage occurred, or by the law relating to workman's compensation applicable to a contract of employment between such persons; and

(2) 손해를 입은 자와 운항자간에 계약이던지, 또는 손해를 입은 당시에 민간항공기를 사용할 권리가 있는 자이던지, 또는 그러한 사람들간에 고용계약에 적용될 수 있는 근로자의 보상과 관계된 법에 의한 손해;

(3) Nuclear damage.

(3) 원자력손해

〈부록 6〉

2009년의 항공 · 철도 사고조사에 관한 법률

[법률 제9781호, 2009.6.9, 일부개정]

[시행 2009.12.10]

제1장 총칙

제1조 (목적) 이 법은 항공 · 철도사고조사위원회를 설치하여 항공사고 및 철도사고 등에 대한 독립적이고 공정한 조사를 통하여 사고 원인을 정확하게 규명함으로써 항공사고 및 철도사고 등의 예방과 안전 확보에 이바지함을 목적으로 한다.

제2조 (정의) ① 이 법에서 사용하는 용어의 뜻은 다음과 같다. <개정 2009.6.9>

1. "항공사고"라 함은 「항공법」 제2조제13호에 따른 항공기사고, 같은 조 제27호에 따른 경량항공기사고 및 같은 조 제29호에 따른 초경량비행장치사고를 말한다.

2. "항공기준사고"라 함은 「항공법」 제2조제14호에 따른 항공기준사고를 말한다.

3. "항공사고등"이라 함은 제1호의 규정에 의한 항공사고 및 제2호의 규정에 의한 항공기준사고를 말한다.

4. 삭제 <2009.6.9>

5. 삭제 <2009.6.9>

6. "철도사고"란 철도(도시철도를 포함한다. 이하 같다)에서 철도차량 또는 열차의 운행 중에 사람의 사상이나 물자의 파손이 발생한 사고로서 다음 각 호 의 어느 하나에 해당하는 사고를 말한다.

   가. 열차의 충돌 또는 탈선사고

   나. 철도차량 또는 열차에서 화재가 발생하여 운행을 중지시킨 사고

다. 철도차량 또는 열차의 운행과 관련하여 3명 이상의 사상자가 발생한 사고

라. 철도차량 또는 열차의 운행과 관련하여 5천만원 이상의 재산피해가 발생한 사고

7. "사고조사"란 항공사고등 및 철도사고(이하 "항공·철도사고등"이라 한다)와 관련된 정보·자료 등의 수집·분석·원인규명, 항공·철도안전에 관한 안전권고 등 항공·철도사고등의 조사 및 예방을 목적으로 제4조의 규정에 의한 항공·철도사고조사위원회가 수행하는 과정 및 활동을 말한다.

② 이 법에서 사용하는 용어 외에는 「항공법」 및 「철도안전법」에서 정하는 바에 따른다.

제3조 (적용범위) ① 이 법은 다음 각 호의 어느 하나에 해당하는 항공·철도사고 등에 대한 사고조사에 관하여 적용한다.

1. 대한민국 영역 안에서 발생한 항공·철도사고등

2. 대한민국 영역 밖에서 발생한 항공사고등으로서 「국제민간항공조약」에 의하여 대한민국을 관할권으로 하는 항공사고등

② 제1항의 규정에 불구하고 「항공법」 제2조제2호에 따른 국가기관등항공기에 대한 항공사고조사에 있어서는 다음 각 호의 어느 하나에 해당하는 경우 외에는 이 법을 적용하지 아니한다. <개정 2009.6.9>

1. 사람이 사망 또는 행방불명된 경우

2. 국가기관등항공기의 수리·개조가 불가능하게 파손된 경우

3. 국가기관등항공기의 위치를 확인할 수 없거나 국가기관등항공기에 접근이 불가능한 경우

③ 제1항의 규정에 불구하고 「항공법」 제2조의3의 규정에 의한 항공기의 항공사고조사에 있어서는 이 법을 적용하지 아니한다.1

제2장 항공·철도사고조사위원회

제4조 (항공·철도사고조사위원회의 설치) ① 항공·철도사고등의 원인규명과 예방을 위한 사고조사를 독립적으로 수행하기 위하여 국토해양부에 항공·철도사고조사위원회(이하 "위원회"라 한다)를 둔다. <개정 2008.2.29>

② 국토해양부장관은 일반적인 행정사항에 대하여는 위원회를 지휘·감독하되, 사고조사에 대하여는 관여하지 못한다. <개정 2008.2.29>

제5조 (위원회의 업무) 위원회는 다음 각 호의 업무를 수행한다.

1. 사고조사

2. 제25조의 규정에 의한 사고조사보고서의 작성ㆍ의결 및 공표

3. 제26조의 규정에 의한 안전권고 등

4. 사고조사에 필요한 조사ㆍ연구

5. 사고조사 관련 연구ㆍ교육기관의 지정

6. 그 밖에 항공사고조사에 관하여 규정하고 있는 「국제민간항공조약」 및 동 조약부속 서에서 정한 사항

제6조 (위원회의 구성) ① 위원회는 위원장 1인을 포함한 12인 이내의 위원으로 구성 하되, 위원 중 대통령령이 정하는 수의 위원은 상임으로 한다.

② 위원장 및 상임위원은 대통령이 임명하며, 비상임위원은 국토해양부장관이 위 촉 한다. <개정 2008.2.29>

③상임위원의 직급에 관하여는 대통령령으로 정한다.

제7조 (위원의 자격요건) 위원이 될 수 있는 자는 항공ㆍ철도관련 전문지식이나 경 험 을 가진 자로서 다음 각 호의 어느 하나에 해당하는 자로 한다.

1. 변호사의 자격을 취득한 후 10년 이상 된 자

2. 대학에서 항공ㆍ철도 또는 안전관리분야 과목을 가르치는 부교수 이상의 직에 5년 이상 있거나 있었던 자

3. 행정기관의 4급 이상 공무원으로 2년 이상 있었던 자

4. 항공ㆍ철도 또는 의료 분야 전문기관에서 10년 이상 근무한 박사학위 소지자

5. 항공종사자 자격증명을 취득하여 항공운송사업체에서 10년 이상 근무한 경력 이 있 는 자로서 임명ㆍ위촉일 3년 이전에 항공운송사업체에서 퇴직한 자

6. 철도시설 또는 철도운영관련 업무분야에서 10년 이상 근무한 경력이 있는 자 로서 임명ㆍ위촉일 3년 이전에 퇴직한 자

7. 국가기관 등 항공기 또는 군ㆍ경찰ㆍ세관용 항공기와 관련된 항공업무에 10년 이 상 종사한 경력이 있는 자

제8조 (위원의 결격사유) 다음 각 호의 어느 하나에 해당하는 자는 위원이 될 수 없다.

1. 금치산자ㆍ한정치산자 또는 파산자로서 복권되지 아니한 자

2. 금고 이상의 실형을 선고 받고 그 집행이 종료(집행이 종료된 것으로 보는 경 우를 포함한다)되거나 집행이 면제된 날부터 3년이 경과되지 아니한 자

3. 금고 이상의 형의 집행유예선고를 받고 그 유예기간 중에 있는 자

4. 법원의 판결 또는 법률에 의하여 자격이 상실 또는 정지된 자

5. 항공운송사업자, 항공기 또는 초경량비행장치와 그 장비품의 제조·개조·정비 및 판매사업 그 밖에 항공관련 사업을 운영하는 자 또는 그 임직원

6. 철도운영자 및 철도시설관리자, 철도차량을 제작·조립 또는 수입하는 자, 철도 건설관련 시공업자 또는 철도용품·장비 판매사업자 그 밖의 철도관련 사업을 운영하는 자 및 그 임직원

제9조 (위원의 신분보장) ① 위원은 임기 중 직무와 관련하여 독립적으로 권한을 행사한다.

② 위원은 다음 각 호의 어느 하나에 해당하는 경우를 제외하고는 그 의사에 반 하여 해임 또는 해촉되지 아니한다.

1. 제8조 각 호의 어느 하나에 해당하는 경우

2. 심신장애로 인하여 직무를 수행할 수 없다고 인정되는 경우

3. 이 법에 의한 직무상의 의무를 위반하여 위원으로서의 직무수행이 부적당하게 된 경우

제10조 (위원장의 직무 등) ① 위원장은 위원회를 대표하며 위원회의 업무를 통할 한다.

② 위원장이 부득이한 사유로 인하여 직무를 수행할 수 없는 때에는 위원장이 미 리 지명한 위원, 상임위원, 위원 중 연장자 순으로 그 직무를 대행한다.

제11조 (위원의 임기) 위원의 임기는 3년으로 하되, 연임할 수 있다.

제12조 (회의 및 의결) ① 위원회의 회의는 위원장이 소집하고, 위원장은 의장이 된다.

②위원회의 의사는 재적위원 과반수로 결정한다.

제13조 (분과위원회) ① 위원회는 사고조사 내용을 효율적으로 심의하기 위하여 분과위원회를 둘 수 있다.

② 제1항의 규정에 의한 분과위원회의 의결은 위원회의 의결로 본다.

③ 분과위원회의 조직 및 운영에 관하여 필요한 사항은 대통령령으로 정한다.

제14조 (자문위원) 위원회는 사고조사에 관련된 자문을 얻기 위하여 필요한 경우 항공 및 철도분야의 전문지식과 경험을 갖춘 전문가를 대통령령이 정하는 바에 따라 자문위원으로 위촉할 수 있다.

제15조 (직무종사의 제한) ① 위원회는 항공·철도사고등의 원인과 관계가 있거나 있었던 자와 밀접한 관계를 갖고 있다고 인정되는 위원에 대하여는 당해 항공·철도사고등과 관련된 회의에 참석시켜서는 아니 된다.

② 제1항의 규정에 해당되는 위원은 당해 항공·철도사고등과 관련한 위원회의 회 의

를 회피할 수 있다.

제16조 (사무국) ① 위원회의 사무를 처리하기 위하여 위원회에 사무국을 둔다.

② 사무국은 사무국장·사고조사관 그 밖의 직원으로 구성한다.

③ 사무국장은 위원장의 명을 받아 사무국 업무를 처리한다.

④ 사무국의 조직 및 운영 등에 관하여 필요한 사항은 대통령령으로 정한다.

제3장 사고조사

제17조 (항공·철도사고 등의 발생 통보) ① 항공·철도사고 등이 발생한 것을 알게된 항공기의 기장, 「항공법」제50조제5항 단서에 따른 그 항공기의 소유자등, 「철도안전법」제61조제1항에 따른 철도운영자등, 항공·철도종사자, 그 밖의 관계인(이하 "항공·철도종사자 등"이라 한다)은 지체 없이 그 사실을 위원회에 통보하여야 한다. 다만, 「항공법」제2조제2호에 따른 국가기관 등 항공기의 경우에는 그와 관련된 항공업무에 종사하는 사람은 소관 행정기관의 장에게 보 고하여야하며, 그 보고를 받은 소관 행정기관의 장은 위원회에 통보하여야 한 다.

② 제1항에 따른 항공·철도종사자와 관계인의 범위, 통보에 포함되어야 할 사항, 통보시기, 통보방법 및 절차 등은 국토해양부령으로 정한다.

③ 위원회는 제1항에 따라 항공·철도사고 등을 통보한 자의 의사에 반하여 해당 통보자의 신분을 공개하여서는 아니 된다. [전문개정 2009.6.9]

제18조 (사고조사의 개시 등) 위원회는 제17조제1항에 따라 항공·철도사고등을 통보 받거나 발생한 사실을 알게 된 때에는 지체 없이 사고조사를 개시하여야 한다. 다만, 항공사고 등에 대한 조사와 관련하여 이 법에서 규정하지 않은 사항 은 「국제민간항공조약」의 규정과 동 조약의 부속서로서 채택된 표준과 방식에 따라 실시한다. <개정 2009.6.9>

제19조 (사고조사의 수행 등) ① 위원회는 사고조사를 위하여 필요하다고 인정되는 때에는 위원 또는 사무국 직원으로 하여금 다음 각 호의 사항을 조치하게 할 수 있다. <개정 2009.6.9>

1. 항공기 또는 초경량비행장치의 소유자, 제작자, 탑승자, 항공사고 등의 현장에서 구조 활동을 한 자 그 밖의 관계인(이하 "항공사고등 관계인"이라 한다)에 대한 항공사고등 관련 보고 또는 자료의 제출 요구

2. 철도사고와 관련된 철도운영 및 철도시설관리자, 종사자, 사고현장에서 구조활동을 하는 자, 그 밖의 관계인(이하 "철도사고 관계인"이라 한다)에 대한 철도 사고와 관련한 보고 또는 자료의 제출 요구

3. 사고현장 및 그밖에 필요하다고 인정되는 장소에 출입하여 항공기 및 철도 시설·차량 그 밖의 항공·철도사고등과 관련이 있는 장부·서류 또는 물건(이하 "관계물건"이라 한다)의 검사

4. 항공사고등 관계인 및 철도사고 관계인(이하 "관계인"이라 한다)의 출석 요구 및 질문

5. 관계 물건의 소유자·소지자 또는 보관자에 대한 해당 물건의 보존·제출 요구 또는 제출한 물건의 유치

6. 사고현장 및 사고와 관련 있는 장소에 대한 출입통제

② 제1항제5호의 규정에 의한 보존의 요구를 받은 자는 해당 물건을 이동시키거나 변경·훼손하여서는 아니 된다. 다만, 공공의 이익에 중대한 영향을 미친다고 판단 되거나 인명구조 등 긴급한 사유가 있는 경우에는 그러하지 아니하다.

③ 위원회는 제1항제5호의 규정에 의하여 유치한 관련물건이 사고조사에 더 이상 필요하지 아니할 때에는 가능한 한 조속히 유치를 해제하여야 한다.

④ 제1항의 규정에 의한 조치를 하는 자는 그 권한을 표시하는 증표를 가지고 있어야 하며, 관계인의 요구가 있는 때에는 이를 제시하여야 한다.

제20조 (항공·철도사고조사단의 구성·운영) ① 위원회는 사고조사를 위하여 필요하다고 인정되는 때에는 분야별 관계 전문가를 포함한 항공·철도사고조사단을 구성·운영할 수 있다.

② 항공·철도사고조사단의 구성·운영에 관하여 필요한 사항은 대통령령으로 정한다.

제21조 (국토해양부장관의 지원 <개정 2008.2.29>) ① 위원회는 사고조사를 수행하기 위하여 필요하다고 인정하는 때에는 국토해양부장관에게 사실의 조사 또는 관련 공무원의 파견, 물건의 지원 등 사고조사에 필요한 지원을 요청할 수 있다. <개정 2008.2.29>

② 국토해양부장관은 제1항의 규정에 따라 사고조사의 지원을 요청받은 때에는 사고조사가 원활하게 진행될 수 있도록 필요한 지원을 하여야 한다.
<개정 2008.2.29>

③ 국토해양부장관은 제2항의 규정에 따라 사실의 조사를 지원하기 위하여 필요하다고 인정하는 때에는 소속 공무원으로 하여금 제19조제1항 각 호의 사항을 조치하게

할 수 있다. 이 경우 제19조제4항의 규정을 준용한다.

<개정 2008.2.29>

제22조 (관계 행정기관 등의 협조) 위원회는 신속하고 정확한 조사를 수행하기 위하여 관계 행정기관의 장, 관계 지방자치단체의 장 그 밖의 공·사 단체의 장(이하 "관계기관의 장"이라 한다)에게 항공·철도사고등과 관련된 자료·정보의 제공, 관계 물건의 보존 등 그 밖의 필요한 협조를 요청할 수 있다. 이 경우 관계기관의 장은 정당한 사유가 없는 한 이에 응하여야 한다.

제23조 (시험 및 의학적 검사) ① 위원회는 사고조사와 관련하여 사상자에 대한 검시, 생존한 승무원 등에 대한 의학적 검사, 항공기·철도차량 등의 구성품 등에 대하여 검사·분석·시험 등을 할 수 있다.

② 위원회는 필요하다고 인정하는 경우에는 제1항의 규정에 의한 검시·검사·분석·시험 등의 업무를 관계 전문가·전문기관 등에 의뢰할 수 있다.

제24조 (관계인 등의 의견청취) ① 위원회는 사고조사를 종결하기 전에 당해 항공·철도사고등과 관련된 관계인에게 대통령령이 정하는 바에 따라 의견을 진술할 기회를 부여하여야 한다.

② 위원회는 사고조사를 위하여 필요하다고 인정되는 경우에는 공청회를 개최하여 관계인 또는 전문가로부터 의견을 들을 수 있다.

제25조 (사고조사보고서의 작성 등) ① 위원회는 사고조사를 종결한 때에는 다음 각 호의 사항이 포함된 사고조사보고서를 작성하여야 한다.

1. 개요
2. 사실정보
3. 원인분석
4. 사고조사결과
5. 제26조의 규정에 의한 권고 및 건의사항

② 위원회는 대통령령이 정하는 바에 따라 제1항의 규정에 의하여 작성된 사고조사보고서를 공표하고 관계기관의 장에게 송부하여야 한다.

제26조 (안전권고 등) ① 위원회는 사고조사과정 중 또는 사고조사결과 필요하다고 인정되는 경우에는 항공·철도사고 등의 재발방지를 위한 대책을 관계 기관의 장에게 안전권고 또는 건의할 수 있다.

② 관계 기관의 장은 제1항의 규정에 의한 위원회의 안전권고 또는 건의에 대하여 조

치계획 및 결과를 위원회에 통보하여야 한다.

제27조 (사고조사의 재개) 위원회는 사고조사가 종결된 이후에 사고조사 결과가 변경될 만한 중요한 증거가 발견된 경우에는 사고조사를 다시 할 수 있다.

제28조 (정보의 공개금지) ① 위원회는 사고조사 과정에서 얻은 정보가 공개됨으로써 당해 또는 장래의 정확한 사고조사에 영향을 줄 수 있거나, 국가의 안전보장 및 개인의 사생활이 침해될 우려가 있는 경우에는 이를 공개하지 아니할 수 있다.

② 제1항의 규정에 의하여 공개하지 아니할 수 있는 정보의 범위는 대통령령으로 정한다.

제29조 (사고조사에 관한 연구 등) ① 위원회는 국내외 항공·철도사고등과 관련된 자료를 수집·분석·전파하기 위한 정보관리 체제를 구축하여 필요한 정보를 공유할 수 있도록 하여야 한다.

② 위원회는 사고조사 기법의 개발 및 항공·철도사고 등의 예방을 위하여 조사 및 연구활동을 할 수 있다.

제4장 보칙

제30조 (다른 절차와의 분리) 사고조사는 민·형사상 책임과 관련된 사법절차, 행정처분절차 또는 행정쟁송절차와 분리·수행되어야 한다.

제31조 (비밀누설의 금지) 위원회의 위원·자문위원 또는 사무국 직원, 그 직에 있었던 자 및 위원회에 파견되거나 위원회의 위촉에 의하여 위원회의 업무를 수행하거나 수행하였던 자는 그 직무상 알게 된 비밀을 누설하여서는 아니된다.

제32조 (불이익의 금지) 이 법에 의하여 위원회에 진술·증언·자료 등의 제출 또는 답변을 한 사람은 이를 이유로 해고·전보·징계·부당한 대우 또는 그 밖에 신분이나 처우와 관련하여 불이익을 받지 아니한다.

제33조 (위원회의 운영 등) ① 이 법에서 정하지 아니한 위원회의 운영 및 사고조사에 필요한 사항 등은 위원장이 따로 정한다.

② 위원회는 국토해양부령이 정하는 바에 따라 위원회에 출석하여 발언하는 위원장·위원·자문위원 및 관계인에 대하여 수당 또는 여비를 지급할 수 있다.
<개정 2008.2.29>

제34조 (벌칙적용에서의 공무원 의제) 위원회의 위원, 자문위원, 제20조제1항의 규정

에 의한 분야별 관계전문가, 제23조제2항의 규정에 의한 관계전문가 또는 전문기관의 임직원 중 공무원이 아닌 자는 「형법」제129조 내지 제132조의 적용에 있어서는 이를 공무원으로 본다.

제5장 벌 칙

제35조 (사고조사방해의 죄) 다음 각 호의 어느 하나에 해당하는 자는 3년 이하의 징역 또는 3천만원 이하의 벌금에 처한다.
1. 제19조제1항 제1호 및 제2호의 규정을 위반하여 항공·철도사고 등에 관하여 보고를 하지 아니하거나 허위로 보고를 한 자 또는 정당한 사유 없이 자료의 제출을 거부 또는 방해한 자
2. 제19조제1항제3호의 규정을 위반하여 사고현장 및 그 밖에 필요하다고 인정되는 장소의 출입 또는 관계 물건의 검사를 거부 또는 방해한 자
3. 제19조제1항제5호의 규정을 위반하여 관계 물건의 보존·제출 및 유치를 거부 또는 방해한 자
4. 제19조제2항의 규정을 위반하여 관계 물건을 정당한 사유 없이 보존하지 아니하거나 이를 이동·변경 또는 훼손시킨 자

제36조 (비밀누설의 죄) 제31조의 규정을 위반하여 직무상 알게 된 비밀을 누설한 자는 2년 이하의 징역이나 금고 또는 5년 이하의 자격정지에 처한다.

제36조의2 (사고발생 통보 위반의 죄) 제17조제1항 본문을 위반하여 항공·철도사고 등이 발생한 것을 알고도 정당한 사유 없이 통보를 하지 아니하거나 거짓으로 통보한 항공·철도종사자 등은 500만원 이하의 벌금에 처한다.

[본조신설 2009.6.9]

제37조 (양벌규정) 법인의 대표자나 법인 또는 개인의 대리인, 사용인, 그 밖의 종업원이 그 법인 또는 개인의 업무에 관하여 제35조 또는 제36조의2의 어느 하나에 해당하는 위반행위를 하면 그 행위자를 벌하는 외에 그 법인 또는 개인에게도 해당 조문의 벌금형을 과(科)한다. 다만, 법인 또는 개인이 그 위반행위를 방지하기 위하여 해당 업무에 관하여 상당한 주의와 감독을 게을리하지 아니한 경우에는 그러하지 아니하다.

[전문개정 2009.6.9]

제38조 (과태료) ① 다음 각 호의 어느 하나에 해당하는 자는 1천만원 이하의 과태료

에 처한다.

1. 제19조제1항제1호 및 제2호의 규정을 위반하여 항공·철도사고등과 관계가 있는 자료의 제출을 정당한 사유 없이 기피 또는 지연시킨 자

2. 제19조제1항제3호의 규정을 위반하여 항공·철도사고등과 관련이 있는 관계 물건의 검사를 기피한 자

3. 제19조제1항제4호의 규정을 위반하여 정당한 사유 없이 출석을 거부하거나 질문에 대하여 허위로 진술한 자

4. 제19조제1항제5호의 규정을 위반하여 관계 물건의 제출 및 유치를 기피 또는 지연시킨 자

5. 제19조제1항 제6호의 규정을 위반하여 출입통제에 불응한 자

6. 제32조의 규정을 위반하여 이 법에 의하여 위원회에 진술, 증언, 자료 등의 제출 또는 답변을 한 자에 대하여 이를 이유로 해고, 전보, 징계, 부당한 대우 그밖에 신분이나 처우와 관련하여 불이익을 준 자

② 제1항의 규정에 의한 과태료는 대통령령이 정하는 바에 따라 국토해양부장관이 부과·징수한다. <개정 2008.2.29>

③ 삭제 <2009.6.9>

④ 삭제 <2009.6.9>

⑤ 삭제 <2009.6.9>

부 칙 〈법률 제07692호, 2005.11.8〉

제1조 (시행일) 이 법은 공포 후 8월이 경과한 날부터 시행한다. 다만, 제3조제2항의 규정은 2008년 1월 1일부터 시행한다.

제2조 (위원회 설치 등에 관한 경과조치) ①이 법 시행 당시 종전의 「항공법」 및 「철도안전법」의 규정에 의하여 설치된 항공사고조사위원회와 철도사고조 사위원회는 이 법에 의하여 설치된 항공·철도사고조사위원회로 본다.

② 이 법 시행 당시 종전의 「항공법」 및 「철도안전법」의 규정에 의하여 항공 사고조사위원회와 철도사고조사위원회의 위원장 및 상임위원으로 임명된 자는 종전의 규정에 불구하고 이 법 시행일에 임기가 만료된 것으로 본다.

③ 이 법 시행 당시 종전의 「항공법」 및 「철도안전법」의 규정에 의하여 항공 사고조

사위원회와 철도사고조사위원회의 비상임위원으로 각각 임명 또는 위촉된 자는 이 법에 의하여 임명 또는 위촉된 것으로 본다. 다만, 그 임기는 종전 임기의 잔여기간으로 한다.

④ 이 법 시행 당시 종전의 「항공법」의 규정에 의하여 항공사고조사위원회에 설치된 사무국 및 그 직원과 「철도안전법」의 규정에 의하여 철도사고조사위 원회의 사고조사를 수행하는 사고조사관은 이 법에 의하여 위원회에 설치된 사무국 및 그 직원으로 본다.

⑤ 이 법 시행 당시 종전의 「항공법」 및 「철도안전법」의 규정에 의하여 행하여진 항공사고조사위원회 및 철도사고조사위원회의 행위 또는 항공사고조사위 원회 및 철도사고조사위원회에 대한 행위는 그에 해당하는 이 법에 의한 위원 회의 행위 또는 위원회에 대한 행위로 본다.

제3조 (벌칙 등에 관한 경과조치) 이 법 시행 전의 행위에 대한 벌칙 및 과태료의 적용에 있어서는 종전의 「항공법」 및 「철도안전법」의 규정에 의한다.

제4조 (다른 법률의 개정) 철도안전법 일부를 다음과 같이 개정한다.

제51조 내지 제59조, 제61조제2항 및 제62조 내지 제67조를 각각 삭제한다.

제61조제3항을 제2항으로 한다.

제76조제7호 및 제78조제2항제4호 내지 제7호를 각각 삭제한다.

제81조제1항제12호 중 "제61조제1항 및 제3항"을 "제61조제1항 및 제2항"으로 한다.

제81조제1항제13호를 삭제한다.

부칙 〈법률 제8852호, 2008.2.29〉 (정부조직법)

제1조 (시행일) 이 법은 공포한 날부터 시행한다. 다만, …〈생략〉…, 부칙 제6조에 따라 개정되는 법률 중 이 법의 시행 전에 공포되었으나 시행일이 도래하지 아니한 법률을 개정한 부분은 각각 해당 법률의 시행일부터 시행한다.

제2조 부터 제5조까지 생략

제6조 (다른 법률의 개정) ①부터 〈623〉까지 생략

〈624〉 항공·철도 사고조사에 관한 법률 일부를 다음과 같이 개정한다.

제4조제1항 중 "건설교통부"를 "국토해양부"로 한다.

제4조제2항, 제6조제2항, 제17조, 제21조의 제목·제1항·제2항·제3항 전단 및 제38조제2항부터 제4항까지 중 "건설교통부장관"을 각각 "국토해양부장관"으로 한다.

제33조제2항 중 "건설교통부령"을 "국토해양부령"으로 한다.

<625>부터 <760>까지 생략

제7조 생략

부칙 〈법률 제9780호, 2009.6.9〉 (항공법)

제1조(시행일) 이 법은 공포 후 3개월이 경과한 날부터 시행한다. <단서 생략>

제2조 부터 제10조까지 생략

제11조(다른 법률의 개정) ①부터 <16>까지 생략

<17> 항공·철도 사고조사에 관한 법률 일부를 다음과 같이 개정한다.

제2조제1항제1호 중 "「항공법」 제2조제11호의 항공기사고 및 동법 제2조제25호의 2의 규정에 의한 초경량비행장치사고"를 "「항공법」 제2조제13호에 따른 항공기사고, 같은 조 제27호에 따른 경량항공기사고 및 같은 조 제29호에 따른 초경량비행장치사고"로 하고, 같은 조 제2호 중 "「항공법」 제2조제12호의 규정에 의한"을 "「항공법」 제2조제14호에 따른"으로 한다.

제3조제2항 각 호 외의 부분 중 "「항공법」 제2조제1호의2의 규정에 의한"을 "「항공법」 제2조제2호에 따른"으로 한다.

<18> 및 <19> 생략

제12조 생략

부칙 〈법률 제9781호, 2009.6.9〉

이 법은 공포 후 6개월이 경과한 날부터 시행한다. 다만, 제37조 단서의 개정규정은 공포한 날부터 시행한다.

2010년의 개정항공법

(2010.5.31, 법률 제10331호)

[이법 시행 2010.12.1]

제1장 총칙 〈개정 2009.6.9〉

제1조(목적) 이 법은 「국제민간항공조약」 및 같은 조약의 부속서(附屬書)에서 채택된 표준과 방식에 따라 항공기가 안전하게 항행(航行)하기 위한 방법을 정하고, 항공시설을 효율적으로 설치·관리하도록 하며, 항공운송사업의 질 서를 확립함으로써 항공의 발전과 공공복리의 증진에 이바지함을 목적으로 한다. [전문개정 2009.6.9]

제2조(정의) 이 법에서 사용하는 용어의 뜻은 다음과 같다.

1. "항공기"란 비행기, 비행선, 활공기(滑空機), 회전익(回轉翼)항공기, 그 밖에 대통령령으로 정하는 것으로서 항공에 사용할 수 있는 기기(機器)를 말한다.

2. "국가기관등항공기"란 국가, 지방자치단체, 그 밖에 「공공기관의 운영에 관한 법률」에 따른 공공기관으로서 대통령령으로 정하는 공공기관(이하 "국가기관 등"이라 한다)이 소유하거나 임차(賃借)한 항공기로서 다음 각 목의 어느 하나에 해당하는 업무를 수행하기 위하여 사용되는 항공기를 말한다. 다만, 군용·경찰용·세관용 항공기는 제외한다.

   가. 재난·재해 등으로 인한 수색(搜索)·구조

   나. 산불의 진화 및 예방

   다. 응급환자의 후송 등 구조·구급 활동

   라. 그 밖에 공공의 안녕과 질서유지를 위하여 필요한 업무

3. "항공업무"란 다음 각 목의 어느 하나에 해당하는 것을 말한다.

　　가. 항공기에 탑승하여 하는 항공기의 운항(항공기 조종연습은 제외한다)

　　나. 항공교통관제(航空交通管制)

　　다. 운항 관리 및 무선설비의 조작(操作)

　　라. 정비·수리·개조(이하 "정비등"이라 한다)된 항공기·발동기·프로펠러(이하 "항공기등"이라 한다), 장비품 또는 부품에 대하여 제22조에 따라 안전성 여부를 확인하는 업무

4. "항공종사자"란 제25조제1항에 따른 항공종사자 자격증명을 받은 사람을 말한다.

5. "객실승무원"이란 항공기에 탑승하여 비상시 승객을 탈출시키는 등 안전업무를 수행하는 승무원을 말한다.

6. "비행장"이란 항공기의 이륙[이수(離水)를 포함한다. 이하 같다]·착륙[착수(着水)를 포함한다. 이하 같다]을 위하여 사용되는 육지 또는 수면(水面)의 일정한 구역으로서 대통령령으로 정하는 것을 말한다.

7. "공항"이란 공항시설을 갖춘 공공용 비행장으로서 국토해양부장관이 그 명칭·위치 및 구역을 지정·고시한 것을 말한다.

8. "공항시설"이란 항공기의 이륙·착륙 및 여객·화물의 운송을 위한 시설과 그 부대시설 및 지원시설로서 공항구역에 있는 시설과 공항구역 밖에 있는 시설 중 대통령령으로 정하는 시설로서 국토해양부장관이 지정한 시설을 말한다.

9. "공항구역"이란 공항으로 사용되고 있는 지역과 공항의 확장 또는 신설을 목적으로 「국토의 계획 및 이용에 관한 법률」 제30조 및 제43조에 따라 도시계획시설로 결정되어 국토해양부장관이 공항개발예정구역으로 고시한 지역을 말한다.

10. "공항개발사업"이란 이 법에 따라 시행하는 공항시설의 신설·증설·정비 또는 개량에 관한 사업을 말한다.

11. "착륙대"란 활주로와 항공기가 활주로를 이탈하는 경우 항공기와 탑승자의 피해를 줄이기 위하여 활주로 주변에 설치하는 안전지대로서 국토해양부령으로 정하는 길이와 폭으로 이루어지는 활주로 중심선에 중심을 두는 직사각형의 지표면 또는 수면을 말한다.

12. "비행정보구역"이란 항공기의 안전하고 효율적인 비행과 항공기의 수색 또는 구조에 필요한 정보를 제공하기 위한 공역(空域)으로서 「국제민간 항공조약」 및 같은 조약 부속서에 따라 국토해양부장관이 그 명칭, 수직 및 수평 범위를 지정·공고

한 공역을 말한다.

13. "항공기사고"란 사람이 항공기에 비행을 목적으로 탑승한 때부터 탑승한 모든 사람이 항공기에서 내릴 때까지 항공기의 운항과 관련하여 발생한 다음 각 목의 어느 하나에 해당하는 것을 말한다.

　가. 사람의 사망·중상(重傷) 또는 행방불명

　나. 항공기의 중대한 손상·파손 또는 구조상의 고장

　다. 항공기의 위치를 확인할 수 없거나 항공기에 접근이 불가능한 경우

14. "항공기준사고(航空機準事故)"란 항공기사고 외에 항공기사고로 발전할 수 있었던 것으로서 국토해양부령으로 정하는 것을 말한다.

15. "항공안전장애"란 항공기사고, 항공기준사고 외에 항공기 운항 및 항행안 전시설과 관련하여 항공안전에 영향을 미치거나 미칠 우려가 있었던 것으로서 국토해양부령으로 정하는 것을 말한다.

16. "장애물 제한표면"이란 항공기의 안전운항을 위하여 비행장 주변에 장애물(항공기의 안전운항을 방해하는 지형·지물 등을 말한다)의 설치 등이 제한되는 표면으로서 대통령령으로 정하는 것을 말한다.

17. "항행안전시설"이란 유선통신, 무선통신, 불빛, 색채 또는 형상(形象)을 이용하여 항공기의 항행을 돕기 위한 시설로서 국토해양부령으로 정하는 시설을 말한다.

18. "항공등화"란 불빛을 이용하여 항공기의 항행을 돕기 위한 항행안전시설로서 국토해양부령으로 정하는 시설을 말한다.

19. "관제권(管制圈)"이란 비행장과 그 주변의 공역으로서 항공교통의 안전을 위하여 국토해양부장관이 지정한 공역을 말한다.

20. "관제구(管制區)"란 지표면 또는 수면으로부터 200미터 이상 높이의 공역으로서 항공교통의 안전을 위하여 국토해양부장관이 지정한 공역을 말한다.

21. "항공로"란 국토해양부장관이 항공기의 항행에 적합하다고 지정한 지구의 표면상에 표시한 공간의 길을 말한다.

22. "시계비행 기상상태"란 항공기가 항행할 때의 가시거리 및 구름 상황을 고려하여 국토해양부령으로 정하는 시계상(視界上) 양호한 기상상태를 말한다.

23. "계기비행 기상상태"란 시계비행(視界飛行) 기상상태 외의 기상상태를 말한다.

24. "계기비행"이란 항공기의 자세·고도(高度)·위치 및 비행방향의 측정을 항공기에 장착된 계기에만 의존하여 비행하는 것을 말한다.

25. "계기비행방식"이란 다음 각 목에 따른 비행방식을 말한다.

　　가. 관제권에서의 이륙 및 이에 따른 상승비행(上昇飛行)과 착륙 및 이에 선행(先行)하는 강하비행(降下飛行)은 제38조에 따라 국토해양부장관이 지정하는 항공로 또는 제70조제1항에 따라 국토해양부장관이 지시하는 비행로에서 하고, 그 밖의 비행은 제70조제1항에 따라 국토해양부장관이 지시한 방법에 따라 하는 비행방식

　　나. 가목에 따른 비행 외의 관제구에서의 비행을 제70조제1항에 따른 국토해양부장관의 지시에 따라 하는 비행방식

26. "경량항공기"란 항공기 외에 비행할 수 있는 것으로서 국토해양부령으로 정하는 타면(舵面)조종형비행기, 체중이동형비행기 및 회전익경량항공기 등을 말한다.

27. "경량항공기사고"란 경량항공기의 비행과 관련하여 발생한 다음 각 목의 어느 하나에 해당하는 것을 말한다.

　　가. 경량항공기에 의한 사람의 사망·중상 또는 행방불명

　　나. 경량항공기의 추락·충돌 또는 화재 발생

　　다. 경량항공기의 위치를 확인할 수 없거나 경량항공기에 접근이 불가능한 경우

28. "초경량비행장치"란 항공기와 경량항공기 외에 비행할 수 있는 장치로서 국토해양부령으로 정하는 동력비행장치(動力飛行裝置), 인력활공기(人力滑空機), 기구류(氣球類) 및 무인비행장치 등을 말한다.

29. "초경량비행장치사고"란 초경량비행장치(超輕量飛行裝置)의 비행과 관련하여 발생한 다음 각 목의 어느 하나에 해당하는 것을 말한다.

　　가. 초경량비행장치에 의한 사람의 사망·중상 또는 행방불명

　　나. 초경량비행장치의 추락·충돌 또는 화재 발생

　　다. 초경량비행장치의 위치를 확인할 수 없거나 초경량비행장치에 접근이 불가능한 경우

30. "모의비행장치"란 항공기의 조종실을 모방하여 기계·전기·전자장치 등의 통제 기능과 비행의 성능 및 특성 등을 실제의 항공기와 동일하게 재현할 수 있게 고안된 장치를 말한다.

31. "항공운송사업"이란 타인의 수요에 맞추어 항공기를 사용하여 유상(有償)으로 여객이나 화물을 운송하는 사업을 말한다.

32. "국내항공운송사업"이란 국토해양부령으로 정하는 일정 규모 이상의 항공기를 이

용하여 다음 각 목의 어느 하나에 해당하는 운항을 하는 항공운송사업을 말한다.

가. 국내 정기편 운항: 국내공항과 국내공항 사이에 일정한 노선을 정하고 정기적인 운항계획에 따라 운항하는 항공기 운항

나. 국내 부정기편 운항: 국내에서 이루어지는 가목 외의 항공기 운항

33. "국제항공운송사업"이란 국토해양부령으로 정하는 일정 규모 이상의 항공기를 이용하여 다음 각목의 어느 하나에 해당하는 운항을 하는 항공운송사업을 말한다.

가. 국제 정기편 운항: 국내공항과 외국공항 사이 또는 외국공항과 외국공항 사이에 일정한 노선을 정하고 정기적인 운항계획에 따라 운항하는 항공기 운항

나. 국제 부정기편 운항: 국내공항과 외국공항 사이 또는 외국공항과 외국공항 사이에 이루어지는 가목 외의 항공기 운항

34. "소형항공운송사업"이란 국내항공운송사업 및 국제항공운송사업 외의 항공운송사업을 말한다.

35. "항공기사용사업"이란 항공운송사업 외의 사업으로서 타인의 수요에 맞추어 항공기를 사용하여 유상으로 농약 살포, 건설 또는 사진촬영 등 국토해양부령으로 정하는 업무를 하는 사업을 말한다.

36. "항공기취급업"이란 항공기에 대한 급유(給油), 항공 화물 또는 수하물(手荷物)의 하역(荷役), 그 밖에 정비 등을 제외한 지상조업(地上操業)을 하는 사업을 말한다.

37. "항공기정비업"이란 항공기 등장비품 또는 부품의 정비 등을 하는 사업을 말한다.

38. "상업서류 송달업"이란 타인의 수요에 맞추어 유상으로 「우편법」 제2조 제2항 단서에 해당하는 수출입 등에 관한 서류와 그에 딸린 견본품을 항공기를 이용하여 송달하는 사업을 말한다.

39. "항공운송 총대리점업"이란 항공운송사업을 경영하는 자를 위하여 유상으로 항공기를 이용한 여객 또는 화물의 국제운송계약 체결을 대리(代理) [여권 또는 사증(査證)을 받는 절차의 대행은 제외한다]하는 사업을 말한다.

40. "도심공항터미널업"이란 공항구역이 아닌 곳에서 항공여객 및 항공화물의 수송 및 처리에 관한 편의를 제공하기 위하여 이에 필요한 시설을 설치·운영하는 사업을 말한다.

[전문개정 2009.6.9]

제2조의2(임대차 항공기에 대한 권한 및 의무이양) 외국에 등록된 항공기를 임차하여 운영하거나 대한민국에 등록된 항공기를 외국에 임대하여 운항하게 하는 경우 그 임대차

(賃貸借) 항공기의 감항증명(堪航證明), 항공종사자의 자격관리, 항공기 운항 등에 관련된 권한 및 의무의 이양(移讓)에 관한 사항은 「국제민간항공조약」에 따라 국토해양부장관이 정하여 고시한다.

[전문개정 2009.6.9]

제2조의3(군용항공기 등의 적용 특례) ① 군용항공기와 이에 관련된 항공업무에 종사하는 사람에 대하여는 이 법을 적용하지 아니한다.

② 세관업무 또는 경찰업무에 사용하는 항공기와 이에 관련된 항공업무에 종사하는 사람에 대하여는 이 법을 적용하지 아니한다. 다만, 국토해양부령으로 정하는 긴급출동의 경우를 제외하고는 공중 충돌 예방을 위하여 제38조의2, 제40조, 제54조 및 제70조제1항을 적용한다.

③ 「대한민국과 아메리카합중국 간의 상호방위조약」 제4조에 따라 미합중국이 사용하는 항공기와 이에 관련된 항공업무에 종사하는 사람에 대하여는 제2항을 준용한다.

④ 제144조제1항, 제145조, 제146조 및 제151조는 「대한민국과 아메리카합중국 간의 상호방위조약」 제4조에 따라 미합중국이 사용하는 항공기와 이에 관련된 항공업무에 종사하는 사람에 대하여는 적용하지 아니한다.

[전문개정 2009.6.9]

제2조의4(국가기관 등 항공기의 적용 특례) ① 국가기관 등 항공기와 이에 관련된 항공업무에 종사하는 사람에 대하여는 이 법(제53조, 제56조 및 제153조는 제외한다)을 적용한다.

② 제1항에도 불구하고 국가기관 등 항공기를 재해·재난 등으로 인한 수색·구조, 화재의 진화, 응급환자 후송, 그 밖에 국토해양부령으로 정하는 공공목적으로 긴급히 운항(훈련을 포함한다)하는 경우에는 제38조의2, 제43조, 제54조, 제55조제1호부터 제3호까지, 제70조제1항, 제74조의2제2호를 적용하지 아니한다.

③ 제49조의3, 제49조의4, 제50조제5항 및 제6항을 국가기관 등 항공기에 적용할 때에는 "국토해양부장관"을 "소관 행정기관의 장"으로 본다. 이 경우 소관 행정기관의 장은 제49조의3, 제49조의4, 제50조제5항 및 제6항에 따라 보고 받은 사실을 국토해양부장관에게 통보하여야 한다.

[전문개정 2009.6.9]

제2조의5(항공정책기본계획의 수립) ① 국토해양부장관은 국가항공정책(「항공우주산업개발 촉진법」에 따른 항공우주산업의 지원·육성에 관한 사항은 제외한다. 이하 같다)

에 관한 기본계획(이하 "항공정책기본계획"이라 한다)을 5년마다 수립하여야 한다.

② 항공정책기본계획에는 다음 각 호의 사항이 포함되어야 한다.

1. 국내외 항공정책 환경의 변화와 전망

2. 국가항공정책의 목표, 전략계획 및 단계별 추진계획

3. 국내 항공운송사업 등의 육성 및 경쟁력 강화에 관한 사항

4. 공항의 효율적 개발 및 운영에 관한 사항

5. 공항 이용자 보호 및 서비스 개선에 관한 사항

6. 항공전문인력의 양성 및 항공안전기술의 개발에 관한 사항

7. 항공교통의 안전관리에 관한 사항

8. 그 밖에 항공운송사업 등의 진흥을 위하여 필요한 사항

③ 항공정책기본계획은 제37조의2의 항공안전기술개발계획, 제49조제1항의 항공안전 프로그램 및 제89조의 공항개발 중장기 종합계획에 우선하며 그 계획의 기본이 된다.

④ 국토해양부장관은 항공정책기본계획을 수립하거나 대통령령으로 정하는 중요한 사항을 변경하는 경우에는 관계 중앙행정기관의 장과 특별시장·광역시장·도지사 또는 특별자치도지사(이하 "시·도지사"라 한다)와 협의하여야 한다.

⑤ 국토해양부장관은 제4항에 따라 항공정책기본계획을 수립하거나 변경하였을 때에는 관보에 고시하고, 관계 중앙행정기관의 장 및 시·도지사에게 알려야 한다.

⑥ 국토해양부장관은 항공정책기본계획을 시행하기 위하여 필요한 연도별 시행계획을 수립하여야 한다.

[전문개정 2009.6.9]

제2조의6(항공정책위원회의 설치 등) ① 항공정책에 관한 다음 각 호의 사항을 심의하기 위하여 국토해양부장관 소속으로 항공정책위원회를 둔다.

<개정 2008.2.29>

1. 항공정책기본계획의 수립 및 변경

2. 제2조의5제6항에 따른 연도별 시행계획의 수립 및 변경

3. 그 밖에 항공정책에 관한 중요 사항으로서 국토해양부장관이 심의에 부치는 사항

② 항공정책위원회의 구성과 운영에 필요한 사항은 대통령령으로 정한다.

[본조신설 2007.12.21]

제2장 항공기 〈개정 2009.6.9〉

제3조(항공기의 등록) 항공기를 소유하거나 임차하여 항공기를 사용할 수 있는 권리가 있는 자(이하 "소유자등"이라 한다)는 항공기를 국토해양부장관에게 등록하여야 한다. 다만, 대통령령으로 정하는 항공기는 그러하지 아니하다.

[전문개정 2009.6.9]

제4조(국적의 취득) 제3조에 따라 등록된 항공기는 대한민국의 국적을 취득하고 이에 따른 권리·의무를 갖는다.

[전문개정 2009.6.9]

제5조(소유권 등의 등록) ① 항공기에 대한 소유권의 취득·상실·변경은 등록하여야 그 효력이 생긴다.

② 항공기에 대한 임차권은 등록하여야 제3자에 대하여 그 효력이 생긴다.

[전문개정 2009.6.9]

제6조(항공기 등록의 제한) ① 다음 각 호의 어느 하나에 해당하는 자가 소유하거나 임차하는 항공기는 등록할 수 없다. 다만, 대한민국의 국민 또는 법인이 임차하거나 그 밖에 항공기를 사용할 수 있는 권리를 가진 자가 임차한 항공기는 그러하지 아니하다.

1. 대한민국 국민이 아닌 사람

2. 외국정부 또는 외국의 공공단체

3. 외국의 법인 또는 단체

4. 제1호부터 제3호까지의 어느 하나에 해당하는 자가 주식이나 지분의 2분의 1 이상을 소유하거나 그 사업을 사실상 지배하는 법인

5. 외국인이 법인등기부상의 대표자이거나 외국인이 법인등기부상의 임원수의 2분의 1 이상을 차지하는 법인

② 외국 국적을 가진 항공기는 등록할 수 없다.

[전문개정 2009.6.9]

제7조 삭제 <1999.4.15>

제8조(등록 사항) ① 국토해양부장관은 소유자등이 항공기의 등록을 신청한 경우에는 항공기 등록원부에 다음 각 호의 사항을 기록하여야 한다.

1. 항공기의 형식

2. 항공기의 제작자

3. 항공기의 제작번호

4. 항공기의 정치장(定置場)

5. 소유자 또는 임차인·임대인의 성명 또는 명칭과 주소 및 국적

6. 등록 연월일

7. 등록기호

② 제1항 외에 항공기의 등록에 필요한 사항은 대통령령으로 정한다.

[전문개정 2009.6.9]

제9조(등록증명서의 발급) 국토해양부장관은 제8조에 따라 항공기를 등록하였을 때에는 신청인에게 항공기 등록증명서를 발급하여야 한다.

[전문개정 2009.6.9]

제10조(변경등록) 소유자등은 제8조제1항제4호에 따라 등록된 항공기의 정치장이 변경되었을 때에는 그 사유가 발생한 날부터 15일 이내에 국토해양부장관에게 변경등록을 신청하여야 한다.

[전문개정 2009.6.9]

제11조(이전등록) 등록된 항공기의 소유권 또는 임차권을 이전하는 경우에는 소유자, 양수인 또는 임차인은 국토해양부장관에게 이전등록을 신청하여야 한다.

[전문개정 2009.6.9]

제12조(말소등록) ① 소유자등은 등록된 항공기가 다음 각 호의 어느 하나에 해당하는 경우에는 그 사유가 발생한 날부터 15일 이내에 국토해양부장관에게 말소등록을 신청하여야 한다.

1. 항공기가 멸실(滅失)되었거나 항공기를 해체(정비, 개조, 수송 또는 보관을 위하여 하는 해체는 제외한다)한 경우

2. 항공기의 존재 여부가 2개월 이상 불분명한 경우

3. 제6조제1항 각 호의 어느 하나에 해당하는 자에게 항공기를 양도하거나 임대(외국 국적을 취득하는 경우만 해당한다)한 경우

4. 임차기간의 만료 등으로 항공기를 사용할 수 있는 권리가 상실된 경우

② 제1항의 경우 소유자등이 말소등록을 신청하지 아니하면 국토해양부장관은 7일 이상의 기간을 정하여 말소등록을 신청할 것을 최고(催告)하여야 한다.

③ 제2항에 따른 최고를 한 후에도 소유자등이 말소등록을 신청하지 아니하면 국토해양부장관은 직권으로 등록을 말소하고 그 사실을 소유자등, 그 밖의 이해관계인에게

알려야 한다.

[전문개정 2009.6.9]

제13조(등록 등본 등의 발급청구 등) 누구든지 국토해양부장관에게 항공기 등록 원부의 등본 또는 초본의 발급을 청구하거나 항공기 등록원부의 열람을 청구할 수 있다.

[전문개정 2009.6.9]

제14조(등록기호표의 부착) ① 소유자등은 항공기를 등록한 경우에는 그 항공기의 등록기호표를 국토해양부령으로 정하는 형식·위치 및 방법 등에 따라 항공기에 붙여야 한다. <개정 2009.6.9>

② 삭제 <1999.2.5>

③ 누구든지 제1항에 따라 항공기에 붙인 등록기호표를 훼손하여서는 아니 된다. <개정 2009.6.9>

제15조(감항증명) ① 항공기가 안전하게 비행할 수 있는 성능(이하 "감항성"이 한다)이 있다는 증명(이하 "감항증명"이라 한다)을 받으려는 자는 국토해 양부령으로 정하는 바에 따라 국토해양부장관에게 감항증명을 신청하여야 한다.

② 감항증명은 대한민국 국적을 가진 항공기가 아니면 받을 수 없다. 다만, 국토해양부령으로 정하는 항공기의 경우에는 그러하지 아니하다.

③ 감항증명을 받지 아니한 항공기를 항공에 사용하여서는 아니 된다. 다만, 시험비행 등을 위하여 국토해양부장관의 허가를 받은 경우에는 그러하지 아니하다.

④ 감항증명의 유효기간은 1년으로 한다. 다만, 항공기의 형식 및 소유자등의 정비능력(제138조제2항에 따라 정비 등을 위탁하는 경우에는 정비조직인 증을 받은 자의 정비능력을 말한다) 등을 고려하여 국토해양부령으로 정 하는 바에 따라 유효기간을 연장할 수 있다.

⑤ 국토해양부장관은 감항증명을 할 때에는 항공기가 국토해양부장관이 고시한 항행의 안전을 확보하기 위한 기술상의 기준(이하 "기술기준"이라 한 다)에 적합한지를 검사한 후 그 항공기의 운용한계(運用限界)를 지정하여야 한다. 이 경우 다음 각 호의 어느 하나에 해당하는 항공기의 경우에는 국토해양부령으로 정하는 바에 따라 검사의 일부를 생략할 수 있다.

1. 제17조에 따른 형식증명(型式證明)을 받은 항공기

2. 제17조의2에 따른 형식증명승인을 받은 항공기

3. 제17조의3에 따른 제작증명을 받은 제작자가 제작한 항공기

4. 항공기를 수출하는 외국정부로부터 감항성(堪航性)이 있다는 승인을 받아 수입하는 항공기

⑥ 국토해양부장관은 제19조제1항에 따른 승인을 받지 못하거나 제153조제2항에 따른 검사 결과 항공기의 안전성 확보가 곤란하다고 인정하는 경우에는 해당 항공기에 대한 감항증명의 효력을 정지시키거나 유효기간을 단축시킬 수 있다.

⑦ 소유자등은 항공기를 운항하려면 그 항공기를 감항성이 있는 상태로 유지하여야 한다.

⑧ 국토해양부장관은 제7항에 따라 소유자등이 해당 항공기를 감항성이 있는 상태로 유지하는지를 수시로 검사하여야 하며, 항공기의 감항성 유지를 위하여 소유자등에게 항공기등·장비품 또는 부품에 대한 정비 등을 명할 수 있다.

[전문개정 2009.6.9]

제15조의2(항공기 등의 수출감항승인) ① 우리나라에서 제작·운항 또는 정비 등을 한 항공기등·장비품 또는 부품을 외국으로 수출하려는 자는 국토해양부령으로 정하는 바에 따라 국토해양부장관에게 수출감항승인을 신청할 수 있다.

② 제1항에 따른 신청을 받은 국토해양부장관은 해당 항공기등·장비품 또는 부품을 검사한 후 기술기준에 적합하다고 인정하는 경우에는 수출감항승인을 하여야 한다.

[전문개정 2009.6.9]

제16조(소음기준적합증명) ① 국토해양부령으로 정하는 항공기의 소유자등은 국토해양부령으로 정하는 바에 따라 감항증명을 받는 경우와 수리·개조 등으로 항공기의 소음치(騷音値)가 변동된 경우에는 그 항공기에 대하여 소음기준적합증명을 받아야 한다.

② 제1항에 따른 소음기준적합증명을 받지 아니하거나 소음기준적합증명의 기준에 적합하지 아니한 항공기를 운항하여서는 아니 된다. 다만, 국토해양부장관의 운항허가를 받은 경우에는 그러하지 아니하다.

③ 제1항에 따른 소음기준적합증명과 제2항 단서에 따른 운항허가에 필요한 사항은 국토해양부령으로 정한다.

[전문개정 2009.6.9]

제17조(형식증명) ① 항공기 등을 제작하려는 자는 그 항공기 등의 설계에 관하여 국토해양부령으로 정하는 바에 따라 국토해양부장관의 형식증명을 받을 수 있다. 이를 변경할 때에도 또한 같다.

② 국토해양부장관은 제1항에 따른 형식증명을 할 때에는 해당 항공기 등이 기술기준

에 적합한지를 검사한 후 적합하다고 인정되는 경우에는 형식증명서를 발급한다.

③ 국토해양부장관은 국내의 항공기 등의 제작업자가 외국에서 형식증명을 받은 항공기 등의 제작기술을 도입하여 항공기 등을 제작하는 경우에는 국토해양부령으로 정하는 바에 따라 제2항에 따른 검사의 일부를 생략할 수 있다.

④ 제1항에 따른 형식증명을 받거나 제17조의2에 따른 형식증명승인을 받은 항공기 등에 다른 형식의 장비품 또는 부품을 장착하기 위하여 설계를 변경하려는 자는 국토해양부령으로 정하는 바에 따라 국토해양부장관의 부가적인 형식증명을 받을 수 있다.

[전문개정 2009.6.9]

제17조의2(수입 항공기 등의 형식증명승인) ① 항공기 등의 설계에 관하여 외국 정부로부터 형식증명을 받은 항공기 등을 대한민국에 수출하려는 제작자는 항공기 등의 형식별로 외국정부의 형식증명이 기술기준에 적합한지에 대하여 국토해양부령으로 정하는 바에 따라 국토해양부장관의 승인(이하 "형식증명승인"이라 한다)을 받을 수 있다.

② 국토해양부장관은 제1항에 따라 형식증명승인을 할 때에는 해당 항공기 등이 기술기준에 적합한지를 검사하여야 한다. 다만, 대한민국과 항공안전에 관한 협정을 체결한 국가로부터 형식증명을 받은 항공기 등에 대하여는 그 검사를 생략할 수 있다.

③ 국토해양부장관은 제2항에 따른 검사 결과 해당 항공기 등이 기술기준에 적합하다고 인정할 때에는 국토해양부령으로 정하는 바에 따라 형식증명승인서를 발급하여야 한다.

[전문개정 2009.6.9]

제17조의3(제작증명) ① 제17조에 따른 형식증명을 받은 항공기 등을 제작하려는 자는 국토해양부령으로 정하는 바에 따라 국토해양부장관으로부터 기술 기준에 적합하게 항공기 등을 제작할 수 있는 기술, 설비, 인력 및 검사체계 등을 갖추고 있음을 증명하는 인증(이하 "제작증명"이라 한다)을 받을 수 있다.

② 제17조에 따라 형식증명을 받은 항공기 등을 제작하는 자가, 국제적으로 신인도(信認度)가 높은 인증기관으로서 국토해양부령으로 정하는 기관에서 제작증명을 받은 경우에는 제1항에 따른 제작증명을 받은 것으로 본다.

[전문개정 2009.6.9]

제18조(감항증명 검사기준의 변경) 소유자등은 기술기준이 변경되어 제17조에 따른 형식증명을 받은 항공기가 변경된 기준에 적합하지 아니하게 되었을 때에는 감항성에 관하여 국토해양부장관의 승인을 받아야 한다.

[전문개정 2009.6.9]

제19조(수리ㆍ개조승인) ① 감항증명을 받은 항공기의 소유자등은 해당 항공기 등 또는 장비품ㆍ부품을 국토해양부령으로 정하는 범위에서 수리하거나 개조하려면 국토해양부령으로 정하는 바에 따라 그 수리ㆍ개조가 기술기준에 적합한지에 관하여 국토해양부장관의 승인(이하 "수리ㆍ개조승인"이라 한다)을 받아야 한다.

② 소유자등은 수리ㆍ개조승인을 받지 아니한 항공기 등 또는 장비품ㆍ부품을 운항 또는 항공기 등에 사용하여서는 아니 된다.

③ 제1항에도 불구하고 다음 각 호의 어느 하나에 해당하는 경우로서 기술기준에 적합한 경우에는 수리ㆍ개조승인을 받은 것으로 본다.

1. 제20조에 따라 형식승인을 받은 자가 제작한 기술표준품을 그 승인을 받은 자가 수리ㆍ개조하는 경우

2. 제20조의2에 따라 부품등제작자증명을 받은 자가 제작한 장비품 또는 부품을 그 증명을 받은 자가 수리ㆍ개조하는 경우

3. 제138조에 따른 정비조직인증을 받은 자가 항공기등 또는 장비품ㆍ부품을 수리ㆍ개조하는 경우

[전문개정 2009.6.9]

제20조(기술표준품에 대한 형식승인) ① 항공기 등의 안전성을 확보하기 위하여 국토해양부장관이 정하여 고시하는 장비품(이하 "기술표준품"이라 한다)을 설계ㆍ제작하려는 자는 국토해양부령으로 정하는 바에 따라 해당 기술표준 품의 설계ㆍ제작에 대하여 국토해양부장관의 형식승인을 받아야 한다. 다만, 대한민국과 기술표준품의 형식승인에 관한 협정을 체결한 국가로부터 형식 승인을 받은 기술표준품으로서 국토해양부령으로 정하는 기술표준품은 본문에 따른 형식승인을 받은 것으로 본다.

② 제1항에 따른 형식승인을 받지 아니한 기술표준품을 항공기등에 사용하여서는 아니 된다.

[전문개정 2009.6.9]

제20조의2(부품등제작자증명) ① 항공기등에 사용할 장비품 또는 부품을 제작하려는 자는 국토해양부령으로 정하는 바에 따라 기술기준에 적합하게 장비품 또는 부품을 제작할 수 있는 인력, 설비, 기술 및 검사체계 등을 갖추고 있는지에 대하여 국토해양부장관의 증명(이하 "부품등제작자증명"이라 한다)을 받아야 한다. 다만, 다음 각 호의 어느 하나에 해당하는 장비품 또는 부품을 제작하는 경우에는 그러하지 아니하다.

1. 제17조에 따른 형식증명 당시 또는 제17조의2에 따른 수입 항공기등의 형식증명승인 당시 장착되었던 장비품 또는 부품의 제작자가 제작하는 같은 종류의 장비품 또는 부품

2. 제20조에 따른 형식승인을 받아 제작하는 기술표준품

3. 그 밖에 국토해양부령으로 정하는 장비품 또는 부품

② 소유자등은 부품등제작자증명을 받지 아니한 장비품 또는 부품을 항공기 등 또는 장비품에 사용하여서는 아니 된다.

③ 대한민국과 부품등제작자증명에 관한 협정을 체결한 국가로부터 부품등제작자증명을 받은 경우에는 제1항에 따른 부품등제작자증명을 받은 것으로 본다.

[전문개정 2009.6.9]

제21조 삭제 <2003.12.30>

제22조(항공기 등의 정비 등의 확인) 소유자등은 항공기 등·장비품 또는 부품에 대하여 정비 등(국토해양부령으로 정하는 경미한 정비 및 제19조제1항에 따른 수리·개조는 제외한다)을 한 경우에 제26조제9호의 항공정비사 자격 증명을 가진 사람으로부터 그 항공기 등·장비품 또는 부품이 기술기준에 적합하다는 확인을 받지 아니하면 이를 항공에 사용할 수 없다. 다만, 확인을 받기가 곤란한 대한민국 외의 지역에서 항공기 등·장비품 또는 부품에 대하여 정비 등을 하는 경우로서 국토해양부령으로 정하는 자격을 가진 사람이 그 항공기 등·장비품 또는 부품의 안전성을 확인한 경우에는 이를 항공에 사용할 수 있다.

[전문개정 2009.6.9]

제23조(초경량비행장치 등) ① 초경량비행장치를 소유한 자는 초경량비행장치의 종류, 용도, 소유자의 성명 등을 국토해양부령으로 정하는 바에 따라 국토해양부장관에게 신고하여야 하며, 국토해양부장관으로부터 신고번호를 발급 받은 후에는 그 초경량비행장치에 신고번호를 표시하여야 한다. 다만, 대통령령으로 정하는 초경량비행장치의 경우에는 그러하지 아니하다.

② 동력비행장치 등 국토해양부령으로 정하는 초경량비행장치를 사용하여 국토해양부장관이 고시하는 초경량비행장치 비행제한공역에서 비행하려는 사람은 미리 비행계획을 수립하여 국토해양부장관의 승인을 받아야 한다.

③ 동력비행장치 등 국토해양부령으로 정하는 초경량비행장치를 사용하여 비행하려는 사람은 국토해양부령으로 정하는 기관 또는 단체로부터 그 초경량비행장치가 국토해양

부장관이 정하여 고시하는 자격기준에 적합하다는 증명을 받아야 한다.

④ 동력비행장치 등 국토해양부령으로 정하는 초경량비행장치를 사용하여 비행하려는 사람은 국토해양부령으로 정하는 기관 또는 단체로부터 그 초경량비행장치가 국토해양부장관이 정하여 고시하는 비행안전을 위한 기술상의 기준에 적합하다는 안전성인증을 받아야 한다.

⑤ 영리 목적으로 비행하는 동력비행장치 등 국토해양부령으로 정하는 초경량 비행장치를 사용하여 비행하려는 사람은 국토해양부령으로 정하는 보험에 가입하여야 한다.

⑥ 국토해양부장관은 초경량비행장치의 조종자에 대한 교육훈련을 위하여 국토해양부령으로 정하는 인력·설비 등의 기준을 갖춘 기관을 전문교육기관으로 지정할 수 있다.

⑦ 초경량비행장치의 조종자는 초경량비행장치사고가 발생하였을 때에는 국토해양부령으로 정하는 바에 따라 지체 없이 국토해양부장관에게 그 사실을 보고하여야 한다. 다만, 조종자가 보고할 수 없는 경우에는 그 초경량비행장치의 소유자가 사고를 보고하여야 한다.

⑧ 초경량비행장치의 조종자는 초경량비행장치로 인하여 인명이나 재산에 피해가 발생하지 아니하도록 국토해양부령으로 정하는 준수 사항에 따라 비행하여야 한다.

⑨ 초경량비행장치를 사용하여 국토해양부장관이 고시하는 비행제한공역에서 비행하려는 사람은 안전한 비행과 사고 시 신속한 구조활동을 위하여 국토해양부령으로 정하는 장비를 장착하거나 휴대하여야 한다. 다만, 무인비행장치 등 국토해양부령으로 정하는 초경량비행장치는 그러하지 아니하다.

[전문개정 2009.6.9]

[시행일 : 2012.6.10] 제23조

제23조의2(초경량비행장치의 변경신고 등) ① 초경량비행장치를 소유한 자는 제23조 제1항에 따라 신고한 사항을 변경하려면 국토해양부령으로 정하는 바에 따라 국토해양부장관에게 변경신고를 하여야 한다.

② 초경량비행장치를 소유한 자는 신고한 초경량비행장치의 소유권을 이전하는 경우에는 국토해양부장관에게 이전신고를 하여야 한다.

③ 초경량비행장치를 소유한 자는 신고한 초경량비행장치가 멸실되었거나 초경량비행장치를 해체(정비·개조·수송 또는 보관을 위하여 하는 해체는 제외한다)한 경우에는 그 사유가 발생한 날부터 15일 이내에 국토해양부장관에게 말소신고를 하여야 한다.

[본조신설 2009.6.9]

제24조(경량항공기 등) ① 경량항공기를 사용하여 비행하려는 사람은 미리 비행 계획을 수립하여 국토해양부장관의 승인을 받아야 한다.

② 경량항공기를 사용하여 비행하려는 사람은 국토해양부령으로 정하는 기관 또는 단체로부터 그 경량항공기가 국토해양부장관이 정하여 고시하는 비행 안전을 위한 기술상의 기준에 적합하다는 안전성인증을 받아야 한다.

③ 경량항공기 소유자 또는 경량항공기를 사용하여 비행하려는 사람은 경량항공기 또는 그 장비품·부품을 정비한 경우에는 제26조제9호의 항공정비사 자격증명을 가진 자로부터 제2항에 따른 기술상의 기준에 적합하다는 확인을 받아야 한다. 다만, 국토해양부령으로 정하는 경미한 정비는 제외한다.

④ 경량항공기의 소유자 또는 경량항공기를 사용하여 비행하려는 사람은 국토해양부령으로 정하는 보험에 가입하여야 한다.

⑤ 경량항공기의 조종사는 경량항공기로 인하여 인명이나 재산에 피해가 발생하지 아니하도록 국토해양부령으로 정하는 준수사항을 따라야 한다.

⑥ 경량항공기를 사용하여 비행하려는 사람은 경량항공기를 영리목적으로 사용하여서는 아니 된다. 다만, 경량항공기의 조종교육을 위한 비행은 그러하지 아니하다.

⑦ 경량항공기의 조종사는 경량항공기사고가 발생하였을 때에는 국토해양부령으로 정하는 바에 따라 지체 없이 국토해양부장관에게 그 사실을 보고하여야 한다. 다만, 조종사가 보고할 수 없을 때에는 그 경량항공기의 소유자가 사고를 보고하여야 한다.

⑧ 경량항공기에 관하여는 제3조부터 제6조까지, 제8조부터 제14조까지, 제33조, 제34조, 제35조, 제36조, 제38조의2, 제39조, 제47조, 제54조 및 제70조를 준용한다. [본조신설 2009.6.9]

제3장 항공종사자 〈개정 2009.6.9〉

제25조(항공종사자 자격증명 등) ① 항공업무에 종사하려는 사람 또는 경량항공기를 사용하여 비행하려는 사람은 국토해양부령으로 정하는 바에 따라 국토해양부장관으로부터 항공종사자 자격증명(이하 "자격증명"이라 한다)을 받아야 한다.

② 다음 각 호의 어느 하나에 해당하는 사람은 자격증명을 받을 수 없다.

1. 다음 각 목의 나이 미만인 사람

  가. 자가용 조종사 및 경량항공기 조종사 자격의 경우: 17세(자가용 활공기 조종사

자격의 경우에는 16세)

나. 사업용 조종사, 부조종사, 항공사, 항공기관사, 항공교통관제사 및 항공정비사 자격의 경우: 18세

다. 운송용 조종사 및 운항관리사 자격의 경우: 21세

2. 제33조제1항에 따른 자격증명 취소처분을 받고 그 취소일부터 2년이 지나지 아니한 사람

③ 제1항 및 제2항에도 불구하고 「군사기지 및 군사시설 보호법」을 적용받는 항공작전기지에서 항공기를 관제하는 군인은 국방부장관으로부터 자격 인정을 받아 관제업무를 수행할 수 있다.

[전문개정 2009.6.9]

제26조(자격증명의 종류) 자격증명의 종류는 다음과 같이 구분한다.

1. 운송용 조종사

2. 사업용 조종사

3. 자가용 조종사

4. 부조종사

5. 경량항공기 조종사

6. 항공사

7. 항공기관사

8. 항공교통관제사

9. 항공정비사

10. 운항관리사

[전문개정 2009.6.9]

제27조(업무 범위) ① 자격증명을 받은 사람은 그가 받은 자격증명의 종류에 따른 항공업무 외의 항공업무에 종사하여서는 아니 된다. <개정 2009.6.9>

② 제1항에 따른 항공종사자의 자격증명의 종류에 따른 업무 범위는 별표와 같다. <개정 2009.6.9>

③ 삭제 <2003.7.25>

④ 제1항 및 제2항은 국토해양부령으로 정하는 항공기에 탑승하여 조종[항공기에 탑승하여 그 기체(機體) 및 발동기(發動機)를 다루는 것을 포함한다. 이하 같다]하는 경우와, 새로운 종류·등급 또는 형식의 항공기에 탑승하여 시험비행 등을 하는 경우로서 국

토해양부장관의 허가를 받은 경우에는 적용하지 아니한다. <개정 2009.6.9>

제28조(자격증명의 한정) ① 국토해양부장관은 다음 각 호의 구분에 따라 자격증명에 대한 한정을 할 수 있다.

1. 운송용 조종사, 사업용 조종사, 자가용 조종사, 부조종사 또는 항공기관사의 자격의 경우: 항공기의 종류·등급 또는 형식

2. 경량항공기 조종사의 경우: 경량항공기의 종류

3. 항공정비사 자격의 경우: 항공기 종류 및 정비 업무 범위

② 제1항에 따라 자격증명의 한정을 받은 항공종사자는 그 한정된 항공기의 종류·등급 또는 형식 외의 항공기나 한정된 업무범위 외의 항공업무에 종사하여서는 아니 된다.

③ 제1항에 따른 자격증명의 한정에 필요한 세부사항은 국토해양부령으로 정한다.

[전문개정 2009.6.9]

제29조(시험의 실시 및 면제) ① 자격증명을 받으려는 사람은 국토해양부령으로 정하는 바에 따라 항공업무에 종사하는 데에 필요한 지식 및 능력에 관하여 국토해양부장관이 실시하는 학과시험 및 실기시험에 합격하여야 한다. <개정 2009.6.9>

② 국토해양부장관은 제28조에 따라 자격증명을 항공기의 종류·등급 또는 형식별로 한정{제34조에 따른 계기비행(計器飛行)증명 및 조종교육증명을 포함한다}하는 경우에는 항공기 탑승경력 및 정비경력 등을 심사하여야 한다. 이 경우 종류 및 등급에 대한 최초의 자격증명의 한정은 실기시험을 실시하여 심사할 수 있다. <개정 2009.6.9>

③ 삭제 <1999.2.5>

④ 국토해양부장관은 다음 각 호의 어느 하나에 해당하는 사람에게는 국토해양부령으로 정하는 바에 따라 제1항 및 제2항에 따른 시험 및 심사의 전부 또는 일부를 면제할 수 있다. <개정 2009.6.9>

1. 외국정부로부터 자격증명을 받은 사람

2. 제29조의3에 따른 전문교육기관의 교육과정을 이수한 사람

3. 실무경험이 있는 사람

4. 「국가기술자격법」에 따른 항공기술 분야의 자격을 가진 사람

제29조의2(모의비행장치를 이용한 자격증명 실기시험의 실시 등) ① 국토해양부장관은 실제 항공기 대신 모의비행장치를 이용하여 제29조제1항에 따른 실기시험을 실시할 수 있다.

② 국토해양부장관이 지정하는 모의비행장치를 이용한 탑승경력은 제29조제2항에 따

른 항공기 탑승경력으로 본다.

③ 제2항에 따른 모의비행장치의 지정기준과 탑승경력의 인정 등에 필요한 사항은 국토해양부령으로 정한다.

[전문개정 2009.6.9]

제29조의3(전문교육기관의 지정·육성) ① 국토해양부장관은 항공종사자를 육성하기 위하여 국토해양부령으로 정하는 바에 따라 항공종사자 전문교육기관(이하 "전문교육기관"이라 한다)을 지정할 수 있다.

② 국토해양부장관은 제1항에 따라 지정된 전문교육기관이 항공운송사업에 필요한 항공종사자를 육성하는 경우에는 예산의 범위에서 필요한 경비의 전부 또는 일부를 지원할 수 있다. <신설 2010.3.22>

③ 전문교육기관의 지정기준은 국토해양부령으로 정한다. <개정 2010.3.22>

④ 국토해양부장관은 전문교육기관으로 지정받은 자가 제3항에 따른 전문교육 기관의 지정기준을 위반한 경우에는 그 지정을 취소할 수 있다.

<개정 2010.3.22>

[전문개정 2009.6.9]

[제목개정 2010.3.22]

제30조 삭제 <2005.11.8>

제31조(항공신체검사증명) ① 제26조제1호부터 제8호까지의 자격증명을 받은 사람 중 다음 각 호의 어느 하나에 해당하는 사람은 국토해양부장관으로부터 자격증명별로 항공신체검사증명을 받아야 한다.

1. 제26조제1호부터 제4호까지, 제6호 및 제7호에 따른 자격증명을 받은 사람 중 항공기에 탑승하여 항공업무에 종사하는 사람(이하 "운항승무원"이 라 한다)

2. 제26조제5호에 따른 자격증명을 받고 경량항공기에 탑승하여 조종을 하는 사람

3. 제26조제8호에 따른 자격증명을 받고 항공교통관제사로서 항공업무를 하려는 사람

② 제1항에 따른 자격증명별 항공신체검사증명의 기준, 방법, 유효기간 등에 관하여 필요한 사항은 국토해양부령으로 정한다.

③ 국토해양부장관은 항공신체검사증명을 받는 사람이 제2항에 따른 항공신체 검사증명의 기준에 적합한 경우에는 항공신체검사증명서를 발급하여야 한다.

④ 국토해양부장관은 항공신체검사증명을 받는 사람이 제2항에 따른 자격증명별 항공신체검사증명의 기준에 일부 미달한 경우에도 국토해양부령으로 정하는 바에 따라 항

공신체검사를 받은 사람의 경험 및 능력을 고려하여 필요하다고 인정하는 경우에는 해당 항공업무의 범위를 한정하여 항공신체검사증명서를 발급할 수 있다.

⑤ 제1항에 따른 자격증명별 항공신체검사증명 결과에 불복하는 사람은 국토해양부령으로 정하는 바에 따라 이의신청을 할 수 있다.

⑥ 국토해양부장관은 제5항에 따른 이의신청에 대한 결정을 한 경우에는 지체 없이 신청인에게 그 결정 내용을 알려야 한다.

[전문개정 2009.6.9]

제31조의2(항공전문의사의 지정 등) ① 국토해양부장관은 제31조에 따른 자격증명별 항공신체검사증명을 효율적이고 전문적으로 하기 위하여 항공의학에 관한 전문교육을 받은 전문의사(이하 "항공전문의사"라 한다)를 지정하여 제31조에 따른 항공신체검사증명에 관한 업무를 수행하게 할 수 있다.

② 항공전문의사의 지정기준 및 지정절차 등에 관하여 필요한 사항은 국토해양부령으로 정한다.

③ 항공전문의사는 국토해양부령으로 정하는 바에 따라 국토해양부장관이 정기적으로 실시하는 전문교육을 받아야 한다.

[전문개정 2009.6.9]

제31조의3(항공전문의사 지정의 취소 등) ① 국토해양부장관은 항공전문의사가 다음 각 호의 어느 하나에 해당하면 그 지정을 취소하거나 1년 이내의 기간을 정하여 그 지정의 효력 정지를 명할 수 있다. 다만 제1호부터 제4호 까지의 어느 하나에 해당하는 경우에는 취소하여야 한다.

1. 항공전문의사가 제31조의2제2항에 따른 지정기준에 적합하지 아니하게 된 경우
2. 항공전문의사가 고의 또는 중대한 과실로 항공신체검사증명서를 잘못 발급한 경우
3. 항공전문의사가 「의료법」 제65조 또는 제66조에 따라 자격이 취소 또는 정지된 경우
4. 본인이 지정취소를 요청한 경우
5. 항공전문의사가 제31조의2제3항에 따른 전문교육을 받지 아니한 경우
6. 항공전문의사가 제31조제2항에 따라 국토해양부령으로 정한 업무를 태만히 수행한 경우

② 항공전문의사 지정취소의 절차 및 지정의 효력 정지의 구체적인 사항 등에 관하여 필요한 사항은 국토해양부령으로 정한다.

[본조신설 2009.6.9]

제32조(항공신체검사명령) 국토해양부장관은 특히 필요하다고 인정하는 경우에는 항공신체검사증명의 유효기간이 지나지 아니한 운항승무원 및 항공교통관제사에게 제31조에 따른 신체검사를 받을 것을 명할 수 있다.

[전문개정 2009.6.9]

제33조(자격증명·항공신체검사증명의 취소 등) ① 국토해양부장관은 항공종사자가 다음 각 호의 어느 하나에 해당하면 그 자격증명이나 자격증명의 한정(이하 이 조에서 "자격증명등"이라 한다)을 취소하거나 1년 이내의 기간을 정하여 자격증명 등의 효력 정지를 명할 수 있다. 다만, 제2호 또는 제32호에 해당하는 경우에는 해당 자격증명등을 취소하여야 한다.

1. 이 법을 위반하여 벌금 이상의 형을 선고받은 경우
2. 부정한 방법으로 자격증명등을 받은 경우
3. 항공종사자로서 항공업무를 수행할 때 고의 또는 중대한 과실로 항공기사고를 일으켜 인명피해나 재산피해를 발생시킨 경우
4. 항공교통관제업무를 수행할 때 고의 또는 중대한 과실로 항공기준사고에 해당하는 항공기 충돌 위험을 초래한 경우
5. 제22조에 따라 정비등을 확인하는 항공종사자가 기술기준에 적합하지 아니한 항공기 등·장비품 또는 부품을 적합한 것으로 확인한 경우
6. 제27조제1항을 위반하여 자격증명의 종류에 따른 항공업무 외의 항공업무에 종사한 경우
7. 제28조제2항을 위반하여 자격증명의 한정을 받은 항공종사자가 한정된 종류·등급 또는 형식 외의 항공기나 한정된 정비업무 외의 항공업무에 종사한 경우
8. 제31조제1항(제35조제4항에서 준용하는 경우를 포함한다)을 위반하여 항공신체검사증명을 받지 아니하고 항공업무에 종사하거나 항공기 조종연습을 한 경우
9. 제34조제1항을 위반하여 계기비행증명을 받지 아니하고 계기비행 또는 계기비행방식에 따른 비행을 한 경우
10. 제34조제2항을 위반하여 조종교육증명을 받지 아니하고 조종교육을 한 경우
11. 제34조의2제1항을 위반하여 항공영어구술능력증명을 받지 아니하고 같은 항 각 호의 어느 하나에 해당하는 항공업무에 종사한 경우
12. 제38조의2제1항을 위반하여 국토해양부장관이 정하여 공고하는 비행의 방식 및 절차에 따르지 아니하고 비관제공역(非官制空域) 또는 주의공역(主意空域)에서

비행한 경우

13. 제38조의2제2항을 위반하여 허가를 받지 아니하거나 국토해양부장관이 정하는 비행의 방식 및 절차에 따르지 아니하고 통제공역에서 비행한 경우

14. 제45조를 위반하여 국토해양부령으로 정하는 비행경험이 없이 항공운송 사업 및 항공기사용사업에 사용되는 항공기를 운항하거나 계기비행·야간 비행 또는 제34조제2항에 따른 조종교육의 업무에 종사한 경우

15. 제47조제1항을 위반하여 주정음료(酒精飲料) 등의 영향으로 항공업무를 정상적으로 수행할 수 없는 상태에서 항공업무(조종연습을 포함한다)에 종사한 경우

16. 제47조제2항을 위반하여 항공업무(조종연습을 포함한다)에 종사하는 동안에 같은 조 제1항에 따른 주정음료 등을 섭취하거나 사용한 경우

17. 제47조제3항을 위반하여 같은 조 제1항에 따른 주정음료 등의 섭취 및 사용 여부의 측정 요구에 따르지 아니한 경우

18. 제48조를 위반하여 제31조제2항에 따른 항공신체검사증명기준에 적합하지 아니한 운항승무원 및 항공교통관제사가 항공업무(조종연습을 포함한다)에 종사한 경우

19. 고의 또는 중대한 과실로 제49조의3제1항에 따른 항공안전장애 또는 제 49조의4제1항에 따른 경미한 항공안전장애를 발생시킨 경우

20. 제50조제2항 또는 제4항부터 제6항까지의 규정에 따른 기장의 의무를 이행하지 아니한 경우

21. 조종사가 제51조에 따른 운항자격의 인정 또는 심사를 받지 아니하고 운항한 경우

22. 제52조제2항을 위반하여 기장이 운항관리사의 승인을 받지 아니하고 항공기를 출발시키거나 비행계획을 변경한 경우

23. 제53조를 위반하여 이착륙 장소가 아닌 곳에서 이륙하거나 착륙한 경우

24. 제54조제1항을 위반하여 비행규칙을 따르지 아니하고 비행한 경우

25. 제55조를 위반하여 비행 중 금지행위 등을 한 경우

26. 제59조제1항을 위반하여 허가를 받지 아니하고 항공기로 위험물을 운송한 경우

27. 제70조제1항을 위반하여 국토해양부장관이 지시하는 이동·이륙·착륙의 순서 및 시기와 비행의 방법에 따르지 아니한 경우

28. 제74조제2항을 위반하여 항공종사자가 자격증명서 및 항공신체검사증명서 또는 국토해양부령으로 정하는 자격증명서를 지니지 아니하고 항공업무에 종사한 경우

29. 제74조의3을 위반하여 제74조의2에 따른 운항기술기준을 지키지 아니하고 비행을

하거나 업무를 수행한 경우

30. 제115조의2제4항을 위반하여 같은 조 제2항에 따른 운영기준을 지키지 아니하고 비행을 하거나 업무를 수행한 경우

31. 제116조제3항을 위반하여 같은 조 제1항에 따른 운항규정 또는 정비규정 지키지 아니하고 업무를 수행한 경우

32. 이 조에 따른 자격증명등의 정지명령을 위반하여 정지기간에 항공업무에 종사한 경우

② 국토해양부장관은 항공종사자가 다음 각 호의 어느 하나에 해당하면 그 항공신체검사증명을 취소하거나 1년 이내의 기간을 정하여 항공신체검사증명의 효력정지를 명할 수 있다. 다만, 제1호에 해당하는 경우에는 항공신체검사증명을 취소하여야 한다.

1. 부정한 방법으로 항공신체검사증명을 받은 경우

2. 제31조제2항에 따른 항공신체검사증명의 기준에 맞지 아니하게 되어 항공 업무를 수행하기에 부적합하다고 인정되는 경우

3. 제32조, 제47조, 제48조 또는 제74조제2항(자격증명서를 지니지 아니한 경우는 제외한다)을 위반한 경우

③ 자격증명 등의 시험에 응시하거나 심사를 받는 사람이 그 시험 또는 심사에서 부정행위를 하거나 항공신체검사를 받는 사람이 그 검사에서 부정한 행위를 한 경우에는 그 부정행위를 한 날부터 각각 2년간 이 법에 따른 자격증명 등의 시험에 응시하거나 심사를 받을 수 없으며, 이 법에 따른 신체검사를 받을 수 없다.

④ 제1항 및 제2항에 따른 처분의 기준 및 절차와 그 밖에 필요한 사항은 국토해양부령으로 정한다.

[전문개정 2009.6.9]

제34조(계기비행증명 및 조종교육증명) ① 운송용 조종사(회전익항공기를 조종하는 경우만 해당한다), 사업용 조종사, 자가용 조종사 또는 부조종사의 자격 증명을 받은 사람은 그가 사용할 수 있는 항공기의 종류로 다음 각 호의 비행을 하려면 국토해양부령으로 정하는 바에 따라 국토해양부장관으로부터 계기비행증명을 받아야 한다.

1. 계기비행

2. 계기비행방식에 따른 비행

② 다음 각 호의 조종연습을 하는 사람에 대하여 조종교육을 하려는 사람은 그 항공기의 종류별로 국토해양부령으로 정하는 바에 따라 국토해양부장관으로부터 조종교육

증명을 받아야 한다.

1. 제26조제1호부터 제4호까지의 규정에 따른 자격증명을 받지 아니한 사람 이 항공기(제27조제4항에 따라 국토해양부령으로 정하는 항공기는 제외한다)에 탑승하여 하는 조종연습

2. 제26조제1호부터 제4호까지의 규정에 따른 자격증명을 받은 사람이 그 자격증명에 대하여 한정을 받은 종류 외의 항공기에 탑승하여 하는 조종연습

③ 제2항에 따른 조종교육에 필요한 사항은 국토해양부령으로 정한다.

④ 제1항에 따른 계기비행증명 및 제2항에 따른 조종교육증명에 관하여는 제 29조 및 제33조제1항·제3항을 준용한다.

[전문개정 2009.6.9]

제34조의2(항공영어구술능력증명) ① 다음 각 호의 어느 하나에 해당하는 업무에 종사하려는 사람은 국토해양부장관으로부터 항공영어구술능력증명을 받아야 한다.

1. 두 나라 이상의 영공(領空)을 운항하는 항공기의 조종

2. 두 나라 이상의 영공을 운항하는 항공기에 대한 관제

3. 제80조의3에 따른 항공통신업무 중 두 나라 이상의 영공을 운항하는 항공기에 대한 무선통신

② 제1항에 따른 항공영어구술능력증명을 위한 시험의 실시, 항공영어구술능력 증명의 등급, 등급별 합격기준, 등급별 유효기간 등에 관하여 필요한 사항은 국토해양부령으로 정한다.

③ 국토해양부장관은 항공영어구술능력증명을 받으려는 사람이 제2항에 따른 등급별 합격기준에 적합한 경우에는 국토해양부령으로 정하는 바에 따라 항공영어구술능력증명서를 발급하여야 한다.

④ 제3항에도 불구하고 제25조제3항에 따라 국방부장관으로부터 자격인정을 받아 관제업무를 수행하는 사람으로서 항공영어구술능력증명을 받으려는 사람이 제2항에 따른 등급별 합격기준에 적합한 경우에는 국방부장관이 항 공영어구술능력증명서를 발급할 수 있다.

⑤ 외국정부로부터 항공영어구술능력증명을 받은 사람은 해당 등급별 유효기간의 범위에서 제2항에 따른 항공영어구술능력증명을 위한 시험이 면제된다.

⑥ 제1항에 따른 항공영어구술능력증명에 관하여는 제33조제1항제2호 및 같은 조 제3항을 준용한다. 이 경우 "자격증명" 및 "항공신체검사증명"은 "항공 영어구술능력증명"

으로 본다.

[전문개정 2009.6.9]

제35조(항공기의 조종연습) ① 다음 각 호의 조종연습을 위한 조종에 관하여는 제27조제1항·제2항 및 제28조제3항을 적용하지 아니한다.

1. 제26조제1호부터 제4호까지의 규정에 따른 자격증명 및 제31조에 따른 항 공신체검사증명을 받은 사람이 한정 받는 등급 또는 형식 외의 항공기(한 정 받은 종류의 항공기만 해당한다)에 탑승하여 하는 조종연습으로서 그 항공기를 조종할 수 있는 자격증명 및 항공신체검사증명을 받은 사람(그 항공기를 조종할 수 있는 지식 및 능력이 있다고 인정하여 국토해양부장 관이 지정한 사람을 포함한다)의 감독하에 하는 조종연습

2. 제34조제2항제1호에 따른 조종연습으로서 그 조종연습에 관하여 국토해양 부장관의 허가를 받고 조종교육증명을 받은 사람의 감독 하에 하는 조종 연습

3. 제34조제2항제2호에 따른 조종연습으로서 조종교육증명을 받은 사람의 감독하에 하는 조종연습

② 국토해양부장관은 제1항제2호에 따른 조종연습의 허가 신청을 받은 경우 신청인이 항공기의 조종연습을 하기에 필요한 능력이 있다고 인정되는 경우에는 국토해양부령으로 정하는 바에 따라 그 조종연습을 허가한다.

③ 제1항제2호에 따른 허가는 신청인에게 항공기 조종연습허가서를 발급함으로써 한다.

④ 제1항제2호에 따른 허가를 받은 사람에 대하여는 제31조·제32조 및 제33조를 준용한다.

[전문개정 2009.6.9]

제36조(조종연습허가서 등의 휴대) 제35조제3항에 따른 항공기 조종연습허가서를 받은 사람이 조종연습을 할 때에는 항공기 조종연습허가서와 항공신체검사증명서를 지녀야 한다.

[전문개정 2009.6.9]

제37조 삭제 <2003.12.30>

제4장 항공기의 운항 〈개정 2009.6.9〉

제37조의2(항공안전기술개발계획의 수립·시행) 국토해양부장관은 항공안전기술의 발

전을 위하여 다음 각 호의 사항을 포함한 항공안전기술에 관한 개발계획을 수립·시행하여야 한다.

1. 항공운항기술의 개발에 관한 사항

2. 항공안전 분야 종사자의 육성에 관한 사항

3. 항공교통관제기술의 향상에 관한 사항

4. 그 밖에 항공안전기술의 발전에 필요한 사항

[전문개정 2009.6.9]

제38조(공역 등의 지정) ① 삭제 <2005.11.8>

② 국토해양부장관은 공역을 체계적이고 효율적으로 관리하기 위하여 필요하다고 인정할 때에는 비행정보구역을 다음 각 호의 공역으로 구분하여 지정·공고할 수 있다. <개정 2009.6.9>

1. 관제공역: 항공교통의 안전을 위하여 항공기의 비행 순서·시기 및 방법 등에 관하여 국토해양부장관의 지시를 받아야 할 필요가 있는 공역으로서 관제권 및 관제구를 포함하는 공역

2. 비관제공역: 관제공역 외의 공역으로서 항공기에 탑승하고 있는 조종사에게 비행에 필요한 조언·비행정보 등을 제공하는 공역

3. 통제공역: 항공교통의 안전을 위하여 항공기의 비행을 금지하거나 제한할 필요가 있는 공역

4. 주의공역: 항공기의 비행 시 조종사의 특별한 주의·경계·식별 등이 필요한 공역

③ 국토해양부장관은 필요하다고 인정할 때에는 국토해양부령으로 정하는 바에 따라 제2항에 따른 공역을 세분하여 지정·공고할 수 있다. <개정 2009.6.9>

④ 제2항 및 제3항에 따른 공역의 설정기준과 그 밖에 공역의 지정 등에 필요한 사항은 국토해양부령으로 정한다. <개정 2009.6.9>

[전문개정 1999.2.5]

제38조의2(비행제한 등) ① 제38조제2항에 따른 비관제공역 또는 주의공역에서 비행하는 항공기는 그 공역에 대하여 국토해양부장관이 정하여 공고하는 비행의 방식 및 절차에 따라야 한다.

② 항공기는 제38조제2항에 따른 통제공역에서 비행하여서는 아니 된다. 다만, 국토해양부령으로 정하는 바에 따라 국토해양부장관의 허가를 받아 그 공역에 대하여 국토해

양부장관이 정하는 비행의 방식 및 절차에 따라 비행하 는 경우에는 그러하지 아니하다.

[전문개정 2009.6.9]

제38조의3(공역위원회의 설치) ① 제38조에 따른 공역의 설정 및 관리에 필요한 사항을 심의하기 위하여 국토해양부장관 소속으로 공역위원회를 둔다.

② 공역위원회의 구성·운영 및 기능 등에 관하여 필요한 사항은 대통령령으로 정한다.

[전문개정 2009.6.9]

제38조의4(항공교통안전에 관한 관계 행정기관의 장의 협조) 국토해양부장관은 항공교통의 안전을 확보하기 위하여 관계 행정기관의 장과 다음 각 호의 사항에 관하여 상호 협조하여야 한다. 이 경우 국가안전보장을 고려하여야 한다.

1. 항공교통관제에 관한 사항

2. 효율적인 공역관리에 관한 사항

3. 그 밖에 항공교통의 안전을 위하여 필요한 사항

[전문개정 2009.6.9]

제38조의5(전시 상황 등에서의 공역관리) 전시(戰時) 및 「통합방위법」에 따른 통합방위사태 선포 시의 공역관리에 관하여는 전시 관계법 및 「통합방위 법」에서 정하는 바에 따른다.

[전문개정 2009.6.9]

제39조(국적 등의 표시) ① 국적, 등록기호 및 소유자등의 성명 또는 명칭을 표시하지 아니한 항공기를 항공에 사용하여서는 아니 된다. 다만, 제15조제3항 단서에 따른 시험비행 등의 허가를 받은 경우에는 그러하지 아니하다.

② 제1항에 따른 국적 등의 표시에 필요한 사항은 국토해양부령으로 정한다.

[전문개정 2009.6.9]

제40조(무선설비의 설치·운용 의무) 항공기를 항공에 사용하려는 자 또는 소유자 등은 해당 항공기에 비상위치 무선표지설비, 2차 감시레이더용 트랜스폰더 등 국토해양부령으로 정하는 무선설비를 설치·운용하여야 한다.

[전문개정 2009.6.9]

제40조의2(경량항공기의 무선설비 설치·운용 의무) 경량항공기를 항공에 사용하려는 사람 또는 소유자 등은 해당 경량항공기에 무선교신용 전화, 항공기 식별용 트랜스폰더 등 국토해양부령으로 정하는 무선설비를 설치·운용하여야한다.

[본조신설 2009.6.9]

제41조(항공계기 등의 설치·탑재 및 운용 등) ① 항공기를 항공에 사용하려는 자 또는 소유자 등은 해당 항공기에 항공기 안전운항을 위하여 필요한 항공계기(航空計器), 장비, 서류, 구급용구 등(이하 "항공계기 등"이라 한다)을 설치하거나 탑재하여 운용하여야 한다.

② 제1항에 따라 항공계기 등을 설치하거나 탑재하여야 할 항공기, 항공계기 등의 종류, 설치·탑재기준 및 그 운용방법 등에 관하여 필요한 사항은 국토 해양부령으로 정한다.

[전문개정 2009.6.9]

제42조 삭제 <2005.11.8>

제42조의2 삭제 <2005.11.8>

제43조(항공기의 연료 등) 소유자등은 항공기에 국토해양부령으로 정하는 양의 연료 및 오일을 싣지 아니하고 항공기를 운항하여서는 아니 된다.

[전문개정 2009.6.9]

제44조(항공기의 등불) 항공기를 야간(일몰시부터 일출시까지의 사이를 말한다. 이하 같다)에 비행시키거나 비행장에 정류 또는 정박(碇泊)시키는 경우에는 국토해양부령으로 정하는 바에 따라 등불로 항공기의 위치를 나타내야 한다.

[전문개정 2009.6.9]

제45조(운항승무원의 조건) 항공운송사업 및 항공기사용사업에 사용되는 항공기를 운항하거나 국외비행에 사용되는 항공기 중 항공기 중량, 승객 좌석 수 등 국토해양부령으로 정하는 기준에 해당하는 항공기를 운항하거나 계기비행, 야간비행 또는 제34조제2항에 따른 조종교육 업무에 종사하려는 운항승무원은 국토해양부령으로 정하는 비행경험(모의비행장치를 이용하여 얻은 비행경험을 포함한다)이 있어야 한다.

[전문개정 2009.6.9]

제46조(승무시간 기준 등) ① 국토해양부장관은 비행의 안전을 고려하여 항공운 송사업 또는 항공기사용사업에 종사하는 운항승무원 및 객실승무원(이하 "승무원"이라 한다)의 승무시간, 비행 근무시간 등을 제한할 수 있다.

② 제1항에 따른 승무시간, 비행 근무시간 등의 기준에 관하여 필요한 사항은 국토해양부령으로 정한다.

[전문개정 2009.6.9]

제47조(주정음료등) ① 항공종사자(조종연습을 하는 사람을 포함한다. 이하 이 조에서 같다) 및 객실승무원은 주정성분이 있는 음료나 「마약류관리에 관 한 법률」 제2조제1호에 따른 마약류 등(이하 "주정음료 등"이라 한다)의 영향으로 항공업무(조종연습을 포함한다. 이하 이 조에서 같다) 또는 객실 승무원의 업무를 정상적으로 수행할 수 없는 상태에서는 항공업무 또는 객실승무원의 업무에 종사하여서는 아니 된다.

② 항공종사자 및 객실승무원은 항공업무 또는 객실승무원의 업무에 종사하는 동안에는 주정음료등을 섭취하거나 사용하여서는 아니 된다.

③ 국토해양부장관은 항공안전과 위험 방지를 위하여 필요하다고 인정하거나 항공종사자 및 객실승무원이 제1항 또는 제2항을 위반하여 항공업무 또는 객실승무원의 업무를 하였다고 인정할 만한 상당한 이유가 있을 때에는 주정음료 등의 섭취 및 사용 여부를 호흡측정기 검사 등의 방법으로 측정할 수 있으며, 항공종사자 및 객실승무원은 이러한 측정에 응하여야 한다.

④ 국토해양부장관은 항공종사자 또는 객실승무원이 제3항에 따른 측정 결과에 불복하면 그 항공종사자 또는 객실승무원의 동의를 받아 혈액 채취 또는 소변 검사 등의 방법으로 주정음료 등의 섭취 및 사용 여부를 다시 측정할 수 있다.

⑤ 주정음료 등의 영향으로 항공업무 또는 객실승무원의 업무를 정상적으로 수행할 수 없는 상태의 기준은 다음 각 호와 같다.

1. 주정성분이 있는 음료의 섭취로 혈중알코올농도가 0.04퍼센트 이상인 경우

2. 「마약류관리에 관한 법률」 제2조제1호에 따른 마약류를 사용한 경우

⑥ 제1항부터 제5항까지의 규정에 따른 주정음료 등의 종류, 주정음료 등의 측정에 필요한 세부 절차 및 측정기록의 관리 등에 관하여 필요한 사항은 국토해양부령으로 정한다.

[전문개정 2009.6.9]

제48조(신체장애) 제31조제2항에 따른 항공신체검사증명기준에 적합하지 아니한 운항승무원 및 항공교통관제사는 종전 항공신체검사증명의 유효기간이 남아있는 경우에도 항공업무(조종연습을 포함한다)에 종사하여서는 아니 된다.

[전문개정 2009.6.9]

제49조(항공안전프로그램 등) ① 국토해양부장관은 다음 각 호의 사항이 포함된 항공안전프로그램을 마련하여 고시하여야 한다.

1. 국가의 항공안전에 관한 목표

2. 제1호의 항공안전 목표를 달성하기 위한 항공기 운항, 항공교통업무, 항행 시설 운영, 공항 운영 및 항공기 정비 등 세부 분야별 활동에 관한 사항

3. 항공기사고, 항공기준사고 및 항공안전장애 등에 대한 보고체계에 관한 사항

4. 항공안전을 위한 자체조사활동 및 자체안전감독에 관한 사항

5. 잠재적인 항공안전 위험요소의 식별 및 개선조치의 이행에 관한 사항

6. 지속적인 자체감시와 정기적인 자체안전평가에 관한 사항

② 다음 각 호의 어느 하나에 해당하는 자는 사업을 시작하기 전까지 제1항의 항공안전프로그램에 따라 항공기사고 등의 예방 및 비행안전의 확보를 위한 항공안전관리시스템을 마련하고 국토해양부장관의 승인을 받아 운용하여야 한다. 국토해양부령으로 정하는 중요 사항을 변경할 때에도 또한 같다.

1. 제75조제2항에 따른 항행안전시설의 설치자, 제80조제1항에 따른 항행안 전시설의 관리자

2. 제111조의2제1항에 따른 공항운영자

3. 제112조제1항에 따라 국내항공운송사업 또는 국제항공운송사업의 면허를 받은 자, 제132조제1항에 따라 소형항공운송사업의 등록을 한 자(이하 "항공운송사업자"라 한다)

4. 제137조의2제1항에 따라 항공기정비업의 등록을 한 자

③ 국토해양부장관은 항공교통업무를 체계적으로 수행하기 위하여 제1항의 항공안전프로그램에 따라 항공교통업무에 관한 안전관리시스템을 구축·운용하여야 한다.

④ 다음 각 호의 사항은 국토해양부령으로 정한다.

1. 제1항의 항공안전프로그램의 마련에 필요한 사항

2. 제2항의 항공안전관리시스템에 포함되어야 할 사항, 항공안전관리시스템의 승인기준 및 구축·운용에 필요한 사항

3. 제3항의 항공교통업무 안전관리시스템의 구축·운용에 필요한 사항

[전문개정 2009.6.9]

제49조의2(항공기사고 지원계획서) ① 항공운송사업자는 국토해양부령으로 정하는 바에 따라 항공기사고와 관련된 탑승자 및 그 가족의 지원에 관한 계획서(이하 "항공기사고 지원계획서"라 한다)를 국토해양부장관에게 제출하여야 한다. 다만, 항공운송사업의 면허를 받으려는 자는 최초로 면허를 신청할 때 항공기사고 지원계획서를 제출하여야 한다.

② 항공기사고 지원계획서에는 다음 각 호의 사항이 포함되어야 한다.

1. 항공기사고대책본부의 설치 및 운영에 관한 사항

2. 탑승자의 구호 및 보상절차에 관한 사항

3. 유해(遺骸) 및 유품(遺品)의 식별·확인·관리·인도에 관한 사항

4. 탑승자 가족에 대한 통지 및 지원에 관한 사항

5. 그 밖에 국토해양부령으로 정하는 사항

③ 국토해양부장관은 항공기사고 지원계획서의 내용이 신속한 사고 수습을 위하여 적절하지 못하다고 인정하는 경우에는 그 내용의 보완 또는 변경을 명할 수 있다.

④ 항공운송사업자는 항공기사고가 발생하면 항공기사고 지원계획서에 포함된 사항을 지체 없이 이행하여야 한다.

⑤ 국토해양부장관은 제1항 단서에 따른 항공기사고 지원계획서를 제출하지 아니하거나 제3항에 따른 보완 또는 변경 명령을 이행하지 아니한 자에게는 사업면허를 발급하여서는 아니 된다.

[전문개정 2009.6.9]

제49조의3(항공안전 의무보고) ① 항공기사고, 항공기준사고 또는 항공안전장애를 발생시키거나 항공기사고, 항공기준사고 또는 항공안전장애가 발생한 것을 알게 된 항공종사자 등 관계인은 국토해양부장관에게 그 사실을 보고하여야 한다.

② 제1항에 따른 항공종사자 등 관계인의 범위, 보고에 포함되어야 할 사항, 시기, 보고방법 및 절차 등은 국토해양부령으로 정한다.

[본조신설 2009.6.9]

제49조의4(항공안전 자율보고) ① 항공기사고, 항공기준사고 및 항공안전장애 외에 항공안전을 해치거나 해칠 우려가 있는 경우로서 국토해양부령으로 정하는 상태(이하 "경미한 항공안전장애"라 한다)를 발생시켰거나 경미한 항공안전장애가 발생한 것을 안 사람 또는 경미한 항공안전장애가 발생될 것이 예상된다고 판단하는 사람은 국토해양부령으로 정하는 바에 따라 국토해양부장관에게 그 사실을 보고(이하 "항공안전 자율보고"라 한다)할 수 있다.

② 국토해양부장관은 제1항에 따라 항공안전 자율보고를 한 사람의 의사에 반하여 보고자의 신분을 공개하여서는 아니 된다.

③ 제33조제1항제5호부터 제19호까지 또는 제21호부터 제30호까지의 어느 하나에 해당하는 위반행위로 경미한 항공안전장애를 발생시킨 사람이 그 장애가 발생한 날부터

10일 이내에 제1항에 따른 보고를 한 경우에는 제33조제1항에 따른 처분을 하지 아니할 수 있다. 다만, 고의 또는 중대한 과실로 경미한 항공안전장애를 발생시킨 경우에는 그러하지 아니하다.

④ 항공안전 자율보고에 포함되어야 할 사항, 보고방법 및 절차 등은 국토해양부령으로 정한다.

[본조신설 2009.6.9]

제50조(기장의 권한 등) ① 항공기의 비행 안전에 대하여 책임을 지는 사람(이하 "기장"이라 한다)은 그 항공기의 승무원을 지휘·감독한다.

② 기장은 국토해양부령으로 정하는 바에 따라 항공기의 운항에 필요한 준비가 끝난 것을 확인한 후가 아니면 항공기를 출발시켜서는 아니 된다.

③ 기장은 항공기나 여객에 위난(危難)이 발생하였거나 발생할 우려가 있다고 인정될 때에는 항공기에 있는 여객에게 피난방법과 그 밖에 안전에 관하여 필요한 사항을 명할 수 있다.

④ 기장은 항행 중 그 항공기에 위난이 발생하였을 때에는 여객을 구조하고, 지상 또는 수상(水上)에 있는 사람이나 물건에 대한 위난 방지에 필요한 수단을 마련하여야 하며, 여객과 그 밖에 항공기에 있는 사람을 그 항공기에서 나가게 한 후가 아니면 항공기를 떠나서는 아니 된다.

⑤ 기장은 항공기사고, 항공기준사고 또는 항공안전장애가 발생하였을 때에는 국토해양부령으로 정하는 바에 따라 국토해양부장관에게 그 사실을 보고하여야 한다. 다만, 기장이 보고할 수 없는 경우에는 그 항공기의 소유자등이 보고를 하여야 한다.

⑥ 기장은 다른 항공기에서 항공기사고, 항공기준사고 또는 항공안전장애가 발생한 것을 알았을 때에는 국토해양부령으로 정하는 바에 따라 국토해양부 장관에게 그 사실을 보고하여야 한다. 다만, 무선설비를 통하여 그 사실을 안 경우에는 그러하지 아니하다.

[전문개정 2009.6.9]

제50조의2 삭제 <2009.6.9>

제51조(조종사의 운항자격) ① 항공운송사업에 사용되는 항공기의 기장 또는 국외비행에 사용되는 항공기 중 항공기 중량, 승객 좌석 수 등 국토해양부령으로 정하는 기준에 해당하는 항공기의 기장은 지식 및 기량에 관하여, 기장외의 조종사는 기량에 관하여 국토해양부장관의 자격인정을 받아야 한다.

② 국토해양부장관은 제1항에 따른 자격인정을 받은 사람에 대하여 그 지식 및 기량

의 유무를 정기적으로 심사하여야 하며, 특히 필요하다고 인정하는 경우에는 수시로 지식 및 기량의 유무를 심사할 수 있다.

③ 국토해양부장관은 제1항에 따른 자격인정을 받은 사람이 제2항에 따른 심사를 받지 아니하거나 그 심사에 합격하지 못한 경우에는 그 자격인정을 취소하여야 한다.

④ 국토해양부장관은 필요하다고 인정할 때에는 그가 지정한 항공운송사업자의 면허를 받은 자(이하 "지정항공운송사업자"라 한다)로 하여금 소속 조종사에 대하여 제1항에 따른 자격인정 또는 제2항에 따른 심사를 하게 할 수 있다.

⑤ 제4항에 따라 자격인정을 받거나 그 심사에 합격한 조종사는 제1항에 따른 자격인정 및 제2항에 따른 심사를 받은 것으로 본다. 이 경우 제3항을 준용한다.

⑥ 국토해양부장관은 제4항에도 불구하고 필요하다고 인정할 때에는 국토해양부령으로 정하는 조종사에 대하여 제2항에 따른 심사를 할 수 있다.

⑦ 항공운송사업에 종사하는 항공기의 기장은 운항하려는 지역, 노선 및 공항(국토해양부령으로 정하는 지역, 노선 및 공항에 관한 것만 해당한다)에 대한 경험 요건을 갖추어야 한다.

⑧ 제1항부터 제7항까지의 규정에 따른 자격인정·심사 또는 경험 요건 등에 관하여 필요한 사항은 국토해양부령으로 정한다.

[전문개정 2009.6.9]

제51조의2(모의비행장치에 따른 조종사의 운항자격 심사 등의 실시) 국토해양부장관은 비상시의 조치 등 실제의 항공기로 제51조에 따른 인정 및 심사를 하기 곤란한 사항에 대하여는 제29조의2제3항에 따라 국토해양부장관이 지정한 모의비행장치를 이용하여 제51조에 따른 조종사의 자격인정 및 심사를 할 수 있다.

[전문개정 2009.6.9]

제52조(운항관리사) ① 항공운송사업자와 항공기 중량, 승객 좌석 수 등 국토해양부령으로 정하는 기준에 해당하는 항공기로 국외를 운항하려는 자는 국토해양부령으로 정하는 바에 따라 운항관리사를 두어야 한다.

② 제1항에 따라 운항관리사를 두어야 하는 자가 운항하는 항공기의 기장은 항공기를 출발시키거나 비행계획을 변경하려는 경우에는 운항관리사의 승인을 받아야 한다.

③ 제1항에 따라 운항관리사를 두어야 하는 자는 국토해양부령으로 정하는 바에 따라 운항관리사가 해당 업무를 원활하게 수행하는 데에 필요한 지식 및 경험을 갖출 수 있도록 필요한 교육훈련을 하여야 한다.

[전문개정 2009.6.9]

제53조(이착륙의 장소) 항공기(활공기는 제외한다)는 육상에서는 비행장이 아닌 곳에서, 수상에서는 국토해양부령으로 정하는 장소가 아닌 곳에서 이륙하거나 착륙하여서는 아니 된다. 다만, 불가피한 사유가 있는 경우로서 국토해양부장관의 허가를 받은 경우에는 그러하지 아니하다.

[전문개정 2009.6.9]

제54조(비행규칙 등) ① 항공기를 운항하려는 사람은 「국제민간항공조약」 및 같은 조약 부속서에 따라 국토해양부령으로 정하는 비행에 관한 기준·절차·방식 등(이하 "비행규칙"이라 한다)에 따라 비행하여야 한다.

② 비행규칙은 다음 각 호와 같이 구분한다.

1. 재산 및 인명을 보호하기 위한 비행절차 등 일반적인 사항에 관한 규칙

2. 시계비행에 관한 규칙

3. 계기비행에 관한 규칙

4. 비행계획의 작성·제출·접수 및 통보 등에 관한 규칙

5. 그 밖에 비행안전을 위하여 필요한 사항에 관한 규칙

[전문개정 2009.6.9]

제55조(비행 중 금지행위 등) 항공기를 운항하려는 사람은 사람과 재산을 보호하기 위하여 다음 각 호의 어느 하나에 해당하는 비행 또는 행위를 하여서는 아니 된다. 다만, 국토해양부령으로 정하는 바에 따라 국토해양부장관의 허가를 받은 경우에는 그러하지 아니하다.

1. 국토해양부령으로 정하는 최저비행고도(最低飛行高度) 아래에서의 비행

2. 물건의 투하(投下) 또는 살포

3. 낙하산 강하(降下)

4. 국토해양부령으로 정하는 구역에서 뒤집어서 비행하거나 옆으로 세워서 비행하는 등의 곡예비행

5. 조종사 등 승무원이 타지 아니하고 비행할 수 있는 장치를 가진 항공기의 비행

6. 무인자유기구(無人自由器具)의 비행

7. 그 밖에 사람과 재산에 위해(危害)를 끼치거나 위해를 끼칠 우려가 있는 비행 또는 행위로서 국토해양부령으로 정하는 비행 또는 행위

[전문개정 2009.6.9]

제56조(긴급항공기의 지정 등) ① 응급환자의 수송 등 국토해양부령으로 정하는 긴급한 업무에 항공기를 사용하려는 소유자등은 그 항공기에 대하여 국토 해양부장관의 지정을 받아야 한다.

② 제1항에 따라 국토해양부장관의 지정을 받은 항공기(이하 "긴급항공기"라 한다)를 제1항에 따른 긴급한 업무의 수행을 위하여 운항하는 경우에는 제53조에 따른 이착륙 장소 제한 규정 및 제55조제1호의 최저비행고도 아래에서의 비행 금지 규정을 적용하지 아니한다.

③ 긴급항공기의 지정 및 운항절차 등에 관하여 필요한 사항은 국토해양부령으로 정한다.

④ 국토해양부장관은 긴급항공기를 운항하는 사람이 제3항에 따른 운항절차를 준수하지 아니하는 경우에는 긴급항공기의 지정을 취소할 수 있다.

⑤ 제4항에 따른 지정취소처분을 받은 자는 취소처분을 받은 날부터 2년 이내에는 긴급항공기의 지정을 받을 수 없다.

[전문개정 2009.6.9]

제57조 삭제 <2005.11.8>

제57조의2 삭제 <2005.11.8>

제58조 삭제 <2005.11.8>

제59조(위험물 운송 등) ① 항공기를 이용하여 폭발성이나 연소성이 높은 물건 등 국토해양부령으로 정하는 위험물(이하 "위험물"이라 한다)을 운송하려는 자는 국토해양부령으로 정하는 바에 따라 국토해양부장관의 허가를 받아야 한다.

② 항공기를 이용하여 운송되는 위험물을 포장·적재(積載)·저장·운송 또는 처리(이하 "위험물취급"이라 한다)하는 자(이하 "위험물취급자"라 한다)는 항공상의 위험 방지 및 인명의 안전을 위하여 국토해양부장관이 정하여 고시하는 위험물취급의 절차 및 방법에 따라야 한다.

[전문개정 2009.6.9]

제60조(위험물 포장 및 용기의 검사 등) ① 위험물의 운송에 사용되는 포장 및 용기를 제조·수입하여 판매하려는 자는 그 포장 및 용기의 안전성에 대하여 국토해양부장관이 실시하는 검사를 받아야 한다.

② 제1항에 따른 포장 및 용기의 검사방법·합격기준 등에 관하여 필요한 사항은 국토해양부장관이 정하여 고시한다.

③ 국토해양부장관은 위험물의 용기 및 포장에 관한 검사업무를 전문적으로 수행하는 기관(이하 "포장·용기검사기관"이라 한다)을 지정하여 제1항에 따른 검사를 하게 할 수 있다.

④ 포장·용기검사기관의 지정기준 및 운영 등에 관하여 필요한 사항은 국토해양부령으로 정한다.

⑤ 국토해양부장관은 포장·용기검사기관이 다음 각 호의 어느 하나에 해당하면 그 지정을 취소하거나 6개월 이내의 기간을 정하여 그 업무의 전부 또는 일부를 정지시킬 수 있다. 다만, 제1호에 해당하는 경우에는 그 포장·용기 검사기관의 지정을 취소하여야 한다.

1. 거짓이나 그 밖의 부정한 방법으로 포장·용기검사기관의 지정을 받은 경우

2. 제4항에 따른 지정기준에 맞지 아니하게 된 경우

⑥ 제5항에 따른 처분의 세부기준 및 절차와 그 밖에 필요한 사항은 국토해양부령으로 정한다.

[전문개정 2009.6.9]

제61조(위험물취급에 관한 교육 등) ① 위험물취급자는 위험물취급에 관하여 국토해양부장관이 실시하는 교육을 받아야 한다. 다만, 국제민간항공기구, 국제항공운송협회 등의 국제기구가 인정한 교육기관에서 위험물취급에 관한 교육을 이수한 경우에는 그러하지 아니하다.

② 제1항에 따라 교육을 받아야 하는 위험물취급자의 구체적인 범위와 교육 내용 등에 관하여 필요한 사항은 국토해양부장관이 정하여 고시한다.

③ 국토해양부장관은 제1항에 따른 교육을 효율적으로 하기 위하여 위험물취급에 관한 교육을 전문적으로 하는 전문교육기관을 지정하여 위험물취급자에 대한 교육을 하게 할 수 있다.

④ 제3항에 따른 전문교육기관의 지정기준 및 운영 등에 관하여 필요한 사항은 국토해양부령으로 정한다.

⑤ 국토해양부장관은 제3항에 따른 전문교육기관이 다음 각 호의 어느 하나에 해당하면 그 지정을 취소하거나 6개월 이내의 기간을 정하여 그 업무의 전부 또는 일부를 정지시킬 수 있다. 다만, 제1호에 해당하는 경우에는 그 전문교육기관의 지정을 취소하여야 한다.

1. 거짓이나 그 밖의 부정한 방법으로 전문교육기관의 지정을 받은 경우

2. 제4항에 따른 지정기준에 맞지 아니하게 된 경우

⑥ 제5항에 따른 처분의 세부기준 및 절차와 그 밖에 필요한 사항은 국토해양부령으로 정한다.

[전문개정 2009.6.9]

제61조의2(전자기기의 사용제한) 국토해양부장관은 운항 중인 항공기의 항행 및 통신장비에 대한 전자파 간섭 등의 영향을 방지하기 위하여 국토해양부령으로 정하는 바에 따라 여객이 지닌 전자기기의 사용을 제한할 수 있다.

[전문개정 2009.6.9]

제62조 삭제 <2005.11.8>

제63조 삭제 <2005.11.8>

제64조 삭제 <2005.11.8>

제65조 삭제 <1999.4.15>

제66조 삭제 <2005.11.8>

제67조 삭제 <1999.4.15>

제68조 삭제 <2005.11.8>

제69조 삭제 <2005.11.8>

제69조의2(쌍발비행기의 운항승인) ① 항공운송사업자가 2개의 발동기를 가진 비행기(이하 "쌍발비행기"라 한다)로서 국토해양부령으로 정하는 비행기를 1개의 발동기가 작동하지 아니할 때의 순항속도(巡航速度)로 가장 가까운 공항까지 비행하여 착륙할 수 있는 시간이 국토해양부령으로 정하는 시간을 초과하는 지점이 있는 노선을 운항하려면 국토해양부령으로 정하는 바에 따라 국토해양부장관의 승인을 받아야 한다.

② 국토해양부장관이 제1항에 따른 승인을 하려는 경우에는 제74조의2에 따라 고시하는 운항기술기준에 적합한지를 확인하여야 한다.

[전문개정 2009.6.9]

제69조의3(수직분리축소공역 등에서의 항공기 운항) ① 공역을 효율적으로 운영하기 위하여 수직분리고도를 축소하여 운영하는 공역(이하 "수직분리축소공 역"이라 한다) 또는 특정한 항행성능을 갖춘 항공기만 운항이 허용되는 공역(이하 "성능기반항행요구공역"이라 한다) 등 국토해양부령으로 정하는 공역에서 항공기를 운항하려는 소유자등은 국토해양부령으로 정하는 바에 따라 국토해양부장관의 승인을 받아야 한다. 다만, 수색·구조를 위하여 수직 분리축소공역에서 운항하려는 경우 등 국토해양부령으로 정하는 경우는 제 외한다.

② 국토해양부장관이 제1항에 따른 승인을 하려는 경우에는 제74조의2에 따라 고시하는 운항기술기준에 적합한지를 확인하여야 한다.

[전문개정 2009.6.9]

제70조(항공교통업무 등) ① 비행장, 관제권 또는 관제구에서 항공기를 이동ㆍ이륙ㆍ착륙시키거나 항공기로 비행을 하려는 사람은 국토해양부장관이 지시하는 이동ㆍ이륙ㆍ착륙의 순서 및 시기와 비행의 방법에 따라야 한다.

② 국토해양부장관은 비행정보구역에서 비행하는 항공기의 안전하고 효율적인 운항을 위하여 공항 및 항행안전시설의 운용 상태 등 항공기의 운항과 관련된 조언 및 정보를 조종사 또는 관련 기관 등에 제공할 수 있다.

③ 국토해양부장관은 비행정보구역 안에서 수색ㆍ구조를 필요로 하는 항공기에 관한 정보를 조종사 또는 관련 기관 등에게 제공할 수 있다.

④ 제1항부터 제3항까지의 규정에 따라 국토해양부장관이 하는 업무(이하 "항공교통업무"라 한다)의 대상, 내용, 절차 등에 관하여 필요한 사항은 국토해양부령으로 정한다.

⑤ 비행장 안의 이동지역에서 차량의 운행, 비행장의 유지ㆍ보수, 그 밖의 업무를 수행하는 자는 항공교통의 안전을 위하여 국토해양부장관의 지시에 따라야 한다.

[전문개정 2009.6.9]

제70조의2 삭제 <2007.12.21>

제71조 삭제 <2005.11.8>

제72조(수색ㆍ구조 지원계획의 수립ㆍ시행) 국토해양부장관은 항공기가 조난되는 경우 항공기 수색이나 인명구조를 위하여 대통령령으로 정하는 바에 따라 관계 행정기관의 역할 등을 정한 항공기 수색ㆍ구조 지원에 관한 계획을 수립ㆍ시행하여야 한다.

[전문개정 2009.6.9]

제73조(항공정보의 제공 등) ① 국토해양부장관은 항공기 운항의 안전성ㆍ정규성 및 효율성을 확보하기 위하여 필요한 정보(이하 "항공정보"라 한다)를 비행 정보구역에서 비행하는 사람 등에게 제공하여야 한다.

② 국토해양부장관은 항공로, 항행안전시설, 비행장, 관제권 등 항공기의 운항에 필요한 정보가 표시된 지도(이하 "항공지도"라 한다)를 발간(發刊)하여야 한다.

③ 항공정보 또는 항공지도의 내용, 제공방법, 측정단위 등에 관하여 필요한 사항은 국토해양부령으로 정한다.

[전문개정 2009.6.9]

제74조(승무원 등의 탑승 등) ① 항공기를 항공에 사용하려는 자는 그 항공기에 국토해양부령으로 정하는 바에 따라 항행의 안전에 필요한 승무원을 태워야 한다.

② 운항승무원 또는 항공교통관제사가 항공업무에 종사하는 경우에는 국토해양부령으로 정하는 바에 따라 자격증명서 및 항공신체검사증명서를 지녀야 하며, 운항승무원 또는 항공교통관제사가 아닌 항공종사자가 항공업무에 종사하는 경우에는 국토해양부령으로 정하는 바에 따라 자격증명서를 지녀야 한다.

③ 항공운송사업자 및 항공기사용사업자는 국토해양부령으로 정하는 바에 따라 항공기에 태우는 승무원에게 해당 업무 수행에 필요한 교육훈련을 하여야 한다.

[전문개정 2009.6.9]

제74조의2(항공기 안전운항을 위한 운항기술기준) 국토해양부장관은 항공기 안전 운항을 확보하기 위하여 이 법과 「국제민간항공조약」 및 같은 조약 부속서에서 정한 범위에서 다음 각 호의 사항이 포함된 운항기술기준을 정하여 고시할 수 있다.

1. 항공기 계기 및 장비
2. 항공기 운항
3. 항공운송사업의 운항증명
4. 항공종사자의 자격증명
5. 항공기 정비
6. 그 밖에 안전운항을 위하여 필요한 사항으로서 국토해양부령으로 정하는 사항

[전문개정 2009.6.9]

제74조의3(운항기술기준의 준수) 소유자등 및 항공종사자는 제74조의2에 따른 운항기술기준을 준수하여야 한다.

[전문개정 2009.6.9]

제5장 항공시설 〈개정 2009.6.9〉

제1절 비행장과 항행안전시설 〈개정 2009.6.9〉

제75조(비행장 및 항행안전시설의 설치) ① 국토해양부장관은 비행장 또는 항행 안전시설(제89조부터 제91조까지, 제94조부터 제105조까지, 제105조의2부터 제105조의5까지, 제106조, 제106조의2, 제107조, 제108조, 제108조의2, 제109조, 제109조의2, 제110

조 및 제111조에 따라 설치하는 비행장시설 또는 항행안전시설 외의 것을 말한다. 이하 같다)을 설치한다.

② 국토해양부장관 외에 비행장 또는 항행안전시설을 설치하려는 자는 국토해양부령으로 정하는 바에 따라 국토해양부장관의 허가를 받아야 한다. 이 경우 국토해양부장관은 허가할 때 시설의 설치에 필요한 조건을 붙일 수 있다.

③ 제1항 및 제2항에 따른 비행장 및 항행안전시설의 설치기준 등 그 설치에 필요한 사항은 대통령령으로 정한다.

[전문개정 2009.6.9]

제76조(고시 등) ① 국토해양부장관은 제75조에 따라 비행장 또는 항행안전시설을 설치하거나 그 설치를 허가하려는 경우에는 그 비행장 또는 항행안전시설의 명칭, 위치, 착륙대(着陸帶), 장애물 제한표면, 사용 개시 예정일과 그 밖에 국토해양부령으로 정하는 사항을 고시하여야 한다.

② 국토해양부장관은 제1항에 따라 고시한 사항을 해당 비행장 및 항행안전시설의 설치예정지역에서 일반인이 잘 볼 수 있는 곳에 일정 기간 이상 공고하여야 한다.

[전문개정 2009.6.9]

제77조(비행장 및 항행안전시설의 완성검사) ① 제75조제2항에 따라 비행장 설치의 허가를 받은 자(이하 "비행장설치자"라 한다) 또는 항행안전시설 설치의 허가를 받은 자(이하 "항행안전시설설치자"라 한다)는 해당 시설의 공사가 끝난 경우에는 지체 없이 국토해양부장관의 완성검사를 받아야 한다.

② 국토해양부장관은 제1항에 따라 비행장 또는 항행안전시설의 완성검사를 한 경우에는 그 비행장 또는 항행안전시설의 명칭, 종류, 위치 및 사용 개시 예정일 등을 지정·고시하여야 한다.

[전문개정 2009.6.9]

제78조(비행장 및 항행안전시설의 변경) ① 비행장설치자 또는 항행안전시설설치자는 해당 시설 중 국토해양부령으로 정하는 사항을 변경하려는 경우에는 국토해양부령으로 정하는 바에 따라 국토해양부장관에게 변경 사항을 통보하여야 한다.

② 국토해양부장관은 제1항에 따라 비행장 또는 항행안전시설의 변경통보를 받은 경우에는 이를 고시하여야 한다. 다만, 비행장 변경의 고시는 장애물 제한표면이 변경된 경우에만 한다.

③ 제2항의 고시에 관하여는 제76조제2항을 준용한다.

[전문개정 2009.6.9]

제79조(비행장 및 항행안전시설 사용의 휴지·폐지·재개) ① 비행장설치자 또는 항행안전시설설치자는 해당 비행장 또는 항행안전시설의 사용을 휴지 또는 폐지하거나 휴지한 비행장 또는 항행안전시설의 사용을 재개(再開)하려는 경우에는 국토해양부장관에게 통보하여야 한다.

② 국토해양부장관은 제1항에 따라 통보받은 경우에는 이를 고시하여야 한다.

[전문개정 2009.6.9]

제80조(비행장 및 항행안전시설의 관리) ① 국토해양부장관이나 비행장 또는 항행안전시설을 관리하는 자는 국토해양부령으로 정하는 시설의 관리기준(이하 "시설관리기준"이라 한다)에 따라 그 시설을 관리하여야 한다.

② 국토해양부장관은 대통령령으로 정하는 바에 따라 비행장 또는 항행안전시설이 시설관리기준에 적합하게 관리되는지를 확인하기 위하여 필요한 검사를 하여야 한다.

③ 항행안전시설설치자 또는 항행안전시설을 관리하는 자는 국토해양부장관이 항행안전시설의 성능을 분석할 수 있는 장비를 탑재한 항공기를 이용하여 실시하는 항행안전시설의 성능 등에 관한 검사(이하 "비행검사"라 한다)를 받아야 한다.

④ 비행검사의 종류, 대상시설, 절차 및 방법 등에 관하여 필요한 사항은 국토해양부장관이 정하여 고시한다.

[전문개정 2009.6.9]

제80조의2(항행안전시설의 성능적합증명) 항행안전무선시설 또는 항공정보통신시설을 제작하는 자는 국토해양부령으로 정하는 바에 따라 그 제작된 시설이 국토해양부장관이 정하여 고시하는 항행안전시설에 관한 기술기준에 적합하게 제작되었다는 증명을 받을 수 있다.

[전문개정 2009.6.9]

제80조의3(항공통신업무 등) ① 국토해양부장관은 「국제민간항공조약」 및 같은 조약 부속서에 따라 항공교통업무가 효율적으로 수행되고, 항공안전에 필요한 정보·자료가 항공통신망을 통하여 편리하고 신속하게 제공·교환·관리될 수 있도록 항공통신에 관한 업무(이하 "항공통신업무"라 한다)를 수행하여야 한다.

② 항공통신업무의 종류, 내용 및 운영절차 등에 관하여 필요한 사항은 국토해양부령으로 정한다.

[전문개정 2009.6.9]

제81조(허가의 취소) 국토해양부장관은 다음 각 호의 어느 하나에 해당하는 경우에는 비행장 또는 항행안전시설의 설치허가를 취소할 수 있다. 다만, 제2호 또는 제3호에 해당하는 경우에는 비행장설치자 또는 항행안전시설설치자에 대하여 상당한 기간을 정하여 해당 시설의 허가신청서에 적힌 설치계획에 적합한 조치를 하도록 명하거나 해당 시설을 시설관리기준에 따라 관리할 것을 명한 후 그 명령에 따르지 아니한 경우에만 허가를 취소할 수 있다.

1. 정당한 사유 없이 허가신청서에 적힌 공사 착수 예정일부터 1년 이내에 착공하지 아니하거나 공사 완료 예정일까지 공사를 끝내지 아니한 경우

2. 제77조제1항에 따른 완성검사 결과 해당 시설이 허가신청서에 적힌 설치 계획에 적합하지 아니한 경우

3. 비행장 또는 항행안전시설이 시설관리기준에 따라 관리되지 아니한 경우

4. 비행장 또는 항행안전시설의 위치·구조 등이 허가신청서에 적힌 사실과 다른 경우

5. 허가에 붙인 조건을 위반한 경우

[전문개정 2009.6.9]

제82조(장애물의 제한 등) ① 누구든지 제76조 또는 제78조에 따른 비행장의 설치 또는 변경이 고시된 후에는 그 고시에 표시된 장애물 제한표면의 높이 이상인 건축물·구조물(고시 당시에 건설 중인 건축물 또는 구조물은 제외한다)·식물 및 그 밖의 장애물을 설치·재배하거나 방치하여서는 아니 된다. 다만, 가설물이나 그 밖에 국토해양부령으로 정하는 장애물로서 관계 행정 기관의 장이 국토해양부령으로 정하는 바에 따라 비행장설치자와 협의하여 설치 또는 방치를 허가하거나 그 비행장의 사용 개시 예정일 전에 제거할 예정인 장애물은 그러하지 아니하다.

② 비행장설치자는 제1항을 위반하여 설치·재배 또는 방치한 장애물(식물이 성장하여 장애물 제한표면 위로 나오는 경우를 포함한다)에 대한 소유권 및 그 밖의 권리를 가진 자에게 그 장애물의 제거를 요구할 수 있다.

③ 비행장설치자는 제1항에 따른 고시 당시 장애물 제한표면의 높이 이상인 장애물에 대한 소유권 및 그 밖의 권리를 가진 자에게 그 장애물의 제거를 요구할 수 있다. 이 경우 비행장설치자는 대통령령으로 정하는 바에 따라 그 장애물에 대한 소유권 및 그 밖의 권리를 가진 자에게 장애물의 제거로 인한 손실을 보상하여야 한다.

④ 제3항에 따른 장애물 또는 장애물이 설치되어 있는 토지의 소유자는 그 장애물의 제거로 인하여 그 장애물 또는 토지의 사용·수익이 곤란하게 된 경우에는 대통령령

으로 정하는 바에 따라 해당 비행장설치자에게 그 장애물 또는 토지의 매수를 요구할 수 있다.

⑤ 제3항 후단에 따른 손실보상에 대하여 국토해양부장관은 당사자 간의 협의가 이루어지지 아니하여 그 장애물을 제거할 수 없는 경우로서 해당 비행장의 원활한 관리·운영을 위하여 특히 필요하다고 인정될 때에는 비행장설치자에게 그 장애물의 제거를 명할 수 있다.

⑥ 제5항의 경우 국토해양부장관 또는 비행장설치자는 장애물에 대한 소유권 및 그 밖의 권리를 가진 자에게 그 장애물의 제거로 인한 손실을 보상하여야 한다. 이 경우 손실보상 금액은 당사자 간의 협의로 결정하되, 협의가 이루어지지 아니하거나 협의를 할 수 없는 경우에는 국토해양부장관이 결정한다.

⑦ 비행장설치자는 항공기 안전운항에 지장이 없도록 국토해양부령으로 정하는 바에 따라 장애물을 관리하여야 한다.

[전문개정 2009.6.9]

제83조(항공장애 표시등의 설치 등) ① 비행장설치자는 국토해양부령으로 정하는 바에 따라 장애물 제한표면에서 수직으로 지상까지 투영한 구역에 있는 구조물로서 국토해양부령으로 정하는 구조물에는 항공장애 표시등(이하 "표시등"이라 한다) 및 항공장애 주간(晝間)표지(이하 "표지"라 한다)를 설치하여 야 한다. 다만, 제76조 또는 제78조제2항에 따른 고시를 한 후에 설치하는 구조물의 경우에는 그 구조물의 소유자가 국토해양부령으로 정하는 바에 따라 표시등 및 표지를 설치하여야 한다.

② 국토해양부장관은 대통령령으로 정하는 바에 따라 제1항 및 제4항에 따른 구조물 외의 구조물이 항공기의 항행 안전을 현저히 해칠 우려가 있으면 구조물에 표시등 및 표지를 설치하여야 한다.

③ 제1항과 제2항에 따른 구조물의 소유자 또는 점유자는 비행장설치자 또는 국토해양부장관이 하는 표시등 및 표지의 설치를 거부할 수 없다. 이 경우 비행장설치자 또는 국토해양부장관은 표시등 및 표지의 설치로 인하여 해당 구조물의 소유자 또는 점유자에게 손실이 발생하였으면 국토해양부령으로 정하는 바에 따라 그 손실을 보상하여야 한다.

④ 지표면이나 수면으로부터 높이가 60미터 이상 되는 구조물을 설치하는 자는 국토해양부령으로 정하는 바에 따라 표시등 및 표지를 설치하여야 한다. 다만, 국토해양부령으로 정하는 구조물은 제외한다.

⑤ 제1항·제2항 및 제4항에 따라 표시등 및 표지가 설치된 구조물의 소유자는 국토해양부령으로 정하는 바에 따라 그 표시등 및 표지를 관리하여야 한다.

[전문개정 2009.6.9]

제84조(유사등화의 제한) ① 누구든지 항공등화(航空燈火)의 인식에 방해되거나 항공등화로 잘못 인식될 우려가 있는 등화(이하 "유사등화"라 한다)를 설치하여서는 아니 된다.

② 국토해양부장관은 항공등화를 설치할 때 유사등화(類似燈火)가 이미 설치되 어 있는 경우에는 그 유사등화의 소유자 또는 관리자에게 그 유사등화를 가리는 등의 방법으로 항공등화의 인식을 방해하거나 항공등화로 잘못 인식되지 아니하도록 필요한 조치를 할 것을 명할 수 있다. 이 경우 그 조치에 필요한 비용은 그 항공등화의 설치자가 부담한다.

[전문개정 2009.6.9]

제85조(금지행위) ① 누구든지 활주로, 유도로(誘導路), 그 밖에 국토해양부령으로 정하는 비행장의 중요한 시설 또는 항행안전시설을 파손하거나 이들의 기능을 해칠 우려가 있는 행위를 하여서는 아니 된다.

② 누구든지 항공기를 향하여 물건을 던지거나 그 밖에 항행에 위험을 일으킬 우려가 있는 행위를 하여서는 아니 된다.

③ 누구든지 특별한 사유 없이 착륙대, 유도로, 계류장(繫留場), 격납고(格納庫) 또는 항행안전시설이 설치된 지역에 출입하여서는 아니 된다.

[전문개정 2009.6.9]

제86조(사용료) ① 국토해양부장관은 국토해양부령으로 정하는 바에 따라 비행장 및 항행안전시설을 사용하거나 이용하는 자로부터 사용료를 징수할 수 있다.

② 공공용으로 사용하는 비행장 및 항행안전시설의 설치자 또는 관리자는 그가 설치하거나 관리하는 비행장 또는 항행안전시설을 사용하거나 이용하는 자로부터 사용료를 징수할 수 있다.

③ 제2항에 따라 사용료를 징수하려는 자는 그 사용료를 정하여 국토해양부장관에게 신고하여야 한다. 사용료를 변경하려는 경우에도 또한 같다.

[전문개정 2009.6.9]

제87조(비행장설치자 등의 지위승계) 비행장설치자 또는 항행안전시설설치자의 지위를

승계하려는 자는 국토해양부장관에게 지위승계를 통보하여야 한다.

[전문개정 2009.6.9]

제88조(명령에의 위임) ① 제75조부터 제80조까지, 제80조의2, 제80조의3 및 제81조부터 제87조까지의 규정 외에 비행장 및 항행안전시설의 설치 또는 완성검사 등에 필요한 사항은 대통령령으로 정한다.

② 비행장 또는 항행안전시설의 관리·운용 및 사용 등에 필요한 사항은 국토 해양부령으로 정한다.

[전문개정 2009.6.9]

제2절 공항 〈개정 2009.6.9〉

제89조(공항개발 중장기 종합계획의 수립 등) ① 국토해양부장관은 공항개발사업을 체계적이고 효율적으로 추진하기 위하여 5년마다 다음 각 호의 사항이 포함된 공항개발 중장기 종합계획(이하 "종합계획"이라 한다)을 수립하여야 한다.

1. 항공 수요의 전망
2. 권역별 공항개발에 관한 중장기 기본계획
3. 투자 소요 및 재원조달방안
4. 그 밖에 중장기 공항개발에 관한 사항

② 국토해양부장관이 공항개발사업을 시행하려는 경우에는 종합계획에 따라 개발하려는 공항의 공항개발기본계획(이하 "기본계획"이라 한다)을 다음 각 호의 사항을 포함하여 수립·시행하여야 한다.

1. 개발예정지역
2. 공항의 규모 및 배치
3. 운영계획
4. 재원조달방안
5. 환경관리계획
6. 그 밖에 공항개발에 필요한 사항

③ 국토해양부장관이 종합계획 또는 기본계획을 수립하려는 경우에는 관할 지방자치단체의 장의 의견을 들은 후 관계 중앙행정기관의 장과 협의하여야 한다.

④ 국토해양부장관은 관계 행정기관의 장에게 종합계획 또는 기본계획의 수립 또는

변경에 필요한 자료를 요구할 수 있다. 이 경우 요구를 받은 관계 행정기관의 장은 특별한 사유가 없으면 이에 협조하여야 한다.

[전문개정 2009.6.9]

제90조(종합계획 등의 변경 등) ① 국토해양부장관은 필요한 경우에는 수립·공고한 종합계획을 변경할 수 있다.

② 국토해양부장관은 기본계획을 수립·공고한 후 활주로의 길이 등 대통령령으로 정하는 중요사항을 변경하려면 기본계획을 변경하여야 한다.

③ 제1항 및 제2항에 따른 종합계획 또는 기본계획의 변경에 관하여는 제89조 제3항을 준용한다. 다만, 대통령령으로 정하는 경미한 사항을 변경할 때에는 그러하지 아니하다.

[전문개정 2009.6.9]

제91조(종합계획 등의 고시) 국토해양부장관은 종합계획 또는 기본계획을 수립하거나 변경하였을 때에는 대통령령으로 정하는 바에 따라 이를 고시하여야 한다.

[전문개정 2009.6.9]

제92조 삭제 <2003.12.30>

제93조 삭제 <2005.12.7>

제94조(공항개발사업의 시행자) ① 공항개발사업은 국토해양부장관이 시행한다. 다만, 이 법 또는 다른 법령에 국토해양부장관 외의 자가 시행하도록 규정된 경우에는 그 규정에 따른다.

② 국토해양부장관 외의 자가 공항개발사업을 시행하려면 대통령령으로 정하는 바에 따라 국토해양부장관의 허가를 받아야 한다. 다만, 공항시설의 개량에 관한 사업 중 국토해양부령으로 정하는 경미한 사업은 국토해양부장관의 허가 없이 시행할 수 있다.

③ 제2항에 따른 허가의 기준은 다음 각 호와 같다.

1. 시행하려는 공항개발사업의 목적 및 내용이 종합계획 및 기본계획에 들어 맞을 것
2. 공항개발사업을 적절하게 수행하는 데 필요한 재무능력 및 기술능력이 있을 것

④ 국토해양부장관은 제2항에 따른 허가를 할 때 해당 공항개발사업과 관계된 토지 및 공항시설(대통령령으로 정하는 공항시설은 제외한다)을 국가에 귀속시킬 것을 조건으로 하거나 그 공항개발사업을 함에 따라 부수적으로 필요하게 되는 도로 및 상하수도 등의 기반시설 설치에 드는 비용을 그 공항 개발사업의 시행자가 부담할 것을 조건으로 허가할 수 있다.

[전문개정 2009.6.9]

제95조(실시계획의 수립·승인 등) ① 제94조에 따른 공항개발사업의 시행자(이하 "사업시행자"라 한다)는 대통령령으로 정하는 바에 따라 사업을 시작하기 전에 실시계획을 수립하여야 한다.

② 제1항에 따른 실시계획에는 사업시행에 필요한 설계도서(設計圖書), 자금조달계획 및 시행기간과 국토해양부령으로 정하는 사항을 첨부하거나 명시하여야 한다.

③ 국토해양부장관 외의 사업시행자가 실시계획을 수립한 경우에는 국토해양부장관의 승인을 받아야 한다. 승인받은 사항을 변경하려는 경우에도 또한 같다.

④ 국토해양부장관 외의 사업시행자는 제3항 후단에도 불구하고 국토해양부령으로 정하는 경미한 사항의 변경은 제104조에 따라 준공확인을 신청할 때 한꺼번에 신고할 수 있다.

⑤ 국토해양부장관은 제1항에 따라 실시계획을 수립하거나 제3항에 따라 실시 계획을 승인한 경우에는 대통령령으로 정하는 바에 따라 이를 고시하고, 관계 서류의 사본을 관할 특별자치도지사·시장·군수 또는 자치구의 구청장(이하 "시장·군수·구청장"이라 한다)에게 보내야 한다.

⑥ 제5항에 따라 관계 서류의 사본을 받은 시장·군수·구청장은 관계 서류에 도시관리계획의 결정 사항이 포함되어 있는 경우에는 「국토의 계획 및 이용에 관한 법률」 제32조에 따라 지형도면의 승인신청 등 필요한 조치를 하여야 한다. 이 경우 사업시행자는 지형도면의 고시 등에 필요한 서류를 시장·군수·구청장에게 제출하여야 한다.

⑦ 국토해양부장관은 제98조제1항에 따른 토지 등의 수용이 필요한 실시계획을 수립하거나 승인한 경우에는 사업시행자의 명칭 및 사업의 종류와 수용할 토지 등의 세목(細目)을 고시하고 그 토지 등의 소유자 및 권리자에게 알려야 한다. 다만, 사업시행자가 실시계획의 수립 또는 승인신청 시까지 토지 등의 소유자 및 권리자와 미리 협의한 경우에는 그러하지 아니하다.

[전문개정 2009.6.9]

제96조(다른 법률과의 관계) ① 국토해양부장관이 제95조제1항 및 제3항에 따라 실시계획을 수립하거나 승인한 경우에는 다음 각 호의 승인·허가·인가·결 정·지정·면허·협의·동의 또는 심의 등을 받은 것으로 본다.

<개정 2010.4.15, 2010.5.31>

1. 「국토의 계획 및 이용에 관한 법률」 제30조에 따른 도시관리계획의 결정(같은 법

제2조제6호의 기반시설에 관한 것만 해당한다), 같은 법 제56조에 따른 개발행위의 허가, 같은 법 제86조에 따른 도시계획시설사업 시행자의 지정, 같은 법 제88조에 따른 실시계획의 인가

2. 「공유수면 관리 및 매립에 관한 법률」제8조에 따른 공유수면의 점용·사용허가, 같은 법 제17조에 따른 점용·사용 실시계획의 승인 또는 신고, 같은 법 제28조에 따른 공유수면의 매립면허, 같은 법 제35조에 따른 국가 등이 시행하는 매립의 협의 또는 승인 및 같은 법 제38조에 따른 공유수면 매립실시계획의 승인

3. 삭제 <2010.4.15>

4. 「하천법」제6조에 따른 하천관리청과의 협의 또는 승인(같은 법 제30조에 따른 하천공사 시행의 허가, 같은 법 제33조에 따른 하천의 점용허가, 같은 법 제50조에 따른 하천수의 사용허가에 관한 것만 해당한다)

5. 「도로법」제5조에 따른 도로관리청과의 협의 또는 승인(같은 법 제34조에 따른 관리청이 아닌 자에 대한 도로공사의 시행허가, 같은 법 제38조에 따른 도로의 점용허가에 관한 것만 해당한다)

6. 「도시철도법」제4조제1항에 따른 도시철도사업의 면허, 같은 법 제4조의3제1항에 따른 도시철도사업계획의 승인

7. 「자연공원법」제71조제1항에 따른 공원관리청과의 협의(같은 법 제23조에 따른 공원구역에서의 행위의 허가에 관한 것만 해당한다)

8. 「농지법」제34조에 따른 농지전용의 허가 또는 협의

9. 「사방사업법」제14조에 따른 사방지(砂防地) 안에서 벌채 등의 허가

10. 「산지관리법」제14조에 따른 산지전용허가, 같은 법 제15조에 따른 산지전용신고, 같은 법 제15조의2에 따른 산지일시사용허가·신고, 「산림자원의 조성 및 관리에 관한 법률」제36조제1항·제4항에 따른 입목벌채 등의 허가·신고, 같은 법 제45조제1항·제2항에 따른 보안림 안에서의 행위의 허가·신고

11. 「수도법」제52조 및 제54조에 따른 전용수도 설치의 인가

12. 「하수도법」제16조에 따른 공공하수도 공사·유지의 허가

13. 「항만법」제9조제2항에 따른 항만공사 시행의 허가

14. 「군사기지 및 군사시설 보호법」제13조에 따른 행정기관의 허가등에 관한 협의

15. 「도시교통정비 촉진법」제16조에 따른 교통영향분석·개선대책의 검토

16. 「초지법」제23조에 따른 초지전용(草地轉用)의 허가 또는 협의

② 제95조제5항에 따라 국토해양부장관이 실시계획의 수립 또는 승인을 고시한 경우에는 다음 각 호의 고시 또는 공고가 있는 것으로 본다. <개정 2010.4.15>

1. 「국토의 계획 및 이용에 관한 법률」제91조에 따른 실시계획의 고시

2. 「공유수면 관리 및 매립에 관한 법률」제8조에 따른 점용·사용허가의 고시 및 같은 법 제33조에 따른 매립면허의 고시

3. 삭제 <2010.4.15>

4. 「하천법」제33조제6항에 따른 점용허가의 고시

③ 국토해양부장관은 제95조제1항 및 제3항에 따라 실시계획을 수립하거나 승인하려는 경우에는 그 실시계획이 제1항 각 호에 따른 관계 법률에 적합한지에 관하여 소관 행정기관의 장과 미리 협의하여야 한다. 이 경우 소관 행정기관의 장은 협의요청을 받은 날부터 대통령령으로 정하는 기간 내에 의견을 제출하여야 한다.

[전문개정 2009.6.9]

제97조(토지에 출입 및 사용 등) ① 사업시행자는 사업을 시행하기 위하여 필요한 경우에는 다음 각 호의 행위를 할 수 있다.

1. 타인의 토지에 출입하는 행위

2. 타인의 토지를 재료적치장(材料積置場), 통로 또는 임시도로로 일시 사용하는 행위

3. 특히 필요한 경우 나무, 흙, 돌 또는 그 밖의 장애물을 변경하거나 제거하는 행위

② 제1항에 따른 행위를 하는 경우에는 「국토의 계획 및 이용에 관한 법률」제130조제2항부터 제9항까지 및 같은 법 제131조를 준용한다. 이 경우 "도시계획시설사업의 시행자"는 이 법에 따른 "사업시행자"로 본다.

[전문개정 2009.6.9]

제98조(토지등의 수용) ① 사업시행자는 공항개발사업을 시행하기 위하여 필요한 경우에는 「공익사업을 위한 토지 등의 취득 및 보상에 관한 법률」제3조에서 정하는 토지·물건 또는 권리(이하 "토지등"이라 한다)를 수용하거나 사용할 수 있다.

② 제95조에 따른 실시계획의 수립 또는 수립의 승인과 이에 관한 고시가 있는 때에는 「공익사업을 위한 토지 등의 취득 및 보상에 관한 법률」제20조제1항에 따른 사업인정 및 같은 법 제22조에 따른 사업인정의 고시가 있는 것으로 보며, 재결(裁決)의 신청은 같은 법 제23조제1항 및 제28조제1항에도 불구하고 실시계획에서 정하는 공항개발사업의 시행기간에 할 수 있다.

③ 제1항에 따른 토지등의 수용 또는 사용에 관한 재결의 관할 토지수용위원회는 중

앙토지수용위원회로 한다.

④ 제1항에 따른 토지등의 수용 또는 사용에 관하여 이 법에 특별한 규정이 있는 것을 제외하고는 「공익사업을 위한 토지 등의 취득 및 보상에 관한 법률」을 준용한다.

[전문개정 2009.6.9]

제99조(국유지의 처분제한 등) ① 공항개발예정지역에 있는 국가 소유의 토지로서 공항개발사업에 필요한 토지는 그 공항개발사업 외의 목적으로 매각하거나 양도할 수 없다.

② 공항개발예정지역에 있는 국가 소유의 재산은 「국유재산법」에도 불구하고 사업시행자에게 수의계약(隨意契約)으로 매각·양도할 수 있다. 이 경우 그 재산의 용도폐지(행정재산의 경우만 해당한다) 및 매각·양도에 관하여는 국토해양부장관이 미리 관계 행정기관의 장과 협의하여야 한다.

[전문개정 2009.6.9]

제100조(토지매수업무 등의 위탁) ① 지방자치단체가 아닌 사업시행자는 공항개발사업을 위한 토지매수업무, 손실보상업무 및 이주대책사업 등을 대통령령으로 정하는 바에 따라 관할 지방자치단체의 장에게 위탁할 수 있다.

② 제1항에 따라 토지매수업무, 손실보상업무 및 이주대책사업 등을 위탁하는 경우의 위탁수수료 등에 관하여는 「공익사업을 위한 토지 등의 취득 및 보상에 관한 법률」에서 정하는 바에 따른다.

③ 제2항에 따라 손실보상을 하는 경우 국토해양부장관이 한 처분이나 제한으로 인한 손실은 국가가 보상하여야 하고, 국토해양부장관 외의 자의 사업시행으로 인한 손실은 그 사업시행자가 보상하거나 그 손실을 방지하기 위한 시설을 하여야 한다.

[전문개정 2009.6.9]

제101조(부대공사의 시행) ① 사업시행자는 공항개발사업을 시행할 때 그 공항개발사업과 직접 관련되는 부대공사를 공항개발사업으로 보고 공항개발사업과 함께 시행할 수 있다.

② 제1항에 따른 부대공사의 범위는 대통령령으로 정한다.

[전문개정 2009.6.9]

제102조(공항개발사업의 대행) 국토해양부장관은 공항개발사업을 효율적으로 수행하기 위하여 필요한 경우에는 제94조제2항에 따른 사업시행자와 협의하여 허가한 공항개발사업을 그 사업시행자의 비용부담으로 대행하게 할 수 있다.

[전문개정 2009.6.9]

제103조(파손자 부담금) ① 국토해양부장관은 그가 관리하는 공항시설을 파손할 공사 또는 행위를 하는 자가 있는 경우에는 그로 인하여 필요하게 된 공항 시설의 보수 또는 유지에 필요한 비용이나 파손의 예방을 위하여 필요한 비용의 전부 또는 일부를 그 공사자 또는 행위자로 하여금 부담하게 할 수 있다.

② 제1항에 따른 부담금의 부과액 및 징수에 관하여 필요한 사항은 국토해양부령으로 정한다.

[전문개정 2009.6.9]

제104조(준공확인) ① 제94조제2항에 따른 사업시행자가 공사를 끝낸 경우에는 지체 없이 국토해양부장관에게 공사준공 보고서를 제출하고 준공확인을 받아야 한다. 다만, 「건축법」 제22조에 따라 특별시장·광역시장 또는 시장·군수·구청장의 사용승인을 받은 건축물에 대하여는 준공확인을 받은 것으로 본다.

② 제94조제2항에 따른 사업시행자는 제1항 단서에 따른 건축물의 사용승인을 받은 경우에는 국토해양부장관에게 그 사실을 보고하여야 한다.

③ 국토해양부장관은 제1항에 따른 준공확인 신청을 받으면 준공확인을 한 후 그 공사가 허가의 내용대로 시행되었다고 인정되는 경우에는 그 신청인에게 준공확인증명서를 발급하여야 한다.

④ 제3항에 따른 준공확인증명서를 발급한 경우에는 제96조제1항 각 호의 승인·허가·면허 등에 따른 해당 사업의 준공확인 또는 준공인가 등을 받은 것으로 본다.

⑤ 제3항에 따른 준공확인증명서를 발급받기 전에는 공항개발사업으로 조성되거나 설치된 토지 및 공항시설을 사용하여서는 아니 된다. 다만, 국토해양부장관으로부터 준공확인 전에 사용의 허가를 받은 경우에는 그러하지 아니하다.

[전문개정 2009.6.9]

제105조(공항시설의 귀속 및 사용료의 면제) ① 제94조제1항에 따라 국토해양부장관이 시행하는 공항개발사업에 투자하려는 자는 국토해양부장관의 허가를 받아야 한다. 이 경우 국토해양부장관은 그 공항개발사업과 관련된 토지 및 공항시설(대통령령으로 정하는 공항시설은 제외한다)을 국가에 귀속시킬 것을 조건으로 허가할 수 있다.

② 제1항 후단 및 제94조제4항에 따른 조건이 붙은 허가를 받아 조성되거나 설치된 토지 및 공항시설은 해당 공사의 준공과 동시에 국가에 귀속된다. 다만, 조건이 붙지 아니한 허가를 받은 경우에는 그 토지 및 공항시설은 해당 사업시행자의 소유로 한다.

③ 국토해양부장관은 제2항에 따라 국가에 귀속된 시설의 투자자 및 사업시행 자에게

는 그 공항시설 및 국토해양부장관이 관리하는 다른 공항시설을 그 가 투자한 총사업비의 범위에서 대통령령으로 정하는 바에 따라 무상으로 사용·수익하게 할 수 있다.

④ 제3항에 따른 총사업비의 산정방법과 무상으로 사용·수익할 수 있는 기간 은 대통령령으로 정한다.

[전문개정 2009.6.9]

제105조의2(공항시설관리권) ① 국토해양부장관은 공항시설을 유지·관리하고 그 공항시설을 사용하거나 이용하는 자로부터 사용료를 징수할 수 있는 권리(이하 "공항시설관리권"이라 한다)를 설정할 수 있다.

② 제1항에 따라 공항시설관리권을 설정받은 자는 대통령령으로 정하는 바 에 따라 국토해양부장관에게 등록하여야 한다. 등록한 사항을 변경할 때에도 또한 같다.

[전문개정 2009.6.9]

제105조의3(공항시설관리권의 성질) 공항시설관리권은 물권(物權)으로 보며, 이 법에 특별한 규정이 있는 경우를 제외하고는 「민법」 중 부동산에 관한 규정을 준용한다.

[전문개정 2009.6.9]

제105조의4(저당권 설정의 특례) ① 저당권이 설정된 공항시설관리권은 그 저당권자의 동의가 없으면 처분할 수 없다.

② 제105조의2에 따라 공항시설관리권이 설정된 공항시설 중 활주로 등 대통령령으로 정하는 중요 공항시설에 설정된 공항시설관리권에 대하여는 저당권을 설정할 수 없다.

[전문개정 2009.6.9]

제105조의5(권리의 변동) ① 공항시설관리권 또는 공항시설관리권을 목적으로 하는 저당권의 설정·변경·소멸 또는 처분의 제한은 국토해양부에 갖추어 두는 공항시설관리권 등록부에 공항시설관리권 또는 저당권의 설정·변경·소멸 또는 처분의 제한 사실을 등록함으로써 그 효력이 발생한다.

② 제1항에 따른 공항시설관리권 등의 등록에 필요한 사항은 대통령령으로 정한다.

[전문개정 2009.6.9]

제106조(공항시설 관리대장) ① 공항시설을 관리하는 자는 그가 관리하는 공항시설의 관리대장을 작성·비치하여야 한다.

② 공항시설 관리대장의 작성·비치 및 기록 사항 등에 관하여 필요한 사항은 국토해양부령으로 정한다.

[전문개정 2009.6.9]

제106조의2(공항시설에서의 금지행위) ① 누구든지 공항시설을 관리하는 자의 승인 없이 공항시설에서 다음 각 호의 어느 하나에 해당하는 행위를 하여서는 아니 된다. <개정 2010.3.22>

1. 영업행위

2. 공항시설을 무단으로 점유하는 행위

3. 상품 및 서비스의 구매를 강요하거나 영업을 목적으로 손님을 부르는 행위

4. 그 밖에 제1호부터 제3호까지에 준하는 행위로서 공항이용객의 공항시설 이용이나 공항시설의 운영에 현저하게 지장을 주는 행위로 인정되어 대통령령으로 정하는 행위

② 공항시설을 관리하는 자는 제1항을 위반하는 자의 행위를 제지(制止)하거나 퇴거(退去)를 명할 수 있다.

[전문개정 2009.6.9]

제107조(소음피해방지대책의 수립 등) ① 국토해양부장관은 항공기로 인한 소음 피해를 방지하거나 줄일 필요가 있는 경우에는 대통령령으로 정하는 바에 따라 소음피해방지대책을 수립·시행하거나 사업시행자 또는 공항시설관리자에게 소음피해방지대책을 수립·시행하게 할 수 있다.

② 국토해양부장관은 제1항에 따른 소음피해방지대책을 수립하여야 할 공항소음피해지역 또는 공항소음피해 예상지역을 미리 지정·고시하여야 한다.

③ 시·도지사는 대통령령으로 정하는 바에 따라 제2항의 공항소음피해지역 또는 공항소음피해 예상지역에서 시설물의 설치 또는 용도를 제한할 수 있다.

[전문개정 2009.6.9]

제108조(소음기준의 설정) ① 국토해양부장관은 공항에 취항하는 항공기가 발생시키는 소음의 정도에 따라 소음기준을 설정하여야 한다.

② 제1항에 따른 소음기준은 대통령령으로 정한다.

[전문개정 2009.6.9]

제108조의2(저소음운항절차 등) ① 제107조제2항에 따른 공항소음피해지역 또는 공항소음피해 예상지역의 공항에서 이륙·착륙하는 항공기는 항공기 소음을 줄이기 위하여 국토해양부장관이 정하여 고시하는 운항절차(이하 "저소음운 항절차"라 한다)에 따라 운항하여야 한다.

② 국토해양부장관은 항공기가 국제민간항공기구에서 정하는 기준 이상의 소음을 발

생시켜 소음피해를 일으킬 우려가 있다고 판단되는 경우에는 그 항공기의 운항을 제한할 수 있다.

[전문개정 2009.6.9]

제109조(소음부담금의 부과·징수) ① 국토해양부장관은 소음을 발생시키는 항공 기가 제107조제1항에 따른 소음피해방지대책 수립 대상인 공항에 착륙할 때에는 그 항공기의 소유자등에게 제108조에 따른 소음기준에 따라 차등을 두어 소음부담금을 부과·징수할 수 있다. 이 경우 소음부담금은 해당 항공기의 공항 착륙료(부가가치세는 제외한다)의 100분의 30을 넘지 아니하여야 한다.

② 제1항에도 불구하고 제108조의2제1항의 저소음운항절차를 위반한 항공기의 소유자 등에 대하여는 제1항의 금액에 그 금액의 2배를 더한 금액을 소음 부담금으로 부과·징수할 수 있다.

③ 제1항 및 제2항에 따른 소음부담금의 부과기준, 금액 및 징수절차 등에 관하여 필요한 사항은 대통령령으로 정한다.

④ 국토해양부장관은 제1항 및 제2항에 따른 소음부담금을 내야 할 자가 납부 기한까지 소음부담금을 내지 아니하면 국세 체납처분의 예에 따라 징수한다.

[전문개정 2009.6.9]

제109조의2(항공기소음피해방지 대책위원회) 국토해양부장관, 사업시행자 또는 공항시설관리자는 대통령령으로 정하는 바에 따라 다음 각 호의 사항에 관한 자문을 하기 위하여 항공기소음피해방지 대책위원회를 구성·운영할 수 있다.

1. 소음피해방지대책사업의 추진계획에 관한 사항
2. 소음피해방지대책사업의 시행방법 및 우선순위에 관한 사항
3. 그 밖에 항공기소음피해방지대책에 관한 사항

[전문개정 2009.6.9]

제110조(감독) ① 국토해양부장관은 공항개발사업을 시행하거나 공항시설을 관리 할 때 다음 각 호의 어느 하나에 해당하는 경우에는 그 사업의 시행 및 관 리에 관한 허가·승인 또는 지정을 취소하거나 그 효력의 정지, 공사의 중지, 공작물 또는 물건의 개축·변경·이전·제거 또는 원상회복 등의 필요한 처분을 할 수 있다. 다만, 제1호 또는 제3호에 해당하는 경우에는 그 사업의 시행 및 관리에 관한 허가 또는 승인을 취소하여야 한다.

1. 속임수나 그 밖의 부정한 방법으로 허가를 받은 경우

2. 제95조제3항을 위반하여 국토해양부장관 외의 사업시행자가 승인을 받지 아니하고 실시계획을 수립하거나 승인받은 사항을 변경한 경우

3. 제95조제3항에 따라 승인 또는 변경승인을 받은 실시계획을 위반한 경우

4. 사정 변경으로 공항개발사업을 계속 시행하는 것이 불가능하다고 인정되는 경우

② 제1항에 따른 처분의 세부기준 및 절차와 그 밖에 필요한 사항은 국토해양 부령으로 정한다.

[전문개정 2009.6.9]

제111조(준용 규정) ① 국토해양부장관이 설치·관리하는 공항(제105조의2에 따라 국토해양부장관에게서 공항시설관리권을 설정받은 자가 관리하는 공항을 포함한다)에 관하여는 제75조제3항, 제76조, 제77조제2항, 제80조, 제82조부터 제86조까지 및 제88조를 준용한다. 이 경우 제82조 및 제83조 중 "비행장설치자"는 "국토해양부장관 또는 공항시설관리권을 설정 받은 자"로 본다.

② 국토해양부장관 외의 자가 설치·관리하는 공항에 관하여는 제75조제3항, 제 76조, 제77조제2항, 제78조부터 제80조까지, 제80조의2, 제80조의3 및 제 81조부터 제88조까지를 준용한다.

[전문개정 2009.6.9]

제3절 공항운영증명 〈신설 2003.7.25〉

제111조의2(공항운영증명 등) ① 국제항공노선이 있는 공항 등 대통령령으로 정하는 공항을 운영하려는 공항운영자는 국토해양부령으로 정하는 바에 따라 국토해양부장관으로부터 공항을 안전하게 운영할 수 있는 체계를 갖추고 있다는 증명(이하 "공항운영증명"이라 한다)을 받아야 한다.

② 국토해양부장관은 공항의 안전운영체계를 위하여 필요한 인력, 시설, 장비 및 운영절차 등에 관한 기술기준(이하 "공항안전운영기준"이라 한다)을 정하여 고시하여야 한다.

[전문개정 2009.6.9]

제111조의3(공항운영규정) ① 제111조의2제1항에 따라 공항운영증명을 받으려는 공항운영자는 공항안전운영기준에 따라 그가 운영하려는 공항의 운영규정(이하 "공항운영규정"이라 한다)을 수립하여 국토해양부장관의 인가를 받아야 하며, 이를 변경하려는 경우

에도 같다. 다만, 공항운영자의 자체적인 세부 운영규정 등 국토해양부령으로 정하는 경미한 사항을 변경하려는 경우에는 국토해양부장관에게 신고하여야 한다.

② 공항운영증명을 받은 공항운영자는 공항안전운영기준이 변경되거나 국토해양부장관이 공항의 안전 또는 위험 방지를 위하여 변경을 명하는 경우에는 국토해양부령으로 정하는 바에 따라 공항운영규정을 변경하여야 한다.

[전문개정 2009.6.9]

제111조의4(공항운영의 검사 등) ① 공항운영증명을 받은 공항운영자는 공항안전운영기준 및 공항운영규정에 따라 공항의 안전운영체계를 지속적으로 유지하여야 하며, 국토해양부장관은 이에 대한 준수 여부를 정기 또는 수시로 검사하여야 한다.

② 국토해양부장관은 제1항에 따른 검사 결과 공항운영자가 공항안전운영기준 또는 공항운영규정을 위반하여 공항을 운영한 경우에는 국토해양부령으로 정하는 바에 따라 시정조치를 명할 수 있다.

[전문개정 2009.6.9]

제111조의5(공항운영증명 취소 등) ① 국토해양부장관은 공항운영증명을 받은 공항운영자가 다음 각 호의 어느 하나에 해당하면 공항운영증명을 취소하거나 6개월 이내의 기간을 정하여 공항운영의 정지를 명할 수 있다. 다만, 제1호에 해당하는 경우에는 공항운영증명을 취소하여야 한다.

1. 거짓이나 그 밖의 부정한 방법으로 공항운영증명을 받은 경우
2. 제49조제2항을 위반하여 다음 각 목의 어느 하나에 해당하는 경우
    가. 사업을 시작하기 전까지 항공안전관리시스템을 마련하지 아니한 경우
    나. 승인을 받지 아니하고 항공안전관리시스템을 운용한 경우
    다. 항공안전관리시스템을 승인받은 내용과 다르게 운용한 경우
    라. 승인을 받지 아니하고 국토해양부령으로 정하는 중요 사항을 변경한 경우
3. 제111조의4제2항에 따른 시정조치를 이행하지 아니한 경우
4. 천재지변 등 정당한 사유 없이 공항안전운영기준을 위반하여 공항안전에 위험을 초래한 경우
5. 고의 또는 중대한 과실로 항공기사고가 발생하거나 공항종사자를 관리·감독하는 상당한 주의의무를 게을리함으로써 항공기사고가 발생한 경우

② 제1항에 따른 처분의 기준·절차 등에 관하여 필요한 사항은 국토해양부령으로 정한다.

제111조의6(과징금의 부과) ① 국토해양부장관은 공항운영증명을 받은 자가 제111조의5 제1항제2호부터 제5호까지의 어느 하나에 해당하여 공항운영 정지를 명하여야 하나, 그 공항운영을 정지하면 공항 이용자 등에게 심한 불편을 주거나 공익을 해칠 우려가 있는 경우에는 공항운영의 정지처분을 갈음하여 10억 원 이하의 과징금을 부과할 수 있다.

② 제1항에 따른 과징금을 부과하는 위반행위의 종류와 위반 정도 등에 따른 과징금의 금액과 그 밖에 필요한 사항은 대통령령으로 정한다.

③ 국토해양부장관은 제1항에 따른 과징금을 내야 할 자가 납부기한까지 과징금을 내지 아니하면 대통령령으로 정하는 바에 따라 국세 체납처분의 예에 따라 징수한다.

[전문개정 2009.6.9]

제6장 항공운송사업 등 〈개정 2009.6.9〉

제112조(국내항공운송사업 및 국제항공운송사업) ① 국내항공운송사업 또는 국제 항공운송사업을 경영하려는 자는 국토해양부장관의 면허를 받아야 한다. 다만, 국제항공운송사업의 면허를 받은 경우에는 국내항공운송사업의 면허를 받은 것으로 본다.

② 제1항에 따른 면허를 받은 자가 정기편 운항을 하려는 경우에는 노선별로 국토해양부장관의 허가를 받아야 한다.

③ 제1항에 따른 면허 또는 제2항에 따른 허가를 받으려는 자는 신청서에 사업계획서를 첨부하여 국토해양부장관에게 제출하여야 한다.

④ 제1항에 따른 면허를 받은 자가 부정기편 운항을 하려는 경우에는 국토해양부장관의 허가를 받아야 한다.

⑤ 제1항에 따른 면허나 제2항 또는 제4항에 따른 허가를 받은 자는 그 면허 또는 허가의 내용을 변경하려면 변경면허 또는 변경허가를 받아야 한다.

⑥ 제1항부터 제5항까지의 규정에 따른 면허, 허가, 변경면허 및 변경허가의 절차 등에 관한 사항은 국토해양부령으로 정한다.

[전문개정 2009.6.9]

제112조의2(항공운송사업자의 안전도에 관한 정보의 제공) 국토해양부장관은 국민의 항공기 이용 안전을 도모하기 위하여 국토해양부령으로 정하는 바에 따라 항공사고를 일으킨 적이 있거나 국제민간항공기구의 안전기준에 미달하여 항공사고의 위험도가 높은

항공운송사업자(제144조에 따른 외국인 국 제항공운송사업자를 포함한다)에 대한 정보를 정보통신망 등을 이용하여 국민에게 제공할 수 있다.

[전문개정 2009.6.9]

제113조(면허기준) ① 국내항공운송사업 또는 국제항공운송사업의 면허기준은 다음 각 호와 같다.

1. 해당 사업의 시작으로 항공교통의 안전에 지장을 줄 염려가 없을 것

2. 사업계획서상의 운항계획이 이용자의 편의에 적합할 것

3. 해당 사업에 사용할 항공기의 대수(臺數), 항공기당 좌석 수 및 자본금 등이 국토해양부령으로 정하는 기준에 적합할 것

② 국내항공운송사업자 또는 국제항공운송사업자는 사업면허를 취득한 후 최초 운항 전까지 제1항에 따른 면허기준을 충족하여야 한다.

[전문개정 2009.6.9]

제114조(면허의 결격사유 등) 국토해양부장관은 다음 각 호의 어느 하나에 해당하는 자에게는 국내항공운송사업 또는 국제항공운송사업의 면허를 하여서는 아니 된다.

1. 제6조제1항 각 호의 어느 하나에 해당하는 자

2. 금치산자, 한정치산자 또는 파산선고를 받고 복권되지 아니한 사람

3. 이 법을 위반하여 금고 이상의 실형을 선고받고 그 집행이 끝난 날 또는 집행을 받지 아니하기로 확정된 날부터 2년이 지나지 아니한 사람 또는 그 집행유예기간 중에 있는 사람

4. 국내항공운송사업, 국제항공운송사업, 소형항공운송사업 또는 항공기사용사업의 면허 또는 등록의 취소처분을 받은 후 2년이 지나지 아니한 자

5. 임원중에 제1호부터 제4호까지의 어느 하나에 해당하는 사람이 있는 법인

[전문개정 2009.6.9]

제115조(운항 개시의 의무) 제112조에 따라 국내항공운송사업 또는 국제항공운송사업의 면허를 받은 자는 면허신청서에 적은 날짜에 운항을 시작하여야 한다. 다만, 천재지변이나 그 밖의 불가피한 사유로 국토해양부장관의 승인을 받아 운항 개시 날짜를 연기하는 경우에는 그러하지 아니하다.

[전문개정 2009.6.9]

제115조의2(항공운송사업의 운항증명) ① 국내항공운송사업자 또는 국제항공운송 사업자는 국토해양부령으로 정하는 기준에 따라 인력, 장비, 시설, 운항관리지원 및 정비관

리지원 등 안전운항체계에 대하여 국토해양부장관의 검사를 받아 운항증명을 받은 후 운항을 시작하여야 한다.

② 국토해양부장관은 제1항에 따른 운항증명을 하는 경우에는 운항하려는 항로, 공항 및 항공기 정비방법 등에 관하여 국토해양부령으로 정하는 운항조건과 제한 사항이 명시된 운영기준을 정하여 함께 발급하여야 한다.

③ 국토해양부장관은 항공기 안전운항을 확보하기 위하여 필요하다고 판단되면 직권으로 또는 국내항공운송사업자 또는 국제항공운송사업자의 신청을 받아 제2항에 따른 운영기준을 변경할 수 있다.

④ 국내항공운송사업자, 국제항공운송사업자 또는 항공종사자는 제2항에 따른 운영기준을 준수하여야 한다.

⑤ 제1항에 따른 운항증명을 받은 국내항공운송사업자 또는 국제항공운송사업자는 최초로 운항증명을 받았을 때의 안전운항체계를 계속적으로 유지하여야 하며, 새로운 노선의 개설 등으로 안전운항체계가 변경된 경우에는 국토해양부장관으로부터 검사를 받아야 한다.

⑥ 국토해양부장관은 항공기 안전운항을 확보하기 위하여 제1항에 따른 운항 증명을 받은 국내항공운송사업자 또는 국제항공운송사업자가 안전운항체계를 계속적으로 유지하고 있는지 여부를 정기 또는 수시로 검사하여야 한다.

⑦ 국토해양부장관은 제6항에 따른 정기검사 또는 수시검사를 하는 중에 긴급히 조치하지 아니할 경우 항공기의 안전운항에 중대한 위험을 초래할 수 있는 사항이 발견되었을 때에는 국토해양부령으로 정하는 바에 따라 항공 기의 운항을 정지하게 하거나 항공종사자의 업무를 정지하게 할 수 있다.

⑧ 국토해양부장관은 제7항에 따라 한 정지처분의 사유가 없어진 경우에는 지체 없이 그 처분을 취소하거나 변경하여야 한다.

[전문개정 2009.6.9]

제115조의3(항공운송사업 운항증명의 취소 등) ① 국토해양부장관은 제115조의 2(제132조제3항에서 준용하는 경우를 포함한다)에 따라 운항증명을 받은 항공운송사업자가 다음 각 호의 어느 하나에 해당하면 운항증명을 취소하거나 6개월 이내의 기간을 정하여 항공기 운항의 정지를 명할 수 있다. 다만, 제1호·제37호 또는 제46호 중 어느 하나에 해당하는 경우에는 운항증명을 취소하여야 한다. <개정 2010.3.22>

1. 거짓이나 그 밖의 부정한 방법으로 운항증명을 받은 경우

2. 제15조제3항을 위반하여 감항증명을 받지 아니한 항공기를 항공에 사용한 경우

3. 제15조제8항에 따른 항공기의 감항성 유지를 위한 항공기등·장비품 또는 부품에 대한 정비등 명령을 이행하지 아니하고 이를 항공에 사용한 경우

4. 제16조제2항을 위반하여 소음기준적합증명을 받지 아니하거나 소음기준적합증명의 기준에 적합하지 아니한 항공기를 운항한 경우

5. 제18조를 위반하여 기술기준이 변경되어 형식증명을 받은 항공기가 변경된 기술기준에 적합하지 아니하게 되었는데도 불구하고 감항성에 관한 승인을 받지 아니하고 항공기를 항공에 사용한 경우

6. 제19조제2항을 위반하여 수리·개조승인을 받지 아니한 항공기등을 운항하거나 장비품·부품을 항공기등에 사용한 경우

7. 제20조제2항을 위반하여 형식승인을 받지 아니한 기술표준품을 항공기등에 사용한 경우

8. 제20조의2제2항을 위반하여 부품등제작자증명을 받지 아니한 장비품 또는 부품을 항공기등 또는 장비품에 사용한 경우

9. 제22조를 위반하여 정비등을 한 항공기등·장비품 또는 부품을 기술기준에 적합하다는 확인을 받지 아니하고 운항하거나 항공기 등에 사용한 경우

10. 제39조제1항을 위반하여 국적·등록기호 및 소유자등의 성명 또는 명칭을 표시하지 아니한 항공기를 항공에 사용한 경우

11. 제40조를 위반하여 국토해양부령으로 정하는 무선설비를 설치하지 아니한 항공기 또는 설치한 무선설비가 운용되지 아니하는 항공기를 항공에 사용 한 경우

12. 제41조를 위반하여 항공기에 항공계기등을 설치하거나 탑재하지 아니하고 항공에 사용하거나, 그 운용방법 등을 따르지 아니한 경우

13. 제43조를 위반하여 항공기에 국토해양부령으로 정하는 양의 연료 및 오일을 싣지 아니하고 운항한 경우

14. 제44조를 위반하여 항공기를 야간에 비행시키거나 비행장에 정류 또는 정박시키는 경우에 국토해양부령으로 정하는 바에 따라 등불로 항공기의 위치를 나타내지 아니한 경우

15. 제45조를 위반하여 국토해양부령으로 정하는 비행경험이 없는 운항승무원에게 항공운송사업 또는 항공기사용사업에 사용되는 항공기를 항공에 사용하게 하거나 계기비행·야간비행 또는 조종교육의 업무에 종사하게 한 경우

16. 제46조를 위반하여 승무원을 국토해양부령으로 정하는 승무시간, 비행 근무시간 등의 기준을 초과하여 종사하게 한 경우

17. 제47조제1항을 위반하여 항공종사자 또는 객실승무원이 주정음료등의 영향으로 항공업무 또는 객실승무원의 업무를 정상적으로 수행할 수 없는 상태에서 항공업무 또는 객실승무원의 업무에 종사하게 한 경우

18. 제48조를 위반하여 제31조제2항의 항공신체검사증명기준에 적합하지 아니한 운항 승무원을 항공업무에 종사하게 한 경우

19. 제49조제2항을 위반하여 다음 각 목의 어느 하나에 해당하는 경우

　가. 사업을 시작하기 전까지 항공안전관리시스템을 마련하지 아니한 경우

　나. 승인을 받지 아니하고 항공안전관리시스템을 운용한 경우

　다. 항공안전관리시스템을 승인받은 내용과 다르게 운용한 경우

　라. 승인을 받지 아니하고 국토해양부령으로 정하는 중요 사항을 변경한 경우

20. 제50조제5항 단서를 위반하여 항공기사고, 항공기준사고 또는 항공안전장애가 발생한 경우에 국토해양부령으로 정하는 바에 따라 사고 사실을 보고하지 아니한 경우

21. 제51조제4항에 따라 자격인정 또는 심사를 할 때 소속 조종사에 대하여 부당하게 자격인정 또는 심사를 하거나 같은 조 제7항을 위반하여 운항하려는 지역, 노선 및 공항에 대한 경험 요건을 갖추지 아니한 기장에게 운항업무를 하게 한 경우

22. 제52조제1항을 위반하여 운항관리사를 두지 아니한 경우

23. 제52조제3항을 위반하여 국토해양부령으로 정하는 바에 따라 운항관리사가 해당 업무를 수행하는 데에 필요한 교육훈련을 하지 아니하고 해당 업무에 종사하게 한 경우

24. 제53조를 위반하여 이착륙 장소가 아닌 곳에서 항공기를 이륙하거나 착 륙하게 한 경우

25. 제55조를 위반하여 비행 중 금지행위 등을 하게 한 경우

26. 제59조제1항을 위반하여 허가를 받지 아니하고 항공기를 이용하여 위험물을 운송한 경우

27. 제59조제2항을 위반하여 국토해양부장관이 고시하는 위험물취급의 절차 및 방법에 따르지 아니하고 위험물을 취급한 경우

28. 제61조제1항을 위반하여 위험물취급에 관한 교육을 받지 아니한 자에게 위험물취

급을 하게 한 경우

29. 제69조의2를 위반하여 승인을 받지 아니하고 쌍발비행기를 운항한 경우

30. 제69조의3제1항을 위반하여 승인을 받지 아니하고 수직분리축소공역 또는 성능기반항행요구공역 등 국토해양부령으로 정하는 공역에서 항공기를 운항한 경우

31. 제74조제1항을 위반하여 국토해양부령으로 정하는 바에 따라 항행의 안전에 필요한 승무원을 태우지 아니하고 항공기를 항공에 사용한 경우

32. 제74조제3항을 위반하여 항공기에 태우는 승무원에 대하여 해당 업무를 수행하는 데에 필요한 교육훈련을 하지 아니한 경우

33. 제74조의3을 위반하여 제74조의2에 따른 운항기술기준을 지키지 아니하고 비행하거나 업무를 한 경우

34. 제115조의2제1항을 위반하여 운항증명을 받지 아니하고 운항을 시작한 경우

35. 제115조의2제4항을 위반하여 운영기준을 지키지 아니한 경우

36. 제115조의2제5항을 위반하여 안전운항체계를 계속적으로 유지하지 아니하거나 변경된 안전운항체계를 검사받지 아니하고 항공기를 운항한 경우

37. 제115조의2제7항을 위반하여 항공기 운항의 정지처분에 따르지 아니하고 항공기를 운항한 경우

38. 제116조제1항을 위반하여 신고를 하지 아니하거나 인가를 받지 아니하고 운항규정 또는 정비규정을 제정하거나 변경한 경우

39. 제116조제3항을 위반하여 같은 조 제1항에 따라 신고하거나 인가받은 운항규정 또는 정비규정을 해당 종사자에게 배포하지 아니한 경우

40. 제116조제3항을 위반하여 같은 조 제1항에 따라 신고하거나 인가받은 운항규정 또는 정비규정을 지키지 아니하고 항공기를 운항하거나 정비한 경우

41. 제122조제3호 · 제5호 및 제6호에 따른 항공운송의 안전을 위한 사업개선 명령을 따르지 아니한 경우

42. 제153조제1항에 따른 업무(항공안전 활동을 수행하기 위한 것만 해당한 다)에 관한 보고 또는 서류를 제출하지 아니하거나 거짓 보고 또는 서류를 제출한 경우

43. 제153조제2항에 따른 항공기 등에의 출입이나 장부 · 서류 등의 검사(항공 안전 활동을 수행하기 위한 것만 해당한다)를 거부 · 방해 또는 기피한 경우

44. 제153조제2항에 따른 관계인에 대한 질문(항공안전 활동을 수행하기 위한 것만 해당한다)에 답변하지 아니하거나 거짓 답변을 한 경우

45. 고의 또는 중대한 과실에 의하거나 항공종사자의 선임·감독에 관하여 상당한 주의의무를 게을리 함으로써 항공기사고 또는 항공기준사고를 발생시킨 경우

46. 이 조에 따른 항공기 운항의 정지명령을 위반하여 운항정지기간에 운항한 경우

② 국토해양부장관은 제134조에 따라 항공기사용사업의 등록을 한 자(이하 "항공기사용사업자"라 한다)가 제1항제2호부터 제18호까지, 제20호, 제21호, 제24호부터 제28호까지, 제30호부터 제33호까지 및 제38호부터 제45호까 지의 어느 하나에 해당하면 6개월 이내의 기간을 정하여 항공기 운항의 정지를 명할 수 있고, 같은 항 제46호에 해당하는 경우에는 제134조제1항에 따른 항공기사용사업의 등록을 취소하여야 한다. <신설 2010.3.22>

③ 제1항 및 제2항에 따른 처분의 세부기준 및 절차와 그 밖에 필요한 사항은 국토해양부령으로 정한다. <개정 2010.3.22>

[전문개정 2009.6.9]

제115조의4(과징금의 부과) ① 국토해양부장관은 제115조의2제1항(제132조제3항 에서 준용하는 경우를 포함한다)에 따라 운항증명을 받은 항공운송사업자가 제115조의3제1항제2호부터 제36호까지 또는 제38호부터 제45호까지의 어느 하나에 해당하여 항공기 운항의 정지를 명하여야 하나, 그 운항을 정지하면 항공기 이용자 등에게 심한 불편을 주거나 공익을 해칠 우려가 있는 경우에는 항공기의 운항정지처분을 갈음하여 50억원 이하의 과징금을 부과할 수 있다. <개정 2010.3.22>

② 국토해양부장관은 제115조의3제2항에 따라 항공기사용사업자에게 항공기 운항의 정지를 명하여야 하나, 그 운항을 정지하면 항공기 이용자 등에게 심한 불편을 주거나 공익을 해칠 우려가 있는 경우에는 항공기의 운항정지 처분을 갈음하여 3억원 이하의 과징금을 부과할 수 있다.

<신설 2010.3.22>

③ 제1항 및 제2항에 따른 과징금을 부과하는 위반행위의 종류와 위반 정도에 따른 과징금의 금액과 그 밖에 필요한 사항은 대통령령으로 정한다.

<개정 2010.3.22>

④ 국토해양부장관은 제1항 및 제2항에 따른 과징금을 내야 할 자가 납부기한까지 과징금을 내지 아니하면 대통령령으로 정하는 바에 따라 국세 체납처분의 예에 따라 징수한다. <개정 2010.3.22>

[전문개정 2009.6.9]

제116조(운항규정 및 정비규정) ① 국내항공운송사업자 또는 국제항공운송사업자는 국토해양부령으로 정하는 범위에서 항공기의 운항에 관한 운항규정 및 정비에 관한 정비규정을 제정하거나 변경하려는 경우에는 국토해양부장관에게 신고하여야 한다. 다만, 최소 장비목록, 승무원 훈련프로그램 등 국토 해양부령으로 정하는 사항에 대하여는 국토해양부장관의 인가를 받아야 한다.

② 국토해양부장관은 제1항 단서에 따라 최소 장비목록, 승무원 훈련프로그램 등을 인가하려는 경우에는 제74조의2에 따른 운항기술기준에 적합한지를 확인하여야 한다.

③ 국내항공운송사업자 또는 국제항공운송사업자는 제1항에 따라 국토해양부 장관에게 신고하거나 국토해양부장관의 인가를 받은 운항규정 및 정비규정을 항공기의 운항 및 정비에 관한 업무를 수행하는 종사자에게 배포하여야 하며, 국내항공운송사업자, 국제항공운송사업자, 운항 및 정비에 관한 업무 를 수행하는 종사자는 운항규정 또는 정비규정을 준수하여야 한다.

[전문개정 2009.6.9]

제117조(운임 및 요금의 인가 등) ① 국제항공운송사업자는 해당 국제항공노선에 관련된 항공협정에서 정하는 바에 따라 국제항공노선의 여객 또는 화물(우편물은 제외한다. 이하 같다)의 운임 및 요금을 정하여 국토해양부장관의 인가를 받거나 국토해양부장관에게 신고하여야 한다. 이를 변경하려는 경우에도 또한 같다.

② 국내항공운송사업자는 국내항공노선의 여객 또는 화물의 운임 및 요금을 정하거나 변경하려는 경우에는 20일 이상 예고하여야 한다.

③ 제1항에 따른 운임과 요금의 인가기준은 대통령령으로 정한다.

[전문개정 2009.6.9]

제118조(운수권의 배분 등) ① 국토해양부장관은 외국정부와의 항공회담을 통하여 항공기 운항횟수를 정하고, 그 횟수 내에서 항공기를 운항할 수 있는 권리(이하 "운수권"이라 한다)를 국제항공운송사업자의 신청을 받아 배분할 수 있다.

② 국토해양부장관은 제1항에 따라 운수권을 배분할 때에는 제113조제1항 각 호의 면허기준 및 외국정부와의 항공회담에 따른 합의사항 등을 고려하여야 한다.

③ 국토해양부장관은 운수권의 활용도를 높이기 위하여 다음 각 호의 어느 하나에 해당하는 경우에는 배분된 운수권의 전부 또는 일부를 회수할 수 있다.

1. 제128조에 따라 폐업하거나 해당 노선을 폐지한 경우
2. 운수권을 배분받은 후 1년 이내에 해당 노선을 취항하지 아니한 경우

3. 해당 노선을 취항한 후 운수권의 전부 또는 일부를 사용하지 아니한 경우

④ 제1항 및 제3항에 따른 운수권에 대한 배분 및 회수의 기준, 방법, 그밖에 필요한 사항은 항공운송사업자의 운항 가능 여부, 이용자의 편의성 등을 고려하여 국토해양부령으로 정한다.

[본조신설 2009.6.9]

제118조의2(영공통과 이용권의 배분 등) ① 국토해양부장관은 외국정부와의 항공회담을 통하여 외국의 영공통과 이용 횟수를 정하고, 그 횟수 내에서 항공기를 운항할 수 있는 권리(이하 "영공통과 이용권"라 한다)를 국제항공운송사업자의 신청을 받아 배분할 수 있다.

② 국토해양부장관은 제1항에 따른 영공통과 이용권을 배분할 때에는 제113조 제1항 각 호의 면허기준 및 외국정부와의 항공회담에 따른 합의사항 등을 고려하여야 한다.

③ 국토해양부장관은 제1항에 따라 배분된 영공통과이용권이 사용되지 아니하는 경우에는 배분된 영공통과 이용권의 전부 또는 일부를 회수할 수 있다.

④ 제1항 및 제3항에 따른 영공통과 이용권에 대한 배분 및 회수의 기준, 방법, 그밖에 필요한 사항은 항공운송사업자의 운항 가능 여부, 이용자의 편의성 등을 고려하여 국토해양부령으로 정한다.

[본조신설 2009.6.9]

제119조(운송약관 등의 비치) 국내항공운송사업자 또는 국제항공운송사업자는 운임표, 요금표 및 운송약관을 영업소나 그 밖의 사업소의 이용자가 잘 볼 수 있는 곳에 국토해양부령으로 정하는 바에 따라 갖추어 두고, 이용자가 열람할 수 있게 하여야 한다.

[전문개정 2009.6.9]

제120조(사업계획) ① 국내항공운송사업자 또는 국제항공운송사업자는 기상 악화로 운항이 곤란하거나 그 밖에 부득이한 사유가 있는 경우를 제외하고는 사업계획으로 정하는 바에 따라 그 업무를 수행하여야 한다.

② 제1항에 따른 사업계획을 정하거나 변경하려는 경우에는 국토해양부장관의 인가를 받아야 한다. 다만, 국토해양부령으로 정하는 경미한 사항을 변경하려는 경우에는 국토해양부장관에게 신고하여야 한다.

③ 제2항에 따른 인가에 관하여는 제113조제1항을 준용한다.

[전문개정 2009.6.9]

제121조(운수에 관한 협정 등) ① 국내항공운송사업자 또는 국제항공운송사업자가 다

른 항공운송사업자(외국인 항공운송사업자를 포함한다)와 공동운항협정 등 운수에 관한 협정(이하 "운수협정"이라 한다)을 체결하거나 운항일정·운임·홍보·판매에 관한 영업협력 등 제휴에 관한 협정(이하 "제휴협정"이라 한다)을 체결하는 경우에는 국토해양부령으로 정하는 바에 따라 국토 해양부장관의 인가를 받아야 한다. 인가받은 사항을 변경하려는 경우에도 또한 같다. 다만, 국토해양부령으로 정하는 경미한 사항을 변경한 경우에는 국토해양부령으로 정하는 바에 따라 지체 없이 국토해양부장관에게 신고하여야 한다.

② 운수협정과 제휴협정에는 다음 각 호의 어느 하나에 해당하는 내용이 포함 되어서는 아니 된다.

1. 항공운송사업자 간 경쟁을 실질적으로 제한하는 내용

2. 이용자의 이익을 부당하게 침해하거나 특정 이용자를 차별하는 내용

3. 다른 항공운송사업자의 가입 또는 탈퇴를 부당하게 제한하는 내용

③ 국토해양부장관은 제1항에 따라 제휴협정을 인가하거나 변경인가하는 경우에는 미리 공정거래위원회와 협의하여야 한다.

④ 운수협정 또는 제휴협정은 국토해양부장관의 인가 또는 변경인가를 받아야 그 효력이 발생한다.

[전문개정 2009.6.9]

제122조(사업개선명령) 국토해양부장관은 항공운송서비스의 개선 및 항공운송의 안전을 위하여 필요하다고 인정되는 경우에는 국내항공운송사업자 또는 국제항공운송사업자에게 다음 각 호의 사항을 명할 수 있다.

1. 사업계획의 변경

2. 운임 및 요금의 변경

3. 항공기 및 그 밖의 시설의 개선

4. 항공기사고로 인하여 지급할 손해배상을 위한 보험계약의 체결

5. 항공에 관한 국제조약을 이행하기 위하여 필요한 사항

6. 그 밖에 항공기의 안전운항에 대한 방해 요소를 제거하기 위하여 필요한 사항

[전문개정 2009.6.9]

제123조(면허대여 등의 금지) 국내항공운송사업자 또는 국제항공운송사업자는 타인에게 자기의 성명 또는 상호를 사용하여 국내항공운송사업 또는 국제항공운송사업을 경영하게 하거나 그 면허증을 빌려 주어서는 아니 된다.

제124조(사업의 양도·양수) ① 국내항공운송사업자 또는 국제항공운송사업자가 그 국내항공운송사업 또는 국제항공운송사업을 양도·양수하려는 경우에는 국토해양부장관의 인가를 받아야 한다.

② 국토해양부장관은 제1항에 따라 양도·양수의 인가 신청을 받은 경우 양도인 또는 양수인이 다음 각 호의 어느 하나에 해당하면 양도·양수를 인가하여서는 아니 된다.

1. 양수인이 제114조 각 호의 어느 하나에 해당하는 경우

2. 양도인이 제129조에 따라 사업정지처분을 받고 그 처분기간 중에 있는 경우

3. 양도인이 제129조에 따라 면허취소처분을 받았으나 「행정심판법」 또는 「행정소송법」에 따라 그 취소처분이 집행정지 중에 있는 경우

③ 국토해양부장관은 제1항에 따른 인가 신청을 받으면 국토해양부령으로 정하는 바에 따라 이를 공고하여야 한다. 이 경우 공고의 비용은 양도인이 부담한다.

[전문개정 2009.6.9]

제125조(사업의 합병) ① 국내항공운송사업자 또는 국제항공운송사업자가 다른 항공운송사업자 또는 항공운송사업 외의 사업을 경영하는 자와 합병하려는 경우에는 국토해양부장관의 인가를 받아야 한다.

② 제1항에 따른 인가에 관하여는 제113조제1항을 준용한다.

[전문개정 2009.6.9]

제126조(상속) ① 국내항공운송사업자 또는 국제항공운송사업자가 사망한 경우 그 상속인은 국내항공운송사업자 또는 국제항공운송사업자의 지위를 승계한다. 상속인이 2명 이상인 경우 협의에 의한 1명의 상속인이 그 지위를 승계한다.

② 제1항에 따라 국내항공운송사업자 또는 국제항공운송사업자의 지위를 승계한 사람은 그 사유가 발생한 날부터 30일 이내에 국토해양부장관에게 그 사실을 신고하여야 한다.

③ 제1항에 따라 국내항공운송사업자 또는 국제항공운송사업자의 지위를 승계한 상속인이 제114조 각 호의 어느 하나에 해당하는 경우에는 3개월 이내에 그 국내항공운송사업 또는 국제항공운송사업을 타인에게 양도할 수 있다.

[전문개정 2009.6.9]

제127조(휴업·휴지) ① 국제항공운송사업자가 휴업(국제노선의 휴지를 포함한다) 하

려는 경우에는 국토해양부장관의 허가를 받아야 한다. 다만, 국내노선을 운항하는 국제항공운송사업자가 국내항공운송사업을 휴업(노선의 휴지를 포 함한다)하려는 경우에는 국토해양부장관에게 신고하여야 한다.

② 국내항공운송사업자가 휴업(노선의 휴지를 포함한다)하려는 경우에는 국토해양부장관에게 신고하여야 한다.

③ 제1항 또는 제2항에 따른 휴업 또는 휴지 기간은 6개월을 초과할 수 없다. 다만, 외국과의 항공협정으로 운항지점 및 수송력 등에 제한 없이 운항이 가능한 노선의 휴지 기간은 12개월을 초과할 수 없다. <개정 2010.3.22>

④ 제1항 본문에 따른 휴업 또는 휴지의 허가기준은 다음 각 호와 같다.

1. 휴업 또는 휴지 예정기간에 항공편 예약 사항이 없거나, 예약 사항이 있는 경우 대체 항공편 제공 등의 조치가 끝났을 것

2. 휴업 또는 휴지로 이용자 등에게 심한 불편을 주거나 공익을 해칠 우려가 없을 것

[전문개정 2009.6.9]

제128조(폐업·폐지) ① 국제항공운송사업자가 폐업(국제노선의 폐지를 포함한다) 하려는 경우에는 국토해양부장관의 승인을 받아야 한다. 다만, 국내노선을 운항하는 국제항공운송사업자가 국내항공운송사업을 폐업(노선의 폐지를 포 함한다)하려는 경우에는 국토해양부장관에게 신고하여야 한다.

② 국내항공운송사업자가 폐업(노선의 폐지를 포함한다)하려는 경우에는 국토해양부장관에게 신고하여야 한다.

③ 제1항 본문에 따른 폐업 또는 폐지의 승인기준은 다음 각 호와 같다.

1. 폐업일 또는 폐지일 이후 항공편 예약 사항이 없거나, 예약 사항이 있는 경우 대체 항공편 제공 등의 조치가 끝났을 것

2. 폐업 또는 폐지로 항공시장의 건전한 질서를 침해하지 아니할 것

[전문개정 2009.6.9]

제129조(면허의 취소 등) ① 국토해양부장관은 국내항공운송사업자 또는 국제항공운송사업자가 다음 각 호의 어느 하나에 해당하면 그 면허를 취소하거나 6개월 이내의 기간을 정하여 그 사업의 전부 또는 일부의 정지를 명할 수 있다. 다만, 제1호·제2호 또는 제16호 중 어느 하나에 해당하면 그 면허를 취소하여야 한다.

1. 거짓이나 그 밖의 부정한 방법으로 면허를 받은 경우

2. 제112조에 따라 면허받은 사항을 이행하지 아니한 경우

3. 국내항공운송사업자 또는 국제항공운송사업자가 제114조 각 호의 어느 하나에 해당하게 된 경우. 다만, 제114조제5호에 해당하는 법인이 3개월 이 내에 해당 임원을 결격사유가 없는 임원으로 바꾸어 임명한 경우와 피상 속인이 사망한 날부터 60일 이내에 상속인이 국내항공운송사업 또는 국제 항공운송사업을 다른 사람에게 양도한 경우에는 그러하지 아니하다.

4. 제117조제1항을 위반하여 요금 및 운임에 대하여 인가 또는 변경인가를 받지 아니 하거나 신고 또는 변경신고를 하지 아니한 경우 및 인가받거나 신고한 사항을 이행 하지 아니한 경우

5. 제119조를 위반하여 운송약관 등을 갖추어 두지 아니하거나 이용자가 열람할 수 있게 하지 아니한 경우

6. 제120조제1항에 따른 사업계획에 따라 사업을 하지 아니한 경우 및 같은 조 제2항 에 따른 인가를 받지 아니하거나 신고를 하지 아니하고 사업계획을 정하거나 변경 한 경우

7. 제121조를 위반하여 운수협정 또는 제휴협정에 대하여 인가를 받지 아니 하거나 신고를 하지 아니한 경우 및 인가받거나 신고한 사항을 이행하지 아니한 경우

8. 제122조제1호·제2호 및 제4호에 따른 사업개선명령을 이행하지 아니한 경우

9. 제123조를 위반하여 타인에게 자기의 성명 또는 상호를 사용하여 사업을 경영하게 하거나 면허증을 빌려 준 경우

10. 제124조제1항을 위반하여 국토해양부장관의 인가를 받지 아니하고 사업을 양도·양 수한 경우

11. 제125조제1항을 위반하여 국토해양부장관의 인가를 받지 아니하고 사업을 합병한 경우

12. 제126조제2항을 위반하여 상속에 관한 신고를 하지 아니한 경우

13. 제127조제1항 및 제2항을 위반하여 허가나 신고 없이 휴업한 경우 및 휴업기간이 지난 후에도 사업을 시작하지 아니한 경우

14. 제135조제1항에 따라 부과된 면허 등의 조건 등을 이행하지 아니한 경우

15. 국가의 안전이나 사회의 안녕질서에 위해를 끼칠 현저한 사유가 있는 경우

16. 이 조에 따른 사업정지명령을 위반하여 사업정지기간에 사업을 경영한 경우

② 제1항에 따른 처분의 기준 및 절차와 그 밖에 필요한 사항은 국토해양부령으로 정 한다.

[전문개정 2009.6.9]

제130조 삭제 <1999.2.5>

제131조(과징금의 부과) ① 국토해양부장관은 국내항공운송사업자 또는 국제항공 운송사업자가 제129조제1항제2호 또는 제4호부터 제15호까지의 어느 하나 에 해당하여 사업의 정지를 명하여야 하나, 그 사업을 정지하면 그 사업의 이용자 등에게 심한 불편을 주거나 공익을 해칠 우려가 있는 경우에는 사업정지처분을 갈음하여 50억원 이하의 과징금을 부과할 수 있다.

② 제1항에 따라 과징금을 부과하는 위반행위의 종류와 위반 정도에 따른 과징금의 금액과 그 밖에 필요한 사항은 대통령령으로 정한다.

③ 국토해양부장관은 제1항에 따른 과징금을 내야할 자가 납부기한까지 과징 금을 내지 아니하면 대통령령으로 정하는 바에 따라 국세 체납처분의 예에 따라 징수한다.

[전문개정 2009.6.9]

제132조(소형항공운송사업) ① 소형항공운송사업을 경영하려는 자는 국토해양부령으로 정하는 바에 따라 국토해양부장관에게 등록하여야 한다.

② 제1항에 따른 소형항공운송사업의 인력, 자본금, 항공기 대수 및 항공기당 승객 좌석 수 등 등록기준과 그 밖에 등록에 필요한 사항은 국토해양부령으로 정한다.

③ 소형항공운송사업에 관하여는 제49조의2부터 제49조의4까지, 제112조제2항부터 제5항까지, 제114조, 제115조, 제115조의2부터 제115조의4까지, 제 116조, 제117조 (국내 정기편 운항 및 국제 정기편 운항에 관한 규정만 해당한다), 제119조부터 제129조까지 및 제131조를 준용한다. 이 경우 제112 조제4항, 제124조 및 제125조 중 "허가" 또는 "인가"는 "신고"로 본다.

[전문개정 2009.6.9]

제133조 삭제 <1999.2.5>

제134조(항공기사용사업) ① 항공기사용사업을 경영하려는 자는 국토해양부장관에게 등록하여야 한다.

② 제1항에 따른 항공기사용사업의 자본금, 기술인력 및 시설기준 등의 등록기준은 국토해양부령으로 정한다.

③ 항공기사용사업에 관하여는 제115조, 제116조, 제120조, 제122조(같은 조 제2호에 관한 것은 제외한다)부터 제124조(같은 조 제2항제1호에 관한 것은 제외한다)까지, 제125조, 제126조, 제128조, 제129조 및 제131조를 준용한다. 이 경우 제124조 및 제

125조 중 "인가"는 "신고"로 본다.

<개정 2010.3.22>

④ 항공기사용사업자가 휴업한 경우에는 지체 없이 국토해양부장관에게 신고하여야 한다.

[전문개정 2009.6.9]

제135조(면허 등의 조건 등) ① 제112조, 제116조, 제117조, 제120조, 제121조, 제124조, 제127조 및 제132조에 따른 면허·등록·인가·허가에는 조건 또는 기한을 붙이거나 조건 또는 기한을 변경할 수 있다.

② 제1항에 따른 조건 또는 기한은 공공의 이익 증진이나 면허·등록·인가 또는 허가의 시행에 필요한 최소한도의 것이어야 하며, 해당 항공운송사업자·항공기사용사업자에게 부당한 의무를 부과하는 것이어서는 아니 된다.

[전문개정 2009.6.9]

제136조 삭제 <2009.6.9>

제7장 항공기취급업 등 〈개정 2009.6.9〉

제137조(항공기취급업) ① 항공기취급업을 경영하려는 자는 국토해양부령으로 정하는 바에 따라 국토해양부장관에게 등록하여야 한다.

② 제1항에 따른 항공기취급업의 시설기준 등 등록기준과 그 밖에 등록에 필요한 사항은 국토해양부령으로 정한다.

③ 다음 각 호의 어느 하나에 해당하는 자는 항공기취급업의 등록을 할 수 없다.

1. 제114조제2호부터 제5호(법인으로서 임원 중에 대한민국 국민이 아닌 사 람이 있는 경우는 제외한다)까지의 어느 하나에 해당하는 자

2. 항공기취급업의 등록취소처분을 받은 후 2년이 지나지 아니한 자

[전문개정 2009.6.9]

제137조의2(항공기정비업) ① 항공기정비업을 경영하려는 자는 국토해양부령으로 정하는 바에 따라 국토해양부장관에게 등록하여야 한다.

② 제1항에 따른 항공기정비업의 자본금 및 시설기준 등의 등록기준은 국토해양부령으로 정한다.

③ 다음 각 호의 어느 하나에 해당하는 자는 항공기정비업의 등록을 할 수 없다.

1. 제114조제2호부터 제5호(법인으로서 임원 중에 대한민국 국민이 아닌 사람이 있는 경우는 제외한다)까지의 어느 하나에 해당하는 자

2. 항공기정비업의 등록취소처분을 받은 후 2년이 지나지 아니한 자

[전문개정 2009.6.9]

제138조(정비조직인증 등) ① 항공기등·장비품 또는 부품에 대하여 국토해양부령으로 정하는 정비등을 하려는 자는 국토해양부장관이 정하여 고시하는 인력, 설비 및 검사체계 등에 관한 기준(이하 "정비조직인증기준"이라 한다)에 따른 인력 등을 갖추어 국토해양부장관의 인증을 받아야 한다.

② 소유자등이 항공기등·장비품 또는 부품에 대한 국토해양부령으로 정하는 정비등을 하려는 경우에는 제1항에 따른 인증(이하 "정비조직인증"이라 한다)을 받은 자에게 위탁하거나 정비조직인증기준에 따른 인력 등을 갖추어 국토해양부장관의 정비조직인증을 받아야 한다. 다만, 제115조의2(제132조제3항 및 제134조제3항에 따라 준용되는 소형항공운송사업자 및 항공기사용사업자를 포함한다)에 따른 운항증명을 받은 국내항공운송사업자 또는 국제항공운송사업자의 경우에는 그러하지 아니하다.

③ 국토해양부장관은 제1항 및 제2항에 따른 정비조직인증을 하는 경우에는 정비의 범위·방법 및 품질관리절차 등을 정한 세부 운영기준을 정비조직인 증서와 함께 발급하여야 한다.

④ 항공기등·장비품 또는 부품에 대한 정비등을 하는 경우에는 그 항공기등·장비품 또는 부품을 제작한 자가 정하거나 국토해양부장관이 인정한 정비방법 및 정비절차 등을 준수하여야 한다.

⑤ 대한민국과 정비조직인증에 관한 협정을 체결한 국가로부터 정비조직인증을 받은 자는 국토해양부장관의 정비조직인증을 받은 것으로 본다.

[전문개정 2009.6.9]

제138조의2(정비조직인증의 취소 등) ① 국토해양부장관은 정비조직인증을 받은 자가 다음 각 호의 어느 하나에 해당하면 정비조직인증을 취소하거나 6개월 이내의 기간을 정하여 정비등의 업무정지를 명할 수 있다. 다만, 제1호에 해당하는 경우에는 그 정비조직인증을 취소하여야 한다.

1. 거짓이나 그 밖의 부정한 방법으로 정비조직인증을 받은 경우

2. 제49조제2항을 위반하여 다음 각 목의 어느 하나에 해당하는 경우

　　가. 사업을 시작하기 전까지 항공안전관리시스템을 마련하지 아니한 경우

나. 승인을 받지 아니하고 항공안전관리시스템을 운용한 경우

다. 항공안전관리시스템을 승인받은 내용과 다르게 운용한 경우

라. 승인을 받지 아니하고 국토해양부령으로 정하는 중요 사항을 변경한 경우

3. 정당한 사유 없이 제138조제1항에 따른 정비조직인증기준을 위반한 경우

4. 고의 또는 중대한 과실에 의하거나 항공종사자에 대한 관리·감독에 관하여 상당한 주의의무를 게을리함으로써 항공기사고가 발생한 경우

② 제1항에 따른 처분의 기준 및 절차와 그 밖에 필요한 사항은 국토해양부령으로 정한다.

[전문개정 2009.6.9]

제138조의3(과징금의 부과) ① 국토해양부장관은 정비조직인증을 받은 자가 제138조의2제1항 각 호의 어느 하나에 해당하여 정비등의 업무정지를 명하여야 하는 경우로서 그 업무정지가 그 업무의 이용자 등에게 심한 불편을 주거나 공익을 해칠 우려가 있으면 정비등의 업무정지처분을 갈음하여 5억원 이하의 과징금을 부과할 수 있다.

② 제1항에 따라 과징금을 부과하는 위반행위의 종류와 위반 정도에 따른 과징금의 금액과 그 밖에 필요한 사항은 대통령령으로 정한다.

③ 국토해양부장관은 제1항에 따라 과징금을 내야 할 자가 납부기한까지 과징금을 내지 아니하면 대통령령으로 정하는 바에 따라 국세 체납처분의 예에 따라 징수한다.

[전문개정 2009.6.9]

제139조(상업서류 송달업 등) ① 상업서류 송달업, 항공운송 총대리점업 및 도심 공항 터미널업을 경영하려는 자는 국토해양부령으로 정하는 바에 따라 국토 해양부장관에게 신고하여야 한다. 신고한 사항을 변경하려는 경우에도 또한 같다.

② 제1항에 따른 신고를 하려는 자는 해당 신고서에 사업계획서를 첨부하여 국토해양부장관에게 제출하여야 한다.

[전문개정 2009.6.9]

제140조 삭제 <1993.12.27>

제141조 삭제 <1993.12.27>

제142조(준용 규정) ① 항공기취급업에 관하여는 제119조, 제122조부터 제129조까지, 제131조 및 제136조를 준용한다. 이 경우 제124조, 제125조, 제127조 및 제128조 중 "인가", "허가" 또는 "승인"은 각각 "신고"로 본다.

② 항공기정비업에 관하여는 제119조, 제122조부터 제129조까지, 제131조 및 제136

조를 준용한다. 이 경우 제124조, 제125조, 제127조 및 제128조 중 "인가", "허가" 또는 "승인"은 각각 "신고"로 본다.

③ 상업서류 송달업, 항공운송 총대리점업 및 도심공항터미널업에 관하여는 제122조, 제123조, 제127조부터 제129조까지, 제131조 및 제136조를 준용한 다. 이 경우 제127조부터 제129조까지의 규정 중 "허가" 또는 "승인"은 각각 "신고"로, "면허의 취소"는 "영업소의 폐쇄"로 본다.

[전문개정 2009.6.9]

제143조(한국항공진흥협회의 설립) ① 항공운송사업의 발전, 항공운송사업자의 권익보호, 공항운영 개선 및 항공안전에 관한 연구, 그 밖에 정부가 위탁한 업무를 효율적으로 수행하기 위하여 한국항공진흥협회(이하 "협회"라 한다)를 설립할 수 있다.

② 협회는 다음 각 호에 해당하는 자를 회원으로 한다.

1. 국내항공운송사업자 또는 국제항공운송사업자

2. 「인천국제공항공사법」에 따른 인천국제공항공사

3. 「한국공항공사법」에 따른 한국공항공사

4. 그 밖에 항공과 관련된 사업자 및 단체

③ 협회는 법인으로 한다.

④ 협회는 그 주된 사무소의 소재지에서 설립등기를 함으로써 성립한다.

⑤ 협회의 정관, 업무 및 감독 등에 관하여 필요한 사항은 대통령령으로 정한다.

⑥ 국토해양부장관은 필요하다고 인정되는 경우에는 협회가 다음 각 호의 어느 하나에 해당하는 사업을 원활하게 할 수 있도록 예산의 범위에서 협회에 재정지원을 할 수 있다.

1. 항공 진흥 및 안전을 위한 연구사업

2. 항공 관련 정보의 수집·관리를 위한 사업

3. 외국 항공기관과의 국제협력 촉진을 위한 사업

4. 그 밖에 항공운송산업 발전을 위하여 국토해양부장관이 필요하다고 인정하는 사업

[전문개정 2009.6.9]

제8장 외국항공기 〈개정 2009.6.9〉

제144조(외국항공기의 항행) ① 외국 국적을 가진 항공기[제147조제1항에 따른 허가를 받은 자(이하 "외국인 국제항공운송사업자"라 한다)가 해당 사업에 사용하는 항공기 및 제148조에 따른 허가를 받은 자가 해당 운송에 사용하 는 항공기는 제외한다]의 사용자(외국, 외국의 공공단체 또는 이에 준하는 자를 포함한다)는 다음 각 호의 어느 하나에 해당하는 항행을 하려면 국토해양부장관의 허가를 받아야 한다. <개정 2009.6.9>

1. 대한민국 밖에서 이륙하여 대한민국에 착륙하는 항행
2. 대한민국에서 이륙하여 대한민국 밖에 착륙하는 항행
3. 대한민국 밖에서 이륙하여 대한민국에 착륙하지 아니하고 대한민국을 통과하여 대한민국 밖에 착륙하는 항행

② 삭제 <2007.12.21>

③ 외국의 군, 세관 또는 경찰의 업무에 사용되는 항공기는 제1항을 적용할 때에는 국가가 사용하는 항공기로 본다. <개정 2009.6.9>

④ 제1항에 따른 항공기는 같은 항 각 호에 따른 항행을 하는 경우 국토해양부장관의 요구가 있을 때에는 지체 없이 국토해양부장관이 지정한 비행장에 착륙하여야 한다. <개정 2009.6.9>

제145조(외국항공기의 국내 사용) 외국 국적을 가진 항공기(외국인 국제항공운송 사업자가 해당 사업에 사용하는 항공기 및 제148조에 따라 허가를 받은 자 가 해당 운송에 사용하는 항공기는 제외한다)는 대한민국 각 지역 간의 항공에 사용하여서는 아니 된다. 다만, 국토해양부장관의 허가를 받은 경우에는 그러하지 아니하다.

[전문개정 2009.6.9]

제146조(군수품 수송의 금지) 외국 국적을 가진 항공기로 제144조제1항 각 호의 어느 하나에 해당하는 항행을 하여 국토해양부령으로 정하는 군수품을 수송하여서는 아니 된다. 다만, 국토해양부장관의 허가를 받은 경우에는 그러하지 아니하다.

[전문개정 2009.6.9]

제147조(외국인 국제항공운송사업) ① 제112조제1항 및 제132조제1항에도 불구하고 제6조제1항 각 호의 어느 하나에 해당하는 자는 국토해양부장관의 허가를 받아 타인의 수요에 맞추어 유상으로 제144조제1항 각 호의 어느 하나에 해당하는 항행을(이러한 항행과 관련하여 행하는 대한민국 각 지역 간의 항행을 포함한다)하여 여객 또는 화물을

운송하는 사업을 할 수 있다. 이 경우 국토해양부장관은 국내항공운송사업자의 국제항공 발전에 지장을 초래하지 아니하는 범위에서 운항 횟수 및 사용 항공기의 기종(機種)을 제한하여 사업을 허가할 수 있다.

② 제1항에 따른 허가기준은 다음 각 호와 같다.

1. 우리나라와 체결한 항공협정에 따라 해당 국가로부터 국제항공운송사업자로 지정받은 자일 것

2. 운항의 안전성이 「국제민간항공조약」 및 같은 조약의 부속서에서 정한 표준과 방식에 부합할 것

3. 항공운송사업의 내용이 우리나라가 해당 국가와 체결한 항공협정에 적합할 것

4. 국제 여객 및 화물의 원활한 운송을 목적으로 할 것

③ 제1항에 따른 허가를 받으려는 자는 신청서에 사업계획, 운항 개시 예정일, 그 밖에 국토해양부령으로 정하는 사항을 적어서 국토해양부장관에게 제출하여야 한다.

[전문개정 2009.6.9]

제147조의2(안전운항을 위한 외국인 국제항공운송사업자의 준수 사항 등) ① 외국인 국제항공운송사업자는 다음 각 호의 서류를 국토해양부령으로 정하는 바에 따라 항공기에 싣고 운항하여야 한다.

1. 「국제민간항공조약」 부속서에서 정한 표준 및 권고방식에 따라 해당 국가가 발급한 운항증명 사본 및 운영기준 사본

2. 그 밖에 「국제민간항공조약」 및 같은 조약의 부속서에 따라 항공기에 싣고 운항하여야 할 서류 등

② 외국인 국제항공운송사업자 및 항공종사자는 제1항제1호의 운영기준을 지켜야 한다.

③ 국토해양부장관은 항공기 안전운항을 확보하기 위하여 외국인 국제항공운송사업자 및 항공종사자가 제1항제1호의 운영기준을 지키는지 등에 대하여 정기적으로 또는 수시로 검사할 수 있다.

④ 국토해양부장관은 제3항에 따른 정기검사 또는 수시검사를 하는 중에 긴급히 조치하지 아니할 경우 항공기의 안전운항에 중대한 위험을 초래할 수 있는 사항이 발견되었을 때에는 국토해양부령으로 정하는 바에 따라 항공기의 운항을 정지하게 하거나 항공종사자의 업무를 정지하게 할 수 있다.

⑤ 국토해양부장관은 제4항에 따른 정지처분의 사유가 없어지면 지체 없이 그 처분을 취소하거나 변경하여야 한다.

[전문개정 2009.6.9]

제148조(외국항공기의 유상운송) ① 외국 국적을 가진 항공기(외국인 국제항공운 송사업자가 해당 사업에 사용하는 항공기는 제외한다)의 사용자는 제144조 제1항제1호 또는 제2호에 따른 항행(이러한 항행과 관련하여 행하는 국내 각 지역 간의 항행을 포함한다)을 할 때 국내에 도착하거나 국내에서 출발 하는 여객 또는 화물의 유상운송을 하는 경우에는 국토해양부장관의 허가 를 받아야 한다.

② 제1항에 따른 허가기준은 다음 각 호와 같다.

1. 우리나라가 해당 국가와 체결한 항공협정에 따른 정기편 운항을 보완하는 것일 것
2. 운항의 안전성이 「국제민간항공조약」 및 같은 조약의 부속서에서 정한 표준과 방식에 부합할 것
3. 건전한 시장질서를 해치지 아니할 것
4. 국제 여객 및 화물의 원활한 운송을 목적으로 할 것

[전문개정 2009.6.9]

제149조(외국항공기의 국내 운송 금지) 제145조 단서, 제147조 또는 제148조에 따른 허가를 받은 항공기는 유상으로 국내 각 지역 간의 여객 또는 화물을 운송하여서는 아니 된다.

[전문개정 2009.6.9]

제150조(허가의 취소 등) ① 국토해양부장관은 외국인 국제항공운송사업자가 다음 각 호의 어느 하나에 해당하면 그 허가를 취소하거나 6개월 이내의 기간을 정하여 그 사업의 정지를 명할 수 있다. 다만, 제1호 또는 제21호에 해당하는 경우에는 그 허가를 취소하여야 한다.

1. 거짓이나 그 밖의 부정한 방법으로 허가를 받은 경우
2. 제40조를 위반하여 국토해양부령으로 정하는 무선설비를 설치하지 아니한 항공기 또는 설치한 무선설비가 운용되지 아니하는 항공기를 항공에 사용한 경우
3. 제41조를 위반하여 항공기에 항공계기등을 설치하거나 탑재하지 아니하고 항공에 사용하거나 그 운용방법 등을 따르지 아니한 경우
4. 제44조를 위반하여 항공기를 야간에 비행시키거나 비행장에 정류 또는 정박시키는 경우에 국토해양부령으로 정하는 바에 따라 등불로 항공기의 위치를 나타내지 아니한 경우
5. 제53조를 위반하여 이착륙 장소가 아닌 곳에서 이륙하거나 착륙하게 한 경우

6. 제55조를 위반하여 비행 중 금지행위 등을 하게 한 경우

7. 제59조제1항을 위반하여 허가를 받지 아니하고 항공기를 이용하여 위험물을 운송하거나 같은 조 제2항을 위반하여 국토해양부장관이 고시하는 위험물취급의 절차 및 방법을 따르지 아니하고 위험물을 취급한 경우

8. 제147조제2항에 따른 허가기준에 적합하지 아니하게 운항하거나 사업을 한 경우

9. 제147조의2제1항을 위반하여 같은 항 각 호의 서류를 항공기에 싣지 아니하고 운항한 경우

10. 제147조의2제2항을 위반하여 같은 조 제1항제1호의 운영기준을 지키지 아니한 경우

11. 제152조에서 준용하는 제117조제1항을 위반하여 운임 및 요금에 대하여 인가 또는 변경인가를 받지 아니하거나 신고 또는 변경신고를 하지 아니한 경우 및 인가를 받거나 신고한 사항을 이행하지 아니한 경우

12. 제152조에서 준용하는 제120조제1항 및 제2항을 위반하여 사업계획에 따라 사업을 하지 아니한 경우 및 인가를 받지 아니하거나 신고를 하지 아니하고 사업계획을 정하거나 변경한 경우

13. 제152조에서 준용하는 제121조를 위반하여 운수협정 또는 제휴협정에 대하여 인가를 받지 아니하거나 신고를 하지 아니한 경우 및 인가를 받거나 신고한 사항을 이행하지 아니한 경우

14. 제152조에서 준용하는 제122조에 따른 사업개선명령을 이행하지 아니한 경우

15. 제152조에서 준용하는 제127조를 위반하여 신고를 하지 아니하고 휴업한 경우 및 휴업기간에 사업을 하거나 휴업기간이 지난 후에도 사업을 시작하지 아니한 경우

16. 제152조에서 준용하는 제135조에 따라 부과된 허가 등의 조건 등을 이행하지 아니한 경우

17. 정당한 사유 없이 허가받거나 인가받은 사항을 이행하지 아니한 경우

18. 주식이나 지분의 과반수에 대한 소유권 또는 실질적인 지배권이 제147조 제2항제1호에 따라 국제항공운송사업자를 지정한 국가 또는 그 국가의 국민에게 속하지 아니하게 된 경우. 다만, 우리나라가 해당 국가(국가연합 또는 경제공동체를 포함한다)와 체결한 항공협정에서 달리 정한 경우에는 그 항공협정에 따른다.

19. 대한민국과 제147조제2항제1호에 따라 국제항공운송사업자를 지정한 국가가 항공에 관하여 체결한 협정이 있는 경우 그 협정이 효력을 잃거나 그 해당 국가 또는

외국인 국제항공운송사업자가 그 협정을 위반한 경우

20. 대한민국의 안전이나 사회의 안녕질서에 위해를 끼칠 현저한 사유가 있는 경우

21. 이 조에 따른 사업정지명령을 위반하여 사업정지기간에 사업을 경영한 경우

② 제1항에 따른 사업정지처분을 갈음하여 과징금을 부과하는 경우에 관하여는 제131조를 준용한다.

③ 제1항에 따른 처분의 세부기준 및 절차와 그 밖에 필요한 사항은 국토해양부령으로 정한다.

[전문개정 2009.6.9]

제151조(증명서 등의 인정) 다음 각 호의 어느 하나에 해당하는 항공기의 감항성 및 그 승무원의 자격에 관하여 해당 항공기의 국적인 외국정부가 한 증명·면허 및 그 밖의 행위는 이 법에 따라 한 것으로 본다.

1. 제144조제1항 각 호의 어느 하나에 해당하는 항행을 하는 외국 국적의 항공기

2. 제147조에 따라 외국인 국제항공운송사업에 사용되는 외국 국적의 항공기

3. 제148조에 따라 유상운송을 하는 외국 국적의 항공기

[전문개정 2009.6.9]

제152조(외국인 국제항공운송사업자에 대한 준용) 외국인 국제항공운송사업자에 대하여는 제49조의2부터 제49조의4까지, 제117조제1항, 제120조제1항·제2항, 제121조, 제122조, 제127조, 제128조 및 제135조를 준용한다. 이 경우 제127조 및 제128조 중 "허가" 또는 "승인"은 각각 "신고"로 본다.

[전문개정 2009.6.9]

제8장의2 (항공사고조사) 삭제 〈2005.11.8〉

제152조의2 삭제 <2005.11.8>

제152조의3 삭제 <2005.11.8>

제152조의4 삭제 <2005.11.8>

제152조의5 삭제 <2005.11.8>

제152조의6 삭제 <2005.11.8>

제152조의7 삭제 <2005.11.8>

제152조의8 삭제 <2005.11.8>

제152조의9 삭제 <2005.11.8>

제152조의10 삭제 <2005.11.8>

제152조의11 삭제 <2005.11.8>

제152조의12 삭제 <2005.11.8>

제152조의13 삭제 <2005.11.8>

제152조의14 삭제 <2005.11.8>

제152조의15 삭제 <2005.11.8>

제152조의16 삭제 <2005.11.8>

제152조의17 삭제 <2005.11.8>

제9장 보칙 〈개정 2009.6.9〉

제153조(항공안전 활동) ① 국토해양부장관은 다음 각 호의 자에게 그 업무에 관한 보고를 하게 하거나 서류를 제출하게 할 수 있다.

1. 항공기 또는 장비품의 제작ㆍ개조ㆍ수리 또는 정비를 하는 자

2. 공항시설ㆍ비행장 또는 항행안전시설의 설치자 및 관리자

3. 항공종사자

4. 국내항공운송사업자 또는 국제항공운송사업자(외국인 국제항공운송사업자를 포함한다. 이하 이 조에서 같다), 소형항공운송사업자, 항공기사용사업자, 항공기취급업자, 항공기정비업자, 항공운송 총대리점업자, 상업서류 송달업자, 도심공항터미널업자

5. 제1호부터 제4호까지의 자 외의 자로서 항공기 또는 항공시설을 계속하여 사용하는 자

② 국토해양부장관은 이 법을 시행하기 위하여 특히 필요한 경우에는 소속 공무원으로 하여금 제1항 각 호에 해당하는 자의 사무소, 공장이나 그 밖의 사업장, 공항시설, 비행장, 항행안전시설 또는 그 시설의 공사장, 항공기의 정치장 또는 항공기에 출입하여 항공기, 항행안전시설, 장부, 서류, 그 밖의 물건을 검사하거나 관계인에게 질문하게 할 수 있다. 이 경우 국토해양부장관은 검사 등의 업무를 효율적으로 수행하기 위하여 특히 필요하다고 인정하면 국토해양부령으로 정하는 자격을 갖춘 항공안전에 관한 전문가를 위촉하여 검사 등의 업무에 관한 자문에 응하게 할 수 있다.

③ 국토해양부장관은 국내항공운송사업자 또는 국제항공운송사업자가 취항하는 공항에 대하여 국토해양부령으로 정하는 바에 따라 정기적인 안전성검사를 하여야 한다.

④ 국토해양부장관은 상업서류 송달업자가 「우편법」을 위반할 현저한 우려가 있다고 인정하여 지식경제부장관이 요청하는 경우에는 지식경제부 소속 공무원으로 하여금 상업서류 송달업자에 대하여 「우편법」과 관련된 사항에 관한 검사 또는 질문을 하게 할 수 있다.

⑤ 제2항부터 제4항까지의 규정에 따른 검사 또는 질문을 하려면 검사 또는 질문을 하기 7일 전까지 검사 또는 질문의 일시, 사유 및 내용 등의 계획을 피검사자 또는 피질문자에게 알려야 한다. 다만, 긴급한 경우이거나 사전에 알리면 증거인멸 등으로 검사 또는 질문의 목적을 달성할 수 없다고 인정하는 경우에는 그러하지 아니할 수 있다.

⑥ 제2항부터 제4항까지의 규정에 따라 검사 또는 질문을 하는 공무원은 그 권한을 표시하는 증표를 지니고 이를 관계인에게 보여주어야 한다.

⑦ 제6항에 따른 증표에 관하여 필요한 사항은 국토해양부령으로 정한다.

⑧ 제2항부터 제4항까지의 규정에 따른 검사 또는 질문을 한 경우에는 그 결과를 피검사자 또는 피질문자에게 서면으로 알려야 한다.

⑨ 국토해양부장관은 제2항 또는 제3항에 따른 검사를 하는 중에 긴급히 조치하지 아니할 경우 항공기의 안전운항에 중대한 위험을 초래할 수 있는 사항이 발견되었을 때에는 국토해양부령으로 정하는 바에 따라 항공기의 운항 또는 항행안전시설의 운용을 일시 정지하게 하거나 항공종사자 또는 항 행안전시설을 관리하는 자의 업무를 일시 정지하게 할 수 있다.

[전문개정 2009.6.9]

제153조의2(재정 지원) 정부는 지방자치단체의 장이 제94조제2항에 따라 국토해양부장관의 허가를 받아 공항개발사업을 시행하는 경우에는 대통령령으로 정하는 바에 따라 사업시행에 드는 비용의 일부를 보조하거나 융자할 수 있다.

[전문개정 2009.6.9]

제154조(권한의 위임·위탁) ① 이 법에 따른 국토해양부장관의 권한은 그 일부를 대통령령으로 정하는 바에 따라 시·도지사 또는 국토해양부장관 소속 기관 의장에게 위임할 수 있으며, 소속 기관의 장은 대통령령으로 정하는 바에 따라 그 권한의 일부를 재위임할 수 있다.

② 국토해양부장관은 제15조, 제15조의2, 제16조, 제17조, 제17조의2, 제17조의3, 제18조부터 제20조까지 및 제20조의2에 따른 증명 또는 검사에 관한 업무를 대통령령으로 정하는 바에 따라 전문검사기관에 위탁할 수 있다.

③ 국토해양부장관은 제19조에 따른 수리·개조승인에 관한 권한 중 국가기관 등 항공기의 수리·개조승인에 관한 권한을 대통령령으로 정하는 바에 따라 관계 중앙행정기관의 장에게 위탁할 수 있다.

④ 국토해양부장관은 제120조제2항 단서(제132조제3항 및 제134조제3항에서 준용하는 경우를 포함한다) 및 제134조제4항에 따른 업무를 대통령령으로 정하는 바에 따라 협회에 위탁할 수 있다.

⑤ 국토해양부장관은 다음 각 호의 업무를 대통령령으로 정하는 바에 따라 「교통안전공단법」에 따른 교통안전공단(이하 "교통안전공단"이라 한다) 또는 항공 관련 기관·단체에 위탁할 수 있다.

1. 제29조에 따른 자격증명시험업무 및 자격증명 한정심사업무와 자격증명서의 발급에 관한 업무

2. 제34조에 따른 계기비행증명업무 및 조종교육증명업무와 증명서의 발급에 관한 업무

3. 제34조의2제3항에 따른 항공영어구술능력증명서의 발급에 관한 업무

4. 제49조의4에 따른 항공안전 자율보고의 접수·분석 및 전파에 관한 업무

⑥ 국토해양부장관은 다음 각 호의 업무를 대통령령으로 정하는 바에 따라 항공의학 관련 전문기관 또는 단체에 위탁할 수 있다.

1. 제31조에 따른 항공신체검사증명에 관한 업무

2. 제31조의2제3항에 따른 항공전문의사의 교육에 관한 업무

⑦ 국토해양부장관은 제34조의2제2항에 따른 항공영어구술능력증명시험의 실시에 관한 업무를 대통령령으로 정하는 바에 따라 영어평가 관련 전문기관 또는 단체에 위탁할 수 있다.

⑧ 제2항 및 제4항부터 제7항까지의 규정에 따라 국토해양부장관이 위탁한 업무에 종사하는 전문검사기관, 협회, 교통안전공단, 전문기관 또는 단체 등의 임직원은 「형법」 제129조부터 제132조까지를 적용할 때에는 공무원으로 본다.

[전문개정 2009.6.9]

제154조의2(청문) 국토해양부장관은 다음 각 호의 어느 하나에 해당하는 처분을 하려면 청문을 하여야 한다. <개정 2010.3.22>

1. 제29조의3제4항에 따른 전문교육기관 지정의 취소

2. 제31조의3제1항에 따른 항공전문의사 지정의 취소

3. 제33조제1항 또는 제2항에 따른 자격증명등 또는 항공신체검사증명의 취소

4. 제34조제4항에서 준용하는 제33조제1항에 따른 계기비행증명 및 조종교육 증명의 취소

5. 제34조의2제6항에서 준용하는 제33조제1항에 따른 항공영어구술능력증명의 취소

6. 제51조제3항에 따른 자격인정의 취소

7. 제60조제5항에 따른 포장·용기검사기관 지정의 취소

8. 제61조제5항에 따른 전문교육기관 지정의 취소

9. 제81조에 따른 비행장 또는 항행안전시설 설치허가의 취소

10. 제110조제1항에 따른 공항개발사업의 시행 및 관리에 관한 허가·승인 또는 지정의 취소

11. 제111조의5제1항에 따른 공항운영증명의 취소

12. 제115조의3제1항에 따른 운항증명의 취소

12의2. 제115조의3제2항에 따른 항공기사용사업 등록의 취소

13. 제129조제1항에 따른 국내항공운송사업 또는 국제항공운송사업 면허의 취소

14. 제132조제3항에서 준용하는 제129조제1항에 따른 소형항공운송사업 등록의 취소

15. 제134조제3항에서 준용하는 제129조제1항에 따른 항공기사용사업 등록의 취소

16. 제138조의2제1항에 따른 정비조직인증의 취소

17. 제142조제1항에서 준용하는 제129조제1항에 따른 항공기취급업 등록의 취소

18. 제142조제2항에서 준용하는 제129조제1항에 따른 항공기정비업 등록의 취소

19. 제142조제3항에서 준용하는 제129조제1항에 따른 상업서류 송달업·항공운송 총대리점업 및 도심공항터미널업 영업소의 폐쇄

20. 제150조제1항에 따른 외국인 국제항공운송사업 허가의 취소

[전문개정 2009.6.9]

제155조(수수료 등) ① 다음 각 호의 어느 하나에 해당하는 자는 국토해양부령으로 정하는 수수료를 내야 한다.

1. 이 법에 따른 면허·허가·증명·인가·승인·인증·등록 또는 검사(이하 "검사 등" 이라 한다)를 받으려는 자

2. 이 법에 따른 신고를 하려는 자

3. 이 법에 따른 증명서·면허증 또는 허가서의 발급 또는 재발급을 신청하는 자

② 검사등을 위하여 현지출장이 필요한 경우에는 그 출장에 드는 여비를 신청인이 내야 한다. 이 경우 여비의 기준은 국토해양부령으로 정한다.

제10장 벌칙 〈개정 2009.6.9〉

제156조(항공상 위험 발생 등의 죄) 비행장, 공항시설 또는 항행안전시설을 파손하거나 그 밖의 방법으로 항공상의 위험을 발생시킨 사람은 2년 이상의 유기징역에 처한다.
[전문개정 2009.6.9]

제157조(항행 중 항공기 위험 발생의 죄) ① 항행 중인 항공기를 추락 또는 전복(顚覆)시키거나 파괴한 사람은 사형, 무기징역 또는 5년 이상의 징역에 처한다.

② 제156조의 죄를 지어 항행 중인 항공기를 추락 또는 전복시키거나 파괴한 사람도 사형, 무기징역 또는 5년 이상의 징역에 처한다.
[전문개정 2009.6.9]

제158조(항행 중 항공기 위험 발생으로 인한 치사·치상의 죄) 제157조의 죄를 지어 사람을 사상(死傷)에 이르게 한 사람은 사형, 무기징역 또는 7년 이상의 징역에 처한다.
[전문개정 2009.6.9]

제159조(미수범) 제156조 및 제157조제1항의 미수범은 처벌한다.
[전문개정 2009.6.9]

제160조(과실에 따른 항공상 위험 발생 등의 죄) ① 과실로 항공기·비행장·공항 시설 또는 항행안전시설을 파손하거나, 그 밖의 방법으로 항공상의 위험을 발생시키거나 항행 중인 항공기를 추락 또는 전복시키거나 파괴한 사람은 1년 이하의 징역이나 금고 또는 2천만원 이하의 벌금에 처한다.

② 업무상 과실 또는 중대한 과실로 제1항의 죄를 지은 경우에는 3년 이하의 징역이나 금고 또는 5천만원 이하의 벌금에 처한다. [전문개정 2009.6.9]

제161조(감항증명을 받지 아니한 항공기 사용 등의 죄) 다음 각 호의 어느 하나에 해당하는 자는 3년 이하의 징역 또는 5천만원 이하의 벌금에 처한다.

1. 제15조 또는 제16조를 위반하여 감항증명 또는 소음기준적합증명을 받지 아니하거나 이에 합격하지 아니한 항공기를 항공에 사용한 자

2. 제19조를 위반하여 수리·개조승인을 받지 아니한 항공기등 또는 장비품·부품을 운항 또는 항공기등에 사용한 자

3. 제20조제2항을 위반하여 기술표준품에 대한 형식승인을 받지 아니한 기술 표준품

을 항공기 등에 사용한 자

4. 제20조의2제1항을 위반하여 부품등제작자증명을 받지 아니하고 장비품 또는 부품을 제작한 자

5. 제20조의2제2항을 위반하여 부품등제작자증명을 받지 아니한 장비품 또는 부품을 항공기등 또는 장비품에 사용한 자

6. 제22조를 위반하여 기술기준에 적합하다는 확인을 받지 아니한 항공기등·장비품 또는 부품을 항공에 사용한 자 [전문개정 2009.6.9]

제161조의2(공항운영증명에 관한 죄) 제111조의2를 위반하여 공항운영증명을 받지 아니하고 공항을 운영한 자는 3년 이하의 징역 또는 3천만원 이하의 벌금에 처한다. [전문개정 2009.6.9]

제162조(무표시 등의 죄) 제39조에 따른 표시를 하지 아니하거나 거짓 표시를 한 항공기를 항공에 사용한 소유자 등은 1년 이하의 징역 또는 2천만원 이하의 벌금에 처한다. [전문개정 2009.6.9]

제163조(승무원 등을 승무시키지 아니한 죄) ① 항공종사자의 자격이 없는 사람을 항공기에 승무(乘務)시키거나 이 법에 따라 항공기에 승무시켜야 할 승무원을 승무시키지 아니한 소유자 등은 1년 이하의 징역 또는 2천만원 이하의 벌금에 처한다.

② 제40조, 제41조, 제43조, 제44조, 제59조제1항 또는 제146조를 위반한 자는 2천만원 이하의 벌금에 처한다. [전문개정 2009.6.9]

제164조(무자격자의 항공업무 종사 등의 죄) 다음 각 호의 어느 하나에 해당하는 사람은 2년 이하의 징역 또는 1천만원 이하의 벌금에 처한다.

1. 제25조를 위반하여 자격증명을 받지 아니하고 항공업무에 종사한 사람

2. 제33조에 따른 업무정지명령을 위반하거나 별표에 따른 업무 범위를 위반하여 항공업무에 종사한 항공종사자(조종연습을 하는 사람을 포함한다)

3. 제34조의2를 위반하여 항공영어구술능력증명을 받지 아니하고 제34조의2제1항 각 호의 어느 하나에 해당하는 업무에 종사한 사람

4. 제47조제2항을 위반하여 주정음료등을 섭취하거나 사용한 항공종사자(조종 연습을 하는 사람을 포함한다) 또는 객실승무원

5. 제47조제3항을 위반하여 국토해양부장관의 측정 요구에 따르지 아니한 사람 [전문개정 2009.6.9]

제165조(무자격 계기비행 등의 죄) 제34조제1항 또는 제2항, 제45조, 제82조제1항(제

111조에서 준용하는 경우를 포함한다) 또는 제85조(제111조에서 준용 하는 경우를 포함한다)를 위반한 자는 2천만원 이하의 벌금에 처한다.

[전문개정 2009.6.9]

제165조의2(수직분리축소공역 등에서 승인 없이 운항한 죄) 제69조의3을 위반하여 국토해양부장관의 승인을 받지 아니하고 수직분리축소공역 또는 성능기반항행요구공역 등 국토해양부령으로 정하는 공역에서 항공기를 운항한 소유자 등은 1천만원 이하의 벌금에 처한다.

[전문개정 2009.6.9]

제166조(기장 등의 탑승자 권리행사 방해의 죄) ① 직권을 남용하여 항공기에 있는 사람에게 그의 의무가 아닌 일을 시키거나 그의 권리행사를 방해한 기장 또는 조종사는 1년 이상 10년 이하의 징역에 처한다.

② 폭력을 행사하여 제1항의 죄를 지은 기장 또는 조종사는 3년 이상의 유기 징역에 처한다.

[전문개정 2009.6.9]

제167조(기장의 항공기 이탈의 죄) 제50조제4항을 위반하여 항공기를 떠난 기장(기장의 임무를 수행할 사람을 포함한다)은 5년 이하의 징역에 처한다.

[전문개정 2009.6.9]

제168조(기장의 보고의무 등의 위반에 관한 죄) 다음 각 호의 어느 하나에 해당하는 자는 500만원 이하의 벌금에 처한다.

1. 제50조제5항 또는 제6항을 위반하여 항공기사고 · 항공기준사고 또는 항공안전장애에 관한 보고를 하지 아니한 자
2. 제50조제5항 또는 제6항에 따른 항공기사고 · 항공기준사고 또는 항공안전장애에 관한 보고를 거짓으로 한 자
3. 제52조제2항에 따른 승인을 받지 아니하고 항공기를 출발시키거나 비행 계획을 변경한 자

[전문개정 2009.6.9]

제169조(운항승무원 등의 직무에 관한 죄) ① 운항승무원으로서 다음 각 호의 어느 하나에 해당하는 사람은 500만원 이하의 벌금에 처한다.

1. 제38조의2, 제53조부터 제55조까지 또는 제144조제1항을 위반한 사람
2. 제70조에 따른 지시에 따르지 아니한 사람

3. 제144조제4항에 따른 착륙 요구에 따르지 아니한 사람

② 기장 외의 운항승무원이 제1항에 따른 죄를 지은 경우에는 그 행위자를 벌하는 외에 기장도 500만원 이하의 벌금에 처한다.

[전문개정 2009.6.9]

제170조(비행장 불법 사용 등의 죄) 다음 각 호의 어느 하나에 해당하는 자는 2천만원 이하의 벌금에 처한다.

1. 제75조제2항을 위반하여 허가를 받지 아니하고 비행장을 설치한 자

2. 제77조제1항에 따른 검사를 받지 아니하고 비행장을 사용한 자

3. 제81조에 따라 허가가 취소된 비행장을 사용한 자

[전문개정 2009.6.9]

제171조(항행안전시설 무단설치의 죄) 제75조제2항을 위반하여 허가를 받지 아니하고 항행안전시설을 설치한 자는 1천만원 이하의 벌금에 처한다.

[전문개정 2009.6.9]

제172조(초경량비행장치 불법 사용 등의 죄) ① 제23조제1항 또는 제23조의2를 위반하여 초경량비행장치의 신고, 변경신고 또는 이전신고를 하지 아니하고 비행을 한 자는 6개월 이하의 징역 또는 500만원 이하의 벌금에 처한다.

② 제23조제2항을 위반하여 국토해양부령으로 정하는 초경량비행장치를 사용하여 국토해양부장관이 고시하는 초경량비행장치 비행제한공역을 승인 없이 비행한 자는 200만원 이하의 벌금에 처한다.

③ 제23조제3항에 따른 자격기준에 적합하다는 증명을 받지 아니하고 같은 조 제4항에 따른 비행안전을 위한 기술상의 기준에 적합하다는 안정성인증을 받지 아니한 초경량비행장치에 영리를 목적으로 타인을 탑승시켜 비행을 한 사람은 1년 이하의 징역 또는 1천만원 이하의 벌금에 처한다.

[전문개정 2009.6.9]

제172조의2(경량항공기 불법 사용 등의 죄) ① 제24조제2항에 따른 안전성인증을 받지 아니한 경량항공기를 사용하여 비행을 한 자 또는 비행을 하게 한 자는 1년 이하의 징역 또는 1천만원 이하의 벌금에 처한다.

② 제24조제6항을 위반하여 경량항공기를 영리목적으로 사용한 자는 1년 이하의 징역 또는 1천만원 이하의 벌금에 처한다.

③ 제24조제8항에 따라 준용되는 제38조의2제2항을 위반하여 통제공역에서 비행한

사람은 300만원 이하의 벌금에 처한다.

④ 제24조제8항에 따라 준용되는 제39조제1항을 위반하여 등록기호를 표시하지 아니하거나 거짓으로 표시한 경량항공기를 항공에 사용한 자 또는 그 경량항공기의 소유자는 6개월 이하의 징역 또는 500만원 이하의 벌금에 처한다.

⑤ 제25조제1항을 위반하여 제26조에 따른 경량항공기 조종사 자격증명을 받지 아니하고 경량항공기를 사용하여 비행한 사람은 6개월 이하의 징역 또는 500만원 이하의 벌금에 처한다.

⑥ 제40조의2에 따른 무선설비를 설치·운용하지 아니한 경량항공기를 항공에 사용한 자 또는 그 경량항공기의 소유자는 500만원 이하의 벌금에 처한다.

[본조신설 2009.6.9]

제173조(명령 위반 등의 죄) 다음 각 호의 어느 하나에 해당하는 자는 1년 이하의 징역 또는 1천만원 이하의 벌금에 처한다.

1. 정당한 사유 없이 제97조제1항에 따른 사업시행자의 행위를 방해하거나 거부한 자

2. 제110조제1항에 따른 국토해양부장관의 명령 또는 처분을 위반한 자

[전문개정 2009.6.9]

제174조(항공운송사업자의 업무 등에 관한 죄) ① 제112조, 제132조제1항, 제134조제1항 또는 제147조제1항에 따른 면허·허가 또는 등록을 받지 아니하고 항공운송사업 또는 항공기사용사업을 경영한 자는 3년 이하의 징역 또는 1억원 이하의 벌금에 처한다.

② 제137조, 제137조의2 또는 제139조에 따른 등록 또는 신고를 하지 아니하고 항공기취급업, 항공기정비업, 항공운송 총대리점업, 상업서류 송달업 및 도심공항터미널업을 경영하는 자는 1년 이하의 징역 또는 3천만원 이하의 벌금에 처한다.

③ 제123조(제132조제3항, 제134조제3항 또는 제142조제1항·제2항에서 준용하는 경우를 포함한다)에 따른 면허대여 등의 금지를 위반한 항공운송사업자, 항공기사용사업자, 항공기취급업자 및 항공기정비업자는 1년 이하의 징역 또는 3천만원 이하의 벌금에 처한다.

④ 제147조제1항 후단에 따른 운항 횟수 또는 항공기 기종의 제한을 위반한 외국인 국제항공운송사업자는 3천만원 이하의 벌금에 처한다.

⑤ 제148조에 따른 허가를 받지 아니하고 같은 조에 따른 유상운송을 한 자 또는 제149조를 위반하여 유상운송을 한 자는 3천만원 이하의 벌금에 처한다.

[전문개정 2009.6.9]

제175조(항공운송사업자의 운항증명 등에 관한 죄) 다음 각 호의 어느 하나에 해당하는 자는 3년 이하의 징역 또는 3천만원 이하의 벌금에 처한다.

<개정 2010.3.22>

1. 제115조의2제1항(제132조제3항에서 준용하는 경우를 포함한다)에 따른 운항증명을 받지 아니하고 운항을 시작한 국내항공운송사업자, 국제항공운송사업자 또는 소형항공운송사업자

2. 제138조를 위반하여 정비조직인증을 받지 아니하고 항공기등·장비품 또는 부품에 대한 정비등을 한 사람

[전문개정 2009.6.9]

제176조(외국인 국제항공운송사업자의 업무 등에 관한 죄) 외국인 국제항공운송사업자가 다음 각 호의 어느 하나에 해당하는 경우에는 1천만원 이하의 벌금에 처한다.

1. 제147조의2제1항을 위반하여 같은 항 각 호의 서류를 항공기에 싣지 아니하고 운항한 경우

2. 제150조에 따른 사업정지명령을 위반한 경우

3. 제152조에서 준용하는 제117조제1항에 따른 인가를 받지 아니하거나 신고를 하지 아니하고 운임 또는 요금을 받은 경우

4. 제152조에서 준용하는 제120조제2항에 따른 인가를 받지 아니하거나 신고를 하지 아니하고 사업계획을 변경한 경우

5. 제152조에서 준용하는 제121조에 따른 인가 또는 변경인가를 받지 아니한 운수협정 또는 제휴협정을 이행하거나 변경신고를 하지 아니한 경우

6. 제152조에서 준용하는 제122조에 따른 사업개선명령을 이행하지 아니한 경우 [전문개정 2009.6.9]

제177조(항공운송사업자의 업무 등에 관한 죄) ① 국내항공운송사업자, 국제항공 운송사업자, 소형항공운송사업자 또는 항공기사용사업자가 다음 각 호의 어 느 하나에 해당하는 경우에는 1천만원 이하의 벌금에 처한다.

1. 제116조(제132조제4항 또는 제134조제3항에서 준용하는 경우를 포함한다)에 따른 운항규정 또는 정비규정을 따르지 아니하고 항공기를 운항하거나 정비한 경우

2. 제117조에 따른 인가를 받지 아니하거나 신고를 하지 아니하고 운임 또는 요금을 받은 경우

3. 제120조제1항을 위반하거나 같은 조 제2항(제132조제3항 또는 제134조제3항에서

경한 경우

4. 제121조(제132조제3항에서 준용하는 경우를 포함한다)를 위반하여 인가 또는 변경 인가를 받지 아니한 운수협정 또는 제휴협정을 이행하거나 변경 신고를 하지 아니한 경우

5. 제122조(제132조제3항 또는 제134조제3항에서 준용하는 경우를 포함한다)에 따른 사업개선명령을 위반한 경우

6. 제127조(제132조제3항에서 준용하는 경우를 포함한다) 또는 제128조를 위반하여 휴업, 휴지, 폐업 또는 폐지를 한 경우

7. 제129조(제132조제3항 또는 제134조제3항에서 준용하는 경우를 포함한다)에 따른 사업정지명령을 위반한 경우

8. 제69조의2를 위반하여 승인을 받지 아니하고 쌍발비행기를 운항한 경우

② 항공기취급업자 또는 항공기정비업자가 제142조제1항 또는 제2항에서 준용하는 제122조에 따른 명령을 위반한 경우에는 1천만원 이하의 벌금에 처한다.

③ 항공운송 총대리점업자, 상업서류 송달업자 및 도심공항터미널업자가 제142조제3항에 따라 준용되는 제122조제1호를 위반한 경우에는 1천만원 이하의 벌금에 처한다.

[전문개정 2009.6.9]

제178조(검사 거부 등의 죄) 제80조제2항·제3항 및 제111조의4제1항 또는 제153조제2항부터 제4항까지의 규정에 따른 검사 또는 출입을 거부·방해하거나 기피한 자는 500만원 이하의 벌금에 처한다.

[전문개정 2009.6.9]

제178조의2 삭제 <2005.11.8>

제179조(양벌 규정) 법인의 대표자나 법인 또는 개인의 대리인, 사용인, 그 밖의 종업원이 그 법인 또는 개인의 업무에 관하여 제162조, 제163조, 제165조, 제170조부터 제172조까지, 제172조의2, 제173조부터 제178조까지의 어느 하나에 해당하는 위반행위를 하면 그 행위자를 벌하는 외에 그 법인 또는 개인에게도 해당 조문의 벌금형을 과(科)한다. 다만, 법인 또는 개인이 그 위반행위를 방지하기 위하여 해당 업무에 관하여 상당한 주의와 감독을 게을리하지 아니한 경우에는 그러하지 아니하다.

[전문개정 2009.6.9]

제180조 삭제 <1999.2.5>

제181조(벌칙 적용의 특례) 제174조(제1항 및 제3항은 제외한다)부터 제178조까지의 벌칙에 관한 규정을 적용할 때 제115조의4 및 제131조(제132조제3항, 제134조제3항, 제142조 및 제150조제2항에서 준용하는 경우를 포함한다)에 따라 과징금을 부과할 수 있는 행위에 대하여는 국토해양부장관의 고발이 있어야 공소를 제기할 수 있으며, 과징금을 부과한 행위에 대하여는 과태료를 부과할 수 없다. [전문개정 2009.6.9]

제182조(과태료) 다음 각 호의 어느 하나에 해당하는 자에게는 500만원 이하의 과태료를 부과한다.

1. 제23조제4항을 위반하여 초경량비행장치의 비행안전을 위한 기술상의 기준에 적합하다는 안전성인증을 받지 아니하고 비행한 사람

2. 제23조제5항을 위반하여 보험에 가입하지 아니하고 초경량비행장치를 사용하여 비행한 사람

3. 제24조제4항을 위반하여 보험에 가입하지 아니하고 경량항공기를 사용하여 비행한 자

4. 제52조제1항을 위반하여 운항관리사를 두지 아니하고 항공기를 운항한 항공운송사업자 외의 자

5. 제52조제3항을 위반하여 운항관리사가 해당 업무를 수행하는 데에 필요한 교육훈련을 하지 아니하고 업무에 종사하게 한 항공운송사업자 외의 자

6. 제59조제2항에 따른 위험물취급의 절차와 방법에 따르지 아니하고 위험물 취급을 한 자

7. 제60조제1항에 따른 검사를 받지 아니한 포장 및 용기를 판매한 자

8. 제61조제1항을 위반하여 위험물취급에 필요한 교육을 이수하지 아니하고 위험물취급을 한 자

9. 제86조제3항에 따른 비행장 또는 항행안전시설의 사용료를 신고하지 아니하거나 신고한 사용료와 다르게 사용료를 받은 자

10. 제106조의2제2항에 따른 공항시설을 관리하는 자의 명령에 따르지 아니한 자

11. 제111조의3제1항 본문을 위반하여 인가를 받지 아니하고 공항운영규정을 변경한 공항운영자

12. 제111조의3제2항을 위반하여 공항운영규정을 변경하지 아니한 공항운영자

13. 제111조의4제1항을 위반하여 공항안전운영기준 및 공항운영규정에 따라 공항의 안전운영체계를 지속적으로 유지하지 아니한 공항운영자

14. 제119조(제132조제3항 또는 제142조에서 준용하는 경우를 포함한다)에 따른 운임 표 등을 갖추어 두지 아니하거나 거짓 사항을 적은 운임표 등을 갖추어 둔 자

15. 제128조제1항 본문(제132조제3항, 제134조제3항 또는 제142조에서 준용하 는 경우를 포함한다)에 따른 폐업 또는 폐지의 승인을 받지 아니하고 폐업 또는 폐지를 하거나 제142조에서 준용하는 제127조제1항 단서 및 제2항에 따른 신고를 하지 아니하거나 거짓 신고를 한 자

16. 제153조제1항에 따른 보고 등을 하지 아니하거나 거짓 보고 등을 한 사람

17. 제153조제2항 또는 제4항에 따른 질문에 대하여 거짓 진술을 한 사람

18. 제153조제9항에 따른 운항정지, 운용정지 또는 업무정지를 따르지 아니한 자 [전문개정 2009.6.9]

제182조의2(과태료) 다음 각 호의 어느 하나에 해당하는 자에게는 300만원 이하의 과태료를 부과한다.

1. 제23조제3항을 위반하여 자격기준에 적합하다는 증명을 받지 아니하고 비행한 자

2. 제24조제1항에 따른 승인을 받지 아니하고 경량항공기를 사용하여 비행한 자

3. 제24조제3항에 따른 정비확인을 받지 아니하고 이를 항공에 사용한 자

4. 제24조제5항에 따른 준수사항에 따르지 아니하고 경량항공기를 사용하여 비행한 자

[본조신설 2009.6.9]

제183조(과태료) 다음 각 호의 어느 하나에 해당하는 자에게는 200만원 이하의 과태료를 부과한다.

1. 제10조 또는 제12조제1항을 위반하여 변경등록 또는 말소등록의 신청을 하지 아니한 자

2. 제14조제1항에 따른 등록기호표를 부착하지 아니하고 항공기를 사용한 자

3. 제18조에 따른 감항성의 승인을 받지 아니한 자

4. 제23조제1항에 따른 초경량비행장치의 신고를 하지 아니한 자

5. 제23조제8항에 따른 비행 시 준수사항에 따르지 아니하고 초경량비행장치를 이용하여 비행한 사람

6. 항공종사자가 아닌 사람으로서 고의 또는 중대한 과실로 제49조의4제1항의 경미한 항공안전장애를 발생시킨 사람

7. 제70조제5항을 위반하여 항공교통의 안전을 위한 국토해양부장관의 지시에 따르지 아니한 자

8. 제83조(제111조에서 준용하는 경우를 포함한다)제1항·제4항·제5항에 따른 표시 등 및 표지를 설치 또는 관리하지 아니한 자

9. 제84조(제111조에서 준용하는 경우를 포함한다)제2항에 따른 명령을 위반한 자

10. 제111조의3제1항 단서를 위반하여 신고를 하지 아니하고 공항운영규정을 변경한 공항운영자

11. 제116조제3항(제132조제3항에서 준용하는 경우를 포함한다)을 위반하여 운항규정 중 비상탈출 진행 등 안전업무에 관한 규정을 지키지 아니한 객실승무원

12. 제116조제3항(제132조제3항에서 준용하는 경우를 포함한다)을 위반하여 운항규정 중 항공기 내 화물·수화물의 탑재 관리 및 항공기의 중량·균형 관리 등 안전업 무에 관한 규정을 지키지 아니한 여객·화물 운송 관련 업무 수행자

[전문개정 2009.6.9]

제183조의2(과태료) 다음 각 호의 어느 하나에 해당하는 자에게는 100만원 이하의 과태료를 부과한다.

1. 제23조제1항에 따른 신고번호를 표시하지 아니하거나 거짓으로 표시한 자

2. 제23조제9항에 따라 국토해양부령으로 정하는 장비를 장착하거나 휴대하지 아니하고 비행한 자

3. 제24조제8항에 따라 준용되는 제14조에 따른 등록기호표를 부착하지 아니하고 비행을 한 자

[본조신설 2009.6.9]

제183조의3(과태료) 제24조제8항에 따라 준용되는 제10조 또는 제12조에 따른 변경등록 또는 말소등록의 신청을 하지 아니한 자에게는 50만원 이하의 과태료를 부과한다.

[본조신설 2009.6.9]

제183조의4(과태료) 제23조의2에 따른 초경량비행장치의 변경신고, 이전신고 또는 말소신고를 하지 아니한 자에게는 30만원 이하의 과태료를 부과한다.

[본조신설 2009.6.9]

제184조(과태료의 부과·징수절차) 제182조, 제182조의2, 제183조 및 제183조의2부터 제183조의4까지의 규정에 따른 과태료는 대통령령으로 정하는 바에 따라 국토해양부장관이 부과·징수한다.

[전문개정 2009.6.9]

부칙 〈법률 제4435호, 1991.12.14〉

제1조 (시행일) 이 법은 1992년 7월 1일부터 시행한다.

제2조 (경과조치) ① 이 법 시행당시 종전의 규정에 의하여 항공기사용사업의 면허를 받은 자는 제134조의 개정규정에 의한 항공기사용사업의 등록을 한 것으로 보고, 항공운송주선업의 면허를 받은 자는 제139조제1항의 개정규정에 의한 항공운송주선업의 등록을 한 것으로 본다.

② 이 법 시행당시 종전의 규정에 의하여 받은 항공종사자 기능증명은 제25조의 개정규정에 의한 자격증명을 받은 것으로 본다.

③ 이 법 시행당시 종전의 규정에 의하여 인가받은 국내항공노선의 여객 또는 화물의 운임 및 요금은 제117조제2항의 개정규정에 의하여 운임 및 요금을 신고한 것으로 본다.

④ 이 법 시행당시 종전의 규정에 의하여 인가받은 부정기항공운송사업의 운임 및 요금은 제133조의 개정규정에 의하여 운임 및 요금을 신고한 것으로 본다.

⑤ 이 법 시행당시 종전의 규정에 의한 면허·승인·허가·신고·인가등의 행정 처분은 이 법에 의하여 행한 것으로 본다.

제3조 (다른 법률의 개정등) ① 항공기저당법 중 다음과 같이 개정한다.

제6조 및 제7조제4항 중 "항공법 제10조제1항제3호"를 각각 "항공법 제12조제1항제3호"로 한다.

② 군사시설보호법 중 다음과 같이 개정한다.

제9조중 "항공법 제60조"를 "항공법 제54조"로 한다.

③ 항공우주산업개발촉진법 중 다음과 같이 개정한다.

제11조제2항 중 "항공법 제13조제3항 단서"를 "항공법 제15조제3항 단서"로 한다.

④ 항공운송사업진흥법 중 다음과 같이 개정한다.

제2조제1호 중 "항공법 제2조제18항"을 "항공법 제2조제26호"로 한다.

⑤ 교통안전법 중 다음과 같이 개정한다.

제2조제11호중 "비행장 및 항공보안"을 "공항·비행장 및 항공보안"으로 한다.

제7조의5제2호 중 "항공법 제23조"를 "항공법 제26조"로 한다.

⑥ 한국공항공단법중 다음과 같이 개정한다.

제2조제1호 중 "항공법 제2조제4항"을 "항공법 제2조제5호"로 한다.

⑦ 수도권신공항건설촉진법 중 다음과 같이 개정한다.

제2조제1호중 "항공법 제34조"를 "항공법 제111조"로, "공고"를 "공시"로 하고, 동조 제2호 나목중 "항공법 제2조제26항"을 "항공법 제2조제30호"로 한다.

제8조제1항제16호를 다음과 같이 한다.

16. 항공법 제95조제1항의 규정에 의한 실시계획의 승인

⑧ 전파법 중 다음과 같이 개정한다.

제5조제2항제3호중 "항공법 제103조 단서 및 제105조의2"를 "항공법 제145조 단서 및 제148조"로 한다.

⑨ 제1항 내지 제8항 외에 이 법 시행당시에 다른 법률에서 종전의 항공법의 규정을 인용하고 있는 경우에 이 법중 그에 해당하는 규정이 있는 경우에는 종전의 규정에 갈음하여 이 법의 해당 규정을 인용한 것으로 본다.

(생략 함)

부칙 〈법률 제9780호, 2009.6.9〉

제1조(시행일) 이 법은 공포 후 3개월이 경과한 날부터 시행한다. 다만, 제23조제9항의 개정규정은 공포 후 3년이 경과한 날부터 시행하고, 제45조, 제51조제1항 및 제52조의 개정규정은 2010년 11월 18일부터 시행한다.

제2조(초경량비행장치에 관한 경과조치) 이 법 시행 당시 종전의 규정에 따라 초경량비행장치로 신고한 초경량비행장치가 제2조제26호의 개정규정에 따라 경량 항공기로 분류된 경우 그 경량항공기는 이 법 시행 후 3년이 경과한 날까지는 종전의 규정에 따라 초경량비행장치로 운영할 수 있다.

제3조(초경량비행장치의 비행조종에 관한 자격증명 등에 관한 경과조치) 이 법 시행 당시 종전의 제23조제3항에 따라 초경량비행장치의 비행에 관한 자격증명을 받은 사람은 제26조제5호의 개정규정에 따른 경량항공기 조종사 자격증명을 받은 것으로 보고, 교통안전공단에 초경량비행장치 지도조종자로 등록한 사람은 제24조제8항의 개정규정에 따라 준용되는 제34조제2항의 개정규정에 따른 조종교육증명을 받은 것으로 본다.

제4조(항공공장정비사 자격증명에 관한 경과조치) ① 이 법 시행 당시 종전의 규정에 따라 항공공장정비사 자격증명을 받은 사람은 제26조제9호의 개정규정에 따른 항공정비사 자격증명을 받은 것으로 본다.

② 이 법 시행 당시 종전의 규정에 따라 항공공장정비사 자격증명 학과시험 또는 실기시험에 합격한 사람은 제26조제9호의 개정규정에 따른 항공정비사 자격증명의 학과시험 또는 실기시험에 합격한 것으로 본다.

제5조(정기항공운송사업자에 관한 경과조치) 이 법 시행 당시 종전의 제112조제1항에 따라 노선별로 정기항공운송사업의 면허를 받고, 종전의 제132조에 따라 부정기항공운송사업의 등록을 한 자는 제112조제1항의 개정규정에 따른 국내항공운송사업 및 국제항공운송사업의 면허, 같은 조 제2항의 개정규정에 따른 노선별 허가 및 같은 조 제4항의 개정규정에 따른 부정기편 운항의 허가를 받은 것으로 본다.

제6조(부정기항공운송사업자에 대한 경과조치) ① 이 법 시행 당시 종전의 규정에 따라 부정기항공운송사업의 등록을 한 자 중 자본금 규모가 50억원 이상이고, 승객 좌석 수가 20석 이상인 비행기 및 회전익 항공기를 보유한 자는 제112 조제1항의 개정규정에 따른 국내항공운송사업 면허를 받은 것으로 본다.

② 이 법 시행 당시 종전의 규정에 따라 부정기항공운송사업의 등록을 한 자 중 승객 좌석 수가 20석 미만인 비행기 및 회전익항공기를 보유한 자는 제132조의 개정규정에 따른 소형항공운송사업의 등록을 한 것으로 본다.

③ 이 법 시행 당시 종전의 규정에 따라 부정기항공운송사업의 등록을 한 자가 한 지점과 다른 지점 사이에 노선을 정하여 운항하는 지점 간 운송사업을 하는 경우 그 노선은 제112조제2항의 개정규정에 따른 노선별 허가를 받은 노선으로 본다.

제7조(항공운송사업의 운항증명에 관한 경과조치) 이 법 시행 당시 종전의 규정에 따라 정기항공운송사업자 또는 부정기항공운송사업자가 받은 운항증명은 제115조의2 및 제132조제3항의 개정규정에 따른 국내항공운송사업, 국제항공운송사업 또는 소형항공운송사업의 운항증명을 받은 것으로 본다.

제8조(운수권에 관한 경과조치) 이 법 시행 당시 국토해양부장관이 항공운송사업자에게 배분한 운수권은 제118조의 개정규정에 따라 배분된 운수권으로 본다.

제9조(영공통과 이용권에 관한 경과조치) 이 법 시행 당시 항공운송사업자가 이용하고 있는 영공통과 이용권은 제118조의2의 개정규정에 따라 배분된 영공통과 이용권으로 본다.

제10조(벌칙 및 과태료에 관한 경과조치) 이 법 시행 전의 행위에 대하여 벌칙 및 과태료 규정을 적용할 때에는 종전의 규정에 따른다.

제11조(다른 법률의 개정) ① 공중화장실 등에 관한 법률 일부를 다음과 같이 개정

한다.

제3조제13호 중 "「항공법」 제2조제6호"를 "「항공법」 제2조제8호"로 한다.

② 교통시설특별회계법 일부를 다음과 같이 개정한다.

제2조제5호 중 "「항공법」 제2조제4호 및 제16호의 규정"을 "「항공법」 제2조제6호 및 제17호"로 하고, 제6조제1항제4호 중 "「항공법」 제2조제8호의 규정에 의한"을 "「항공법」 제2조제10호에 따른"으로 한다.

③ 교통약자의 이동편의 증진법 일부를 다음과 같이 개정한다.

제2조제3호마목 중 "항공법 제2조제5호 및 제6호의 규정에 의한"을 "「항공법」 제2조제7호 및 제8호에 따른"으로 한다.

④ 교통체계효율화법 일부를 다음과 같이 개정한다.

제2조제3호다목 중 "「항공법」 제2조제5호의 규정에 의한"을 "「항공법」 제2조제7호에 따른"으로 하고, 제11조제1항제2호 중 "「항공법」 제2조제5호"를 "「항공법」 제2조제7호"로 한다.

⑤ 군사기지 및 군사시설 보호법 일부를 다음과 같이 개정한다.

별표 1 제4호다목 중 "「항공법」 제2조제13호의 장애물제한표면"을 "「항공법」 제2조제16호의 장애물 제한표면"으로 한다.

⑥ 군용항공기 운용 등에 관한 법률 일부를 다음과 같이 개정한다.

제8조제1항 단서 중 "건설교통부장관"을 "국토해양부장관"으로 한다.

⑦ 물류시설의 개발 및 운영에 관한 법률 일부를 다음과 같이 개정한다.

제2조제3호나목 중 "「항공법」 제2조제6호"를 "「항공법」 제2조제8호"로 한다.

⑧ 사회기반시설에 대한 민간투자법 일부를 다음과 같이 개정한다.

제2조제1호마목 중 "항공법 제2조제6호의 규정에 의한"을 "「항공법」 제2조제8호에 따른"으로 한다.

⑨ 수도권신공항건설 촉진법 일부를 다음과 같이 개정한다.

제2조제2호가목 중 "「항공법」 제2조제6호의 규정에 의한"을 "「항공법」 제2조제8호에 따른"으로 한다.

⑩ 응급의료에 관한 법률 일부를 다음과 같이 개정한다.

제14조제1항제9호 중 "「항공법」 제2조제3호 및 제3호의2"를 "「항공법」 제2조제4호 및 제5호"로 하고, 제47조의2제1항제3호 중 "같은 법 제2조제5호"를 "같은 법 제2조제7호"로 한다.

⑪ 자유무역지역의 지정 및 운영에 관한 법률 일부를 다음과 같이 개정한다.

제5조제1호나목 중 "「항공법」 제2조제5호의 규정에 의한"을 "「항공법」 제2조제7호에 따른"으로 한다.

⑫ 전기통신기본법 일부를 다음과 같이 개정한다.

제30조의2제1항제6호를 다음과 같이 한다.

6. 「항공법」 제2조제9호에 따른 공항구역

⑬ 전파법 일부를 다음과 같이 개정한다.

제22조제2항 및 제28조제1항 중 "선박이나 항공기"를 각각 "선박, 항공기 또는 경량항공기"로 한다.

⑭ 지방세법 일부를 다음과 같이 개정한다.

제284조제1항 중 "「항공법」에 의하여 면허를 받거나 등록을 한 정기항공운송사업·부정기항공운송사업"을 "「항공법」에 따라 면허를 받거나 등록을 한 국내항공운송사업, 국제항공운송사업, 소형항공운송사업"으로 한다.

⑮ 법률 제9451호 토지이용규제 기본법 일부개정법률 일부를 다음과 같이 개정한다.

별표 연번 215의 근거법률란 중 "「항공법」 제2조제7호"를 "「항공법」 제2조제9호"로 하고, 같은 표 연번 216을 다음과 같이 한다.

216	「항공법」 제2조제16호	장애물 제한표면

<16> 한국공항공사법 일부를 다음과 같이 개정한다.

제9조제1항제2호 중 "「항공법」 제2조제6호"를 "「항공법」 제2조제8호"로 하고, 같은 항 제3호 중 "「항공법」 제2조제8호"를 "「항공법」 제2조제10호"로 한다.

<17> 항공·철도 사고조사에 관한 법률 일부를 다음과 같이 개정한다.

제2조제1항제1호 중 "「항공법」 제2조제11호의 항공기사고 및 동법 제2조제25호의2의 규정에 의한 초경량비행장치사고"를 "「항공법」 제2조제13호에 따른 항공기사고, 같은 조 제27호에 따른 경량항공기사고 및 같은 조 제29호에 따른 초경량비행장치사고"로 하고, 같은 조 제2호 중 "「항공법」 제2조제12호의 규정에 의한"을 "「항공법」 제2조제14호에 따른"으로 한다.

제3조제2항 각 호 외의 부분 중 "「항공법」 제2조제1호의2의 규정에 의한"을 "「항공법」 제2조제2호에 따른"으로 한다.

<18> 항공안전 및 보안에 관한 법률 일부를 다음과 같이 개정한다.

제2조제3호 중 "「항공법」 제112조의 규정에 의하여 면허를 받은 정기항공 운송사업자, 동법 제132조의 규정에 의하여 등록한 부정기항공운송사업자 및 동법 제147조의 규정에 의하여"를 "「항공법」 제112조에 따라 면허를 받은 국내항공운송사업자 및 국제항공운송사업자, 같은 법 제132조에 따라 등록을 한 소형항공운송사업자 및 같은 법 제147조에 따라"로 한다.

제11조제1항 중 "「항공법」 제2조제6호 및 제16호의 규정에 의한"을 "「항공법」 제2조제8호 및 제17호에 따른"으로 한다.

<19> 항공운송사업진흥법 일부를 다음과 같이 개정한다.

제2조제1호 중 "항공법 제2조제26호의 규정에 의한 항공운송사업"을 "「항공법」 제2조제31호에 따른 항공운송사업"으로 한다.

제12조(다른 법령과의 관계) 이 법 시행 당시 다른 법령에서 종전의 「항공법」의 규정을 인용한 경우에 이 법 가운데 그에 해당하는 규정이 있으면 종전의 규정을 갈음하여 이 법의 해당 규정을 인용한 것으로 본다.

부칙 〈법률 제10161호, 2010.3.22〉

(공항소음 방지 및 소음대책지역 지원에 관한 법률)

제1조(시행일) 이 법은 공포 후 6개월이 경과한 날부터 시행한다.

제2조 생략

제3조(다른 법률의 개정) ①부터 ⑤까지 생략

⑥ 항공법 일부를 다음과 같이 개정한다.

제75조 중 "제107조, 제108조, 제108조의2, 제109조, 제109조의2"를 "제108조의2"로 한다.

제107조, 제108조, 제109조 및 제109조의2를 각각 삭제한다.

제108조의2제1항 중 "제107조제2항에 따른 공항소음피해지역 또는 공항소음 피해 예상지역"을 "「공항소음 방지 및 소음대책지역 지원에 관한 법률」에 따른 소음대책지역"으로 한다.

제4조 생략

부칙 〈법률 제10162호, 2010.3.22〉

①(시행일) 이 법은 공포 후 3개월이 경과한 날부터 시행한다. 다만, 제29조의3 및 제127조제3항 단서의 개정규정은 공포한 날부터 시행한다.

②(휴지기간에 관한 특례) 제127조제3항 단서의 개정규정은 2010년 9월 30일까지 휴지를 신청한 분까지 효력을 갖는다.

③(과징금·벌칙 및 과태료에 관한 경과조치) 이 법 시행 전의 행위에 대하여 과징금, 벌칙 및 과태료 규정을 적용할 때에는 종전의 규정에 따른다.

부칙 〈법률 제10272호, 2010.4.15〉

(공유수면 관리 및 매립에 관한 법률)

제1조(시행일) 이 법은 공포 후 6개월이 경과한 날부터 시행한다.

제2조 부터 제12조까지 생략

제13조(다른 법률의 개정) ①부터 〈69〉까지 생략

〈70〉 항공법 일부를 다음과 같이 개정한다.

제96조제1항제2호를 다음과 같이 하고, 같은 항 제3호를 삭제한다.

2. 「공유수면 관리 및 매립에 관한 법률」 제8조에 따른 공유수면의 점용·사용허가, 같은 법 제17조에 따른 점용·사용 실시계획의 승인 또는 신고, 같은 법 제28조에 따른 공유수면의 매립면허, 같은 법 제35조에 따른 국가 등이 시행하는 매립의 협의 또는 승인 및 같은 법 제38조에 따른 공유수면매립실시계획의 승인

제96조제2항제2호를 다음과 같이 하고, 같은 항 제3호를 삭제한다.

2. 「공유수면 관리 및 매립에 관한 법률」 제8조에 따른 점용·사용허가의 고시 및 같은 법 제33조에 따른 매립면허의 고시

〈71〉부터 〈75〉까지 생략

제14조 생략

부칙 〈법률 제10331호, 2010.5.31〉 (산지관리법)

제1조(시행일) 이 법은 공포 후 6개월이 경과한 날부터 시행한다. 〈단서 생략〉

제2조부터 제11조까지 생략

제12조(다른 법률의 개정) ①부터 <86>까지 생략

<87> 항공법 일부를 다음과 같이 개정한다.

제96조제1항제10호 중 "산지전용신고"를 "산지전용신고, 같은 법 제15조의2에 따른 산지일시사용허가·신고"로 한다.

<88> 및 <89> 생략

제13조 생략

색 인

외국어 색인(Index)

Carriage by Air Act ; 368, 379

certificate of airworthiness ; 240, 424

Chicago Convention of 1944 ; 319

Civil Aviation Law in China ; 383

Civil Aviation Law in North Korea ; 389

Civil Aviation [Carriers Liability]Act ;
  233, 335, 339, 364, 379

CNS/ATM ; 28, 30

code sharing ; 101, 116, 117

Compulsory Insurance ; 308

Computer Reservation System ; 101, 106

contracting carrier ; 193, 194, 217, 397,
  490, 492, 493, 494, 499, 556, 557,
  558

contractual liability ; 277

CRS ; 100, 101, 103, 108

[D]

delictual liability ; 277

Domestic Supplement ; 176

Draft for the Air Business Act ; 262

Draft for the Air Safety Act ; 262

Draft for the Air Security Act ; 262

Draft for the Airport Establishment Act
  ; 262

[E]

E-air passenger ticket ; 205

EU ; 35, 49, 53, 69, 84, 107, 112, 178,
  368, 369, 370, 371, 390

EU와 ICAO ; 84

[F]

FANS ; 28

Faulty Design ; 301

Federal Aviation Act of 1958 ; 330

Federal Aviation Regulations ; 302

Federal Tort Claims Act ; 367

fifth jurisdiction ; 214

FIR ; 44, 45, 310, 319

five Freedom ; 51

flight number ; 101

freedoms of the air ; 54

[G]

General Risk Convention of 2010 ; 231,
  407

Gesundheitsbeschädigung eines Fluggastes
  ; 372, 374, 527, 530

GNSS ; 28

Guadalajara Convention of 1961 ; 371,
  397, 499, 502

Guatemala Protocol of 1971 ; 500

[H]

Hague Convention of 1970 ; 118

Hague Protocol of 1955 ; 166, 379, 499,
  500

hijacking ; 118, 127

hovercraft ; 36

김두환

서울대학교 법과대학 졸업
서울대학교 대학원수료(법학석사)
경희대학교 대학원수료(법학박사)
숭실대학교 법대교수 및 학장(6년간) 역임
미국 UCLA 법과대학원 초빙교수
American대학교 법과대학원 초빙교수
캐나다 McGill대학교 항공우주법대학원 초빙교수
국무총리실·건설교통부·법무부 정책자문위원 및 상법개정특별분과위원회 역임
사법시험위원, 행정고등고시위원 역임
한국항공우주법학회 회장(6년간) 역임
현) 한국항공우주법학회 명예회장
　　중국 북경이공대학(BIT) 법과대학 겸임교수
　　일본 중앙학원대학 사회시스템연구소 객원교수
　　대한상사중재원소속 상사중재인
　　일본공법학회 회원, 세계우주법학회(IISL 본부: 파리) 회원
　　세계법률가협회(WJA본부: 워싱톤D.C) 회원

『최신국제항공법학론』(2005)
『The Utilization of the World's Air Space and Free Outer Space in the 21st Century』(공저),
(Kluwer Law International, The Netherlands)(2000)
『Essays for the Study of the International Air and Space Law』(2008)

국내 학술지에 게재된 국제항공법·우주법 분야의 연구논문 71편
외국(미국, 영국, 독일, 일본 등)의 저명학술지에 게재된 국제항공법·우주법 분야의 연구논문 32편

E-mail : doohwank3@kornet.net

국제·국내항공법과
개정상법(항공운송편)

초 판 인 쇄 | 2011년 9월 22일
초 판 발 행 | 2011년 9월 22일

지 은 이 | 김두환
펴 낸 이 | 채종준
펴 낸 곳 | 한국학술정보㈜
주　　소 | 경기도 파주시 문발동 파주출판문화정보산업단지 513-5
전　　화 | 031) 908-3181(대표)
팩　　스 | 031) 908-3189
홈 페 이 지 | http://ebook.kstudy.com
E - m a i l | 출판사업부 publish@kstudy.com
등　　록 | 제일산-115호(2000. 6. 19)

ISBN　　978-89-268-2547-1 93360 (Paper Book)
　　　　978-89-268-2548-8 98360 (e-Book)